T20-Arch V10.0 天正建筑软件标准教程

麓山文化　编著

天正建筑软件是在 AutoCAD 的基础上开发的功能强大且易学易用的建筑设计软件。本书从用户的实际需求出发，围绕 T20-Arch V10.0，系统地介绍了天正建筑软件 T20 的各项功能，并阐述了各种命令的使用方法。

全书共 12 章，介绍了 AutoCAD 的基础知识，T20 概述，轴网与柱子、墙体、门窗、室内外设施、房间和屋顶的创建与编辑，标注尺寸、文字和符号，绘制立面图和剖面图，布图打印与图形导出等，另外通过办公楼和住宅楼两个大型综合案例进行了全面实战演练。

本书结构合理、通俗易懂，大部分功能的介绍都以"说明+实例"的形式来进行，并且所举实例典型、实用，不仅便于读者理解所学内容，而且有助于读者巩固所学知识。

本书配套资源（扫描封四二维码即可获得）中除包括全书所有实例的源文件外，还提供了高清语音教学视频，可以大大提高读者的学习兴趣和学习效率。

本书内容根据建筑图形的实际绘制流程来编排，特别适合教师讲解和学生自学，以及具备计算机基础知识的建筑设计师、工程技术人员及其他对天正建筑软件感兴趣的读者学习使用，也可作为高等院校及高职、高专建筑专业的教材。

图书在版编目（CIP）数据

T20-Arch V10.0 天正建筑软件标准教程 / 麓山文化编著. -- 北京：机械工业出版社，2025．7．-- ISBN 978-7-111-78085-4

Ⅰ．TU201.4

中国国家版本馆 CIP 数据核字第 20252D2E13 号

机械工业出版社（北京市百万庄大街 22 号　邮政编码 100037）
策划编辑：黄丽梅　　　　　　责任编辑：黄丽梅　王　珑
责任校对：牟丽英　张亚楠　　封面设计：马精明
责任印制：单爱军
北京中兴印刷有限公司印刷
2025 年 7 月第 1 版第 1 次印刷
184mm×260mm・22.75 印张・576 千字
标准书号：ISBN 978-7-111-78085-4
定价：89.00 元

电话服务　　　　　　　　　　网络服务
客服电话：010-88361066　　　机　工　官　网：www.cmpbook.com
　　　　　010-88379833　　　机　工　官　博：weibo.com/cmp1952
　　　　　010-68326294　　　金　书　网：www.golden-book.com
封底无防伪标均为盗版　　　　机工教育服务网：www.cmpedu.com

前　言

　　T20-Arch（天正建筑软件）是国内率先利用 AutoCAD 平台开发的建筑软件，其以先进的建筑设计理念服务于建筑施工图设计，是建筑 CAD 正版化的首选软件之一。天正建筑软件符合国内建筑设计人员的工作习惯，贴近建筑图绘制的实际，并且有很高的自动化程度，只要输入几个参数，就能自动生成平面图中的轴网、墙体、柱子、门窗、楼梯和阳台等，可以绘制立面图和剖面图等建筑图样，因此在国内使用相当广泛。

内容特点

　　本书结构合理、通俗易懂，大部分功能的介绍都以"说明 + 实例"的形式来进行，并且所举实例典型、实用，便于读者理解及活学活用所学内容。每章都给出了一些与实际应用相结合的典型实例，便于读者巩固所学知识。每章均有小结及练习题，其中小结是一章内容的概括归纳和实践经验总结，练习题便于读者练习掌握。

　　全书共 12 章，主要内容介绍如下：

　　● 第 1～9 章，主要介绍 AutoCAD 2014 及天正建筑软件 T20 的基础知识，包括 AutoCAD 建筑绘图入门，天正建筑软件 T20 概述，轴网与柱子、墙体、门窗、室内外设施、房间和屋顶的创建与编辑，标注尺寸、文字及符号，绘制立面图和剖面图，并通过实例的练习巩固所学知识。

　　● 第 10、11 章，综合运用 AutoCAD 和天正命令，介绍办公楼和住宅楼的平面图、立面图和剖面图的绘制过程和方法。

　　● 第 12 章，主要介绍建筑施工图布图打印与图形导出的方法及相关知识。

　　本书随书配送了多功能学习资源，其中包含了全书讲解实例的源文件素材，以及全程实例动画同步讲解教学视频。

　　多功能学习资源二维码：

本书编者

　　本书由麓山文化编著。由于编者水平有限，书中难免存在错误和疏漏之处，在感谢您选择本书的同时，也希望您能够把对本书的意见和建议告诉我们。

　　读者服务邮箱：lushanbook@qq.com

　　读者 QQ 群：368426081

目 录

前言

第 1 章　AutoCAD 建筑绘图入门 …………1

1.1　AutoCAD 2024 工作空间 …………1
- 1.1.1　"草图与注释"工作空间………2
- 1.1.2　"三维基础"工作空间…………2
- 1.1.3　"三维建模"工作空间…………3

1.2　AutoCAD 2024 工作界面 …………3
- 1.2.1　应用程序按钮…………………3
- 1.2.2　标题栏…………………………4
- 1.2.3　菜单栏…………………………4
- 1.2.4　快速访问工具栏………………4
- 1.2.5　工具栏…………………………4
- 1.2.6　绘图区…………………………5
- 1.2.7　命令行与文本窗口……………5
- 1.2.8　状态栏…………………………5

1.3　AutoCAD 命令的调用 ………………6
- 1.3.1　命令调用方式…………………6
- 1.3.2　鼠标在 AutoCAD 中的应用 …9
- 1.3.3　中止当前命令…………………9
- 1.3.4　重复命令………………………9
- 1.3.5　撤销命令………………………9
- 1.3.6　重做撤销命令…………………10

1.4　图层的设置 …………………………10
- 1.4.1　图层特性管理器………………10
- 1.4.2　创建与设置图层………………11

1.5　绘制基本图形 ………………………13
- 1.5.1　直线……………………………13
- 1.5.2　射线……………………………13
- 1.5.3　构造线…………………………14
- 1.5.4　多段线…………………………14
- 1.5.5　多线……………………………15

1.6　绘制多边形对象 ……………………17
- 1.6.1　矩形……………………………17
- 1.6.2　正多边形………………………18

1.7　绘制曲线对象 ………………………19
- 1.7.1　样条曲线………………………19
- 1.7.2　圆………………………………19
- 1.7.3　圆弧……………………………20
- 1.7.4　椭圆……………………………21
- 1.7.5　椭圆弧…………………………21

1.8　编辑图形 ……………………………21
- 1.8.1　选择对象的方法………………21
- 1.8.2　基础编辑命令…………………23
- 1.8.3　高级编辑命令…………………28

1.9　文字和尺寸标注 ……………………31
- 1.9.1　设置文字样式…………………31
- 1.9.2　文字的输入与编辑……………32
- 1.9.3　设置尺寸标注样式……………33
- 1.9.4　尺寸标注………………………35

1.10　本章小结 …………………………36
1.11　思考与练习 ………………………36

第 2 章　天正建筑软件 T20 概述 ………38

2.1　天正建筑软件概述 …………………38
- 2.1.1　北京天正工程软件有限公司简介…38
- 2.1.2　天正软件学习帮助……………38
- 2.1.3　软件与硬件配置环境…………39

2.2　天正建筑软件的特点和新增功能 …39
- 2.2.1　二维图形与三维图形设计同步…39
- 2.2.2　自定义对象技术………………40
- 2.2.3　天正建筑软件的其他特点……40
- 2.2.4　T20 的新增功能 ………………42

2.3　T20 软件交互界面 …………………44
- 2.3.1　折叠式屏幕菜单………………45
- 2.3.2　在位编辑与动态输入…………45
- 2.3.3　智能感知快捷菜单功能………45
- 2.3.4　默认与自定义图标工具栏……46
- 2.3.5　热键定义………………………46
- 2.3.6　视口的控制……………………47

2.3.7 文档标签的控制 ·············· 48
2.3.8 特性表 ······················· 48
2.4 T20 的基本操作 ······················ 48
    2.4.1 利用 T20 进行建筑设计的流程 ····· 48
    2.4.2 利用 T20 进行室内设计的流程 ····· 49
    2.4.3 选项设置与自定义界面 ········ 49
    2.4.4 工程管理工具的使用方法 ······ 51
    2.4.5 文字内容的在位编辑方法 ······ 51
    2.4.6 门窗与尺寸标注的智能联动 ···· 52
2.5 本章小结 ······························ 52
2.6 思考与练习 ··························· 52

第 3 章　轴网与柱子 ·················· 53

3.1 轴网 ································· 53
    3.1.1 轴网基本概念 ················ 53
    3.1.2 创建轴网 ····················· 54
3.2 轴网标注与编辑 ······················ 57
    3.2.1 轴网标注 ····················· 57
    3.2.2 单轴标注 ····················· 57
    3.2.3 添加轴线 ····················· 58
    3.2.4 轴线裁剪 ····················· 58
    3.2.5 轴网合并 ····················· 59
    3.2.6 轴改线型 ····················· 59
    3.2.7 轴号编辑 ····················· 59
3.3 柱子 ································· 64
    3.3.1 柱子的基本概念 ·············· 64
    3.3.2 创建柱子 ····················· 64
3.4 编辑柱子 ···························· 68
    3.4.1 柱子的对象编辑 ·············· 68
    3.4.2 柱子的特性编辑 ·············· 68
    3.4.3 柱齐墙边 ····················· 69
3.5 实战演练——绘制并标注轴网 ······· 70
3.6 实战演练——创建并编辑柱子 ······· 73
3.7 本章小结 ···························· 76
3.8 思考与练习 ·························· 77

第 4 章　绘制与编辑墙体 ············· 79

4.1 墙体的基本知识 ······················ 79
    4.1.1 墙基线的概念 ················ 79

4.1.2 墙体材料 ····················· 80
4.1.3 墙体的用途与特征 ············ 80
4.2 墙体的创建 ··························· 80
    4.2.1 绘制墙体 ····················· 80
    4.2.2 墙体切割 ····················· 83
    4.2.3 等分加墙 ····················· 83
    4.2.4 单线变墙 ····················· 84
    4.2.5 墙体分段 ····················· 84
    4.2.6 幕墙转换 ····················· 85
4.3 墙体的编辑 ··························· 86
    4.3.1 基本编辑工具 ················ 86
    4.3.2 墙体工具 ····················· 91
    4.3.3 墙体立面 ····················· 91
    4.3.4 识别内外墙 ··················· 93
4.4 实战演练——绘制某别墅墙体
    平面图 ······························ 93
4.5 本章小结 ···························· 97
4.6 思考与练习 ·························· 97

第 5 章　门窗 ·························· 99

5.1 创建门窗 ···························· 99
    5.1.1 绘制普通门窗 ················ 99
    5.1.2 创建特殊门窗 ················ 106
5.2 门窗编辑和门窗表 ·················· 108
    5.2.1 门窗编辑工具 ················ 108
    5.2.2 门窗编号和门窗表 ············ 112
5.3 实战演练——绘制某别墅首层
    平面图 ····························· 114
5.4 本章小结 ··························· 121
5.5 思考与练习 ························· 121

第 6 章　创建室内外设施 ············· 123

6.1 创建室内设施 ······················· 123
    6.1.1 创建单跑楼梯 ················ 123
    6.1.2 创建双跑楼梯和各种多跑楼梯 ··· 125
    6.1.3 添加扶手 ····················· 131
    6.1.4 电梯和自动扶梯 ·············· 132
6.2 创建室外设施 ······················· 134
    6.2.1 创建阳台 ····················· 134

6.2.2	创建台阶 ……………………	137
6.2.3	创建坡道 ……………………	141
6.2.4	创建散水 ……………………	141

6.3 实战演练——创建某别墅的室内外设施 …………………… 143
6.4 本章小结 …………………………… 146
6.5 思考与练习 ………………………… 147

第 7 章 房间和屋顶 …………………… 148

7.1 房间查询 …………………………… 148
    7.1.1 搜索房间 …………………… 148
    7.1.2 房间轮廓 …………………… 150
    7.1.3 字转房间 …………………… 150
    7.1.4 查询面积 …………………… 150
    7.1.5 套内面积 …………………… 155
    7.1.6 公摊面积 …………………… 155
    7.1.7 面积计算 …………………… 155
    7.1.8 面积统计 …………………… 156

7.2 房间布置 …………………………… 157
    7.2.1 加踢脚线 …………………… 157
    7.2.2 房间分格 …………………… 158
    7.2.3 布置洁具 …………………… 160
    7.2.4 布置其他设施 ……………… 161

7.3 创建屋顶 …………………………… 164
    7.3.1 搜屋顶线 …………………… 164
    7.3.2 任意坡顶 …………………… 165
    7.3.3 人字坡顶 …………………… 165
    7.3.4 攒尖屋顶 …………………… 166
    7.3.5 矩形屋顶 …………………… 166
    7.3.6 加老虎窗 …………………… 168
    7.3.7 加雨水管 …………………… 168

7.4 实战演练——绘制公共卫生间平面图 …………………………… 169
7.5 实战演练——绘制屋顶平面图 … 176
7.6 本章小结 …………………………… 179
7.7 思考与练习 ………………………… 180

第 8 章 标注尺寸、文字和符号 ……… 182

8.1 尺寸标注 …………………………… 182
    8.1.1 创建尺寸标注 ……………… 182
    8.1.2 编辑尺寸标注 ……………… 190
    8.1.3 实战演练——绘制建筑平面图的尺寸标注 ……………… 195

8.2 文字和表格 ………………………… 198
    8.2.1 创建和编辑文字 …………… 198
    8.2.2 创建表格及数据交换 ……… 202
    8.2.3 编辑表格 …………………… 205
    8.2.4 实战演练——创建建筑工程设计说明 ……………… 212

8.3 符号标注 …………………………… 215
    8.3.1 坐标和标高 ………………… 215
    8.3.2 工程符号标注 ……………… 219
    8.3.3 实战演练——创建建筑平面图的工程符号 ……………… 225

8.4 本章小结 …………………………… 229
8.5 思考与练习 ………………………… 230

第 9 章 绘制立面图和剖面图 ………… 232

9.1 建筑立面图 ………………………… 232
    9.1.1 楼层表与工程管理 ………… 232
    9.1.2 生成建筑立面图 …………… 234
    9.1.3 深化立面图 ………………… 235

9.2 建筑剖面图 ………………………… 240
    9.2.1 创建建筑剖面图 …………… 240
    9.2.2 加深剖面图 ………………… 242
    9.2.3 修饰剖面图 ………………… 248

9.3 实战演练——创建餐厅立面图 … 249
9.4 实战演练——创建餐厅剖面图 … 255
9.5 本章小结 …………………………… 260
9.6 思考与练习 ………………………… 260

第 10 章 综合实例——绘制办公楼全套施工图 …………………… 262

10.1 绘制办公楼平面图 ……………… 262
    10.1.1 绘制办公楼首层平面图 … 262
    10.1.2 绘制办公楼二、三层平面图 … 275
    10.1.3 绘制办公楼四层平面图 … 279
    10.1.4 绘制办公楼屋顶平面图 … 284

10.2 创建办公楼立面图和剖面图 ······ 287
    10.2.1 创建办公楼正立面图 ··········· 287
    10.2.2 创建办公楼剖面图 ············· 293

第 11 章 综合实例——绘制住宅楼全套施工图 ··········· 298

11.1 住宅楼平面图 ······················· 298
    11.1.1 创建架空层平面图 ············· 298
    11.1.2 创建住宅楼一层平面图 ········· 305
    11.1.3 创建住宅楼标准层平面图 ······· 313
    11.1.4 创建屋顶平面图 ··············· 315
11.2 住宅楼立面图和剖面图 ··········· 319
    11.2.1 创建住宅楼正立面图 ··········· 319
    11.2.2 创建住宅楼剖面图 ············· 326

第 12 章 布图打印与图形导出 ······· 333

12.1 模型空间与图纸空间概念 ······· 333
12.2 单比例布图 ························· 334
    12.2.1 设置当前比例 ················· 334
    12.2.2 更改出图比例 ················· 334
    12.2.3 页面设置 ······················· 335
    12.2.4 插入图框 ······················· 335
    12.2.5 定义视口 ······················· 336
    12.2.6 打印图形 ······················· 336
12.3 详图与多比例布图 ················ 337
    12.3.1 图形切割 ······················· 337
    12.3.2 改变比例 ······················· 338
    12.3.3 标注详图 ······················· 338
    12.3.4 多比例布图 ···················· 339
    12.3.5 打印输出 ······················· 339
12.4 图形导出 ···························· 340
    12.4.1 旧图转换 ······················· 340
    12.4.2 整图导出 ······················· 340
    12.4.3 局部导出 ······················· 341
    12.4.4 批量导出 ······················· 341
    12.4.5 分解对象 ······················· 341
    12.4.6 备档拆图 ······················· 342
    12.4.7 整图比对 ······················· 342
    12.4.8 图纸保护 ······················· 342
    12.4.9 图形变线 ······················· 343
12.5 本章小结 ···························· 344
12.6 思考与练习 ························· 344

附录 T20 命令索引 ····················· 345

    设置菜单 ································· 345
    轴网菜单 ································· 345
    柱子菜单 ································· 345
    墙体菜单 ································· 346
    门窗菜单 ································· 346
    房间屋顶菜单 ·························· 347
    楼梯其他菜单 ·························· 348
    立面菜单 ································· 349
    剖面菜单 ································· 349
    文字表格菜单 ·························· 350
    尺寸标注菜单 ·························· 350
    符号标注菜单 ·························· 351
    图层控制菜单 ·························· 352
    工具菜单 ································· 352
    图块图案菜单 ·························· 353
    义件布图菜单 ·························· 354
    其他菜单 ································· 354
    帮助演示菜单 ·························· 355

第 1 章 AutoCAD 建筑绘图入门

● **本章导读**

AutoCAD 是由美国 Autodesk 公司于 20 世纪 80 年代初开发的一种通用计算机设计绘图程序软件，是国际上通用的绘图工具之一。AutoCAD 2024 是 Autodesk 公司推出的新版本，在界面设计、三维建模、渲染等方面做了很大的改进。

由于 TArch（天正建筑）是基于 AutoCAD 图形平台的二次开发软件，因此熟练使用 AutoCAD 也是正确使用 TArch 的基础和前提。

本章将介绍 AutoCAD 2024 的界面组成、命令输入方式、图层设置、图形绘制和编辑的基础知识，以便读者能够快速熟悉 AutoCAD 的操作环境和工作方式。

● **本章重点**

◈ AutoCAD 2024 工作空间　　　◈ AutoCAD 2024 工作界面
◈ AutoCAD 命令的调用　　　　◈ 图层的设置
◈ 绘制基本图形　　　　　　　　◈ 绘制多边形对象
◈ 绘制曲线对象　　　　　　　　◈ 编辑图形
◈ 文字和尺寸标注　　　　　　　◈ 本章小结
◈ 思考与练习

1.1 AutoCAD 2024 工作空间

为了满足不同用户的需要，中文版 AutoCAD 2024 提供了"草图与注释""三维基础"和"三维建模"3 种工作空间，用户可以根据绘图的需要选择相应的工作空间。

切换工作空间的方法如下：

➢ 单击展开 AutoCAD 2024 界面左上方快速访问工具栏中的工作空间列表，如图 1-1 所示，从该列表中可以快速选择相应的工作空间。

➢ 单击状态栏"切换工作空间"按钮，在弹出的工作空间菜单中可选择相应的工作空间，如图 1-2 所示。

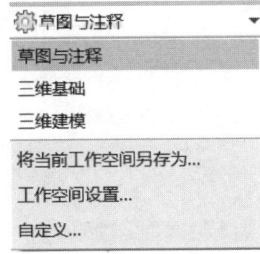
图 1-1　工作空间列表

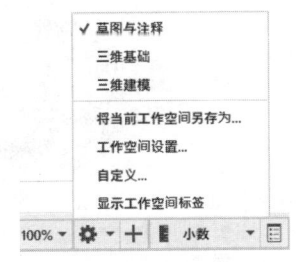
图 1-2　工作空间菜单

1.1.1 "草图与注释"工作空间

　　AutoCAD 2024 系统默认打开的是"草图与注释"工作空间界面，该工作空间界面主要由应用程序按钮、功能区选项板、快速访问工具栏、绘图区、命令行和状态栏构成，如图 1-3 所示。
　　绘制和标注二维图形可以通过功能区选项板中的各个选项卡按钮进行，以提高绘图速度。

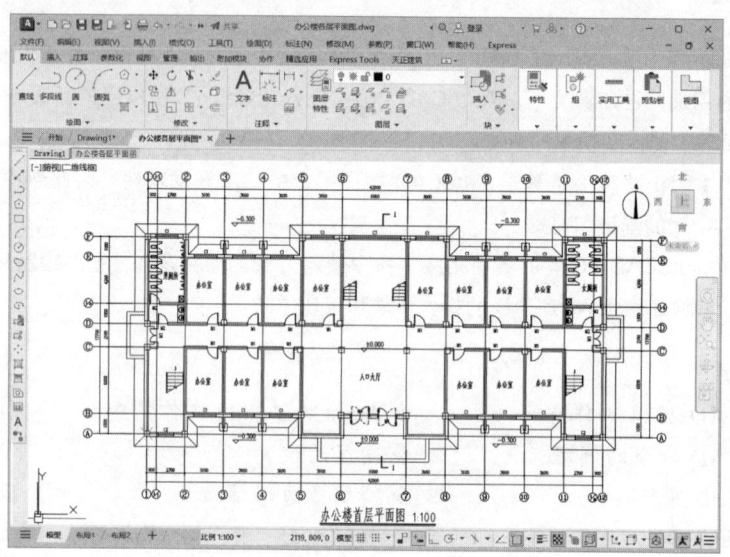

图 1-3　"草图与注释"工作空间界面

1.1.2 "三维基础"工作空间

　　在"三维基础"工作空间中能够非常方便地调用三维建模功能、布尔运算功能以及三维编辑功能创建出简单的三维图形，其工作空间界面如图 1-4 所示。

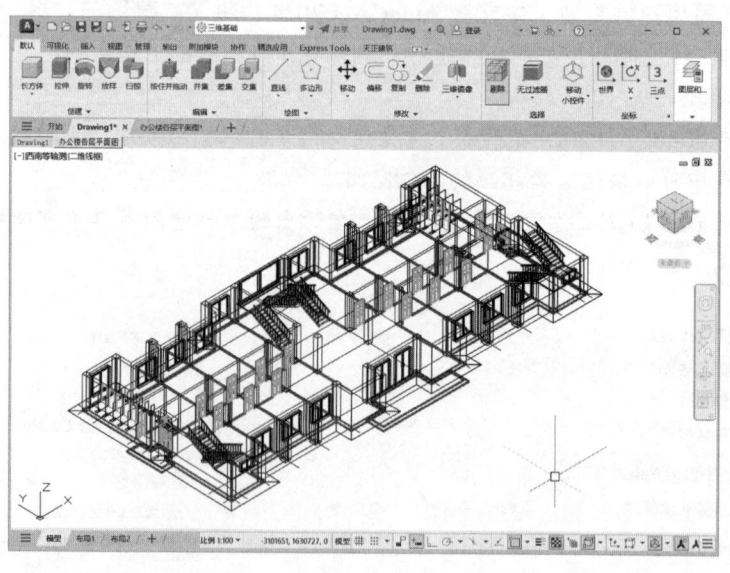

图 1-4　"三维基础"工作空间界面

1.1.3 "三维建模"工作空间

在"三维建模"工作空间中可以更加方便快捷地绘制复杂的三维图形,该工作空间的功能区中集合了"常用""实体""曲面""网格""渲染""插入""注释""视图""管理"和"输出"等面板,能完成诸如三维曲面、实体、网格模型的制作,细节的观察与调整,并为材质、灯光效果的制作、渲染以及输出提供了非常便利的操作环境。

1.2 AutoCAD 2024 工作界面

学习 AutoCAD 2024,首先需要对其工作界面进行认识和了解。为了方便用户从老版本快速过渡到新版本,本书以"草图与注释"工作空间为例进行讲解。该工作空间界面包括应用程序按钮、菜单栏、快速访问工具栏、绘图工具栏、标题栏、绘图区、命令行和状态栏等,如图 1-5 所示。

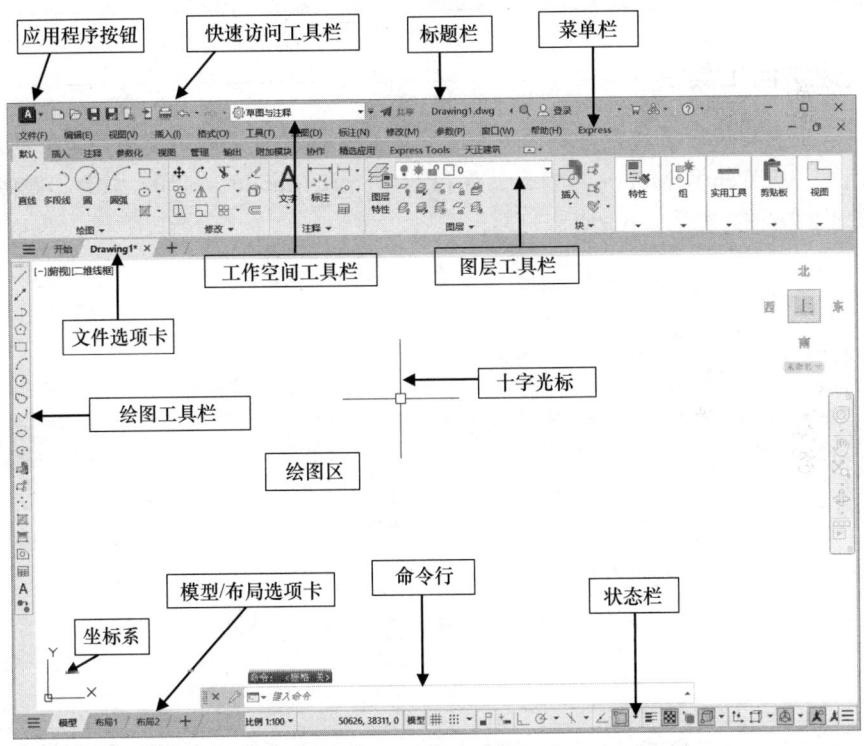

图 1-5 AutoCAD 2024 "草图与注释"工作空间界面

1.2.1 应用程序按钮

应用程序按钮 位于工作空间界面左上角,单击该按钮,系统将弹出用于管理 AutoCAD 图形文件的命令列表,其中包括"新建""打开""保存""另存为""输入""输出""发布""打印""图形实用工具"及"关闭"等命令。

在应用程序菜单中除了可以调用如上所述的常规命令外,调整其显示为"小图像"或"大图像",然后将鼠标指针置于菜单右侧排列的"最近使用文档"名称上,还可以快速预览打开过的图像文件内容。

1.2.2 标题栏

标题栏位于工作空间界面的最上端，它显示了系统正在运行的应用程序和用户正在编辑的图形文件信息。

1.2.3 菜单栏

菜单栏中的每个主菜单都包含了数目不等的子菜单，有的子菜单中还包含了下一级子菜单。这些菜单中的命令几乎包含了 AutoCAD 2024 全部功能的命令。

> **技巧**
> 在"草图与注释""三维基础"和"三维建模"工作空间中也可以显示菜单栏，方法是单击快速访问工具栏右侧的下拉按钮，在下拉菜单中选择"显示菜单栏"命令。

1.2.4 快速访问工具栏

快速访问工具栏位于工作空间界面的左上角，它包括了常用的功能按钮，如新建、打开、保存、另存为、从 Web 和 Mobile 中打开、保存到 Web 和 Mobile、打印、放弃、重做，可以给用户提供更多的方便，如图 1-6 所示。

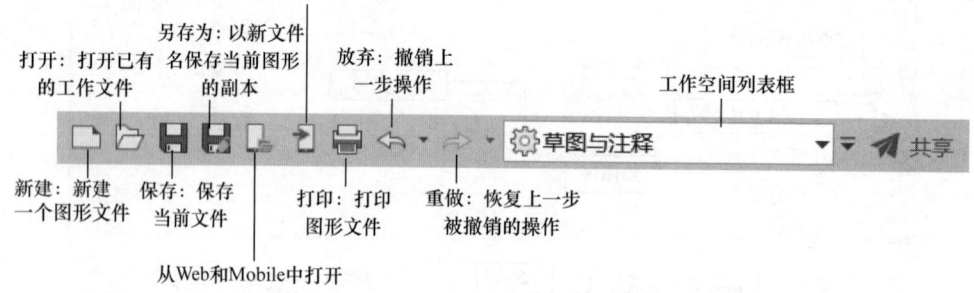

图 1-6 快速访问工具栏

> **技巧**
> 在快速访问工具栏中可以增加或删除按钮，方法是右击快速访问工具栏，在弹出的快捷菜单中选择"自定义快速访问工具栏"命令，在弹出的"自定义用户界面"对话框中进行设置。

1.2.5 工具栏

工具栏直观地展现了 AutoCAD 的各种命令，每一个图标都是一个命令按钮，使用工具栏可以快速地执行各种命令。

AutoCAD 包含了大量的绘图工具和编辑工具，但是为了方便显示和操作，在默认状态下只显示绘图、修改等常用的工具栏,如果需要调用其他工具栏,在任意工具栏上右击,在弹出的快捷菜单中进行相应的选择即可,或者使用"工具"→"工具栏"→"AutoCAD"子菜单。

1.2.6 绘图区

绘图区是绘制与编辑图形及文字的工作区域,一个图形对应一个绘图区,如图1-7所示。绘图区的大小并不是一成不变的,用户可以通过关闭多余的工具栏以增大绘图空间。

1.2.7 命令行与文本窗口

命令行窗口位于绘图区的下方,用于命令的接收和输入,并显示AutoCAD提示信息。用户可以拖动鼠标调整命令行窗口大小。

在AutoCAD 2024中,系统会在用户输入命令行命令时自动完成命令名或系统变量,此外,还会显示一个有效选择列表和相关命令功能信息,如图1-8所示。用户可以按Tab键从中进行选择,这为用户快速使用命令提供了极大的方便。

按Ctrl+F2键将打开AutoCAD 2024文本窗口,当用户需要查询大流量信息时,该窗口非常有用。

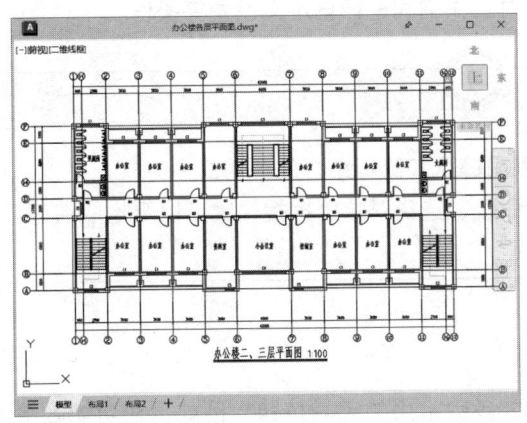

图1-7 绘图区　　　　　图1-8 显示有效选择列表

1.2.8 状态栏

状态栏位于工作界面的底部,其组成如图1-9所示。

图1-9 状态栏

1. 模型/布局选项卡

单击 ≡ 按钮,在弹出的列表中选择选项,可以执行新建布局、页面设置管理器等命令。单击模型、布局选项卡标签,可以切换至模型、布局空间。

2. 当前比例

在下拉列表中可以选择比例作为当前的绘图比例。若在下拉列表的底部选择"其他比例"选项，将打开"设置当前比例"对话框，在其中可以自定义比例值。

3. 坐标值

坐标值显示了绘图区中光标的位置，移动光标，坐标值也会随之变化。

4. 绘图辅助工具

主要用于控制绘图的性能，其中包括推断约束、捕捉模式、栅格显示、正交模式、极轴追踪、二维对象捕捉、三维对象捕捉、对象捕捉追踪、允许/禁止动态UCS、动态输入、显示/隐藏线宽、显示/隐藏透明度、快捷特性和选择循环等工具。

5. 注释工具

用于控制缩放注释。选择不同的空间（如模型空间和图纸空间），将显示不同的工具。

6. 工作空间工具

用于切换AutoCAD 2024的工作空间，以及对工作空间进行自定义设置等操作。

1.3 AutoCAD 命令的调用

AutoCAD调用命令的方式非常灵活，主要采用键盘和鼠标结合的调用命令方式，可以通过键盘输入命令和参数，通过鼠标执行工具栏中的命令、选择对象、捕捉关键点以及拾取点等。

1.3.1 命令调用方式

1. 通过功能区执行命令

在功能区中分门别类地列出了AutoCAD绝大多数常用的工具按钮。例如，在功能区中单击"默认"选项卡内的绘制圆按钮 ⊘，在绘图区内即可绘制圆，如图1-10所示。

2. 通过工具栏执行命令

AutoCAD还以工具栏的形式显示常用的工具按钮，单击工具栏上的工具按钮即可执行相关的命令，如图1-11所示。

3. 通过菜单栏执行命令

在AutoCAD中还可以通过菜单栏调用命令，如绘制圆，可以执行"绘图"→"圆"命令，即可在绘图区根据提示绘制圆，如图1-12所示。

4. 通过命令行执行命令

无论在哪个工作空间，通过在命令行内输入命令字符或是快捷命令，均可执行命令，如在命令行中输入Circle（命令字符）或C（快捷命令）并按Enter键，即可在绘图区中绘制圆，如图1-13所示。

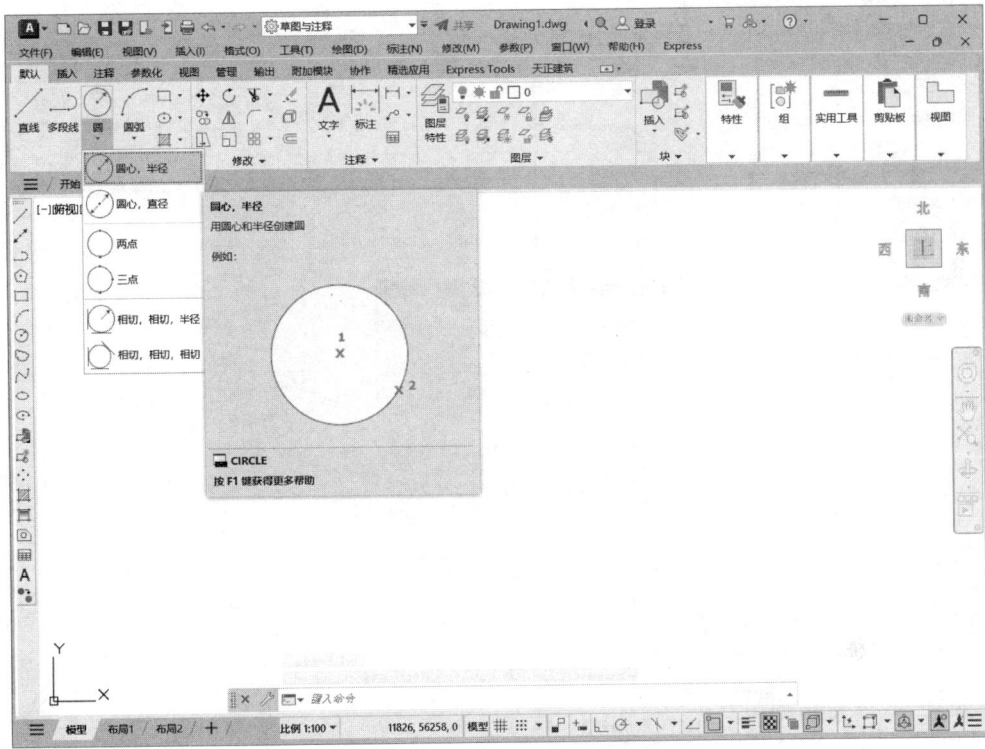

图 1-10　通过功能区执行命令

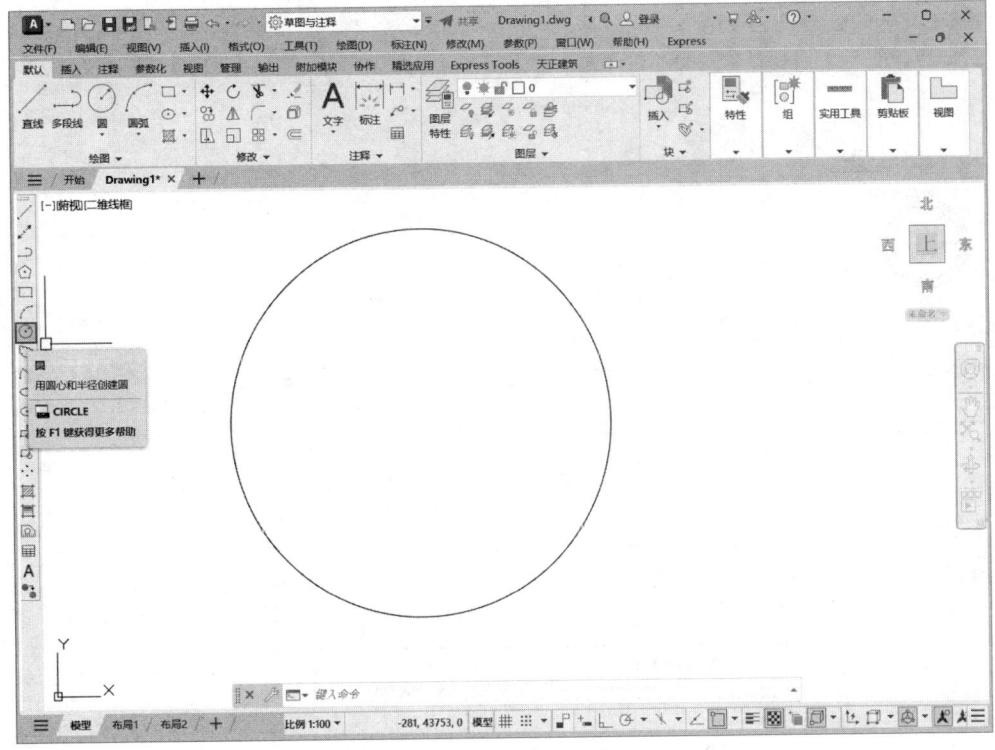

图 1-11　通过工具栏执行命令

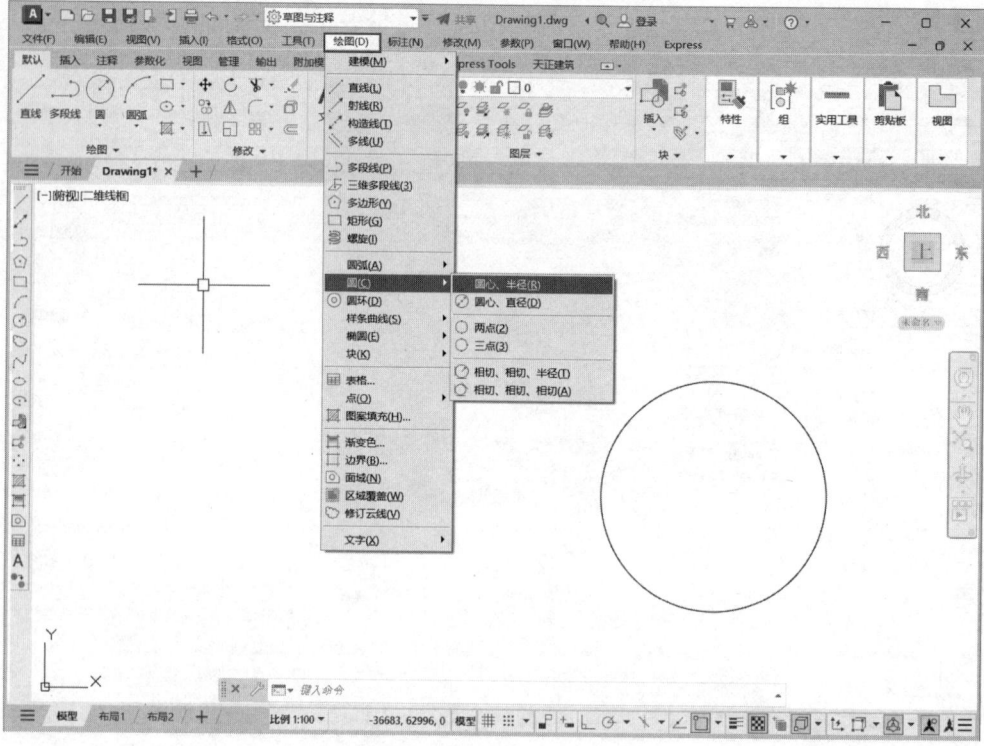

图 1-12　通过菜单栏执行命令

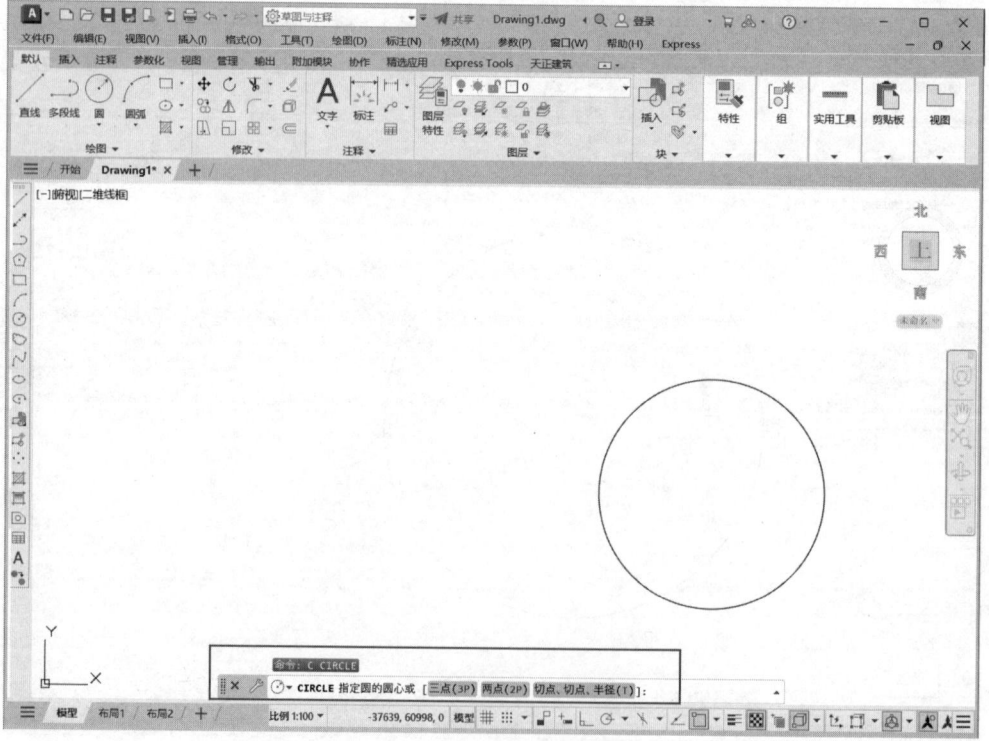

图 1-13　通过命令行执行命令

5. 通过键盘快捷键执行命令

AutoCAD 还可以通过键盘上的 Windows 程序通用的一些快捷键直接执行命令，如使用 Ctrl+O 组合键打开文件，使用 Alt+F4 组合键关闭程序等。此外，AutoCAD 还赋予了键盘上的功能键相应的快捷功能，如 F3 键为开启或关闭对象捕捉的快捷键。

1.3.2 鼠标在 AutoCAD 中的应用

除了通过键盘按键直接执行命令外，在 AutoCAD 中还可以通过单独使用鼠标左、中、右三个键或配合键盘按键执行一些常用的命令。鼠标键功能见表 1-1。

表 1-1 鼠标键功能

鼠标键	操作方法	功能
左键	单击	拾取对象
	双击	进入对象特性修改对话框
右键	在绘图区右击	打开快捷菜单或相当于按 Enter 键
	Shift+ 右键	打开对象捕捉快捷菜单
	在工具栏中右击	打开快捷菜单
中间滚轮	向前或向后滚动轮子	实时缩放
	按住轮子不放并拖拽	实时平移
	按住轮子不放并拖拽 + Shift	垂直或水平实时平移
	Shift+ 按住轮子不放并拖拽	随意式三维旋转
	双击	缩放成实际范围

1.3.3 中止当前命令

按 Esc 键可以快速中止当前正在执行的命令。

1.3.4 重复命令

在绘图过程中经常会出现重复使用同一个命令的情况，此时如果采用以下方法代替重复输入，则会使绘图效率大大提高。

三种常用的重复执行命令的方法如下：

- 快捷键：按 Enter 键或空格键
- 命令行：MULTIPLE/MUL
- 快捷菜单：右击，在弹出的快捷菜单中选择"重复**"命令

1.3.5 撤销命令

在绘图过程中，有时需要取消某个操作，返回到之前的某一操作，这时就要用到撤销命令。执行该命令的方法有以下几种：

- 快捷键：Ctrl+Z
- 命令行：UNDO
- 菜单栏："编辑"→"放弃"命令
- 工具栏：单击快速访问工具栏中的"放弃"按钮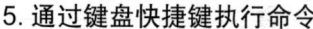

1.3.6 重做撤销命令

使用重做撤销命令,可以重做撤销的命令,具体方法如下:
- ➢ 命令行:REDO
- ➢ 快捷键:Ctrl+Y
- ➢ 菜单栏:"编辑"→"重做"命令
- ➢ 工具栏:单击快速访问工具栏中的"重做"按钮

1.4 图层的设置

图层是 AutoCAD 提供给用户的组织图形的强有力工具。AutoCAD 的图形对象必须绘制在某个图层上,可以是默认的图层,也可以是用户自己创建的图层。利用图层的特性,如颜色、线型、线宽等,可以非常方便地区分不同的对象。此外,AutoCAD 还提供了大量的图层管理功能(如打开/关闭、冻结/解冻、加锁/解锁等),这些功能使用户在组织图层时非常方便。

1.4.1 图层特性管理器

"图层特性管理器"是 AutoCAD 提供给用户的强有力的图层管理工具。在"图层特性管理器"对话框中可以创建、重命名和删除图层,并设置相关的图层特性。

执行"格式"→"图层"命令,打开如图 1-14 所示的"图层特性管理器"选项板,用户可以根据自己的需要对图层进行设置。

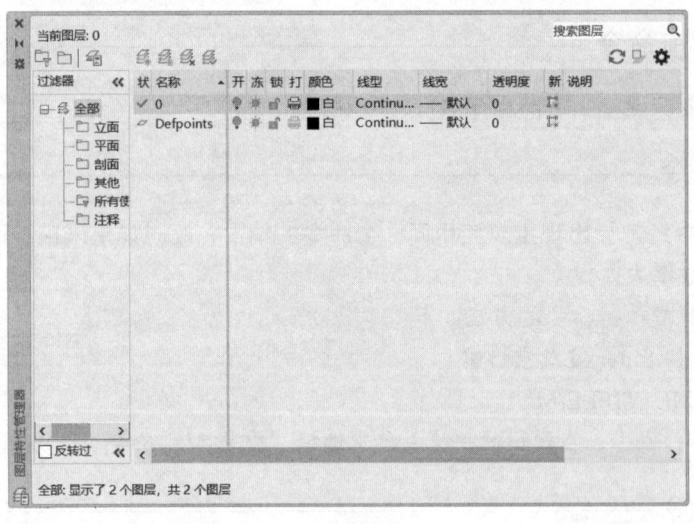

图 1-14 "图层特性管理器"选项板

"图层特性管理器"对话框中各个选项的含义如下:
- ➢ 新建图层:单击对话框顶部的"新建图层"按钮,可以新建一个图层。用户可对新建图层进行重命名。在实际绘图中可以建立"轴线""墙体""门"等图层。
- ➢ 删除图层:单击对话框顶部的"删除图层"按钮,可以删除当前选择的图层。
- ➢ 状态栏:双击状态栏中的 图标,当图标显示为 状态时,表明该图层为当前图层。

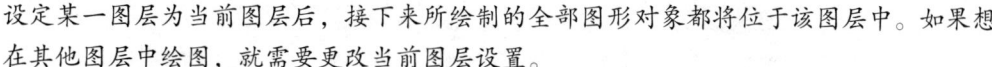

设定某一图层为当前图层后，接下来所绘制的全部图形对象都将位于该图层中。如果想在其他图层中绘图，就需要更改当前图层设置。

- "名称"栏：在"名称"栏中右击，在弹出的快捷菜单中选择"重命名"命令，即可对选中的图层进行重命名。
- 打开或关闭图层：单击图层名称后的 按钮，若灯图形亮显，则所选图层为打开状态，若灯图形关闭，则所选图层为关闭状态。当图层上的图形对象较多而可能干扰绘图过程时，可以利用打开/关闭功能暂时关闭某些图层。关闭的图层与图形一起重生成，但不能在绘图区中显示或被打印。
- 冻结或解冻图层：单击"冻结"栏中的 按钮，按钮显示为 时，表明所选图层为冻结状态，反之则为解冻状态。冻结图层有利于减少系统重生成图形的时间。冻结图层不参与重生成计算而且不显示在绘图区中，不能对其进行编辑。
- 锁定或解锁图层：单击"锁定"栏中的 按钮，按钮显示为 时，表明所选图层为锁定状态，反之则为解锁状态。图层被锁定后，该图层的实体仍然显示在屏幕上，而且可以在该图层上添加新的图形对象，但不能对其进行编辑、选择和删除等操作。
- "颜色"栏：单击"颜色"栏中的 按钮，在弹出的"选择颜色"对话框中可以对图层的颜色进行设置。
- "线型"栏：单击"线型"栏中的"Continu..."按钮，在弹出的"选择线型"对话框中可以对图层的线型进行设置。
- "线宽"栏：单击"线宽"栏中的"——默认"按钮，在弹出的"线宽"对话框中可以对图层的线宽进行设置。
- "打印"栏：单击"打印"栏中的 按钮，按钮显示为 时，表明该图层不能被打印输出，反之图层则处于可以打印输出的状态。

1.4.2 创建与设置图层

绘制建筑设计施工图时，根据所绘制图形的不同来创建不同的图层，可以方便用户对其进行管理和观察，提高绘图的效率。

下面以创建"轴线"图层为例，介绍创建图层及设置图层的方法。

01 在命令行中输入"LAYER/LA"并按 Enter 键，或选择"格式"→"图层"命令，打开如图 1-15 所示的"图层特性管理器"对话框。

02 单击对话框中的"新建图层"按钮 ，创建一个新的图层，在"名称"栏中输入新图层名称"轴线"，如图 1-16 所示。

03 设置图层颜色。为了区分不同图层上的图线，增加图形不同部分的对比性，可以在"图层特性管理器"对话框中单击相应图层"颜色"栏中的颜色色块，打开"选择颜色"对话框，如图 1-17 所示。在该对话框中选择需要的颜色，结果如图 1-18 所示。轴线图层通常设置为红色。

04 设置图层的线型。单击"轴线"图层"线型"栏中的"Continu..."图标，弹出如图 1-19 所示的"选择线型"对话框，单击 加载(L)... 按钮，在弹出的如图 1-20 所示的"加载或重载线型"对话框中选择所需要的线型，单击"确定"按钮，完成线型的设置。

05 对"轴线"图层的其他特性采用默认值，图层创建完成，结果如图 1-21 所示。

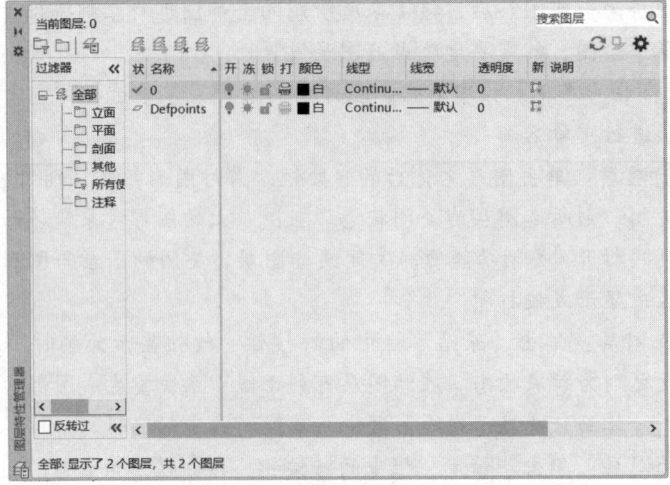

图 1-15 "图层特性管理器"对话框

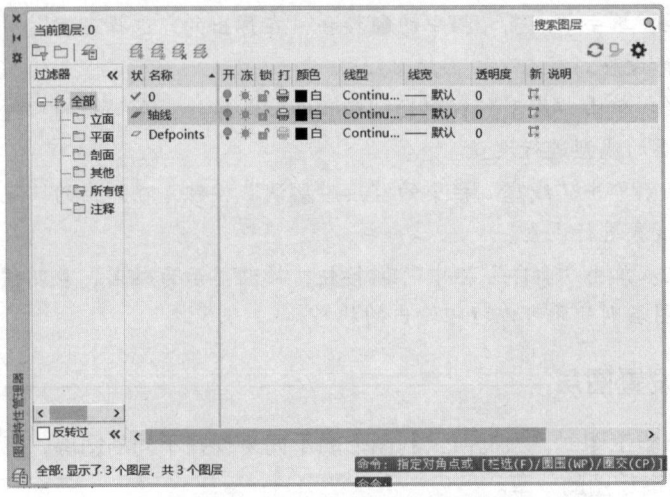

图 1-16 创建"轴线"图层

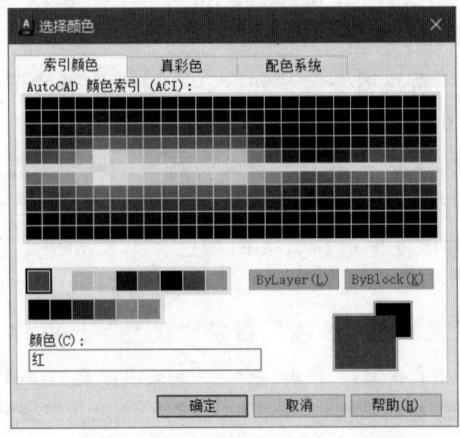

图 1-17 "选择颜色"对话框

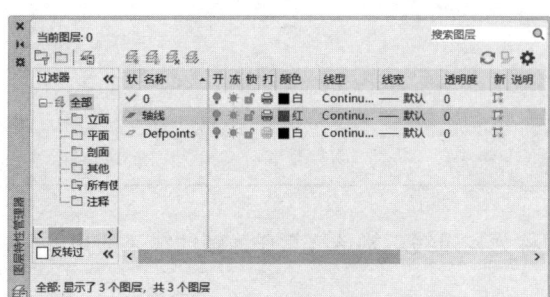

图 1-18 设置"轴线"图层颜色

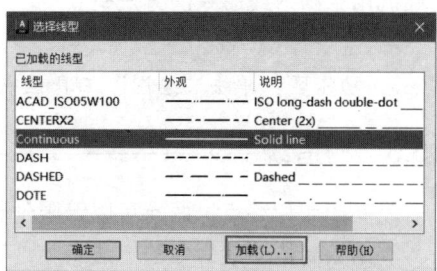

图 1-19 "选择线型"对话框

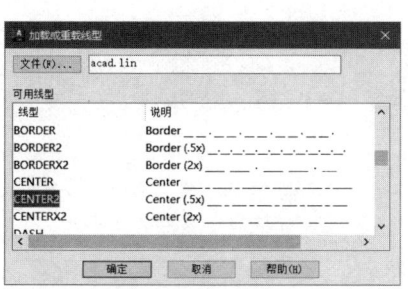

图 1-20 选择线型

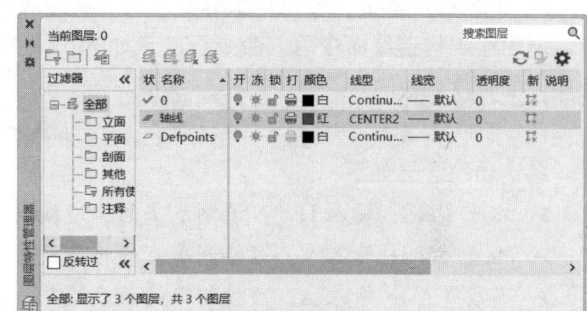

图 1-21 图层创建完成

1.5 绘制基本图形

任何建筑施工图都是由点、直线、圆、圆弧和矩形等基本图形构成的，因此只有熟练掌握这些基本图形的绘制方法，才能绘制出各种复杂的图形对象。本节将介绍如何绘制基本图形。通过本节的学习，读者将会对二维图形的基本绘制方法有一个全面的了解和认识，并能熟练使用常用的绘图命令。

1.5.1 直线

绘图中最简单、最常用的图形对象就是直线。在绘图区指定直线的起点和终点即可绘制一条直线。一条直线绘制完成后，将该直线的终点作为起点，然后指定下一个终点，可以继续绘制下一条直线。依此类推可绘制首尾相连的图形。按 Esc 键可以退出直线绘制状态。

调用绘制直线命令的方法有：
- 命令行：LINE/L
- 工具栏：单击"绘图"工具栏中的"直线"按钮
- 菜单栏："绘图"→"直线"命令

1.5.2 射线

射线是一端固定而另一端可无限延伸的直线。它只有起点和方向，没有终点，一般用来作为辅助线。

调用绘制射线命令的方法有：
- 命令行：RAY
- 功能区：单击"绘图"工具栏中的 按钮

1.5.3 构造线

没有起点和终点，两端可以无限延长的直线称为构造线。构造线常作为辅助线来使用。
调用绘制构造线命令的方法有：
- 命令行：XLINE/XL。
- 菜单栏："绘图"→"构造线"命令
- 工具栏：单击"绘图"工具栏中的"构造线"按钮

调用绘制构造线命令后，命令行提示如下：

命令：XLINE
指定点或 [水平(H)/垂直(V)/角度(A)/二等分(B)/偏移(O)]：

各选项的含义如下：
- 水平（H）：输入H，可绘制水平的构造线。
- 垂直（V）：输入V，可绘制垂直的构造线。
- 角度（A）：输入A，可按指定的角度绘制一条构造线。
- 二等分（B）：输入B，可创建已知角的角平分线。使用该选项创建的构造线将平分指定的两条线之间的夹角，而且通过该夹角的顶点。在绘制角平分线时，系统要求用户指定已知角的顶点、起点及终点。
- 偏移（O）：输入O，可创建平行于某个对象的平行线。这条平行线可以偏移一段距离与该对象平行，也可以通过指定的点与该对象平行。

1.5.4 多段线

由等宽或不等宽的直线或圆弧等多条线段构成的特殊线段称为多段线。这些线段所构成的图形是一个整体，可以对其进行编辑。

调用绘制多段线命令的方法有：
- 命令行：PLINE/PL。
- 工具栏：单击"绘图"工具栏中的"多段线"按钮
- 菜单栏："绘图"→"多段线"命令

调用绘制多段线命令后，命令行提示如下：

命令：PLINE   // 调用PLINE命令绘制多段线
指定起点：   // 单击在绘图区指定一点作为多段线的起点
当前线宽为 0.0000   // 显示0表示当前没有设置线宽
指定下一个点或 [圆弧(A)/半宽(H)/长度(L)/放弃(U)/宽度(W)]：

各选项的含义如下：
- 圆弧（A）：输入A，将以绘制圆弧的方式绘制多段线。其下的"半宽""长度""放弃""宽度"选项与主提示中的各选项含义相同。
- 半宽（H）：输入H，可指定多段线的半宽值。系统将提示用户输入多段线的起点半宽值与终点半宽值。
- ➢ 长度（L）：输入 L，可定义多段线的长度。系统将按照上一条线段的方向绘制此多段线。如果上一段是圆弧，将绘制与此圆弧相切的线段。
- ➢ 放弃（U）：输入 U，可取消上一次绘制的多段线。
- ➢ 宽度（W）：输入 W，可以设置多段线的宽度值。

1.5.5 多线

多线由一系列相互平行的直线组成，组合范围为 1～16 条平行线，每一条直线都称为多线的一个元素。使用多线命令，可通过确定起点和终点位置一次性画出一组平行直线，而不需要逐一画出每一条平行线。多线常用于绘制建筑平面图中的墙体和门窗、规划图中的道路等。

1. 多线样式设置

在绘制多线前，要先根据需要对多线样式进行设置，以定义多线元素的数量和相互之间的距离。

调用多线样式命令的方法如下：
- ➢ 命令行：MLSTYLE
- ➢ 菜单栏："格式"→"多线样式"命令

这里以创建"墙体"多线样式为例，介绍多线样式的创建方法。

01 选择"格式"→"多线样式"命令，打开"多线样式"对话框，如图 1-22 所示。

02 单击"新建"按钮，打开如图 1-23 所示的"创建新的多线样式"对话框，在"新样式名"文本框中输入样式的名称，这里输入"墙体"，单击"继续"按钮，对创建的多线样式进行设置。

03 在打开的如图 1-24 所示的"新建多线样式：墙体"对话框中对新建的多线样式的封口、直线之间的距离、颜色和线型等选项进行设置，在"说明"文本框中还可以对新建多线样式的用途、创建者、创建时间等进行说明，方便以后在选用多线样式的时候加以判断。

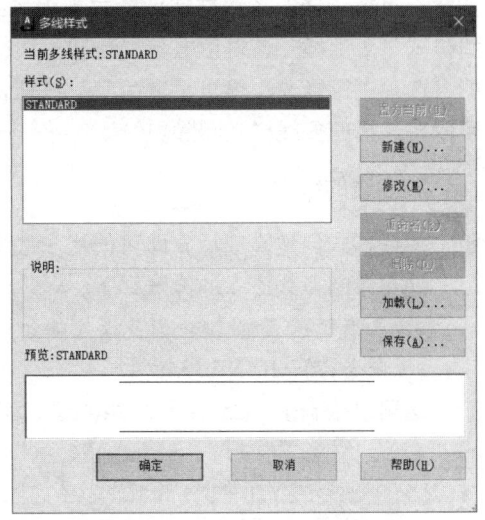

图 1-22 "多线样式"对话框

04 单击"确定"按钮，保存设置，返回"多线样式"对话框。此时在"多线样式"对话框的"样式"列表框中将显示出设置完成的多线样式。

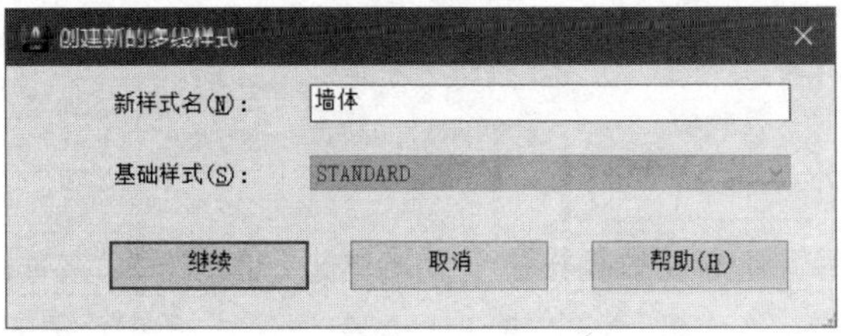

图 1-23 "创建新的多线样式"对话框

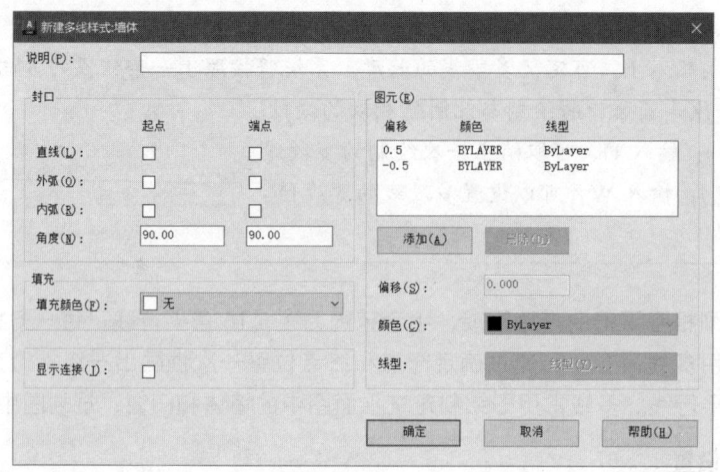

图1-24 "新建多线样式：墙体"对话框

在"多线样式"对话框的"样式"列表框中选择需要使用的多线样式，单击"置为当前"按钮，可将选择的多线样式设置为当前系统默认的样式；单击"修改"按钮，将打开"修改多线样式"对话框（该对话框与"新建多线样式"对话框的选项完全一致），在其中可对指定样式的各选项进行修改；单击"重命名"按钮，可将选择的多线样式重新命名；单击"删除"按钮，可以将选择的多线样式删除。

2. 多线的绘制

多线样式创建完成后，即可使用多线命令进行绘制。

调用绘制多线命令的方法如下：

- 菜单栏："绘图"→"多线"命令
- 命令行：MLINE / ML

这里以绘制图1-25所示的240墙体为例，介绍多线的绘制方法。命令行提示如下：

```
命令：MLINE↙                                              //调用绘制多线命令
当前设置：对正 = 上，比例 = 20.00，样式 = STANDARD
指定起点或 [对正(J)/比例(S)/样式(ST)]：S↙              //选择"比例(S)"选项
输入多线比例 <20.00>： 240↙                             //根据墙宽进行设置
当前设置：对正 = 上，比例 = 240.00，样式 = STANDARD
指定起点或 [对正(J)/比例(S)/样式(ST)]：J↙              //选择"对正(J)"选项
输入对正类型 [上(T)/无(Z)/下(B)] <上>： Z↙             //选择"无(Z)"选项
当前设置：对正 = 无，比例 = 240.00，样式 = STANDARD
指定起点或 [对正(J)/比例(S)/样式(ST)]：                  //捕捉并单击轴线交点
指定下一点：                                            //继续捕捉并单击轴线交点
……                     //继续捕捉并单击轴线交点，直至完成所有墙体的绘制
```

3. 多线的编辑

多线墙体绘制完成后，还需要对相接位置的墙体进行编辑，以完善图形。

01 单击"修改"→"对象"→"多线"命令，打开如图1-26所示的"多线编辑工具"对话框。

02 在"多线编辑工具"对话框中选择相应的多线编辑方式,对绘制完成的多线进行编辑,如图1-27所示为使用"角点结合"方式编辑墙体,图1-28所示为使用"T形打开"方式编辑墙体。

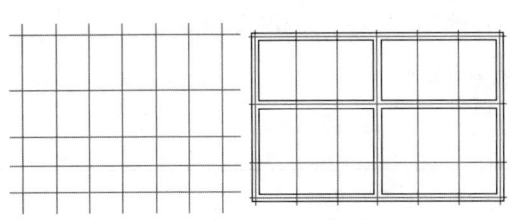

图1-25 使用多线绘制墙体

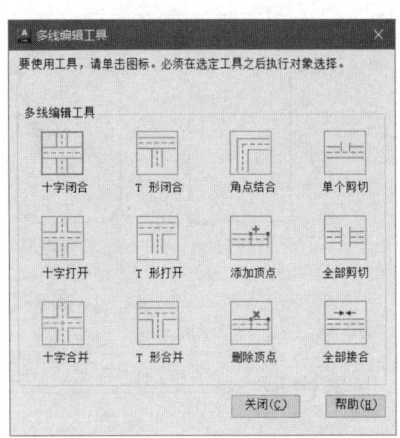

图1-26 "多线编辑工具"对话框

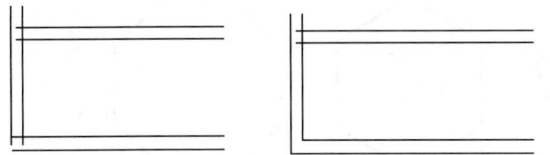

图1-27 使用"角点结合"方式编辑墙体

图1-28 使用"T形打开"方式编辑墙体

1.6 绘制多边形对象

矩形和正多边形都是绘图中经常用到的图形元素。

1.6.1 矩形

调用绘制矩形命令的方法有:

- 命令行:RECTANG/REC
- 工具栏:单击"绘图"工具栏中的"矩形"按钮▭。
- 菜单栏:"绘图"→"矩形"命令

命令行提示如下:

命令:RECTANG
指定第一个角点或 [倒角(C)/标高(E)/圆角(F)/厚度(T)/宽度(W)]:

各选项的含义如下:

- 倒角(C):绘制的矩形带倒角。
- 标高(E):表示矩形的高度。在系统默认的情况下,绘制的矩形在X、Y平面内。该选项一般用于三维绘图。

- 圆角（F）：绘制的矩形带圆角。
- 厚度（T）：表示矩形的厚度。该选项一般用于三维绘图。
- 宽度（W）：表示矩形的宽度。

图 1-29 所示为绘制的各种矩形。

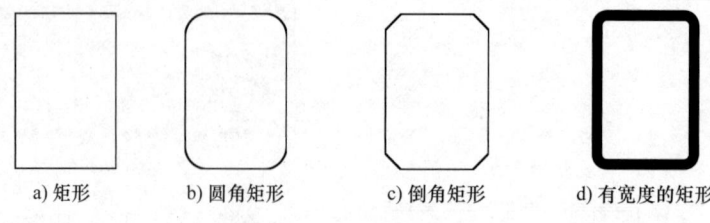

a）矩形　　b）圆角矩形　　c）倒角矩形　　d）有宽度的矩形

图 1-29　绘制的各种矩形

1.6.2　正多边形

由三条或三条以上长度相等的线段首尾相接形成的闭合图形称为正多边形。正多边形的边数范围在 3～1024 之间。图 1-30 所示为绘制的各种正多边形。

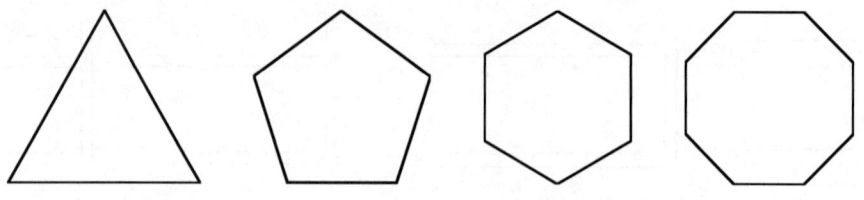

图 1-30　绘制的各种正多边形

调用绘制正多边形命令的方法有：
- 命令行：POLYGON/POL
- 工具栏：单击"绘图"工具栏中的"正多边形"按钮。
- 菜单栏："绘图"→"正多边形"命令

命令行提示如下：

```
命令：POL✓                                          //启动命令
POLYGON 输入侧面数<4>：6✓                            //输入边数
指定正多边形的中心点或[边(E)]：                       //单击确定外接圆或内切圆圆心
输入选项[内接于圆(I)/外切于圆(C)]<I>：I✓              //选择绘制方法
指定圆的半径：200✓                                   //输入内接圆或外切圆半径值
```

在正多边形的绘制过程中，各选项的命令含义如下：
- 中心点：通过指定正多边形中心点的方式来绘制正多边形。选择该选项后，系统会提示"输入选项[内接于圆（I）/外切于圆（C）]<I>："的信息，内接于圆表示以指定正多边形外接圆半径的方式来绘制正多边形，如图 1-31 所示；而外切于圆则表示以指定正多边形内切圆半径的方式来绘制正多边形，如图 1-32 所示。
- 边：通过指定多边形边的边长来绘制正多边形。该方法将通过边的数量和长度来确定正多边形，如图 1-33 所示。

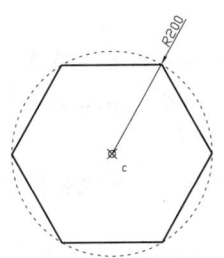 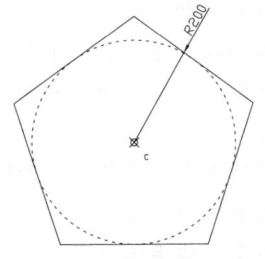 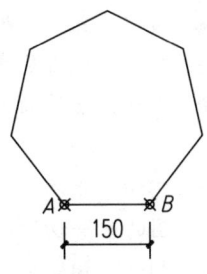

图 1-31　内接于圆法画正六边形　　图 1-32　外切于圆法画正五边形　　图 1-33　边长法画正七边形

1.7　绘制曲线对象

圆、圆弧、椭圆、椭圆弧及圆环等都属于曲线对象，其绘制方法相对于直线对象来说要复杂一些。

1.7.1　样条曲线

样条曲线是一种能够自由编辑的曲线，如图 1-34 所示。在选择需要编辑的样条曲线后，曲线周围会显示控制点，如图 1-35 所示。用户可以根据自己的需要，通过调整曲线上的控制点来控制曲线的形状。

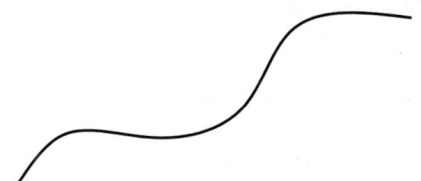　　

图 1-34　样条曲线　　　　　　　　图 1-35　显示样条曲线的控制点

调用绘制样条曲线命令的方法有：
- 命令行：SPLINE/SPL
- 工具栏：单击"绘图"工具栏中的"样条曲线"按钮
- 菜单栏："绘图"→"样条曲线"→"拟合"或"控制点"命令

1.7.2　圆

圆在 AutoCAD 建筑制图中常常用来表示柱子、孔洞、轴等基本构件，它的使用相当频繁。调用绘制圆命令的方法有：
- 命令行：CIRCLE/C
- 工具栏：单击"绘图"中的工具栏"圆"按钮
- 菜单栏："绘图"→"圆"命令

菜单栏中的"绘图"→"圆"命令为用户提供了 6 项绘制圆的子命令，绘制结果如图 1-36 所示。各项子命令的含义如下：
- 圆心、半径：用指定圆心和半径的方式绘制圆。

- 圆心、直径：用指定圆心和直径的方式绘制圆。
- 两点：通过确定的两个点绘制圆。系统会提示指定圆直径的第一端点和第二端点。
- 三点：通过确定的三个点绘制圆。系统会提示指定圆直径的第一端点、第二端点及第三端点。
- 相切、相切、半径：通过其他两个对象的切点和输入半径值来绘制圆。系统会提示指定圆的第一切线和第二切线上的点以及圆的半径。
- 相切、相切、相切：通过三条切线来绘制圆。

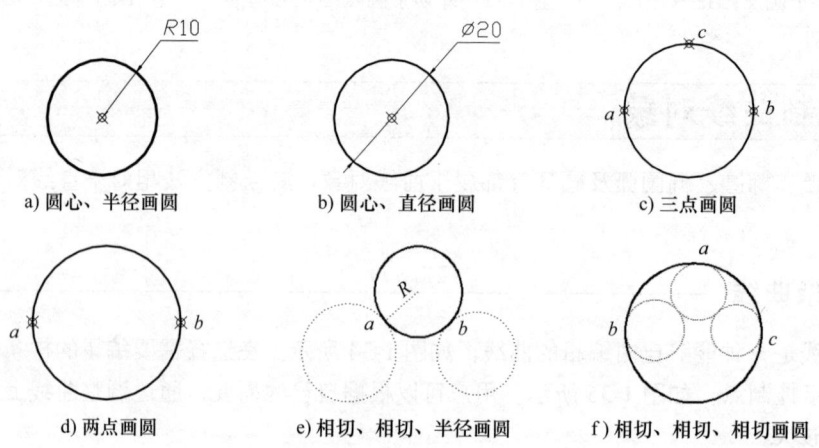

图1-36　6项绘制圆的子命令绘制结果

1.7.3 圆弧

圆弧是与其等半径的圆周的一部分。执行"圆弧"命令有以下几种常用方法：

- 命令行：ARC/A。
- 工具栏：单击"绘图"工具栏中的"圆弧"按钮。
- 菜单栏："绘图"→"圆弧"命令

菜单栏"绘图"→"圆弧"命令为用户提供了11项绘制圆弧的子命令，常见的绘制圆弧方法如图1-37所示。

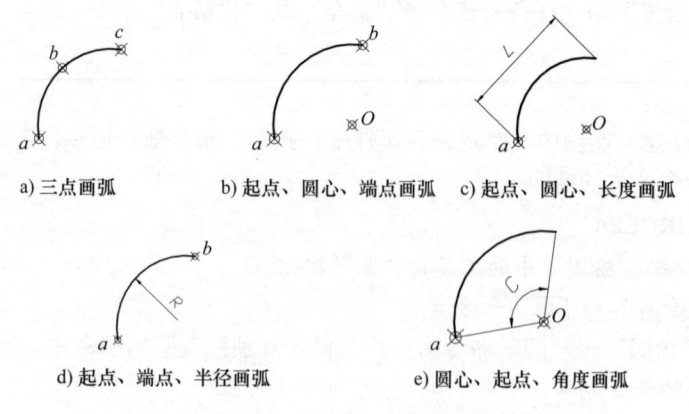

图1-37　常见的绘制圆弧方法

1.7.4 椭圆

椭圆是一种特殊样式的圆，其形状由定义其长度和宽度的两条轴决定，较长的轴称为长轴，较短的轴称为短轴，如图 1-38 所示。

调用绘制椭圆命令有以下几种常用方法：

- 命令行：ELLIPSE/EL
- 工具栏：单击"绘图"工具栏中的"椭圆"按钮
- 菜单栏："绘图"→"椭圆"命令

执行"椭圆"命令后，命令行提示如下：

```
指定椭圆的轴端点或 [圆弧(A)/中心点(C)]：    //输入坐标值或用鼠标拾取椭圆长轴或短轴的一个端点
指定轴的另一个端点：                        //输入坐标值或用鼠标拾取椭圆另一个端点
指定另一条半轴长度或 [旋转(R)]：            //输入坐标值或用鼠标拾取椭圆另一条半长轴的长度
```

菜单栏"绘图"→"椭圆"命令中提供了两项绘制椭圆的子命令。各项子命令的含义如下：

- 圆心：通过指定椭圆的中心点、一条轴的一个端点及另一条轴的半轴长度来绘制椭圆。
- 轴、端点：通过指定椭圆一条轴的两个端点及另一条轴的半轴长度来绘制椭圆。

1.7.5 椭圆弧

椭圆弧是椭圆的一部分，它类似于椭圆，不同的是它的起点和终点没有闭合，如图 1-39 所示。绘制椭圆弧需要确定的参数有椭圆弧所在椭圆的两条轴及椭圆弧的起点和终点的角度。

绘制椭圆弧的方法有以下两种：

- 工具栏：单击"绘图"工具栏中的"椭圆弧"按钮
- 菜单栏："绘图"→"椭圆"→"圆弧"命令

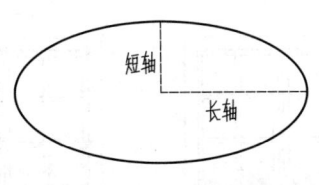

图 1-38　椭圆

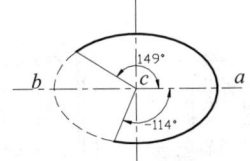

图 1-39　椭圆弧

1.8 编辑图形

使用图形编辑命令，能够方便地改变图形的大小、位置、方向、数量及形状，从而绘制出更为复杂的图形。本节将介绍编辑二维图形的基本方法。

1.8.1 选择对象的方法

在编辑图形之前，需要先对要编辑的图形进行选择。AutoCAD 2024 提供了多种选择对象的方法，如点选、框选、栏选和围选等。

1. 直接选择

直接在绘图区内单击，即可选中需要选择的单个对象，如图 1-40 所示。连续单击需要选择的对象，可以同时选择多个对象，如图 1-41 所示。

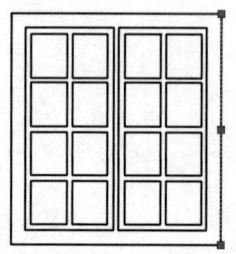

图 1-40　选择单个对象

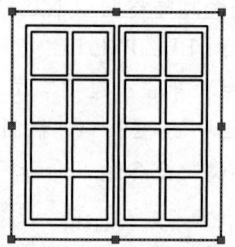

图 1-41　选择多个对象

> **技巧**　对于多选的对象，可以按住 Shift 键单击，将其从当前选择集中去除。

2. 窗口选择

窗口选择方式是按住鼠标左键向右上方或右下方拖动，框住需要选择的对象，此时绘图区中将出现一个实线的矩形选框，如图 1-42 所示。释放鼠标后，被矩形选框完全包围的对象将被选中，如图 1-43 所示。

3. 窗交选择

窗交选择方式的选择方向正好与窗口选择相反，它是按住鼠标左键向左上方或左下方拖动，框住需要选择的对象，此时绘图区中将出现一个虚线的矩形选框，如图 1-44 所示。释放鼠标后，与矩形选框相交和被矩形选框完全包围的对象都将被选中，如图 1-45 所示。

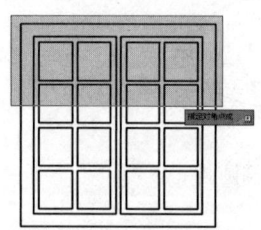 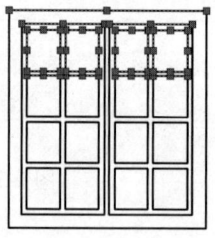 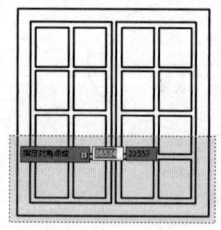 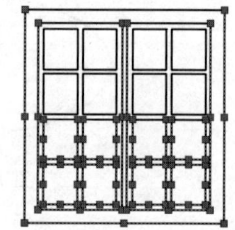

图 1-42　拖出窗口选框　　图 1-43　窗口选择对象　　图 1-44　拖出窗交选框　　图 1-45　窗交选择对象

4. 圈围与圈交选择

圈围选择方式是一种多边形窗口选择方式，如图 1-46 所示。它与窗口选择对象的方法类似，不同的是圈围选择方式比使用矩形选框更灵活，可以构造任意形状的多边形选区，仅选择完全包含在多边形选框内的对象。

圈交选择方式是一种多边形窗交选择方式，如图 1-47 所示。它与窗交选择对象的方法类似，不同的是圈交选择方式可以构造任意形状的多边形选区，仅选择与多边形选框相交的所有对象。

 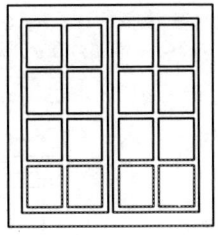 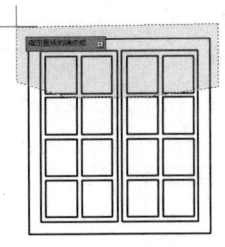 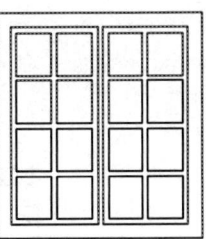

图 1-46　圈围选择方式　　　　　　　　图 1-47　圈交选择方式

在命令行出现"选择对象:"提示时，输入"WP"或"CP"，可以快速启用圈围或圈交选择方式。

5. 快速选择

使用快速选择功能，可以根据制订的过滤条件快速选择对象。

单击菜单栏"工具"→"快速选择"命令，打开"快速选择"对话框，如图 1-48 所示。在其中根据实际使用需要设置选择范围，单击"确定"按钮，即可完成选择操作。

1.8.2　基础编辑命令

1. 删除对象

不需要的图形，可将其删除。调用"删除"命令的方法有：

> 命令行：ERASE/E
> 工具栏：单击"修改"工具栏中的"删除"按钮

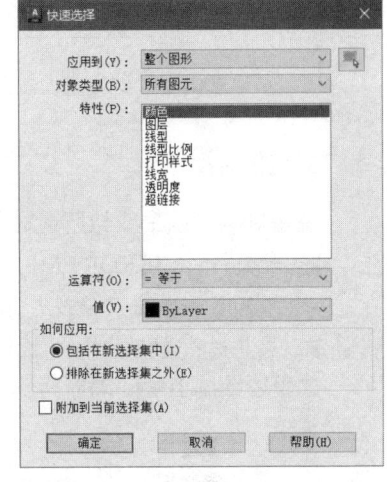

图 1-48　"快速选择"对话框

执行"删除"命令后，命令行提示及操作如下：

```
选择对象：                    // 选择要删除的对象
选择对象：                    // 继续选择要删除的对象，或 Enter 键结束选择
```

2. 复制对象

调用"复制"命令的方法有：

> 命令行：COPY/CO/CP
> 工具栏：单击"修改"工具栏中的"复制"按钮
> 菜单栏："修改"→"复制"命令

这里以复制卫生间蹲便器为例，讲解复制的方法。命令行提示及操作如下：

```
命令：COPY↙                              // 调用"复制"命令
选择对象：找到 1 个                       // 选择蹲便器图形，如图 1-49 所示
选择对象：                               // 按空格键结束对象的选择
当前设置：  复制模式 = 多个               // 系统提示当前的复制模式
指定基点或 [位移(D)/模式(O)] <位移>：     // 指定对象移动的基点
```

指定第二个点或 [阵列(A)] <使用第一个点作为位移>：   //指定对象移动的目标点
指定第二个点或 [阵列(A)/退出(E)/放弃(U)] <退出>：//连续单击指定目标点，则蹲便器进行多重复制，结果如图1-50所示

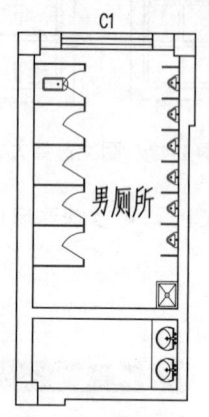

图1-49 选择蹲便器图形

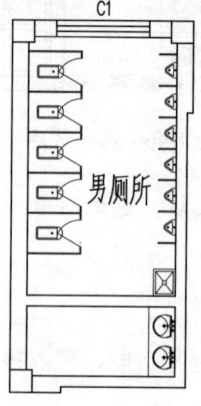

图1-50 复制结果

3. 镜像对象

镜像对象可以生成与所选对象相互对称的图形。调用"镜像"命令的方法如下：
- 命令行：MIRROR / MI
- 工具栏：单击"修改"工具栏中的"镜像"按钮
- 菜单栏："修改"→"镜像"命令

这里以绘制卫生间隔断为例，讲解镜像的操作方法。命令行提示及操作如下：

命令：MIRROR↵   //调用"镜像"命令
选择对象：找到 1 个   //选择左边的卫生间隔断
选择对象：   //按空格键结束对象的选择
指定镜像线的第一点：   //捕捉如图1-51所示的墙体中点作为镜像线的第一点
指定镜像线的第二点：   // 垂直向上移动光标，单击确定第二点
要删除源对象吗？[是(Y)/否(N)] <N>：↵   //按空格键结束镜像操作，结果如图1-52所示

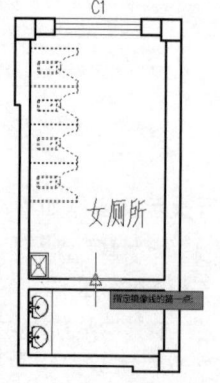

图1-51 捕捉镜像线第一点

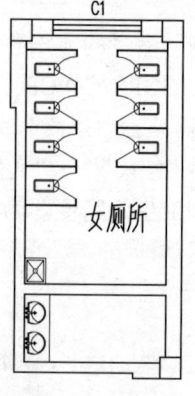

图1-52 镜像结果

4. 偏移对象

偏移对象是一种特殊的复制对象的方法，它是根据指定的距离或通过点建立一个与所选对象平行的形体，从而使对象数量增加。

调用"偏移"命令的方法如下：
- 命令行：OFFSET/O
- 工具栏：单击"修改"工具栏中的"偏移"按钮
- 菜单栏："修改"→"偏移"命令

调用"偏移"命令后，输入偏移距离，选取要偏移的对象，在对象所要偏移的方向上单击，即可完成偏移对象的操作。

这里将使用"偏移"命令绘制洗手台台面。命令行提示及操作如下：

```
命令：OFFSET↙                                           //调用"偏移"命令
当前设置：删除源=否  图层=源  OFFSETGAPTYPE=0            //系统显示的相关信息
指定偏移距离或 [通过(T)/删除(E)/图层(L)] <500.0000>：600↙  //指定偏移距离
选择要偏移的对象，或 [退出(E)/放弃(U)] <退出>：           //选择需要偏移的对象，这里选择内墙线，如图1-53所示
指定要偏移的那一侧上的点，或 [退出(E)/多个(M)/放弃(U)] <退出>：↙  //在内墙线右侧单击，指定偏移方向，按空格键结束偏移，结果如图1-54所示
```

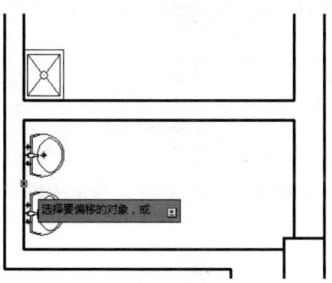   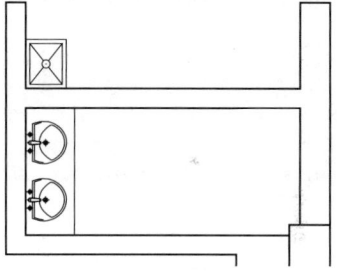

图 1-53 选择要偏移的对象　　　　　　图 1-54 偏移结果

5. 移动对象

移动对象是将图形从一个位置平移到另一个位置。移动过程中图形的大小、形状和倾斜角度均不改变。

调用"移动"命令的方法如下：
- 命令行：MOVE/M
- 工具栏：单击"修改"工具栏中的"移动"按钮
- 菜单栏："修改"→"移动"命令

在绘制建筑平面图时，经常需要将洗脸盆、坐便器等洁具图块移动到室内空间中，此时可操作如下：

```
命令：MOVE↙                                   //调用"移动"命令
选择对象：指定对角点：找到 1 个                //选择洁具图形，如图1-55所示
指定基点或 [位移(D)] <位移>：                  //捕捉需要移动的对象的基点
```

指定第二个点或 <使用第一个点作为位移>：　　　　　　//指定移动对象的目标点，释放鼠标，
结果如图1-56所示

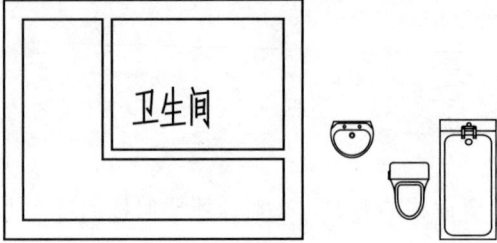

图1-55　选择洁具图形　　　　　　　　　　　图1-56　移动结果

6. 旋转对象

旋转对象是将图形对象绕一个固定的点（基点）旋转一定的角度。

调用"旋转"命令的方法如下：

- 命令行：ROTATE/RO
- 工具栏：单击"修改"工具栏中的"旋转"按钮 ○
- 菜单栏："修改"→"旋转"命令

这里以调整坐便器的方向为例，介绍"旋转"命令的用法。命令行提示及操作如下：

```
命令：ROTATE↙                                              //调用"旋转"命令
UCS 当前的正角方向：  ANGDIR=逆时针   ANGBASE=0            //系统显示相关信息
选择对象：找到 1 个                                        //选择图1-57中的坐便器图形
指定基点：                                                 //捕捉绘图区内任意一点作为图形旋转的基点
指定旋转角度，或 [复制(C)/参照(R)]<270>：90↙              //指定旋转的角度，结果如图1-58所示
```

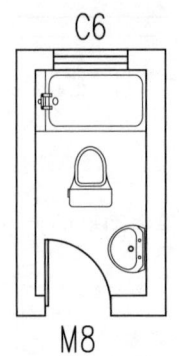 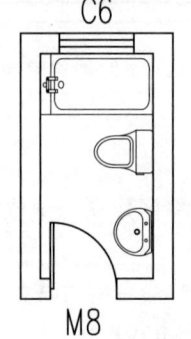

图1-57　选择图形　　　　　　　　　　　　　图1-58　旋转结果

> **技巧**　在输入旋转角度时，逆时针旋转的角度为正值，顺时针旋转的角度为负值。

7. 阵列对象

阵列命令是一个功能强大的多重复制命令，它可以将选择的对象一次复制多个，并按一定

规律进行排列。阵列有矩形阵列、环形阵列和路径阵列3种方式。

调用"阵列"命令的方法如下：

- 命令行：ARRAY/AR
- 工具栏：单击"修改"工具栏中的"阵列"按钮
- 菜单栏："修改"→"阵列"命令

（1）矩形阵列　在ARRAY命令提示行中选择"矩形（R）"选项、单击矩形阵列按钮或直接输入"ARRAYRECT"命令，即可进行矩形阵列。图1-59所示为矩形阵列示例。

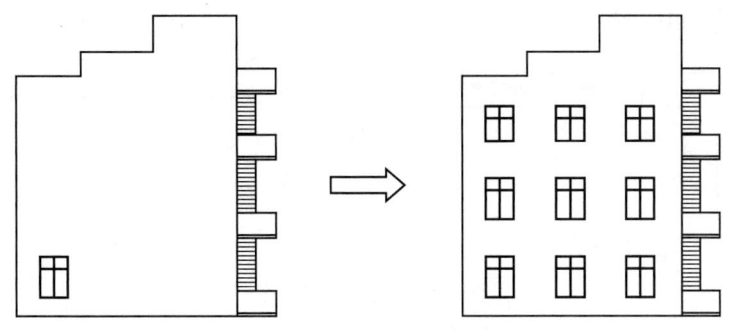

图1-59　矩形阵列示例

（2）环形阵列　在ARRAY命令提示行中选择"极轴（PO）"选项、单击环形阵列按钮或直接输入"ARRAYPOLAR"命令，即可进行环形阵列。图1-60所示为环形阵列示例。

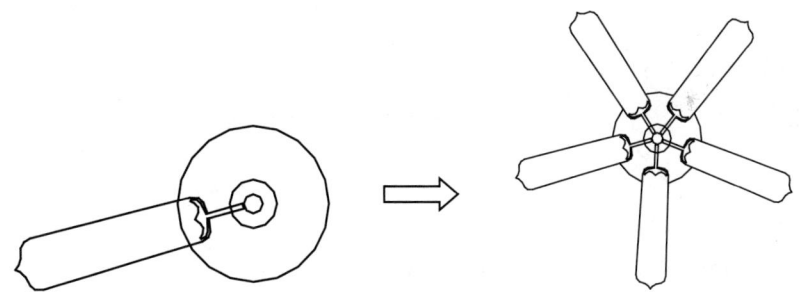

图1-60　环形阵列示例

（3）路径阵列　在ARRAY命令提示行中选择"路径（PA）"选项、单击路径阵列按钮或直接输入"ARRAYPATH"命令，即可进行路径阵列。图1-61所示为路径阵列示例。

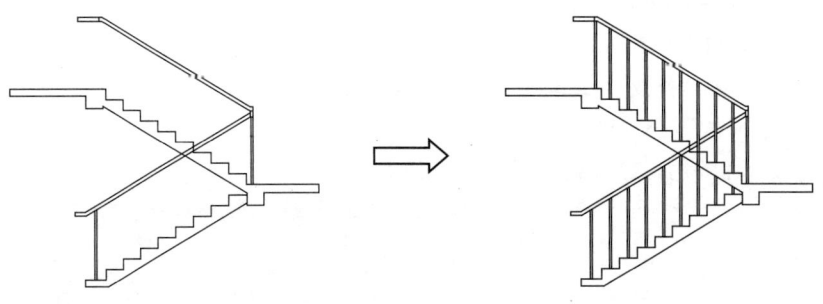

图1-61　路径阵列示例

1.8.3 高级编辑命令

1. 修剪对象

修剪对象是将超出边界的对象的多余部分修剪删除掉。调用"修剪"命令的方法如下：

- 命令行：TRIM/TR
- 工具栏：单击"修改"工具栏中的"修剪"按钮 ✂
- 菜单栏："修改"→"修剪"命令

修剪对象示例如图 1-62 所示。

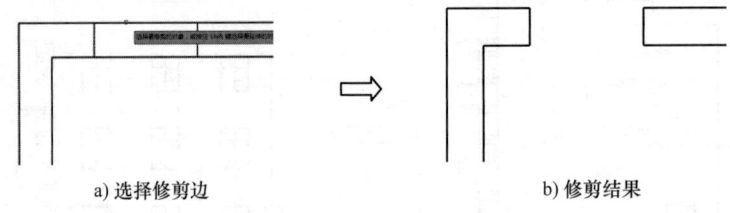

a) 选择修剪边　　　　　　　　b) 修剪结果

图 1-62　修剪对象示例

2. 延伸对象

延伸对象是将对象上没有和边界相交的部分延伸补齐。调用"延伸"命令的方法如下：

- 命令行：EXTEND/EX
- 工具栏：单击"修改"工具栏中的"延伸"按钮 ⇥
- 菜单栏："修改"→"延伸"命令

延伸对象示例如图 1-63 所示。

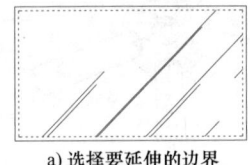 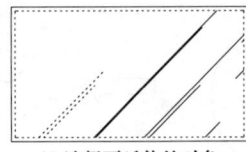 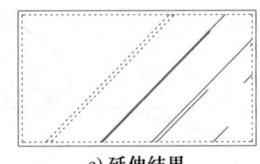

a) 选择要延伸的边界　　　b) 选择要延伸的对象　　　c) 延伸结果

图 1-63　延伸对象示例

3. 缩放对象

缩放对象是将已有图形对象以基点为参照，进行等比例缩放。

调用"缩放"命令的方法如下：

- 命令行：SCALE/SC
- 工具栏：单击"修改"工具栏中的"缩放"按钮 ▱
- 菜单栏："修改"→"缩放"命令

执行"缩放"命令后，命令行提示及操作如下：

```
选择对象：                              // 选择要缩放的图形对象
选择对象：                              // 继续选择要缩放的对象，或 Enter 键结束选择
指定基点：                              // 指定基点（该点在缩放后位置不变）
指定比例因子或 [复制(C)/参照(R)] <2.0000>：   // 指定比例因子或选择缩放的方式
```

此时有两种缩放对象的方式可供选择。

"指定比例因子"：在命令行提示下，输入比例因子。比例因子大于 1 将使图形对象放大，在 0~1 之间将使图形对象缩小。此外，还可以通过拖动鼠标对图形进行放大和缩小。

"参照（R）"：使用参照方式无须计算缩放比例，只需先后指定参照长度和新长度即可。这里以缩放门图形为例进行说明，命令行提示及操作如下：

```
指定比例因子或 [复制(C)/参照(R)] <2.0000>: R     // 选择"参照(R)"选项
指定参照长度 <1.0000>:                          // 先后捕捉 A 点和 B 点，指定参照长度
指定新的长度或 [点(P)] <1.0000>:                 // 先后捕捉 A 点和 C 点，指定新长度缩
放门图形，如图 1-64 所示
```

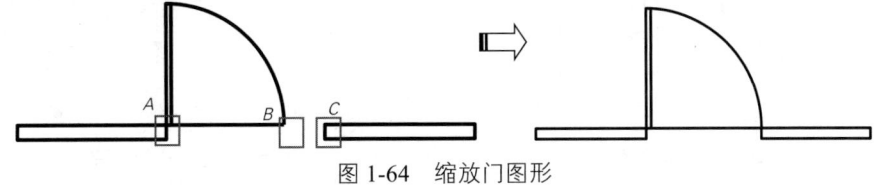

图 1-64　缩放门图形

4. 拉伸对象

拉伸对象是通过沿拉伸路径平移图形夹点的位置，使图形产生拉伸变形的效果。夹点指的是图形对象上的一些特征点，如端点、顶点、中点和中心点等，图形的位置和形状通常是由夹点的位置决定的。

调用"拉伸"命令的方法如下：

> 命令行：STRETCH/S
> 工具栏：单击"修改"工具栏中的"拉伸"按钮
> 菜单栏："修改"→"拉伸"命令

例如，使用"拉伸"命令对窗户进行拉伸调整，命令行提示及操作如下：

```
命令: STRETCH↙                                    // 调用"拉伸"命令
以交叉窗口或交叉多边形选择要拉伸的对象...
选择对象: 指定对角点: 找到 1 个                    // 交叉框选上侧的墙体与窗线
选择对象:                                         // 按空格键结束对象的选择
指定基点或 [位移(D)] <位移>:                      // 捕捉拾取墙体的端点
指定第二个点或 <使用第一个点作为位移>: 500↙       // 垂直向上移动光标，指定拉
伸的方向，然后在命令行输入拉伸距离，拉伸对象，如图 1-65 所示
```

5. 分解对象

分解对象是将某些特殊的对象分解成多个独立的部分，以便于编辑。

调用"分解"命令的方法如下：

> 命令行：EXPLODE/X
> 工具栏：单击"修改"工具栏中的"分解"按钮

执行上述任意一种操作后，命令行提示及操作如下：

```
命令: EXPLODE↙                               // 调用"分解"命令
选择对象: 指定对角点: 找到 1 个               // 选择要分解的对象
选择对象:                                    // 按空格键结束对象的选择，选择的对象即被分解
```

图 1-66 所示为使用分解命令分解对象。将图块等对象分解后，即可分别选择其中的各个部分进行编辑修改。

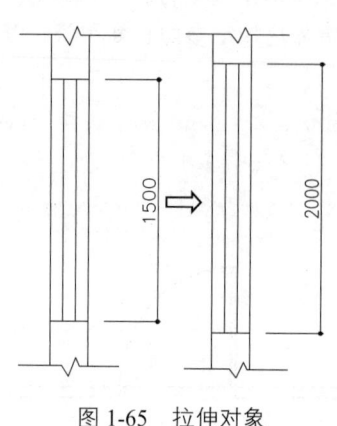
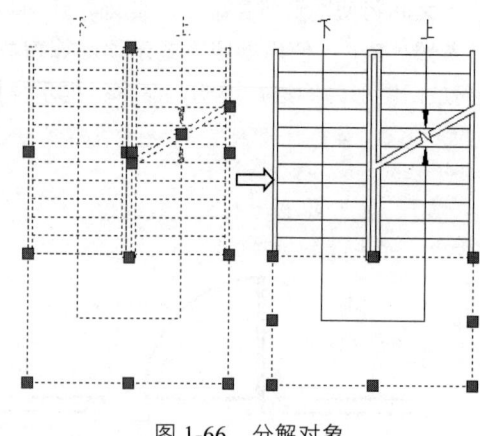

图 1-65　拉伸对象　　　　　　　　　图 1-66　分解对象

6. 倒角对象

倒角对象即将两条非平行直线或多段线做出有斜度的倒角。

调用"倒角"命令的方法如下：

- ➢ 命令行：CHAMFER/CHA
- ➢ 工具栏：单击"修改"工具栏中的"倒角"按钮
- ➢ 菜单栏："修改"→"倒角"命令

执行上述任意一项操作后，命令行提示及操作如下：

```
命令：CHAMFER✓                                        //调用"倒角"命令
("修剪"模式) 当前倒角距离 1 = 0.0000，距离 2 = 0.0000   //系统提示当前倒角设置
选择第一条直线或 [放弃(U)/多段线(P)/距离(D)/角度(A)/修剪(T)/方式(E)/多个
(M)]:                                                //选择第一条倒角直线
选择第二条直线，或按住 Shift 键选择要应用角点的直线：    //选择第二条倒角直线，完成
倒角对象，如图 1-67 所示
```

7. 圆角对象

圆角对象是将两条相交的直线通过一个圆弧连接起来。

调用"圆角"命令的方法如下：

- ➢ 命令行：FILLET/F
- ➢ 工具栏：单击"修改"工具栏中的"圆角"按钮
- ➢ 菜单栏："修改"→"圆角"命令

执行上述任意一种操作后，命令行提示及操作如下：

```
命令：　FILLET✓                                       //调用"圆角"命令
当前设置：模式 = 修剪，半径 = 0.0000                  //系统提示当前圆角设置
选择第一个对象或 [放弃(U)/多段线(P)/半径(R)/修剪(T)/多个(M)]：R✓
                                                     //选择"半径(R)"选项
指定圆角半径 <0.0000>：500✓                          //输入圆角半径
选择第一个对象或 [放弃(U)/多段线(P)/半径(R)/修剪(T)/多个(M)]：
```

选择第二个对象，或按住 Shift 键选择要应用角点的对象： // 选择第一个圆角对象
// 选择第二个圆角对象，完成圆角对象，如图 1-68 所示

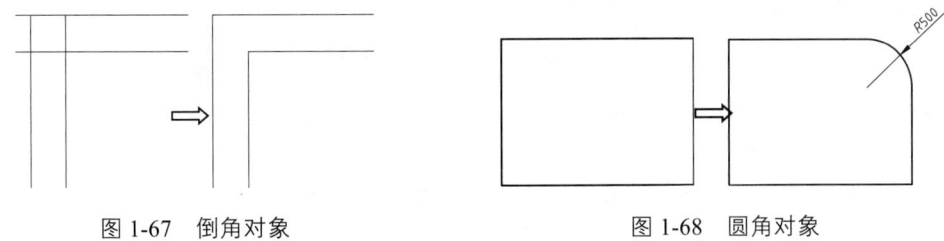

图 1-67　倒角对象　　　　　　　　　图 1-68　圆角对象

1.9 文字和尺寸标注

文字和尺寸标注表达了重要的图形信息，因此在建筑设计施工图中是不可缺少的重要组成部分。文字可以对图样中不便于表达的内容加以说明，使图样的含义更加清晰，便于施工人员对图样一目了然。尺寸标注则是施工人员施工的依据。

1.9.1 设置文字样式

文字样式是同一类文字的格式设置的集合，包括字体、字高和显示效果等。在创建文字之前，首先应设置相应的文字样式。

设置文字样式需要在"文字样式"对话框中进行，打开该对话框有以下三种方法：

- 命令行：STYLE/ST
- 样式工具栏：单击样式工具栏中的"文字样式"按钮 A
- 菜单栏："格式"→"文字样式"命令

使用上述任意方法执行"文字样式"命令后，系统弹出"文字样式"对话框，如图 1-69 所示。在对话框中设置相应的参数，即可完成文字样式的设置。

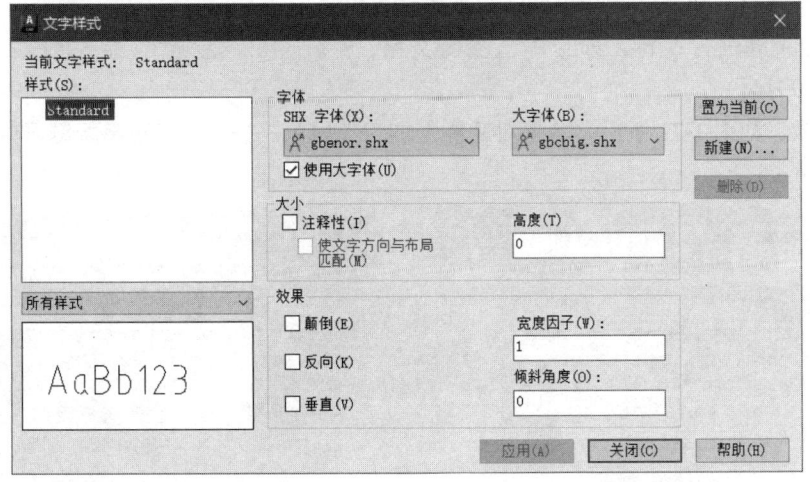

图 1-69　"文字样式"对话框

1.9.2 文字的输入与编辑

建立文字样式后，就可以使用相关的命令进行文字的输入。

1. 输入单行文字

单行文字的每一行都是一个文字对象，常用来输入简短的文字内容。
调用"单行文字"命令的方法如下：
- 命令行：DTEXT / TEXT
- 工具栏：单击"绘图"工具栏中的"单行文字"按钮 A
- 菜单栏："绘图"→"文字"→"单行文字"命令

执行该命令后，命令行提示如下：

```
命令：TEXT
当前文字样式："Standard" 文字高度：2.5000 注释性：否
指定文字的起点或 [对正(J)/样式(S)]：
```

此时可以设置文字对象的对齐方式和所关联的文字样式。

2. 输入多行文字

多行文字常用于创建字数较多、字体变化较为复杂，甚至字号不一的文字标注，它可以对文字进行更为复杂的编辑，如为文字添加下划线，设置文字段落对齐方式，为段落添加编号和项目符号等。

调用"多行文字"命令的方法如下：
- 命令行：MTEXT/MT
- 工具栏：单击"绘图"工具栏中的"多行文字"按钮 A
- 菜单栏："绘图"→"文字"→"多行文字"命令

调用"多行文字"命令后，在需要进行文字标注的区域绘制一个矩形框，在弹出的文本框中输入文字，按 Enter 键进行换行，即可输入多行文字，结果如图 1-70 所示。

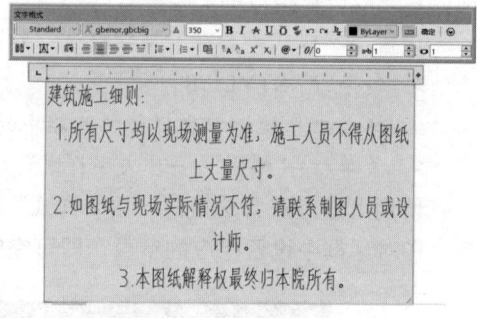

图 1-70 输入多行文字

选中标题，如图 1-71 所示，单击对话框上方的"居中"按钮，可将标题居中对齐，结果如图 1-72 所示。

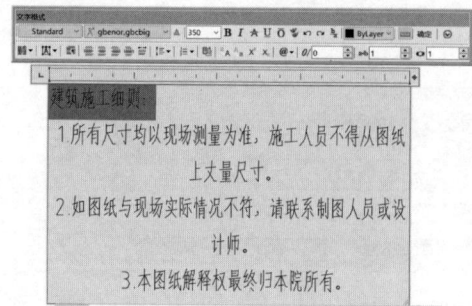
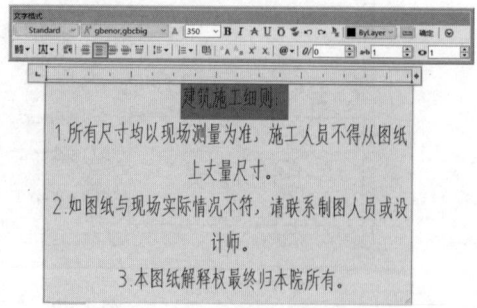

图 1-71 选中标题　　　　图 1-72 将标题居中对齐

选中文本，单击对话框上方的多行文字对正按钮 🔳▼，在其下拉菜单中选择"左上"的对齐方式，如图 1-73 所示，可将文本对齐，结果如图 1-74 所示。

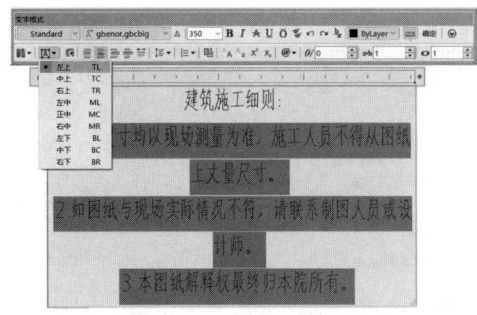

图 1-73 选择对齐方式

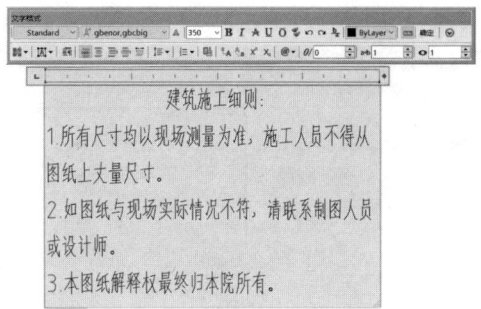

图 1-74 将文本对齐

此外，用户还可以选择其他的对齐方式（如"右上""左中""正中"等对齐方式）来进行多行文字的编辑。

1.9.3 设置尺寸标注样式

标注样式（如箭头样式、文字设置、文字高度和尺寸公差等）是标注设置的命名集合，用来控制标注的外观。用户可以在 AutoCAD 中创建标注样式，快速指定标注的格式，并确保标注符合行业或项目标准。

下面以创建"建筑标注样式"为例，介绍尺寸标注样式的创建方法。

`01` 执行"格式"→"标注样式"菜单命令，打开如图 1-75 所示的"标注样式管理器"对话框。

`02` 单击"新建"按钮，在弹出的"创建新标注样式"对话框中新建一个建筑标注样式，并单击"继续"按钮，在弹出的"新建标注样式：建筑标注"对话框中对新建的标注样式进行设置。

`03` 选择其中的"线"选项卡，对其中的参数进行设置，如图 1-76 所示。

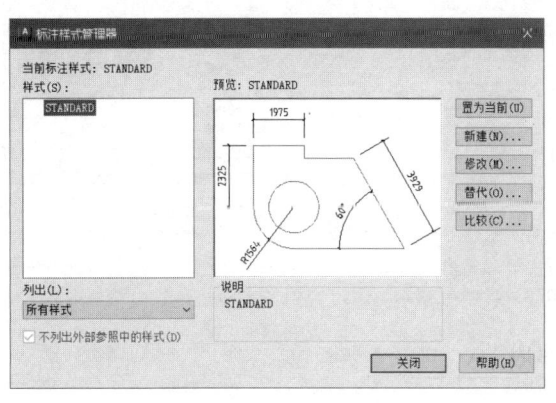

图 1-75 "标注样式管理器"对话框

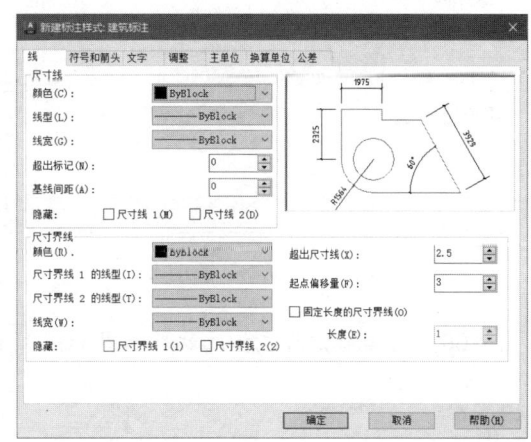

图 1-76 "线"选项卡

04 选择其中的"符号和箭头"选项卡，对其中的参数进行设置，如图1-77所示。
05 选择其中的"文字"选项卡，对其中的参数进行设置，如图1-78所示。

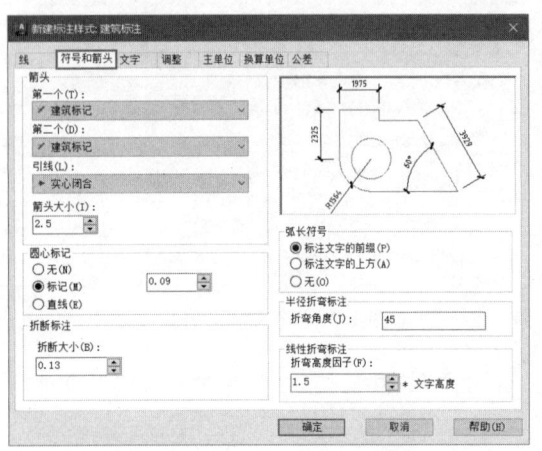

图1-77 "符号和箭头"选项卡

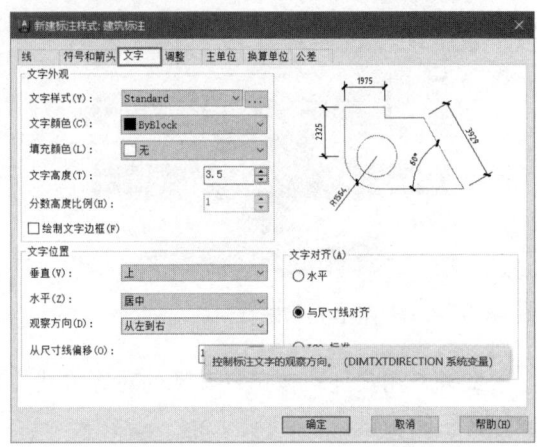

图1-78 "文字"选项卡

06 选择其中的"调整"选项卡，对其中的参数进行设置，如图1-79所示。
07 选择其中的"主单位"选项卡，对其中的参数进行设置，如图1-80所示。完成设置后，单击"确定"按钮返回"标注样式管理器"对话框，单击"置为当前"按钮，完成"建筑标注样式"的创建。

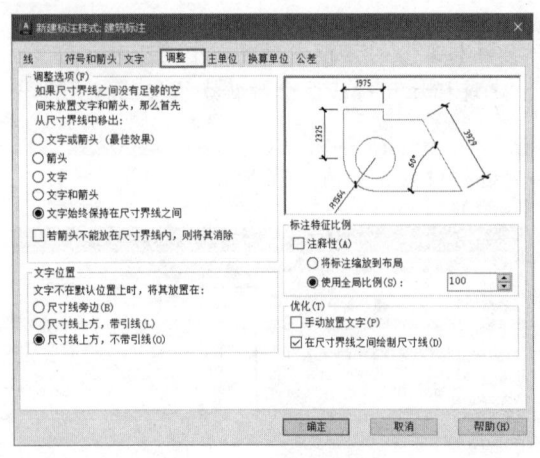

图1-79 "调整"选项卡

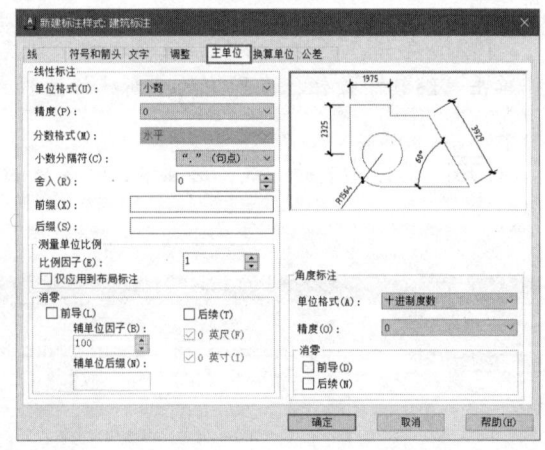

图1-80 "主单位"选项卡

08 建筑标注样式标注效果如图1-81所示。

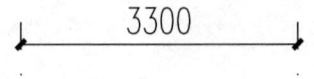

图1-81 建筑标注样式标注效果

1.9.4 尺寸标注

在创建了标注样式之后,即可使用该样式进行尺寸标注。

1. 线性标注

线性标注包括水平标注和垂直标注两种类型,用于标注任意两点之间的距离。

调用"线性标注"命令的方法有:

- ➢ 命令行:DIMLINEAR/DLI
- ➢ 工具栏:单击"标注"工具栏中的"线性"按钮
- ➢ 菜单栏:"标注"→"线性标注"命令

图 1-82 所示为使用"线性标注"命令标注建筑户型图的效果。

2. 直径标注

直径标注用于标注圆或弧的直径。标注时,首先选择需要标注的圆或弧,并确定尺寸线位置,然后拖动尺寸线,即可创建直径标注,如图 1-83 所示。选用 AutoCAD 的默认值,直径符号"ϕ"会自动加注。

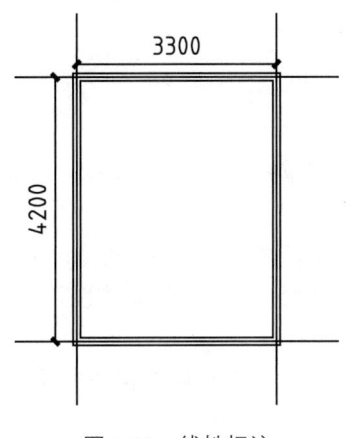

图 1-82 线性标注

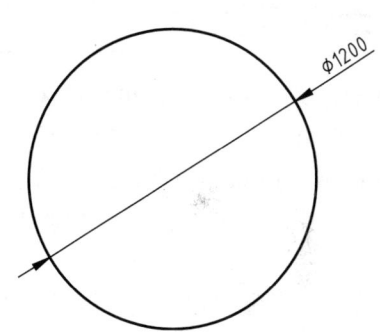

图 1-83 直径标注

调用"直径标注"命令的方法有:

- ➢ 命令行:DIMDIAMETER/DDI
- ➢ 工具栏:单击"标注"工具栏中的"直径"按钮
- ➢ 菜单栏:"标注"→"直径标注"命令

3. 半径标注

半径标注用于标注圆或弧的半径,标注的半径数值前会自动添加"R"符号,如图 1-84 所示。

调用"半径标注"命令的方法有:

- ➢ 命令行:DIMRADIUS/DRA
- ➢ 工具栏:单击"标注"工具栏中的"半径"按钮
- ➢ 菜单栏:"标注"→"半径标注"命令

4. 角度标注

角度标注用于标注圆弧对应的中心角、相交直线形成的夹角或者三点形成的夹角，如图 1-85 所示。

调用"角度标注"命令的方法有：
- ➢ 命令行：DIMANGULAR/DAN
- ➢ 工具栏：单击"标注"工具栏中的"角度"按钮
- ➢ 菜单栏："标注"→"角度标注"命令

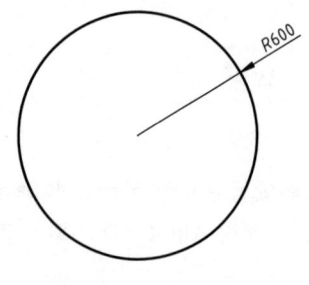

图 1-84　半径标注

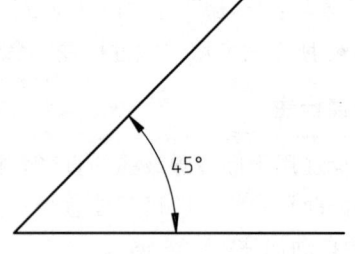

图 1-85　角度标注

1.10　本章小结

1. 本章介绍了 AutoCAD 2024 的 3 种工作空间（包括"草图与注释"空间、"三维基础"空间和"三维建模"空间），以及它们之间的切换方法。

2. 本章介绍了 AutoCAD 2024 的基本工作界面，有助于初学者进一步熟悉 AutoCAD。

3. 本章介绍了 AutoCAD 命令的调用、图层的设置和使用，以及绘制基本图形等 AutoCAD 的基础知识。

4. 绘制复杂的图形需要进行编辑修改，本章讲解了 AutoCAD 基础编辑命令及高级编辑命令的使用。

5. 图形在绘制及编辑之后，要对其进行尺寸标注及文字说明，以达到出图的要求。本章介绍了文字样式的设置以及文字说明、尺寸标注的添加方法。

1.11　思考与练习

1. 正确安装 AutoCAD 2024，利用 AutoCAD 2024 自带的帮助文件对软件进行初步的了解与学习。

2. 利用多段线、直线等命令绘制如图 1-86 所示的足球场和跑道图形。

3. 利用本章所学的知识，绘制如图 1-87 所示的建筑平面图，并进行尺寸和轴号标注。

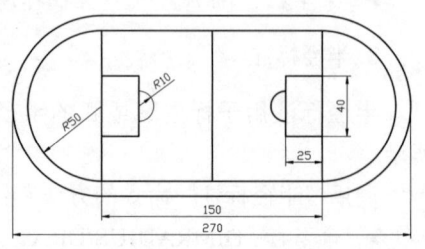

图 1-86　足球场和跑道

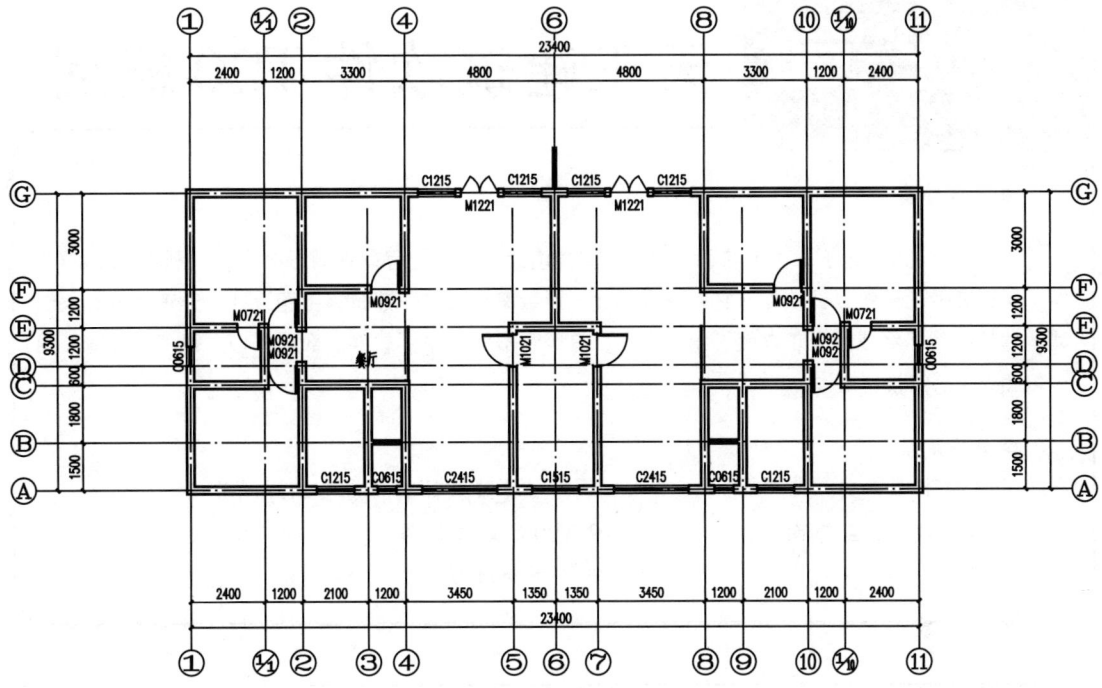

图 1-87 建筑平面图

第 2 章　天正建筑软件 T20 概述

● **本章导读**

T20-Arch 天正建筑软件（简称 T20）是国内由北京天正工程软件有限公司较早利用 AutoCAD 图形平台开发的建筑设计软件，它以先进的建筑对象概念服务于建筑施工图设计，天正建筑对象创建的建筑模型已经成为天正电气、给水排水、日照和节能等系列软件的数据来源，很多三维渲染图也依赖天正三维模型制作。

● **本章重点**

◇ 天正建筑概述　　　　　　　　◇ 天正建筑软件的特点和新增功能
◇ T20 软件交互界面　　　　　　◇ T20 的基本操作
◇ 本章小结　　　　　　　　　　◇ 思考与练习

2.1　天正建筑软件概述

天正建筑软件是目前使用非常广泛的建筑设计软件，并且是高校建筑专业学生的必学软件。T20 作为最新开发的产品，使得天正建筑软件功能更强大、内容更完善。

2.1.1　北京天正工程软件有限公司简介

北京天正工程软件有限公司从 1994 年就开始在 AutoCAD 图形平台上开发了一系列建筑、暖通、电气和给水排水等专业软件，这些软件特别是建筑软件取得了极大的成功。近十年来，天正建筑软件不断升级和完善，深受中国设计师们的喜爱。在中国的建筑设计领域内，天正建筑软件的影响可以说无所不在，天正建筑软件早已成为全国建筑设计 CAD 事实上的行业标准。

天正建筑软件从 TArch 5.0 开始，告别了以往的基本图线堆砌，大量使用了"自定义建筑专业对象"，直接绘制出具有专业含义、经得起反复编辑修改的图形对象。天正建筑软件在国内已成为新一代数字建筑师爱不释手的得力工具。

2.1.2　天正软件学习帮助

T20 的学习文档包括使用手册、帮助文档和教学演示等。

（1）使用手册　软件发行时对正式用户提供的纸介质手册。它以书面文字形式全面、详尽地介绍了 T20 的功能和使用方法。但一段时间内，纸介质手册无法随着软件升级及时更新，联机帮助文件才是最新的学习资源。

（2）帮助文档　《T20 天正建筑软件使用手册》的电子版本。它以 Windows 的 CHM 格式帮助文档的形式介绍了 T20 的功能和使用方法。这种文档形式更新比较及时，能随软件升级而更新，T20 版本以后如果再发行升级补丁，将只提供帮助文档格式的手册。

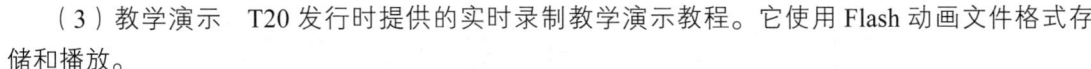

（3）教学演示　T20 发行时提供的实时录制教学演示教程。它使用 Flash 动画文件格式存储和播放。

（4）自述文件　发行时以文本文件格式提供给用户参考的最新说明，如在 sys 文件夹下的 updhistory.txt 中提供升级的详细信息。

（5）日积月累　T20 启动时显示的有关软件使用的小诀窍。单击屏幕菜单栏中的命令，可显示 T20 版的日积月累内容。

（6）常见问题　使用天正建筑软件经常会遇到的问题和解答（常称为 FAQ），以 MS Word 格式的 Faq.doc 文件提供。

（7）其他帮助资源　通过访问北京天正软件工程有限公司的主页 www.tangent.com.cn，获得 T20 及其产品的最新消息，包括软件升级和补充内容、下载试用软件、教学演示和用户图例等资源。此外，在时效性最好的天正软件特约论坛 www.abbs.com.cn 上面可与天正建筑软件的研发团队一起交流经验。

2.1.3　软件与硬件配置环境

T20 完全基于 AutoCAD 软件的应用而开发，支持 32 位 AutoCAD 2004～2024 以及 64 位 AutoCAD 2010～2024 平台，因此对该软件运行的硬件要求主要取决于 AutoCAD 平台的需求。但由于工作环境及范围不同，用户硬件的配置也有所不同，对于只绘制工程施工图、不需要三维表现的用户，配置达到 Pentium3+256MB 内存以上即可。对于要用该软件进行三维建模，并且使用 3ds max 渲染的用户，推荐使用 Pentium4/2G Hz 以上 +512MB 内存以及使用 OpenGL 加速的显卡。

显示器屏幕的分辨率是非常重要的，应当在 1024×768 像素及以上的分辨率条件下工作，如果达不到这个要求，则用来绘图的区域将很小。如果用户视力不好，可在 Windows 的显示属性下设置较大的文字尺寸或更换更大的显示器尺寸。

2.2　天正建筑软件的特点和新增功能

T20 版本支持 AutoCAD 2004～2024 多个图形平台的安装和运行，天正对象除了对象编辑功能，还可以用夹点拖动、特性编辑、在位编辑和动态输入等多种手段调整对象参数。本节将介绍天正建筑软件的特点和新增功能。

2.2.1　二维图形与三维图形设计同步

在建筑图中，通常有二维和三维图形。其中，二维图形常用于施工，三维图形则常用于制作建筑效果图。同时，三维图形还可以用来分析空间尺度、与设计团队交流、与甲方沟通，以及用于施工队伍施工前的交底。这些图形并不苛求视觉效果的完美，而更强调实时性与一致性。设计过程通常也是一个不断变更调整的过程，精致的效果图不可能做到全程跟随，而 T20 版本提供的快速三维功能则可以满足这些要求。对于竞标和完工等需要的精细三维效果图，天正建筑软件提供了用于输出三维模型的接口。

T20 版本模型与平面图的绘制是同步的，不需要另外单独生成三维模型，如图 2-1 所示为二维图形与三维图形设计同步的实例。

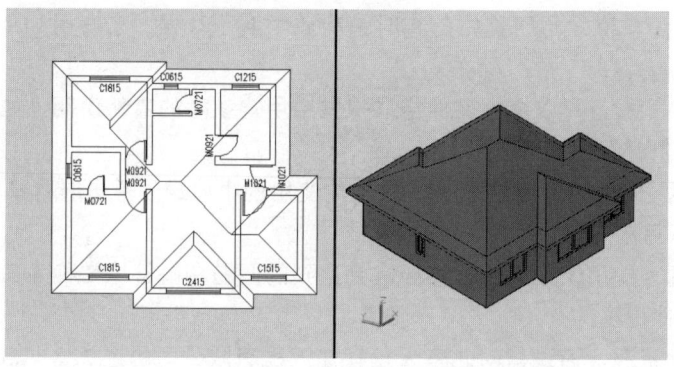

图 2-1　二维图形与三维图形设计同步的实例

2.2.2 自定义对象技术

　　天正建筑软件开发了一系列自定义对象表示建筑专业构件，具有使用方便和通用性强的特点。例如，各种墙体构件具有完整的几何特征和材质特征，可以像 AutoCAD 的普通图形对象一样进行操作，还可以用夹点随意拉伸改变几何形状，与门窗按相互关系智能联动，大大提高了编辑效率。

　　另外，天正建筑软件还具有旧图转换的文件接口，可将 TArch 3.0 以下版本天正建筑软件绘制的图形文件转换为新的对象格式，方便老用户的快速升级，同时提供了图形文件导出命令的接口，可将新版本绘制的图形导出，以便于其他用途。

2.2.3 天正建筑软件的其他特点

1. 方便的智能化菜单系统

　　T20 采用附带 256 色图标的新式屏幕菜单，菜单辅以图标，图文并茂，层次清晰及折叠结构使子菜单之间切换快捷。图 2-2 所示为 T20 屏幕菜单。

　　强大的右键功能能够识别选择对象的类型，动态组成相关快捷菜单，还可以随意定制个性化菜单，以适应用户习惯。使用汉语拼音快捷命令可以使绘图更快捷。例如，绘制轴网，在命令行窗口中输入"HZZW"命令，就可启动命令，其功能等同于执行"轴网柱子"→"绘制轴网"命令。图 2-3 所示为在 T20 屏幕菜单中选择墙体时的右键快捷菜单。

2. 先进的专业化标注系统

　　T20 专门针对建筑行业图样的尺寸标注开发了专业化的标注系统，轴号标注、尺寸标注、符号标注和文字都可使用对建筑绘图最方便的自定义对象进行操作，取代了传统的尺寸和文字对象。按照建筑制图规范的标注要求，T20 对自定义尺寸标注对象提供了前所未有的灵活手段。由于 T20 专门用于建筑行业设计，故在使用方便的同时简化了标注对象的结构，节省了内存，减少了命令的数目。

　　T20 按照建筑制作规范的规定，提供了自定义的专业符号标注对象，各符号对象均带有符合出图要求的专业夹点与比例信息，在编辑符号对象时拖动夹点的行为也符合设计规范。符号对象的引入妥善地解决了 CAD 符号标注规范化的问题。

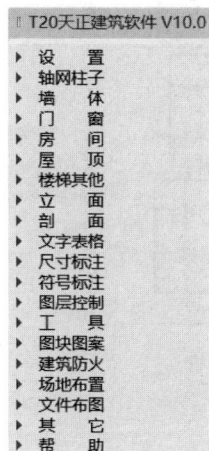

图 2-2　T20 屏幕菜单

图 2-3　右键快捷菜单

3. 全新设计文字和表格功能

T20 的自定义文字对象功能可方便地创建和修改中西文混排文字，可方便地输入文字上下标和特殊字符，还提供了加圈文字，适用于轴号的表示。T20 可分别调整中西文字体各自的宽高比例，解决 AutoCAD 所使用的两类字体（*.shx 与 *.ttf）中英文实际字高不等的问题，使中西文字混合标注符合国家制图标准的要求。此外，天正文字还可以设定对背景进行屏蔽，获得清晰的图面效果。

T20 的在位编辑文字功能可为整个图形中的文字编辑服务，双击需编辑的文本即可进入编辑状态，提供了前所未有的方便性。

天正表格使用了先进的表格对象，其交互界面类似 Excel 的电子表格编辑界面。表格对象具有层次结构，用户可以方便地调整表格的外观，制作出符合用户需求的表格。T20 还提供了与 Excel 的数据双向交换功能，使工程制表同办公制表一样方便高效。

4. 强大的图库管理系统和图块功能

T20 的图库管理系统采用了先进的编程技术，支持贴附材质的多视图图块，支持同时打开多个图库的操作，可以图块附加图块屏蔽特性，可以图块遮挡背景对象而无须对背景对象进行裁剪，实现对象编辑，随时改变图块的精确尺寸与转角。图 2-4 所示为 T20 的"天正图库管理系统"对话框。

天正的图库管理系统采用图库组 TKW 文件格式，同时管理多个图库，分类明晰的树状目录可使整个图库结构一目了然，类别区、名称区和图块预览区之间也可随意调整最佳可视大小及相对位置，支持拖放技术，最大限度地方便用户。图库管理界面采用了平面化图标工具栏，符合流行软件的外观风格与使用习惯。由于各个图库是独立的，故系统图库和用户图库分别由系统和用户维护，便于版本升级。独特的线图案填充功能为建筑节能设计提供了方便的工具。

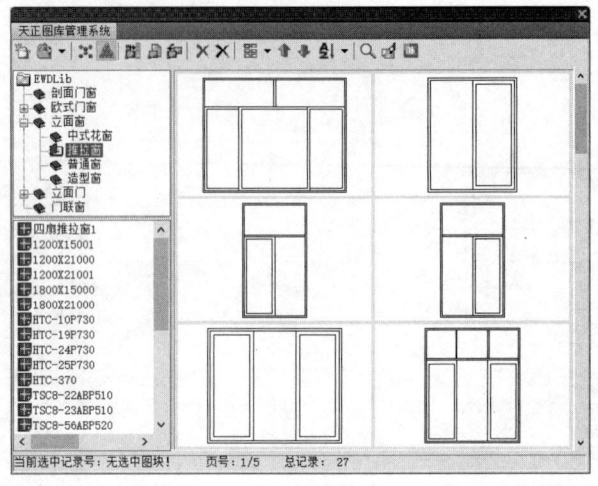

图 2-4 "天正图库管理系统"对话框

5. 与 AutoCAD 兼容的材质系统

T20 提供了与 AutoCAD 渲染器兼容的材质系统，包括全中文标识的材质库、具有材质预览功能的材质编辑和管理模块，为选配建筑渲染材质提供了便利。

6. 真实感多视图图块

图库支持贴附材质的多视图图块，这种图块在"完全二维"的显示模式下按二维显示，而在着色模式下显示附着的彩色材质，新的图库管理程序能预览多视图图块的真实效果。

7. 全面增强的立、剖面绘图功能

T20 随时可以从各层平面图获得三维信息，按楼层表组合，消隐生成立面图与剖面图。由于生成的步骤得到了简化，因此明显地提高了绘图效率。

8. 提供工程数据查询与面积计算

在平面图设计完成后，可以获得各种构件的体积、重量和墙面面积等数据，作为其他分析的基础数据。T20 还提供了各种面积计算命令，除了计算房间净面积外，还可以按照规定计算住宅单元的套内建筑面积。同时，还提供了实时房间面积查询功能。

2.2.4 T20 的新增功能

T20 的升级改版包括 4 个方面的内容，分别为重要改进、重要提示、新功能及 ACAD 技巧。

1. 重要改进

"查询面积"命令：增加了面积系数和粉刷层厚度的设置。当采用"高级房间面积查询"时，支持查询由墙、柱与指定图层的直线、多段线围成的闭合区域的面积。当采用"阳台面积查询""封闭曲线面积查询"和"填充面积查询"时，增加了图层过滤设置，支持在布局空间中操作。

"字转房间"命令：增加了粉刷层的厚度设置，支持识别指定图层的直线或多段线作为房间边界，生成房间对象。

"搜索房间"命令：增加了粉刷层的厚度设置。

"单元累计"命令：将原来的"单元累加"命令升级为"单元累计"命令，增加了对非连续性单元格的选择支持，还增加了对选中单元格数值求乘积的功能，当单元格内为等式时，优化计算规则。

"修改边界"命令：增加了对防火分区的支持。

此外，进一步完善了图块内天正注释对象在镜像、多次镜像及导出后的显示效果。

改进了"读入 Excel""读入 Word""读入 WPS"命令，增加了导入时对表格行宽、行高、行数和表头的设置。

天正折断线、切割线、标高标注、坐标标注对象支持缩放操作。

改进了疏散路径对象，支持缩放，提供了夹点菜单，增加了表示疏散方向的箭头，支持通过"反向"命令修改疏散方向。

2．重要提示

通过状态栏中的比例按钮可以显示、修改当前选中对象的比例。没有选择的时候显示当前比例。

将光标移动到绘图区边界，按住鼠标左键不放可以拖出新视口。

在绘图区的空白位置双击，可以直接取消当前的选择。

Ctrl++ 快捷键可以用来切换屏幕菜单的显示状态。

Ctrl+– 快捷键可以用来切换文档标签的显示状态。

Ctrl+~ 快捷键可以打开/关闭"工程管理"选项板。无论是在选项板中的图纸集中，还是在楼层表中，双击文件都可以打开工程中的图形文件。

在屏幕菜单键上右击，在弹出的快捷菜单中可以进行实时助手、目录跳转、启动命令等操作。

3．新功能

"带门隔断"命令：用于快速绘制带门的淋浴间隔断和卫生间隔断。

"快速布柜"命令：用于快速布置吊柜等简易柜子。

"绘制衣柜"命令：用于快速绘制衣柜和衣帽间。

"轮椅直径"命令：用于快速绘制无障碍轮椅回转直径标识。

"单元清空"命令：用于把选中的一个或多个单元格中的内容快速清空。

"单元拆分"命令：用于把一个单元格快速拆分为多个单元格。

"多块改层"命令：用于批量修改选中图块的块内对象图层，同时可以修改块内对象颜色或线型为 bylayer 或 byblock。

"块内增减"命令：可以在不进入图块编辑状态下增加、减少或删除图块内的对象。

"多块缩放"命令：用于把选中的多个图块按各自的基点或中心点进行缩放。

"多块旋转"命令：用于把选中的多个图块按各自的基点或中心点进行旋转。

"多块镜像"命令：用于把选中的多个图块按各自的对称轴进行镜像。

"面积引注"命令：采用引出标注的形式标注填充和闭合区域的面积。

"连接检查"命令：用于检查墙体连接是否正常，当检查依据为"墙基线"时，可对非正常连接墙体提供一定的快捷处理方式。

"编号隐现"命令：用于快速批量修改门窗编号的显示状态，支持直接修改块参照内门窗编号的显示状态。

"辅助清理"命令：用于快速清理图中的点、短直线/弧线/多段线、长度为0的墙、空文字以及显示异常的天正尺寸、符号标注。

新增自动更新功能，当天正服务器发布更新补丁时，客户端程序会提示是否下载更新。

在AutoCAD 2015及更高版本的平台，提供屏幕菜单命令提示框。

4. ACAD 技巧

在绘图区空白处右击，在弹出的快捷菜单中可以选择曾经使用键盘输入的命令，并且再次执行这些命令。

在对图形对象夹点进行拖拽时，右击，在弹出的快捷菜单中会显示与之相关的功能选项。

2.3 T20软件交互界面

T20针对建筑设计的实际需要，对AutoCAD的交互界面进行了必要的扩充，建立了自己的菜单系统和快捷键，新提供了可由用户自定义的折叠式屏幕菜单、新颖方便的在位编辑框、与选取对象环境关联的右键快捷菜单和图标工具栏，保留了AutoCAD的所有菜单项和图标，从而保持了AutoCAD的原有界面体系，便于用户同时加载其他软件。

T20运行在AutoCAD之下，只是在AutoCAD的基础上添加了一些专门绘制建筑图形的折叠菜单和工具栏，其命令的调用方法与AutoCAD完全相同。T20的工作界面如图2-5所示。

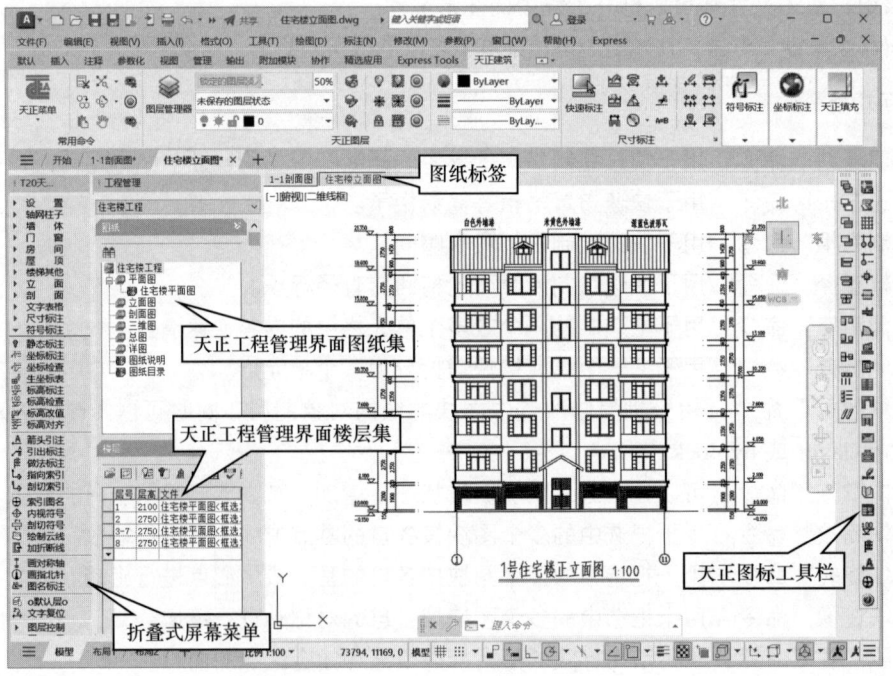

图2-5　T20的工作界面

2.3.1 折叠式屏幕菜单

T20 的主要功能都列在了"折叠式"三级结构的屏幕菜单上,单击上一级菜单可以展开下一级菜单,同级菜单互相关联,展开另外一级菜单时,原来展开的菜单将自动合拢。二、三级菜单项是可执行命令或者开关项,全部菜单项都提供 256 色图标,图标设计具有专业含义,以方便用户增强记忆及更快地确定菜单项的位置。当鼠标指针移到菜单项上时,AutoCAD 的状态行会显示出该菜单项功能的简短提示。

折叠式菜单效率最高,但由于屏幕的高度有限,在展开较长的菜单后,有些菜单项无法完全显示在屏幕上,此时可上下滚动鼠标滚轮快速选取当前不可见的菜单项。图 2-6 所示为 T20 屏幕菜单。

图 2-6　T20 屏幕菜单

> **技巧**
> 单击 T20 屏幕菜单左上角的 ✖ 按钮可以关闭此菜单,使用热键 Ctrl+ 或 Tmnload 命令可以重新打开该菜单。

2.3.2 在位编辑与动态输入

T20 可以对所有尺寸标注和符号说明中的文字进行在位编辑,提供了与其他天正文字编辑同等水平的特殊字符输入控制,可以输入上下标、钢筋符号和加圈符号,还可以调用专业词库中的文字。T20 总是提供水平方向及适当大小的在位编辑文本框来输入和修改文字,而不会由于图形当前显示范围的限制影响操控性能。

在位编辑文本框在 T20 中广泛用于构件绘制过程中的尺寸动态输入、文字内容的修改和标注符号的编辑等。单击状态栏中的 按钮,可以开启或关闭动态输入,右击该按钮,在弹出的快捷菜单中选择"动态输入设置"命令,可对动态输入的参数进行设置。图 2-7 所示为动态编辑输入尺寸的实例。

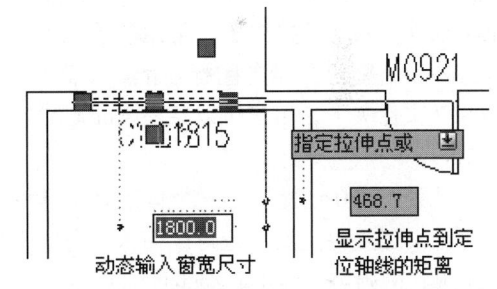

图 2-7　动态编辑输入尺寸的实例

2.3.3 智能感知快捷菜单功能

T20 提供了"选择预览"特性,将鼠标指针移动到对象上方时对象即可亮显,表示进行选择时要选中的对象,同时智能感知该对象,此时右击即可激活相应的对象编辑菜单,使对象编辑更加快捷方便。

在 AutoCAD 绘图区操作时,右击弹出的快捷菜单内容是动态显示的(根据当前鼠标指针下的预选对象确定菜单内容),当没有预选对象时,弹出最常用的功能,否则根据所选的对象列出相关的命令。当鼠标指针在菜单项上移动时,AutoCAD 状态栏上将给出当前菜单项的简短使用说明。

T20 支持 AutoCAD 2004 及其以上版本提供的"鼠标右键慢击菜单"功能（快速右击相当于按 Enter 键），用户可以执行"工具"→"选项"命令，弹出"选项"对话框，在其中单击"自定义右键单击"按钮，在弹出的"自定义右键单击"对话框中设置右键慢速单击的时间参数，如图 2-8 所示。

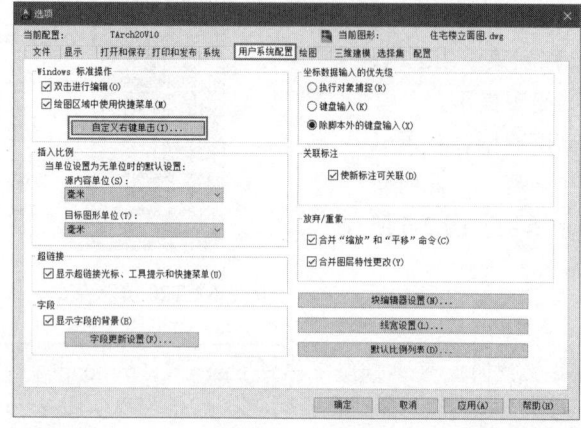
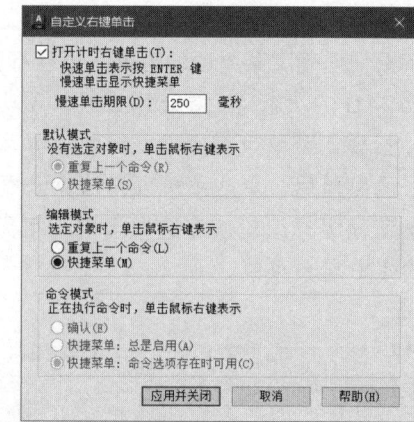

图 2-8　设置右键慢速单击时间参数

2.3.4　默认与自定义图标工具栏

天正图标工具栏由 3 条默认工具栏及 1 条用户自定义工具栏组成，默认工具栏 1 和默认工具栏 2 使用时停靠于工作界面右侧，其中收纳了分属于多个子菜单的常用命令，可避免反复地菜单切换。T20 还提供了"常用快捷工具栏"，可以进一步提高效率。将鼠标指针移到图标上稍作停留，即可显示各图标功能。工具栏图标菜单文件为 tch.mns，位置在 SYS15、SYS16 与 SYS17 文件夹下，用户可以参考 AutoCAD 有关资料的说明，使用 AutoCAD 菜单语法自行编辑定制。

此外，T20 还提供了一个自定义工具栏。单击"工具"→"工具栏"中的命令，可以修改和自定义工具栏。用户还可以输入"自定义"（ZDY）命令，选择"工具条"，在其中增删自定义工具栏的内容，而不必编辑任何文件。

2.3.5　热键定义

除了 AutoCAD 定义的热键外，T20 又补充了若干热键（见表 2-1），以便于常用的操作。

表 2-1　T20 热键定义

热键	功　能
F1	AutoCAD 帮助文件的切换键
F2	屏幕的图形显示与文本显示的切换键
F3	对象捕捉开关
F4	三维对象捕捉
F5	等轴测平面转换

（续）

热键	功能
F6	状态行中绝对坐标与相对坐标的切换键
F7	屏幕栅格点显示状态的切换键
F8	屏幕光标正交状态的切换键
F9	屏幕光标捕捉（光标模数）的开关键
F10	极轴追踪开关
F11	对象追踪的开关键
F12	在 AutoCAD 2006 以上版本中用于切换动态输入，在 T20 中是显示墙基线用于捕捉的状态栏按钮
Ctrl++	屏幕菜单显示状态的开关
Ctrl+–	文档标签显示状态的开关
Shift+F12	墙和门窗拖动时的模数开关
Ctrl+~	"工程管理"选项板的开关

2.3.6 视口的控制

视口（Viewport）有模型视口和图纸视口之分，模型视口在模型空间中创建，图纸视口在图纸空间中创建。为了方便用户从其他角度进行观察和设计，可以设置多个视口，每一个视口可以包含平面、立面和三维等各自不同的视图。单击"视图"→"视口"菜单栏中的各命令，可以对视口进行显示控制。创建 4 个视口的效果如图 2-9 所示。T20 提供了视口的快捷控制，具体介绍如下：

- 新建视口：当鼠标指针移到当前视口的 4 条边界时，鼠标指针形状发生变化，此时按住鼠标左键拖动可以新建视口。
- 改变视口大小：当鼠标指针移到视口边界或角点时，鼠标指针形状会发生变化，此时按住鼠标左键进行拖动可以更改视口的尺寸，若不需改变边界重合的其他视口，可以在拖动时按住 Ctrl 键或 Shift 键。
- 删除视口：更改视口的大小，使它某个方向的边发生重合（或接近重合），此时视口会自动被删除。

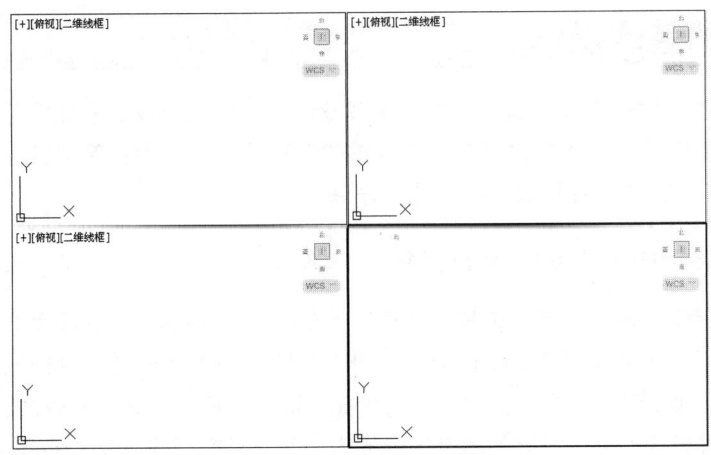

图 2-9 创建 4 个视口的效果

2.3.7 文档标签的控制

在打开多个 DWG 文件的情况下，为方便在多个 DWG 文件之间切换，T20 提供了文档标签功能。在绘图区上方显示了打开的每个图形文件名标签，如图 2-10 所示。单击某个标签即可将该标签对应的图形切换为当前图形，右击文档标签可显示多文档专用的关闭、保存图形和图形导出等功能。

2.3.8 特性表

"特性"选项板是 AutoCAD 200× 提供的一种新交互界面，可通过特性编辑（Ctrl+1 组合键）调用，编辑多个同类对象的特性，如图 2-11 所示。

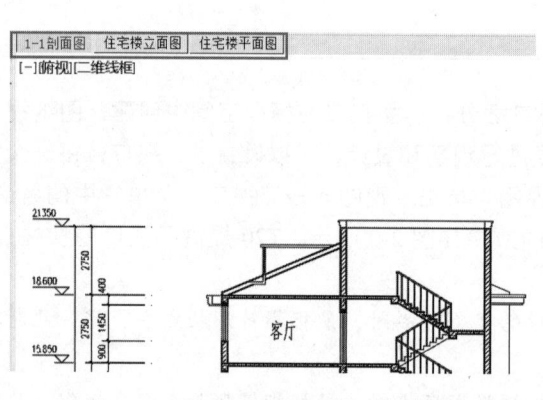

图 2-10 显示打开的图形文件名标签

图 2-11 "特性"选项板

天正对象支持"特性"选项板，并且一些不常用的特性只能通过"特性"选项板来修改，如楼梯的内部图层等。天正的"对象选择"功能和"特性编辑"功能相互结合可以修改多个同类对象的特性参数，而对象编辑只能一次编辑一个对象的特性。

2.4 T20 的基本操作

在利用 T20 进行建筑设计之前，首先要了解设计的操作流程以及软件的基本操作。天正建筑软件的基本操作包括：基本参数设置，新提供的工程管理功能中的新建工程及编辑已有工程的命令操作，新引入的文字在位编辑的具体操作等。

2.4.1 利用 T20 进行建筑设计的流程

建筑设计流程图（包括日照分析与节能设计）如图 2-12 所示。T20 的主要功能可支持建筑设计的各个阶段，无论是初期的方案设计还是最后阶段的施工图设计。设计图样的绘制详细程度（设计深度）取决于设计需求，由用户自行把握，而不需要通过切换软件的菜单来选择。T20 并没有先进行三维建模，后进行施工图设计的要求，除了具有因果关系的步骤必须严格遵守外，操作步骤的先后顺序没有严格限制。

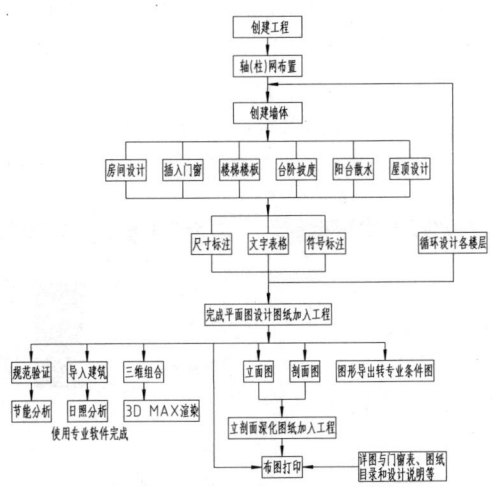

图 2-12 建筑设计流程图

2.4.2 利用T20进行室内设计的流程

T20 的主要功能还可用于室内设计，一般室内设计只需要考虑本楼层的绘图，不必进行多个楼层的组合，设计流程图相对比较简单，如图 2-13 所示为室内设计流程图。装修立面图实际上使用"生成剖面"命令生成。

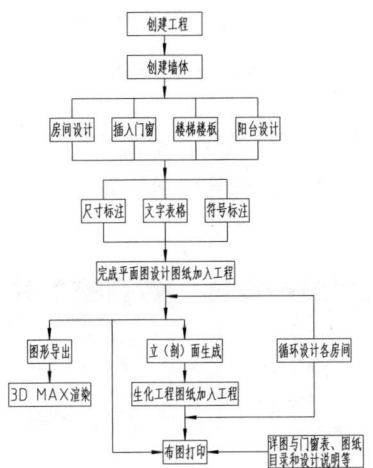

图 2-13 室内设计流程图

2.4.3 选项设置与自定义界面

T20 为用户提供了初始设置功能，可通过单击"设置"→"天正选项"菜单命令，在弹出的"天正选项"对话框中进行设置。该对话框中有"基本设定""加粗填充"和"高级选项" 3 个选项卡。

- "基本设定"选项卡：在其中可设置软件的基本参数和执行命令默认的效果，如图2-14所示。用户可以根据工程的实际要求，对其中的内容进行设置。
- "加粗填充"选项卡：专用于设置墙体与柱子的填充，如图2-15所示。其中提供了各种填充图案和加粗线宽，并有"标准"和"详图"两个级别，由用户通过出图比例给出界定，当出图比例大于设置的比例界限时，就会从一种填充与加粗选择进入另一种填充与加粗选择，以满足施工图中不同图样类型填充与加粗详细程度不同的要求。

 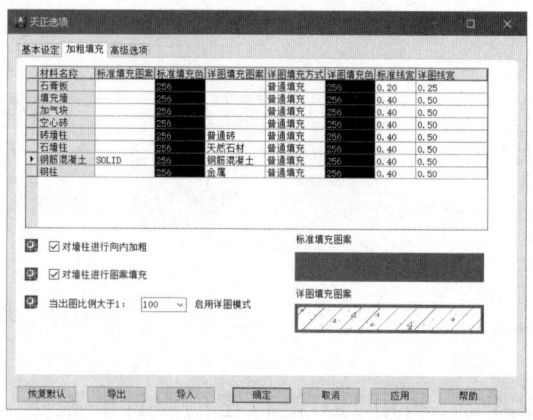

图2-14 "基本设定"选项卡　　　　　　图2-15 "加粗填充"选项卡

- "高级选项"选项卡：在其中可设置天正建筑全局变量的用户自定义参数，如图2-16所示。除了尺寸样式需专门设置外，这里定义的参数均保存在初始参数文件中，不仅可用于当前图形，对新建的文件也起作用。高级选项和选项是结合使用的，如在高级选项中设置了多种尺寸标注样式，可在当前图形选项中根据当前单位和标注要求选用其中几种用于本图。

T20为用户提供了"天正自定义"对话框，单击"设置"→"自定义"菜单命令，可打开"天正自定义"对话框，如图2-17所示。在其中可设置"基本设置""屏幕菜单""工具条"和"快捷键"4项交互操作模式，以适应用户习惯。

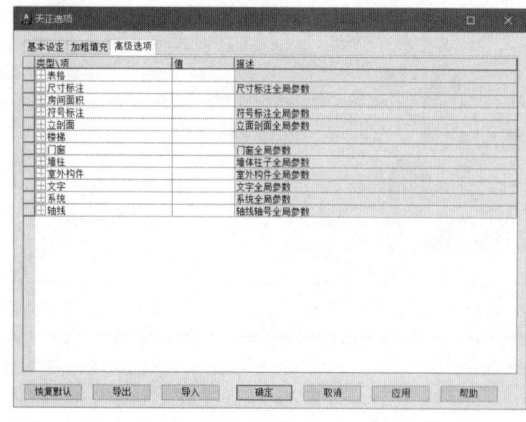 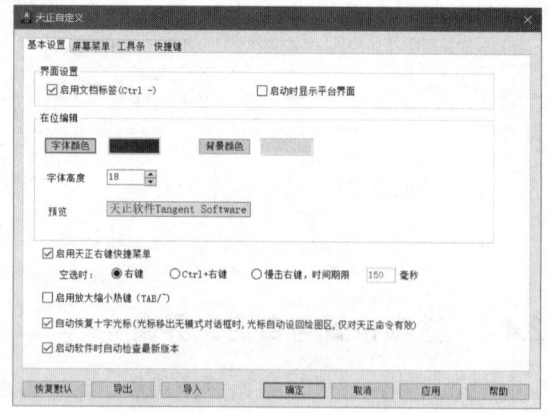

图2-16 "高级选项"选项卡　　　　　　图2-17 "天正自定义"对话框

2.4.4　工程管理工具的使用方法

T20 引入的工程管理工具是属于一个工程下的图纸（图形文件）工具。单击"文件布图"→"工程管理"菜单命令，可打开"工程管理"选项板，如图 2-18 所示。

单击"名称"选项栏右侧的下拉按钮，可以打开如图 2-19 所示的"工程管理"菜单，其中包括"新建工程""打开工程""导入楼层表""导出楼层表""最近工程""保存工程"和"关闭工程"7 个命令，用户可以对其进行相应的操作。

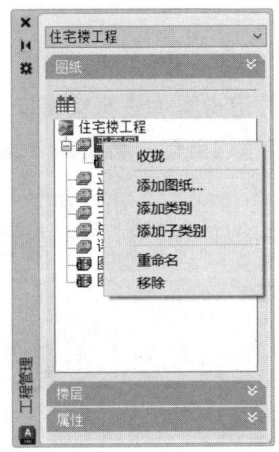 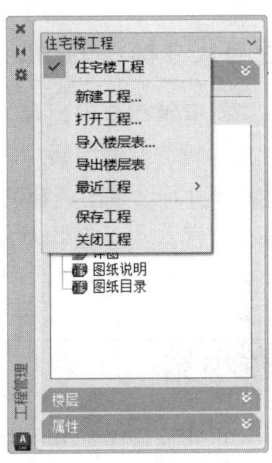

图 2-18　"工程管理"选项板　　　　　图 2-19　"工程管理"菜单

"名称"选项栏下方有"图纸""楼层"和"属性"3 个选项栏。下面对这 3 个选项栏分别进行介绍。

- "图纸"选项栏：该选项栏中包含了当前工程的所有图样，预设有平面图和立面图等多种图形类别。在任一个图形类别上右击，将弹出如图 2-20 所示的快捷菜单，选择其中的选项可以对其进行相应的操作。
- "楼层"选项栏：用于控制同一工程中的各个标准层平面图，允许不同的标准层存放于一个图形文件中。通过单击"在本层框选标准层范围"按钮，可在本图中框选标准层的区域范围，再在"层号"选项栏中输入"起始层号 - 结束层号"，将其定义为一个标准层。输入层高，双击左侧的空白框按钮，可以随时在本图预览框中查看所选择的标准层范围。对不在本图的标准层，可单击空白文件名右侧的按钮，在弹出的"选择标准层图形文件"对话框中选择图形文件。
- "属性"选项栏：在其中可显示当前工程的属性。

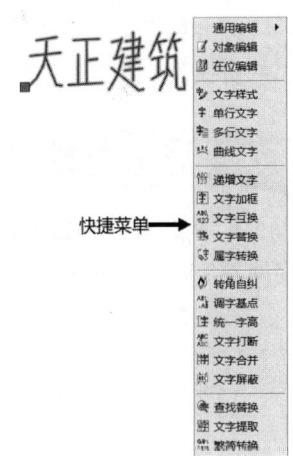

图 2-20　快捷菜单

2.4.5　文字内容的在位编辑方法

T20 中的所有文字内容都可以进行在位编辑。启用在位编辑的方法是：对已有标注文字的对象，可以直接双击文字本身，如各种符号标注；对没有标注文字的对象，可右击该对象，从弹出的快捷菜单中选择"在位编辑"命令，如没有编号的门窗对象；对轴号或表格对象，可以双击轴号或单元格内部。

右击对象可以弹出快捷菜单，如图 2-20 所示。编辑文字时，快捷菜单内容为输入特殊文字的命令，编辑轴号时，快捷菜单内容为轴号排序命令。按 Esc 键可取消在位编辑。单击编辑框外的任意位置，或在编辑单行文字时按 Enter 键，即可结束在位编辑。对于存在多个字段的对象，可以通过按 Tab 键切换当前编辑字段，如切换表格的单元、轴号的圈号和坐标的 xy 值等。

2.4.6　门窗与尺寸标注的智能联动

T20 提供了门窗编辑与门窗尺寸标注联动的功能，在对门窗宽度进行编辑，如门窗移动、夹点改宽、对象编辑、特性编辑（Ctrl+1 组合键）和格式刷特性匹配，使得门窗宽度发生线性变化时，线性的尺寸标注将随门窗的改变联动更新。

门窗的联动范围取决于尺寸对象的联动范围设定，由起始尺寸界线、终止尺寸界线、尺寸线和尺寸关联夹点所围合范围内的门窗才会联动。

2.5　本章小结

1. 介绍了天正建筑软件 T20 的帮助文档及软硬件的配置环境。
2. 介绍了天正建筑软件的特点及新增功能。
3. 介绍了天正建筑软件的基本操作，包括进行建筑设计和室内设计的流程等。
4. 介绍了先进的用户交互界面，如注释对象（如文字、标注和表格等）的在位编辑及对象定位的动态输入。
5. 介绍了高效的对象选择预览技术，如使鼠标指针经过对象即可亮显对象，从右击对象弹出的快捷菜单中选择命令进行操作时不必事先选择对象。

2.6　思考与练习

1. 安装 AutoCAD 2024，然后安装天正建筑软件 T20。T20 可以到北京天正工程软件有限公司网站（http：//www.tangent.com.cn）下载并安装。
2. 到网站（http：//www.tangent.com.cn）上浏览、收集与建筑有关的资料，并参加相关的论坛讨论。
3. 利用天正建筑软件 T20 自带的帮助文档进行学习（帮助文档的内容很全面）。

第 3 章　轴网与柱子

● **本章导读**

轴网是由两组或多组轴线与轴号、尺寸标注组成的平面网格，是建筑物单体平面布置和墙柱构件定位的依据。柱子在建筑中主要起到结构支撑作用，也有些柱子在建筑中仅用于装饰美观。本章将介绍轴网与柱子的基本知识，并通过实例说明利用 T20 绘制轴网与柱子的方法。

● **本章重点**

◈ 轴网　　　　　　　　　　　　　　◈ 轴网标注与编辑
◈ 柱子　　　　　　　　　　　　　　◈ 编辑柱子
◈ 实战演练——绘制并标注轴网　　　◈ 实战演练——创建并编辑柱子
◈ 本章小结　　　　　　　　　　　　◈ 思考与练习

3.1　轴网

房屋设计的基础是墙、柱、墩和屋架等承重构件的轴线。在平面图上绘制这些构件的轴线并进行编号，其主要目的是便于施工时定位放线和查阅图样。轴线是用细点画线绘制而成的，平面图上的横向轴线和纵向轴线构成轴网。

3.1.1　轴网基本概念

轴网是由两组或多组轴线与轴号、尺寸标注组成的平面网格，完整的轴网应由轴线、轴号及尺寸标注 3 个相对独立的系统所构成。

1. 轴线系统

轴线系统是由众多轴线构成的，包括直线、圆和圆弧等。由于轴线的操作要求灵活多变，为了在操作中不受到各种限制，所以轴网系统没有做成自定义对象，而是把位于轴线图层上的 AutoCAD 的基本图形对象（包括直线、圆和圆弧等）识别为轴线对象，以便于修改。天正建筑软件默认的图层为"DOTE"，可以通过图层菜单中的"图层管理"命令来修改默认的图层样式。

轴线在天正建筑软件中默认使用的线型为细实线，这是为了绘图过程中方便进行捕捉。用户在出图前应将轴线改为规范要求的点画线，方法是单击"轴网柱子"→"轴改线型"菜单命令。

2. 轴号系统

轴号是按照《房屋建筑制图统一标准》（GB/T 50001—2017）的规定编制的带有比例的自定义专业对象。轴号系统可为建筑设计人员在设计过程中提供便利，也可为施工人员看图作业提供方便。轴号一般是在轴线两端成对出现，也可只有一端。可以通过对象编辑单独控制个别轴号的显示。轴号的大小与编号方式必须符合现行制图规范的要求，保证出图后圆的直径是8mm。轴号对象预设有用于编辑的夹点，拖动夹点可实现轴号偏移、改变单轴引线长度、轴号横向移动、改革侧引线长度和轴号横移等。

3. 尺寸标注系统

尺寸标注系统由自定义设置的多个尺寸标注对象构成，在标注轴线时软件自动生成轴线图层"AXIS"，除了图层不同外，与其他命令的尺寸标注没有区别。

3.1.2 创建轴网

轴网包括直线轴网和弧线轴网。绘制轴网的方法主要有以下几种：
- ➢ 单击"轴网柱子"→"绘制轴网"菜单命令，生成标准的直线轴网或弧线轴网。
- ➢ 根据已有平面布置图中的墙体，单击"轴网柱子"→"墙生轴网"菜单命令生成轴网。
- ➢ 直接在"DOTE"图层上绘制直线、圆、圆弧（系统均识别为轴线）。

下面介绍各种轴网的绘制方法。

1. 绘制直线轴网

直线轴网中的横向和纵向轴线都是直线，其中不包含弧线。"直线轴网"命令可用于绘制正交轴网、斜交轴网或单向轴网。

绘制直线轴网的方法是，单击"轴网柱子"→"绘制轴网"菜单命令，弹出"绘制轴网"对话框，如图3-1所示。选择"直线轴网"选项卡，并输入上下开间距离、左右进深距离和夹角，然后在绘图区中单击即可创建直线轴网。

"直线轴网"选项卡中各选项的含义如下：
- ➢ 上开：在轴网上方进行轴网标注的房间开间尺寸。
- ➢ 下开：在轴网下方进行轴网标注的房间开间尺寸。
- ➢ 左进：在轴网左侧进行轴网标注的房间进深尺寸。
- ➢ 右进：在轴网右侧进行轴网标注的房间进深尺寸。
- ➢ 间距：开间或进深的尺寸数据。
- ➢ 个数："间隔"栏中数据的重复次数，可以直接输入数据。
- ➢ ⌨（键入）：可输入一组尺寸数据，数据之间用空格或英文逗号隔开。
- ➢ ⏪（恢复上次）：把上次绘制轴网的参数恢复到对话框中。
- ➢ 总开间：显示出本次输入轴网总开间的尺寸数据。
- ➢ 总进深：显示出本次输入轴网总进深的尺寸数据。
- ➢ （删除轴网）：可以将选择集中的轴网过滤出来删除。
- ➢ （拾取轴网参数）：可以拾取图中已有轴网的相关参数信息。
- ➢ 轴网夹角：可输入开间与进深轴线之间的夹角数据。默认为夹角为90°的正交轴网。

图3-1 "绘制轴网"对话框

例如，按表3-1中的数据绘制直线轴网。在T20屏幕菜单中单击"轴网柱子"→"绘制轴网"菜单命令，打开"绘制轴网"对话框，按表3-1输入数据。绘制直线轴网的操作步骤和结果如图 3-2 所示。

表 3-1 直线轴网数据

上开间	4×3000，2×1200，900，2400
下开间	3000，1800，2400，1500
左进深	3600，3000

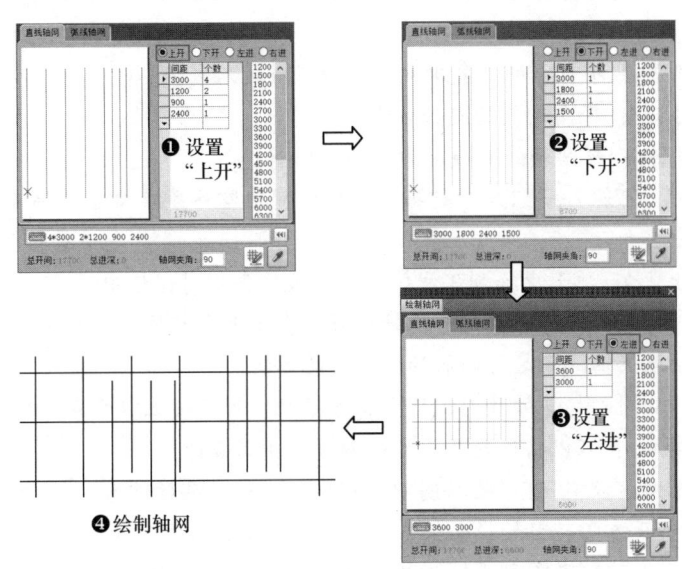

图 3-2 绘制直线轴网的操作步骤和结果

2. 绘制弧线轴网

弧线轴网是由多条同心圆弧线和不经过圆心的径向直线组成的轴线网的集合，常与直线轴网相结合。

单击"轴网柱子"→"绘制轴网"菜单命令，弹出"绘制轴网"对话框，选择"弧线轴网"选项卡，选中"夹角"选项的对话框如图 3-3 所示，选中"进深"选项的对话框如图 3-4 所示。

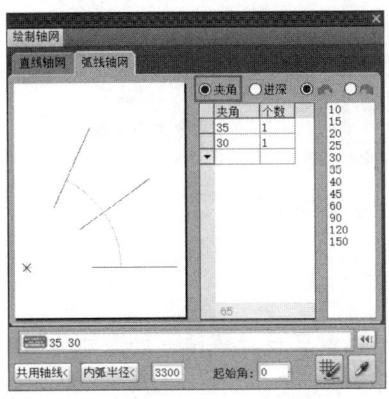

图 3-3 选中"夹角"选项

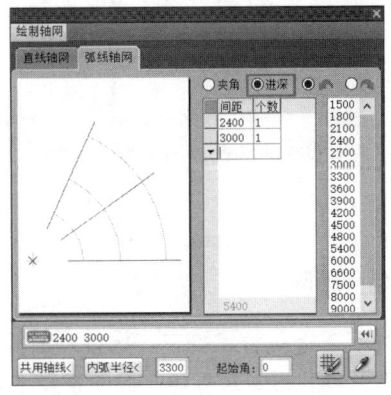

图 3-4 选中"进深"选项

"弧线轴网"选项卡中各选项的含义如下：
- 夹角：由起始角起算，按旋转方向排列的轴线开间序列，单位度（°）。
- 进深：轴网径向并由圆心起到外圆的轴线尺寸序列，单位毫米（mm）。
- 间距：进深的尺寸数据，可单击右方数值获得，也可以直接输入数值，单位毫米（mm）。
- 夹角：开间轴线之间的夹角数据，常用数据可以从右侧列表中获得，也可以直接输入，单位（°）。
- 个数："间隔"栏中数据的重复次数，可以直接输入数值。
- （逆时针）：径向轴线的旋转方向为逆时针。
- （顺时针）：径向轴线的旋转方向为顺时针。
- （键入）：可输入一组尺寸数据，数据之间用空格或英文逗号隔开，按 Enter 键后输入到表格中。
- （恢复上次）：把上次绘制弧线轴网的参数恢复到对话框中。
- 共用轴线：在与其他轴网共用一条轴线时，在图上指定该径向轴线不再重复绘出，选取时通过拖动弧线轴网确定与其他轴网连接的方向。
- 内弧半径：从圆心起算的最内侧环向轴线半径。可从图上取两点获得，也可以为 0。
- （删除轴网）：可以将选择集中的轴网过滤出来删除。
- （拾取轴网参数）：可以拾取图中已有轴网的相关参数信息。
- 起始角：x 轴正方向与起始径向轴线的夹角（按旋转方向定）。

例如，按表 3-2 中的数据绘制弧线轴网。在 T20 屏幕菜单中单击"轴网柱子"→"绘制轴网"菜单命令，打开"绘制轴网"对话框，选择"弧线轴网"选项卡，设置参数后在绘图区中指定轴网插入位置即可。绘制弧线轴网的操作步骤和结果如图 3-5 所示。

表 3-2 弧线轴网数据

夹角（角度）	30，2×25，45
进深（尺寸）	3600，1500，1800

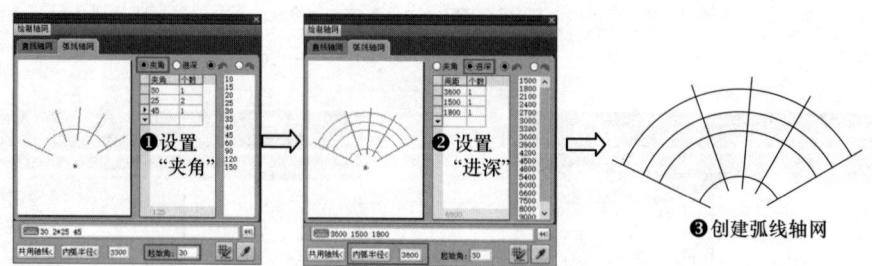

图 3-5 绘制弧线轴网的操作步骤和结果

3. 墙生轴网

在建筑方案设计过程中，设计师们绘制的设计图往往需要反复修改，如添加墙体、删除墙体、修改开间及进深尺寸等，此时使用专用轴线定位则很不方便。为此 T20 提供了"墙生轴网"功能。该功能可以在参考栅格点上直接进行设计，待平面方案图确定下来后，再用"墙生轴网"

功能生成轴网，也可用"绘制墙体"命令先绘制草图，然后单击"轴网柱子"→"墙生轴网"菜单命令生成轴网。

3.2 轴网标注与编辑

当轴网绘制完成后，就需要对轴网进行标注与编辑。T20 提供了专业的轴网标注与编辑功能。利用轴网标注功能可快速地对轴网进行标注，轴网的标注包括轴号标注和尺寸标注。轴号可按规范要求用数字、大写字母、小写字母、双字母和双字母间隔数字符等方式标注，这样标注的轴号可适用于各种复杂分区轴网。要注意的是，字母 I、O、Z 不可用于轴号。

一次生成的轴网往往不能满足设计和规范的要求，T20 提供了多个轴网编辑工具，主要包括在已绘制的轴网中添加轴线、轴线裁剪、轴网合并和轴改线型等。

3.2.1 轴网标注

"轴网标注"是指对始末轴线间的一组平行轴线进行轴号和尺寸标注。单击"轴网柱子"→"轴网标注"菜单命令，在弹出的"轴网标注"对话框中设置参数后，在绘图区中依次指定起始轴线和终止轴线，即可对轴网进行标注。标注轴网的操作步骤和结果如图 3-6 所示。

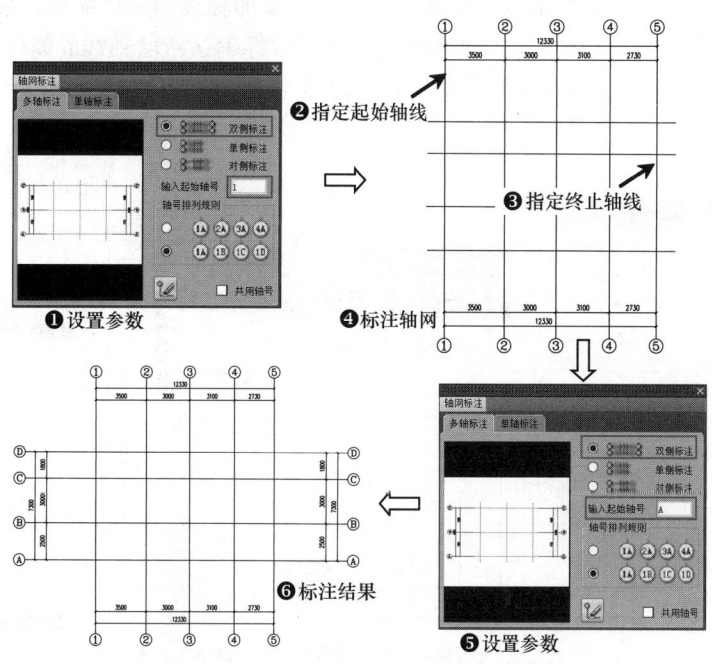

图 3-6　标注轴网的操作步骤和结果

3.2.2 单轴标注

"单轴标注"命令是指对单条轴线进行编号且轴号独立生成，不与已经存在的轴号系统和尺寸标注系统相关联。"单轴标注"命令常用于立面图、剖面图与详图等个别存在的轴线标注中，不适用于一般的平面轴网标注。单击"轴网柱子"→"单轴标注"菜单命令，在弹出的

"轴网标注"对话框中设置参数后，在绘图区中指定待标注的轴线，即可完成对轴线的单轴标注。单轴标注的操作步骤和结果如图3-7所示。

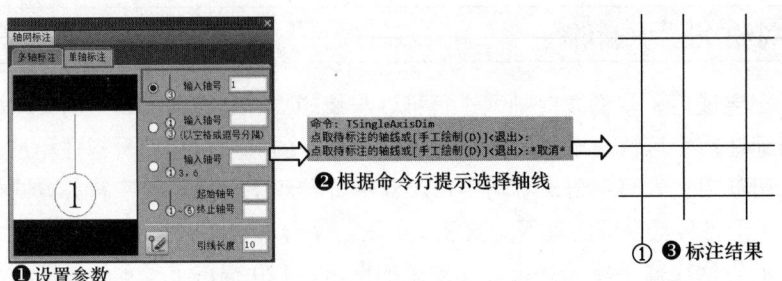

图3-7 单轴标注的操作步骤和结果

3.2.3 添加轴线

"添加轴线"命令一般在"轴网标注"命令完成之后才执行，用于参考已经存在的某一条轴线，在其任意一侧添加一根新轴线，同时根据选择和需要给予新的轴号，把新轴线和新轴号一起融入已有的轴号标注中。单击"轴网柱子"→"添加轴线"菜单命令，弹出"添加轴线"对话框，设置选项，在绘图区中单击参考轴线，移动鼠标确认新增轴线的偏移方向，然后指定距参考轴线的距离，即可完成轴线的添加。添加轴线的操作步骤和结果如图3-8所示。

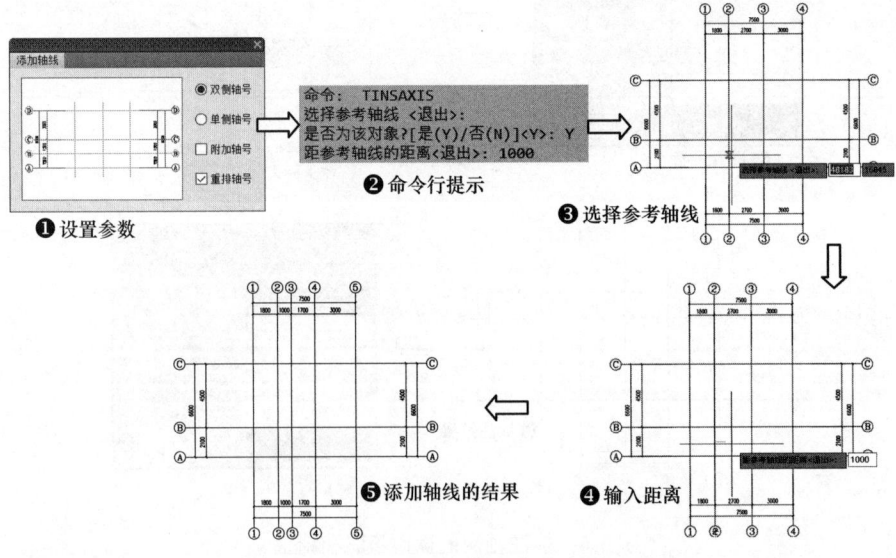

图3-8 添加轴线的操作步骤和结果

3.2.4 轴线裁剪

"轴线裁剪"是指把多余的轴线按照一定的方法裁剪掉。单击"轴网柱子"→"轴线裁剪"菜单命令，根据命令行提示，首先确认轴线裁剪方式，然后确认轴线裁剪方式的各个点，即可完成轴线裁剪命令。轴线裁剪的操作步骤和结果如图3-9所示。

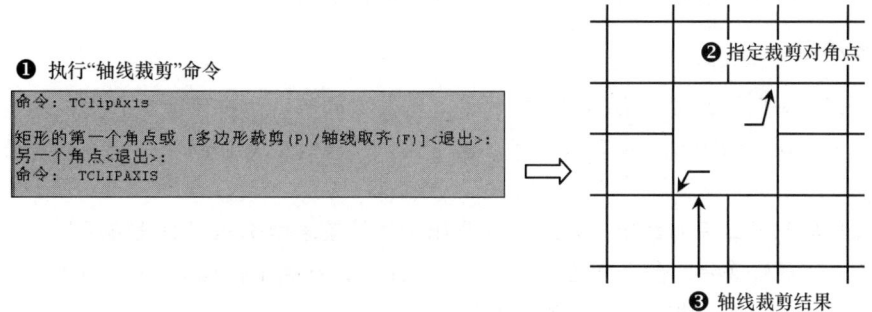

图3-9　轴线裁剪的操作步骤和结果

3.2.5　轴网合并

"轴网合并"是指将多组轴网的轴线按指定的一个到四个边界延伸，合并为一组轴线，同时清理其中重合的轴线。目前"轴网合并"命令不能对非正交的轴网和多个非正交排列的轴网进行处理。单击"轴网柱子"→"轴网合并"菜单命令，在绘图区中框选出要合并的轴网后按Enter键，然后在绘图区中指定需对齐的边界，即可完成轴网合并。轴网合并的操作步骤和结果如图3-10所示。

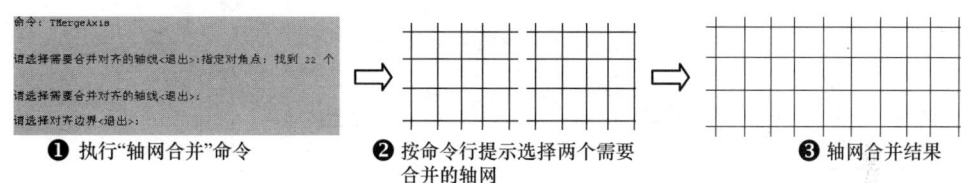

图3-10　轴网合并的操作步骤和结果

3.2.6　轴改线型

根据《建筑制图标准》（GB/T 50104—2010）要求，绘制完成的轴线用点画线表示。"轴改线型"命令是指将轴线绘制过程中的细实线改为点画线显示。

单击"轴网柱子"→"轴改线型"菜单命令，即可立即执行线型的转换，将轴线在点画线和细实线之间切换。但因为点画线不便于对象捕捉和编辑，所以在绘图过程中仍经常使用细实线，只有在输出的时候才切换成点画线。

3.2.7　轴号编辑

轴号对象是一组专门为建筑轴网定义的标注符号的集合，一般来说就是在轴网的开间或进深方向上的一排轴号。按照国家制图标准中的要求，即使轴间距上下不同，同一个方向轴网的轴号也是统一的编号系统，都以一个轴号对象表示，但一个方向的轴号系统和其他方向的轴号系统相互独立。

T20轴号对象中的任何一个轴号都可设置为双侧显示或单侧显示，也可以一次关闭或打开一侧全体轴号。上下开间（进深）没有必要各自建立一组轴号，要关闭其中某些轴号时也没有必要去分解对象后进行轴号删除，可以直接通过命令来实现。

1. 对象编辑

在标注好轴号后，若需要临时变更轴号的名称及方向等，用户可在 T20 提供的右键快捷菜单中选择适当的对象编辑命令来更改轴号。接下来以"单轴变号"命令为例说明对象编辑的步骤和方法。

将鼠标指针移至轴号对象上，右击，在弹出的快捷菜单中选择"对象编辑"命令，接着在命令行中输入"单轴变号"命令字母"N"，按 Enter 键，然后单击轴号"6"附近一点，再输入新的轴号，按 Enter 键，即可完成"单轴变号"操作。按 Esc 键可退出操作。单轴变号的操作步骤和结果如图 3-11 所示。

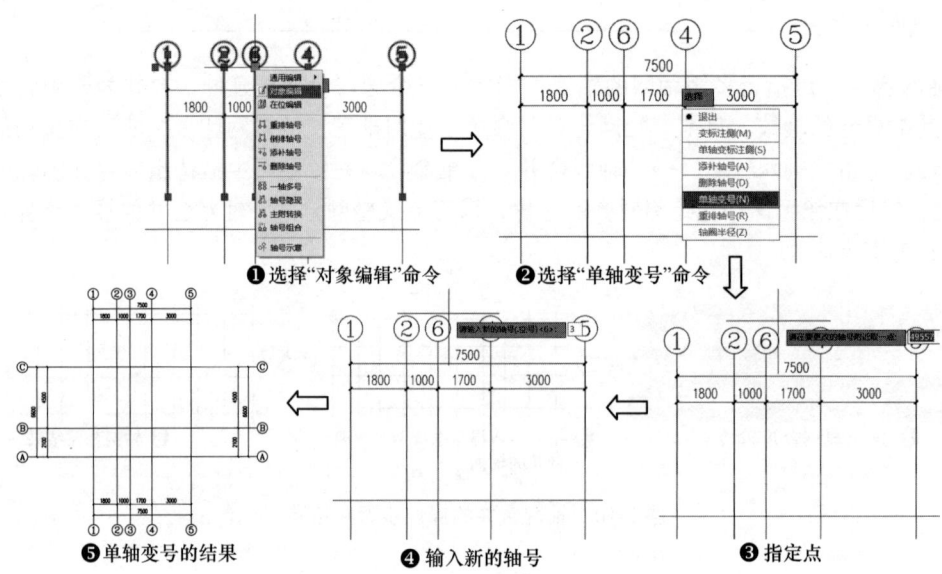

图 3-11　单轴变号的操作步骤和结果

2. 添补轴号

"添补轴号"命令可用来为在矩形、弧形或圆形轴网中新增加的轴线添加轴号，使得新增轴号对象成为原有轴号对象的一部分。但是添补轴号并不会生成轴线，也不会更新尺寸标注，只是用于用其他方式增添或修改轴线后进行的轴号标注。

单击"轴网柱子"→"添补轴号"菜单命令，打开"添补轴号"对话框，设置选项，在绘图区中单击选择轴号对象，接着指定新轴号的位置，即可完成添补轴号。添补轴号的操作步骤和结果如图 3-12 所示。

3. 删除轴号

"删除轴号"命令可用于在建筑平面图中删除个别不需要的轴号，并可根据需要决定是否重排轴号。单击"轴网柱子"→"删除轴号"菜单命令，打开"删除轴号"对话框，设置选项，在绘图区中框选出需删除的轴号，按 Enter 键，即可完成删除轴号。删除轴号的操作步骤和结果如图 3-13 所示。

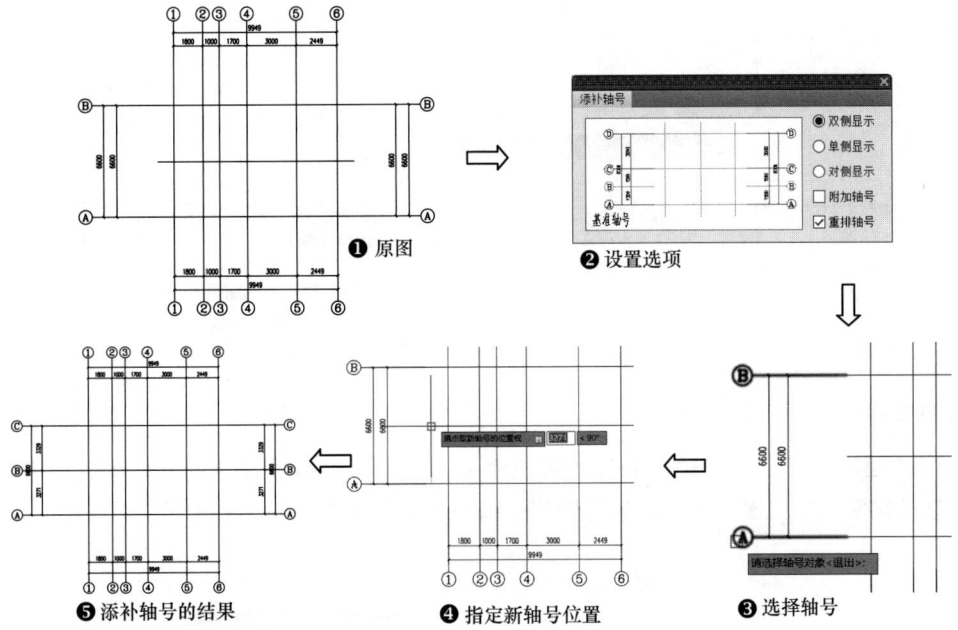

图 3-12　添补轴号的操作步骤和结果

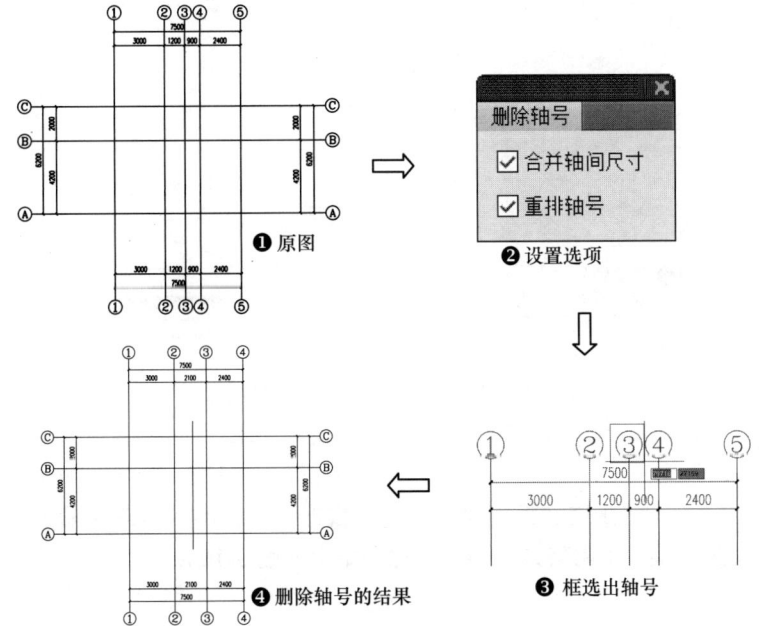

图 3-13　删除轴号的操作步骤和结果

4. 一轴多号

执行"轴网柱子"→"一轴多号"菜单命令，根据命令行的提示选择已有轴号，可以在原轴号的下方增加新轴号，表示多个轴号共用一根轴线的情况。一轴多号的操作步骤和结果如图3-14所示。

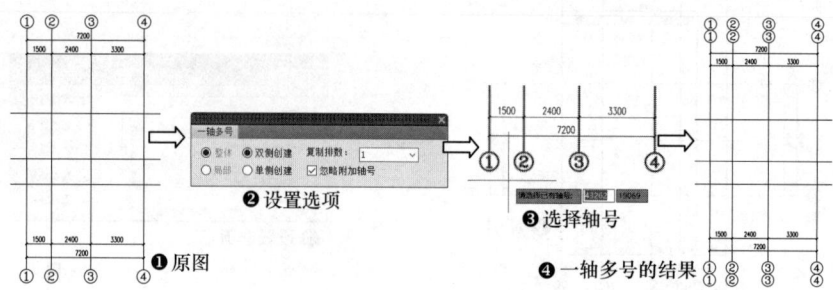

图 3-14　一轴多号的操作步骤和结果

5. 轴号隐现

执行"轴网柱子"→"轴号隐现"菜单命令，根据命令行的提示选择单个轴号或多个轴号，可以控制它们的隐藏与显示。轴号隐现的操作步骤和结果如图3-15所示。

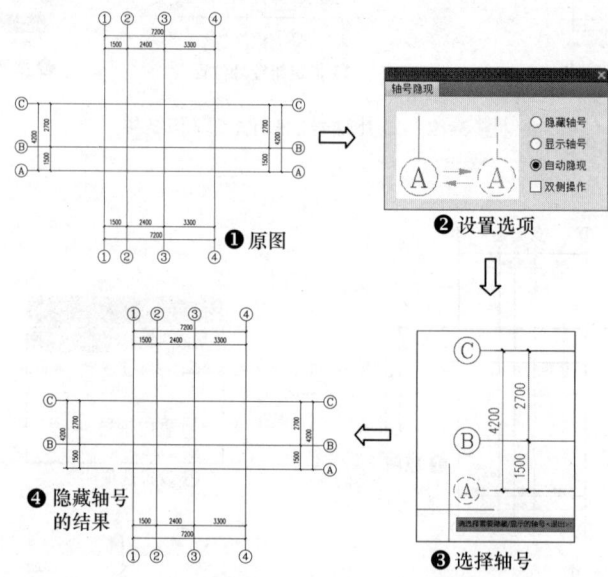

图 3-15　轴号隐现的操作步骤和结果

6. 主附转换

执行"轴网柱子"→"主附转换"菜单命令，根据命令行的提示选择轴号，可以在主轴号与附加轴号之间批量转换。主附转换的操作步骤和结果如图3-16所示。

7. 轴号组合

执行"轴网柱子"→"轴号组合"菜单命令，根据命令行的提示选择轴号，可以把多个轴号对象组合成一个。轴号组合的操作步骤和结果如图3-17所示。

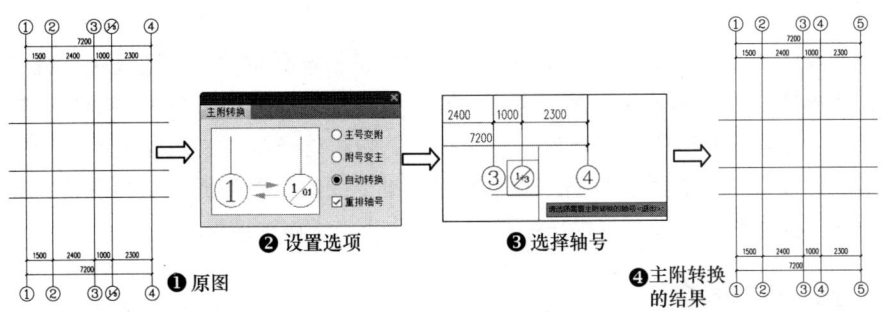

图 3-16　主附转换的操作步骤和结果

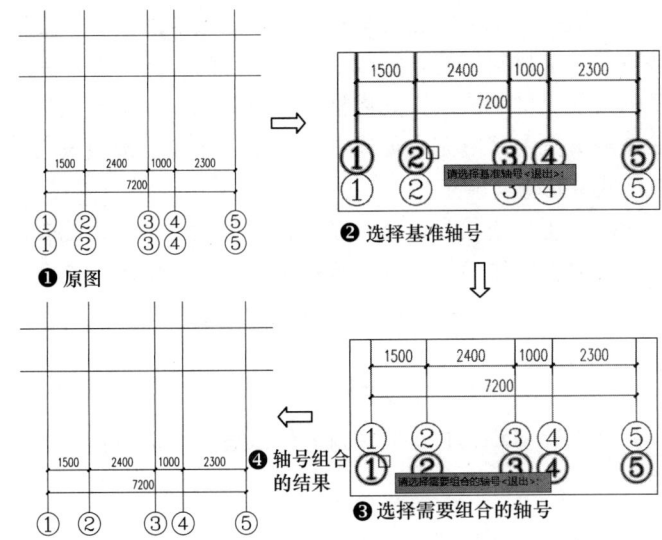

图 3-17　轴号组合的操作步骤和结果

8. 轴号示意

执行"轴网柱子"→"轴号示意"菜单命令，可以在绘图区的边缘显示轴号。轴号示意的操作步骤和结果如图 3-18 所示。

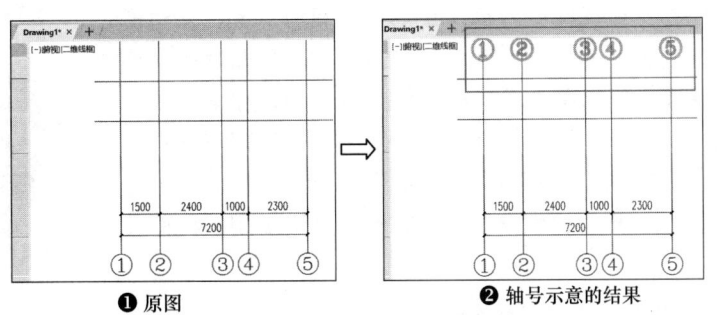

图 3-18　轴号示意的操作步骤和结果

3.3 柱子

柱子是房屋建筑中不可缺少的一部分，是房屋建筑的承重构件。在建筑中，柱子的主要功能是作为结构支撑，也有的是用于装饰美观。柱子按用途可分为构造柱和装饰柱，按形状可分为标准柱及异形柱。T20用自定义对象来表示柱子。每种柱子的定义对象是不相同的，如标准柱用底标高，且柱高和柱截面参数描述的是其在三维空间的位置和形状；构造柱为砖混结构或框架结构，只有截面形状，没有提供三维数据，因此只用于施工图设计。

3.3.1 柱子的基本概念

标准柱的常用截面形式包括矩形、圆形、多边形等，标准柱可由"标准柱"命令生成。异形柱可由"异形柱"命令生成，或者由任意形状柱和其他封闭的曲线通过布尔运算生成。

柱子与墙体相交时，T20会按照墙柱之间的材料等级关系来决定是柱自动打断墙体还是墙体穿过柱子，如果墙体和柱子材料相同，那么墙体会被打断，同时墙体会与柱子连成一体。柱子的填充方式由柱子的当前比例来决定，如果柱子的当前比例大于预设的详图模式比例，则柱子和墙的填充图案按详图填充图案填充；如果柱子的当前比例小于预设的详图模式比例，则柱子和墙的填充图案按标准填充图案填充。

在实际操作中，对利用T20直接生成的柱子往往需要做改动，为此软件提供了夹点功能和对象编辑功能，对于柱子的整体属性，可以进行批量修改，或使用"替换"方法达到修改的目的。另外，利用AutoCAD里的各种编辑命令也可以对柱子进行修改。

3.3.2 创建柱子

建筑物中柱子的形状多种多样，T20将其划分为标准柱、角柱和构造柱3种，用户可以根据实际需要选择创建柱子的类型。

1. 创建标准柱

标准柱是具有均匀断面形状的竖直构件，其三维空间的位置和形状主要由底标高（指构件底部相对于坐标原点的高度）、柱高和柱截面参数来决定。柱的二维表现除由截面确定的形状外，还受柱材料的影响，可通过柱材料控制柱的加粗、填充及柱与墙之间连接的方式。

可以在轴线的交点或任何位置插入矩形柱、圆形柱或正多边形柱。正多边形柱包括三、五、六、八、十二边形柱。在非轴线交点处插入柱子时，基准方向总是沿着当前坐标系的方向，如果当前坐标系是UCS，则柱子的基准方向为UCS的 x 轴方向，不需另行设置。

单击"轴网柱子"→"标准柱"菜单命令，弹出"标准柱"对话框，如图3-19所示。标准柱的参数包括材料、截面类型、截面尺寸和转角等。

"标准柱"对话框中各选项的含义如下：

> 形状（矩形、圆形、多边形）：柱子截面的类型。

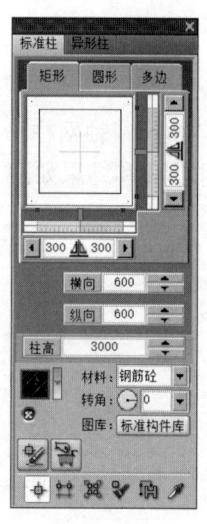

图3-19 "标准柱"对话框

> 十字光标插入点：可通过标尺上的滑块调整十字光标插入点的位置，也可以单击上下、左右镜像按钮镜像。
> 柱子尺寸：柱子尺寸的参数随柱子形状的不同而不同。
> 材料：可从下拉列表中选择材料。柱子与墙之间的连接方式由两者的材料决定，已有材料包括砖、耐火砖、石材、毛石、钢筋砼、混凝土和金属，默认为钢筋砼。
> ▓（柱图案填充）：可以根据材料直接进行详图填充。
> 转角：柱子的旋转角度。在矩形轴网中以 x 轴为基准线，在弧线、圆形轴网中以环向弧线为基准线，逆时针方向为正，顺时针方向为负。
> 标准构件库：单击可以打开"天正构件库"对话框，从中选择需要的异形柱形状。
> ▓（删除柱子）：可以将选择集中的柱子过滤出来删除。
> ▓（编辑柱子）：用于批量编辑天正柱子对象。

在"标准柱"和"异形柱"对话框下方提供了创建柱子的 6 种方式，下面分别介绍。

> ▓（点选插入柱子）：可直接选择位置插入柱子。优先选择轴线交点，如果未捕捉到轴线交点，则在点取位置插入柱子。"点选插入柱子"方式的操作步骤和结果如图 3-20 所示。

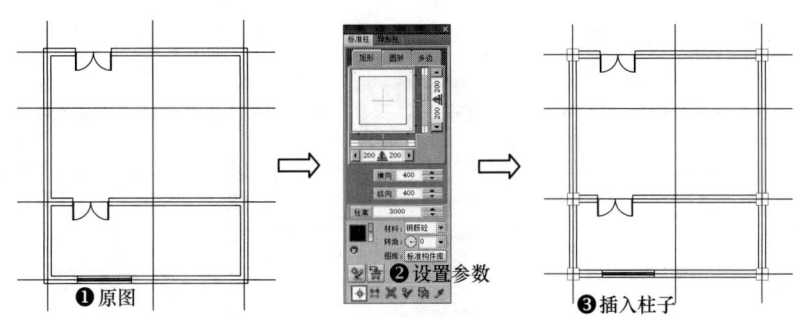

图 3-20 "点选插入柱子"方式的操作步骤和结果

> ▓（沿一根轴线布置柱子）：可在选定的轴线与其他轴线的交点处插入柱子。"沿一根轴线布置柱子"方式的操作步骤和结果如图 3-21 所示。

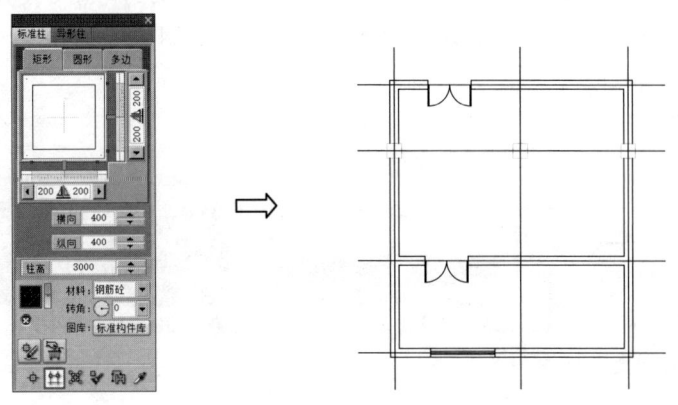

图 3-21 "沿一根轴线布置柱子"方式的操作步骤和结果

➢ 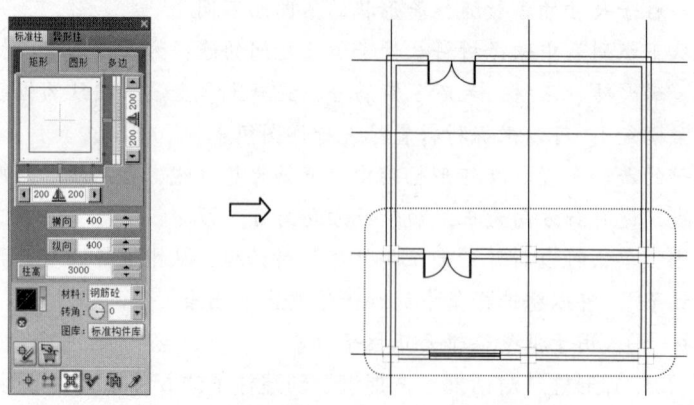（矩形区域布置）：可在指定矩形区域内的所有轴线的交点处插入柱子。"矩形区域布置"方式的操作步骤和结果如图 3-22 所示。

图 3-22 "矩形区域布置"方式的操作步骤和结果

➢ （替换图中已插入柱子）：可以当前设定参数的柱子替换图上已有的柱子。可以单个替换，也可以窗选成批替换。"替换图中已插入柱子"方式的操作步骤和结果如图 3-23 所示。

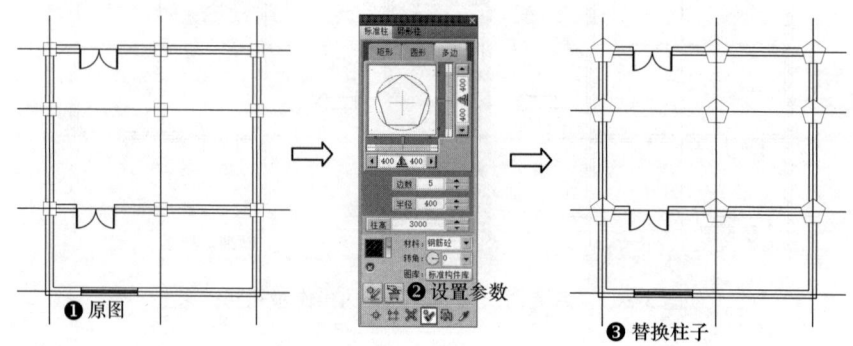

图 3-23 "替换图中已插入柱子"方式的操作步骤和结果

➢ （选择多段线创建异形柱）：可根据平面图中柱子平面的闭合多段线生成异形柱。"选择多段线创建异形柱"方式的操作步骤和结果如图 3-24 所示。

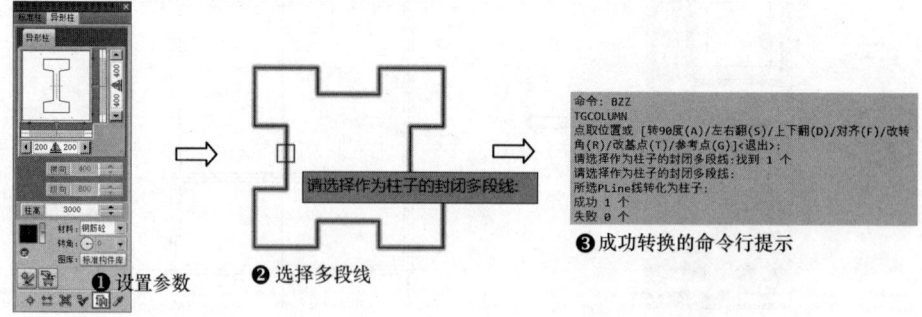

图 3-24 "选择多段线创建异形柱"方式的操作步骤和结果

> ✏ （在图中拾取柱子形状或已有柱子）：可在图上将已绘制的闭合多段线或者已有柱子作为当前标准柱读入界面，然后插入该柱。"在图中拾取柱子形状或已有柱子"方式的操作步骤和结果如图 3-25 所示。

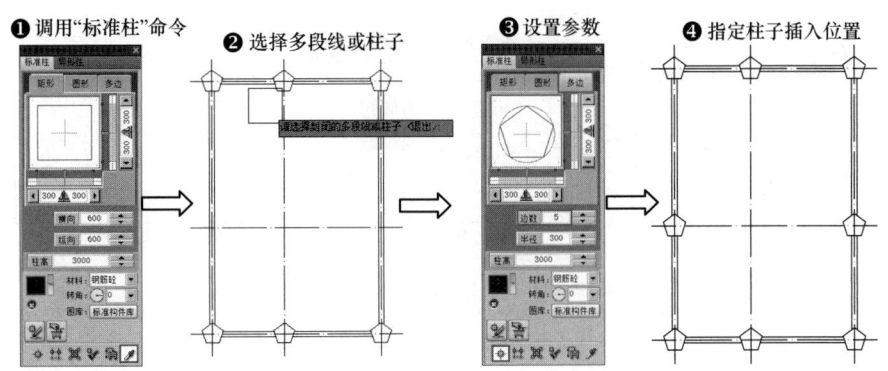

图 3-25 "在图中拾取柱子形状或已有柱子"方式的操作步骤和结果

2. 创建角柱

在建筑框架结构的房屋设计中，常在墙角处使用 L 形或 T 形平面的角柱来增大室内使用面积或为建筑物增大受力面积。一般在墙角处插入外观与墙相同的角柱，自定义长度和宽度，高度为当前层高。生成的角柱的每一边都有可调整长度和宽度的夹点，可以方便修改。

单击"轴网柱子"→"角柱"菜单命令，在需要创建角柱的墙体角点上单击，在弹出的"转角柱参数"对话框中设置角柱的材料和长度，然后单击"确定"按钮，即可创建角柱。创建角柱的操作步骤和结果如图 3-26 所示。

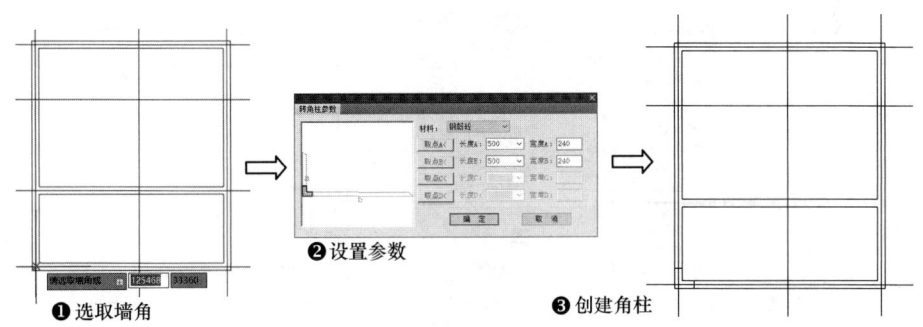

图 3-26 创建角柱的操作步骤和结果

3. 插入构造柱

在多层砌体房屋墙体的规定部位，按构造配筋和先砌墙后浇灌混凝土的施工顺序制成的混凝土柱通常称为混凝土构造柱，简称构造柱。

"构造柱"命令可用于在墙角内或墙角交点处插入构造柱。使用"构造柱"命令绘制的构造柱是专门用于施工图设计的，对三维模型不起作用，而且用"构造柱"命令绘制的构造柱是不标准的，不能使用对象编辑功能。单击"轴网柱子"→"构造柱"菜单命令，单击选取墙角，弹出"构造柱参数"对话框，设置参数后单击"确定"按钮，即可完成插入构造柱的操作。图 3-27 所示为插入构造柱的操作步骤和结果。

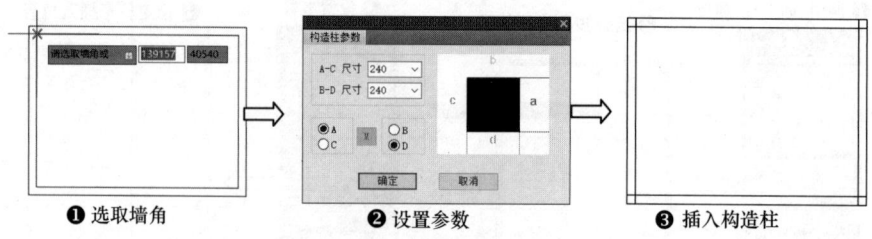

图 3-27　插入构造柱的操作步骤和结果

3.4　编辑柱子

柱子创建完成后，有时还需要对柱子的参数进行编辑，如对柱子的材料、尺寸、偏心角、转角和位置等进行修改。本节将介绍柱子的编辑功能。

3.4.1　柱子的对象编辑

要修改柱子的参数，用户只需在相应的柱子上右击，在弹出的快捷菜单中选择"对象编辑"命令，然后在弹出的"标准柱"对话框中根据需要修改各项参数即可。编辑柱子对象的操作步骤和结果如图 3-28 所示。

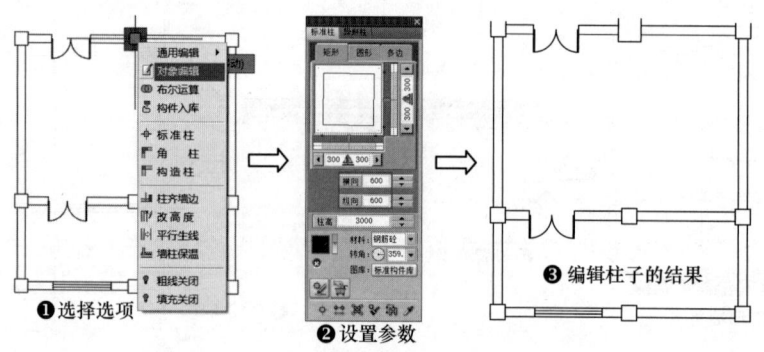

图 3-28　编辑柱子对象的操作步骤和结果

3.4.2　柱子的特性编辑

柱子的特性编辑是利用 AutoCAD 的对象编辑表，通过修改对象的专业特性来修改柱子的参数。选中要编辑的柱子，按 Ctrl+1 快捷键，即可在打开的如图 3-29 所示的"特性"选项板中修改柱子的参数。

图 3-29 "特性"选项板

3.4.3 柱齐墙边

"柱齐墙边"命令可用于将柱子边与指定墙边对齐。可以一次性选取多个柱子一起与墙边对齐,前提条件是各个柱子都在同一墙段上,且与对齐方向的柱子尺寸相同。单击"轴网柱子"→"柱齐墙边"菜单命令,在绘图区中指定墙边,接着选择要对齐的柱子,按 Enter 键,然后指定柱边,即可完成柱齐墙边操作。柱齐墙边的操作步骤和结果如图 3-30 所示。

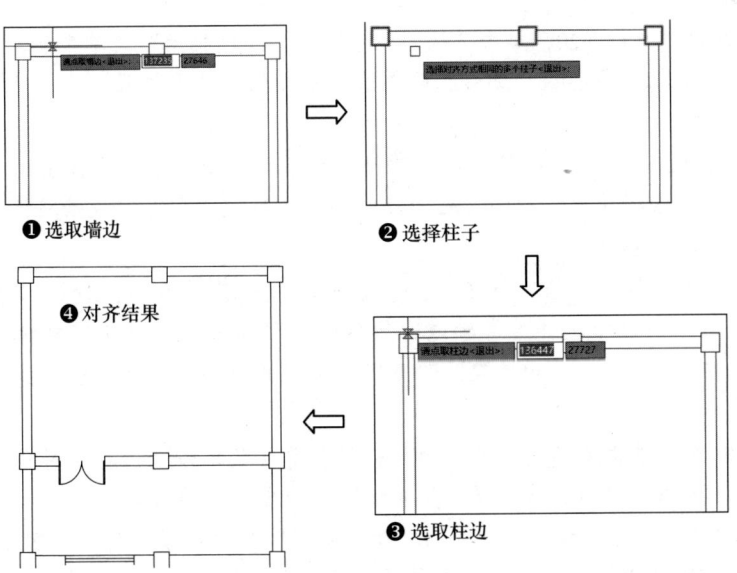

图 3-30 柱齐墙边的操作步骤和结果

3.5 实战演练——绘制并标注轴网

前面介绍了绘制轴网和标注轴网的基本知识，本节将通过绘制并标注别墅轴网的实例来帮助读者巩固本章所学的内容。绘制并标注的别墅轴网如图 3-31 所示。

视频文件：视频\第 03 章\3.5.mp4

播放时长：7min43s

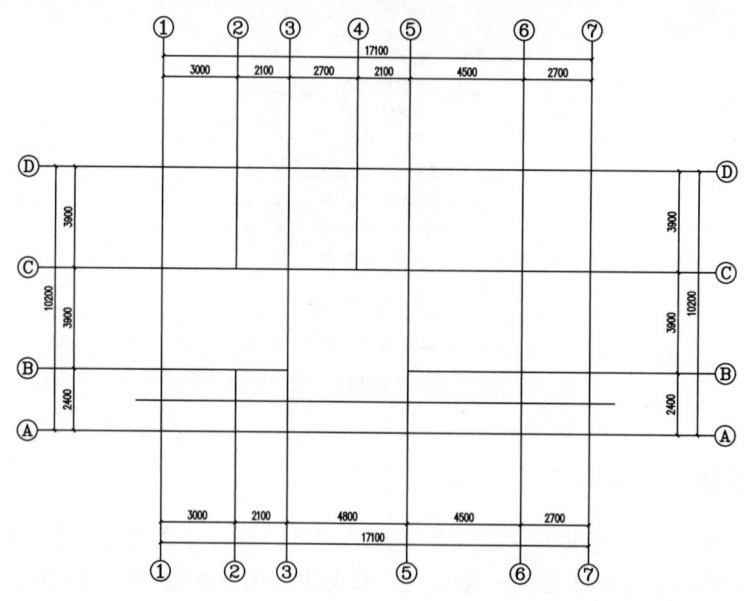

图 3-31 绘制并标注的别墅轴网

操作步骤如下：

[01] 绘制轴网。启动 T20，单击"轴网柱子"→"绘制轴网"菜单命令，在弹出的"绘制轴网"对话框中设置轴网各参数，然后在绘图区中指定轴网插入位置。绘制轴网的操作步骤和结果如图 3-32 所示。

[02] 标注轴网。单击"轴网柱子"→"轴网标注"菜单命令，在弹出的"轴网标注"对话框中设置参数，在绘图区中依次指定起始轴线和终止轴线，即可完成轴网标注。标注轴网的操作步骤和结果如图 3-33 所示。

[03] 添加轴线。单击"轴网柱子"→"添加轴线"菜单命令，打开"添加轴线"对话框，设置选项，在绘图区中选择参考轴线，然后向右移动鼠标指针确定轴线的偏移方向，接着输入距参考轴线的距离，按 Enter 键，即可完成轴线的添加。添加轴线的操作步骤和结果如图 3-34 所示。

[04] 裁剪轴线。单击"轴网柱子"→"轴线裁剪"菜单命令，指定对角点，即可在选定的矩形区域内裁剪轴线。裁剪轴线的操作步骤和结果如图 3-35 所示。

[05] 删除轴号。单击"轴网柱子"→"删除轴号"菜单命令，打开"删除轴号"对话框，选择选项，再在绘图区中绘制选框，框选轴号，按 Enter 键，即可完成删除轴号操作。删除轴号的操作步骤和结果如图 3-36 所示。至此，完成别墅轴网的绘制。

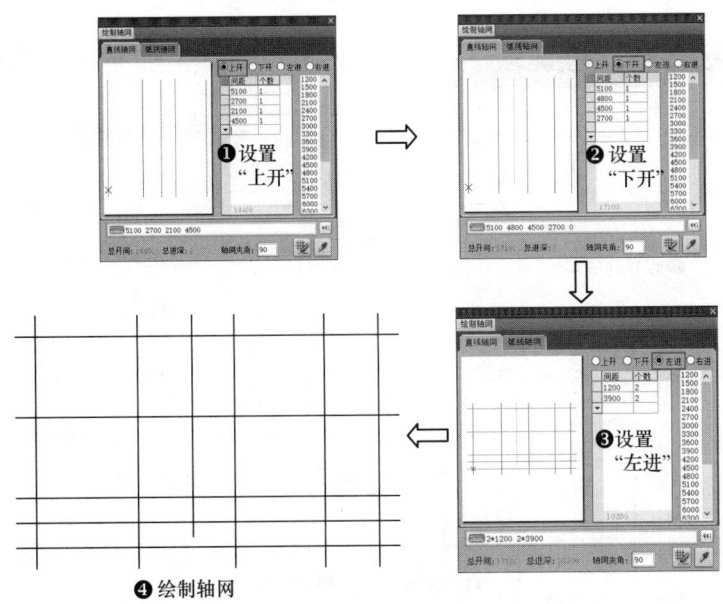

图 3-32 绘制轴网的操作步骤和结果

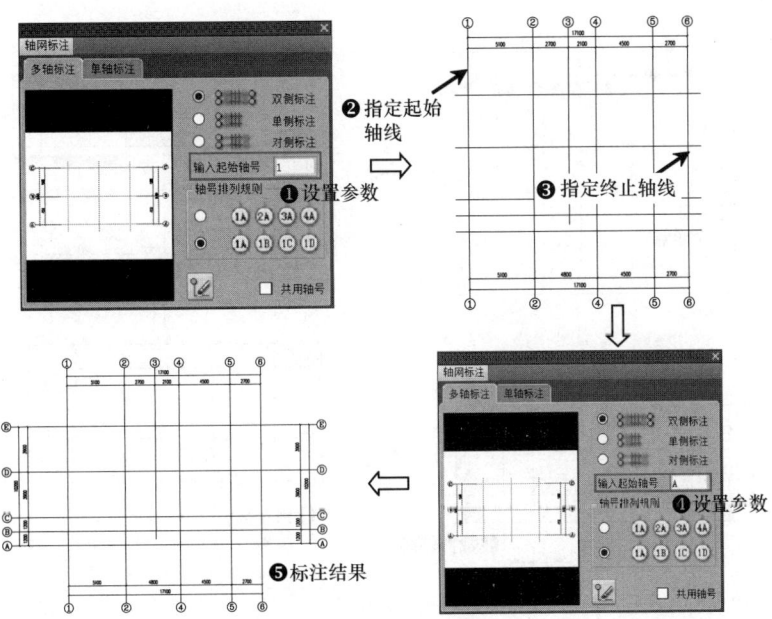

图 3-33 标注轴网的操作步骤和结果

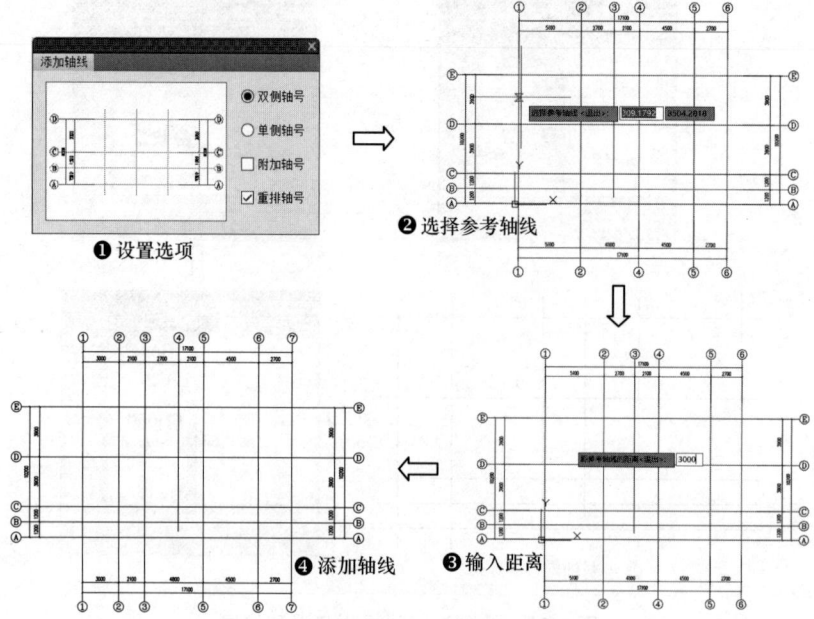

图 3-34 添加轴线的操作步骤和结果

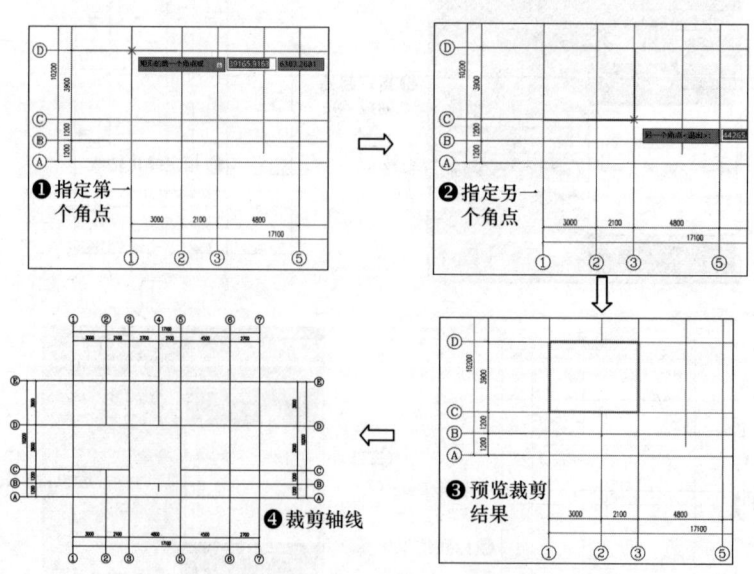

图 3-35 裁剪轴线的操作步骤和结果

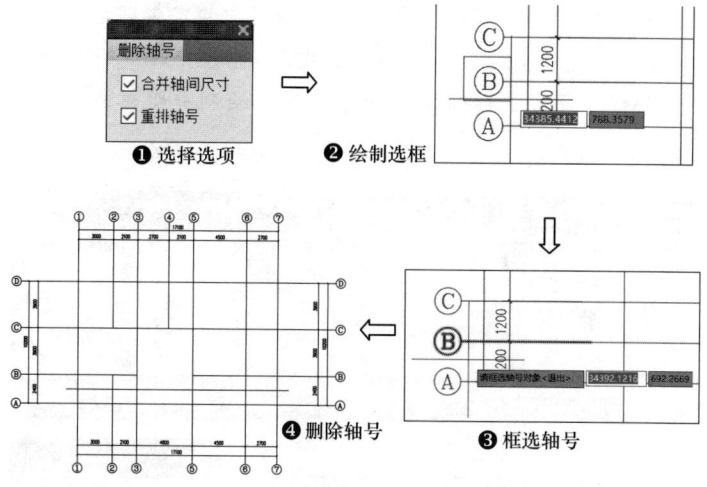

图 3-36 删除轴号的操作步骤和结果

3.6 实战演练——创建并编辑柱子

前面已经介绍了柱子的创建方法与编辑方法，本节将通过绘制如图 3-37 所示的某建筑柱网图来帮助读者巩固所学的内容。	视频文件：视频\第 03 章\3.6.mp4
	播放时长：14min25s

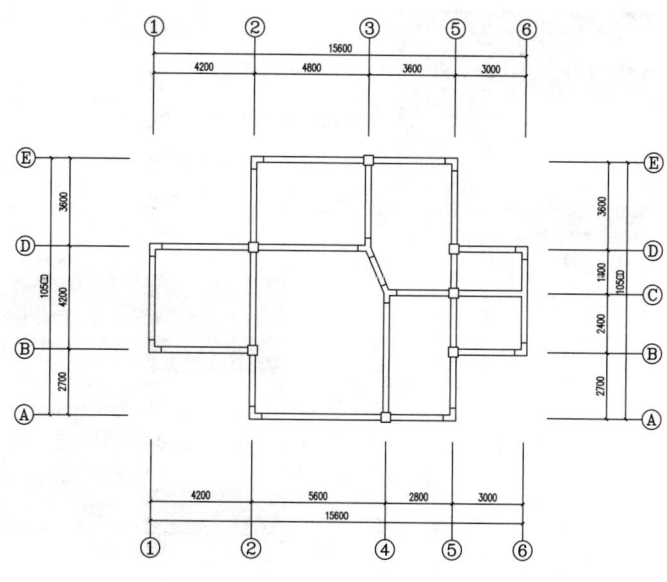

图 3-37 某建筑柱网图

操作步骤如下：

01 绘制并编辑轴网。启动 T20，单击"轴网柱子"→"绘制轴网"菜单命令，在弹出的"绘制轴网"对话框中设置轴网各参数,然后在绘图区中指定轴网插入位置;单击 AutoCAD 绘图工具栏中的"LINE"(直线)按钮,在"TODE"图层上绘制一条轴线;单击 AutoCAD 修改工具栏中的"TRIM"(修剪)按钮,修剪轴线。绘制并编辑轴网的操作步骤和结果如图 3-38 所示。

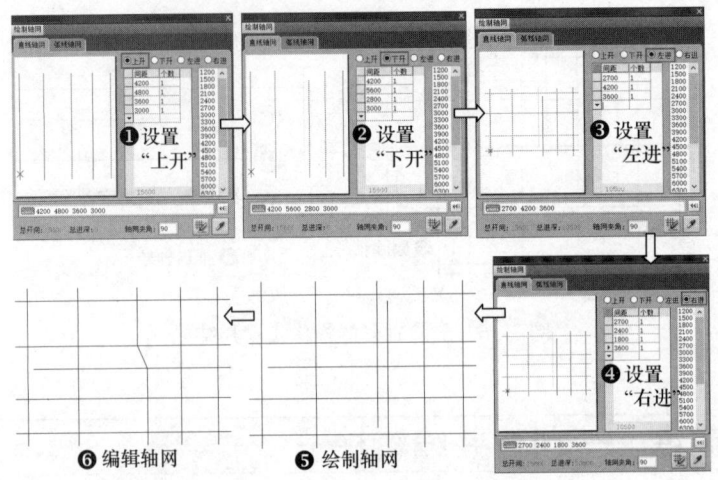

图 3-38　绘制并编辑轴网的操作步骤和结果

[02]　标注轴网。单击"轴网柱子"→"轴网标注"菜单命令,在弹出的"轴网标注"对话框中设置参数,然后在绘图区中依次指定起始轴线和终止轴线,即可完成轴网标注。标注轴网的操作步骤和结果如图 3-39 所示。

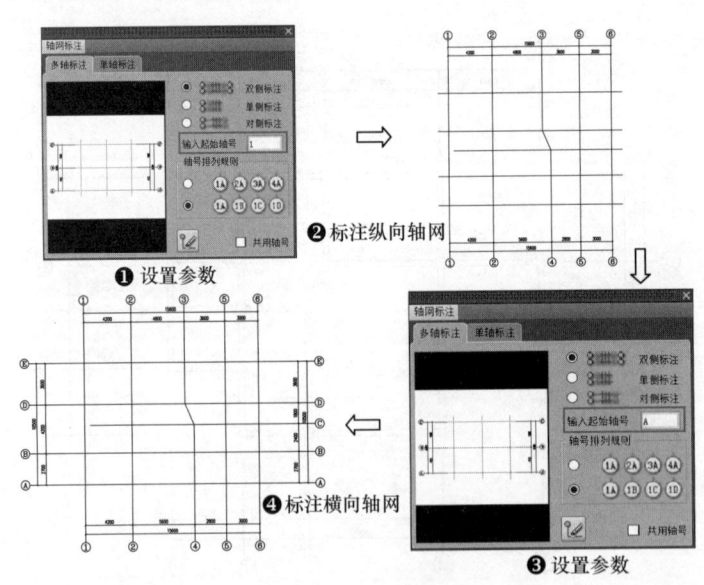

图 3-39　标注轴网的操作步骤和结果

[03]　绘制墙体。单击"墙体"→"绘制墙体"菜单命令,在弹出的"墙体"对话框中设置参数,然后在绘图区中依次指定墙体的起点和下一点,即可完成内、外墙体的绘制。绘制墙

体的操作步骤和结果如图3-40所示。

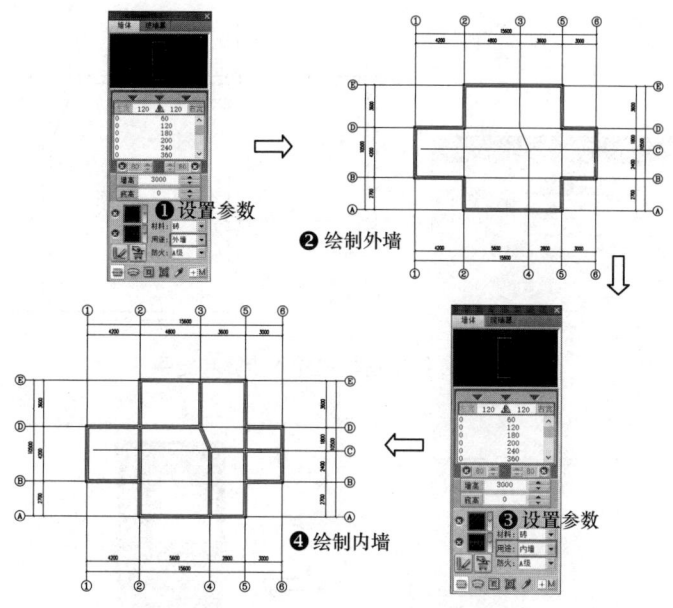

图3-40 绘制墙体的操作步骤和结果

[04] 绘制标准柱。单击"轴网柱子"→"标准柱"菜单命令,在弹出的"标准柱"对话框中设置适当的参数,并单击"点选插入柱子"按钮,在绘图区中指定柱子插入的位置,即可创建出标准柱。绘制标准柱的操作步骤和结果如图3-41所示。

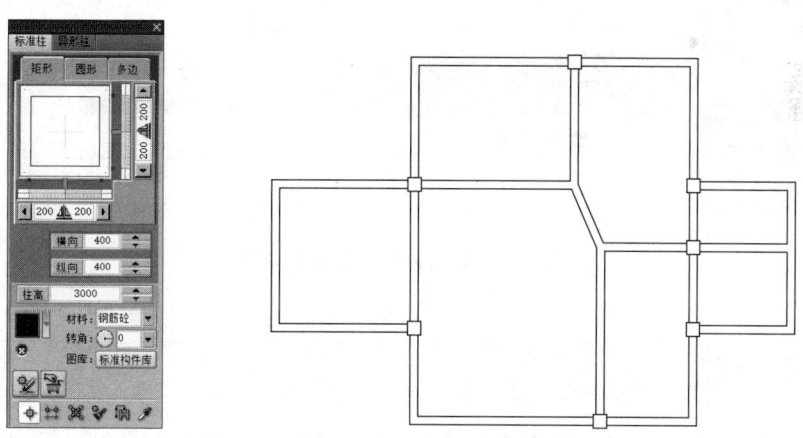

图3-41 绘制标准柱的操作步骤和结果

[05] 绘制角柱。单击"轴网柱子"→"角柱"菜单命令,首先选取墙内角,然后在弹出的"转角柱参数"对话框中设置参数,单击"确定"按钮,即可完成角柱的创建。绘制角柱的操作步骤和结果如图3-42所示。

[06] 绘制异形柱。首先利用多段线工具绘制出异形柱的平面轮廓线,然后单击"标准柱"对话框中的"选择多段线创建异形柱"按钮,创建出异形柱。绘制异形柱的操作步骤如图3-43所示。

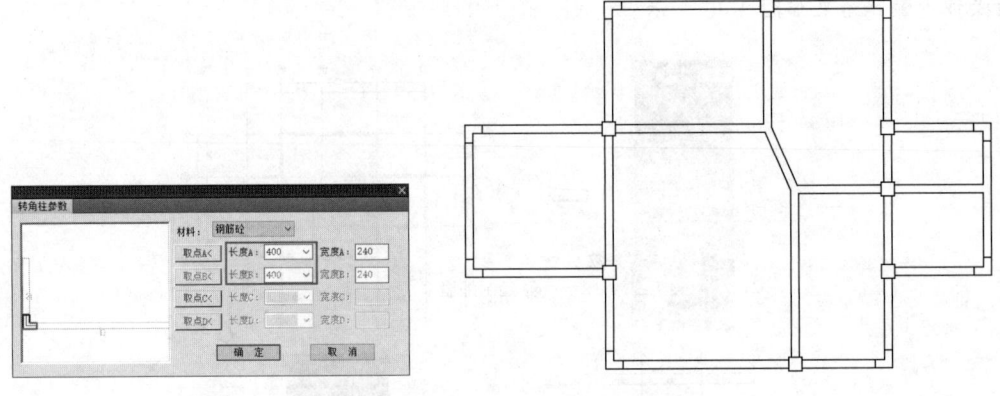

图 3-42　绘制角柱的操作步骤和结果

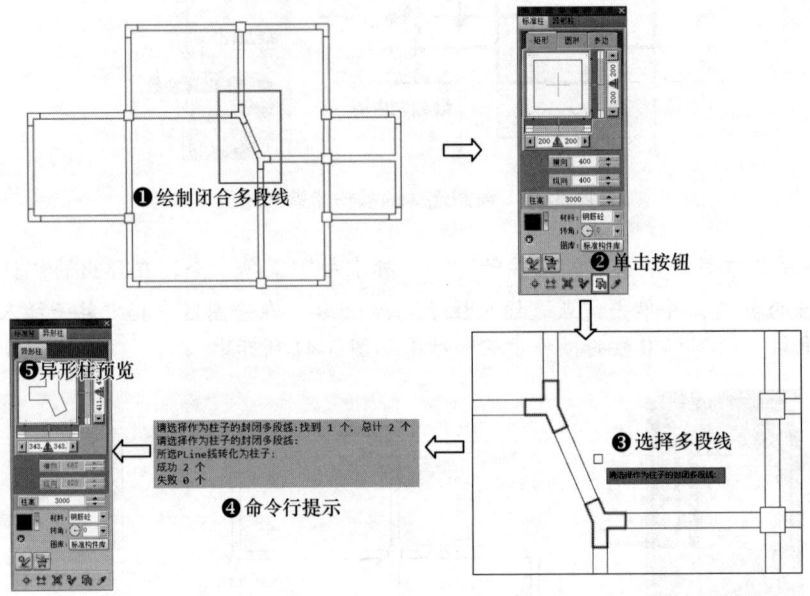

图 3-43　绘制异形柱的操作步骤

3.7　本章小结

1. 介绍了直线轴网与弧线轴网的创建方法，轴网的标注与编辑，还介绍了直线轴网与弧线轴网的轴号对象编辑方法。

2. 介绍了柱子对象的特点与使用方法，标准柱、角柱、构造柱和异形柱的创建方法，柱子的位置和形状编辑的方法。

3. 轴网建立是建筑绘图的基础，轴网数据的输入方法有很多种，也很灵活。初学者在输入数据时要选取适当的输入方法，避免重复输入。

4. T20 提供的轴网标注效率高且整齐美观。

5. 轴网编辑方便灵活，尤其是对不规则建筑的轴网，"轴线剪裁"等命令非常有用，单击矩形对角线上的两点，即可轻松裁剪掉矩形区域内的轴网。对个别轴网还可通过夹点编辑。

6. 轴线默认的线型是细实线（为了在绘图过程中方便捕捉），用户在出图前应该将轴线改为规范要求的点画线。

3.8 思考与练习

一、填空题

1. 完整的轴网是由_____、_____和_____3 个相对独立的系统构成的。
2. "直线轴网"命令可用于绘制_____、_____或_____。
3. _____由一组同心弧线和不经过圆心的径向直线组成，常与直线轴网组合使用。
4. 通过_____命令可对始末轴线间的一组平行轴线进行轴号和尺寸标注。
5. 异形柱可通过_____命令来创建。

二、问答题

1. 天正建筑软件制图中轴网的主要作用是什么？
2. "开间"和"进深"的含义是什么？
3. 利用天正建筑软件绘制柱子应注意哪些问题？

三、操作题

1. 使用以下参数绘制如图 3-44 所示的直线轴网。

上开间：3600，3000，4200，3600；下开间：3600，1800，3600，1800，3600；
左进深：1200，3300，2700，2400，3000；右进深：1200，2700，2100，3600，3000；
夹角：75°。

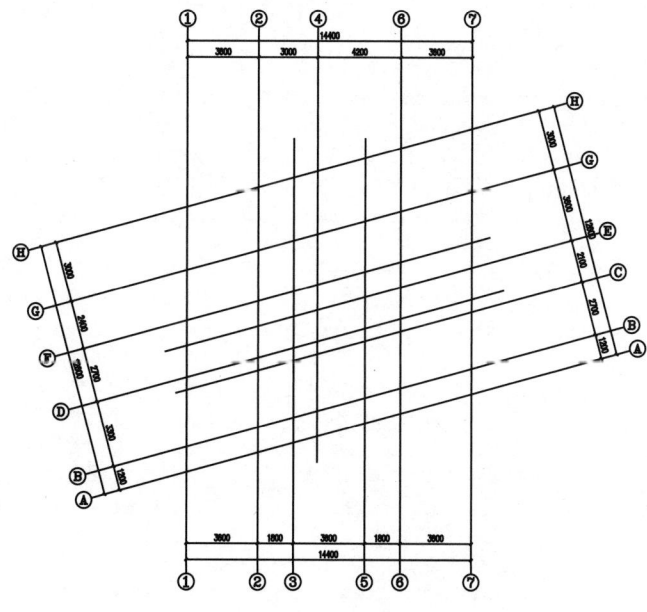

图 3-44　绘制直线轴网

2. 收集有关建筑图样，制作出相应的轴网。可将各种建筑都实践一下。

3. 对制作出的轴网进行添加附加轴线和轴线裁剪操作，将那些没有墙体的轴网裁剪掉。注意留出线头，操作时关闭对象捕捉，并可局部放大操作。

4. 试插入各种柱子，并使用柱子编辑功能对柱子进行编辑。

5. 收集有关信息，参加房交会和房博会，了解房地产市场，收集各房地产公司的宣传材料，特别是房屋建筑图，对其进行研究、分析和对比并提出自己的看法，试制作出相应的轴网。

第 4 章 绘制与编辑墙体

● **本章导读**

墙体是建筑物的重要构件。在天正建筑软件中墙体是核心对象之一，墙体的位置和形式直接决定着一个建筑设计作品的成功与否。在天正建筑软件中，天正墙体可以模拟实际墙体的专业特性，因此可以实现墙角的自动剪裁、墙体之间按材料特性进行连接以及墙体与柱子和门窗相互关联等智能特性。确定天正墙体对象的参数包括墙体位置、墙体高度及宽度、墙体用途及材料、防火等级等。

● **本章重点**

◇ 墙体的基本知识　　　　　◇ 墙体的创建
◇ 墙体的编辑　　　　　　　◇ 实战演练——绘制某别墅墙体平面图
◇ 本章小结　　　　　　　　◇ 思考与练习

4.1 墙体的基本知识

墙体是 T20 的核心对象之一，是建筑房间的划分依据，它可模拟实际墙体的专业特性，因此可以实现墙角的自动裁剪、墙体之间按材料特性进行连接、与柱子和门窗互相关联等智能特性。墙体对象不仅包含位置、高度和宽度等信息，同时还包含了用途、材料和防火等级等内在属性。

4.1.1 墙基线的概念

墙基线是指墙体的定位线，它一般位于墙体内部，与轴线重合，有时也位于墙体外部。T20 中绘制的墙体是根据墙基线按左右宽度来确定的，墙基线同时也是墙内门窗的测量基准，如墙体长度实际上是指该墙体基线的长度，弧窗宽度是指弧窗在墙基线上的长度。要注意的是，墙基线只是一个逻辑概念，出图时不会出现在图纸上。

墙体的相关操作都是依据墙基线，包括墙体的连接相交、延伸和裁剪等，因此互相连接的墙体应当使它们的墙基线准确连接。T20 规定墙基线不准重合，如果在绘制过程中重合墙体，命令行会提示"不能与已有墙重叠"；如果在"复制"的过程中重合墙体，会弹出"发现重合的墙体"对话框，要求用户删除重合墙体部分，如图 4-1 所示。

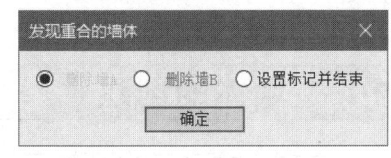

图 4-1 "发现重合的墙体"对话框

一般情况下不需要显示墙基线。选中墙体对象后，将会在墙线中显示三个夹点，它们的连线就是墙基线的所在位置。如果需要判断墙体是否准确连接，可单击"墙体"→"单线/双线/单双线"菜单命令切换墙的二维显示方式，当切换为"单双线"状态时将显示墙基线。图 4-2 所示为墙体的 3 种显示状态。

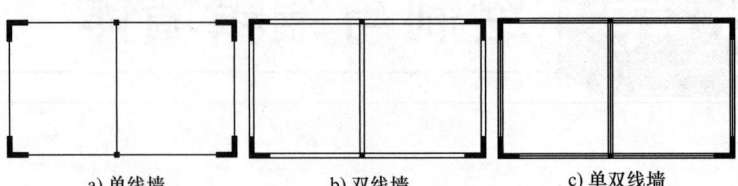

a) 单线墙　　　　b) 双线墙　　　　c) 单双线墙

图 4-2　墙体的 3 种显示状态

4.1.2 墙体材料

墙体材料主要用于控制墙体的二维平面图显示效果。相同材料的墙体在平面图上墙角会连接为一体。墙体材料按照优先级别，依次可分为钢筋混凝土墙、石墙、砖墙、填充墙和玻璃幕墙等。若处在最前面的墙体被打断，将优先清理墙角。

4.1.3 墙体的用途与特征

在 T20 中，墙体包括内墙、外墙、分户、虚墙、矮墙和卫生隔断 6 种，其用途与特征介绍如下：

- 内墙：被外墙包围的墙体。
- 外墙：围护建筑物，使之形成室内、室外分界的构件。
- 分户：两户之间的分隔墙，即两户之间共有的墙体。
- 虚墙：用于空间的逻辑分隔，方便计算房间面积。
- 矮墙：在水平剖切线以下的可见墙体（如女儿墙），不会参与加粗和填充。矮墙的优先级别低于其他所有类型的墙体，矮墙之间的优先级别由墙高决定，不受墙体材料控制。
- 卫生隔断：卫生间洁具隔断用的墙体或隔板，不参与加粗填充与房间面积计算。

女儿墙是屋顶外围的矮墙，主要用来防止栏杆坠落，起安全保护作用，另于底处施防水压砖收头，以避免防水层渗水及防止屋顶雨水漫流。女儿墙高度依据建筑技术规范规定，建筑物在二层楼以下不得小于 1m，三层楼以上不得小于 1.1m，十层楼以上不得小于 1.2m。另外，女儿墙高度不得超过 1.5m，主要是为了避免建筑物兴建时，刻意加高女儿墙，预留以后搭盖违建使用。

4.2　墙体的创建

在 T20 的屏幕菜单中提供了墙体创建的多个工具，本节主要介绍每个墙体工具的功能和使用方法。

4.2.1 绘制墙体

1. 墙体

在利用 T20 绘制建筑平面图时，绝大部分墙体的创建都是利用"绘制墙体"命令来实现的。

单击"墙体"→"绘制墙体"菜单命令，弹出"墙体"对话框，如图4-3所示。

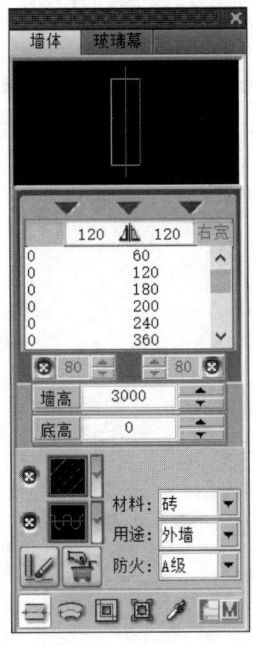

图4-3 "墙体"对话框

该对话框中各选项的含义如下：

- "墙基线"位置（滑块可调整位置）:有"左""中""右"和"交换"4种控制方式。"左"和"右"是指设定当前墙宽以后，全部左偏或全部右偏，如单击"左"时，"左宽"的值为墙宽，"右宽"的值为0，反之一样。"中"是指墙体总宽值平均分配。"交换"是指"左宽"和"右宽"的数据对调。
- 左宽 / 右宽：控制墙体的宽度值。在绘制墙体时，可以同时生成保温线，通过下面的按钮可以设置"左保温"和"右保温"层的厚度，通过下面中间的箭头按钮可以控制增加保温宽度是否计算在总墙宽中。
- 墙高：表示当前墙体的高度。单击输入高度数据。
- 底高：表示墙体底部的高度。单击输入高度数据。
- ■（墙体填充）：可以根据材料，直接进行详图填充。
- ■（保温图案）：可以根据保温层，选择保温线填充样式。
- 材料：表示墙体的材质。可在右侧下拉列表中选择。
- 用途：表示墙体的类型。可在右侧下拉列表中选择。
- 防火：表示墙体防火的等级。可在右侧下拉列表中选择。
- （删除墙体按钮）：单击该按钮，可以将集中选择的墙体过滤出来删除。
- （编辑墙体按钮）：单击该按钮，可以批量编辑天正墙体对象。
- （"直墙"按钮）：单击此按钮，可在绘图区中绘制直线墙体。
- （"弧墙"按钮）：单击此按钮，可在绘图区中绘制圆弧墙体。
- （"回形墙"按钮）：单击此按钮，可在绘图区中绘制矩形墙体。

- ➢ ▣（"替换图中已插入的墙体"按钮）：单击此按钮，可以替换图中已插入的墙体。
- ➢ ✎（"拾取墙参数"按钮）：单击此按钮，可以拾取图中已有墙体的参数来绘制其他的墙体，避免重复设置墙体的参数。
- ➢ ▦（"自动捕捉"按钮）：单击此按钮，可在绘制墙体时自动捕捉轴网交点。
- ➢ M（"模数开关"按钮）：单击此按钮，墙的拖动长度可按"自定义/操作设置"页面中的模数变化。

当用户调用"绘制墙体"命令后，默认绘制的是直墙。绘制直墙的操作步骤和结果如图 4-4 所示。

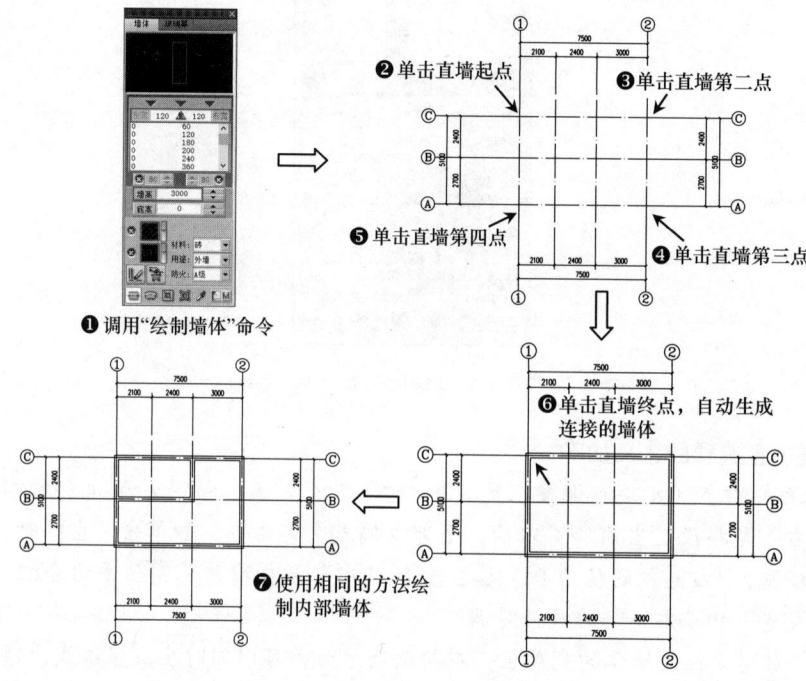

图 4-4　绘制直墙的操作步骤和结果

当用户需绘制弧墙时，在调用"绘制墙体"命令后，在弹出的"墙体"对话框中单击"弧墙"按钮◠，再依次指定弧墙的起点、终点和圆弧上的一点，即可完成弧墙的绘制。绘制弧墙的操作步骤和结果如图 4-5 所示。

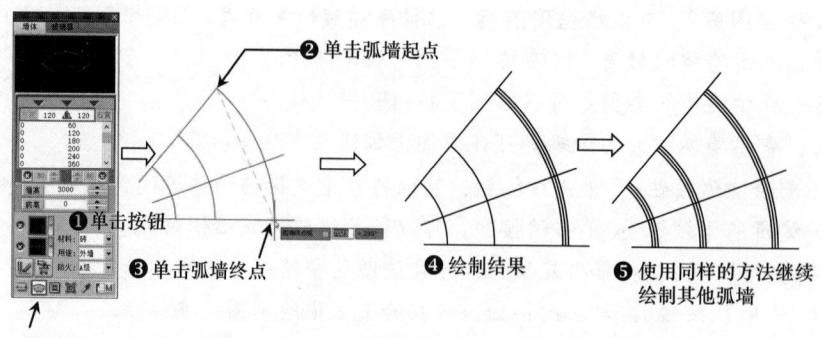

图 4-5　绘制弧墙的操作步骤和结果

2. 玻璃幕墙

在 T20 中，玻璃幕墙被单独划分出来，具有独立的对话框，可以设置立柱、横梁的生成参数。单击"墙体"→"绘制墙体"菜单命令，弹出"玻璃幕"对话框，如图 4-6 所示。

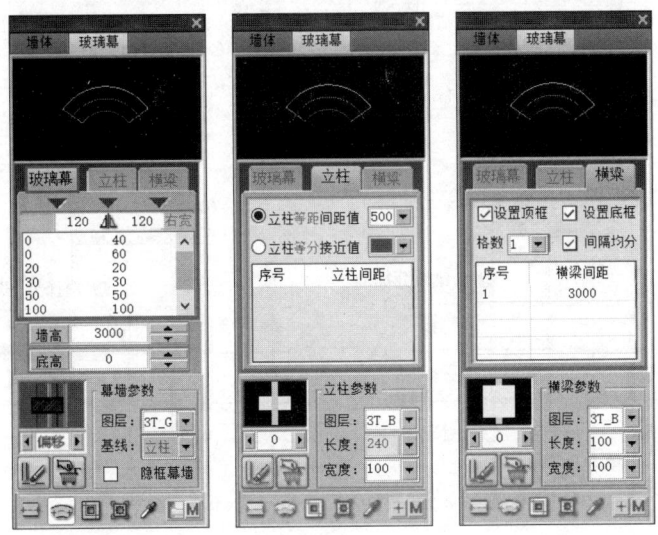

图 4-6　"玻璃幕"对话框

4.2.2　墙体切割

"墙体切割"命令可用于快速将已布置的墙体从指定点处打断。单击"墙体"→"墙体切割"菜单命令，命令行会提示选择要斩断的墙，在要打断处单击，即可完成墙体切割操作。墙体切割的操作步骤和结果如图 4-7 所示。

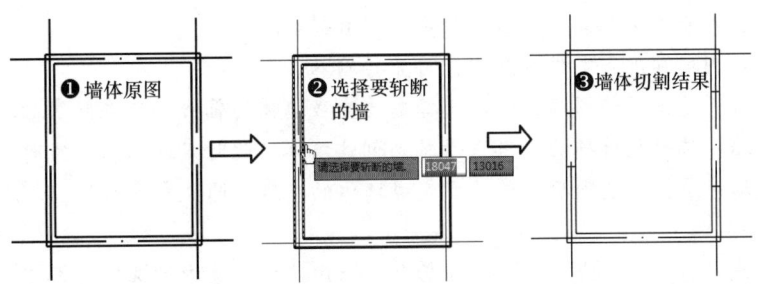

图 4-7　墙体切割的操作步骤和结果

4.2.3　等分加墙

"等分加墙"命令可用于在墙段的等分处创建与所选墙体垂直的墙体，新建墙体将延伸至指定的边界。使用该命令可将一段墙在纵向等分并在其垂直方向加入新墙体，将一个房间划分为若干面积相等的小房间。单击"墙体"→"等分加墙"菜单命令，根据命令行提示可创建等分加墙。等分加墙的操作步骤和结果如图 4-8 所示。

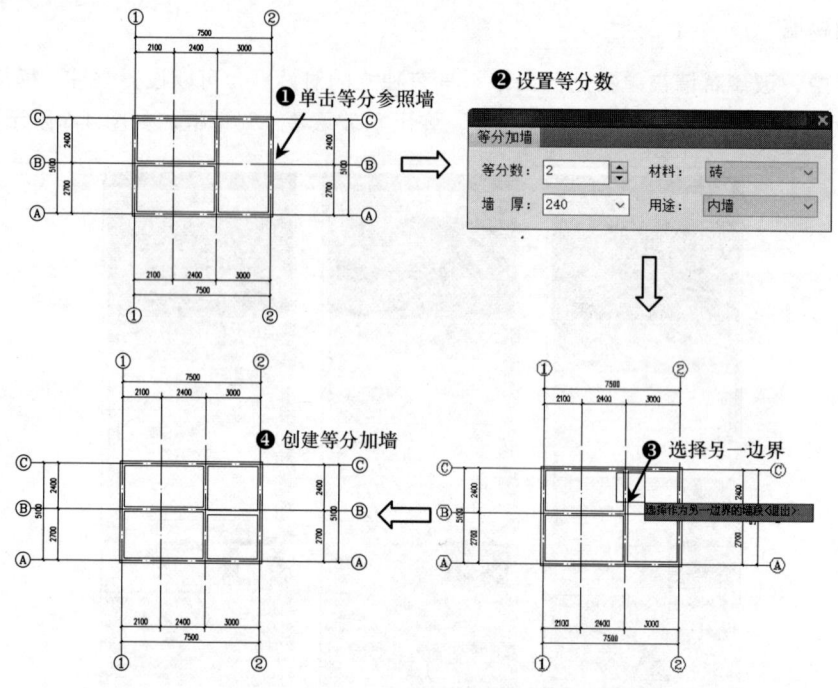

图 4-8　等分加墙的操作步骤和结果

4.2.4　单线变墙

"单线变墙"命令可用于把使用 AutoCAD 绘制的直线、圆弧和多段线等生成以它为基准的墙体，也可以基于设计好的轴网生成墙体。单击"墙体"→"单线变墙"菜单命令，会弹出"单线变墙"对话框。该对话框中各选项的含义如下：

- 外侧宽：外墙外侧距离定位线的距离，可直接输入。
- 内侧宽：外墙内侧距离定位线的距离，可直接输入。
- 内墙宽：内墙宽度，定位线居中，可直接输入。
- 多轴生墙：选择该选项后，依次选择需要生成墙体的轴线，可在此基础上创建墙体。
- 轴网生墙：选择该选项后，可基于轴网创建墙体。此时只能选取轴线对象。
- 单线变墙：选择该选项后，选择要变成墙体的直线、圆弧或多段线，可在此基础上创建墙体。
- 保留基线：选择"单线变墙"选项后会显示该选项，选中该选项与否可控制单线生墙中的原有基线是否保留，一般不选。

单线变墙的操作步骤和结果如图 4-9 所示。

4.2.5　墙体分段

"墙体分段"命令可用于将原来的一段墙按给定的两点分为两段或者三段，两点间的墙段将按新给定的材料和左右墙宽重新定值。单击"墙体"→"墙体分段"菜单命令，弹出"墙体分段设置"对话框，在其中设置参数，然后根据命令行的提示在图中选择要分段的墙体，再分别指定起点和终点，即可完成墙体分段。墙体分段的操作步骤和结果如图 4-10 所示。

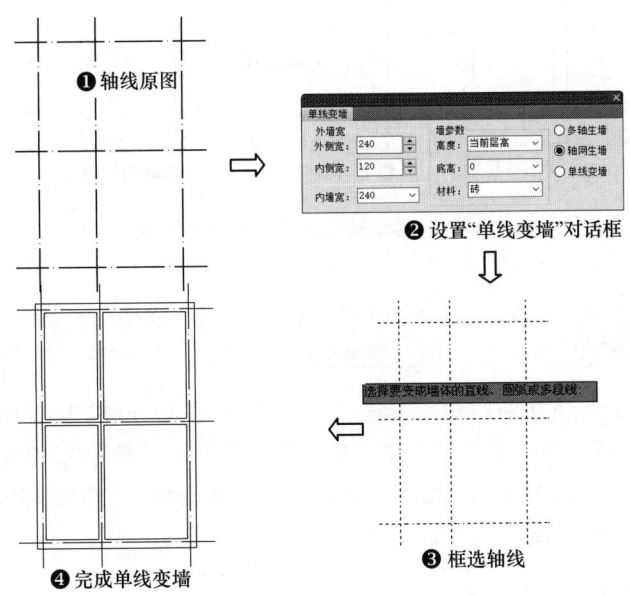

图 4-9 单线变墙的操作步骤和结果

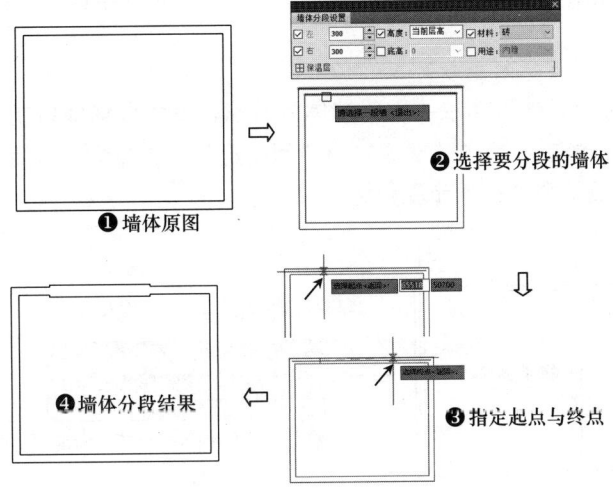

图 4-10 墙体分段的操作步骤和结果

4.2.6 幕墙转换

"幕墙转换"命令可用于把墙体转换为玻璃幕墙。利用"墙体分段"命令或者墙体的特性编辑，也可以将墙体转换为玻璃幕墙。

单击"墙体"→"幕墙转换"菜单命令，根据命令行提示选择要转换为玻璃幕墙的墙体，即可将选中的墙体按玻璃幕墙的表示方式和颜色显示，以三线或者四线显示则由当前比例是否大于设定的比例限值（如 1∶100）来定。幕墙转换的操作步骤和结果如图 4-11 所示。

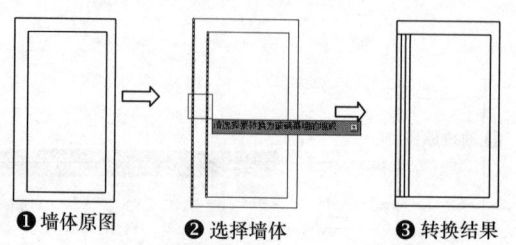

图 4-11　幕墙转换的操作步骤和结果

4.3　墙体的编辑

墙体对象支持 AutoCAD 的通用编辑命令，包括偏移（OFFSET）、修剪（TRIM）、延伸（EXTEND）和删除（ERASE）等命令，这些操作不需要显示出墙基线。T20 提供了专用编辑墙体命令，简单的参数编辑只需要双击墙体即可进入对象编辑状态，拖动墙体的夹点可改变长度和位置。本节将介绍墙体编辑工具的使用方法。

4.3.1　基本编辑工具

T20 提供的基本编辑工具有很多，主要包括倒墙角、倒斜角、修墙角、基线对齐、边线对齐、净距偏移、墙柱保温、墙体造型和墙齐屋顶等。下面分别介绍这些工具的用法。

1. 倒墙角

"倒墙角"命令可用于处理两段不平行墙体的端点，使两段墙体以指定圆角半径（圆角半径按墙中线计算）进行连接。单击"墙体"→"倒墙角"菜单命令，设定圆角半径即可生成倒墙角。图 4-12 所示为倒墙角的操作步骤和结果。

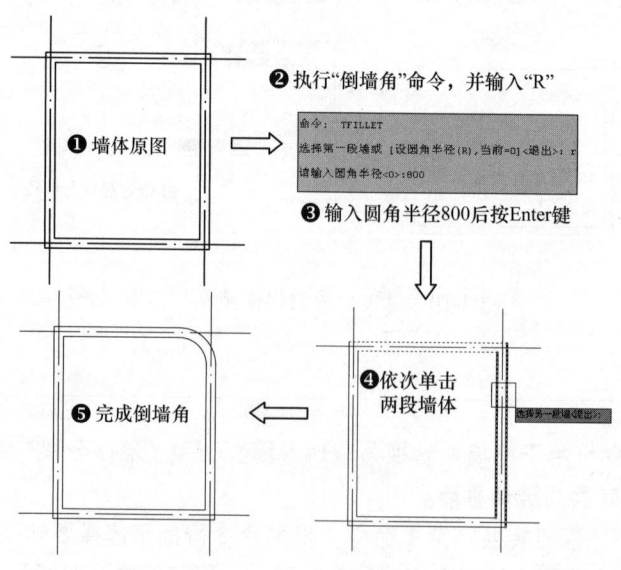

图 4-12　倒墙角的操作步骤和结果

2. 倒斜角

"倒斜角"命令可用于处理两段不平行墙体的端点，使两段墙体以指定倒角距离（倒角距离按墙中线计算）连接。单击"墙体"→"倒斜角"菜单命令，设定倒角距离即可生成倒斜角。图 4-13 所示为倒斜角的操作步骤和结果。

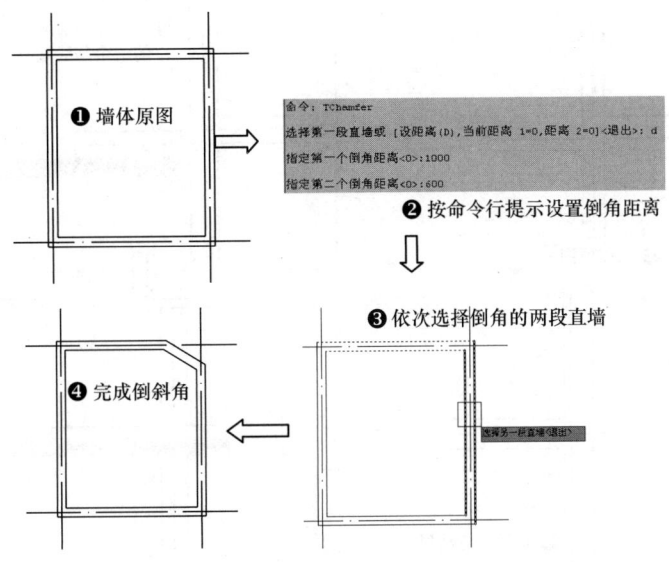

图 4-13　倒斜角的操作步骤和结果

3. 修墙角

"修墙角"命令可用于对多余的墙线进行修剪并连接两段交叉的墙体，对属性完全相同的墙体相交处和绘制失败的墙体进行清理，如墙体相交处有时会出现未按要求打断的情况，使用该命令，框选墙角后可以轻松修剪墙体。也可以用于更新墙体、墙体造型和柱子，维护各种自动裁剪关系，如柱子裁剪楼梯和凸窗一侧撞墙等。

单击"墙体"→"修墙角"菜单命令，框选需要修剪墙角的墙体、柱子或墙体造型，并按 Enter 键，即可完成修墙角操作。图 4-14 所示为修墙角的操作步骤和结果。

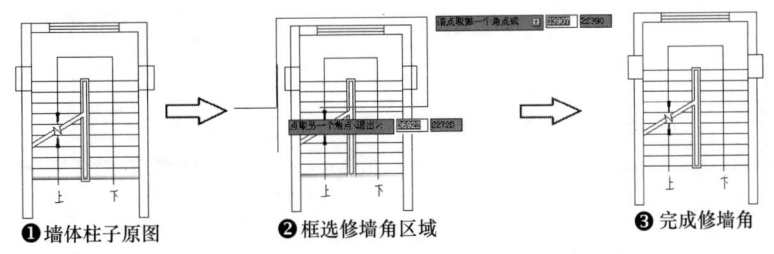

图 4-14　修墙角的操作步骤和结果

4. 基线对齐

"基线对齐"命令可用于纠正墙线编辑过程中的错误，如基线不对齐导致的墙体显示错误或搜索房间出错,以及由于短墙的存在而造成墙体显示不正确情况下去除短墙并连接剩余墙体。

单击"墙体"→"基线对齐"菜单命令,根据命令行提示单击作为对齐点的一个基线端点,然后选择要对齐的墙体,单击对齐点,即可完成基线对齐操作。图4-15所示为基线对齐的操作步骤和结果。

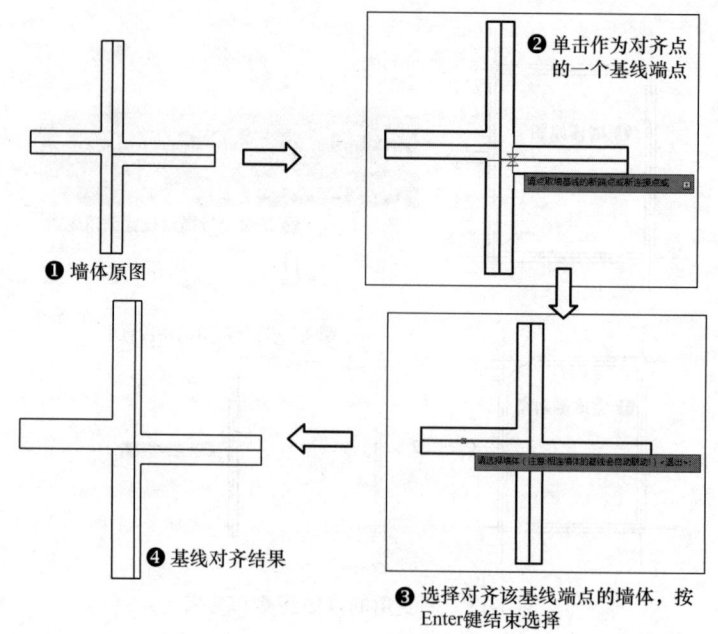

图4-15 基线对齐的操作步骤和结果

5. 边线对齐

"边线对齐"命令可用于将对象边线偏移到指定的位置,对齐墙边,并保持基线不变。该命令通常用于使墙体与某些特定位置对齐,如墙边与柱边的对齐。

单击"墙体"→"边线对齐"菜单命令,首先选择墙边应通过的一点,然后选择要对齐的一段墙,即可完成边线对齐操作。图4-16所示为边线对齐的操作步骤和结果。

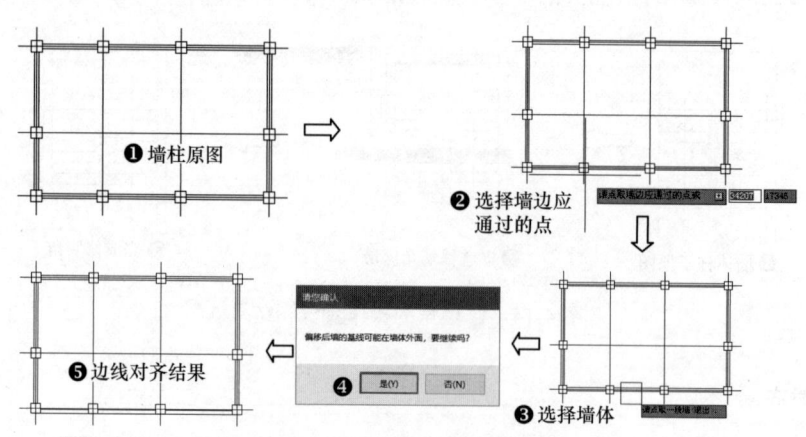

图4-16 边线对齐的操作步骤和结果

6. 净距偏移

"净距偏移"命令可通过设置新墙体到已有墙体的净距离,将已有墙体向指定一侧偏移生成新的墙体,并使新墙体与已有墙体自动连接。

单击"墙体"→"净距偏移"菜单命令,根据命令行提示设置偏移距离,然后指定偏移的墙体,即可生成新的墙体。图 4-17 所示为净距偏移的操作步骤和结果。

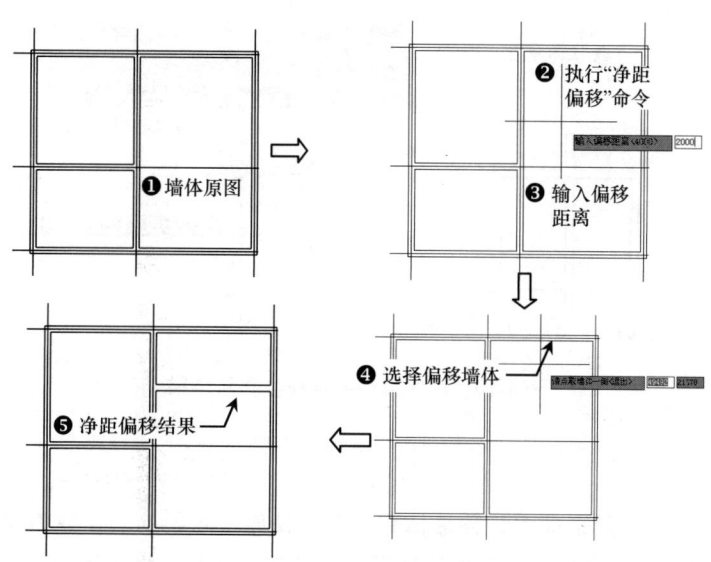

图 4-17　净距偏移的操作步骤和结果

7. 墙柱保温

"墙柱保温"命令可以在已有的墙段上加入或删除保温层。当保温层遇到门时自动打断,遇到窗时自动增加窗厚。

单击"墙体"→"墙柱保温"菜单命令,根据命令行提示依次指定墙体保温的一侧,即可完成墙保温层的添加。图 4-18 所示为添加外墙保温层的操作步骤和结果。

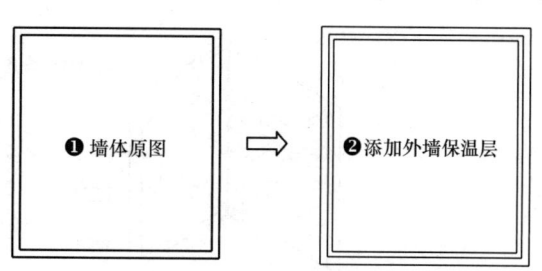

图 4-18　添加外墙保温层的操作步骤和结果

8. 墙体造型

"墙体造型"命令可以根据多段线外框生成与墙体有关的造型。常见的墙体造型是墙垛、壁炉和烟道等与墙砌筑在一起,平面图与墙连通的建筑构造。墙体造型与其关联的墙高一致,可以双击进行修改。

单击"墙体"→"墙体造型"菜单命令,根据命令行提示选择"外凸造型"选项,然后选择"点取图中曲线"选项,再选择需要生成墙体造型的多段线,即可生成墙体造型。图 4-19 所示为墙体造型的操作步骤和结果。

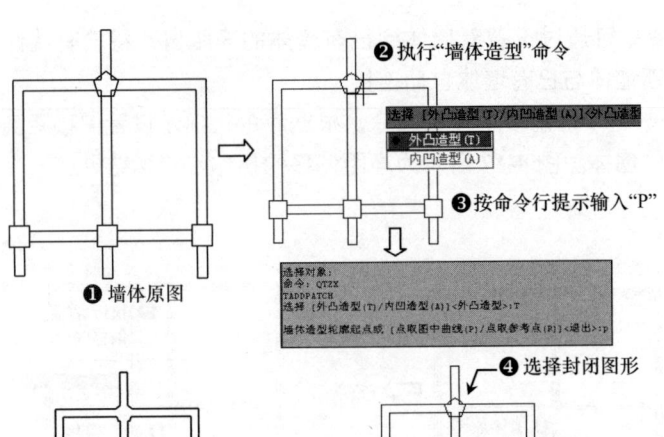

图 4-19 墙体造型的操作步骤和结果

9. 墙齐屋顶

"墙齐屋顶"命令可用来向上延伸墙体和柱子,使原来水平的墙顶成为与坡屋顶一致的斜面。在利用 T20 建模时,经常会遇到创建坡屋顶的情况,利用"墙齐屋顶"命令通过延伸墙的竖向对象与人字屋顶相接,可解决坡屋顶在建模时的烦琐与困难。

单击"墙体"→"墙齐屋顶"菜单命令,选择平面图中已绘制好的人字屋顶和两侧山墙,即可完成墙齐屋顶操作。图 4-20 所示为墙齐屋顶的操作步骤和结果。

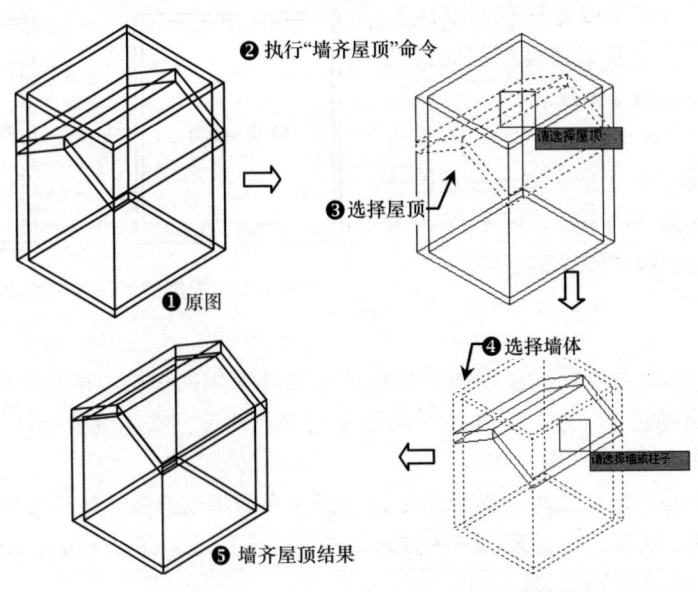

图 4-20 墙齐屋顶的操作步骤和结果

4.3.2 墙体工具

当墙体创建完成以后，一般只需双击需修改参数的墙体，即可弹出"墙体编辑"对话框，在该对话框中可以直接对单个墙体的参数进行修改。若用户需要同时修改多个墙体对象，则可使用 T20 提供的墙体工具对墙体参数进行批量修改。

单击"墙体"→"墙体工具"菜单命令，打开子菜单，用户可从中选择相应的命令对墙体参数进行编辑。各命令的含义如下：

- ➤ 改墙厚：单击"墙体"→"墙体工具"→"改墙厚"菜单命令，可按照墙基线居中的规则批量修改多段墙体的厚度。但该命令不适合修改偏心墙。
- ➤ 改外墙厚：单击"墙体"→"墙体工具"→"改外墙厚"菜单命令，可以整体修改外墙厚度。要注意的是，执行该命令前应事先识别外墙，否则无法找到外墙进行处理。
- ➤ 改高度：单击"墙体"→"墙体工具"→"改高度"菜单命令，可对选中的柱、墙体及其造型的高度和底标高成批进行修改。修改底标高时，门窗底的标高可以和柱、墙联动修改。
- ➤ 改外墙高：单击"墙体"→"墙体工具"→"改外墙高"菜单命令，可以整体修改外墙高度。要注意的是，执行该命令前应事先识别外墙，否则无法找到外墙进行处理。
- ➤ 平行生线：单击"墙体"→"墙体工具"→"平行生线"菜单命令，单击需生成平行线的墙体一侧边线，再输入平行距离并按 Enter 键，即可创建一条与墙体平行的线段。
- ➤ 墙端封口：单击"墙体"→"墙体工具"→"墙端封口"菜单命令，选择需处理的墙体对象，即可改变墙体对象自由端的二维显示形式。使用该命令可以使墙体一端在"封闭"和"开口"两种形式间互相转换。该命令不影响墙体的三维效果，也不会影响已经与其他墙相接的墙端。

4.3.3 墙体立面

"墙体立面"命令不是在立面施工图上执行的命令，而是在平面图绘制时，为立面图或三维建模做准备而编制的墙体立面设计命令。T20 提供的"墙体立面"命令包括"墙面 UCS""异形立面"和"矩形立面"3 个命令。

1. 墙面 UCS

为了构造异型洞口或构造异型墙立面，"墙面 UCS"命令定义了一个基于所选墙面的 UCS 坐标系，其可在指定视口中将平面转化为立面显示。单击"墙体"→"墙体立面"→"墙面 USC"菜单命令，根据命令行提示选择墙体面的边缘，即可将平面自动转化为立面显示。图 4-21 所示为执行"墙面 UCS"命令的操作步骤和结果。

2. 异形立面

"异形立面"命令可以构造立面形状不规则的墙体，并对矩形墙进行适当裁剪，如创建双坡或单坡山墙与坡屋顶底面相交等。使用该命令之前，需要先利用 AutoCAD 绘图工具栏中的 PLINE（多段线）命令绘制出异形裁切线，然后才可使用"异形立面"命令沿该裁切线对墙体进行裁剪，并将不需要的部分删除。

单击"墙体"→"墙体立面"→"异形立面"菜单命令，根据命令行提示依次选择不闭合的多段线和墙体，即可完成异形立面墙体的创建。执行"异形立面"命令的操作步骤和结果如图 4-22 所示。

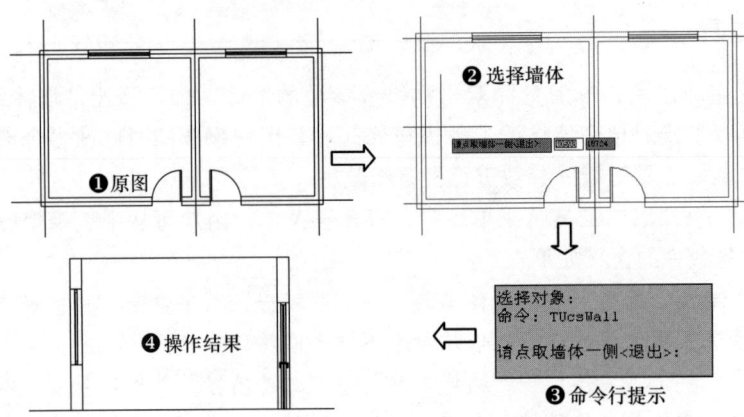

图 4-21 执行"墙面 UCS"命令的操作步骤和结果

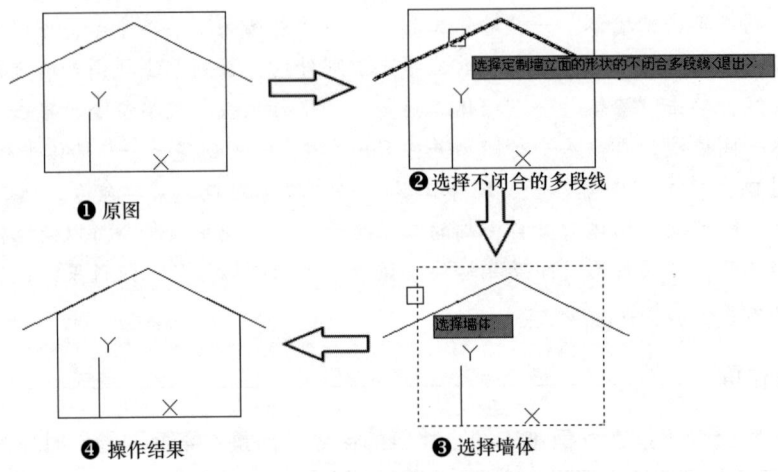

图 4-22 执行"异形立面"命令的操作步骤和结果

3. 矩形立面

当立面墙体为异形墙体时,使用"矩形立面"命令可将墙体由异形转换为矩形。单击"墙体"→"墙体立面"→"矩形立面"菜单命令,根据命令行提示选择异形墙体并按 Enter 键确认,即可完成矩形墙体的创建。执行"矩形立面"命令的操作步骤和结果如图 4-23 所示。

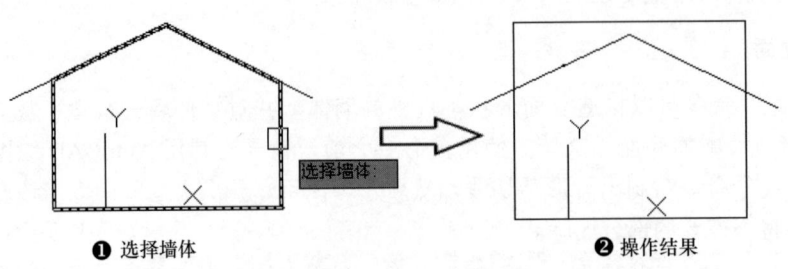

图 4-23 执行"矩形立面"命令的操作步骤和结果

4.3.4 识别内外墙

T20 为用户提供了内外墙识别工具。在建筑施工图中，识别内外墙是为了更好地定义墙体类型。内外墙识别工具包括识别内外、指定内墙、指定外墙和加亮外墙 4 个工具。

1. 识别内外

利用该工具可自动识别内外墙，同时可设置墙体的内外特征（在节能设计中要使用外墙的内外特征）。单击"墙体"→"识别内外"→"识别内外"菜单命令，选择已绘平面图中的所有墙体对象，按 Enter 键结束选择，系统即可自动识别出内外墙，其中外墙会以一个红色的虚线框显示。

2. 指定内墙

利用该工具可以将选定的墙体对象指定为内墙。单击"墙体"→"识别内外"→"指定内墙"菜单命令，选择室内各墙体对象，按 Enter 键结束选择，被选中的对象即可被指定为内墙。内墙在三维组合时不参与建模，可以减少三维渲染模型的大小与内存消耗，从而提高渲染速度与工作效率。

3. 指定外墙

利用该工具可以将选定的墙体对象指定为外墙。单击"墙体"→"识别内外"→"指定外墙"菜单命令，选择建筑物外围墙体，按 Enter 键结束选择，被选中的墙体即可被指定为外墙。另外，该命令还能指定墙体的内外特性用于节能计算，也可以把选中的玻璃幕墙两侧翻转（适用于设置了隐框或框料尺寸不对称的幕墙），调整幕墙本身的内外朝向。

4. 加亮外墙

利用该工具可以加亮显示外墙。单击"墙体"→"识别内外"→"加亮外墙"菜单命令，当前图中所有外墙的外边线将以红色虚线亮显，方便用户了解哪些是外墙，哪一侧是外侧。单击"视图"→"重画"菜单命令可消除亮显虚线。

4.4 实战演练——绘制某别墅墙体平面图

本节将以实例的方式讲述绘制墙体平面图的方法和操作步骤。绘制的某别墅墙体平面图如图 4-24 所示。	视频文件：视频 \ 第 04 章 \4.4.mp4
	播放时长：12min14s

操作步骤如下：

[01] 绘制轴网。启动 T20，单击"轴网柱子"→"绘制轴网"菜单命令，在弹出的"绘制轴网"对话框中设置参数，然后在绘图区中单击，创建直线轴网；接着单击 AutoCAD 修改工具栏中的 OFFSET（偏移）按钮 和 TRIM（修剪）按钮 ，添加一条轴线。绘制轴网的操作步骤和结果如图 4-25 所示。

[02] 标注轴网。单击"轴网柱子"→"轴网标注"菜单命令，在弹出的"轴网标注"对话框中设置参数，对轴网进行尺寸和轴号标注。标注轴网的操作步骤和结果如图 4-26 所示。

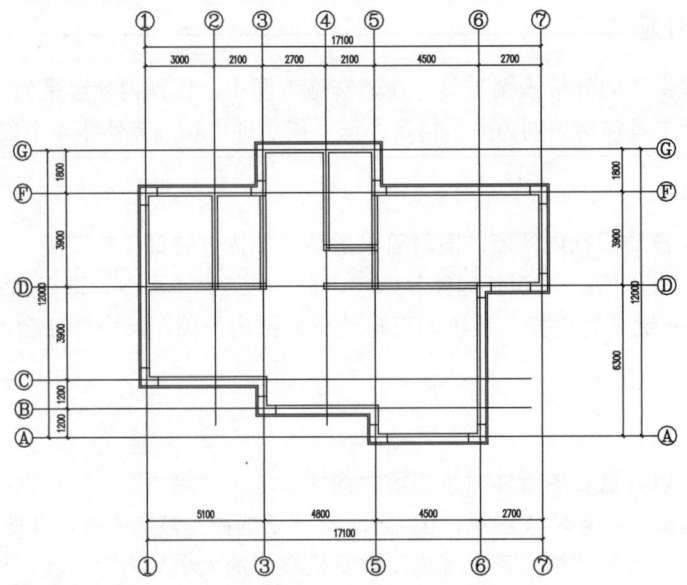

图 4-24　某别墅墙体平面图

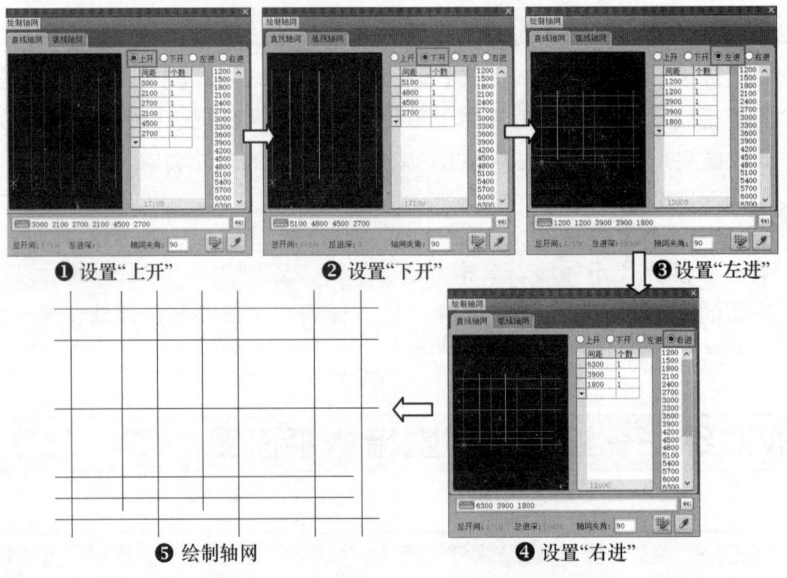

图 4-25　绘制轴网的操作步骤和结果

[03] 绘制外墙。单击"墙体"→"绘制墙体"菜单命令，在弹出的"墙体"对话框中设置外墙参数，然后根据命令行提示依次指定各个转角点，绘制出外墙，其操作步骤和结果如图 4-27 所示。

[04] 添加墙保温层。将"轴线"图层关闭，单击"墙体"→"墙柱保温"菜单命令，根据命令行提示单击外墙外侧，为所有外墙添加保温层，其操作步骤和结果如图 4-28 所示。

[05] 绘制内墙。在"墙体"对话框中设置墙体参数，根据命令行提示依次指定墙体经过轴线的各个交点，绘制出内墙，其操作步骤和结果如图 4-29 所示。

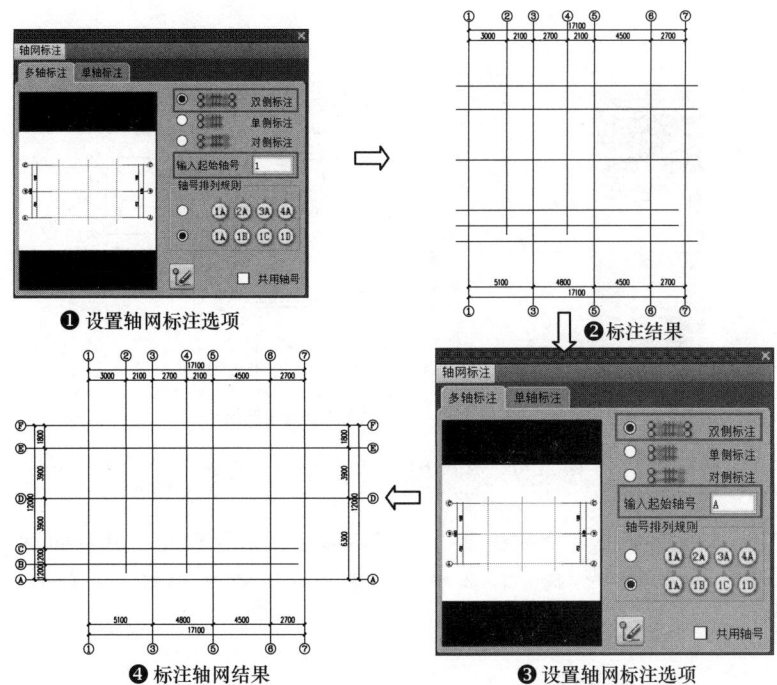

图 4-26 标注轴网的操作步骤和结果

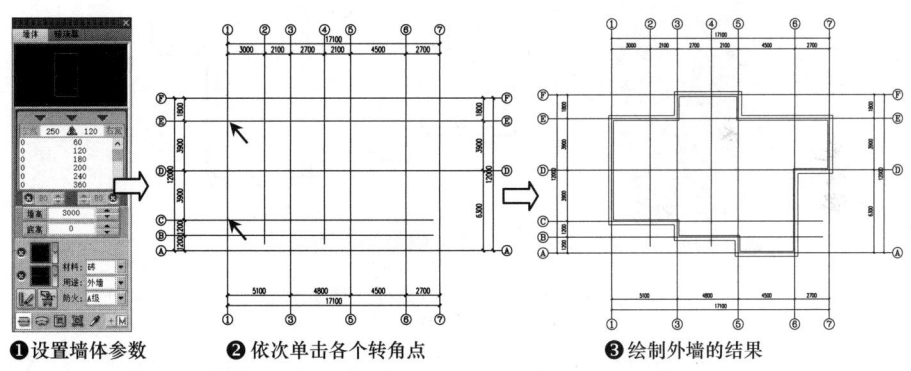

图 4-27 绘制外墙的操作步骤和结果

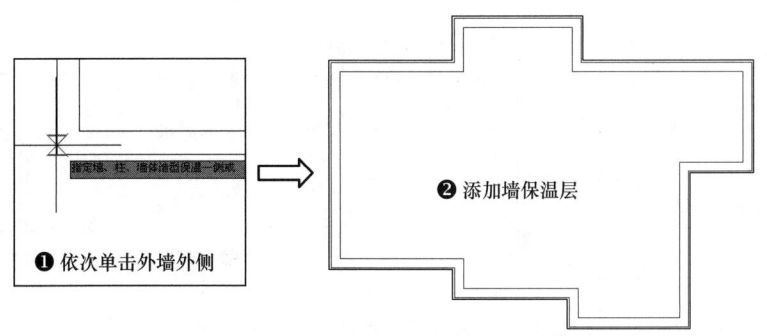

图 4-28 添加墙保温层的操作步骤和结果

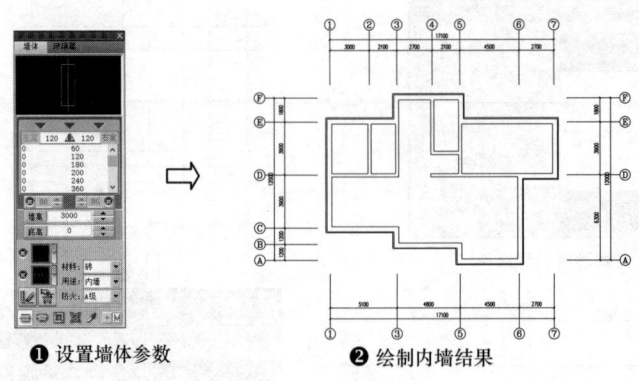

图 4-29　绘制内墙的操作步骤和结果

[06]　插入标准柱。单击"轴网柱子"→"标准柱"菜单命令，在弹出的"标准柱"对话框中设置参数，根据命令行提示，在墙体平面图中插入标准柱，其操作步骤和结果如图 4-30 所示。

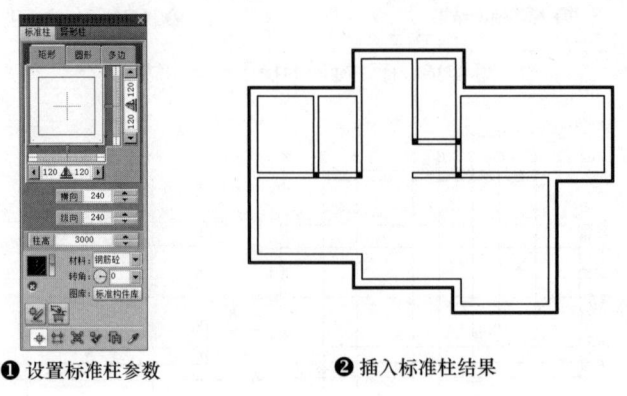

图 4-30　插入标准柱的操作步骤和结果

[07]　插入角柱。单击"轴网柱子"→"角柱"菜单命令，单击一个墙角，接着在弹出的"转角柱参数"对话框中设置转角柱参数，然后单击"确定"按钮，即可完成一个角柱的插入。使用同样的方法绘制其他角柱。插入角柱的操作步骤和结果如图 4-31 所示。

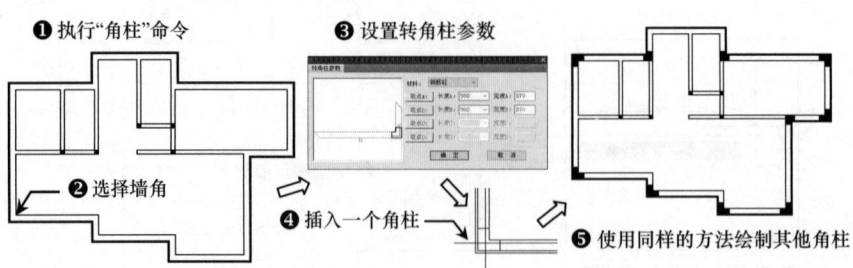

图 4-31　插入角柱的操作步骤和结果

4.5 本章小结

1. 介绍了墙基线的概念、墙体对象的特点、墙体与其他对象的连接关系，以及墙体材料、类型与优先级别关系。

2. 介绍了墙体的绘制方法。墙体可由绘制墙体命令直接创建，或由单线和轴网转化而来。

3. 绘制墙体的方式类似于绘制直线，利用"单线变墙"命令效率最高（注意默认的内外墙厚不同，外墙外侧宽为240）。

4. 介绍了编辑墙体的各种方法。

5. 墙体编辑工具可用于生成三维模型、日照节能模型和立剖面图等。墙体立面工具可用于创建异型门窗洞口与非矩形的立面墙体。识别内外墙工具可用于识别内墙与外墙。

6. 墙体支持对象编辑特性，可十分方便地使用夹点或在相应的对话框中对墙体对象进行修改。

7. T20支持墙角处墙体造型的绘制，同时提供了内凹墙体造型功能，可用于平面图中绘制凹槽和壁龛等部位。

4.6 思考与练习

一、填空题

1. 在T20中创建的墙体对象不仅包含位置、高度和宽度等信息，还包含了_____、_____和_____等内在属性。

2. _____命令可用于在一段墙体的等分处垂直添加新的墙体，新建墙体将延伸至指定的边界。

3. 利用_____命令可将绘制好的直线、圆、圆弧和多段线转变为墙体，还可以基于轴网创建出墙体。

4. _____命令与AutoCAD的"圆角"命令类似，可使用圆角将两段墙体的端点进行连接。

5. "修墙角"命令可用于对_____的墙体相交处进行清理。

6. _____命令用于向上延伸墙体，使原来水平墙顶变成与当前坡屋顶一致的斜面。

二、问答题

1. 什么是墙基线？"基线对齐"命令可用于纠正哪些错误？

2. "墙体立面"命令的主要作用是什么？

三、操作题

1. 收集各房地产公司的宣传资料，特别是房屋建筑图，试做出相应的轴网和墙体。

2. 制作如图4-32所示建筑户型平面图的轴网和墙体。

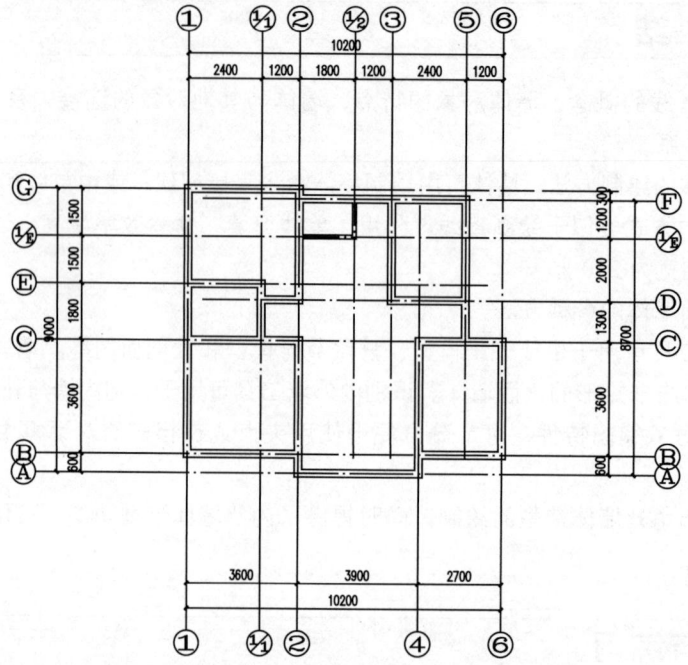

图 4-32 建筑户型平面图

第 5 章　门窗

● **本章导读**

门窗是建筑物的重要构件，是建筑设计中仅次于墙体的重要对象，在建筑立面中起着维护及装饰建筑的作用。在现代建筑中，不论是外墙还是内墙都设置有不同尺寸、类型的门窗。

本章将介绍各种门窗的基本知识与绘制方法。

● **本章重点**

◇ 创建门窗　　　　　　　　　　　　　　◇ 门窗编辑和门窗表
◇ 实战演练——绘制某别墅首层平面图　　◇ 本章小结
◇ 思考与练习

5.1　创建门窗

T20 中的门窗是一种附属于墙体并需要在墙上开启洞口，带有编号的 AutoCAD 自定义对象，它包括通透的和不通透的墙洞在内。门窗和墙体具有智能联动关系，门窗插入墙体后，虽然墙体的外观几何尺寸不变，但墙体对象的粉刷面积和开洞面积会相应更新。

门窗和其他自定义对象一样可以用 AutoCAD 工具和夹点编辑命令进行修改，并可通过电子表格检查和统计整个工程的门窗情况。门窗对象附属在墙体之上，离开墙体的门窗将失去意义。在"门"和"窗"对话框中提供了设置门窗的所有参数，包括编号、几何尺寸和定位参考距离等。本节将介绍门窗的创建方法。

5.1.1　绘制普通门窗

使用"门窗"命令可以在墙体中插入普通门、普通窗、门连窗、子母门、弧窗、凸窗和矩形洞等。普通门窗在二维视图和三维视图中都用图块来表示，用户可从门窗图库中分别挑选门窗的二维样式和三维样式。

1. 创建普通门

单击"门窗"→"门窗"菜单命令，执行创建门命令，弹出"门"对话框，单击二维图预览区域选择门的平面样式，再单击三维图预览区域选择立面样式，然后设置门参数，并在绘图区中墙体的适当位置单击即可创建普通门。其具体的操作步骤和结果如图 5-1 所示。

在"门"对话框的下方有很多按钮，这些按钮可用于确定门的插入方式。各按钮的含义如下：

➤ 自由插入：当用户在"门"对话框中单击"自由插入"按钮 后，可在墙段的任意位置插入门。这种方法速度快但不易精确定位，通常用于在方案设计阶段。以墙中线为分界内外移动鼠标指针，可控制内外开启方向。单击墙体后，门的位置和开启方向就完全确定了，这也是插入门的默认方法。

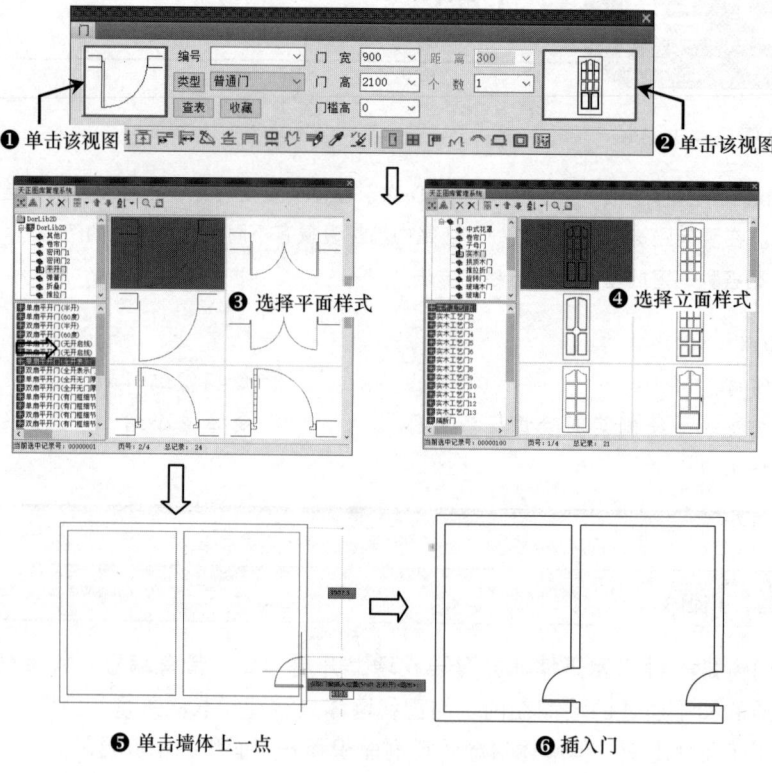

图 5-1 创建普通门的操作步骤和结果

- 沿墙顺序插入：当用户在"门"对话框中单击"沿墙顺序插入"按钮 后，可以距离点取位置较近的墙边端点或基线墙为起点，按给定距离插入选定的门，此后顺着前进方向连续插入，插入过程中可以改变门类型和参数。在弧墙对象顺序插入门时，门按照墙基线弧长进行定位。

- 依据点取位置两侧的轴线进行等分插入：单击 按钮，在墙上点取插入点，可以两侧轴线为参考，单击即可在等分点插入门。

- 在点取的墙段上等分插入：单击 按钮，在墙上单击即可插入门窗，使门窗两侧墙垛的长度相等。

- 垛宽定距插入：当用户在"门"对话框中单击"垛宽定距插入"按钮 后，该对话框中的"距离"文本框可用，在该文本框中输入墙垛到门窗的距离值，然后再在墙体上单击即可插入门窗。

- 轴线定距插入：当用户在"门"对话框中单击"轴线定距插入"按钮 后，该对话框中的"距离"文本框可用，在该文本框中输入门窗左侧距离基线的距离，然后再在墙体上单击即可插入门窗。

- 按角度插入弧墙上的门窗：当用户在"门"对话框中单击"按角度插入弧墙上的门窗"按钮 后，可以弧度定位的方式插入门窗。

- 根据鼠标位置居中或定距插入：当用户在"门"对话框中单击"根据鼠标位置居中或定

距插入"按钮 后，在"距离"文本框中输入距离，即可根据鼠标的位置以相应的距离插入门；当鼠标位置居中时，则可居中插入门。

- 充满整个墙段插入门窗：当用户在"门"对话框中单击"充满整个墙段插入门窗"按钮 后，单击墙体即可创建与墙体长度相同的门窗。
- 插入上层门窗：当用户在"门"对话框中单击"插入上层门窗"按钮 后，可在同一个墙体已有的门窗上方再添加一个宽度相同、高度不同的门或窗。这种情况常常出现在高大的厂房外墙中。
- 在已有洞口插入多个门窗：单击 按钮，选择图样上的门窗，可以覆盖插入其他类型的门窗。
- 替换图中已经插入的门窗：当用户在"门"对话框中单击"替换图中已经插入的门窗" 后，可批量修改门窗（包括门窗类型之间的转换）。该方法可将对话框内的当前参数作为目标参数，替换图中已插入的门窗。此时在对话框右侧会出现参数过滤选项，如图 5-2 所示。

图 5-2　出现参数过滤选项

- 拾取门窗参数：单击"拾取门窗参数"按钮 时，可拾取图中已有门窗的参数，进行门窗的插入。
- 删除门窗：单击 按钮，再单击图中的门窗，按空格键即可删除。

2. 创建普通窗

单击"门窗"→"门窗"菜单命令，在弹出的"门"对话框中单击 按钮，切换至"窗"对话框。"窗"对话框与"门"对话框类似，只是多一个"高窗"复选框，将其选中后可按规范图例以虚线表示高窗。在"窗"对话框中，单击二维图预览区域选择窗的平面样式，再单击三维图预览区域选择立面样式，然后设置窗参数，在绘图区中墙体的适当位置单击即可插入门窗。

设置普通窗参数的操作步骤如图 5-3 所示，创建普通窗的操作步骤和结果如图 5-4 所示。

3. 创建门连窗

门连窗是一个门和一个窗的组合，在门窗表中作为单个门窗进行统计，其门的平面图例固定为单扇平开门。单击"门窗"→"门窗"菜单命令，在弹出的"门"对话框中单击"插门连窗"按钮 ，转换为"门连窗"对话框，在其中单击门预览区域选择门样式，再单击窗预览区域选择窗样式，然后设置门连窗参数并选择适当的插入方法，在绘图区中单击即可插入门连窗。

设置门连窗参数的操作步骤如图 5-5 所示，创建门连窗的操作步骤和结果如图 5-6 所示。

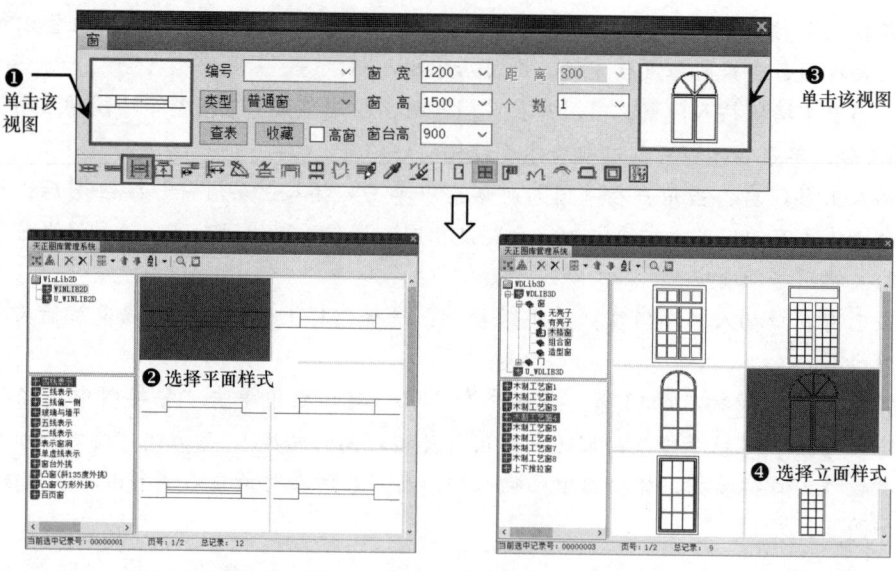

图 5-3　设置普通窗参数的操作步骤

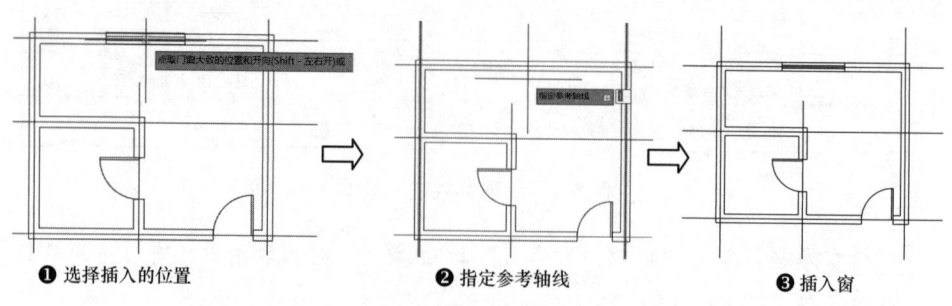

图 5-4　创建普通窗的操作步骤和结果

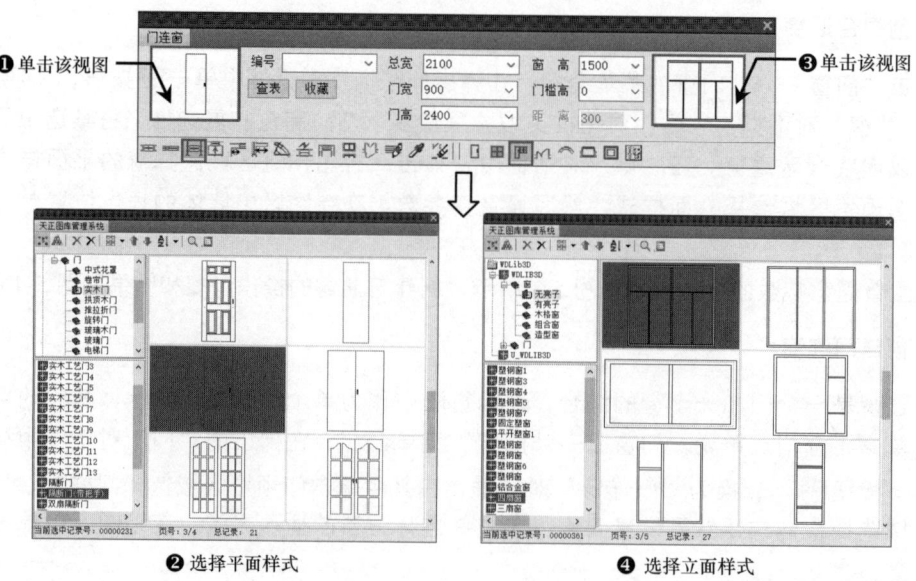

图 5-5　设置门连窗参数的操作步骤

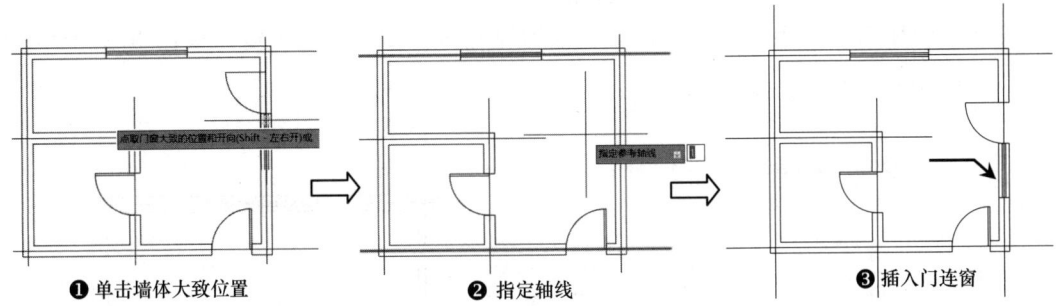

图 5-6　创建门连窗的操作步骤和结果

4. 创建子母门

子母门是两个平开门的组合，在门窗表中作为单个门窗进行统计。单击"门窗"→"门窗"菜单命令，在弹出的"门"对话框中单击"插子母门"按钮 ，转换至"子母门"对话框。单击"子母门"对话框大门样式预览区域，选择母门样式，再单击小门样式预览区域，选择子门样式，然后设置子母门参数并选择适当的插入方法，在绘图区中单击即可插入子母门。设置子母门参数的操作步骤如图 5-7 所示。

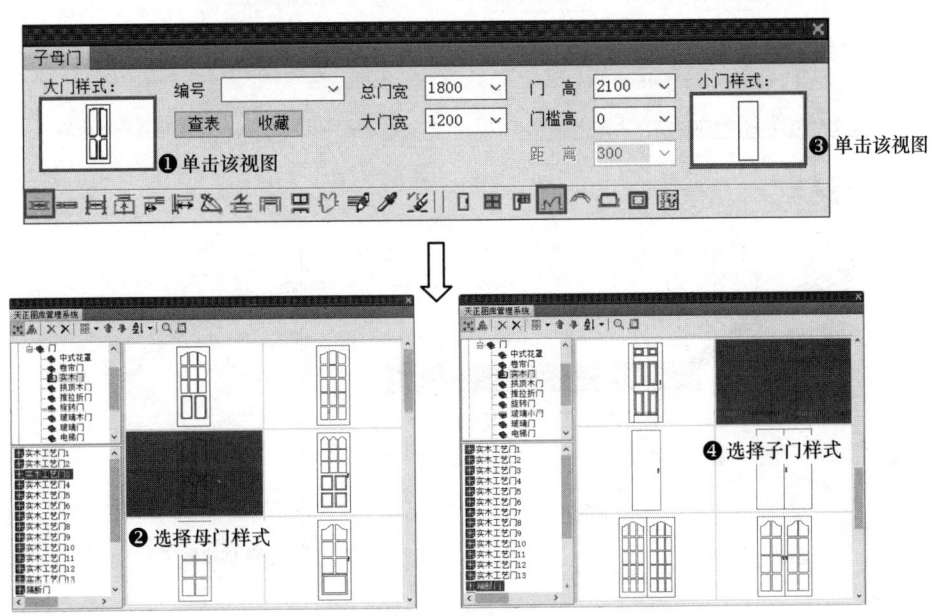

图 5-7　设置子母门参数的操作步骤

创建子母门的操作步骤和结果如图 5-8 所示。

5. 创建弧窗

弧窗通常安装在弧墙上，安装有与弧墙曲率相同、半径相同的弧形玻璃。弧窗的二维图形用三线或四线表示，默认的三维图形为一弧形玻璃加四周边框。单击"门窗"→"旧门窗"菜单命令，在弹出的"门"对话框下方单击"插弧窗"按钮，转换为"弧窗"对话框。在设置好弧窗的所有参数后，单击弧墙上一点即可插入弧窗。创建弧窗的操作步骤和结果如图 5-9 所示。

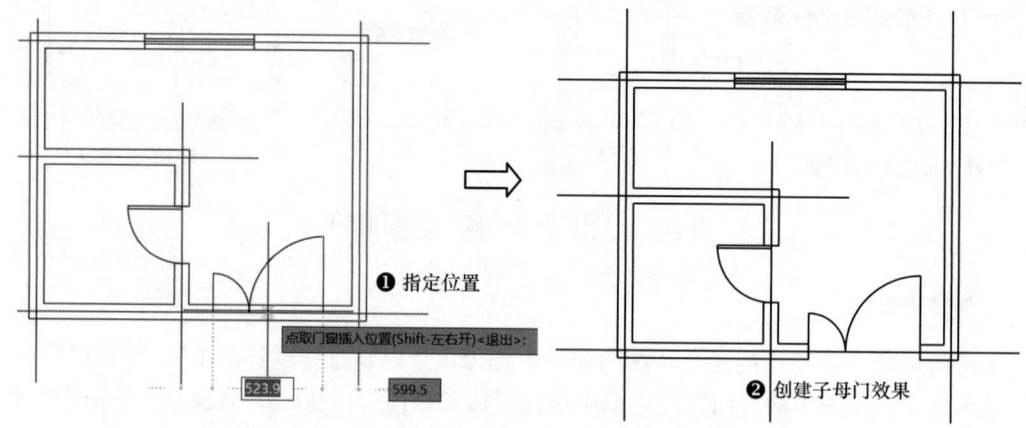

图 5-8　创建子母门的操作步骤和结果

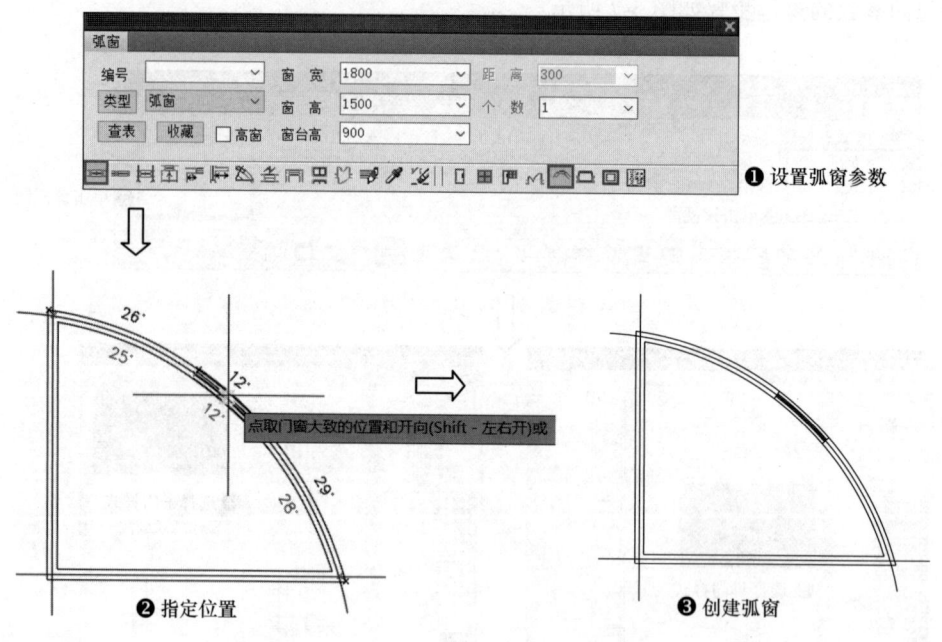

图 5-9　创建弧窗的操作步骤和结果

6. 创建凸窗

凸窗是墙体上凸出的窗体。使用 T20 可创建梯形、三角形、圆弧和矩形 4 种形状的凸窗。单击"门窗"→"门窗"菜单命令，在弹出的"门"对话框下方单击"插凸窗"按钮，转换为"凸窗"对话框。在设置好凸窗的各项参数后，在墙体上确定凸窗的插入位置即可。创建凸窗的操作步骤和结果如图 5-10 所示。

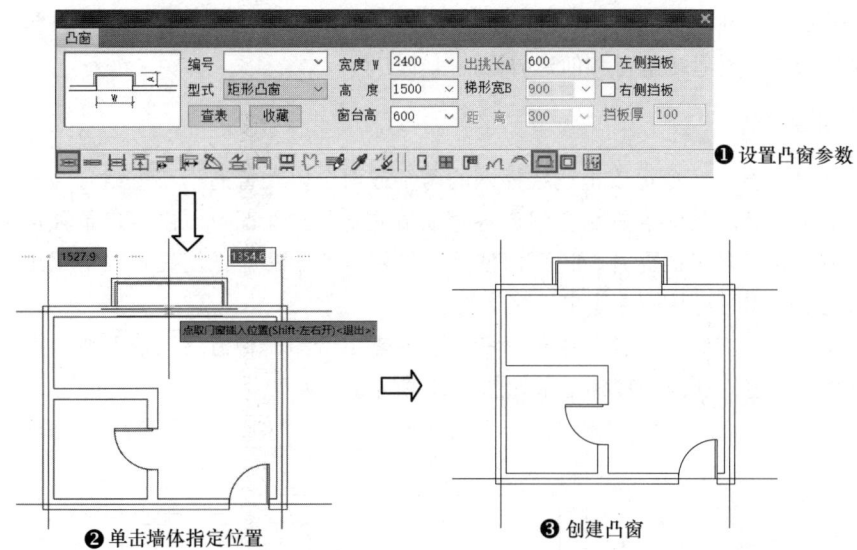

图 5-10　创建凸窗的操作步骤和结果

7. 创建矩形洞

矩形洞是根据需要在墙体上开设的洞口。单击"门窗"→"门窗"菜单命令，在弹出的"门"对话框下方单击"插洞"按钮，转换为"洞口"对话框。在"型式"下拉列表中选择"矩形洞口"选项，设置好矩形洞宽、洞高和底高参数，并设置矩形洞的显示方式后，在墙体上单击确定矩形洞的插入位置即可。创建矩形洞的操作步骤和结果如图 5-11 所示。

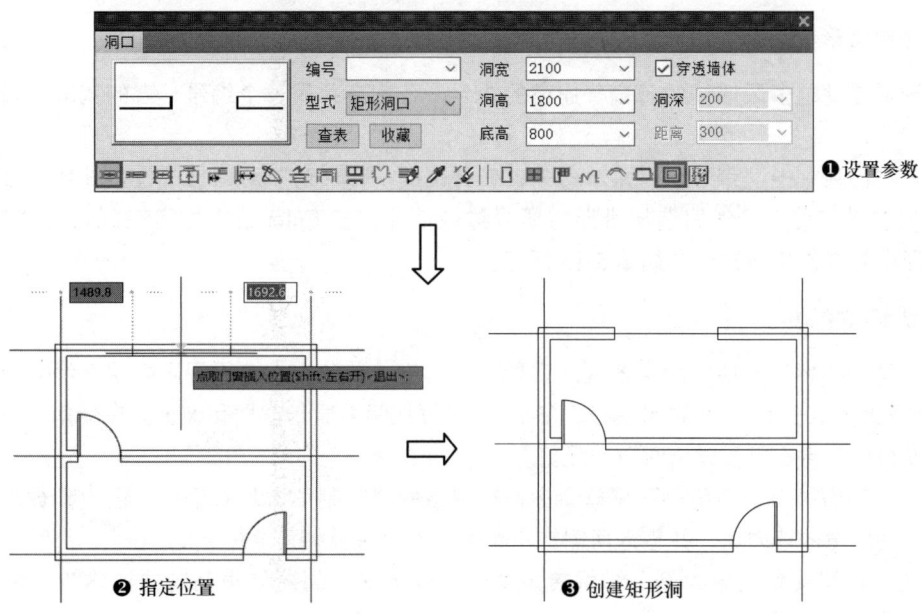

图 5-11　创建矩形洞的操作步骤和结果

5.1.2 创建特殊门窗

T20不但提供了创建普通门窗的工具,还提供了一些创建特殊门窗的工具,包括创建组合门窗、创建带形窗、创建转角窗和创建异形洞4个工具。

1. 创建组合门窗

使用"组合门窗"命令可以把已经插入的两个或两个以上普通门和窗组合为一个对象,作为单个门窗对象统计。其优点是组合门窗各个成员的平面立面都可以由用户单独控制,在三维显示时子门窗不再有多余的面片,还可以使用"构件入库"命令把创建好的常用组合门窗存入构件库,当需要使用时再从构件库中直接调用。

单击"门窗"→"组合门窗"菜单命令,选择需组合的门和窗后,输入新的组合门窗名称即可。创建组合门窗的操作步骤和结果如图5-12所示。

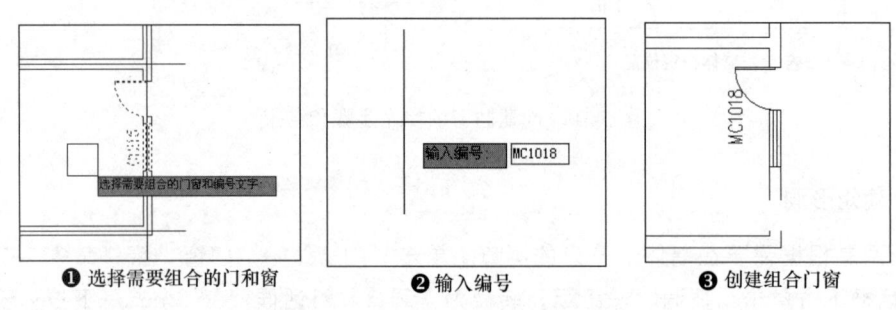

图5-12 创建组合门窗的操作步骤和结果

2. 创建带形窗

带形窗是跨越多段墙体的多扇普通窗的组合,各扇窗共用一个编号,窗的宽度与墙体宽度一致。

单击"门窗"→"带形窗"菜单命令,在弹出的"带形窗"对话框中设置参数,接着单击带形窗的起点和终点,然后选择带形窗所经过的墙体,按Enter键,即可完成带形窗的创建。创建带形窗的操作步骤和结果如图5-13所示。

3. 创建转角窗

跨越两段相邻转角墙体的平窗或凸窗称为转角窗。转角窗在二维视图中用三线或四线表示(当前出图比例小于1∶100时用三线表示),在三维视图中显示窗框和玻璃,在转角凸窗中显示窗楣和窗台板,可在侧面碰墙时自动裁剪。

单击"门窗"→"转角窗"菜单命令,在弹出的"绘制角窗"对话框中设置参数,接着单击要插入转角窗的墙内角,并输入两侧转角距离,即可完成转角窗的绘制。

此处以创建转角凸窗为例,讲解转角窗的创建方法。创建转角凸窗的操作步骤和结果如图5-14所示。

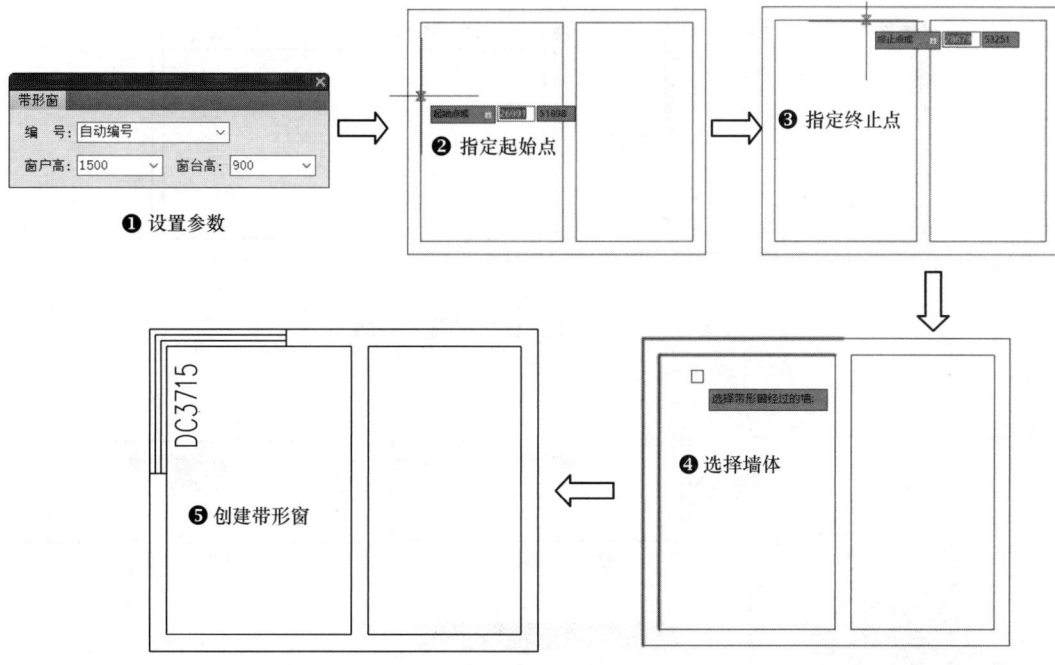

图 5-13 创建带形窗的操作步骤和结果

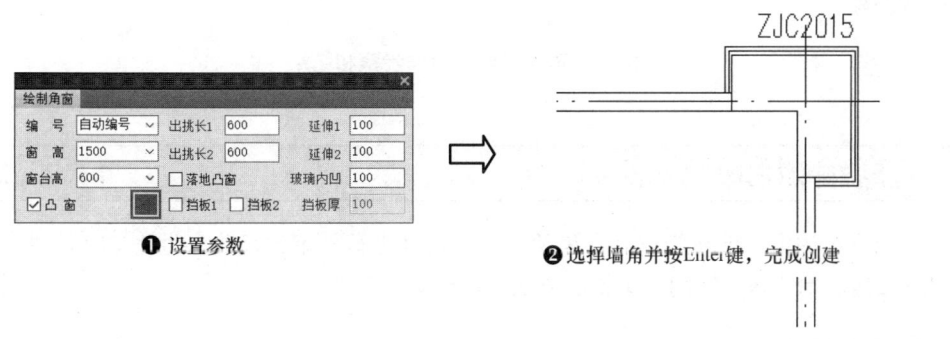

图 5-14 创建转角凸窗的操作步骤和结果

4. 创建异形洞

使用"异形洞"命令可以在直墙面上按给定的闭合多段线生成任意形状的洞口,平面图例与矩形洞相同。运行该命令前,可以先将屏幕设置为两个或多个视口,分别显示平面图和立面图,以便于查看,或者用"墙面 UCS"命令把墙面转化为立面 UCS,再用闭合多段线创建出洞口轮廓线,然后使用该命令创建异形洞并在三维视图中查看。

设置墙面 UCS 的操作步骤如图 5-15 所示。创建异形洞的操作步骤和结果如图 5-16 所示。

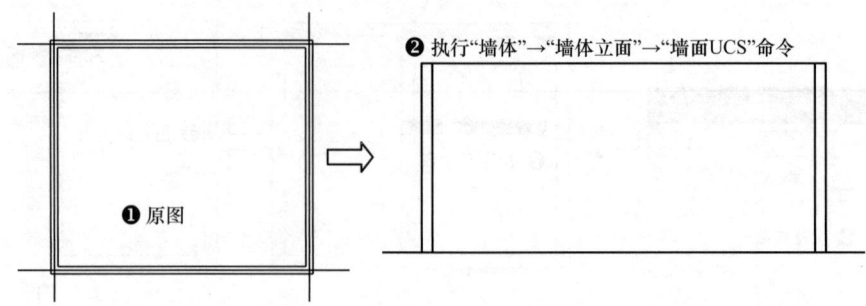

图 5-15 设置墙面 UCS 的操作步骤

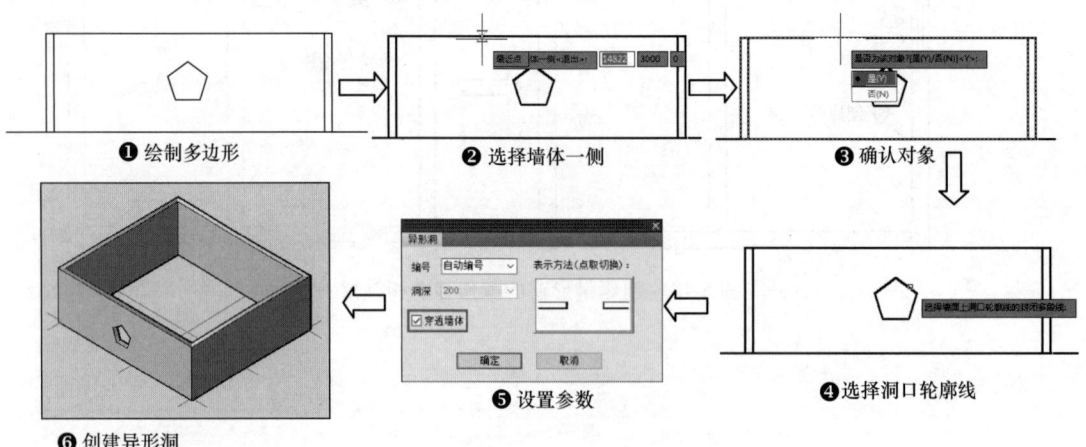

图 5-16 创建异形洞的操作步骤和结果

5.2 门窗编辑和门窗表

采用前面介绍的方法创建门窗后,常常还需要对其进行一定的修改,为此 T20 提供了一系列门窗编辑工具。本节将介绍门窗编辑的方法及门窗表的创建。

5.2.1 门窗编辑工具

T20 提供的门窗编辑工具主要包括内外翻转、左右翻转和添加门窗套等工具。下面介绍这些门窗工具的使用方法和用途。

1. 内外翻转

使用"内外翻转"命令可将当前选中的门窗以门窗所在墙体的基线为中心线进行镜像翻转。单击"门窗"→"内外翻转"菜单命令,选择需要内外翻转的门窗后按 Enter 键,即可完成所选门窗的翻转。该命令可以同时对多个选中的门窗进行翻转。内外翻转的操作步骤和结果如图 5-17 所示。

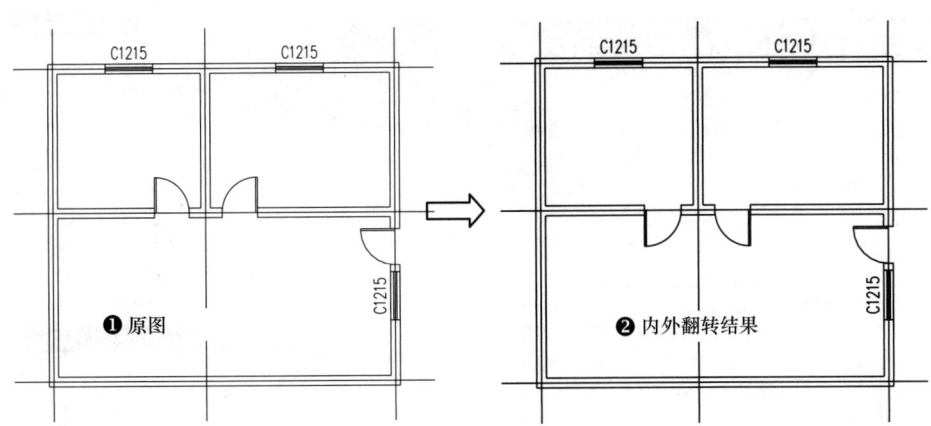

图 5-17 内外翻转的操作步骤和结果

2. 左右翻转

使用"左右翻转"命令可将当前选中的门窗沿墙体方向进行翻转。该操作可改变门窗的开启方向。单击"门窗"→"左右翻转"菜单命令,选择需左右翻转的门窗后按 Enter 键,即可完成所选门窗的翻转。该命令可以同时对多个选中的门窗进行翻转。左右翻转的操作步骤和结果如图 5-18 所示。

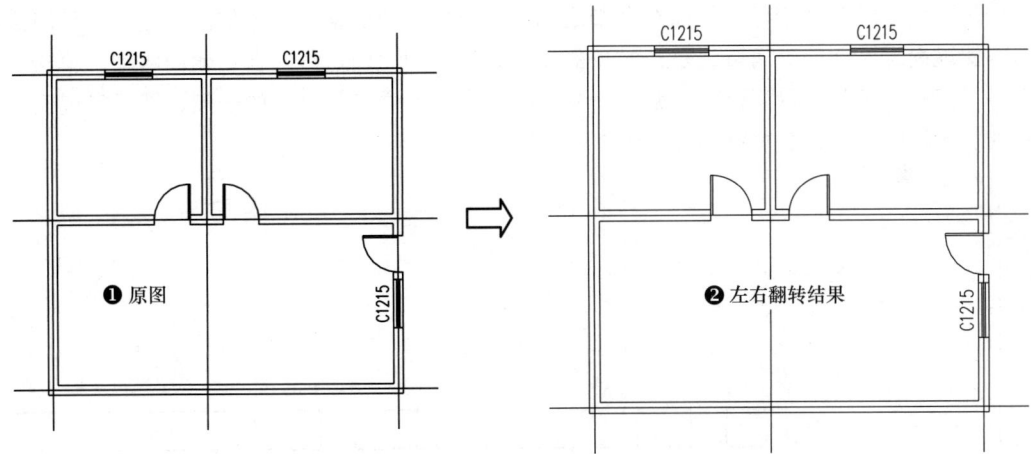

图 5-18 左右翻转的操作步骤和结果

3. 添加门窗套

使用"门窗套"命令可以在所选门窗上添加门窗套,同时还可为选中的多个门窗添加门窗套造型,并可以对门窗套的尺寸进行设置,添加的门窗套将出现在门窗洞的四周。单击"门窗"→"门窗工具"→"门窗套"菜单命令,在弹出的"门窗套"对话框中设置门窗套参数,然后根据命令行提示选择外墙上需要添加门窗套的门窗并按 Enter 键,即可完成门窗套的添加。添加窗套的操作步骤和结果如图 5-19 所示。

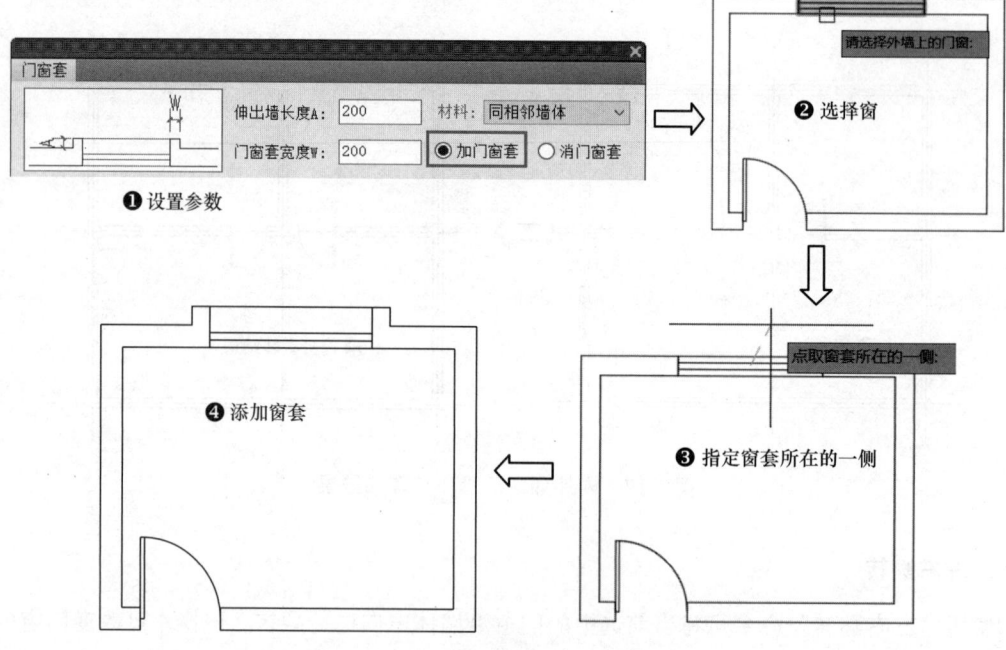

图 5-19 添加窗套的操作步骤和结果

4. 添加门口线

使用"门口线"命令可在平面图上指定的一个或多个门的某一侧添加门口线，表示门槛或者门两侧地面标高不同。门口线是门对象的属性之一，因此门口线会自动随门移动。单击"门窗"→"门窗工具"→"门口线"菜单命令，并单击确定添加门口线的一侧，即可完成门口线的添加。各种门口线分别如图 5-20～图 5-22 所示。

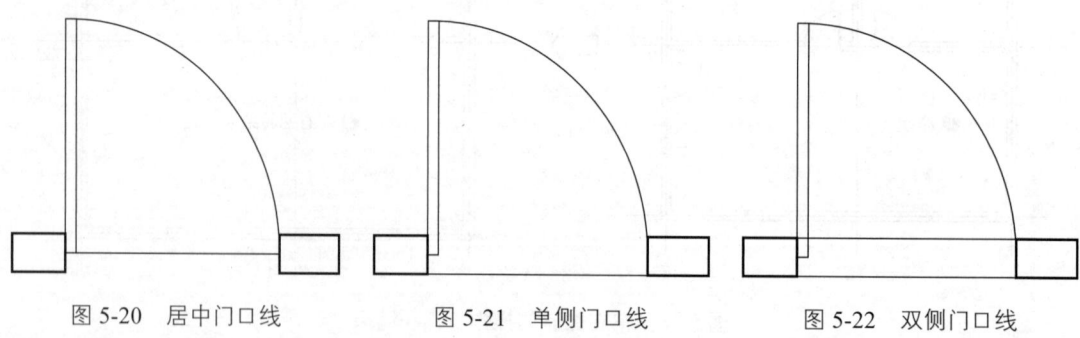

图 5-20 居中门口线　　图 5-21 单侧门口线　　图 5-22 双侧门口线

5. 添加装饰套

使用"加装饰套"命令，可以在弹出的"门窗套设计"对话框中选择各种装饰风格和参数的门窗套。门窗套细致地描述了门窗附属的三维特征，包括各种门套线与筒子板、檐口板与窗台板的组合，主要用于室内设计的三维建模以及通过立面和剖面模块生成立剖面施工图的相应部分。如果不需要装饰套，可直接删除装饰套对象。单击"门窗"→"门窗工具"→"加装饰套"菜单命令，在弹出的"门窗套设计"对话框中设置参数后，单击"确定"按钮，选择需要添加装饰套的门窗，并确定添加装饰套的一侧，即可添加装饰套。添加装饰套的操作步骤和结果如图 5-23 所示。

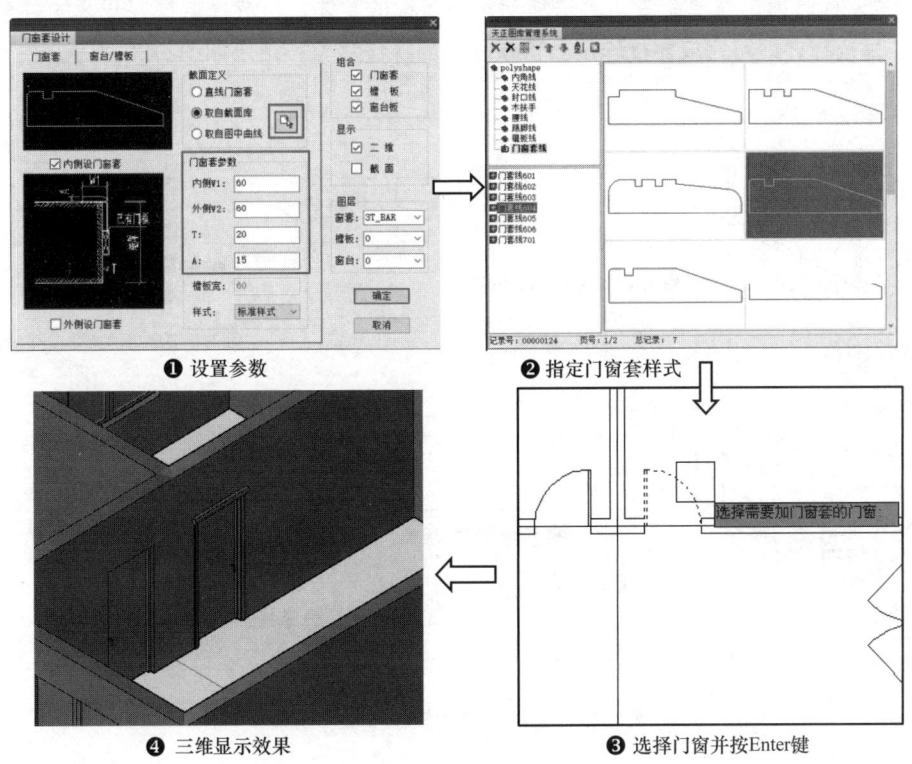

图 5-23　添加装饰套的操作步骤和结果

6. 窗棂展开

使用"窗棂展开"命令可把窗户玻璃在图上按立面尺寸展开。用户可以在展开立面上用直线和圆弧添加窗棂分格线，然后通过"窗棂映射"命令创建窗棂分格。窗棂展开的操作步骤和结果如图 5-24 所示。

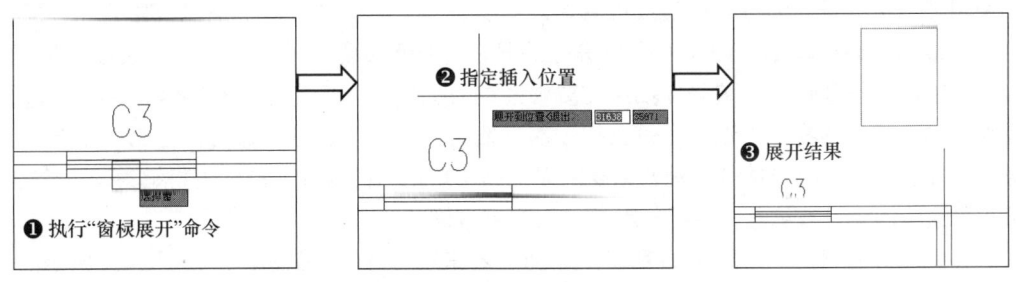

图 5-24　窗棂展开的操作步骤和结果

7. 窗棂映射

使用"窗棂映射"命令可以把门窗展开立面图上由用户定义的立面窗棂分格线在目标门窗

上按默认尺寸映射，在目标门窗上更新为用户定义的三维窗棂分格效果。单击AutoCAD绘图工具栏中的LINE（直线）按钮，在展开的窗棂区域中绘制窗棂，然后单击"门窗"→"门窗工具"→"窗棂映射"菜单命令，单击需创建新窗棂的窗体，再选择窗棂展开区的各直线，按Enter键结束选择，即可完成窗棂映射。窗棂映射的操作步骤和结果如图5-25所示。

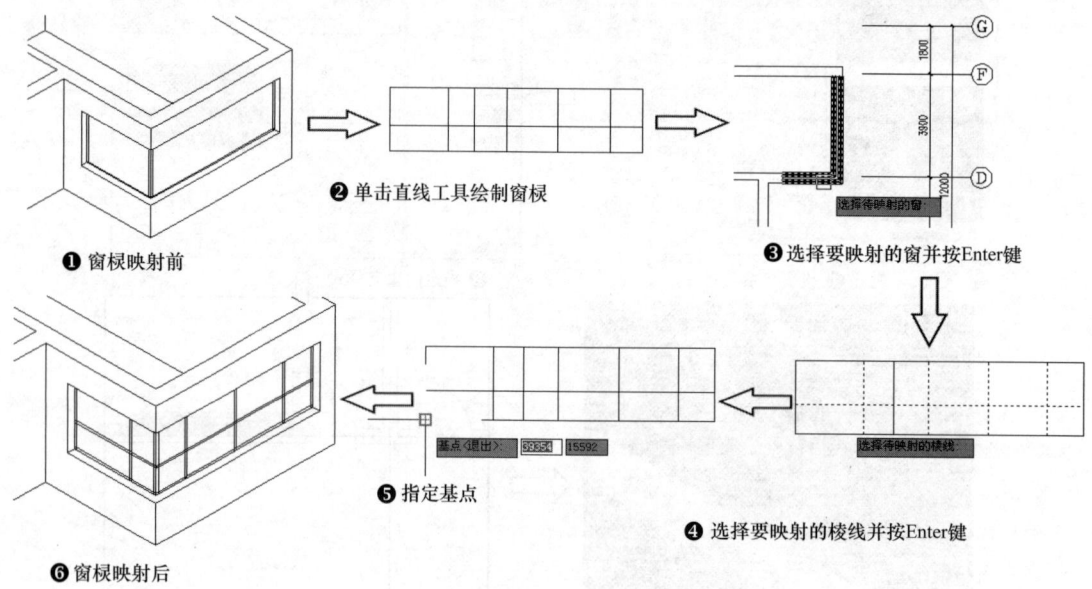

图 5-25　窗棂映射的操作步骤和结果

5.2.2　门窗编号和门窗表

在默认情况下，创建门窗时，在"门"和"窗"对话框中会要求用户输入门窗编号或选择自动编号。利用门窗编号可以方便地对门窗进行统计、检查和修改等操作。下面介绍门窗编号的方法和门窗表的创建方法。

1. 门窗编号

使用"门窗编号"命令可以生成或者修改门窗编号。单击"门窗"→"门窗编号"菜单命令，可以根据普通门窗的门洞尺寸大小进行编号，并且可以删除（或隐藏）已经编号的门窗。转角窗和带形窗按默认规则编号。如果在要修改编号的范围内门窗还没有编号，会出现选择要修改编号样板门窗的提示。该命令每执行一次只能对同一种门窗进行编号，因此只能选择一个门窗作为样板，若同时选择多个对象会要求逐个确认。相同门窗参数的门窗将编为同一个号码。如果以前这些门窗没有编号，会提示默认的门窗编号值。

选择要编号的门窗，如图5-26所示。添加门窗编号的操作步骤和结果如图5-27所示。

2. 门窗检查

"门窗检查"命令可用于检查当前图中已插入的门窗数据是否合理。单击"门窗"→"门窗检查"菜单命令，弹出"门窗检查"对话框，如图5-28所示。在该对话框中显示了门窗参数电子表格，可检查当前图中已插入的门窗数据是否合理。

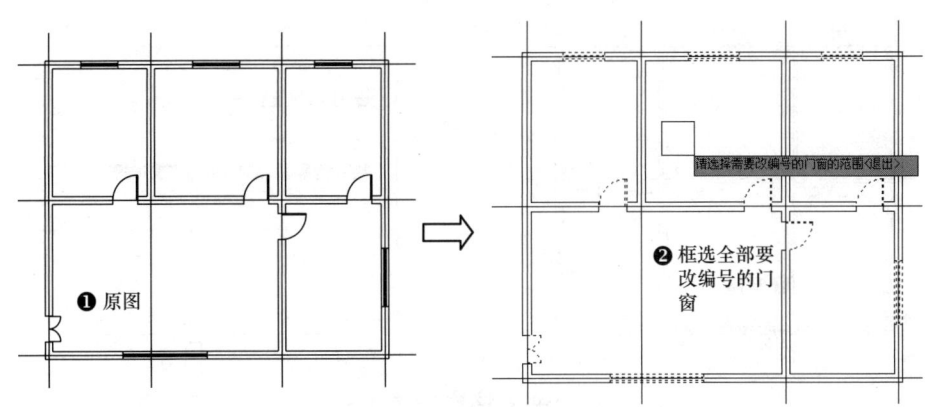

图 5-26 选择要编号的门窗

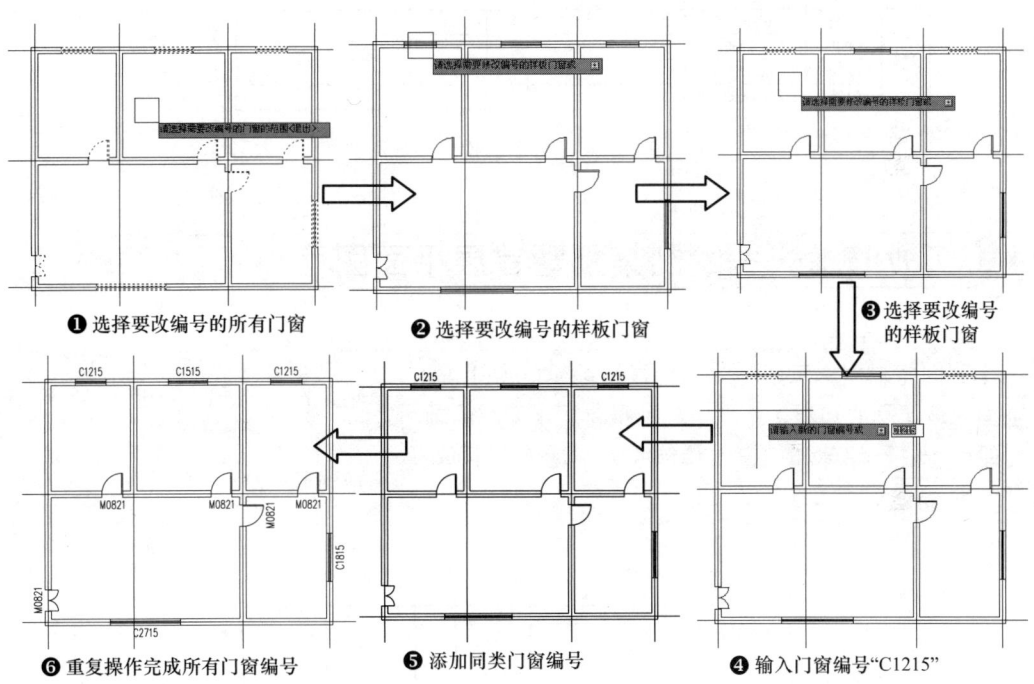

图 5-27 添加门窗编号的操作步骤和结果

3. 门窗表和门窗总表

门窗表是建筑施工图中不可缺少的部分，通常用于统计当前图形文件中所有门窗的数量和参数。门窗总表用于统计本工程的多个平面图中使用的门窗编号，检查后生成门窗总表。可由用户在当前图上指定各楼层平面所属门窗（适用于在一个dwg图形文件上存放多楼层平面图的情况），也可指定分别保存在多个不同dwg图形文件上的不同楼层平面。

单击"门窗"→"门窗表"菜单命令，开始定制门窗表。定制门窗表的操作步骤和结果如图 5-29 所示。

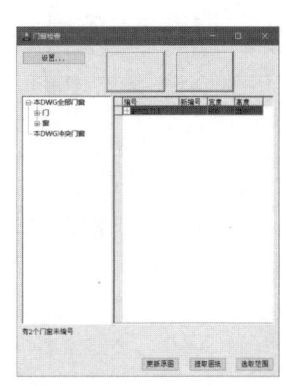

图 5-28 "门窗检查"对话框

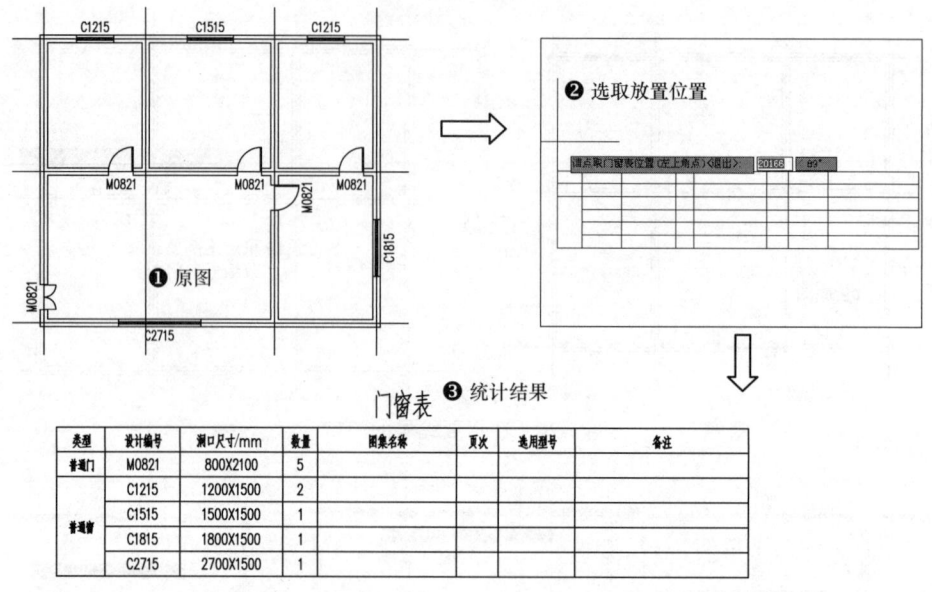

图 5-29　定制门窗表的操作步骤和结果

5.3 实战演练——绘制某别墅首层平面图

本实例将根据本章所介绍的创建和编辑门窗知识以及前面两章所学的知识，绘制出某别墅首层平面图的轴网、轴号标注、墙体和门窗。绘制的某别墅首层平面图如图 5-30 所示。	视频文件：视频 \ 第 05 章 \5.3.mp4
	播放时长：25min27s

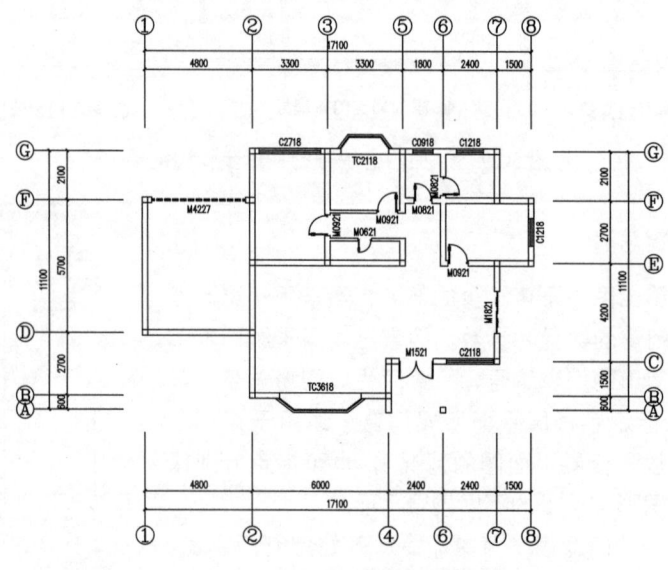

图 5-30　某别墅首层平面图

操作步骤如下：

[01] 绘制轴网。启动T20，单击"轴网柱子"→"绘制轴网"菜单命令，在弹出的"绘制轴网"对话框中设置参数，然后在绘图区中单击，绘制一个轴网；单击AutoCAD修改工具栏中的OFFSET（偏移）按钮和TRIM（修剪）按钮，偏移和修剪轴网。绘制轴网的操作步骤和结果如图5-31所示。

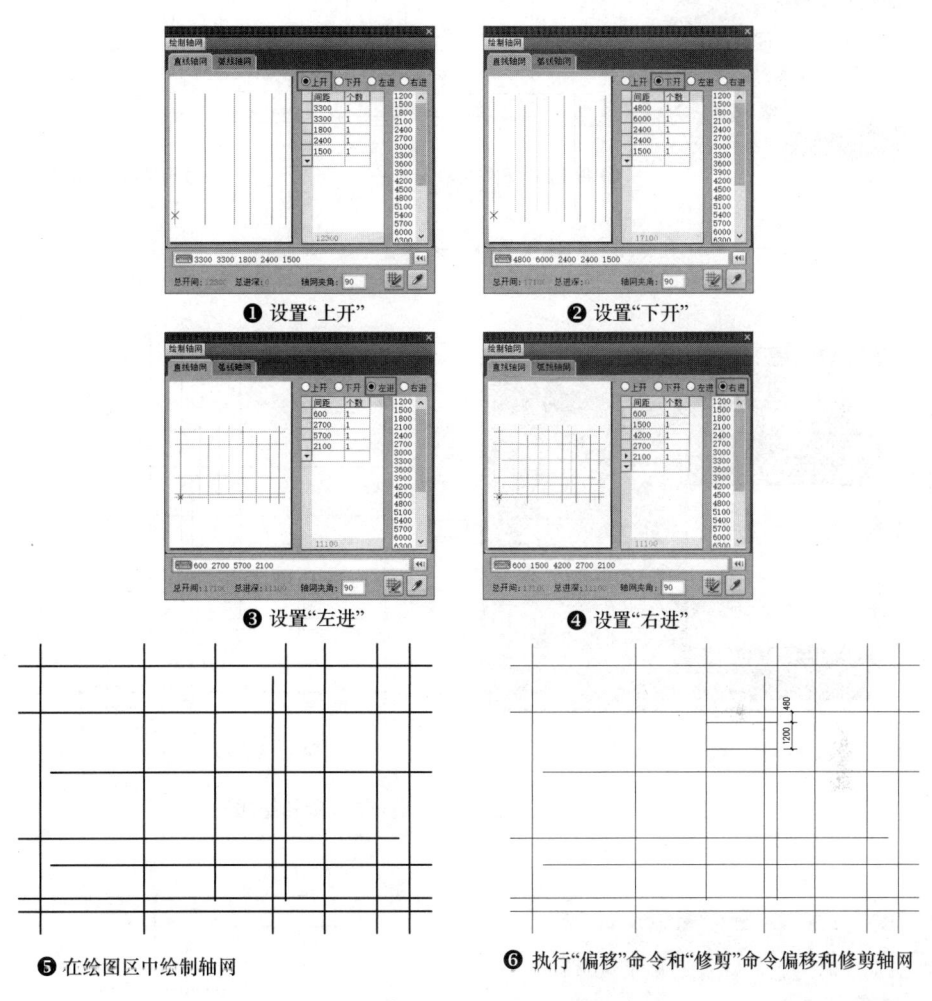

图 5-31　绘制轴网的操作步骤和结果

[02] 添加轴号标注。单击"轴网柱子"→"轴网标注"菜单命令，在弹出的"轴网标注"对话框中设置参数，根据命令行提示添加轴号标注，创建轴号标注的操作步骤和结果如图5-32所示。创建纵向轴号标注的操作步骤和结果如图5-33所示，创建横向轴号标注的操作步骤和结果如图5-34所示。

[03] 绘制墙体。单击"墙体"→"绘制墙体"菜单命令，在弹出的"墙体"对话框中设置参数，然后根据命令行提示在绘图区中单击直墙段的起点和下一点，如图5-35所示。重复上述操作，绘制出普通墙体，结果如图5-36所示。修改墙体参数，根据命令行提示依次单击直墙段的起点和下一点，绘制隔墙，右击结束。采用同样方法，绘制出所有隔墙，结果如图5-37所示。

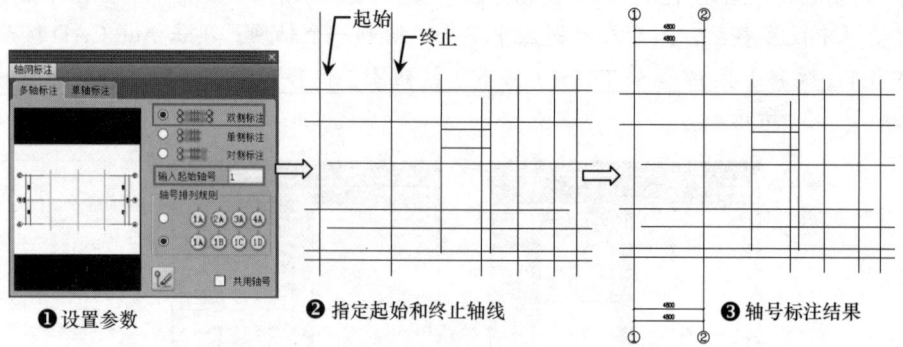

图 5-32　创建轴号标注的操作步骤和结果

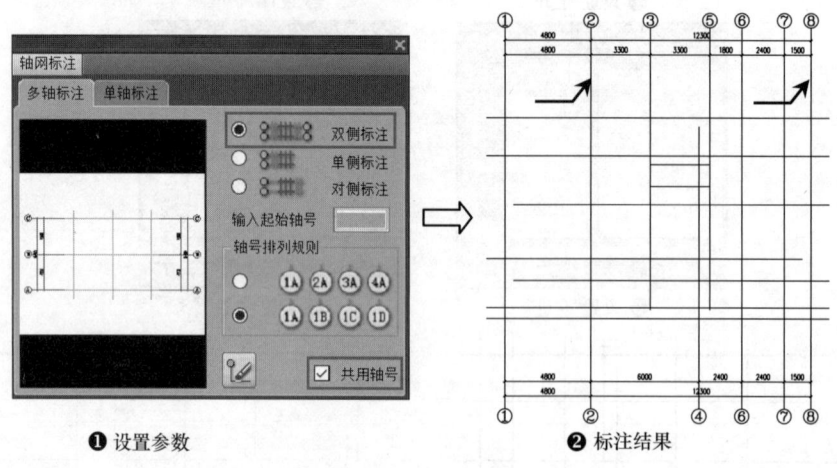

图 5-33　创建纵向轴号标注的操作步骤和结果

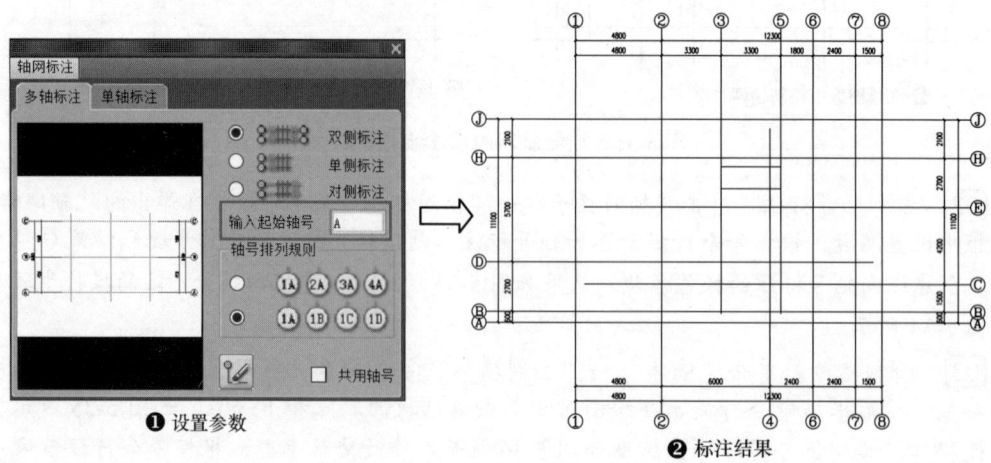

图 5-34　创建横向轴号标注的操作步骤和结果

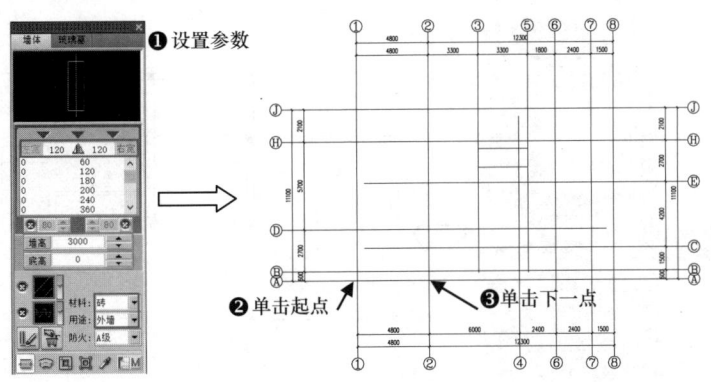

图 5-35 设置参数并单击起点和下一点

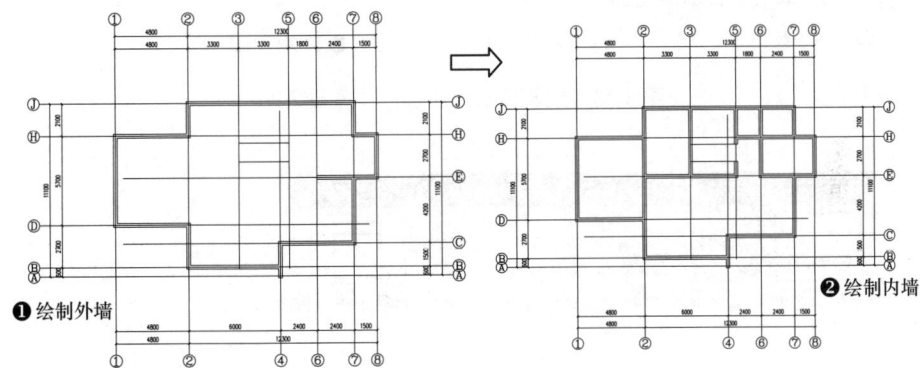

图 5-36 绘制普通墙体

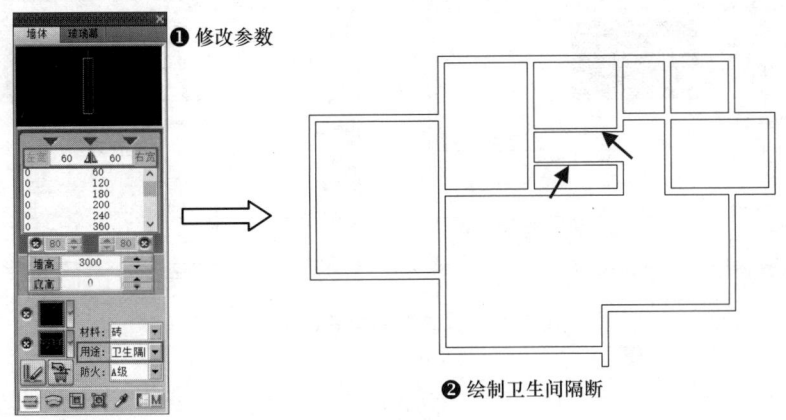

图 5-37 绘制隔墙

[04] 绘制标准柱。将"轴线"图层临时显示出来,单击"轴网柱子"→"标准柱"菜单命令,在弹出的"标准柱"对话框中设置参数,根据命令行提示绘制标准柱,其操作步骤和结果如图 5-38 所示。

[05] 创建普通窗。单击"门窗"→"门窗"菜单命令,在弹出的"窗"对话框中如图 5-39 所示设置普通窗参数及样式,然后创建普通窗。创建普通窗的操作步骤和结果如图 5-40 所示。

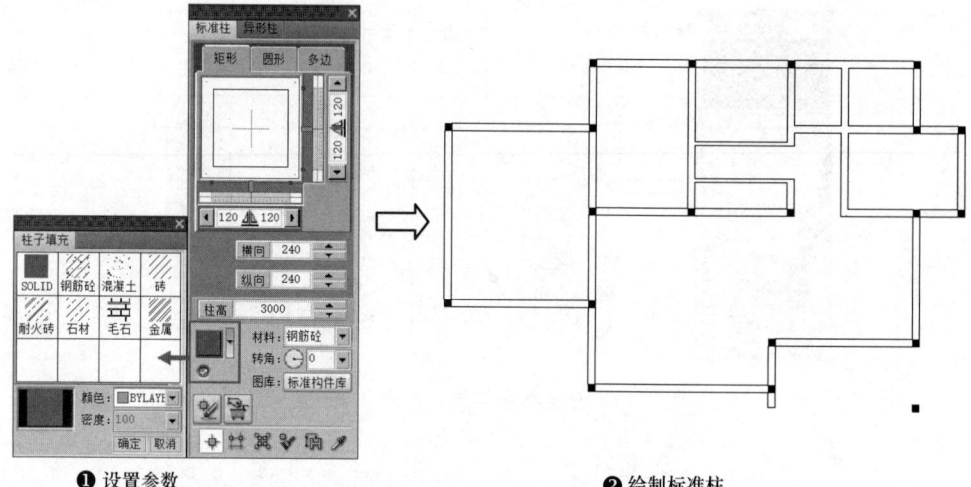

图 5-38 绘制标准柱的操作步骤和结果

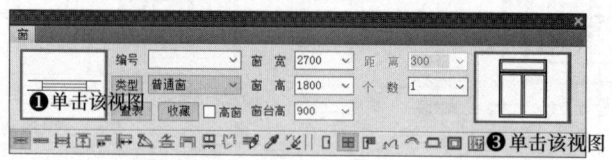

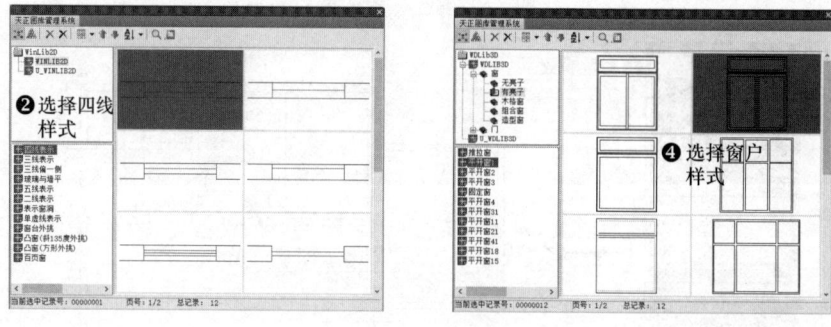

图 5-39 设置普通窗参数及样式

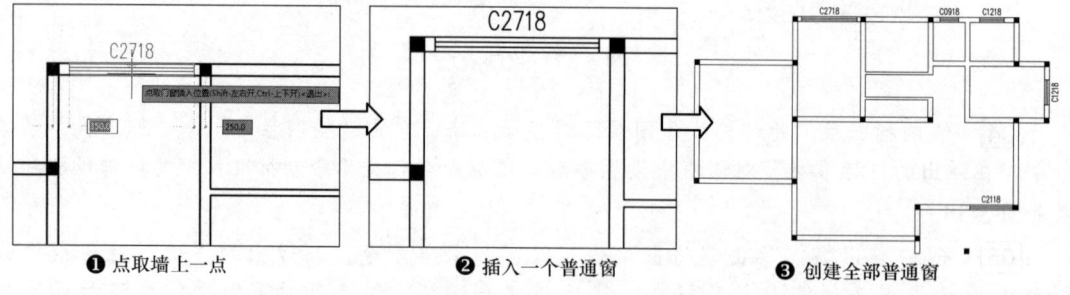

图 5-40 创建普通窗的操作步骤和结果

06 绘制凸窗。单击"门窗"→"门窗"菜单命令，在弹出的"窗"对话框中单击"插凸窗"按钮，弹出"凸窗"对话框，在其中设置参数，根据命令行提示绘制凸窗。其操作步骤和结果如图5-41所示。

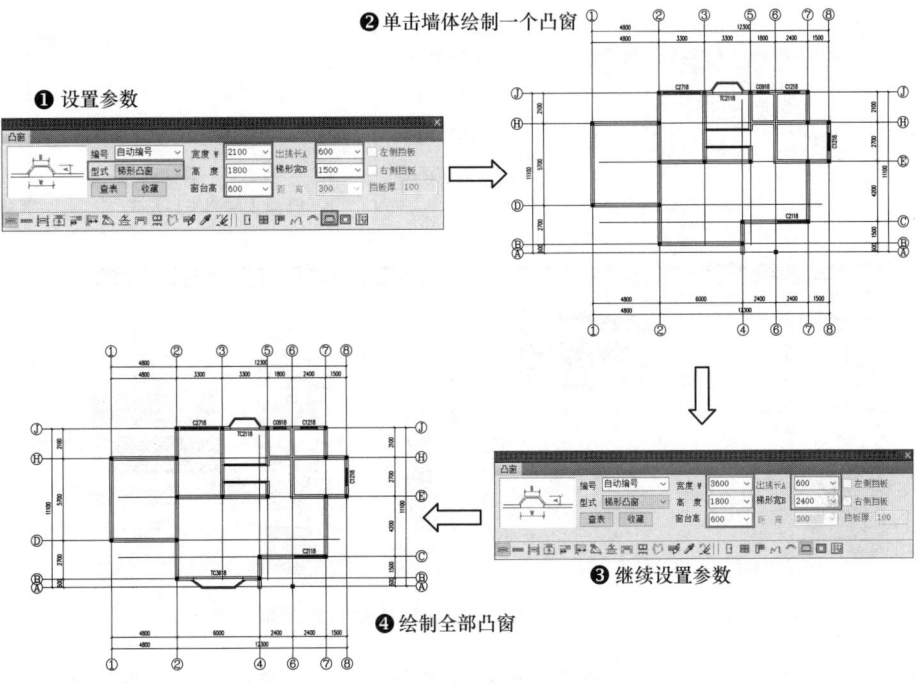

图 5-41 绘制凸窗的操作步骤和结果

07 绘制车库门。单击"门窗"→"门窗"菜单命令，弹出"门"对话框，在其中设置参数，根据命令行提示绘制出车库门。其操作步骤和结果如图5-42所示。

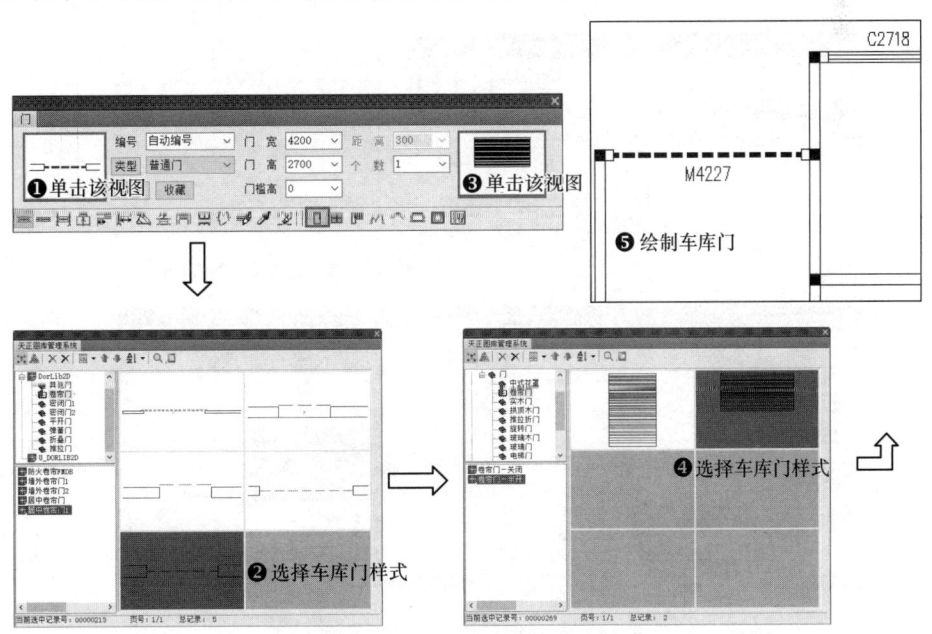

图 5-42 绘制车库门的操作步骤和结果

[08] 绘制入口门。在"门"对话框中设置入口门参数,根据命令行提示绘制入口门。其操作步骤和结果如图5-43所示。

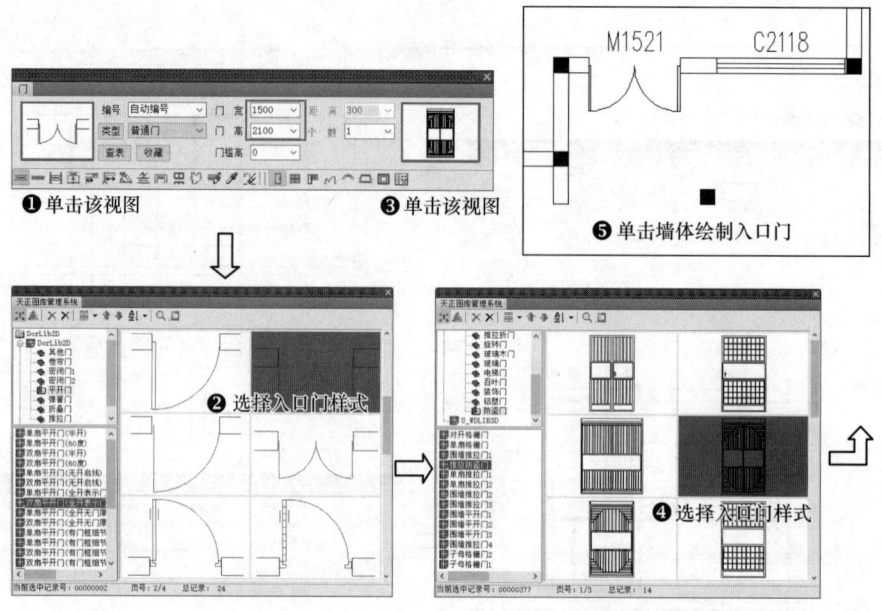

图5-43 绘制入口门的操作步骤和结果

[09] 绘制餐厅门。在"门"对话框中设置餐厅门参数,根据命令行提示绘制出餐厅门。其操作步骤和结果如图5-44所示。

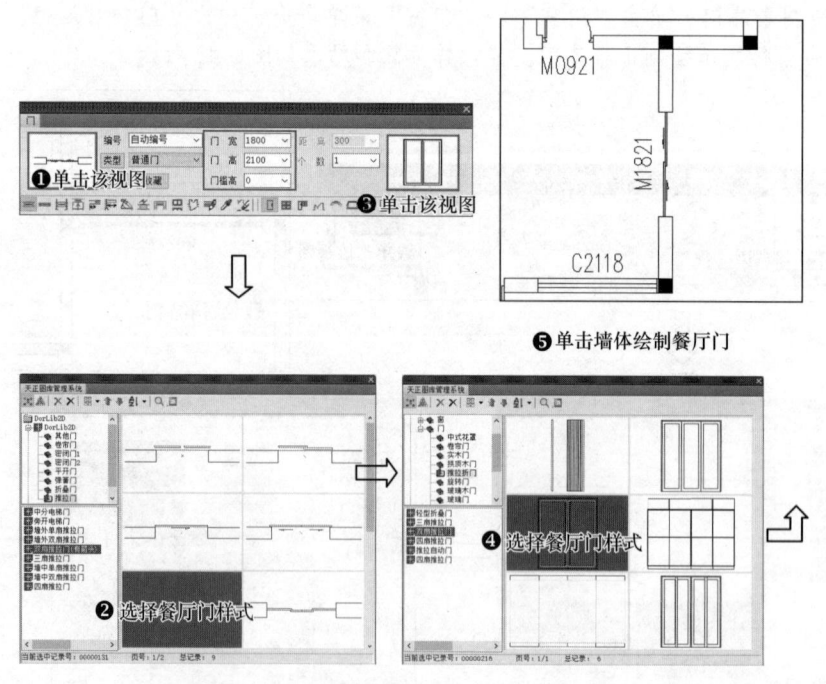

图5-44 绘制餐厅门的操作步骤和结果

⑩ 绘制别墅内部平开门。在"门"对话框中设置平开门参数，根据命令行提示绘制出平开门。其操作步骤和结果如图5-45所示。

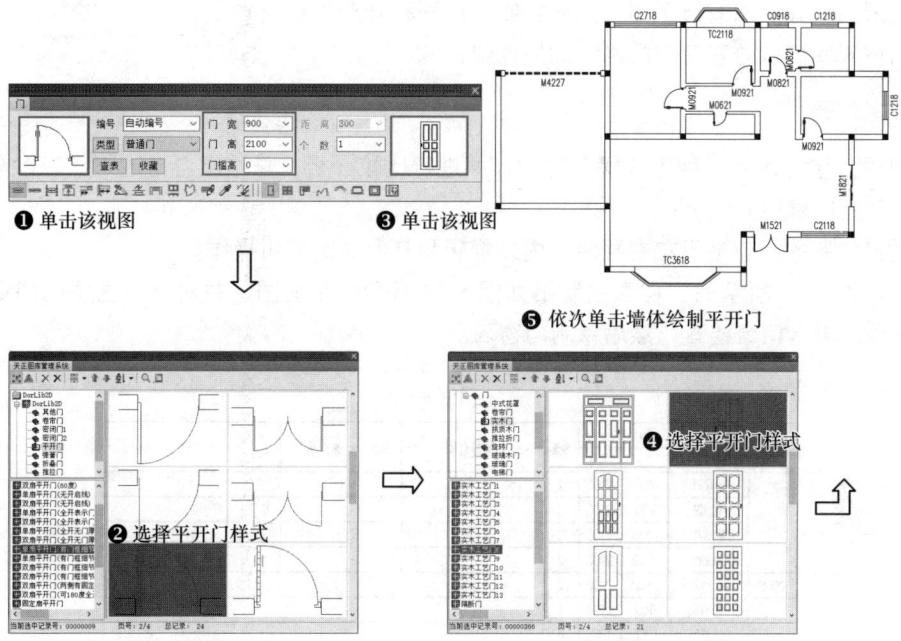

图 5-45　绘制别墅内部平开门的操作步骤和结果

5.4 本章小结

1. 介绍了天正门窗的概念。天正门窗分为普通门窗和特殊门窗两类。
2. 介绍了各类门窗的定义和创建方法。
3. 介绍了门窗编辑工具的使用方法。门窗的编辑主要包括门窗对象的夹点编辑与批量编辑。
4. 介绍了门窗编号和门窗表。
5. 门、窗和墙洞是室内外空间的过渡部分，是组成建筑物的重要构件，也是自定义对象，可以和墙体建立智能联动关系。

5.5 思考与练习

一、填空题

1. 插入门窗的方式包括自由插入、_____、_____、_____、_____、_____、_____、_____和充满整个墙段插入门窗。
2. 通过"门窗"命令可绘制门窗的样式包括普通门、_____、_____、_____、_____、_____和矩形洞。
3. 门窗表具有_____和_____两种样式。

二、问答题

1. 通过夹点可修改门窗的哪些参数？
2. 矩形洞和异形洞有何区别？如何绘制矩形洞和异形洞？
3. 门窗表和门窗总表有何区别？如何创建？

三、操作题

1. 利用门窗插入的各种方式插入门窗，并进行比较分析，总结出各自的特点，以掌握在各种场合中创建门窗的方法。
2. 对已绘制的门窗进行左右翻转、内外翻转和其他对象编辑操作。
3. 按如图 5-46 所示的门窗表绘制出如图 5-47 所示的平面图，并对该平面图的门窗进行编辑和替换以及进行门窗检查，然后绘制门窗表。

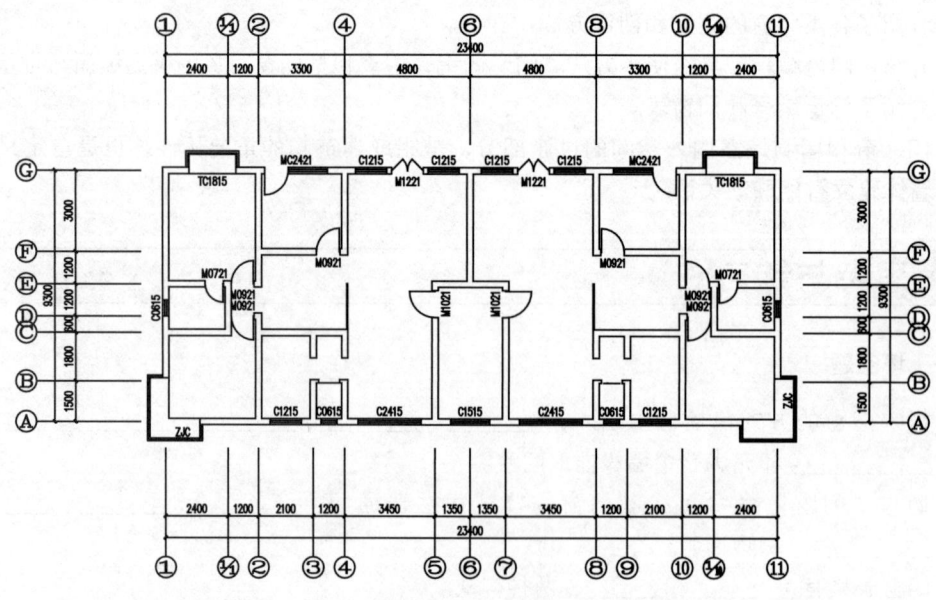

图 5-46　门窗表

图 5-47　平面图

第 6 章　创建室内外设施

● **本章导读**

室内外设施是附属于建筑中依靠建筑而存在的建筑构件。室内设施主要包括楼梯、电梯、扶手和栏杆等，室外设施主要包括阳台、台阶、坡道和散水等。本章将主要介绍室内外设施的概念和作用，并通过实例讲述创建室内外设施的方法。

● **本章重点**

◈ 创建室内设施　　　　　　　　　　　　◈ 创建室外设施
◈ 实战演练——创建某别墅的室内外设施　　◈ 本章小结
◈ 思考与练习

6.1　创建室内设施

室内设施是建筑的重要组成部分，主要包括各种楼梯、电梯、扶手和栏杆等。楼梯是建筑物中供人和物上下楼层以及疏散人流之用的竖向构件，因此对楼梯的设计要求是具有足够的通行能力（即保证楼梯有足够的宽度和合适的坡度），能够保证通行安全，保证楼梯有足够的强度、刚度，并具有防火、防烟和防滑等功能。另外，楼梯造型要美观，要能够增强建筑物内部的观赏效果。

随着社会迅速发展，城市用地变得紧张，因此高层建筑成为城市建设的主流。在高层建筑中，电梯是主要的垂直交通工具。本节将主要介绍楼梯、电梯及其附属构件的创建方法。

6.1.1　创建单跑楼梯

楼梯梯段是联系上下层的垂直交通设施，其中单跑楼梯是指连接上下层楼层并且中途不改变方向的楼梯梯段。单跑楼梯又可分为直线梯段、圆弧梯段和任意梯段 3 种。

1. 直线梯段

直线梯段一般设计在楼层不高的室内空间中，是众多楼梯中最简单的一种。直线梯段可单独使用，也可用于组合复杂的梯段或坡度。单击"楼梯其他"→"直线梯段"菜单命令，在弹出的"直线梯段"对话框中设置参数，然后在绘图区中指定直线梯段的插入位置，即可创建直线梯段。创建直线梯段的操作步骤和结果如图 6-1 所示。

"直线梯段"对话框中各选项的含义如下：
  ➢ 起始高度：当前所绘梯段所在楼层地面起算的楼梯起始高度，梯段高度也以此算起。
  ➢ 梯段高度：当前所绘制直线梯段的总高度。
  ➢ 梯段宽：该梯段水平方向上的宽度值。
  ➢ 梯段长度：该梯段垂直方向上的长度值。

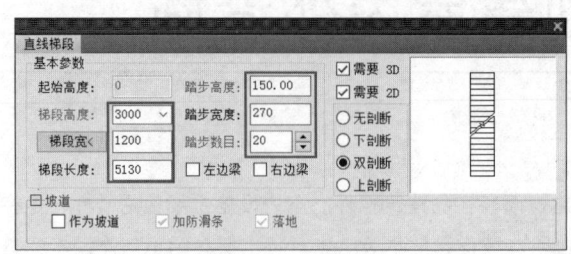

❶ 设置"直线梯段"对话框　　❷ 指定位置插入直线梯段

图 6-1　创建直线梯段的操作步骤和结果

> 踏步高度：该梯段每一个台阶的高度值。由于踏步数目是整数，梯段高度是一个给定的数值，因此踏步高度并不一定都是整数，可以在给定一个粗略的目标值后，由系统经过计算，确定踏步高度的精确值。
> 踏步宽度：梯段中每个踏步板的宽度。
> 踏步数目：该梯段踏步的总数。可以直接输入数字，也可以用右边的向上或向下箭头增加或减少踏步数。
> 左边梁/右边梁：是一个复选框组，勾选可为直线梯段添加左边梁或右边梁，反之不添加。
> 需要 2D/需要 3D：是一个复选框组，勾选可设置楼梯在视图中的显示方式。
> 无剖断/下剖断/双剖断/上剖断：是一个单选框组，可用于确定楼梯剖断的方式。
> 坡道：包含三个复选框，选中某个复选框，可将梯段转化为坡道，同时确定坡道的样式。

当用户在插入直线梯段时，命令行会提示一些插入选项，选择不同的选项，会有不同的插入梯段效果。各选项的含义分别介绍如下：

> 转 90 度（A）：输入"A"，可将当前梯段沿逆时针方向旋转 90°。该选项用于确定梯段的方向。
> 左右翻（S）：输入"S"，可将梯段以基点所在的铅垂线为镜像线进行左右翻转。
> 上下翻（D）：输入"D"，可将梯段以基点所在的水平线为镜像线进行上下翻转。
> 对齐（F）：输入"F"后，首先指定楼梯上的基点和对齐轴，再指定目标点和对齐轴，可将梯段移到目标位置。
> 改转角（R）：输入"R"，可为插入的楼梯设置旋转角度。
> 改基点（T）：输入"T"，可重新指定楼梯的插入基点。

2. 圆弧梯段

"圆弧梯段"命令可用于创建单段弧线形梯段。圆弧楼梯可以单独创建，也可与直线梯段组合成复杂的楼梯和坡道。单击"楼梯其他"→"圆弧梯段"菜单命令，在弹出的"圆弧梯段"对话框中设置参数，然后在绘图区中指定圆弧梯段的插入位置，即可创建出圆弧梯段。创建圆弧梯段的操作步骤和结果如图 6-2 所示。

"圆弧梯段"对话框中各选项的含义如下：

- 内圆定位/外圆定位：用于确定圆弧梯段的定位方式。默认是以圆弧的圆心定位。
- 内圆半径：用于确定圆弧梯段的内圆半径。可以直接在文本框中输入数据，也可以在绘图区中通过两点确定。
- 外圆半径：用于确定圆弧梯段的外圆半径。可以直接在文本框中输入数据，也可以在绘图区中通过两点确定。
- 起始角：用于确定圆弧梯段弧线的起始角度。
- 圆心角：用于确定圆弧梯段的夹角。值越大，梯段弧线越长。

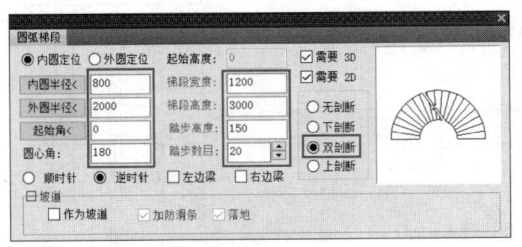 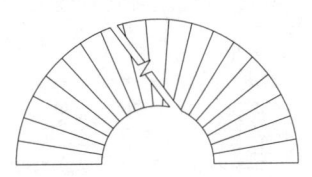

❶ 设置"圆弧梯段"对话框　　❷ 指定位置插入圆弧梯段

图 6-2　创建圆弧梯段的操作步骤和结果

3. 任意梯段

任意梯段是指根据已知的两条任意直线或弧线边界创建出的梯段。单击"楼梯其他"→"任意梯段"菜单命令，根据命令行提示依次选择左右两侧边线，然后在弹出的"任意梯段"对话框中设置参数，单击"确定"按钮，即可完成任意梯段的创建。创建任意梯段的操作步骤和结果如图 6-3 所示。

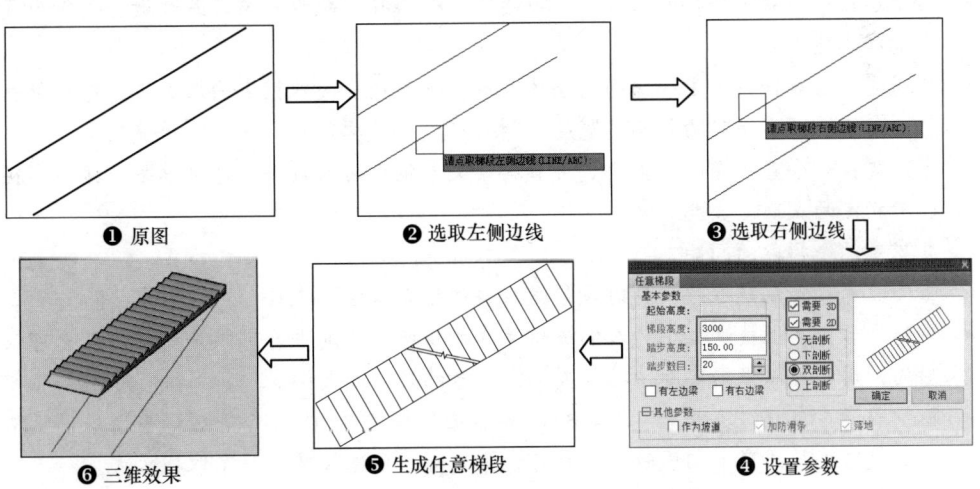

图 6-3　创建任意梯段的操作步骤和结果

6.1.2　创建双跑楼梯和各种多跑楼梯

当建筑物层数较多且层高较大时，就需要施设双跑楼梯或多跑楼梯，并在梯段转角处设置休息平台。下面介绍双跑楼梯和各种多跑楼梯的创建方法。

1. 双跑楼梯

双跑楼梯是最常见的楼梯形式，由两跑直线梯段、一个休息平台、一个或两个扶手和一组或两组栏杆构成。单击"楼梯其他"→"双跑楼梯"菜单命令，在弹出的"双跑楼梯"对话框中设置各项参数，然后根据命令行提示操作，即可在绘图区中插入双跑楼梯。创建双跑楼梯的操作步骤和结果如图 6-4 所示。

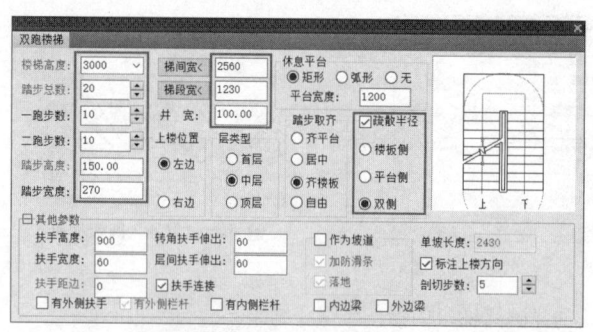 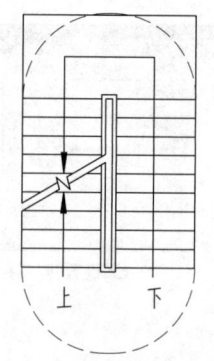

❶ 设置"双跑楼梯"对话框　　　　　　　　❷ 指定位置插入双跑楼梯

图 6-4　创建双跑楼梯的操作步骤和结果

"双跑楼梯"对话框与"直线梯段"对话框中的选项有很多不同。"双跑楼梯"对话框中各选项的含义如下：

- 楼梯高度：指双跑楼梯的总高。
- 踏步总数：指双跑楼梯的踏步数。以踏步总数推算一跑步数与二跑步数，总数为奇数时先增加二跑步数。
- 梯间宽：该数据显示了楼梯间的整体宽度。可直接在文本框中输入数据，也可单击该按钮，在绘图区中指定两点确定宽度，"梯间宽"＝"梯段宽"×2+"井宽"。
- 梯段宽：一个直线梯段的宽度。可直接在文本框中输入数据，也可单击该按钮，在绘图区中指定两点确定宽度。
- 井宽：两个梯段的间距。
- 上楼位置：在创建双跑楼梯时设置是从左边还是从右边上楼。
- 休息平台：在上楼过程中为人们提供休息的场所。休息平台可以是矩形的，也可以是弧形的，用户可以根据实际情况设置休息平台的尺寸和大小。
- 踏步取齐：包括"齐平台""居中""齐楼板"和"自由"4 个选项，当所绘梯段踏步的总高度与楼层高度不相同时，用户可根据实际需要选择其中一个取齐方式。
- 层类型：在建筑平面图中，对不同的楼层，有不同的双跑楼梯图示表达方式，用户可以根据实际需要进行选择。
- 扶手高度：在该文本框中输入一个数值，即可设置扶手高度。一般情况下，双跑楼梯都需要添加扶手。
- 扶手宽度：在该文本框中输入一个数值，即可设置扶手的宽度。

- 扶手距边：在该文本框中输入一个数值，即可设置扶手距梯段边的距离。
- 有外侧扶手：通常情况下，双跑楼梯的外侧都是紧贴墙壁，不需要设置外侧扶手，但在公共场所，为防止有人在梯段上摔倒，需要设置外侧扶手。单击选中此复选框，即可设置外侧扶手，选中此复选框后，还可设置是否有外侧栏杆。
- 有内侧栏杆：选中此复选框，可在内侧扶手处生成内侧栏杆。
- 转角扶手伸出：用于设置在梯段中间转角扶手伸出的距离。
- 层间扶手伸出：用于设置在层与层之间转角扶手伸出的距离。
- 扶手连接：选中该复选框，可使在梯段中的扶手相互连接。
- 疏散半径：选择"疏散半径"选项，将激活"楼板侧""平台侧""双侧"三个选项。选择其中一项，即可按选中的方式指定楼梯的消防疏散半径。

2. 直行多跑楼梯

"多跑楼梯"命令可用于创建由梯段开始且以梯段结束、梯段和休息平台交替布置、各梯段方向自由变换的多跑楼梯。多跑楼梯一般用于在楼层空间较高并且较大的建筑中，直行多跑楼梯具有多个休息平台。单击"楼梯其他"→"多跑楼梯"菜单命令，在弹出的"多跑楼梯"对话框中设置楼梯的总高度、楼梯宽度、踏步数量、踏步宽度、踏步高度和扶手等，然后根据命令行提示，在绘图区中绘制多跑楼梯即可。创建直行多跑楼梯的操作步骤和结果如图 6-5 所示。

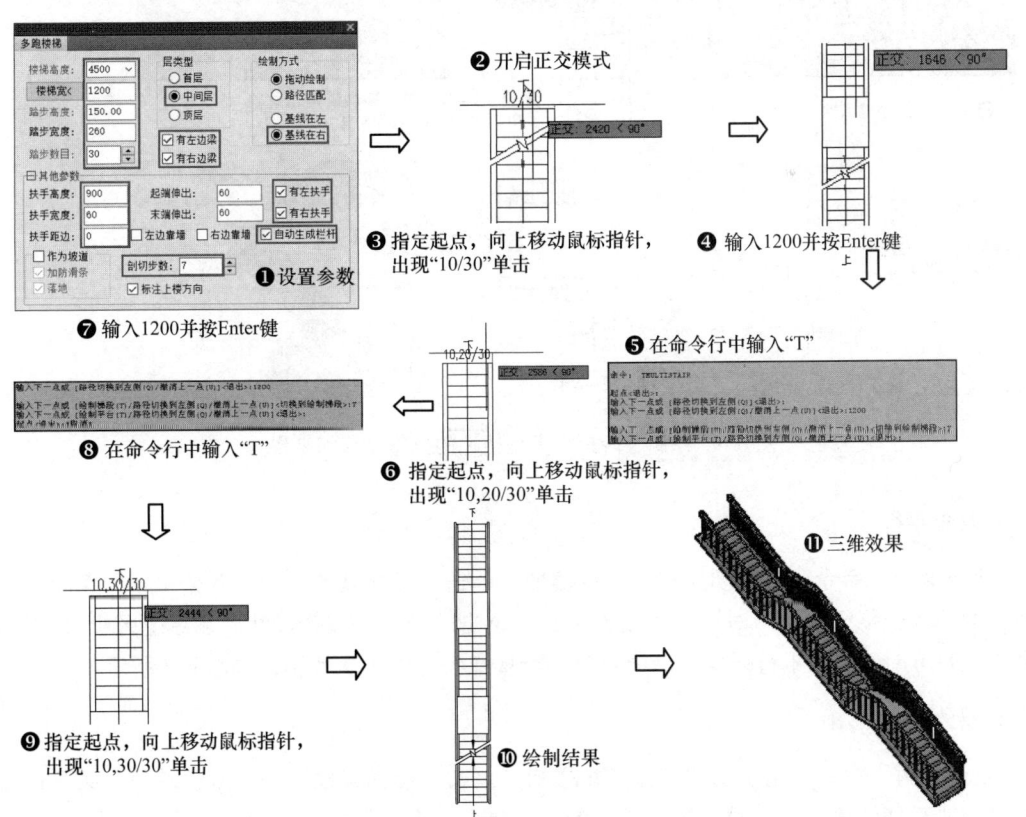

图 6-5　创建直行多跑楼梯的操作步骤和结果

3. 折行多跑楼梯

折行多跑楼梯同样具有多个休息平台，可在各个休息平台上改变梯段的方向。绘制折行多跑楼梯之前，可以先利用 AutoCAD 绘图工具栏中的直线命令绘制出折行楼梯的井宽，然后单击"楼梯其他"→"多跑楼梯"菜单命令，在弹出的"多跑楼梯"对话框中设置楼梯高度、楼梯宽、踏步数目、踏步宽度、踏步高度和扶手参数等，再根据命令行提示在绘图区中绘制多跑楼梯即可。

绘制一段折行多跑楼梯的操作步骤和结果如图 6-6 所示。

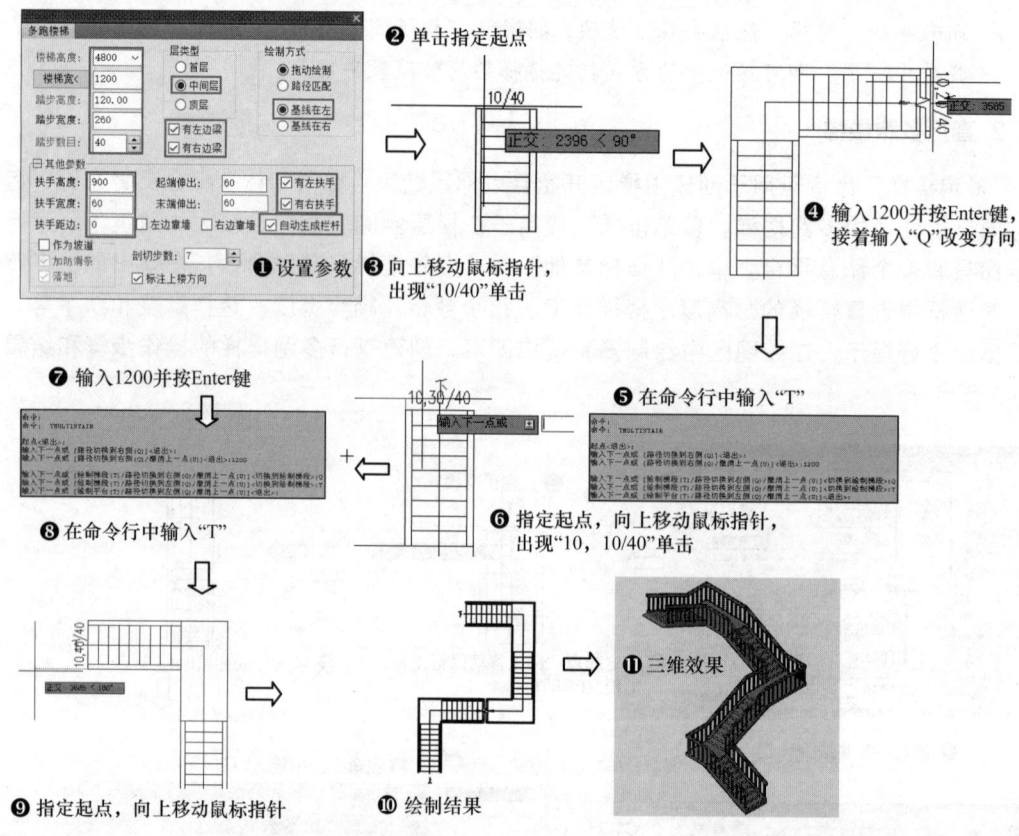

图 6-6 绘制一段折行多跑楼梯的操作步骤和结果

4. 双分平行

"双分平行"命令可用于创建双分平行楼梯。单击"楼梯其他"→"双分平行"菜单命令，在弹出的"双分平行楼梯"对话框中设置参数，单击"确定"按钮，然后在绘图区中指定位置上单击，即可创建双分平行楼梯。创建双分平行楼梯的操作步骤和结果如图 6-7 所示。

5. 双分转角

"双分转角"命令可用于创建双分转角楼梯。单击"楼梯其他"→"双分转角"菜单命令，在弹出的"双分转角楼梯"对话框中设置参数，单击"确定"按钮，然后在绘图区中指定位置上单击，即可创建双分转角楼梯。创建双分转角楼梯的操作步骤和结果如图 6-8 所示。

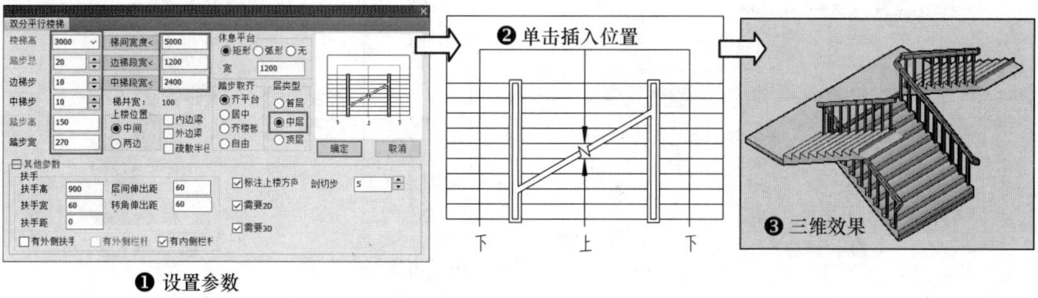

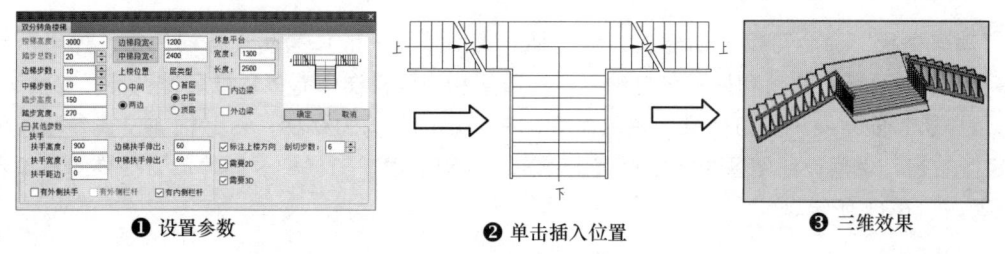

图 6-7　创建双分平行楼梯的操作步骤和结果

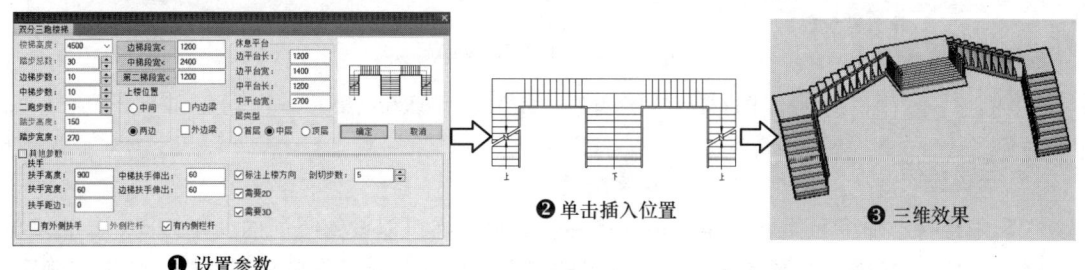

图 6-8　创建双分转角楼梯的操作步骤和结果

6. 双分三跑

"双分三跑"命令可用于创建双分三跑楼梯。单击"楼梯其他"→"双分三跑"菜单命令,在弹出的"双分三跑楼梯"对话框中设置参数,单击"确定"按钮,然后在绘图区中指定位置上单击,即可创建双分三跑楼梯。创建双分三跑楼梯的操作步骤和结果如图 6-9 所示。

图 6-9　创建双分三跑楼梯的操作步骤和结果

7. 交叉楼梯

"交叉楼梯"命令可用于创建交叉上下的楼梯。单击"楼梯其他"→"交叉楼梯"菜单命令,在弹出的"交叉楼梯"对话框中设置参数,单击"确定"按钮,然后在绘图区中指定位置上单击,即可创建交叉楼梯。创建交叉楼梯的操作步骤和结果如图 6-10 所示。

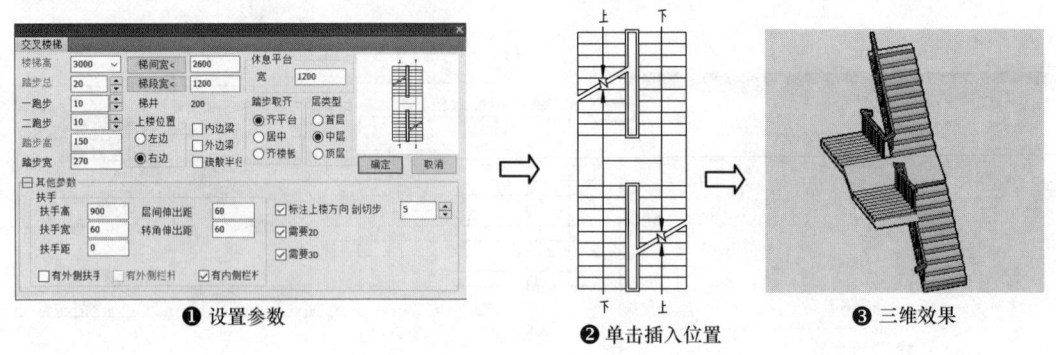

图 6-10 创建交叉楼梯的操作步骤和结果

8. 剪刀楼梯

"剪刀楼梯"命令可用于创建剪刀形楼梯。这类楼梯一般作为防火楼梯使用,梯段两跑之间需要设置防火墙,扶手和梯段各自独立,在首层和顶层楼梯中有多种梯段排列形式可供选择。单击"楼梯其他"→"剪刀楼梯"菜单命令,在弹出的"剪刀楼梯"对话框中设置参数,单击"确定"按钮,然后在绘图区中指定位置上单击,即可创建剪刀楼梯。创建剪刀楼梯的操作步骤和结果如图 6-11 所示。

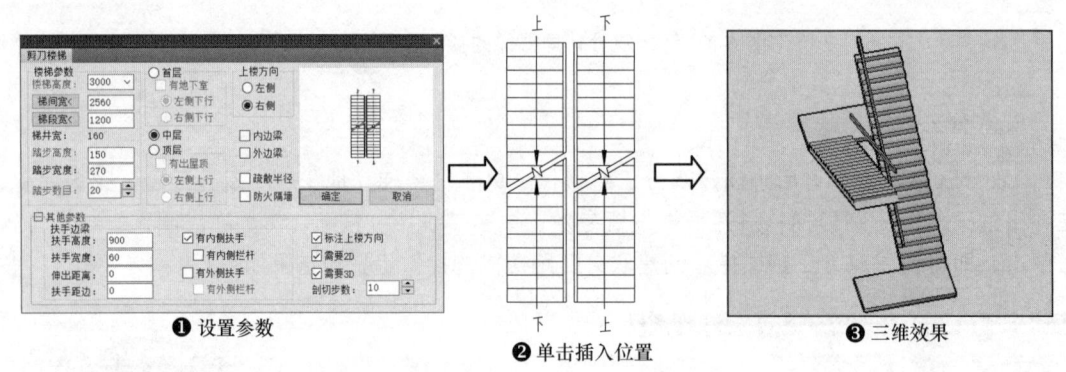

图 6-11 创建剪刀楼梯的操作步骤和结果

9. 三角楼梯

"三角楼梯"命令可用于创建三角形楼梯。三角楼梯可以设置不同的上楼方向。单击"楼梯其他"→"三角楼梯"菜单命令,在弹出的"三角楼梯"对话框中设置参数,单击"确定"按钮,然后在绘图区中指定位置上单击,即可创建三角楼梯。创建三角楼梯的操作步骤和结果如图 6-12 所示。

10. 矩形转角

"矩形转角"命令可用于绘制矩形转角楼梯,其中梯跑数量可以从两跑到四跑,可选择两种上楼方向。单击"楼梯其他"→"矩形转角"菜单命令,在弹出的"矩形转角楼梯"对话框中设置参数,单击"确定"按钮,然后在绘图区中指定位置上单击,即可创建矩形转角楼梯。创建矩形转角楼梯的操作步骤和结果如图 6-13 所示。

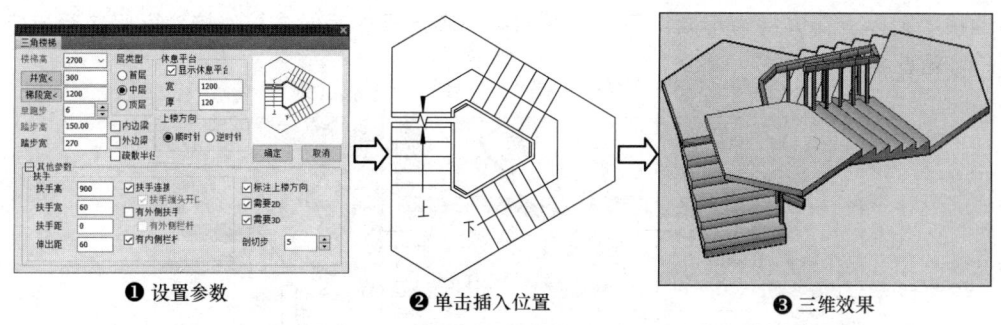

图 6-12 创建三角楼梯的操作步骤和结果

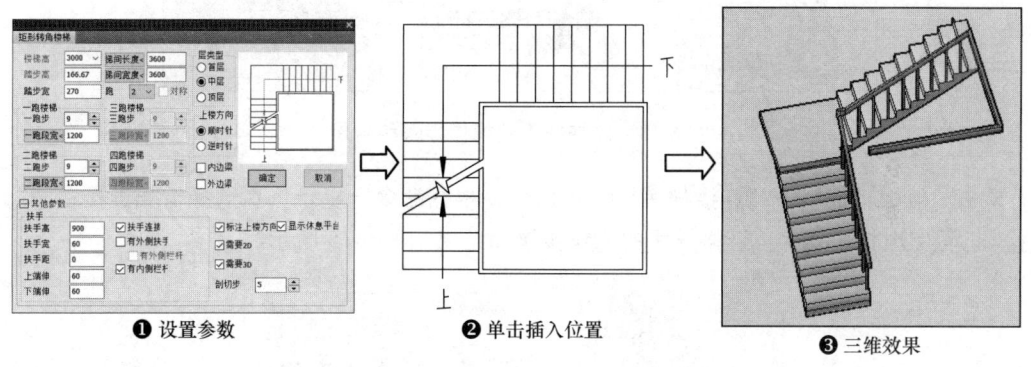

图 6-13 创建矩形转角楼梯的操作步骤和结果

6.1.3 添加扶手

大多数楼梯一般至少有一侧临空,为了保证使用安全,应在楼梯段临空的一侧设置栏杆或栏板,并在其上部设置扶手。扶手和栏杆作为与梯段配合的构件,与梯段和台阶是互相关联的。放置在梯段上的扶手可以遮挡梯段,也可以被梯段的剖切线剖断。通过"连接扶手"命令可以把不同分段的扶手连接起来。

1. 添加扶手

一般来说,利用"双跑楼梯"等命令创建楼梯时,在弹出的对话框中会有"有外侧扶手""有内侧扶手"和"自动生成栏杆"等选项,可以在创建楼梯时自动生成扶手和栏杆。但如果利用"直线梯段"命令、"圆弧梯段"命令和"任意梯段"命令生成的梯段不能自动添加扶手和栏杆,则需要用户手工来添加。

单击"楼梯其他"→"添加扶手"菜单命令,根据命令行提示,依次设置要添加扶手的各项参数,即可完成扶手的添加。添加扶手的操作步骤和结果如图 6-14 所示。

2. 连接扶手

"连接扶手"命令可把未连接的扶手彼此连接起来。如果准备连接的两段扶手的样式不同,则连接后的样式以第一段为准。对连接顺序的要求是前一段扶手的末端连接下一段扶手的始端,梯段的扶手则以上行方向为正向,需要从低到高顺序选择扶手的连接,接头之间应留出空隙,不能相接和重叠。

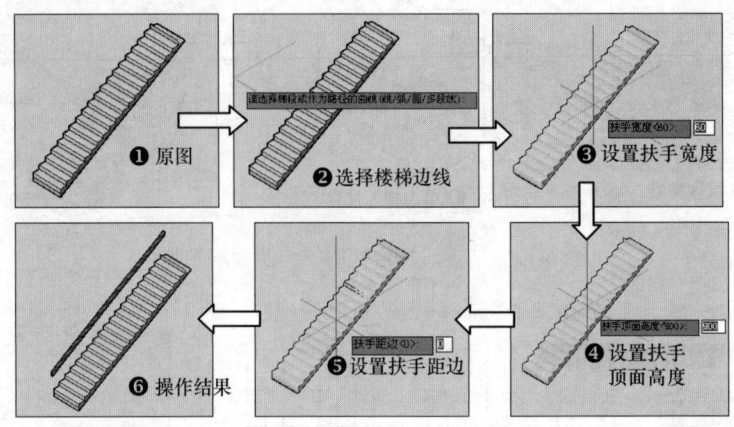

图 6-14　添加扶手的操作步骤和结果

单击"楼梯其他"→"连接扶手"菜单命令,根据命令行提示依次选择需要连接在一起的扶手,即可完成扶手连接。连接扶手的操作步骤和结果如图 6-15 所示。

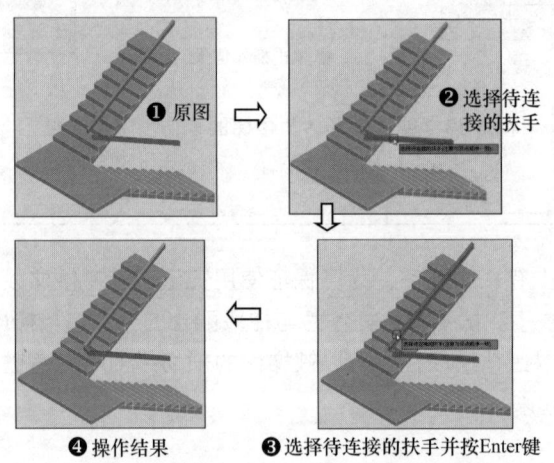

图 6-15　连接扶手的操作步骤和结果

6.1.4　电梯和自动扶梯

由于电梯可以为人们节省体力,因此电梯成为高层建筑的主要交通工具。T20 提供了快速创建电梯和扶梯的功能。

1. 创建电梯

"电梯"命令可用于创建电梯平面图形,包括轿厢、平衡块和电梯门。其中,轿厢和平衡块是二维线对象,电梯门是天正门窗对象。创建电梯的条件是每一个电梯周围都已经使用天正墙体创建了作为电梯井的封闭房间,如果要求电梯井贯通多个电梯,则需临时加虚墙分隔。电梯间一般为矩形，梯井道宽为开门侧墙长。

单击"楼梯其他"→"电梯"菜单命令，在弹出的"电梯参数"对话框中设置参数，然后按照命令行的提示操作即可创建电梯。创建电梯的操作步骤和结果如图 6-16 所示。

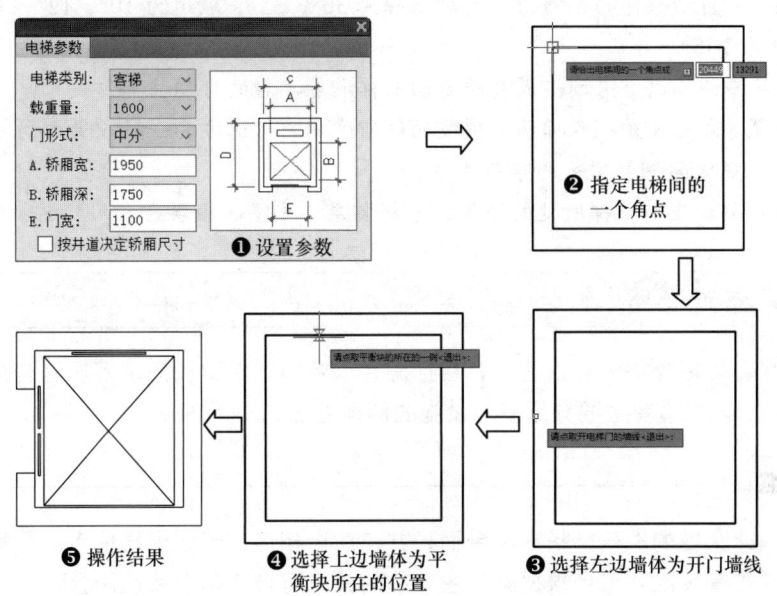

图 6-16　创建电梯的操作步骤和结果

2. 自动扶梯

自动扶梯是一种以运输带方式运送人或物品的运输工具。它一般是斜置的，自动行走的踏步可以将人或物品从扶梯的一端运送到另一端，途中踏步会一直保持水平。在扶梯两旁设有跟踏步同步移动的扶手，供乘客使用。自动扶梯可以一直向一个方向行走，也可以根据时间和人流等需要，由管理人员控制行走方向。

单击"楼梯其他"→"自动扶梯"菜单命令，在弹出的"自动扶梯"对话框中设置参数，单击"确定"按钮，然后在绘图区中指定插入位置，即可创建自动扶梯。创建自动扶梯的操作步骤和结果如图 6-17 所示。

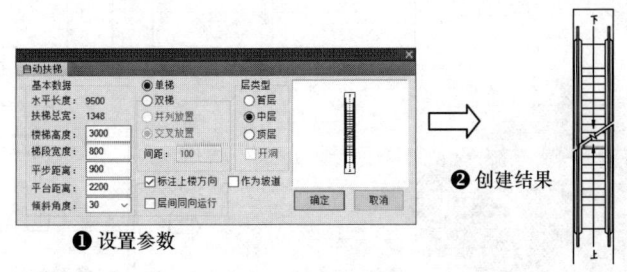

图 6-17　创建自动扶梯的操作步骤和结果

"自动扶梯"对话框中各主要选项的含义如下：

> 梯段宽度：扶梯梯阶的宽度。随厂家、型号不同而异。

- 平步距离：从自动扶梯工作点开始到踏步端线的距离。水平步道的平步距离为 0。
- 平台距离：从自动扶梯工作点开始到扶梯平台安装端线的距离。水平步道的平台距离需用户重新设置。
- 倾斜角度：自动扶梯的倾斜角。自动扶梯为 30°、35°，坡道为 10°、12°。当倾斜角度为 0° 时作为步道。
- 单梯/双梯：可以一次创建成对的自动扶梯或者单台的自动扶梯。
- 并列放置/交叉放置：双梯两个梯段的倾斜方向。可选方向一致或者方向相反。
- 间距：双梯之间相邻裙板的净距。
- 层类型：表示当前扶梯所处的位置，包括首层、中层和顶层。

6.2 创建室外设施

室外设施是指外墙外侧的建筑构件，包括阳台、台阶、坡道和散水等。这些构件都是建筑中的重要组成部分。本节将主要介绍室外设施的创建方法。

6.2.1 创建阳台

阳台是指有永久性的上盖、护栏和台面，并与房屋相连，可以供居住者进行室外活动和晾晒衣物等的房屋附带设施。阳台根据其与主墙体的关系可分凹阳台和凸阳台，凹阳台是指凹进楼层外墙或柱的阳台，凸阳台是指凸出楼层外墙或柱的阳台。阳台根据其空间位置又可分为底阳台和挑阳台。下面介绍各种阳台的创建方法。

1. 创建凹阳台

单击"楼梯其他"→"阳台"菜单命令，在弹出的"绘制阳台"对话框中单击"凹阳台"按钮，并设置参数，然后指定起点和终点，即可创建凹阳台。创建凹阳台的操作步骤和结果如图 6-18 所示。

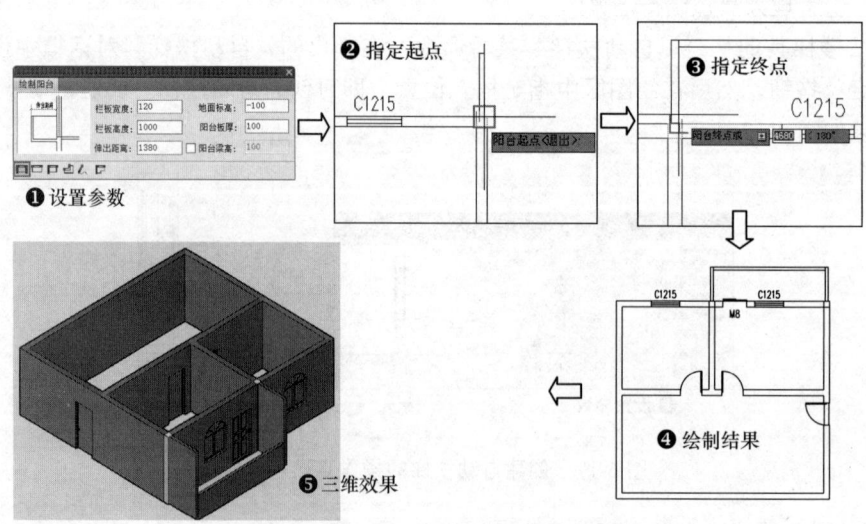

图 6-18 创建凹阳台的操作步骤和结果

2. 矩形三面阳台

矩形三面阳台是凸阳台中的一种，其中一边靠墙，另三边架空。在"绘制阳台"对话框中单击"矩形三面阳台"按钮，并设置各项参数，然后指定阳台的起点和终点即可创建矩形三面阳台。创建矩形三面阳台的操作步骤和结果如图 6-19 所示。

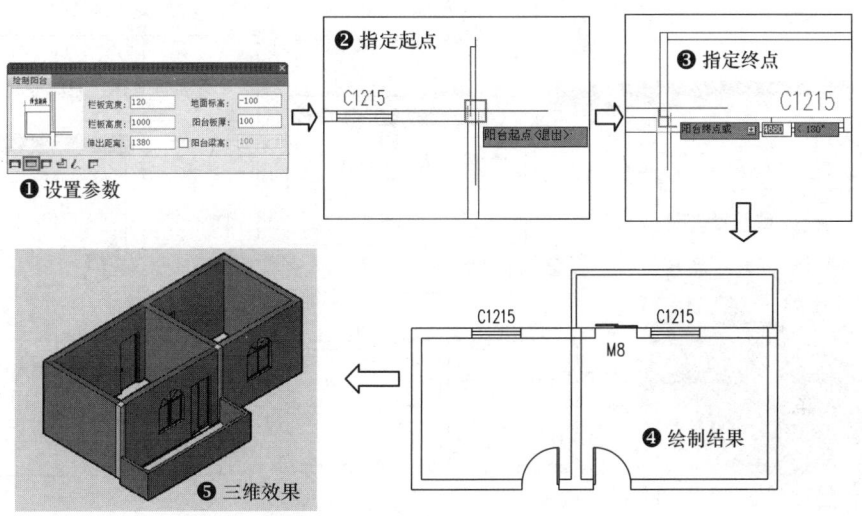

图 6-19　创建矩形三面阳台的操作步骤和结果

3. 阴角阳台

阴角阳台是指有两个阳台挡板，另外两边靠墙的阳台。在"绘制阳台"对话框中单击"阴角阳台"按钮，并设置各项参数，然后指定阳台的起点和终点即可创建阴角阳台。创建阴角阳台的操作步骤和结果如图 6-20 所示。

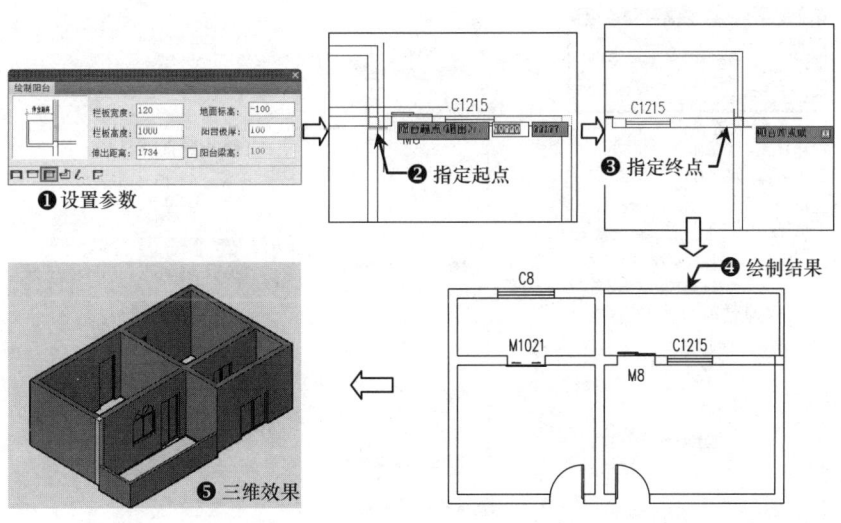

图 6-20　创建阴角阳台的操作步骤和结果

4. 沿墙偏移绘制

沿墙偏移绘制的阳台是指根据所选墙体的轮廓，偏移生成的阳台。在"绘制阳台"对话框中单击"沿墙偏移绘制"按钮，并设置阳台的各项参数，在绘图区中依次指定阳台偏移墙线的起点和终点，然后选择相邻接的墙、柱和门窗，即可创建沿墙偏移绘制的阳台。创建沿墙偏移绘制阳台的操作步骤和结果如图 6-21 所示。

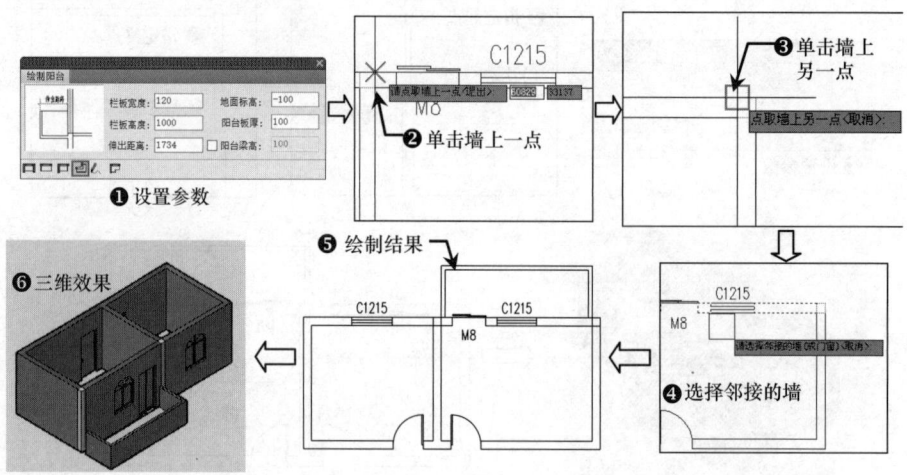

图 6-21　创建沿墙偏移绘制阳台的操作步骤和结果

5. 任意绘制

"任意绘制"功能可根据 PLINE 功能绘制出阳台的外轮廓线，并选择相邻接的墙、柱和门窗等，生成向内偏移的阳台。在"绘制阳台"对话框中单击"任意绘制"按钮，设置阳台参数，并根据命令行提示绘制出直线或弧线的阳台外轮廓线，然后选择相邻的墙、柱和门窗，按 Enter 键，即可创建任意绘制的阳台。创建任意绘制阳台的操作步骤和结果如图 6-22 所示。

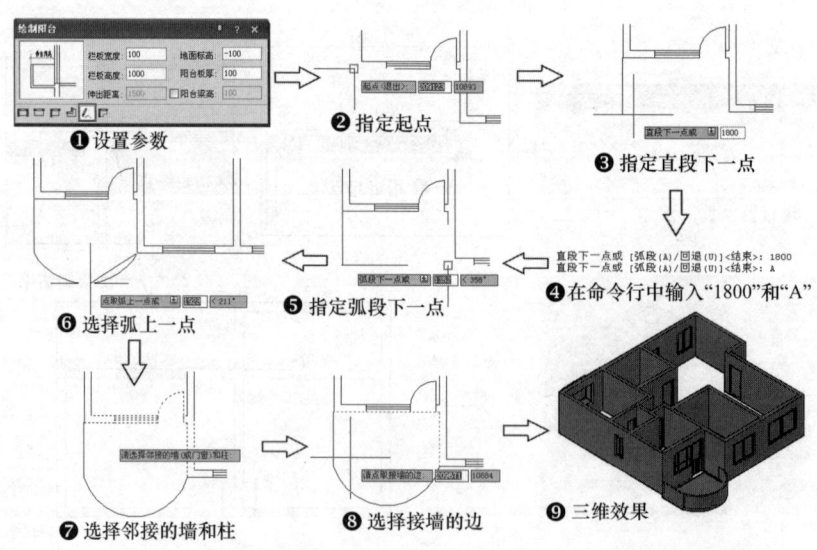

图 6-22　创建任意绘制阳台的操作步骤和结果

6. 选择已有路径生成

"选择已有路径生成"功能可通过选择已绘制好的直线、圆弧或多段线作为阳台的外轮廓线,并选择相邻接的墙和接墙的边,按照已有路径生成阳台。在"绘制阳台"对话框中单击"选择已有路径生成"按钮,设置阳台参数,然后根据命令行提示操作即可按已有路径生成阳台。创建选择已有路径生成阳台的操作步骤和结果如图 6-23 所示。

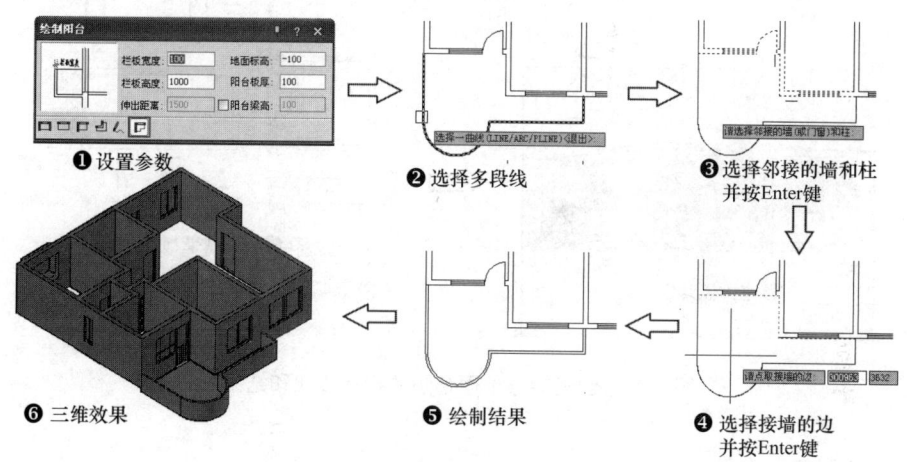

图 6-23　创建选择已有路径生成阳台的操作步骤和结果

6.2.2　创建台阶

当建筑物室内外地坪存在高差时,如果这个差值较大,就需在建筑入口处设置台阶来作为建筑物室内外的过渡。台阶是为了方便人们进出房屋,所以台阶踏步数不宜过多。可以利用"台阶"命令设置预定样式来绘制台阶,还可以根据已有轮廓线生成台阶。

通常情况下,台阶顶面平面的宽度应大于所连通门洞宽度的尺寸,最好是每边宽出 500mm。由于室外台阶常受雨水和风雪的影响,为了确保用户使用安全,需将台阶的坡度减小,并且台阶的单踏步宽度不应小于 300mm,高度不应大于 150mm。为了更精确地绘制台阶,可以先单击 AutoCAD 绘制工具栏中的 PLINE(多段线)按钮,绘制出台阶造型的轮廓线,然后再执行"台阶"命令生成台阶。

台阶根据基面的高低关系,可分为普通台阶(台阶顶面面积小,底面面积大)和下沉式台阶(台阶顶面面积大,底面面积小)。在绘制台阶时,要求用户选择基面。在"台阶"对话框中,默认选中的是"基面为平台面"选项,即在创建台阶时所指定的大小是台阶顶面的大小,而底面大小等于顶面大小加踏步宽度乘以数目。用户也可根据需要选择基面为外轮廓面,此时指定的台阶尺寸是台阶的外轮廓。

1. 创建矩形单面台阶

单击"楼梯其他"→"台阶"菜单命令,在弹出的"台阶"对话框中单击"矩形单面台阶"按钮,并指定台阶的各项参数,然后根据命令行提示依次指定台阶的第一点和第二点(可以重复执行命令,按 Enter 键退出命令),即可创建矩形单面台阶。创建矩形单面台阶的操作步骤和结果如图 6-24 所示。

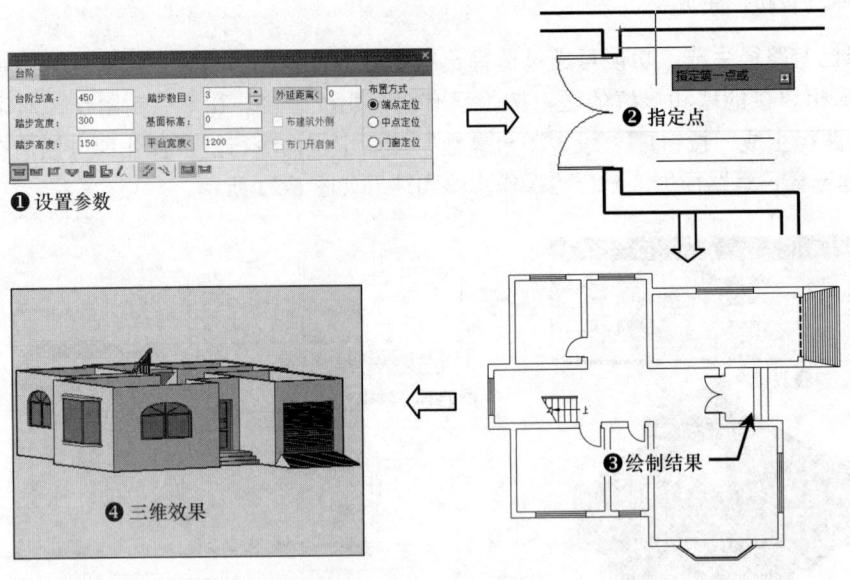

图 6-24 创建矩形单面台阶的操作步骤和结果

2. 创建矩形三面台阶

在"台阶"对话框中单击"矩形三面台阶"按钮，并设置台阶参数，然后根据命令行提示依次指定台阶的第一点和第二点，即可创建矩形三面台阶。创建矩形三面台阶的操作步骤和结果如图 6-25 所示。

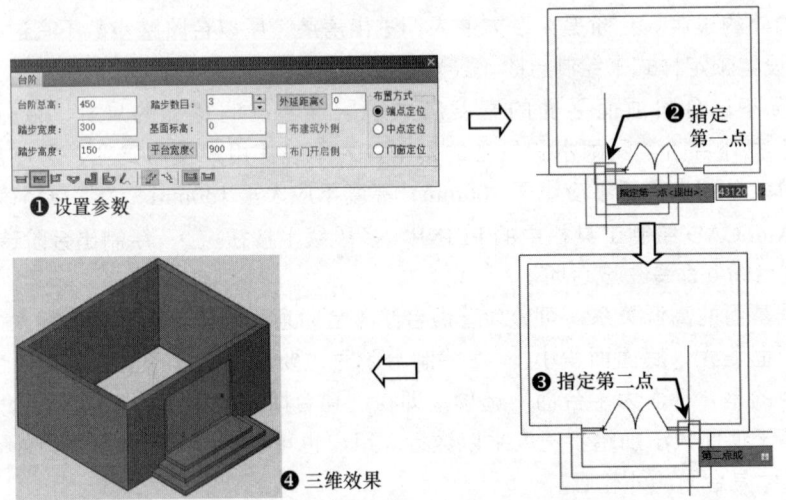

图 6-25 创建矩形三面台阶的操作步骤和结果

3. 创建矩形阴角台阶

在"台阶"对话框中单击"矩形阴角台阶"按钮，并设置台阶参数，然后根据命令行提示操作，即可创建矩形阴角台阶。创建矩形阴角台阶的操作步骤和结果如图 6-26 所示。

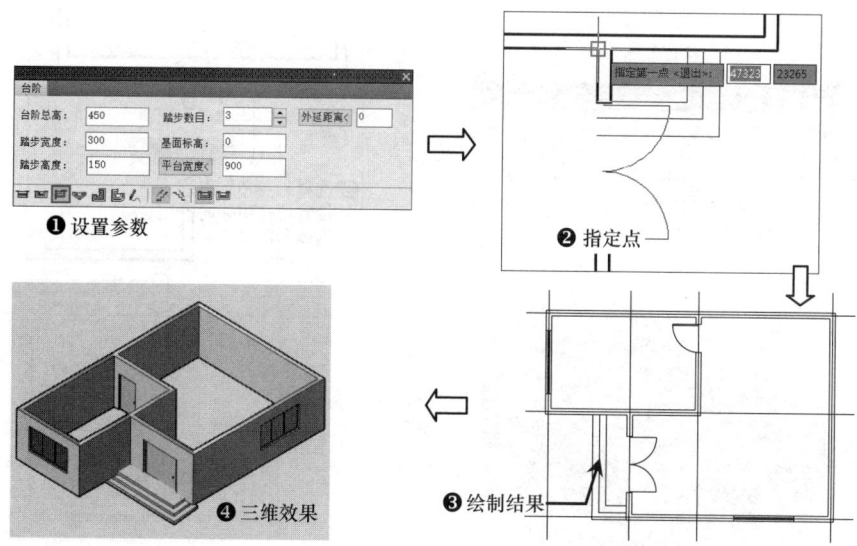

图 6-26　创建矩形阴角台阶的操作步骤和结果

4. 创建圆弧台阶

在"台阶"对话框中单击"圆弧台阶"按钮 和"基面为外轮廓面"按钮 ，并设置台阶参数，然后根据命令行提示指定圆弧的起点和终点，即可创建圆弧台阶。创建圆弧台阶的操作步骤和结果如图 6-27 所示。

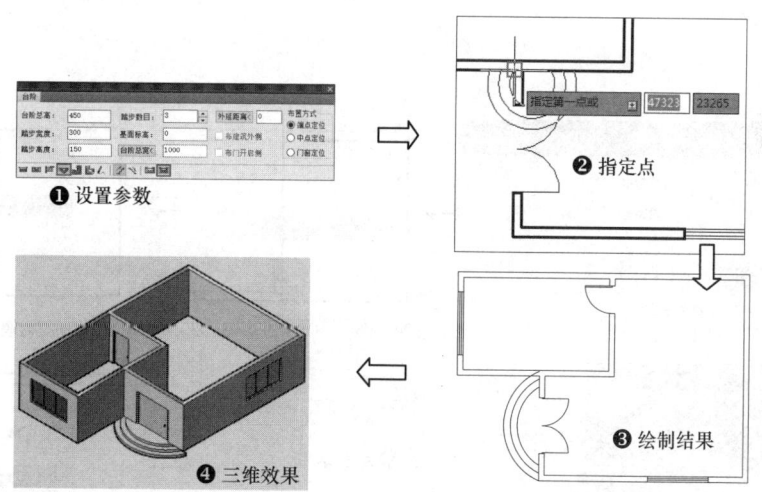

图 6-27　创建圆弧台阶的操作步骤和结果

5. 沿墙偏移绘制台阶

在"台阶"对话框中单击"沿墙偏移绘制"按钮 ，设置台阶参数，根据命令行提示指定台阶的起点和终点，然后选择邻接的墙体和门窗，即可沿墙偏移绘制出台阶。沿墙偏移绘制台阶的操作步骤和结果如图 6-28 所示。

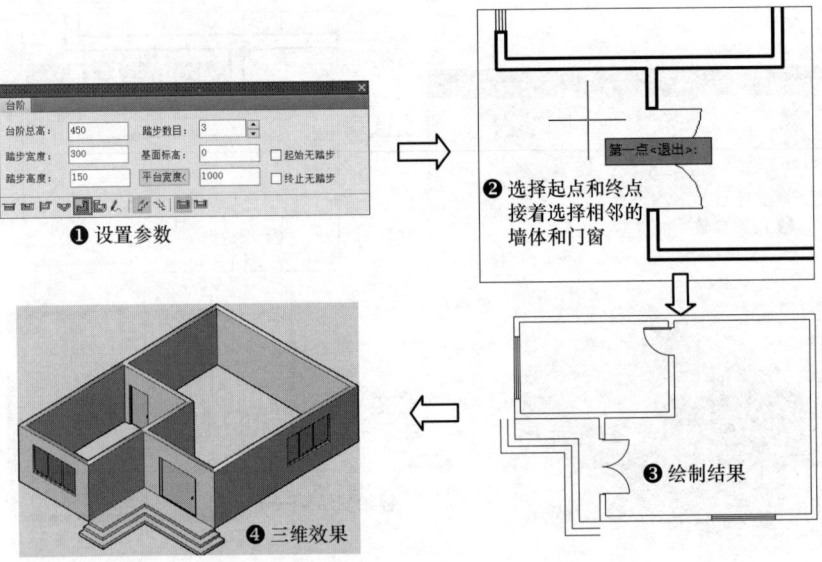

图 6-28　沿墙偏移绘制台阶的操作步骤和结果

6. 选择已有路径绘制

在"台阶"对话框中单击"选择已有路径绘制"按钮，设置台阶参数，根据命令行提示选择闭合的多段线作为平台轮廓线，然后选择邻接的墙体和门窗后按 Enter 键，接着单击没有踏步的边后按 Enter 键，即可按已有路径绘制出台阶。选择已有路径绘制台阶的操作步骤和结果如图 6-29 所示。

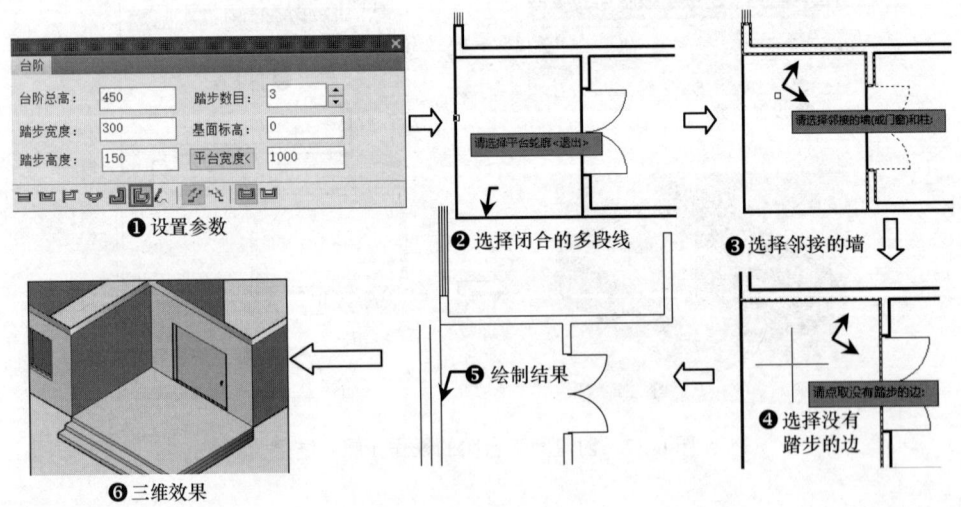

图 6-29　选择已有路径绘制台阶的操作步骤和结果

7. 任意绘制

在"台阶"对话框中单击"任意绘制"按钮，设置台阶参数，根据命令行提示依次指定平台轮廓线的各个转角点后按 Enter 键，然后选择邻接的墙体和门窗，单击选择没有踏步的边并按 Enter 键，即可完成任意绘制的台阶。任意绘制台阶的操作步骤和结果如图 6-30 所示。

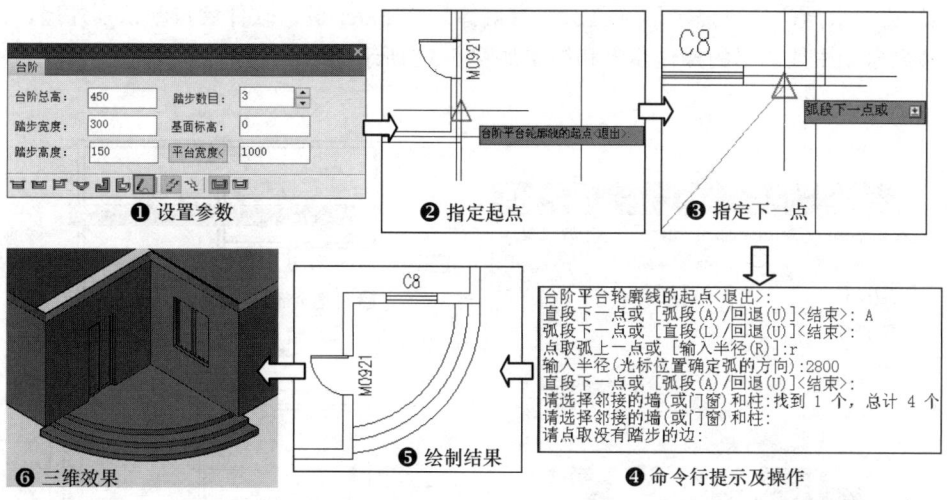

图 6-30　任意绘制台阶的操作步骤和结果

6.2.3　创建坡道

坡道按其用途可分为车行坡道和轮椅坡道，坡道的用途是为车辆和轮椅的通行提供便利。利用"坡道"命令可以创建单跑坡道（多跑、曲边和圆弧坡道由相应"绘制楼梯"命令中的"作为坡道"选项创建）。

单击"楼梯其他"→"坡道"菜单命令，在弹出的"坡道"对话框中设置坡道的参数，然后在绘图区中指定位置单击即可完成坡道的创建。创建坡道的操作步骤和结果如图 6-31 所示。

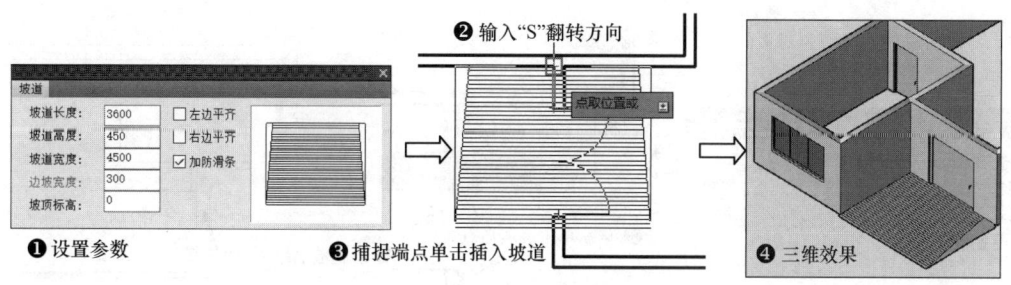

图 6-31　创建坡道的操作步骤和结果

6.2.4　创建散水

散水是指在房屋外墙的外侧用不透水材料建造的具有一定宽度且向外倾斜的保护带。散水的坡度一般为 3%～5%，宽度一般为 0.6～1.0m，其目的是迅速将地表水排除，以避免勒脚和下部砌体受潮。散水包括砖铺、现浇细石混凝土和混凝土散水等几种。

1. 搜索自动生成

单击"楼梯其他"→"散水"菜单命令，在弹出的"散水"对话框中单击"搜索自动生成"按钮，根据命令行提示框选整层所有墙体后按 Enter 键，软件会自动识别外墙，创建出散水。搜索自动生成散水的操作步骤和结果如图 6-32 所示。

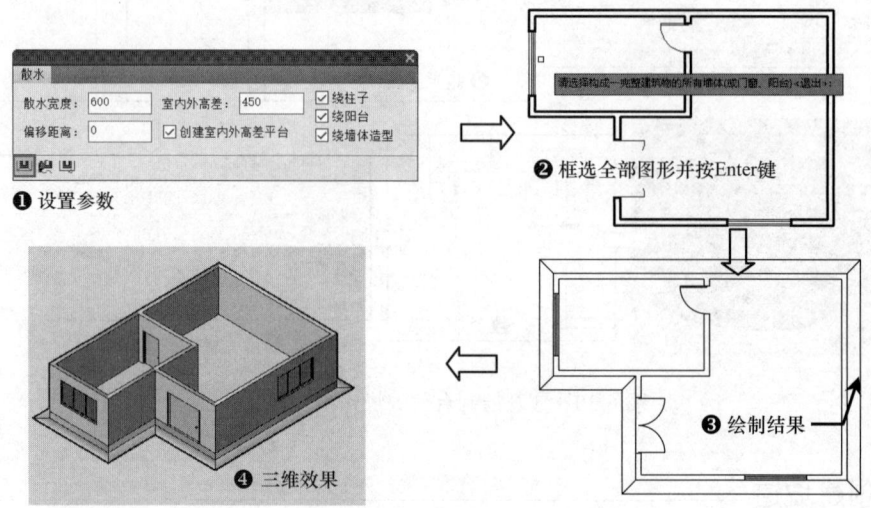

图 6-32　搜索自动生成散水的操作步骤和结果

2. 任意绘制

在"散水"对话框中单击"任意绘制"按钮，设置散水参数，根据命令行提示依次指定外墙轮廓线的各个转角点后按 Enter 键，即可完成任意绘制的散水。任意绘制散水的操作步骤和结果如图 6-33 所示。

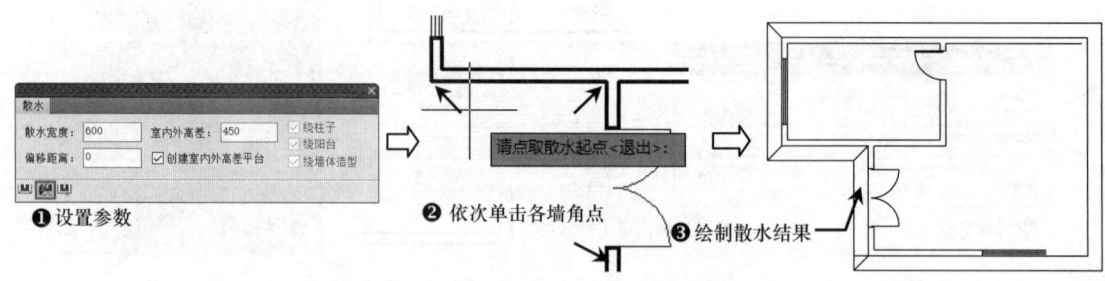

图 6-33　任意绘制散水的操作步骤和结果

3. 选择已有路径绘制

在"散水"对话框中单击"选择已有路径绘制"按钮，设置散水参数，根据命令行提示单击选择闭合的多段线作为散水路径，即可按已有路径绘制出散水。选择已有路径绘制散水的操作步骤和结果如图 6-34 所示。

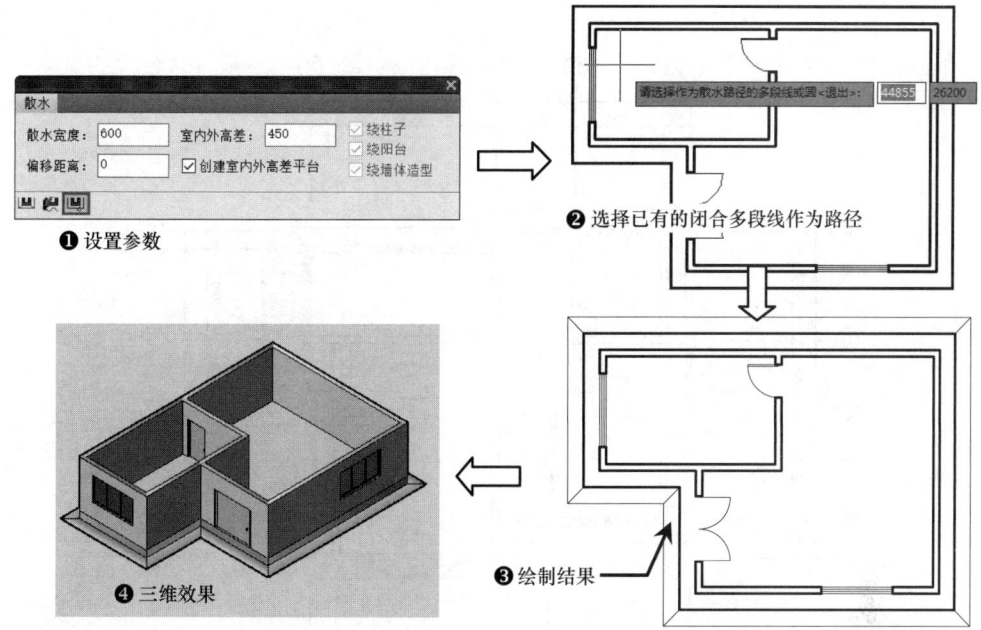

图 6-34　选择已有路径绘制散水的操作步骤和结果

6.3 实战演练——创建某别墅的室内外设施

本节将以创建某别墅的楼梯、台阶、坡道和散水为例讲解绘制室内外设施的方法。绘制完成的某别墅室内外设施如图 6-35 所示。	视频文件：视频 \ 第 06 章 \6.3.mp4
	播放时长：5min53s

操作步骤如下：

[01]　创建楼梯。打开本书配套资源中的素材文件"06 章 \6.3 别墅平面图原文件 .dwg"。单击"楼梯其他"→"双跑楼梯"菜单命令，在弹出的"双跑楼梯"对话框中设置参数，然后在平面图中指定插入位置，即可完成别墅楼梯的创建。创建楼梯的操作步骤和结果如图 6-36 所示。

[02]　创建台阶。单击"楼梯其他"→"台阶"菜单命令，在弹出的"台阶"对话框中设置参数，并在平面图中指定两点确定台阶的位置，即可完成台阶的创建。创建台阶的操作步骤和结果如图 6-37 所示。

[03]　创建坡道。单击"楼梯其他"→"坡道"菜单命令，在弹出的"坡道"对话框中设置坡道参数，接着在命令行中输入"A"将插入的坡道逆时针旋转 90°，再输入"T"，在平面图中指定插入基点，然后单击指定坡道插入位置，即可完成坡道的创建。创建坡道的操作步骤和结果如图 6-38 所示。

[04]　创建散水。单击"楼梯其他"→"散水"菜单命令，在弹出的"散水"对话框中设置参数，再根据命令行提示框选整层别墅首层平面图，然后按 Enter 键，即可完成散水的创建。创建散水的操作步骤和结果如图 6-39 所示。

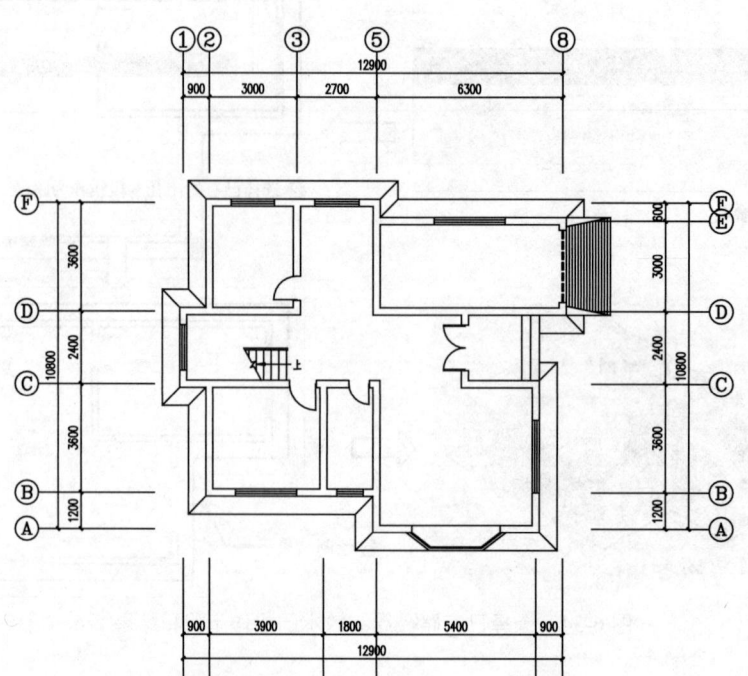

图 6-35 绘制完成的某别墅室内外设施

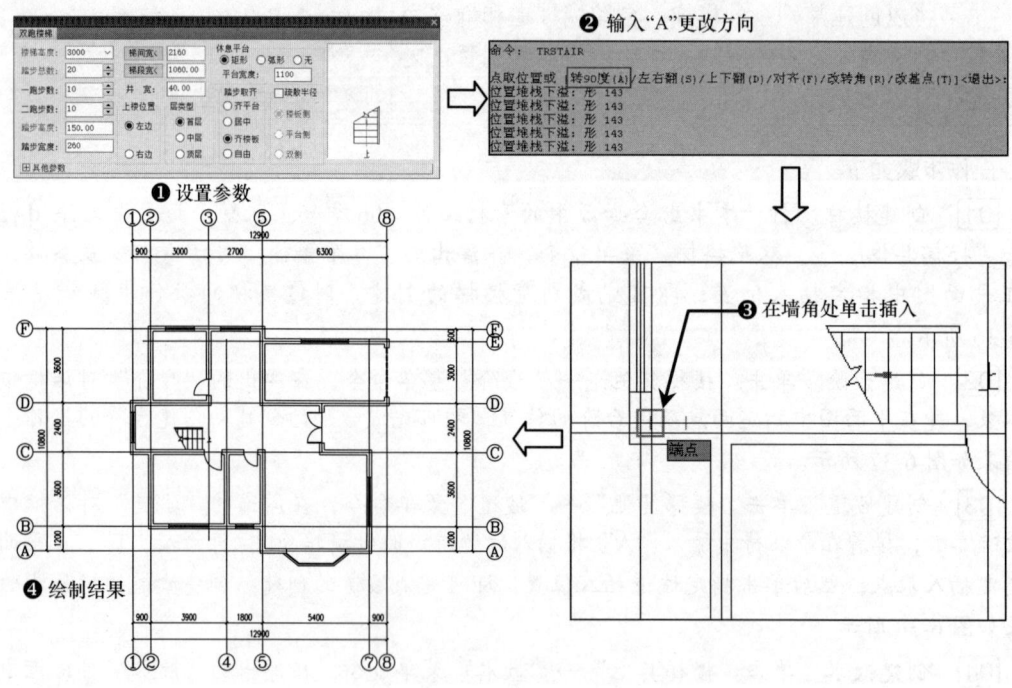

图 6-36 创建楼梯的操作步骤和结果

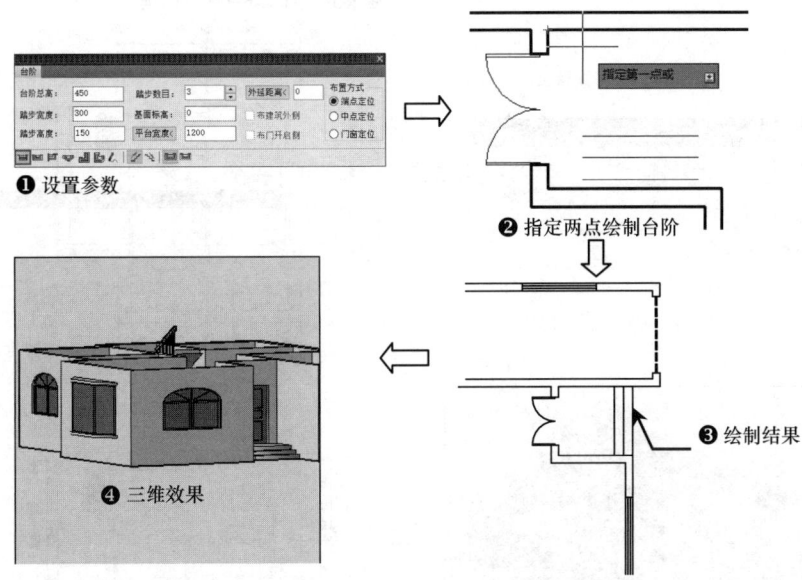

图 6-37 创建台阶的操作步骤和结果

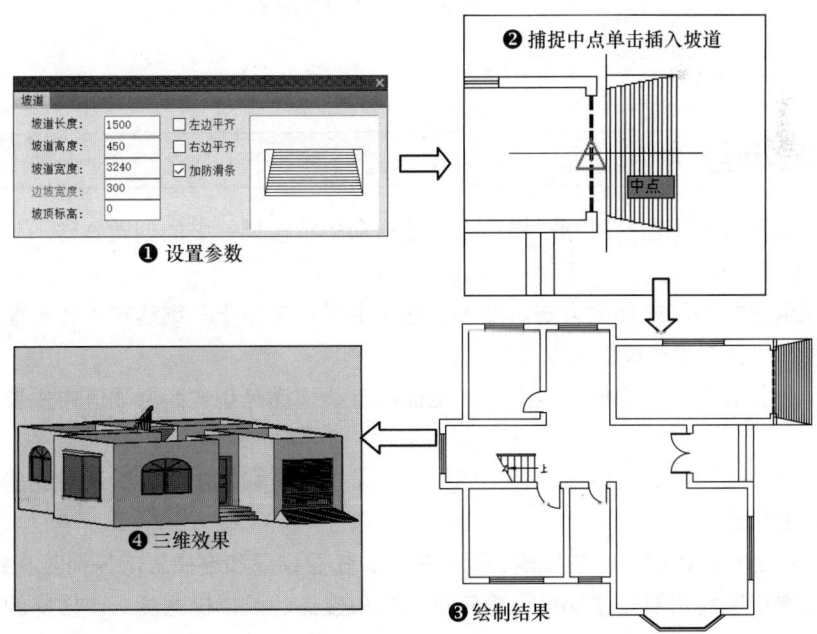

图 6-38 创建坡道的操作步骤和结果

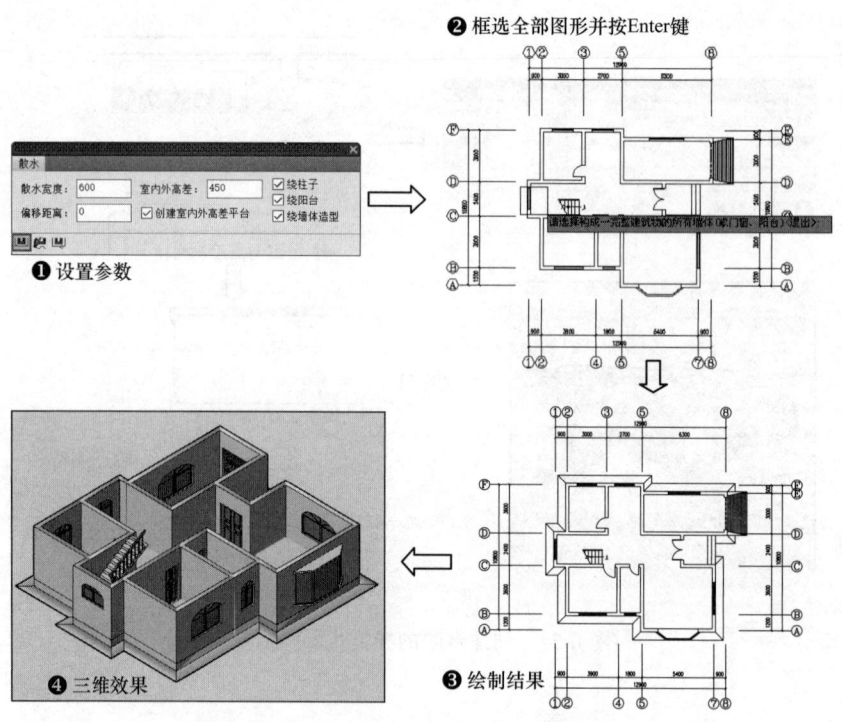

图 6-39　创建散水的操作步骤和结果

6.4　本章小结

1．介绍了各种楼梯（包括单跑楼梯、双跑楼梯和多跑楼梯等）的创建方法。其中最常见的是双跑楼梯的绘制。

2．介绍了创建扶手和栏杆的方法。在天正建筑中栏杆专用于三维建模，在平面图中仅需绘制扶手。扶手和栏杆都是楼梯的附属构件。

3．介绍了电梯和自动扶梯的创建方法。电梯和自动扶梯是现代高层建筑中主要的垂直交通设施。

4．介绍了室外设施的创建方法，包括阳台、台阶、坡道和散水，同时还对这些构件的编辑方法进行了详细介绍。

5．本章重点是双跑楼梯（直线梯段、圆弧梯段、任意梯段和电梯生成等相对容易），应熟练掌握，特别是要能够利用双跑楼梯夹点编辑进行移动楼梯、改楼梯宽度、改楼梯间宽度和改休息平台尺寸等操作。

6．本章最终通过实例对所学内容进行了一次巩固练习。该实例可以让读者更好地掌握绘制室内外设施的方法。

6.5 思考与练习

一、填空题

1. 折行多跑楼梯可由_____命令来创建扶手，然后由_____命令连接扶手。
2. 选中"双跑楼梯"对话框中的_____复选框可将楼梯转换为坡道。
3. 建筑物室外设施包括_____、_____、_____和_____等。
4. 通过"绘制阳台"对话框可绘制的阳台样式包括_____、_____、_____、_____、_____和选择已有路径生成的阳台。

二、问答题

1. 在"直线梯段"对话框中，"起始高度"选项的作用是什么？
2. 绘制台阶有几种方式？
3. "电梯参数"对话框中的"电梯类别"分别是什么？
4. 在"双跑楼梯"对话框中"踏步取齐"选项组的含义是什么？

三、操作题

1. 根据本章学到的知识，上机进行练习。
2. 多留意周边的建筑，尤其是多观察分析建筑的楼梯和室内外设施，进行对比，并发表自己的看法。
3. 收集各房地产公司的房屋建筑图宣传资料，制作相应的楼梯及室内外设施。对收集到的建筑图进行研究、分析和对比，提出自己的看法，试改变其楼梯及室内外设施的设计。
4. 参加有关专题讲座，相互交流有关建筑资料，开展讨论并充分发表个人意见。
5. 制作如图 6-40 所示的办公楼首层平面图（可对该图进行必要的修改）。

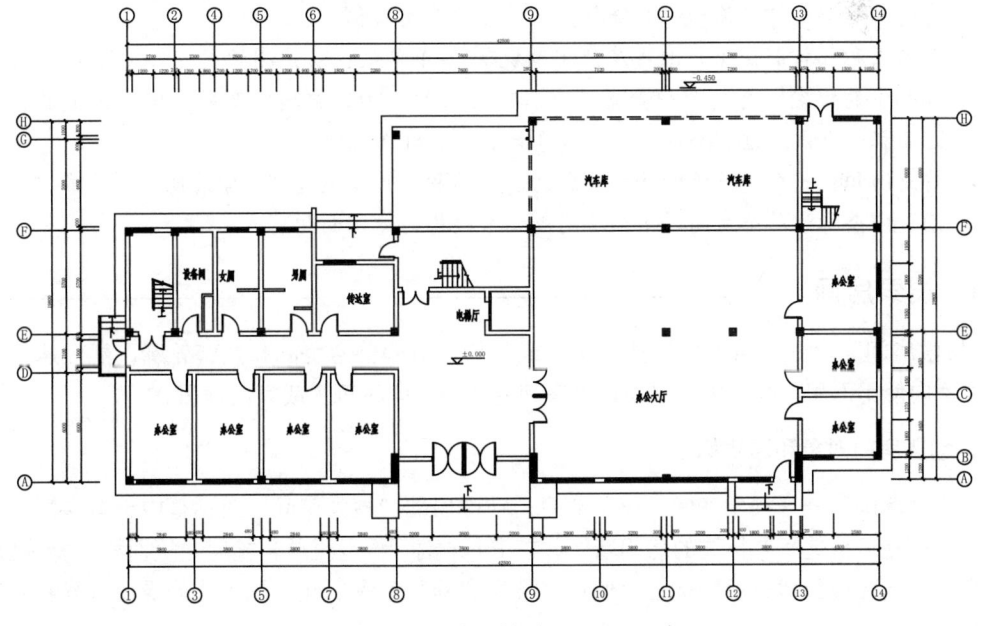

图 6-40 办公楼首层平面图

第 7 章 房间和屋顶

● **本章导读**

在建筑平面图中的墙体、门窗和各种室内外设施创建完成后，就可以将其面积计算出来，同时还可以在建筑平面图内布置各种设施，以及根据已有建筑平面图创建其屋顶。本章将主要介绍房间面积的查询、房间的布置和屋顶的创建。

● **本章重点**

- ◈ 房间查询
- ◈ 创建屋顶
- ◈ 实战演练——绘制屋顶平面图
- ◈ 思考与练习
- ◈ 房间布置
- ◈ 实战演练——绘制公共卫生间平面图
- ◈ 本章小结

7.1 房间查询

建筑各封闭区域（由墙体、门窗和柱子围合而成）的面积计算和标注是建筑设计中的一个重要内容。对房间对象可以添加房间标识并可以选择和编辑。房间名称和编号是房间对象的标识，主要用于描述房间的功能和区别。

利用 T20 可以为以下建筑区域查询并标注面积：

> 房间面积：室内净面积，即使用面积（阳台按栏杆内侧全面积标注）。可以通过"搜索房间"命令或"查询面积"命令查询并标注房间面积。

> 套内面积：按照国家标准《房产测量规范 第 1 单元：房产测量规定》（GB/T 17986.1—2000）的规定，套内面积是由多个房间组成的、由分户墙以及外墙中线围成的住宅单元面积。可以通过"套内面积"命令计算并标注套内面积。

> 建筑面积：整个建筑物外墙皮构成的区域面积。可以通过"搜索房间"命令或"查询房间"命令标注单个房间、多个房间或某个楼梯的建筑面积。

7.1.1 搜索房间

"搜索房间"命令可用来批量搜索建立或更新已有的普通房间和建筑轮廓，建立房间信息并标注室内使用面积，标注位置自动置于房间的中心，同时可生成室内地面。

1. 创建房间对象和面积标注

单击"房间"→"搜索房间"菜单命令，在弹出的"搜索房间"对话框中设置参数，然后根据命令行提示框选所要标注的房间墙体并按 Enter 键，再通过单击指定建筑面积的标注位置，即可完成所选区域的建筑面积标注。使用"搜索房间"命令创建面积标注的操作步骤和结果如图 7-1 所示。

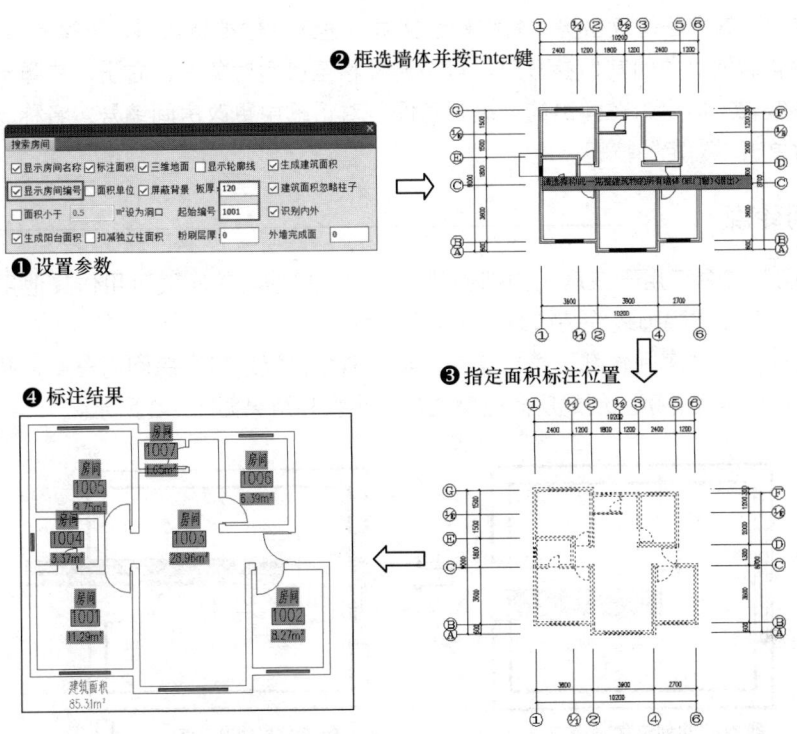

图 7-1 使用"搜索房间"命令创建面积标注的操作步骤和结果

"搜索房间"对话框中各选项的含义如下:

- 显示房间名称/显示房间编号:选择该选项,可生成房间名称和房间编号的标识。
- 面积小于_____m^2设为洞口:选择该选项,可自定义面积参数,将符合条件的区域设置为洞口。
- 生成阳台面积:选择该选项,将计算阳台面积。
- 扣减独立柱面积:选择该选项,在计算面积时扣除独立柱的面积。
- 标注面积:选择该选项,将标注房间的使用面积。
- 面积单位:选择该选项,将标注面积单位。默认以平方米(m^2)单位标注。
- 三维地面:选择该选项,将沿着房间对象边界生成三维地面。
- 屏蔽背景:选择该选项,可为生成的房间信息添加底纹。
- 板厚:可在生成三维地面时指定地面的厚度。
- 起始编号:设置房间编号的起始值。
- 粉刷层厚:设置房屋内部的粉刷层厚度。
- 生成建筑面积:在搜索生成房间面积的同时计算建筑面积。
- 建筑面积忽略柱子:根据建筑面积测量规范,建筑面积忽略凸出墙面的柱子与墙垛。
- 识别内外:选择该选项,可同时进行内外墙识别(用于建筑节能)。
- 外墙完成面:设置外墙完成装饰工作后的厚度。

2. 编辑房间对象

利用"搜索房间"命令可生成房间对象,并显示房间面积的文字,但还需根据实际情况编辑房间标识文本，其方法是双击房间名称标识文本，进入在位编辑状态，再输入新的标识文本。当用户需要编辑房间对象的其他参数时，可将光标移至房间对象上，右击，在弹出的快捷菜单中选择"对象编辑"命令，在弹出的"编辑房间"对话框中更改房间编号、名称、高度和地板参数等，然后单击"确定"按钮。

7.1.2 房间轮廓

"房间轮廓"命令可用于在房间内部创建封闭的多段线。轮廓线可用作其他用途，如转换为地面或用来作为生成踢脚线等装饰线脚的边界。

单击"房间"→"房间轮廓"菜单命令，根据命令行提示指定房间内一点，并确定生成房间轮廓，即可创建房间轮廓。创建房间轮廓的操作步骤和结果如图 7-2 所示。

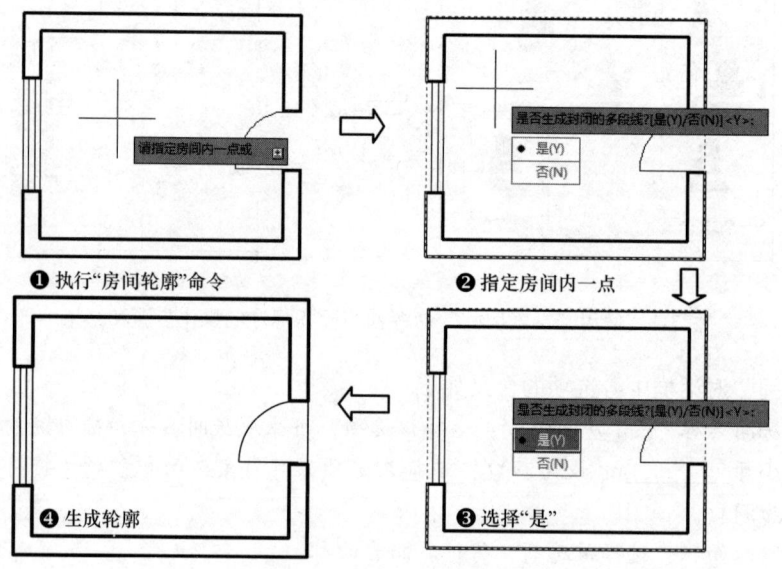

图 7-2　创建房间轮廓的操作步骤和结果

7.1.3 字转房间

"字转房间"命令可以将房间内文字转换成天正房间对象。

单击"房间"→"字转房间"菜单命令，在弹出的"字转房间"对话框中选择选项，然后在绘图区中选择构成完整建筑物的所有墙、柱和文字对象，按 Enter 键即可完成转换操作。字转房间的操作步骤和结果如图 7-3 所示。

7.1.4 查询面积

"查询面积"命令可用于创建由天正墙体组成的房间面积、阳台面积以及闭合多段线围合区域的面积，并可将创建的面积对象标注在图上。使用该命令查询获得的建筑平面面积不包括墙垛和柱子凸出部分。

单击"房间"→"查询面积"菜单命令，在弹出的"查询面积"对话框中设置参数，并在该对话框的底部选择相应的查询类型（如房间面积查询、阳台面积查询、封闭曲线面积查询和绘制任意多边形面积查询等），然后根据命令行提示进行相应的操作，即可完成各种面积查询。接下来分别介绍各种面积查询的方法。

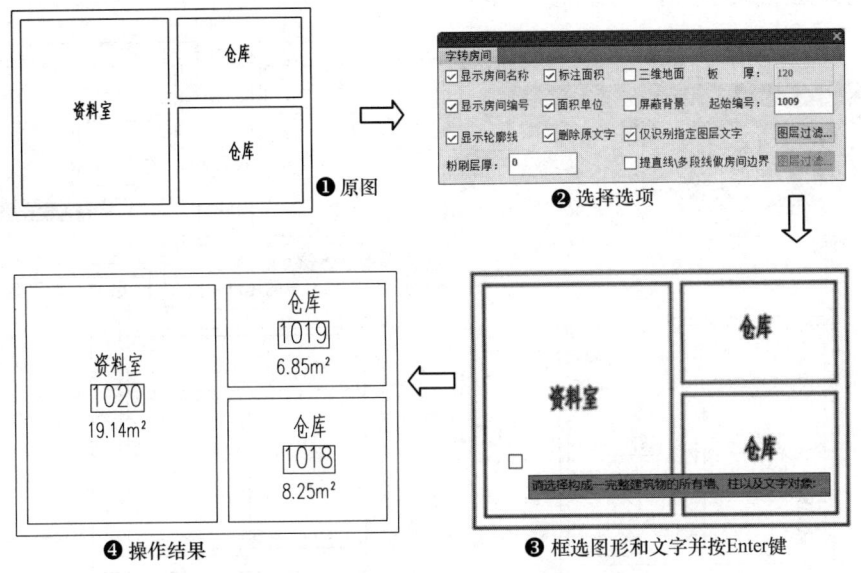

图 7-3　字转房间的操作步骤和结果

1. 房间面积查询

利用该工具可以查询房间面积并进行面积标注。在"查询面积"对话框中设置参数，单击"房间面积查询"按钮，然后在绘图区中框选要查询面积的平面范围后按 Enter 键，并指定房间面积标注位置，即可完成房间面积查询。房间面积查询的操作步骤和结果如图 7-4 所示。

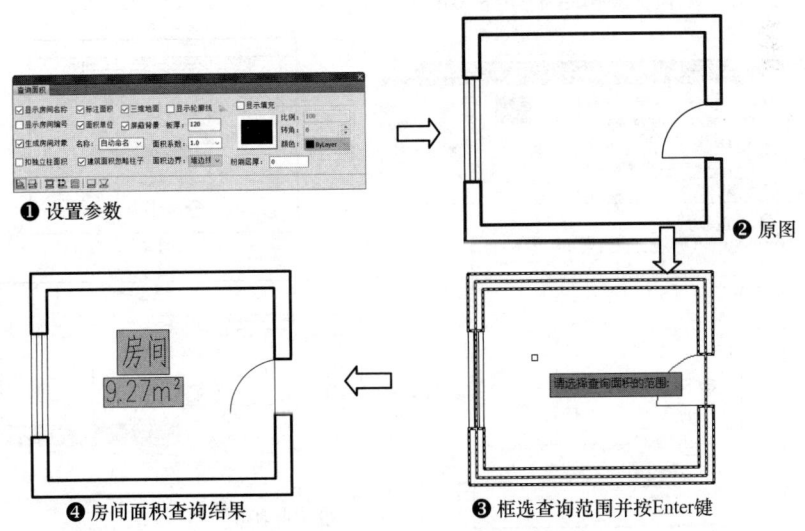

图 7-4　房间面积查询的操作步骤和结果

2. 高级房间面积查询

利用该工具可以进行高级房间面积查询并进行面积标注。在"查询面积"对话框中设置参数,单击"高级房间面积查询"按钮![ ],根据命令行的提示,在绘图区中框选需要查询面积的建筑平面,然后点取房间面积标注位置,即可完成高级房间面积查询。高级房间面积查询的操作步骤和结果如图 7-5 所示。

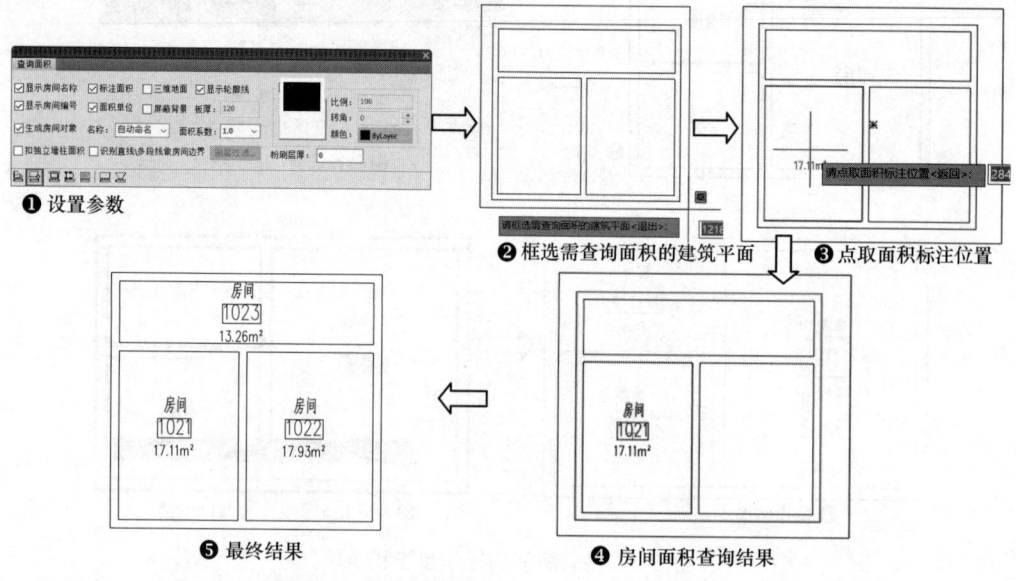

图 7-5　高级房间面积查询的操作步骤和结果

3. 阳台面积查询

利用该工具可以查询阳台面积并进行面积标注。在"查询面积"对话框中设置参数,单击"阳台面积查询"按钮![ ],在绘图区中选择阳台,并指定面积标注位置,即可完成阳台面积查询。阳台面积查询的操作步骤和结果如图 7-6 所示。

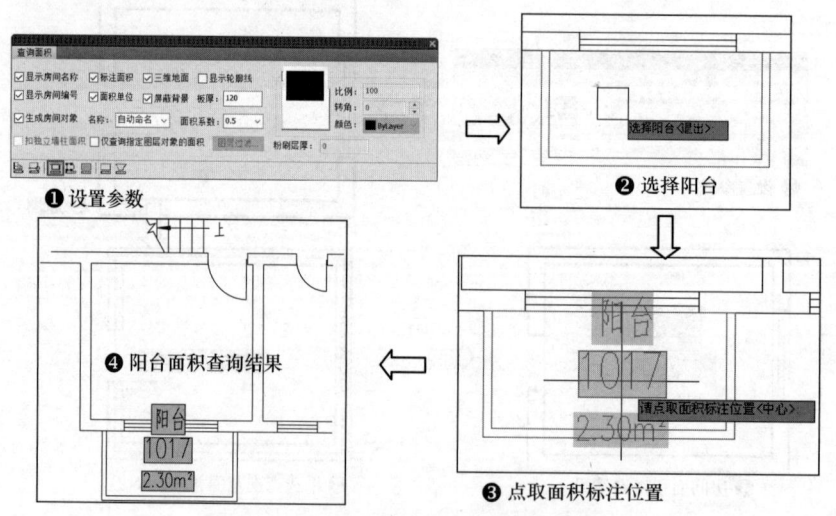

图 7-6　阳台面积查询的操作步骤和结果

4. 封闭曲线面积查询

利用该工具可以查询任意封闭曲线的面积并进行面积标注。在"查询面积"对话框中设置参数,单击"封闭曲线面积查询"按钮,然后在绘图区中单击选择绘制的闭合的多段线,指定面积标注位置或直接按 Enter 键,即可完成封闭曲线面积查询。封闭曲线面积查询的操作步骤和结果如图 7-7 所示。

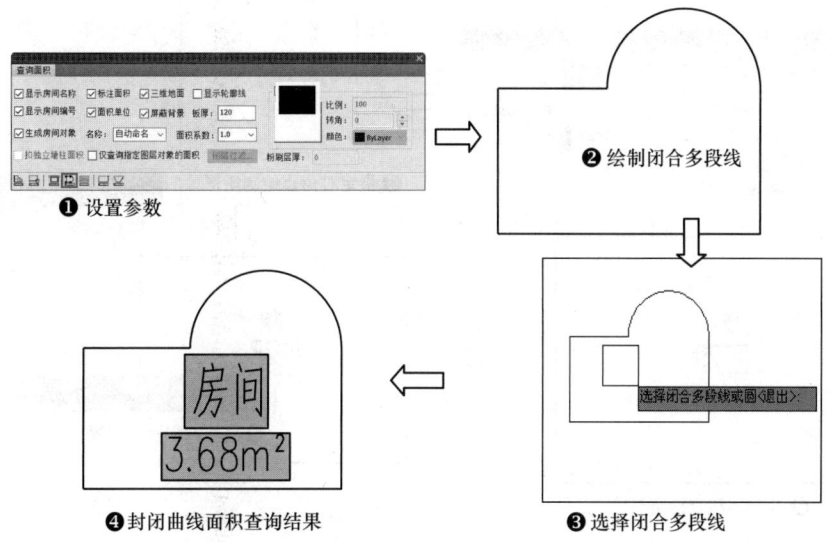

图 7-7　封闭曲线面积查询的操作步骤和结果

5. 填充面积查询

利用该工具可以对填充区域进行面积查询并进行面积标注。在"查询面积"对话框中设置参数,单击"填充面积查询"按钮,然后在绘图区中选择填充区域,指定面积标注位置,即可完成填充面积查询。填充面积查询的操作步骤和结果如图 7-8 所示。

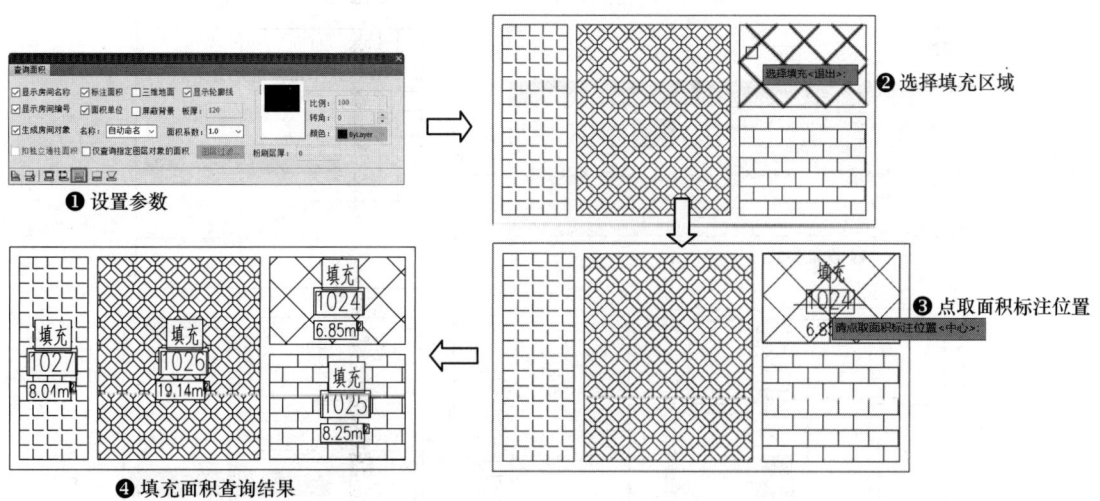

图 7-8　填充面积查询的操作步骤和结果

6. 绘制矩形面积查询

利用该工具可以对绘制的矩形的面积进行查询并进行面积标注。在"查询面积"对话框中设置参数,单击"绘制矩形面积查询"按钮,然后在绘图区中指定对角点绘制矩形,接着点取面积标注的位置,即可完成绘制矩形面积查询。绘制矩形面积查询的操作步骤和结果如图 7-9 所示。

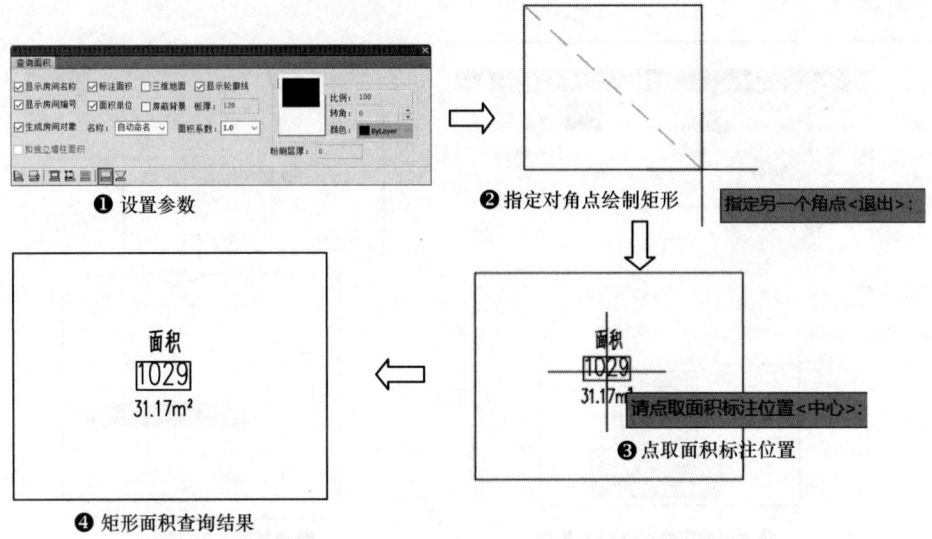

图 7-9 绘制矩形面积查询的操作步骤和结果

7. 绘制任意多边形面积查询

利用该工具可以对绘制的任意多边形的面积进行查询并进行面积标注。在"查询面积"对话框中设置参数,单击"绘制任意多边形面积查询"按钮,在绘图区中依次指定多边形的各个点,按 Enter 键结束指定,绘制多边形,然后指定面积标注位置,即可完成任意多边形面积的查询。绘制任意多边形面积查询的操作步骤和结果如图 7-10 所示。

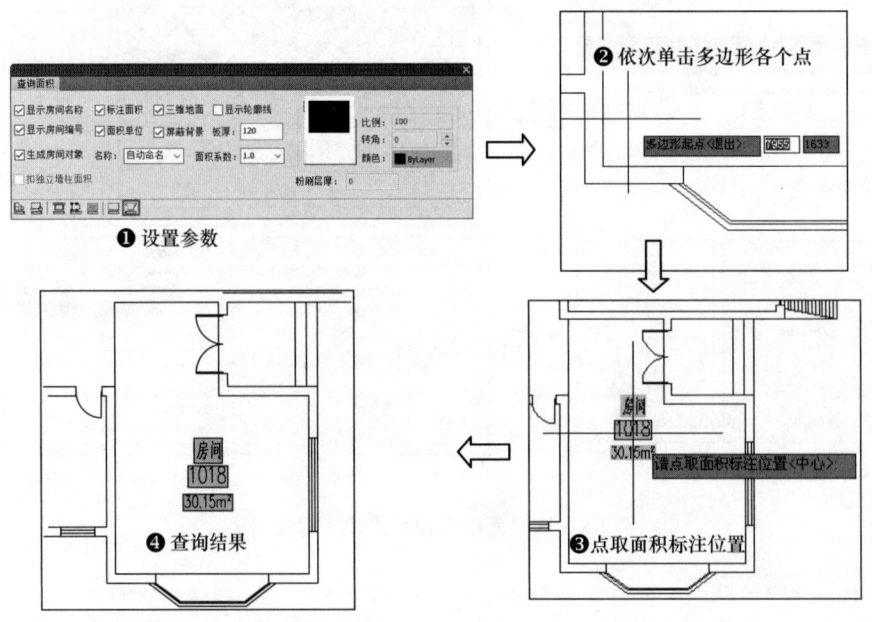

图 7-10 绘制任意多边形面积查询的操作步骤和结果

7.1.5 套内面积

如果用户绘制的建筑平面图中包含了多套住宅，可以使用"套内面积"命令计算单套住宅的面积。单击"房间"→"套内面积"菜单命令，在弹出的"套内面积"对话框中设置参数，然后选择某套住宅内所有墙体并按 Enter 键，即可计算其套内面积。创建套内面积的操作步骤和结果如图 7-11 所示。

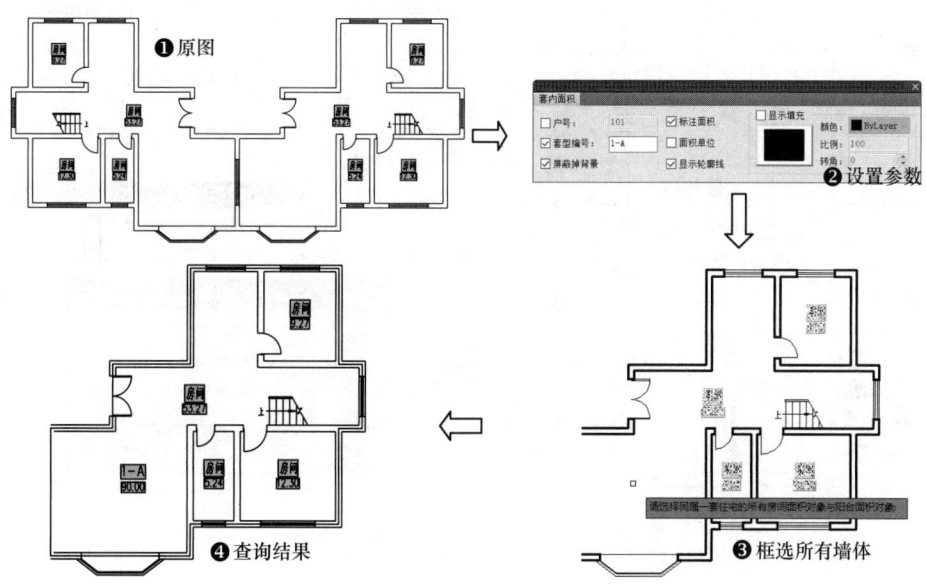

图 7-11　创建套内面积的操作步骤和结果

7.1.6 公摊面积

"公摊面积"命令可用于创建按本层或全楼（幢）进行公摊的房间面积对象。单击"房间"→"公摊面积"菜单命令，选择需公摊的房间面积对象或标注数字（多选表示累加），按 Enter 键，即可完成公摊面积的创建。此时，软件把这些面积对象归入"SPACE_SHARE"图层，可供面积统计时使用。右击房间面积对象或标注数字，在弹出的快捷菜单中选择"对象编辑"命令，弹出"编辑房间"对话框，其中显示出房间的类型为公摊面积。创建公摊面积的操作步骤和结果如图 7-12 所示。

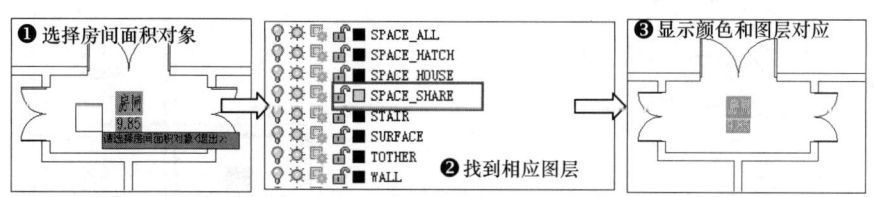

图 7-12　创建公摊面积的操作步骤和结果

7.1.7 面积计算

"面积计算"命令可用于计算使用"查询面积"和"套内面积"等命令获得的房间使用面

积、阳台面积和建筑面积等，还可用于计算不能直接测量所需面积的情况（选取面积对象或者标注数字均可）。单击"房间"→"面积计算"菜单命令，弹出"面积计算"对话框，选择需进行计算的面积对象或标注数字，然后按 Enter 键，此时在"面积计算"对话框的文本框中显示出面积的相加，单击"等号"按钮 = ，可将选定面积相加，接着单击"标注结果"按钮，在绘图区中指定面积标注位置，即可完成面积的计算。面积计算的操作步骤和结果如图 7-13 所示。

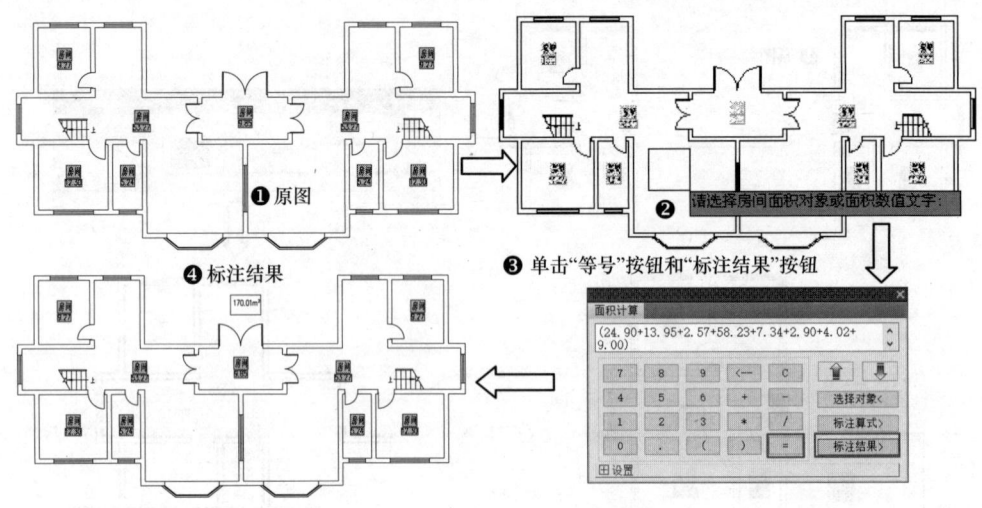

图 7-13　面积计算的操作步骤和结果

7.1.8　面积统计

"面积统计"命令可用于按《房产测量规范》（GB/T 17986—2000）和《住宅设计规范》（GB 50096—2011）以及建设部限制大套型比例的有关文件，统计住宅的各项面积指标，为管理部门进行设计审批提供参考依据。

单击"房间"→"面积统计"菜单命令，打开"面积统计"对话框，设置选项如图 7-14 所示。然后根据命令行的提示选择需要统计面积的房间对象，如图 7-15 所示。按 Enter 键，指定表格的插入位置，即可完成面积统计，结果如图 7-16 所示。

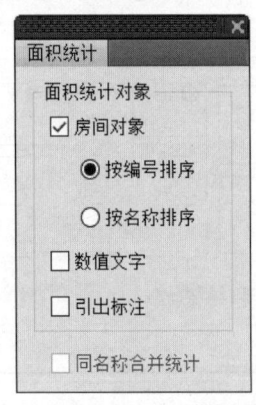

图 7-14　"面积统计"对话框

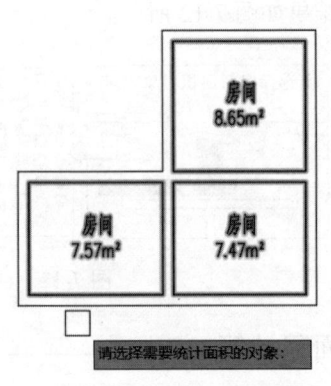

图 7-15　选择房间对象

面积统计表

编号	名称	面积(m²)
1003	房间	7.57
1004	房间	7.47
1005	房间	8.65

图 7-16　面积统计的结果

7.2　房间布置

T20 为房间和顶棚的布置提供了多种工具，主要包括加踢脚线、奇数分格、偶数分格、布置洁具、布置隔断和布置隔板等。下面介绍部分工具的使用方法。

7.2.1　加踢脚线

踢脚线在家庭装修中主要用于装饰和保护墙角。利用"加踢脚线"命令可自动搜索房间的轮廓，并按用户选择的踢脚线截面生成二维和三维的踢脚线（门和洞处自动断开）。"加踢脚线"命令可用于室内装饰建模，也可用于室外的勒脚。

单击"房间"→"加踢脚线"菜单命令，在弹出的"踢脚线生成"对话框中设置参数，接着指定需添加踢脚线的房间，然后右击，返回"踢脚线生成"对话框，单击"确定"按钮，即可完成踢脚线的创建。加踢脚线的操作步骤和结果如图 7-17 所示。

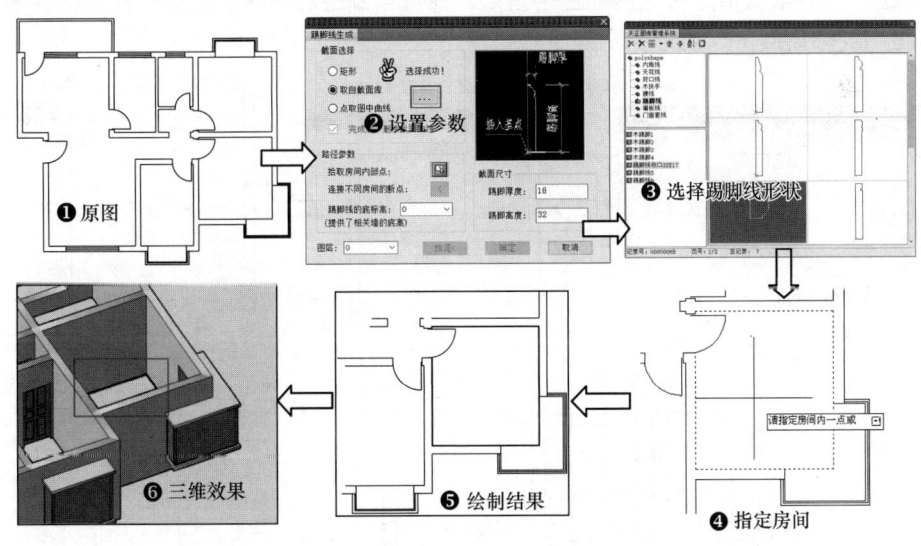

图 7-17　加踢脚线的操作步骤和结果

"踢脚线生成"对话框中各选项的含义如下：
- 矩形：选择该选项，选取房间后，自动生成矩形样式的踢脚线。
- 点取图中曲线：选择该选项后，单击其右方的"<"按钮，可在绘图区中选择一个踢脚

线的截面形状（截面形状必须是一条闭合的多段线）。按 Enter 键结束选择。

- 取自截面库：选择该选项后，单击其右方的"…"按钮，可在弹出的"天正图库管理系统"对话框中选择相应的踢脚线形状。
- 完成后，删除截面曲线：该选项在选择"点取图中曲线"选项后可用。若选中该复选框，则在完成踢脚线创建后，软件自动将原有的踢脚线截面删除。
- 拾取房间内部点：单击"拾取房间内部点"右侧的 按钮后，可在绘图区中分别选择各个需添加踢脚线的房间。按 Enter 键可返回"踢脚线生成"对话框。
- 连接不同房间的断点：若多个房间之间有不安装门的门洞，则在门洞底部也应创建踢脚线，此时可单击其右方的"<"按钮，再在绘图区中依次单击门洞内外两侧的点，按 Enter 键，完成房间断点的连接。
- 踢脚线的底标高：在该文本框中输入数值，可在房间内有高差时在指定标高处生成踢脚线。一般情况下，由于顶棚位于屋顶，在创建顶棚线时需要设置标高。
- 截面尺寸：在该选项组内有"踢脚厚度"和"踢脚高度"两个选项，用户可根据实际需要确定数值。

7.2.2 房间分格

在绘制建筑装饰图时，会经常使用线框网格来表示地板及顶棚，从而合理地布置地板砖和顶棚。T20 提供了奇数分格、偶数分格和任意分格三种绘制网格的方法。

1. 奇数分格

单击"房间"→"房间分格"菜单命令，在弹出的"房间分格"对话框中单击"奇数分格"按钮，然后依次指定房间内的三个角点，即可绘制奇数分格。创建奇数分格的操作步骤和结果如图 7-18 所示。

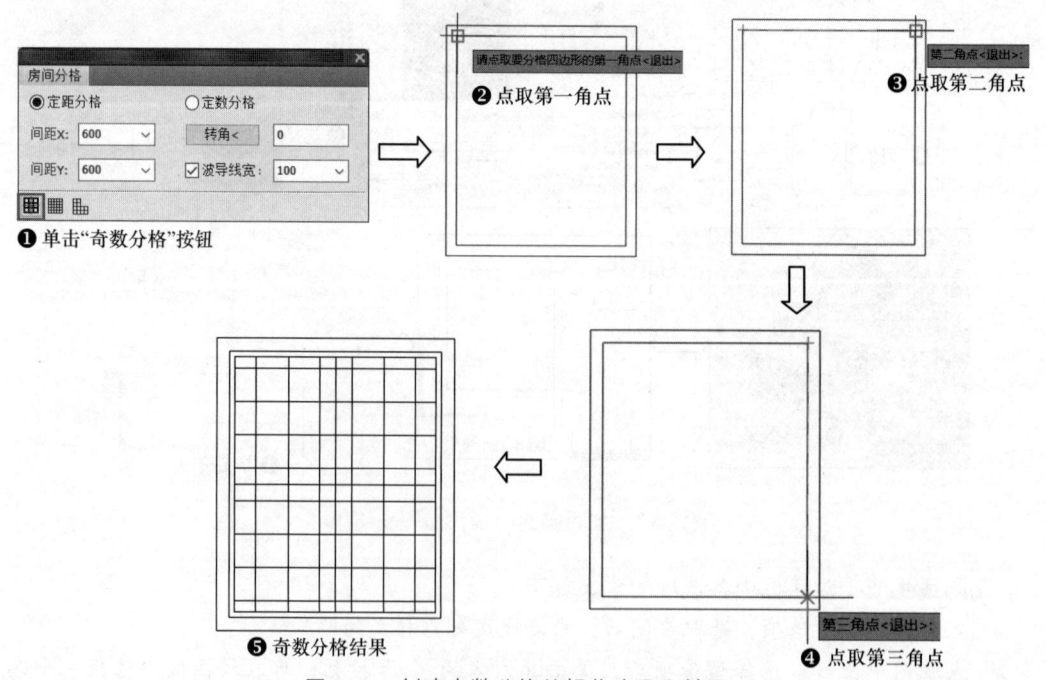

图 7-18 创建奇数分格的操作步骤和结果

2. 偶数分格

在"房间分格"对话框中单击"偶数分格"按钮,然后依次指定房间内的三个角点,即可绘制偶数分格。创建偶数分格的操作步骤和结果如图 7-19 所示。

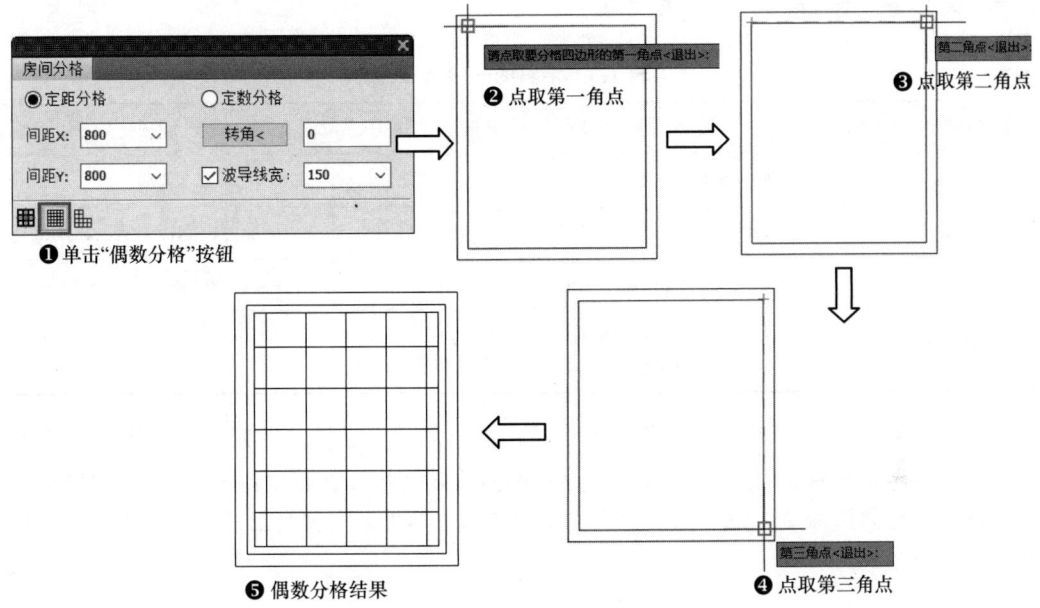

图 7-19　创建偶数分格的操作步骤和结果

3. 任意分格

在"房间分格"对话框中单击"任意分格"按钮,选择闭合的多段线边界,指定基点与 X 方向,即可完成任意分格的绘制。创建任意分格的操作步骤和结果如图 7-20 所示。

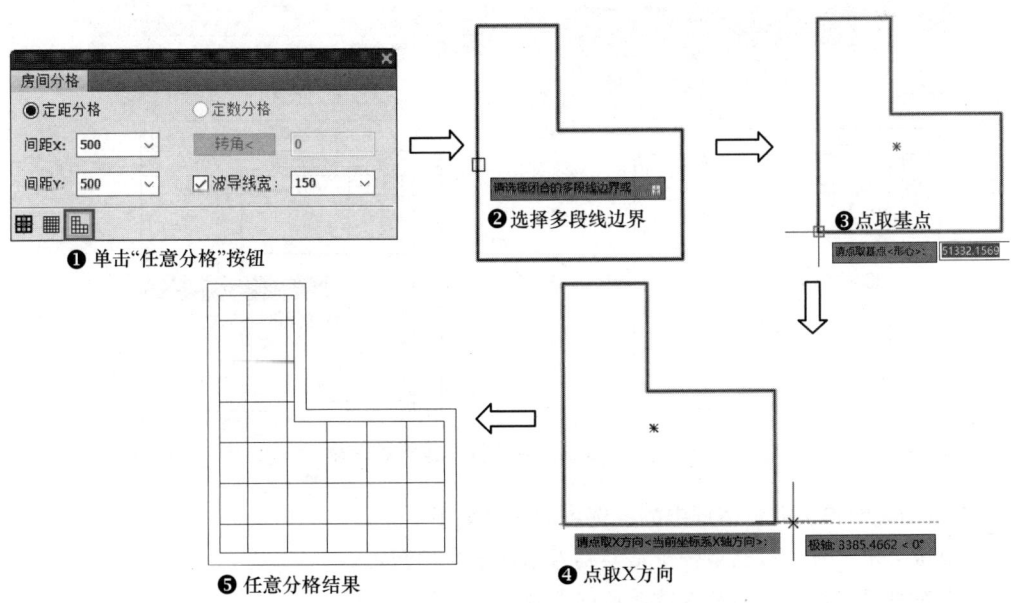

图 7-20　创建任意分格的操作步骤和结果

7.2.3 布置洁具

洁具主要是指浴室和厕所的专用设施。对于小面积的住宅，一般浴室和厕所共用，所以洁具都会摆放在一个小空间内。对于面积较大的住宅，则可能将浴室和厕所分开，有的可能还专门设有洗衣间等。洁具的一般尺寸见表7-1。

表 7-1　洁具的一般尺寸

名称	尺寸（长×宽×高）/mm	材质
洗脸盆	（360～560）×（200～420）×（250～302）	瓷质
浴缸	（1200/1550/1680）×750×（400/440/460）	压克力、钢板、铸铁和木材
淋浴器	（850～900）×（850～900）×120	地砖砌筑和搪瓷
坐便器	340×450×450 490×650×850（与低水箱组合尺寸）	瓷质

单击"房间"→"布置洁具"菜单命令，在弹出的"天正洁具"对话框中选择相应的洁具，双击洁具图标或单击 OK 按钮，弹出"洁具布置"对话框，在该对话框中设置洁具的参数，然后在房间内墙体边缘单击即可插入洁具。布置洁具（这里以布置台上式洗脸盆为例）的操作步骤和结果如图7-21所示。

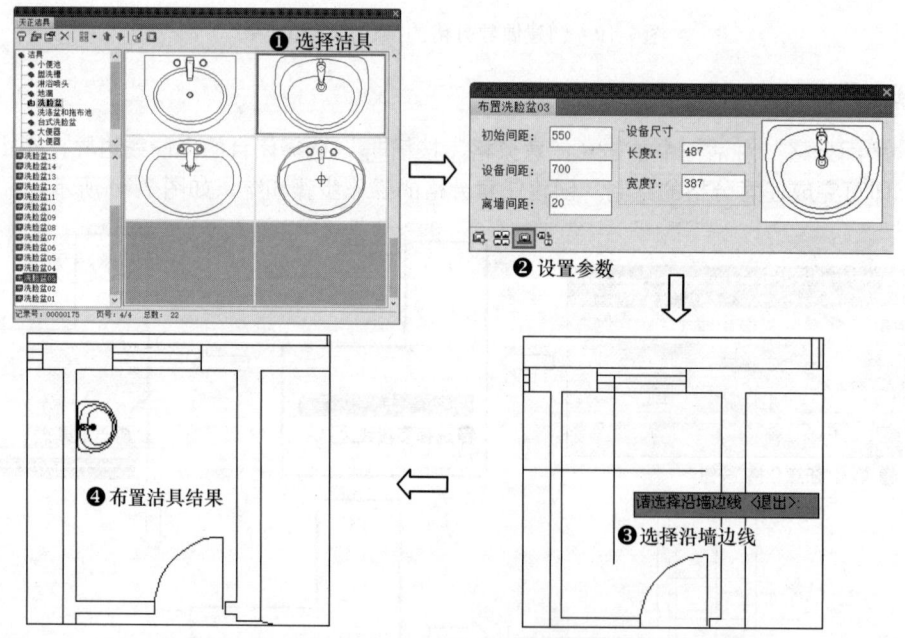

图7-21　布置洁具的操作步骤和结果

在布置洁具时弹出的对话框中的各选项的含义如下：
- 初始间距：用于控制第一个洁具插入点距墙角的距离。
- 设备间距：用于控制插入洁具间的距离。

- 离墙间距：用于控制洁具距墙体的间隙。默认值为 20。
- 长度 X：用于设置洁具的长度。
- 宽度 Y：用于设置洁具的宽度。
- （自由插入）：单击此按钮，可以所绘设备的某一点为基点自由插入设备。
- （均匀分布）：单击此按钮，可将指定个数的设备均匀分布在所选墙线上。
- （沿墙内侧边线布置）：单击此按钮，然后指定墙线，可以所设定的间距布置设备。
- （沿已有洁具布置）：单击此按钮，可将设备沿已有设备进行布置。

7.2.4 布置其他设施

1. 布置隔断

隔断的作用是对卫生间进行进一步分割与完善。单击"房间"→"布置隔断"菜单命令，在绘图区中指定起点和终点来选择洁具，并输入隔板长度和隔断门宽，即可完成隔断的布置。布置隔断的操作步骤和结果如图 7-22 所示。

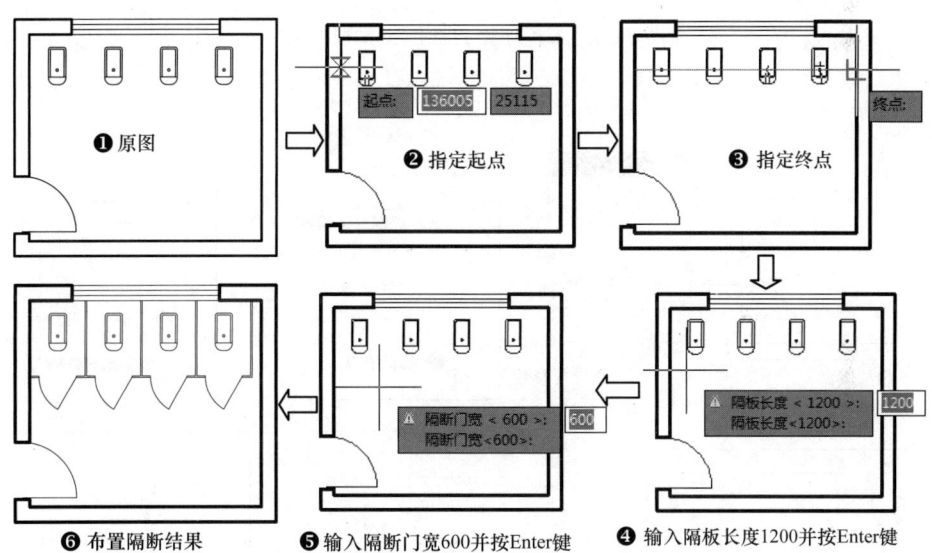

图 7-22　布置隔断的操作步骤和结果

2. 布置隔板

隔板的作用也是对卫生间进行进一步分割与完善。单击"房间"→"布置隔板"菜单命令，在绘图区中指定起点和终点来选择洁具（这里主要是指小便器），然后输入隔板长度，即可完成隔板的布置。布置隔板的操作步骤和结果如图 7-23 所示。

3. 带门隔断

单击"房间"→"带门隔断"菜单命令，在弹出的"带门隔断"对话框中设置参数，根据命令行的提示依次点取角点、隔断位置、门的位置和开向，即可完成带门隔断的绘制。绘制带门隔断的操作步骤和结果如图 7-24 所示。

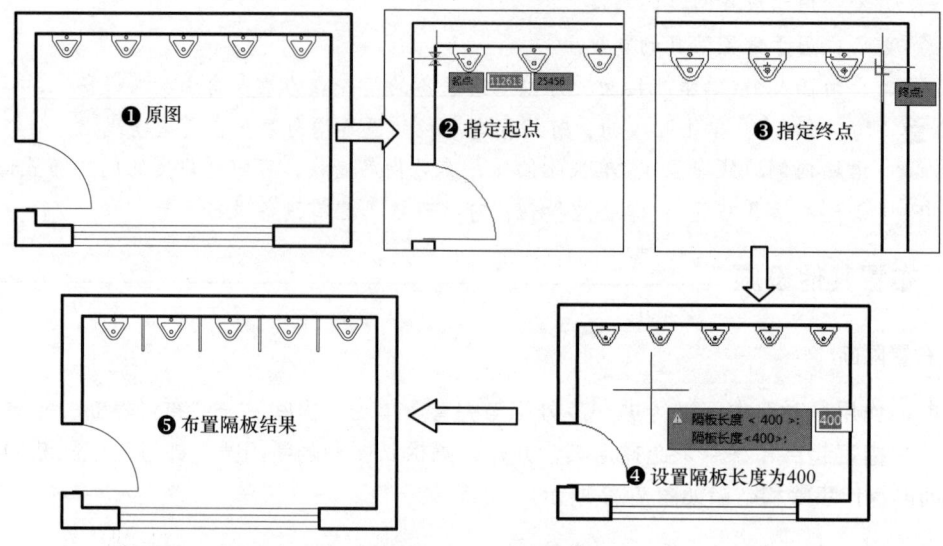

图 7-23 布置隔板的操作步骤和结果

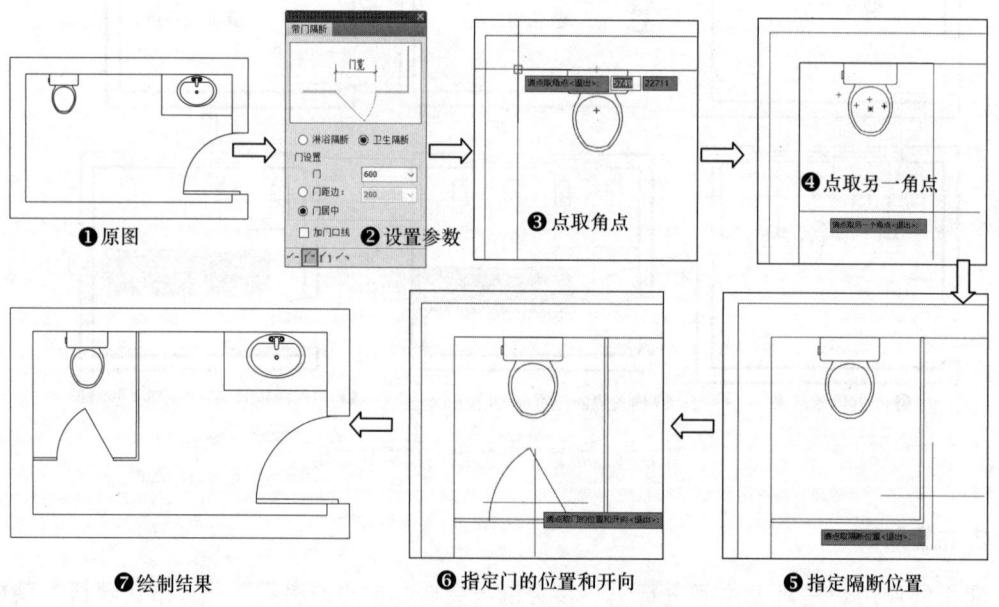

图 7-24 绘制带门隔断的操作步骤和结果

4. 快速布柜

单击"房间"→"快速布柜"菜单命令,在弹出的"快速布柜"对话框中设置参数,根据命令行的提示依次指定柜子的起点和终点,即可完成快速布柜。快速布柜的操作步骤和结果如图 7-25 所示。

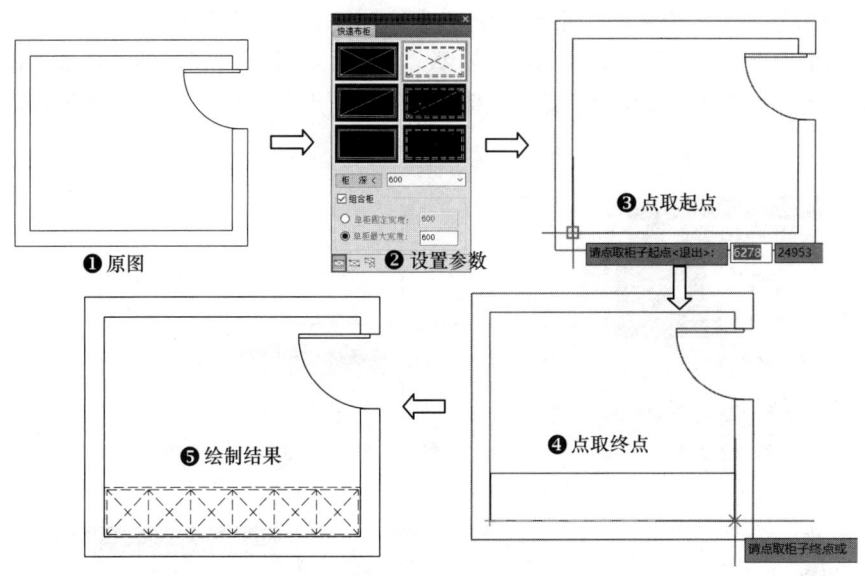

图 7-25　快速布柜的操作步骤和结果

5. 绘制衣柜

单击"房间"→"绘制衣柜"菜单命令，根据命令行的提示依次指定起点和下一点，按 Enter 键，即可完成绘制衣柜。绘制衣柜的操作步骤和结果如图 7-26 所示。

在命令行中输入 Q，选择"对角绘制衣帽间"选项，指定点，可绘制衣帽间。在命令行中输入 D，选择"修改柜深"选项，可自定义衣柜的深度。

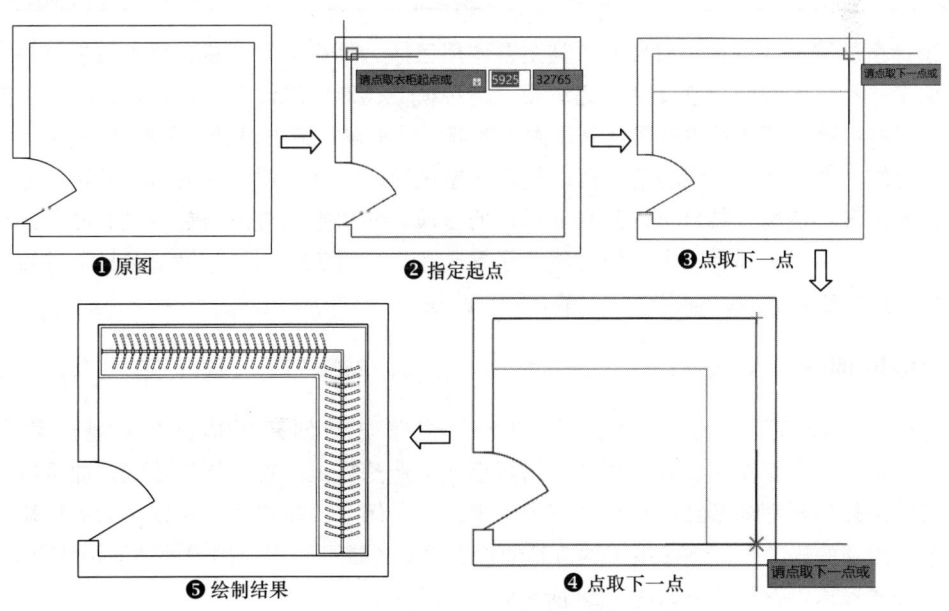

图 7-26　绘制衣柜的操作步骤和结果

6. 轮椅直径

单击"房间"→"轮椅直径"菜单命令,根据命令行的提示输入 S,选择"设置"选项,在打开的对话框中选择标注样式,输入直径参数,单击"确定"按钮,然后依次点取标注位置和方向,即可完成轮椅直径的绘制。绘制轮椅直径的操作步骤和结果如图 7-27 所示。

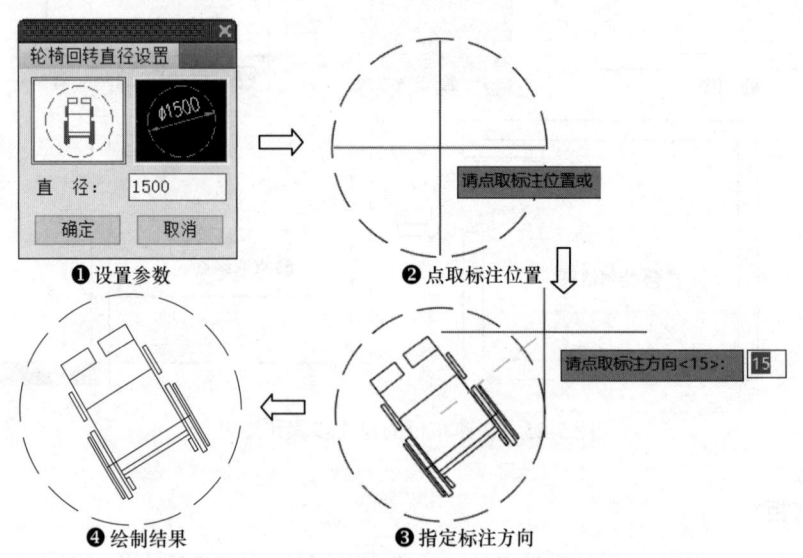

图 7-27　绘制轮椅直径的操作步骤和结果

7.3 创建屋顶

屋顶是房屋建筑的重要组成部分,其主要作用包括：隔绝风霜雨雪和阳光辐射,为室内创造良好的工作和生活空间；承受和传递屋顶上各种荷载,对房屋起支撑作用,是房屋主要水平构件；屋顶的形状和颜色对建筑风格有很大的影响,也是建筑造型设计的重要部分。

T20 提供了多种屋顶造型功能,可以创建任意坡顶、人字坡顶、攒尖屋顶和矩形屋顶。用户还可以利用三维造型工具自行创建其他形式的屋顶,如用平板对象结合路径曲面对象构造带有复杂檐口的平屋顶,利用路径曲面构建曲面屋顶等。利用 T20 创建的屋顶支持对象编辑、特性编辑和夹点编辑等方式,可用于天正节能和日照模型。

7.3.1 搜屋顶线

屋顶线是指屋顶平面图的边界线。T20 提供了自动创建屋顶线的功能。单击"屋顶"→"搜屋顶线"菜单命令,根据命令行提示,框选整栋建筑物的所有墙线,即可按外墙的外皮边界生成屋顶平面轮廓线。屋顶线在属性上为一条闭合的多段线,可以作为屋顶轮廓线进一步绘制出屋顶的施工图,还可用于构造其他楼层平面的辅助边界或用于外墙装饰线脚的路径。创建屋顶线的操作步骤和结果如图 7-28 所示。

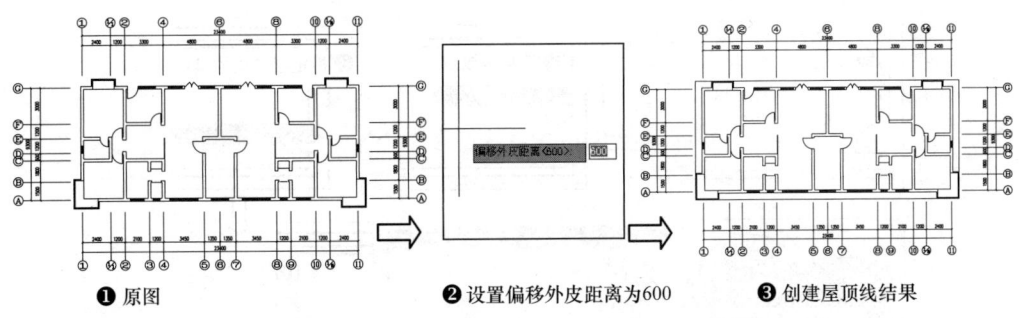

图 7-28 创建屋顶线的操作步骤和结果

7.3.2 任意坡顶

任意坡顶是指由任意多段线围合而成的四坡屋顶。使用"任意坡顶"命令可以利用屋顶线或封闭的多段线生成任意形状和坡度角的坡形屋顶。

单击"屋顶"→"任意坡顶"菜单命令,根据命令行提示选择一条多段线,然后依次输入"坡度角"和"出檐长"值,即可创建任意坡顶。创建任意坡顶的操作步骤和结果如图 7-29 所示。

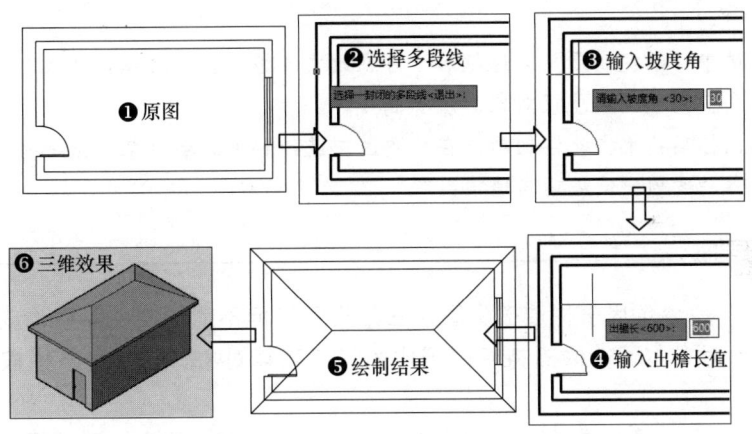

图 7-29 创建任意坡顶的操作步骤和结果

7.3.3 人字坡顶

"人字坡顶"命令可用于将闭合的多段线作为屋顶边界生成人字坡顶或单坡屋顶。创建人字坡顶时,可通过指定屋脊位置与标高来确定两侧坡面的坡度。人字坡顶的两侧可具有不同的坡角。由于屋脊线可随意指定和调整,因此两侧坡面可具有不同的底标高。除了使用角度来设置坡顶的坡角外,还可以通过限定坡顶高度的方式自动求出坡角,此时创建的屋面具有相同的底标高。

单击"屋顶"→"人字坡顶"菜单命令,选择已创建的多段线,指定屋脊线的起点和终点,在弹出的"人字坡顶"对话框中设置参数,然后单击"确定"按钮,即可完成人字坡顶的创建。创建人字坡顶的操作步骤和结果如图 7-30 所示。

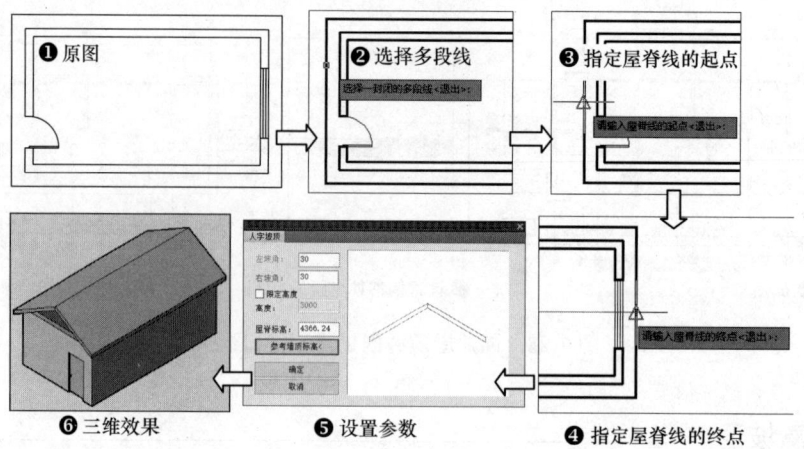

图 7-30　创建人字坡顶的操作步骤和结果

"人字坡顶"对话框中各选项的含义如下：

- "左坡角"和"右坡角"：左、右两侧屋顶与水平线的夹角。可在文本框中输入角度。无论脊线是否居中，默认左、右坡角相等。
- 限定高度：选中此复选框，可用高度（而非坡度）定义屋顶。脊线不居中时左、右坡度不相等。
- 高度：选中"限定高度"复选框后，可在此文本框中输入坡屋顶高度。
- 屋脊标高：用于确定屋顶对象的屋脊高度。
- 参考墙顶标高：单击此按钮后，在绘图区中选择相关的墙对象，系统将沿选中墙体的高度方向移动坡顶，使屋顶与墙顶关联。

7.3.4　攒尖屋顶

"攒尖屋顶"命令可用于构造攒尖屋顶三维模型，但不能生成由曲面构成的中国古建亭子顶。攒尖屋顶对布尔运算的支持仅限于作为第二运算对象，它本身不能被其他闭合对象剪裁。

单击"屋顶"→"攒尖屋顶"菜单命令，在弹出的"攒尖屋顶"对话框中设置屋顶的边数、屋顶高和出檐长，然后在绘图区中指定插入基点（屋顶中心位置）和第二点，即可完成攒尖屋顶的创建。创建攒尖屋顶的操作步骤和结果如图 7-31 所示。

7.3.5　矩形屋顶

"矩形屋顶"命令可用于绘制歇山屋顶、四坡屋顶、人字屋顶和攒尖屋顶。与人字坡顶不同，该命令绘制的屋顶平面仅限于矩形。矩形屋顶对布尔运算的支持仅限于作为第二运算对象，它本身不能被其他闭合对象剪裁。

单击"屋顶"→"矩形屋顶"菜单命令，在弹出的"矩形屋顶"对话框中设置参数，然后依次指定主坡墙外皮的 3 个点，即可完成矩形屋顶的创建。创建矩形屋顶（此处以歇山屋顶为例）的操作步骤和结果如图 7-32 所示。

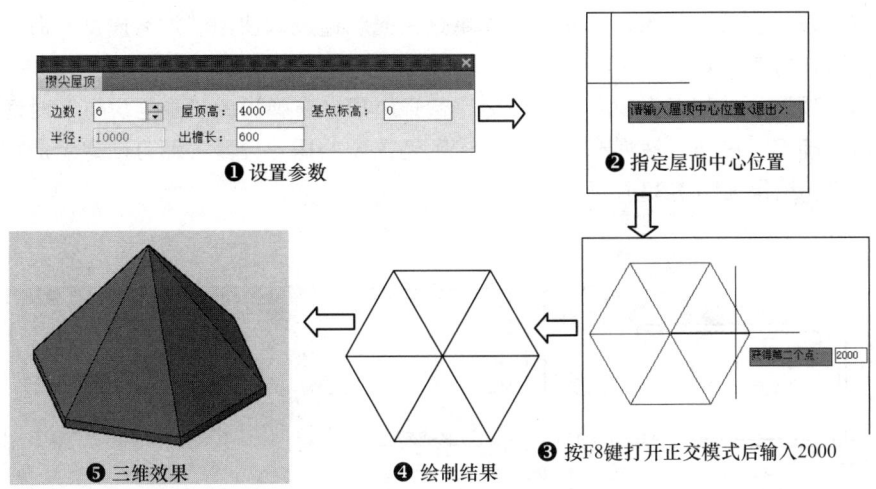

图 7-31 创建攒尖屋顶的操作步骤和结果

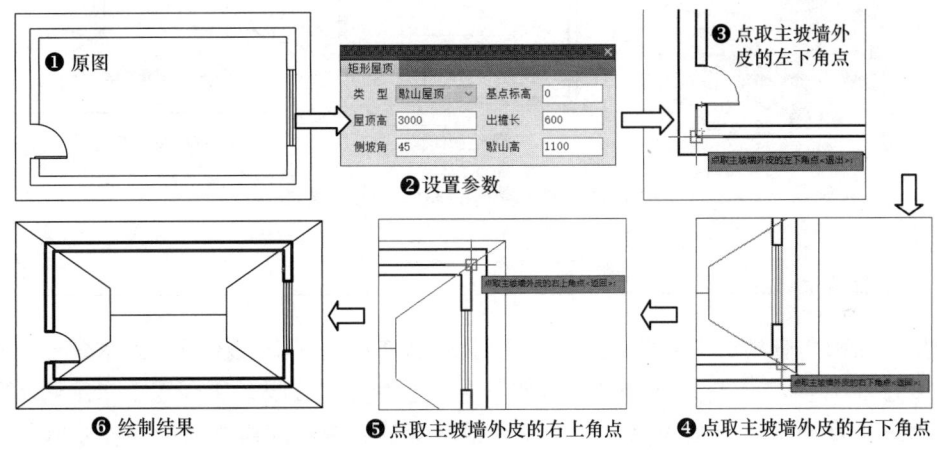

图 7-32 创建矩形屋顶的操作步骤和结果

"矩形屋顶"对话框中各选项的含义如下:

> 类型:可创建的矩形屋顶的类型,包括歇山屋顶、四坡屋顶、人字屋顶和攒尖屋顶 4 种类型。
> 屋顶高:指从插入基点开始到屋脊的高度。
> 侧坡角:指矩形短边的坡面与水平面之间的倾斜角。该角度受屋顶高的限制,两者之间的配合有一定的取值范围。
> 基点标高:默认屋顶单独作为一个楼层,默认基点位于屋面,标高是 0。屋顶在其下层墙顶放置时,基点标高应为墙高加檐板厚。
> 出檐长:指屋顶檐口到主坡墙外皮的距离。
> 歇山高:指歇山屋顶侧面垂直部分的高度。此值为 0 时屋顶的类型为四坡屋顶。

7.3.6 加老虎窗

老虎窗即设在屋顶上的天窗，其主要作用是采光和通风。使用"加老虎窗"命令可在屋顶上添加多种形式的老虎窗。

单击"屋顶"→"加老虎窗"菜单命令，选择屋顶，在弹出的"加老虎窗"对话框中设置参数，单击"确定"按钮，然后在绘图区中指定老虎窗的插入位置，即可创建老虎窗。加老虎窗的操作步骤和结果如图 7-33 所示。

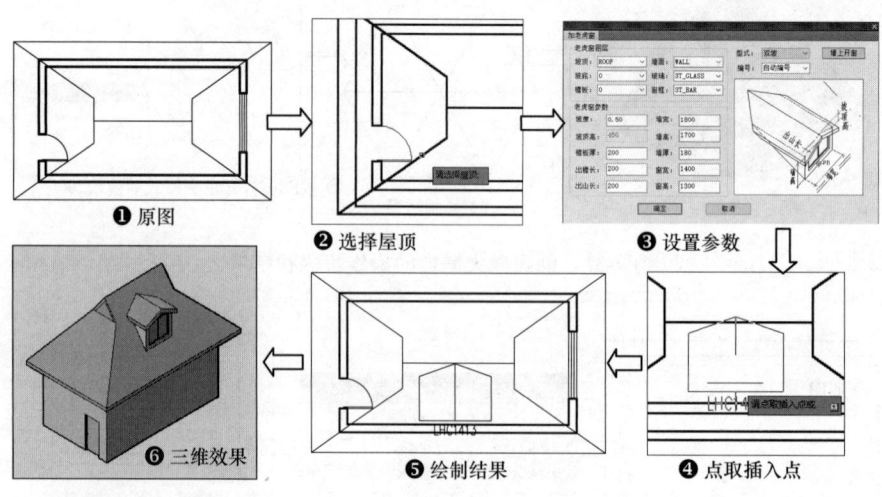

图 7-33　加老虎窗的操作步骤和结果

7.3.7 加雨水管

利用"加雨水管"命令可在屋顶平面图上绘制穿过女儿墙或檐板的雨水管（雨水管只具有二维特性）。单击"屋顶"→"加雨水管"菜单命令，在屋顶平面图上指定雨水管的起始点，然后指定雨水管的结束点，即可完成雨水管的创建。加雨水管的操作步骤和结果如图 7-34 所示。

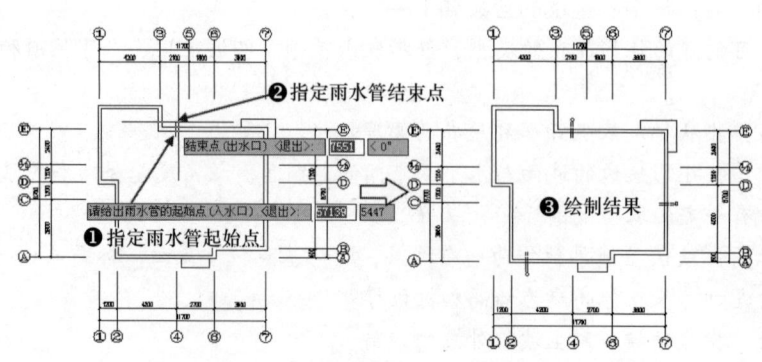

图 7-34　加雨水管的操作步骤和结果

7.4 实战演练——绘制公共卫生间平面图

本节将根据本章和前面章节所介绍的知识绘制公共卫生间平面图。平面图中包括轴网、轴号标注、墙体、门窗、台阶和洁具等。绘制完成的公共卫生间平面图如图 7-35 所示。

视频文件：视频 \ 第 07 章 \7.4.mp4

播放时长：18min41s

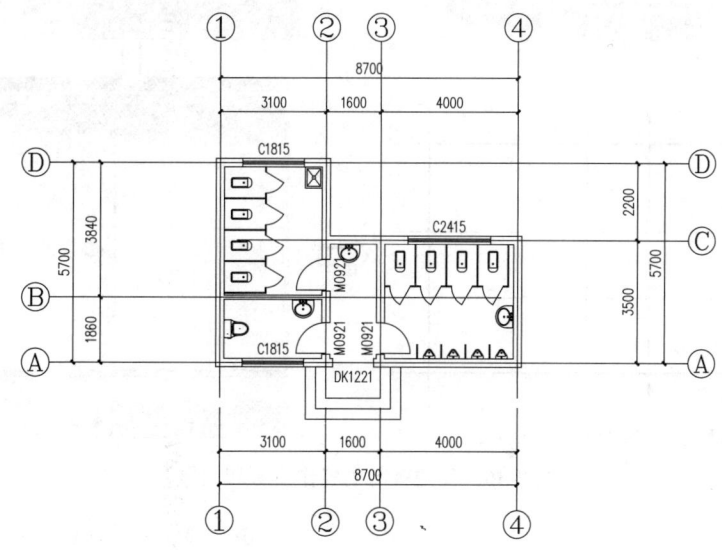

图 7-35 公共卫生间平面图

操作步骤如下：

[01] 创建轴网。启动 T20，单击"轴网柱子"→"绘制轴网"菜单命令，在弹出的"绘制轴网"对话框中设置参数，然后在绘图区中单击指定轴网插入位置，即可创建轴网。创建轴网的操作步骤和结果如图 7-36 所示。

[02] 创建轴号标注。单击"轴网柱子"→"轴网标注"菜单命令，在弹出的"轴网标注"对话框中设置参数，然后根据命令行提示依次单击起始轴线和终止轴线，即可创建轴号标注。创建轴号标注的操作步骤和结果如图 7-37 所示。

[03] 绘制墙体。单击"墙体"→"绘制墙体"菜单命令，在弹出的"墙体"对话框中设置参数，然后根据命令行提示依次单击墙体所经过轴线的交点，即可完成墙体的绘制。绘制墙体的操作步骤和结果如图 7-38 所示。

[04] 绘制门窗。单击"门窗"→"门窗"菜单命令，在弹出的"窗"对话框中设置参数，然后在墙体上的指定位置插入窗。单击"门窗"→"门窗"菜单命令，在弹出的"门"对话框中设置参数，然后在墙体上的指定位置插入门。绘制门窗的操作步骤和结果如图 7-39 所示。

[05] 绘制台阶。单击"楼梯其他"→"台阶"菜单命令，在弹出的"台阶"对话框中设置参数，然后根据命令行提示指定起点和终点，绘制出台阶。绘制台阶的操作步骤和结果如图 7-40 所示。

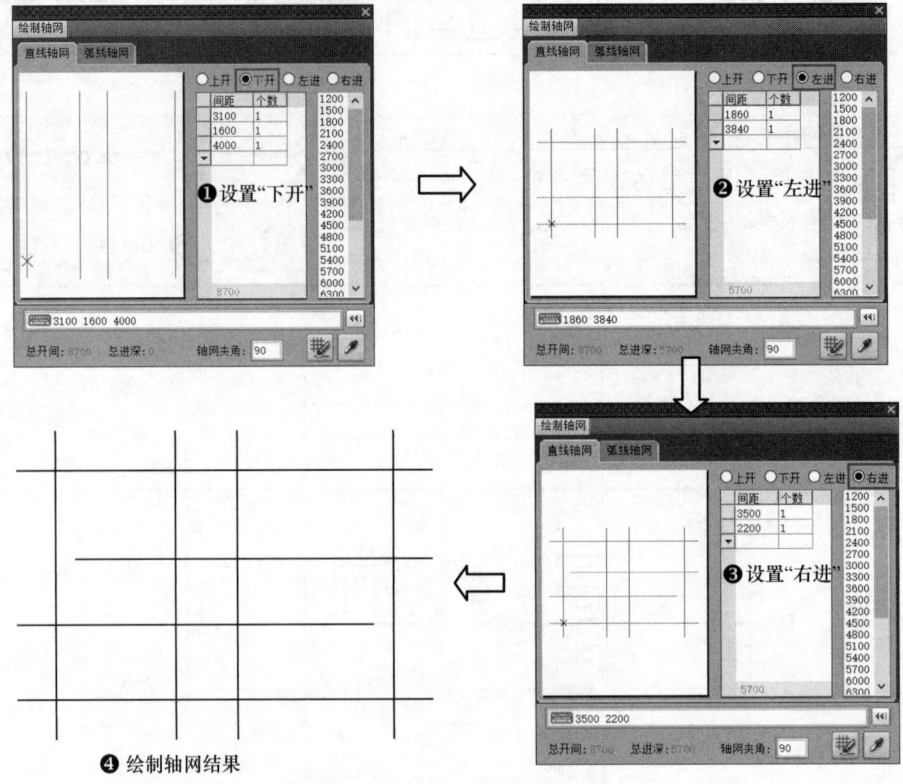

图 7-36 创建轴网的操作步骤和结果

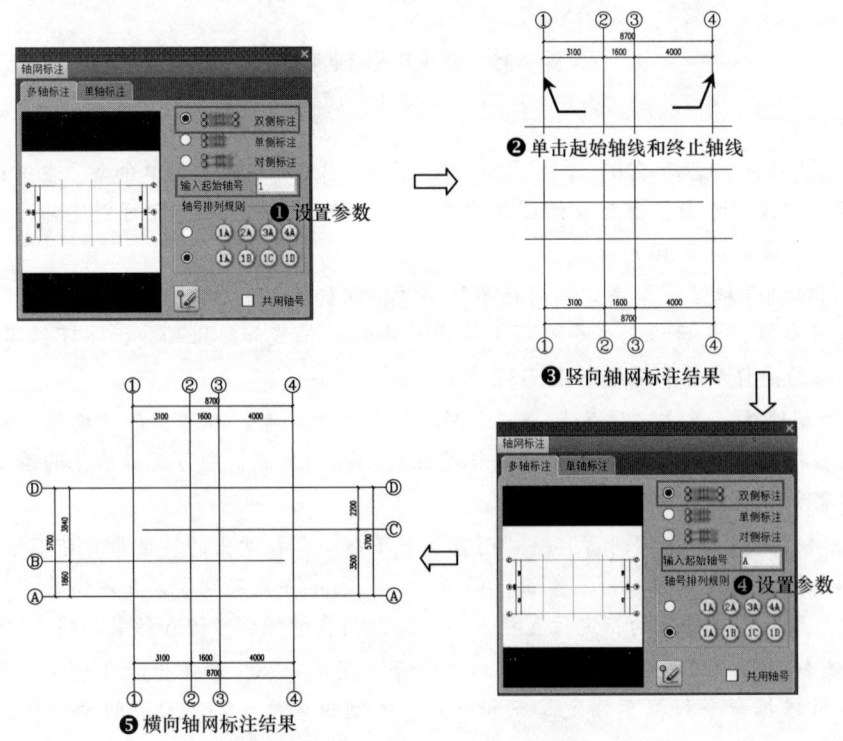

图 7-37 创建轴号标注的操作步骤和结果

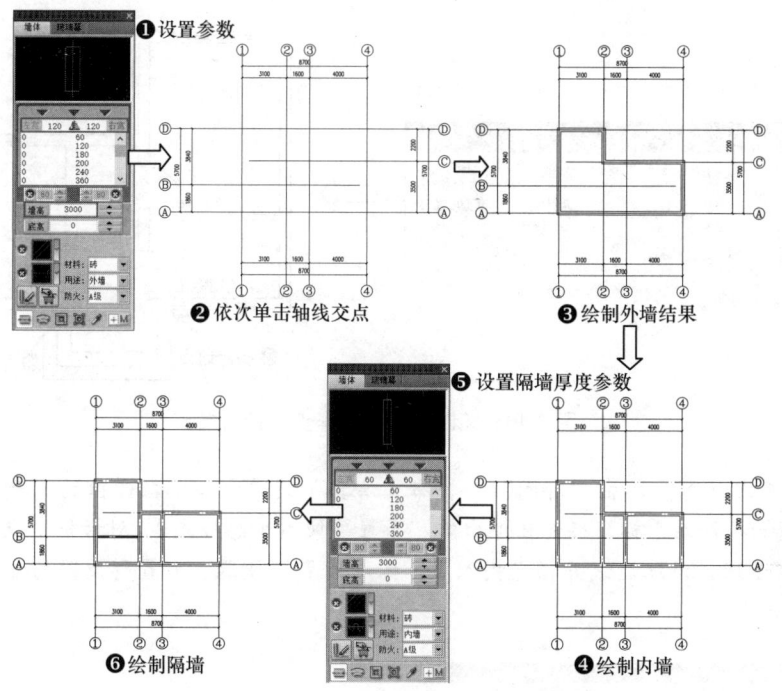

图 7-38　绘制墙体的操作步骤和结果

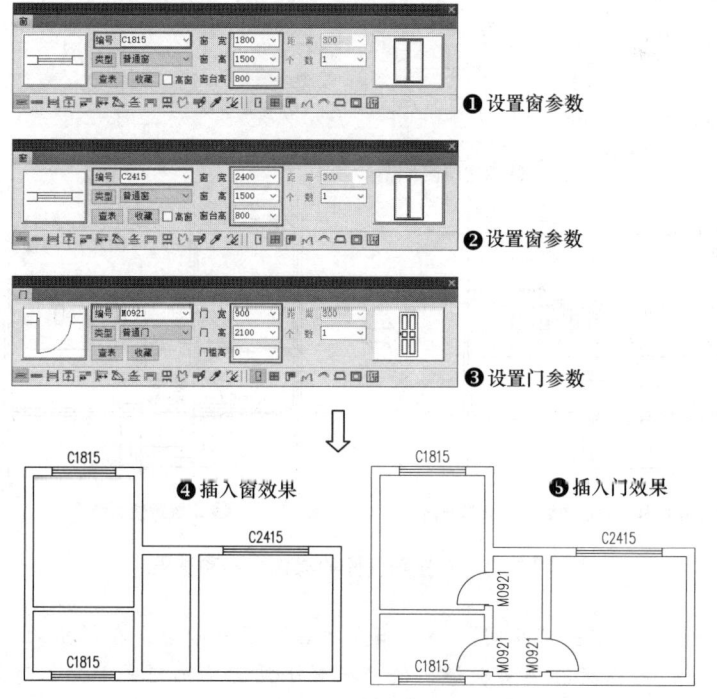

图 7-39　绘制门窗的操作步骤和结果

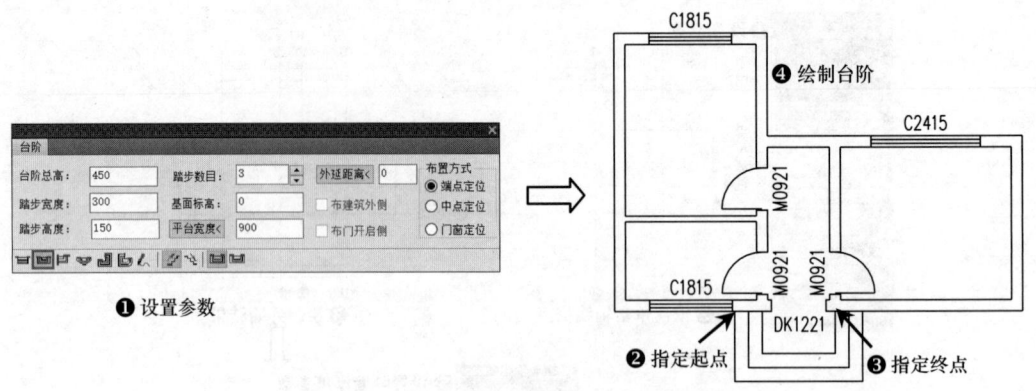

图7-40 绘制台阶的操作步骤和结果

[06] 布置蹲便器。单击"房间"→"布置洁具"菜单命令,在弹出的"天正洁具"对话框中双击相应的蹲便器图标,接着在弹出的"布置蹲便器(感应式)"对话框中设置参数,然后根据命令行提示选择沿墙边线并指定插入点,依次布置蹲便器。布置蹲便器的操作步骤和结果如图7-41所示。

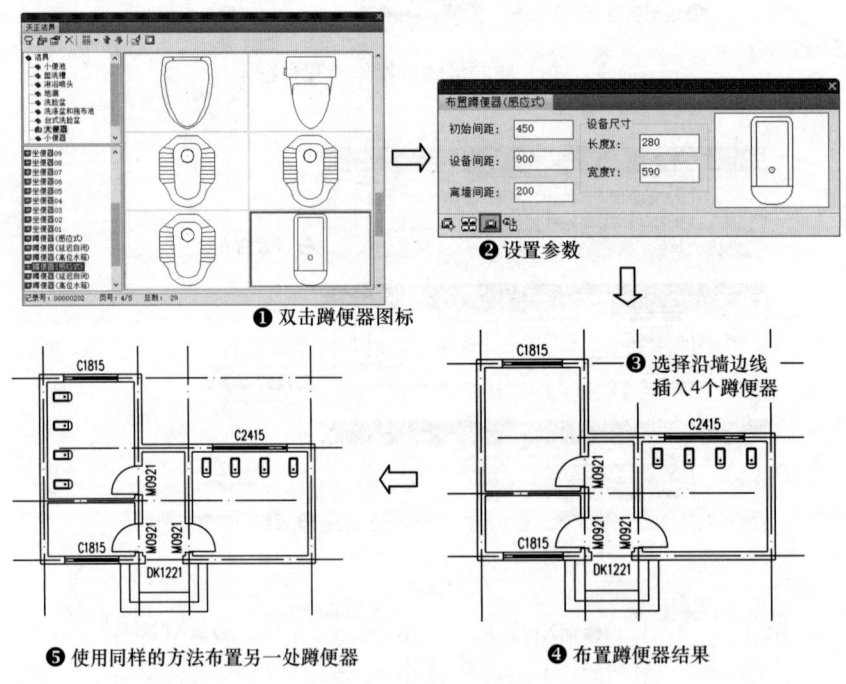

图7-41 布置蹲便器的操作步骤和结果

[07] 布置小便器。单击"房间"→"布置洁具"菜单命令,在弹出的"天正洁具"对话框中双击相应的小便器图标,接着在弹出的"布置小便器(感应式)03"对话框中设置参数,然后根据命令行提示选择沿墙边线并指定插入点,布置小便器。布置小便器的操作步骤和结果如图7-42所示。

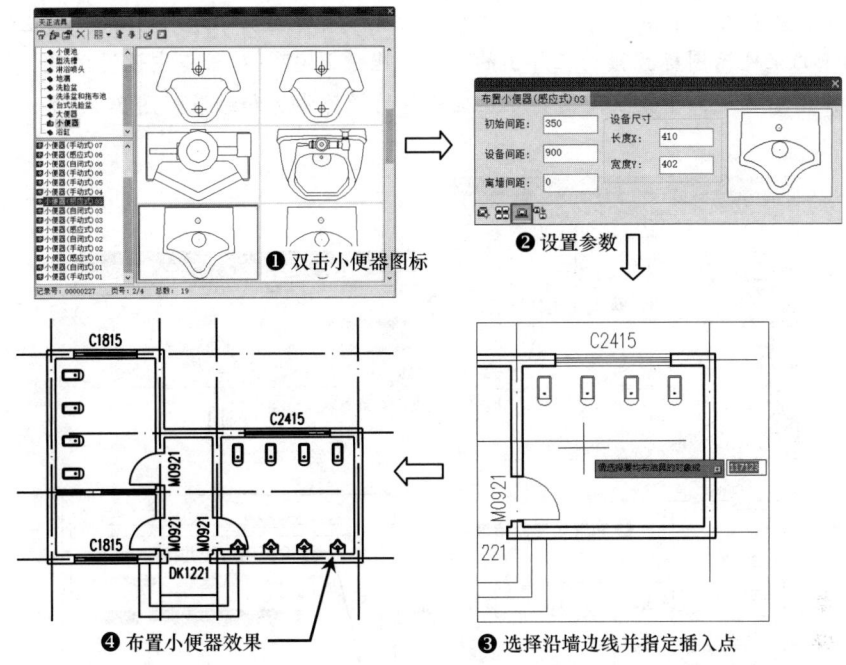

图 7-42 布置小便器的操作步骤和结果

[08] 布置洗脸盆。单击"房间"→"布置洁具"菜单命令，在弹出的"天正洁具"对话框中双击相应的洗脸盆图标，接着在弹出的"布置洗脸盆04"对话框中设置参数，然后根据命令行提示选择沿墙边线并指定插入点，布置洗脸盆。布置洗脸盆的操作步骤和结果如图 7-43 所示。

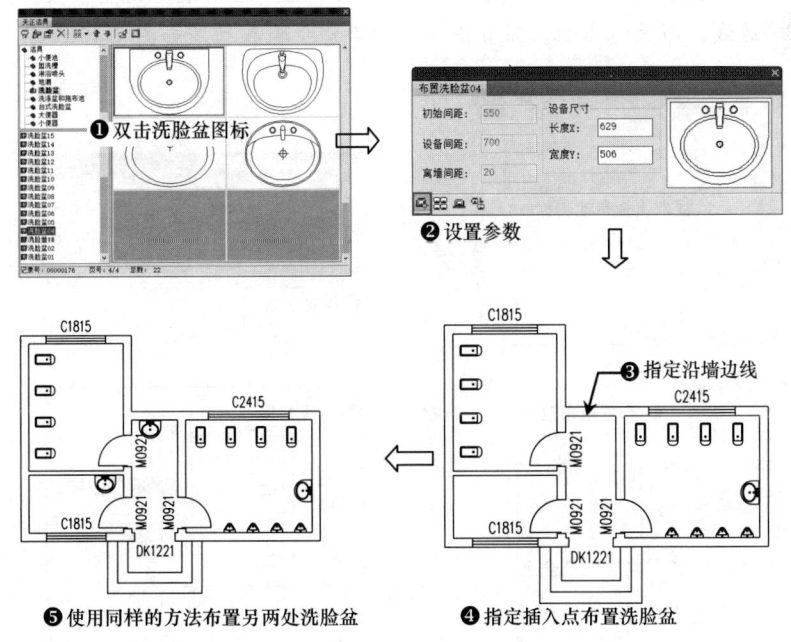

图 7-43 布置洗脸盆的操作步骤和结果

[09] 布置坐便器。单击"房间"→"布置洁具"菜单命令,在弹出的"天正洁具"对话框中双击相应的坐便器图标,接着在弹出的"布置坐便器07"对话框中设置参数,然后根据命令行提示选择沿墙边线,布置坐便器。布置坐便器的操作步骤和结果如图7-44所示。

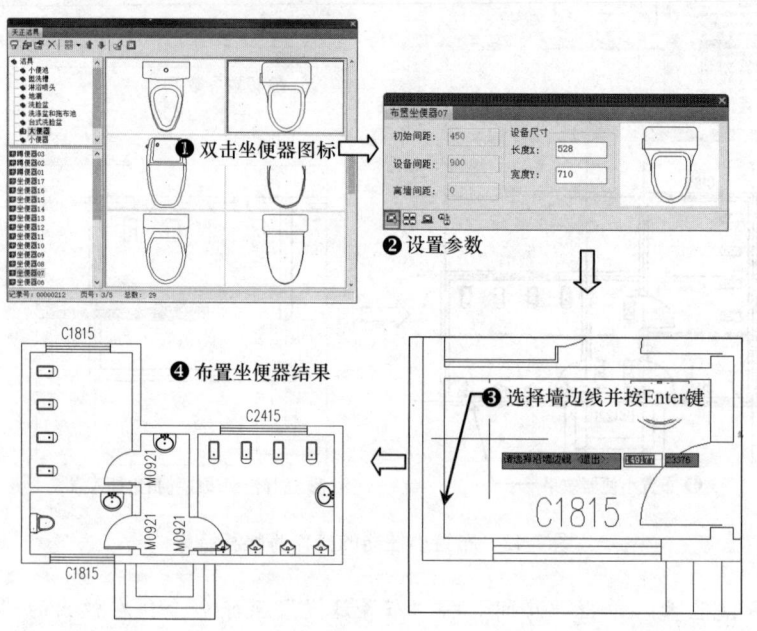

图7-44 布置坐便器的操作步骤和结果

[10] 布置拖布池。单击"房间"→"布置洁具"菜单命令,在弹出的"天正洁具"对话框中双击相应的拖布池图标,接着在弹出的"布置拖布池"对话框中设置参数,然后根据命令行提示选择沿墙边线,布置拖布池。布置拖布池的操作步骤和结果如图7-45所示。

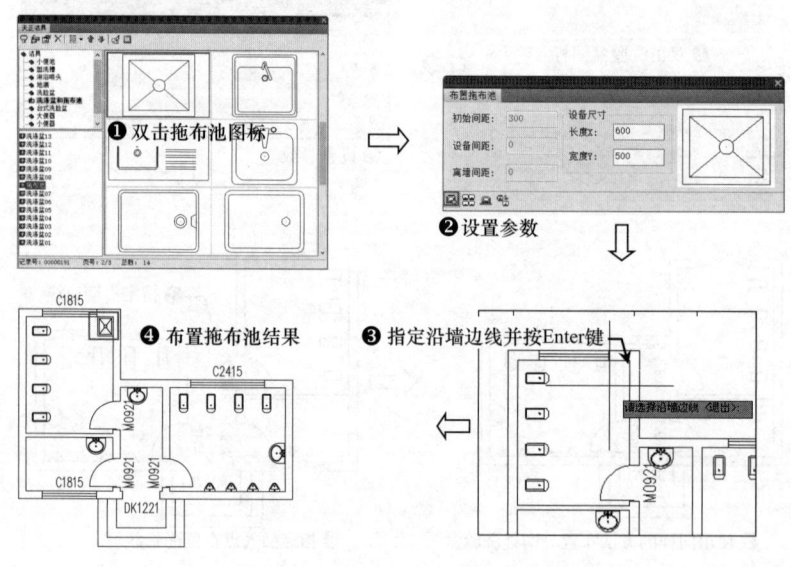

图7-45 布置拖布池的操作步骤和结果

[11] 布置隔断。单击"房间"→"布置隔断"菜单命令,根据命令行提示指定起点和终点,然后输入隔板长度和隔断门宽,即可完成隔断的布置。布置隔断的操作步骤和结果如图7-46所示。

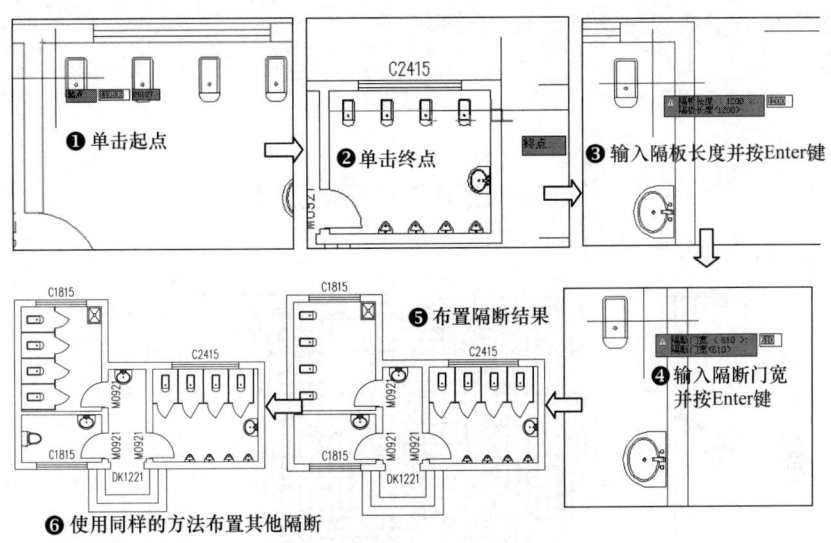

图 7-46　布置隔断的操作步骤和结果

[12] 布置隔板。单击"房间"→"布置隔板"菜单命令,根据命令行提示指定起点和终点,然后输入隔板长度,即可完成隔板的布置。布置隔板的操作步骤和结果如图7-47所示。

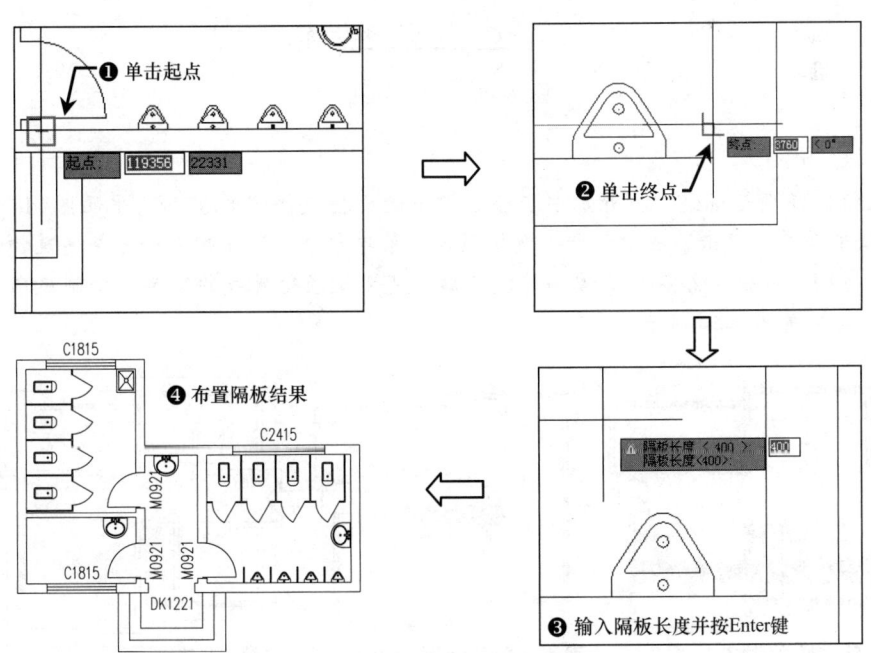

图 7-47　布置隔板的操作步骤和结果

7.5 实战演练——绘制屋顶平面图

本节将根据本章所介绍的创建屋顶的方法,绘制出某建筑物的屋顶平面图。绘制完成的屋顶平面图如图7-48所示。	视频文件:视频\第07章\7.5.mp4 播放时长:9min13s

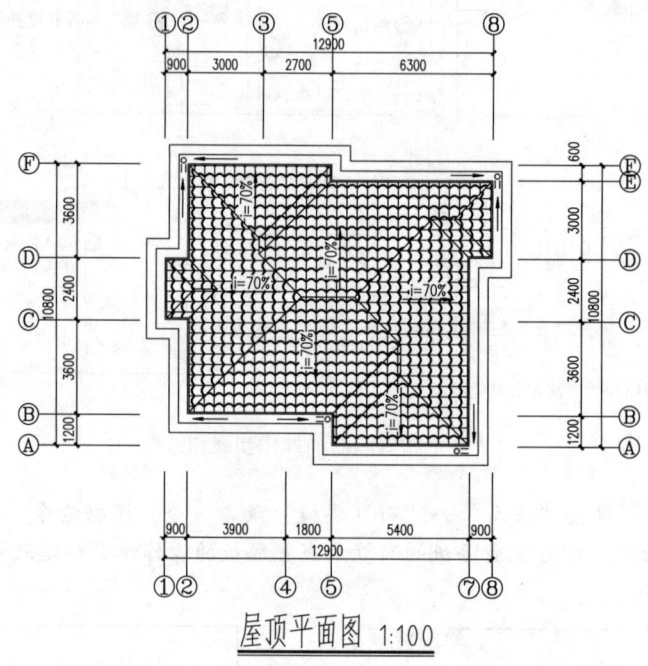

图 7-48　屋顶平面图

操作步骤如下:

[01] 绘制屋顶轮廓线。打开本书配套资源中的素材文件"第07章\平面图.dwg",将其另存为屋顶平面图。单击"屋顶"→"搜屋顶线"菜单命令,选择构成一完整建筑物的所有墙体和门窗后按Enter键,然后指定偏移外皮距离,完成屋顶轮廓线的绘制。绘制屋顶轮廓线的操作步骤和结果如图7-49所示。

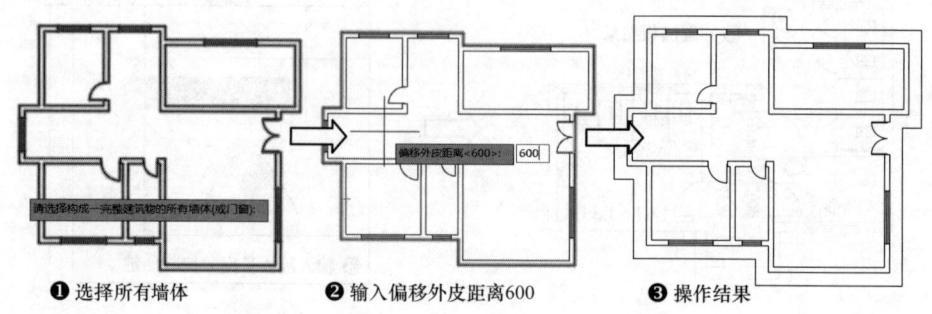

图 7-49　绘制屋顶轮廓线的操作步骤和结果

[02] 绘制檐沟线。单击 AutoCAD 修改工具栏中的 MOVE（移动）按钮✥，将图中的屋顶轮廓线、轴线、轴号和标注移动到空白位置，然后删除其他图线。单击 AutoCAD 修改工具栏中的 OFFSET（偏移）按钮⊂，将屋顶轮廓线依次向外偏移 380、360 和 60，将得到的闭合多段线作为檐沟线。绘制檐沟线的操作步骤和结果如图 7-50 所示。

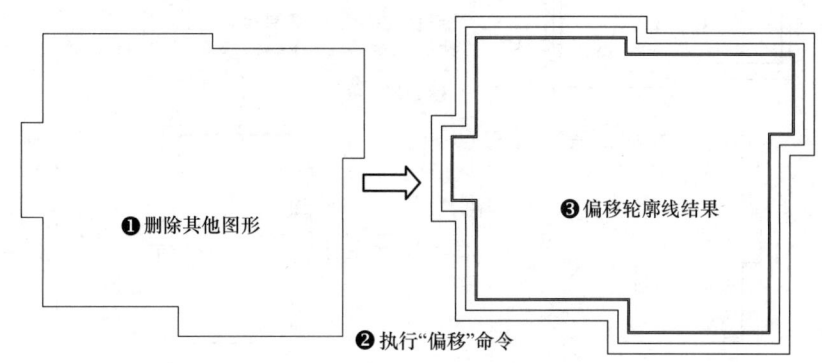

图 7-50　绘制檐沟线的操作步骤和结果

[03] 绘制坡屋顶。单击"屋顶"→"任意坡顶"菜单命令，根据命令行提示选择创建的屋顶轮廓线，然后依次指定坡度角和出檐长值，完成坡屋顶的创建。绘制坡屋顶的操作步骤和结果如图 7-51 所示。

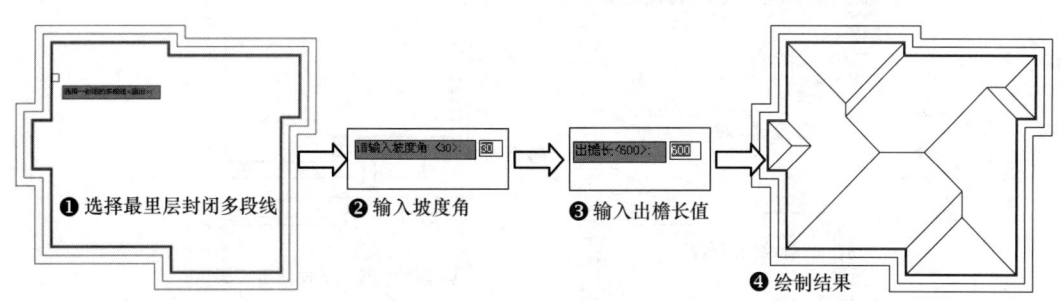

图 7-51　绘制坡屋顶的操作步骤和结果

[04] 标注坡面坡度。单击"符号标注"→"箭头引注"菜单命令，在弹出的"箭头引注"对话框中设置参数，然后根据命令行提示指定箭头起点和终点，绘制出坡度箭头和文字。标注坡面坡度的操作步骤和结果如图 7-52 所示。

[05] 绘制檐沟坡向箭头和雨水管。单击"符号标注"→"箭头引注"菜单命令，在弹出的"箭头引注"对话框中设置参数，根据命令行提示，绘制一个檐沟坡向箭头；单击 AutoCAD 修改工具栏中的 ROTATE（旋转）按钮↻和 COPY（复制）按钮❈，复制多个檐沟坡向箭头。单击 AutoCAD 绘图工具栏中的 CIRCLE（圆）按钮⊘，绘制直径为 100mm 的圆作为雨水管。绘制檐沟坡向箭头和雨水管的操作步骤和结果如图 7-53 所示。

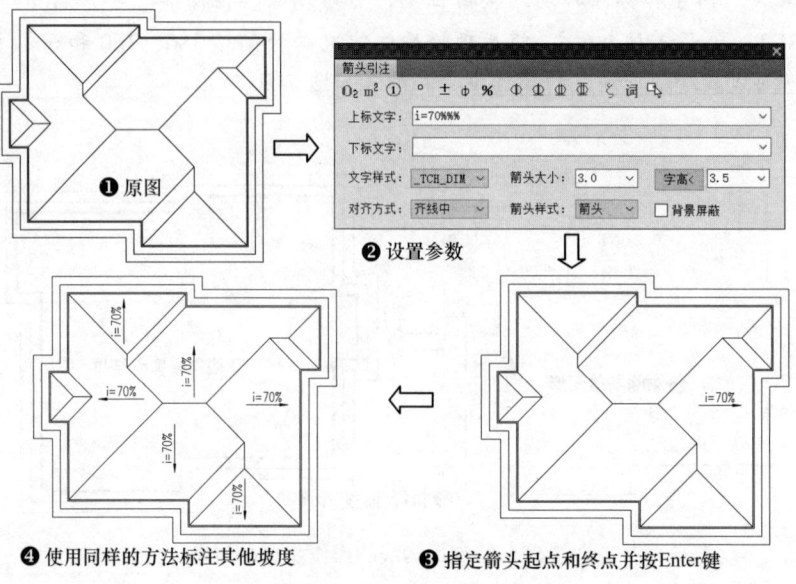

图 7-52　标注坡面坡度的操作步骤和结果

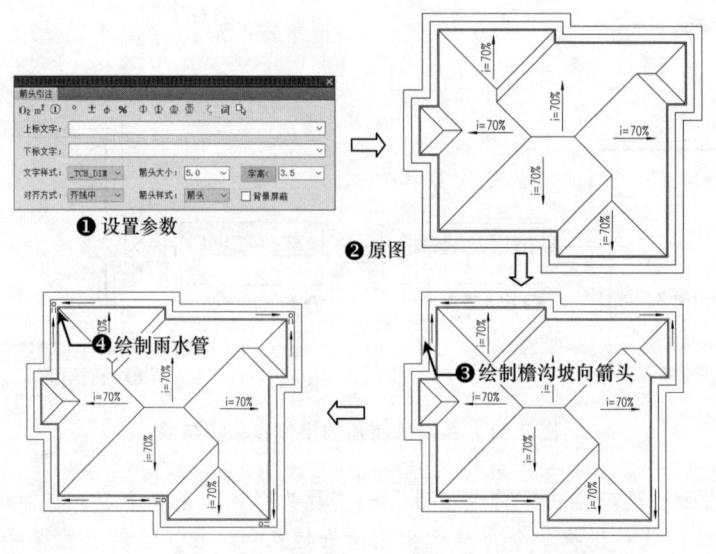

图 7-53　绘制檐沟坡向箭头和雨水管的操作步骤和结果

06 填充瓦面材料。单击 AutoCAD 绘图工具栏中的 HATCH（图案填充和渐变色）按钮，在命令行中输入 T，选择"设置"选项，在弹出的"图案填充和渐变色"对话框中选择相应的瓦面材料图案并设置参数，完成瓦面材料的填充。填充瓦面材料的操作步骤和结果如图 7-54 所示。

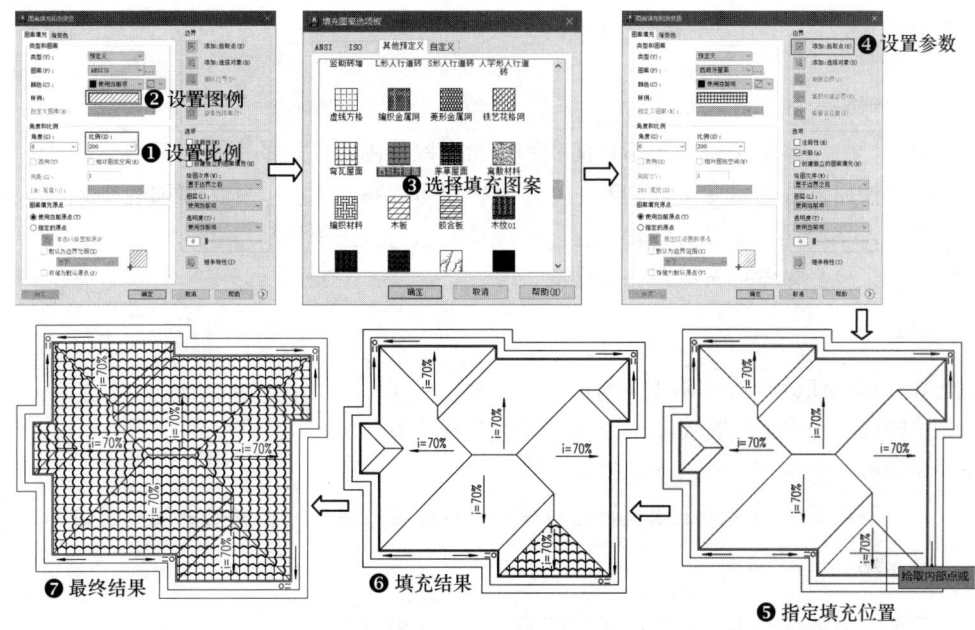

图 7-54　填充瓦面材料的操作步骤和结果

7.6　本章小结

1. 介绍了房间查询的命令，包括搜索房间、房间轮廓和查询面积等。

2. 房间对象可以通过"搜索房间"命令直接创建。查询的房间面积可以单行文字的形式标注在图上。使用"套内面积"命令，可自动计算分户单元的套内面积，该面积以墙中线计算（包括保温层厚度在内），因此选择墙体时应只选择构成该分户单元的墙体。

3. 介绍了房间布置的内容，T20 提供了多种房间布置工具，可用于添加踢脚线和布置洁具等。

4. T20 提供了专用的卫生间布置工具与洁具图库，可对多种洁具（如洗脸盆、坐便器、淋浴喷头、洗涤池和拖布池等）进行布置。在"天正洁具"对话框中双击需布置的洁具图标，按命令行提示进行操作，即可完成洁具布置。

5. 介绍了各种屋顶的创建方法。屋顶是建筑物的外围结构，是建筑物的重要组成部分。T20 提供了自动生成平屋顶、双坡屋顶、四坡屋顶等多种屋顶和创建檐口等屋顶构件的功能。

6. T20 提供了各种面积计算命令，可用于计算房间净面积，还可以按照国家标准《房产测量规范　第 1 单元：房产测量规定》(GB/T 17986.1—2000) 计算住宅单元的套内面积等，同时还提供了实时房间面积查询功能。

7. 通过实例介绍了布置洁具的方法和创建屋顶的方法。

7.7 思考与练习

一、填空题

1. 使用"搜索房间"命令可生成_____面积和_____面积。
2. 使用_____命令可以创建阳台面积和闭合多段线围合区域的面积。
3. 使用"搜屋顶线"命令可以创建_____，也可以将_____作为屋顶轮廓线。
4. 利用"人字坡顶"命令可创建_____屋顶和_____屋顶。
5. 利用_____命令可生成室内地面。

二、问答题

1. 奇数分格和偶数分格有哪些区别？
2. 天正图库中提供的洁具类型有哪些？简述其创建方法。
3. 如何修改任意坡顶某一坡面的坡度？
4. 什么是老虎窗？利用天正建筑软件可绘制哪些类型的老虎窗？简述创建老虎窗的方法。

三、操作题

1. 计算前几章的练习中绘制出的建筑图面积，并布置洁具。
2. 如图 7-55 所示绘制建筑平面图，标注房间面积，并布置洁具。

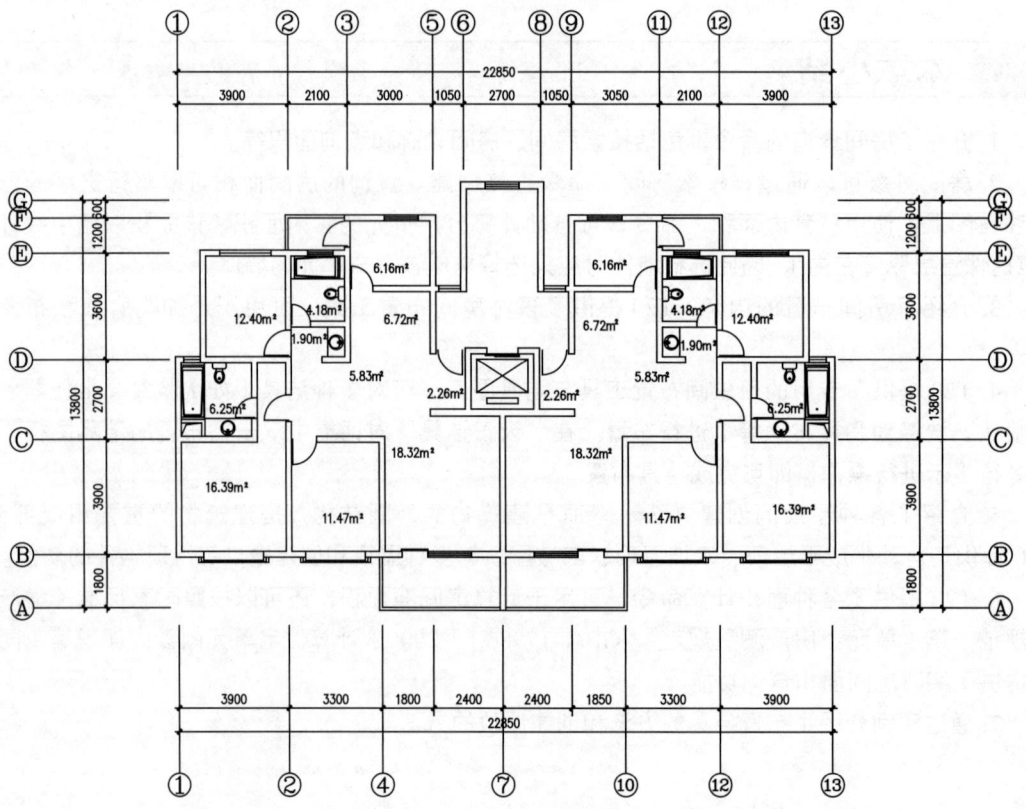

图 7-55　建筑平面图

3. 绘制如图 7-56 所示的建筑卫浴平面图。

4. 利用"任意坡顶"命令,为如图 7-57 所示的建筑户型平面图创建屋顶平面图。

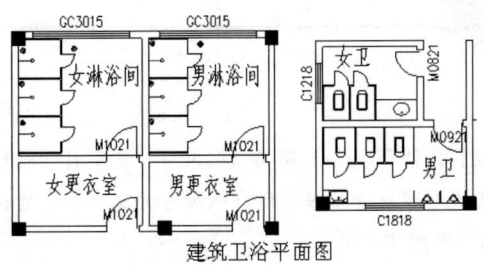

图 7-56　建筑卫浴平面图

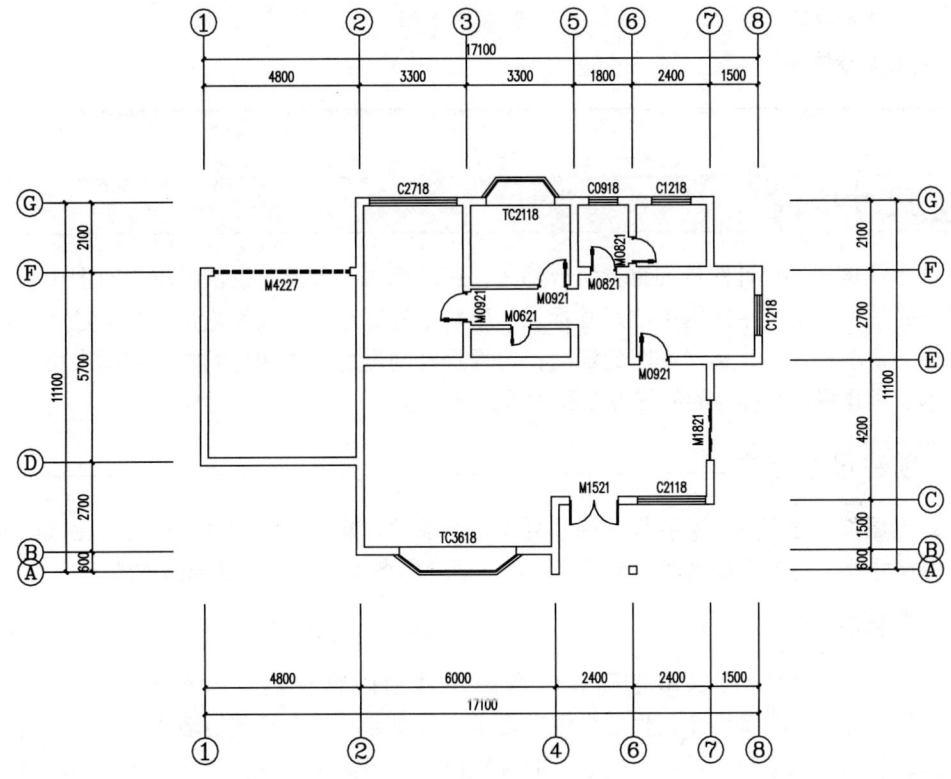

图 7-57　建筑户型平面图

第 8 章　标注尺寸、文字和符号

● **本章导读**

在建筑平面图绘制完成后，就可以根据需要添加尺寸、文字和符号标注。尺寸、文字和符号标注是建筑设计图中非常重要的组成部分。本章将介绍尺寸、文字和符号标注的创建和编辑方法，并通过实例讲解尺寸、文字和符号标注的用法。

● **本章重点**

◈ 尺寸标注　　　　　　　　◈ 文字和表格
◈ 符号标注　　　　　　　　◈ 本章小结
◈ 思考与练习

8.1 尺寸标注

尺寸标注是建筑设计图中的重要组成部分，在国家颁布的建筑制图标准中对图中的尺寸标注有严格的规定。建筑平面图中的尺寸标注一般包括外部尺寸标注和内部尺寸标注。外部尺寸是为了便于读图和施工，标注在图的四周；内部尺寸则是为了说明房间的净空间大小与位置关系等。本节将介绍尺寸标注的创建方法和编辑方法。

8.1.1 创建尺寸标注

在绘制建筑平面图时，需要标注的尺寸类型有多种，除了在绘制轴号标注时生成的外部开间和进深尺寸外，还需添加更多的尺寸标注。下面介绍各类尺寸标注的创建方法。

1. 门窗标注

"门窗标注"命令可以用来标注门窗的尺寸和门窗在墙中的位置。单击"尺寸标注"→"门窗标注"菜单命令，根据命令行提示指定交点、终点及其他墙体，即可完成门窗标注。当指定单独的门窗时，可在用户选定的位置标注出门窗尺寸线。值得注意的是，第一道尺寸线至第二道尺寸线的距离与第二道尺寸线至第三道尺寸线的距离必须相等。创建门窗标注的操作步骤和结果如图 8-1 所示。

2. 墙厚标注

"墙厚标注"命令可用来在图中标注两点连线经过的一至多段天正墙体对象的墙厚尺寸。T20 可识别墙体的方向，标注出与墙体正交的墙厚尺寸。当墙体中有轴线存在时，标注以轴线划分左右宽度，当墙体内没有轴线存在时，标注墙体的总宽。创建墙厚标注的操作步骤和结果如图 8-2 所示。

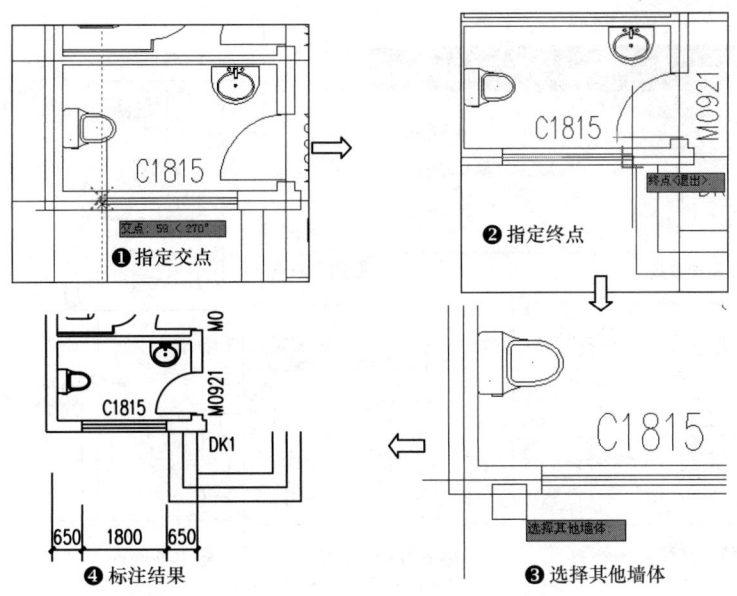

图 8-1 创建门窗标注的操作步骤和结果

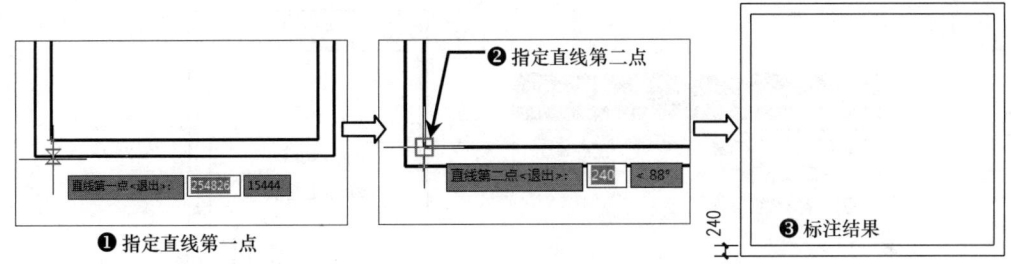

图 8-2 创建墙厚标注的操作步骤和结果

3. 两点标注

"两点标注"命令可用来为两点连线附近的轴线、墙体、门窗和柱子等构件（各构件之间需要具有一定的关系）标注尺寸，并可标注各墙中点或添加其他标注点。

单击"尺寸标注"→"两点标注"菜单命令，打开"两点标注"对话框，在其中设置参数，然后根据命令行提示指定标注尺寸线的起点和终点，选择不需要标注的轴线和墙体，指定其他要标注的门窗和柱子，指定其他要标注的点，再选择标注位置并按 Enter 键，即可完成两点标注。创建两点标注的操作步骤和结果如图 8-3 所示。

4. 内门标注

"内门标注"命令可以用来标注室内门窗的尺寸以及门窗与相邻的正交轴线或墙角（墙垛）的距离。单击"尺寸标注"→"内门标注"菜单命令，打开"内门标注"对话框，在其中设置参数，然后根据命令行提示指定起点和终点，通过两点连线选中门窗，即可标注室内门窗尺寸以及门窗与相邻轴线的距离。创建内门标注的操作步骤和结果如图 8-4 所示。

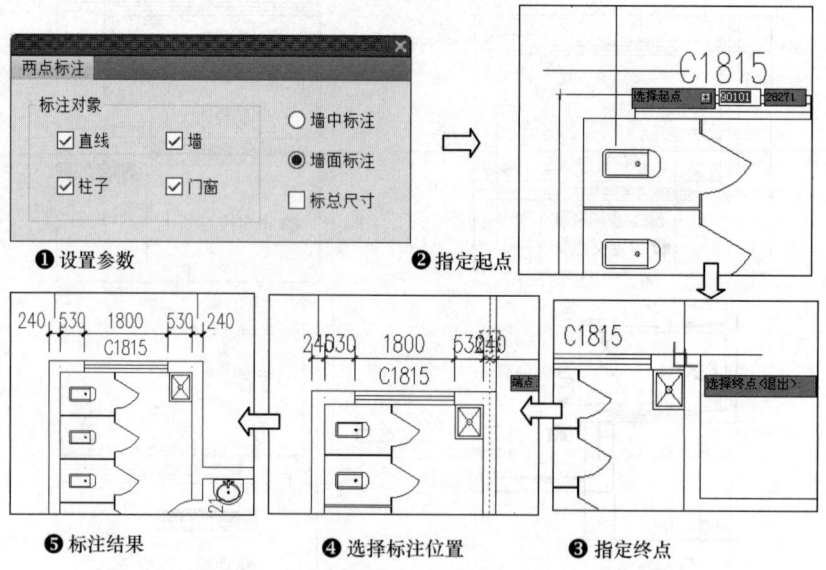

图 8-3 创建两点标注的操作步骤和结果

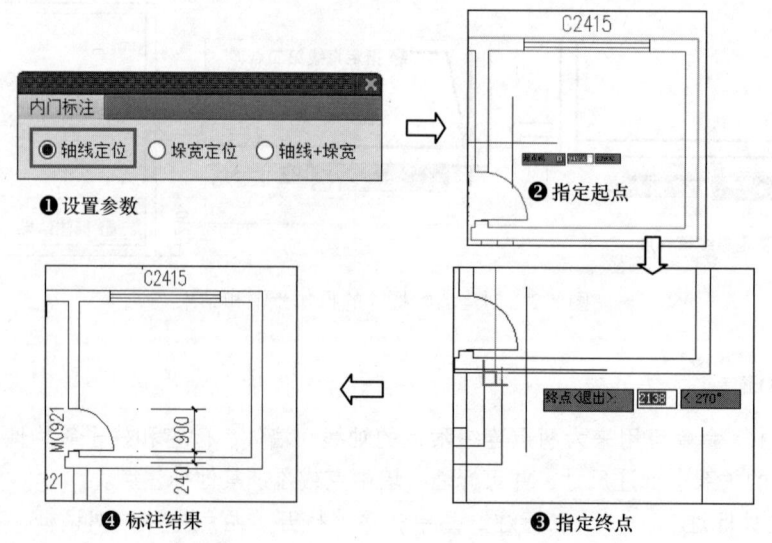

图 8-4 创建内门标注的操作步骤和结果

5. 快速标注

"快速标注"命令可用来快速识别图形的外轮廓线或对象节点并标注尺寸。该命令特别适用于选择平面图后快速标注其外包尺寸线。单击"尺寸标注"→"快速标注"菜单命令，根据命令行提示，窗选要标注的图形对象或平面图，按 Enter 键结束选择，然后在命令行中指定标注方式，再指定标注位置，即可完成快速标注。创建快速标注的操作步骤和结果如图 8-5 所示。

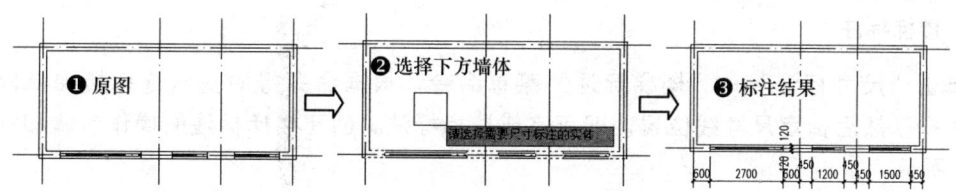

图 8-5 创建快速标注的操作步骤和结果

6. 平行标注

单击"尺寸标注"→"平行标注"菜单命令,根据命令行的提示指定起点与终点,即可完成平行标注。创建平行标注的操作步骤和结果如图 8-6 所示。

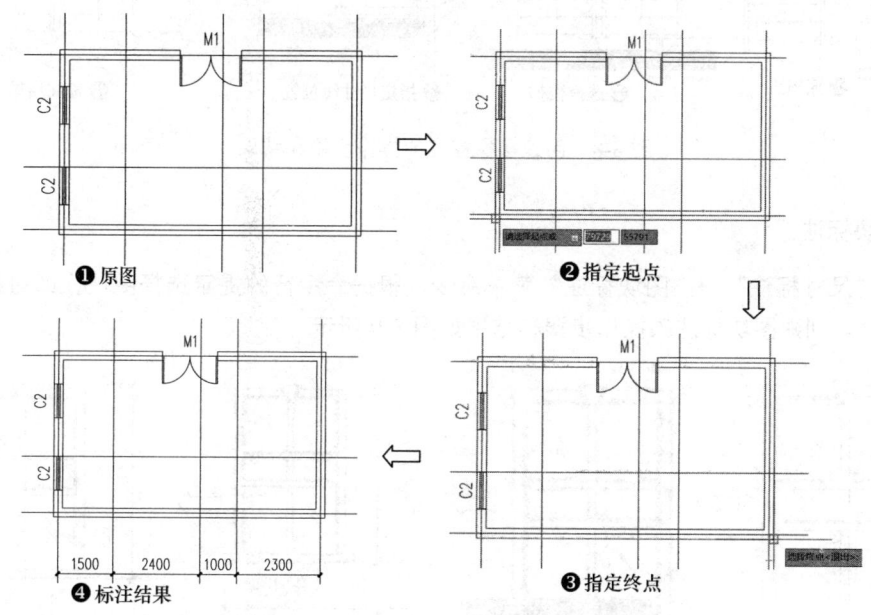

图 8-6 创建平行标注的操作步骤和结果

7. 自由标注

单击"尺寸标注"→"自由标注"菜单命令,根据命令行的提示选择几何图形,系统即可快速识别图形对象的外形轮廓或者基线点,并沿着图形对象的长宽方向标注几何尺寸。创建自由标注的操作步骤和结果如图 8-7 所示。

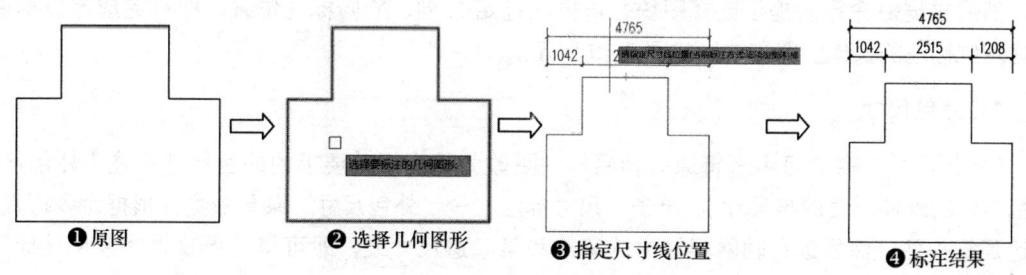

图 8-7 创建自由标注的操作步骤和结果

8. 楼梯标注

单击"尺寸标注"→"楼梯标注"菜单命令，根据命令行的提示选择楼梯梯段和平台、栏杆，然后指定尺寸线位置，即可完成楼梯标注。创建楼梯标注的操作步骤和结果如图 8-8 所示。

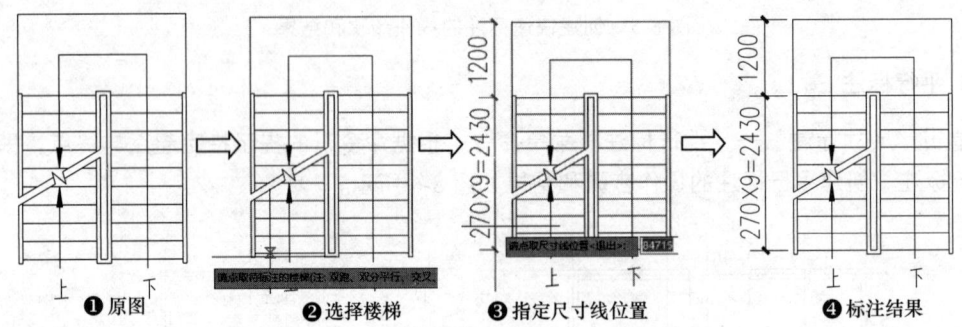

图 8-8　创建楼梯标注的操作步骤和结果

9. 图块标注

单击"尺寸标注"→"图块标注"菜单命令，根据命令行的提示选择图块，即可标注图块的边界尺寸。创建图块标注的操作步骤和结果如图 8-9 所示。

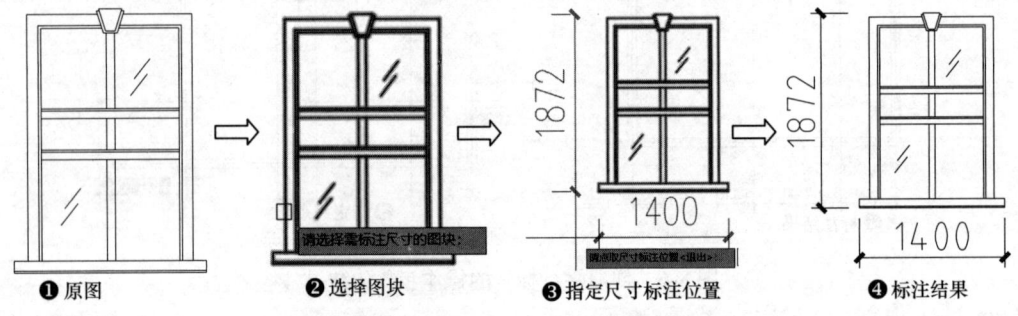

图 8-9　创建图块标注的操作步骤和结果

10. 定位标注

单击"尺寸标注"→"定位标注"菜单命令，打开"定位标注"对话框，在其中设置参数，然后根据命令行的提示选择图块，再依次指定 X 向、Y 向标注位置，即可完成定位标注。创建定位标注的操作步骤和结果如图 8-10 所示。

11. 外包尺寸

"外包尺寸"命令可用来将原有轴网标注更改为符合规范要求的外包尺寸标注（外包尺寸即包含外墙外侧厚度的总尺寸）。单击"尺寸标注"→"外包尺寸"菜单命令，根据命令行提示窗选建筑构件，然后选轴网标注中的第一和第二道尺寸线，即可将其更改为外包尺寸标注。创建外包尺寸的操作步骤和结果如图 8-11 所示。

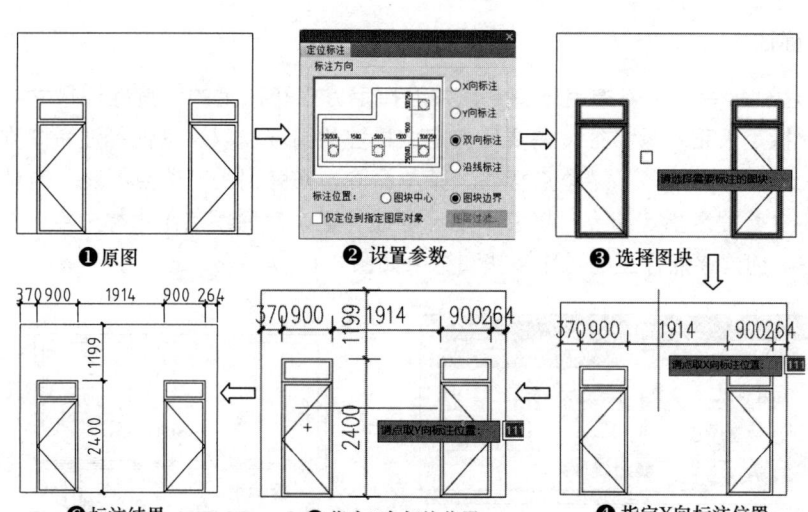

图 8-10 创建定位标注的操作步骤和结果

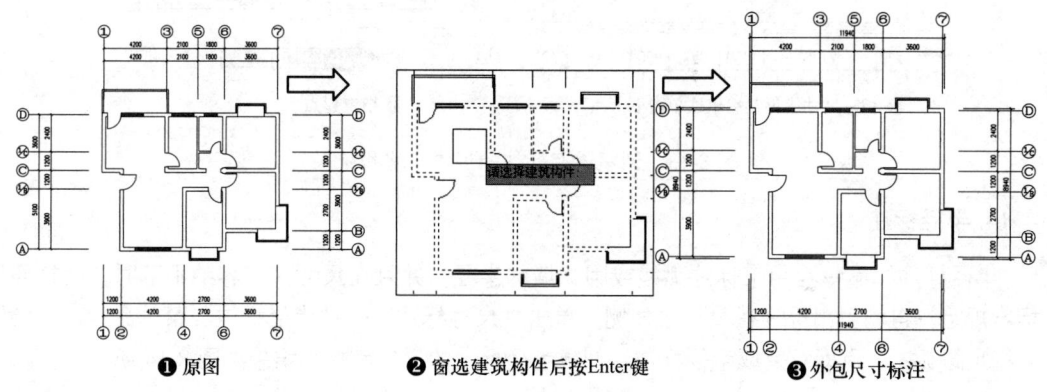

图 8-11 创建外包尺寸的操作步骤和结果

12. 合并标注

单击"尺寸标注"→"合并标注"菜单命令，根据命令行的提示选择尺寸标注，并点取位置放置总尺寸，即可完成合并标注。创建合并标注的操作步骤和结果如图 8-12 所示。

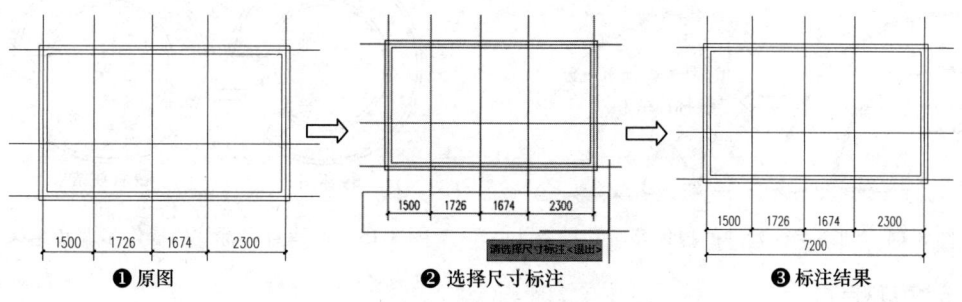

图 8-12 创建合并标注的操作步骤和结果

13. 逐点标注

"逐点标注"命令可用来指定一串点，并沿指定方向和选定的位置标注尺寸。逐点标注特别适用于没有指定天正对象特征，需要取点定位标注的情况，以及其他标注命令难以完成的尺寸标注。单击"尺寸标注"→"逐点标注"菜单命令，在弹出的"逐点标注"对话框中设置参数，再根据命令行提示指定起点，接着指定尺寸线位置，然后逐点给出标注点，按 Esc 键即可完成逐点标注。创建逐点标注的操作步骤和结果如图 8-13 所示。

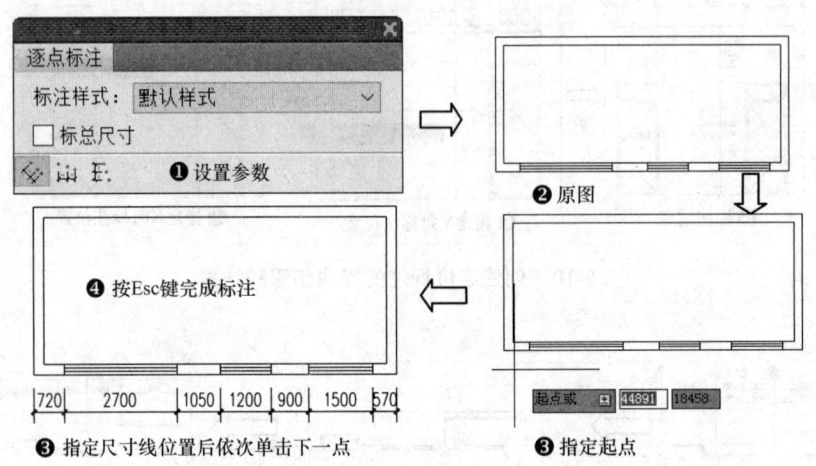

图 8-13　创建逐点标注的操作步骤和结果

14. 半径标注

"半径标注"命令可用来标注弧线或圆弧墙的半径，并且在尺寸文字容纳不下时，会按照制图标准规定，自动引出标注在尺寸线外侧。单击"尺寸标注"→"半径标注"菜单命令，在绘图区中指定圆弧上一点即可完成半径标注。创建半径标注的操作步骤和结果如图 8-14 所示。

15. 直径标注

"直径标注"命令可用来标注弧线或圆弧墙的直径，并且在尺寸文字容纳不下时，会按照制图标准规定，自动引出标注在尺寸线外侧。单击"尺寸标注"→"直径标注"菜单命令，在绘图区中指定圆弧上一点即可完成直径标注。创建直径标注的操作步骤和结果如图 8-15 所示。

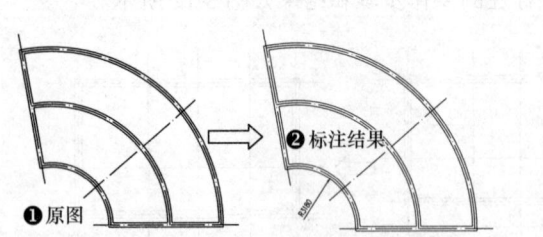

图 8-14　创建半径标注的操作步骤和结果

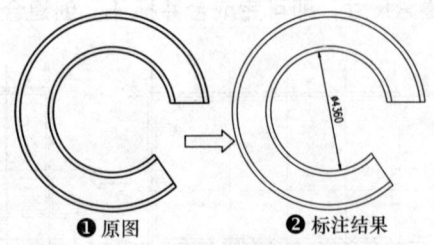

图 8-15　创建直径标注的操作步骤和结果

16. 角度标注

"角度标注"命令可以用来按逆时针方向标注两根直线之间的夹角。单击"尺寸标注"→"角度标注"菜单命令，然后根据命令行提示，按逆时针方向依次选择要标注角度的两条直线，即可完成角度的标注。创建角度标注的操作步骤和结果如图 8-16 所示。

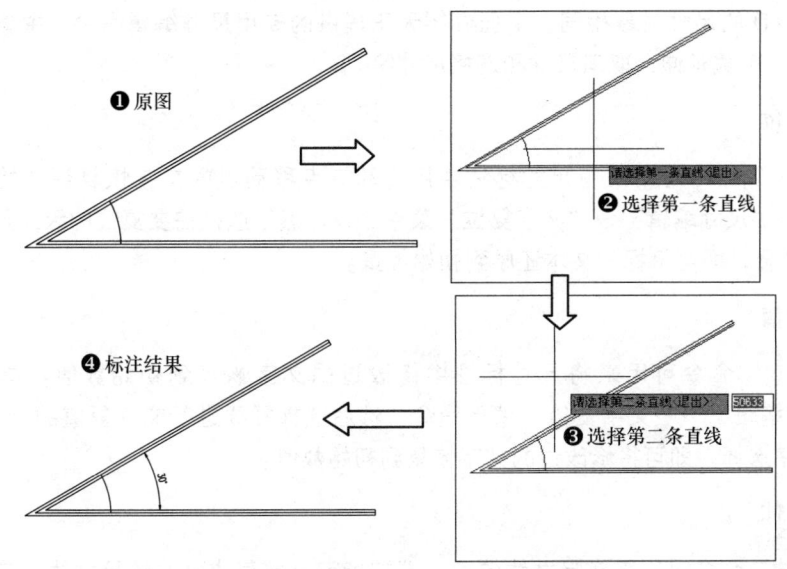

图 8-16　创建角度标注的操作步骤和结果

17. 弧弦标注

"弧弦标注"命令可用来以国家建筑制图标准规定的弧弦标注画法分段标注弧弦，并可在弧弦、角度和弦长三种状态下相互转换。单击"尺寸标注"→"弧弦标注"菜单命令，选择需要标注的弧段，然后指定要标注的尺寸类型，再指定其标注位置，按 Enter 键，即可完成弧弦标注。创建弧弦标注的操作步骤和结果如图 8-17 所示。

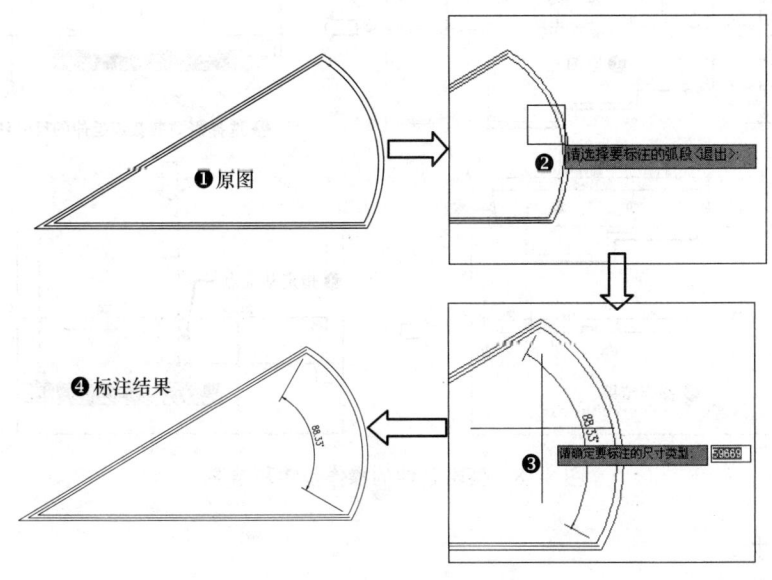

图 8-17　创建弧弦标注的操作步骤和结果

8.1.2 编辑尺寸标注

T20 提供的尺寸标注对象是天正自定义对象，支持裁剪、延伸和打断等编辑命令，其使用方法与 AutoCAD 的尺寸对象相同。下面介绍天正提供的专用尺寸编辑命令，主要包括文字复位、文字复值、剪裁延伸、取消尺寸和连接尺寸等。

1. 文字复位

"文字复位"命令可用来将尺寸标注中用拖动夹点移动过的文字恢复到初始位置。单击"尺寸标注"→"尺寸编辑"→"文字复位"菜单命令，然后选择需要复位的天正尺寸标注，按 Enter 键结束选择，即可将标注文本还原到初始位置。

2. 文字复值

"文字复值"命令可用来将尺寸标注中修改过的文字恢复到初始数值。单击"尺寸标注"→"尺寸编辑"→"文字复值"菜单命令，然后选择需要进行文字复值的天正尺寸标注，按 Enter 键结束选择，即可将修改过的文字恢复到初始数值。

3. 剪裁延伸

"剪裁延伸"命令可用来在尺寸线的某一端按指定点剪裁或延伸该尺寸线。该命令可自动判断对尺寸线需要进行剪裁还是延伸。单击"尺寸标注"→"尺寸编辑"→"剪裁延伸"菜单命令，指定剪裁或延伸的基准点，然后选择需剪裁或延伸的尺寸线，按 Enter 键结束选择，即可完成尺寸标注的剪裁或延伸。剪裁延伸的操作步骤和结果如图 8-18 所示。

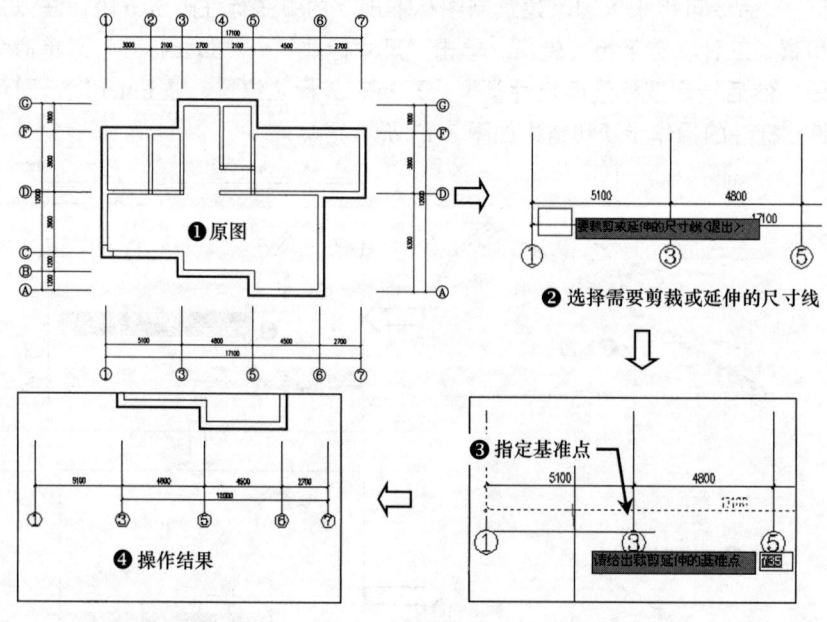

图 8-18 剪裁延伸的操作步骤和结果

4. 取消尺寸

"取消尺寸"命令可用于删除天正标注对象中指定的尺寸线区间。单击"尺寸标注"→

"尺寸编辑"→"取消尺寸"菜单命令,单击需要取消的天正尺寸标注文字,即可取消所选尺寸。取消尺寸的操作步骤和结果如图 8-19 所示。

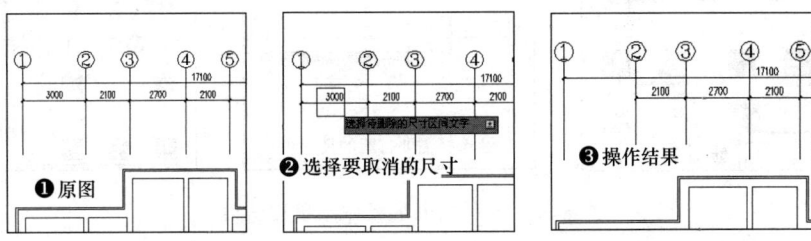

图 8-19　取消尺寸的操作步骤和结果

5. 连接尺寸

"连接尺寸"命令可用于连接两个独立的天正自定义直线或圆弧标注对象。该命令能够将选择的两尺寸线区间加以连接,使原有的两个标注对象合并成为一个标注对象。如果准备连接的两个标注对象的尺寸线不共线,连接后的标注对象将以第一个选择的标注对象为主标注尺寸对齐。该命令通常还可用于将 AutoCAD 的尺寸标注对象转变为天正尺寸标注对象。单击"尺寸标注"→"尺寸编辑"→"连接尺寸"菜单命令,然后依次指定需连接的两段尺寸标注,即可完成尺寸连接。连接尺寸的操作步骤和结果如图 8-20 所示。

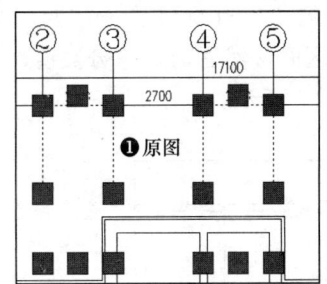 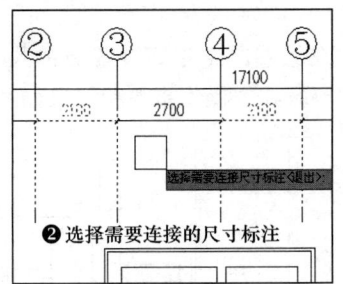 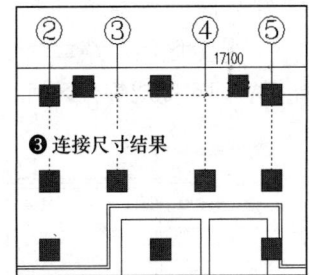

图 8-20　连接尺寸的操作步骤和结果

6. 尺寸打断

"尺寸打断"命令可将整体的天正自定义尺寸标注对象在指定的尺寸界线上打断,成为两段互相独立的尺寸标注对象,并且两个对象可以分别拖动夹点,进行移动和复制等操作。单击"尺寸标注"→"尺寸编辑"→"尺寸打断"菜单命令,指定要打断的一侧的尺寸线,即可将尺寸打断。尺寸打断的操作步骤和结果如图 8-21 所示。

7. 合并区间

"合并区间"命令可将两个或两个以上的区间尺寸进行合并。当多个小区间被合并以后将会形成一个大的区间尺寸标注。单击"尺寸标注"→"尺寸编辑"→"合并区间"菜单命令,在绘图区中窗选要合并区间中的尺寸线箭头,即可将所选中的尺寸线进行合并。合并区间的操作步骤和结果如图 8-22 所示。

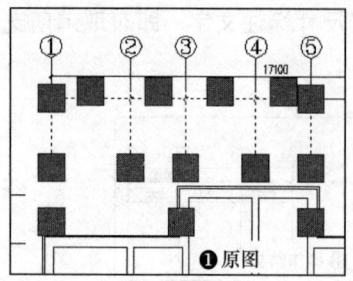
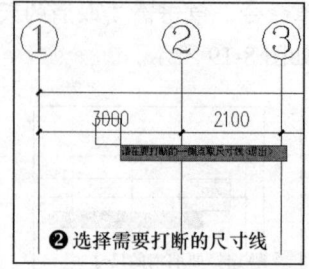
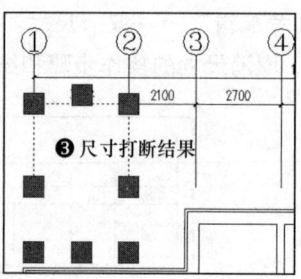

图 8-21　尺寸打断的操作步骤和结果

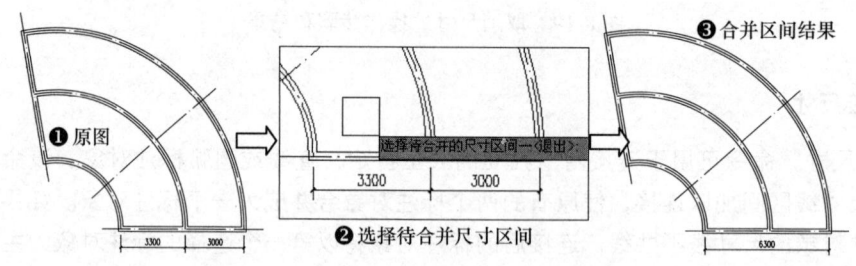

图 8-22　合并区间的操作步骤和结果

8．等分区间

"等分区间"命令可用于等分指定的尺寸标注区间。单击"尺寸标注"→"尺寸编辑"→"等分区间"菜单命令，在绘图区中指定要等分的尺寸区间，然后输入等分数值，按 Enter 键，即可完成等分区间。等分区间的操作步骤和结果如图 8-23 所示。

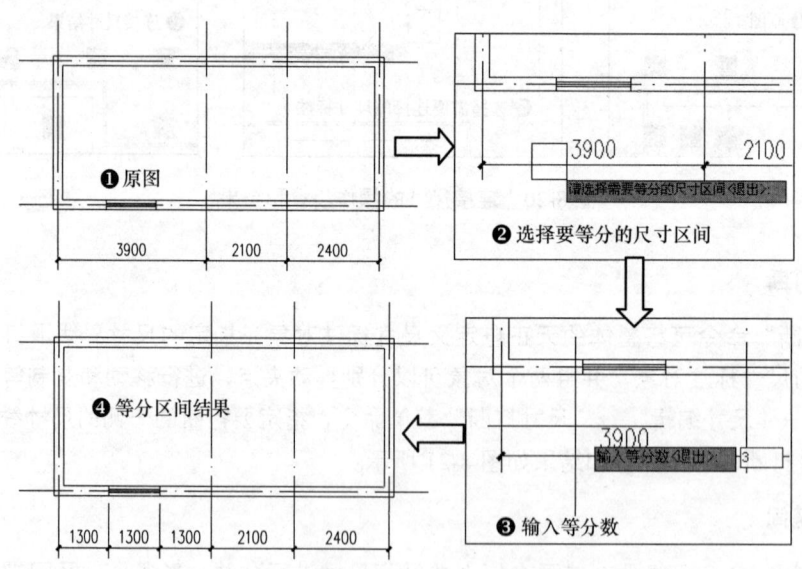

图 8-23　等分区间的操作步骤和结果

9．等式标注

"等式标注"命令可将指定的尺寸区间中的标注文字标注为按等分数列出的等分公式，不能被等分数整除的尺寸将保留一位小数。单击"尺寸标注"→"尺寸编辑"→"等式标注"菜单命令，指定需要等分的尺寸区间，然后输入等分数，按 Enter 键，即可完成等式标注的创建。创建等式标注的操作步骤和结果如图 8-24 所示。

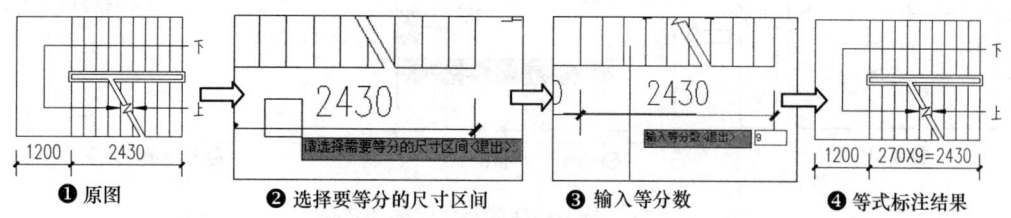

图 8-24　创建等式标注的操作步骤和结果

10. 对齐标注

"对齐标注"命令可将多个选择的标注对象进行对齐，使图样更加美观。单击"尺寸标注"→"尺寸编辑"→"对齐标注"菜单命令，在绘图区指定参考标注，然后指定要对齐的标注对象，按 Enter 键，即可完成对齐标注。对齐标注的操作步骤和结果如图 8-25 所示。

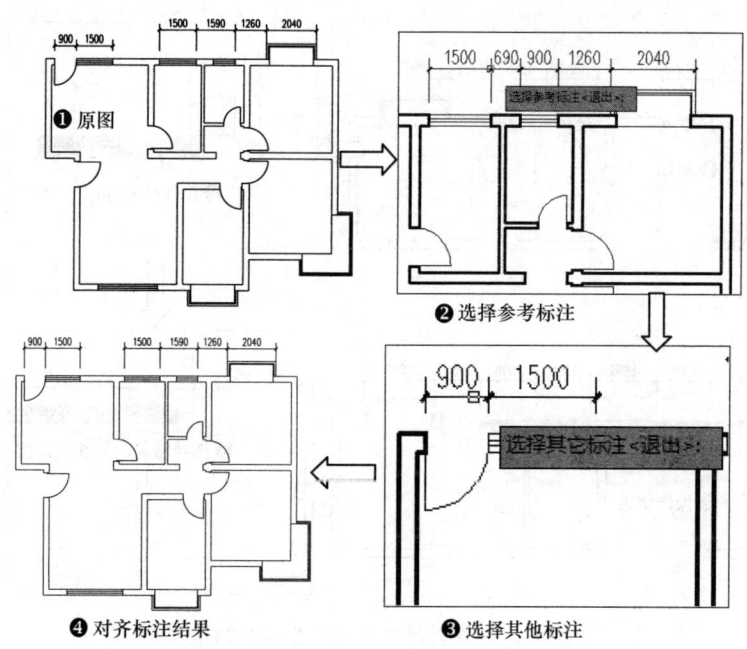

图 8-25　对齐标注的操作步骤和结果

11. 标注翻转

单击"尺寸标注"→"尺寸编辑"→"标注翻转"菜单命令，根据命令行的提示选择尺寸标注，按 Enter 键即可翻转尺寸，修正尺寸重叠的问题。标注翻转的操作步骤和结果如图 8-26 所示。

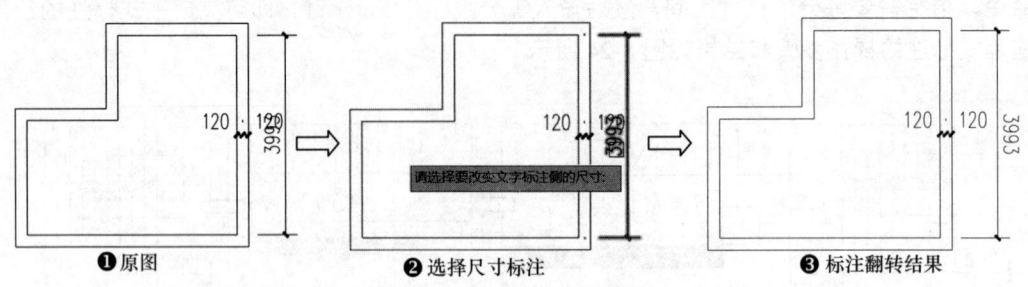

图 8-26 标注翻转的操作步骤和结果

12. 增补尺寸

"增补尺寸"命令可用来在一个天正自定义直线标注对象区间中,增补新的尺寸对象。双击尺寸标注对象或者单击"尺寸标注"→"尺寸编辑"→"增补尺寸"菜单命令,接着在绘图区中选择需要增补尺寸的尺寸标注对象,然后指定增补尺寸的标注位置,即可增补尺寸。增补尺寸的操作步骤和结果如图 8-27 所示。

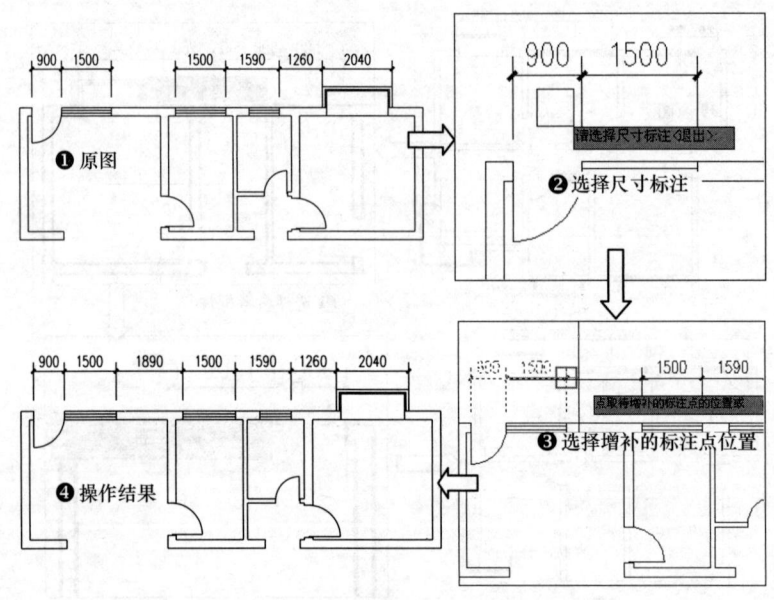

图 8-27 增补尺寸的操作步骤和结果

13. 切换角标

"切换角标"命令可用来将已有尺寸标注在角度标注、弦长标注和弧弦标注 3 种模式之间切换。连续单击"尺寸标注"→"尺寸编辑"→"切换角标"菜单命令,选择尺寸标注后按 Enter 键,即可将尺寸标注在角度标注、弦长标注和弧弦标注 3 种模式之间切换。切换角标的方法和结果如图 8-28 所示。

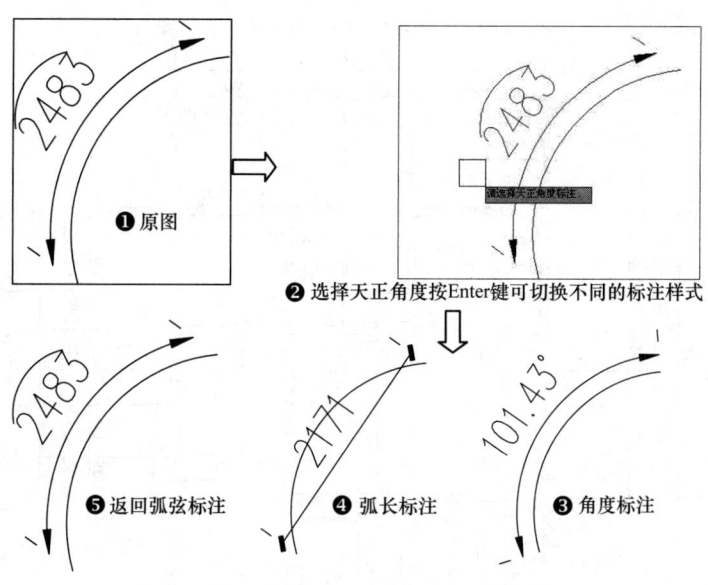

图 8-28 切换角标的方法和结果

14. 尺寸转化

"尺寸转化"命令可用来将 AutoCAD 尺寸标注对象转化为天正尺寸标注对象。单击"尺寸标注"→"尺寸编辑"→"尺寸转化"菜单命令,在绘图区中选择需要转化为天正标注对象的 AutoCAD 尺寸标注对象,然后按 Enter 键即可完成尺寸标注的转化。

15. 尺寸自调

"尺寸自调"命令可用来将尺寸标注文本重叠的对象进行重新排列,使其达到最佳观看效果。单击"尺寸标注"→"尺寸编辑"→"尺寸自调"菜单命令,在绘图区中选择需要调整的尺寸标注文本,然后按 Enter 键结束选择,即可完成尺寸自调操作。

16. 自调关、上调和下调

单击"尺寸标注"→"尺寸编辑"→"自调关/上调/下调"菜单命令,可在"自调关""上调"和"下调"3 个命令之间切换。当显示为"上调",且执行"尺寸自调"命令时,其重叠的尺寸标注文本会向上排列;当显示为"下调",且执行"尺寸自调"命令时,其重叠的尺寸标注文本会向下排列;当显示为"自调关",且执行"尺寸自调"命令时,不会影响原始标注的效果。

17. 尺寸等距

"尺寸等距"功能是 T20 新增的功能,用于对选中的尺寸标注在垂直于尺寸线方向进行尺寸间距的等距调整。

8.1.3 实战演练——绘制建筑平面图的尺寸标注

根据本节所学内容,对已绘制好的建筑平面图进行尺寸标注,结果如图 8-29 所示。	视频文件:视频\第 08 章\8.1.3.mp4
	播放时长:15min28s

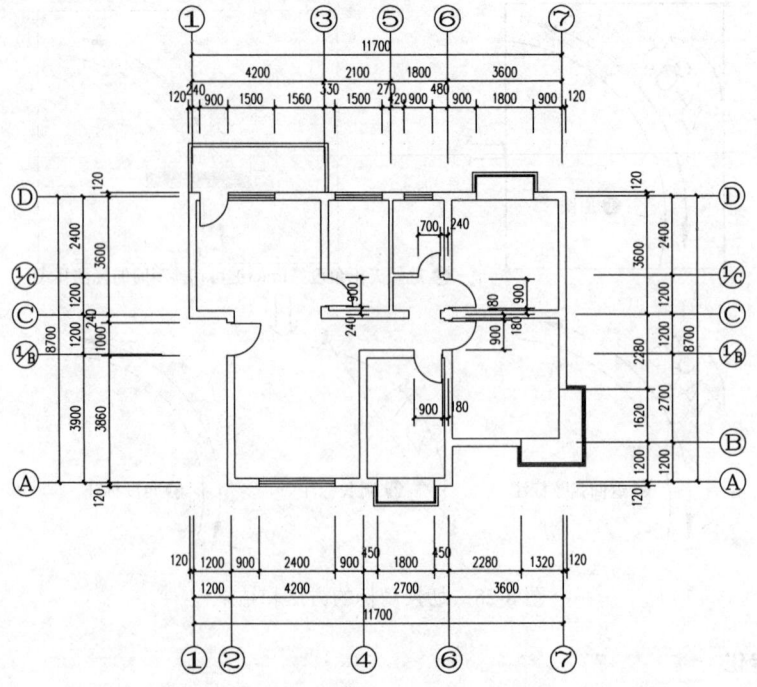

图 8-29 尺寸标注

操作步骤如下：

01 合并第一道尺寸线。启动 T20，打开配套资源中的"08 章\8.1.3 素材.dwg"文件，单击"尺寸标注"→"尺寸编辑"→"连接尺寸"菜单命令，将每个方向上的第一道尺寸线连接起来；再单击"尺寸标注"→"尺寸编辑"→"合并区间"菜单命令，将第一道尺寸线合并为一个整体。合并第一道尺寸线的操作步骤和结果如图 8-30 所示。

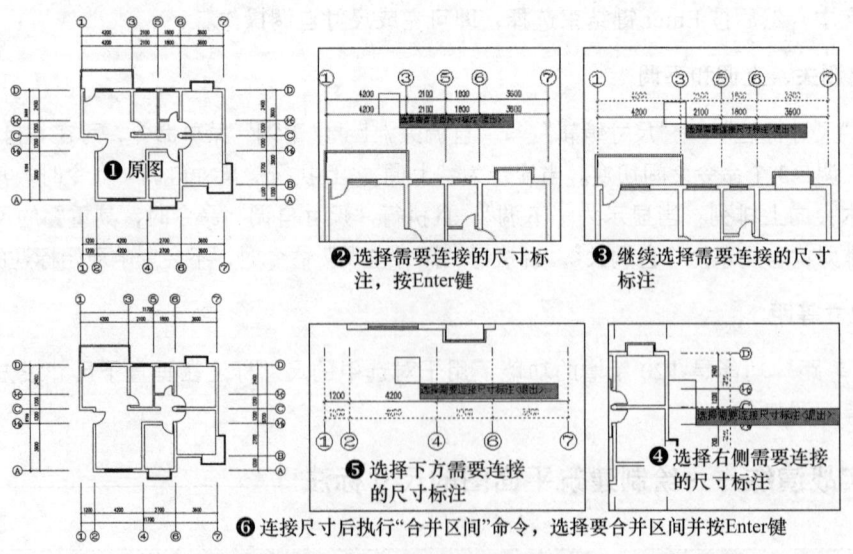

图 8-30 合并第一道尺寸线的操作步骤和结果

[02] 绘制第三道尺寸线。单击 AutoCAD 绘图工具栏中的 LINE（直线）按钮和修改工具栏中的 OFFSET（偏移）按钮，生成第三道尺寸线；再单击"尺寸标注"→"快速标注"菜单命令，标注第三道尺寸线。绘制第三道尺寸线的操作步骤和结果如图 8-31 所示。

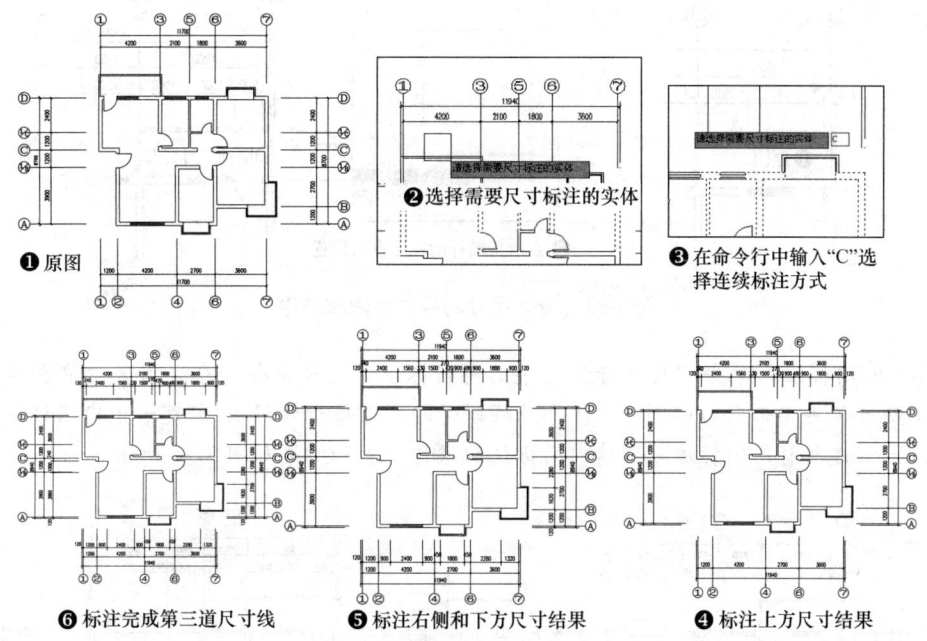

图 8-31　绘制第三道尺寸线的操作步骤和结果

[03] 尺寸上调。单击"尺寸标注"→"自调关"菜单命令，将其显示为"上调"，然后单击"尺寸标注"→"尺寸自调"菜单命令，选择第三道尺寸线，按 Enter 键，将尺寸上调。尺寸上调的操作步骤和结果如图 8-32 所示。

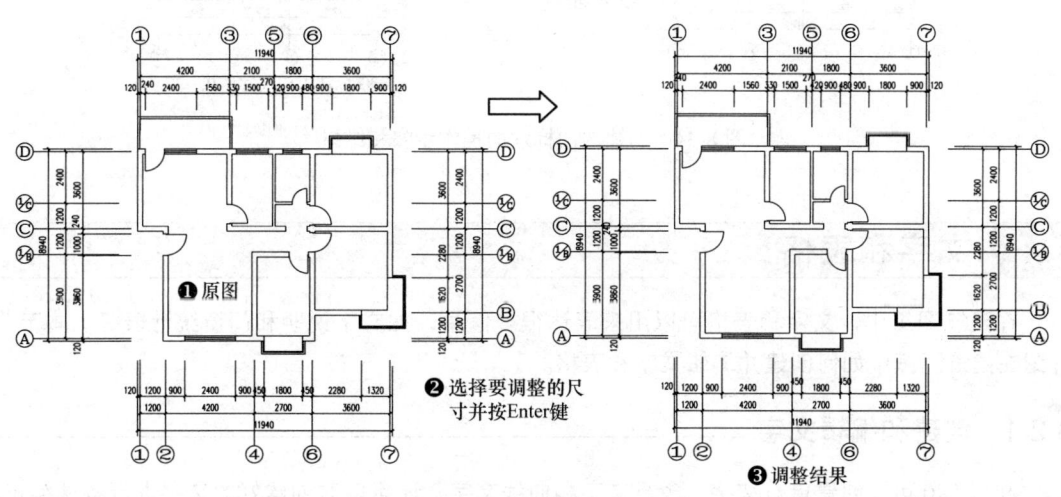

图 8-32　尺寸上调的操作步骤和结果

[04] 增补尺寸。单击"尺寸标注"→"尺寸编辑"→"增补尺寸"菜单命令，在绘图区中选择需增补尺寸的尺寸标注，然后指定需增补尺寸的标注点，按 Enter 键，为门联窗增补尺寸。增补尺寸的操作步骤和结果如图 8-33 所示。

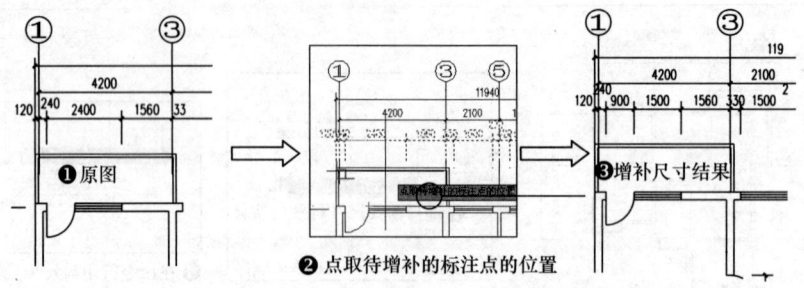

图 8-33　增补尺寸的操作步骤和结果

[05] 内门标注。单击"尺寸标注"→"内门标注"菜单命令，在绘图区中单击内门外侧一点，拖动鼠标再单击内门内侧一点（两点连线必须经过该平开门），创建一个内门标注。采用同样方法，创建所有内门标注。创建内门标注的操作步骤和结果如图 8-34 所示。

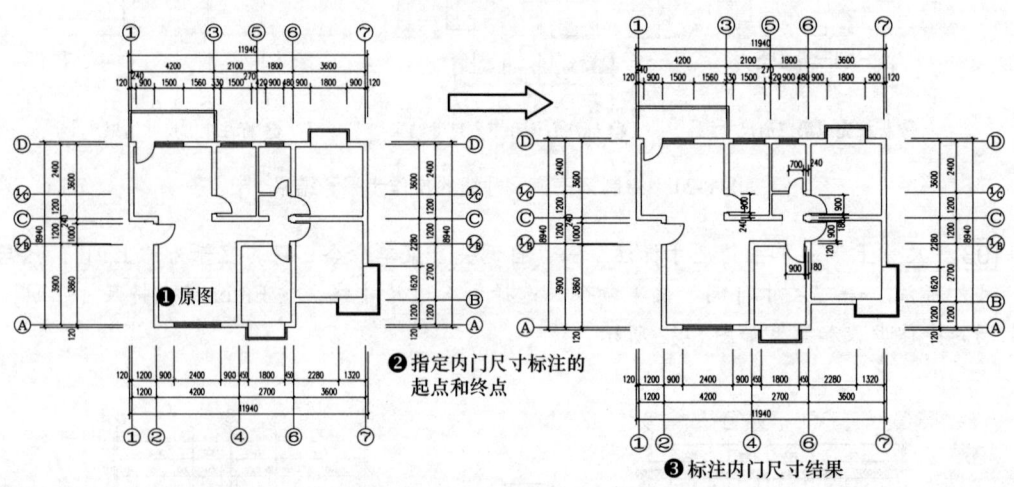

图 8-34　创建内门标注的操作步骤和结果

8.2　文字和表格

在建筑图纸中，文字和表格可以用来表达很多信息，如文字说明和门窗统计表等。本节将介绍在建筑图纸中如何创建并编辑文字和表格。

8.2.1　创建和编辑文字

利用 T20 可以创建单行文字、多行文字和曲线文字，还可以对创建好的文字进行各种编辑。在 T20 中，通常使用文字样式来统一设置和修改相关文字的格式。下面介绍文字的创建方法与编辑方法。

1. 文字样式

"文字样式"命令可以用来创建新的文字样式，或修改已有的文字样式，主要包括设置文字的高度、宽度、字体和样式名称等。修改文字样式后，在当前图纸中使用此样式的文字将随之更改。

单击"文字表格"→"文字样式"菜单命令，弹出"文字样式"对话框，如图 8-35 所示。在该对话框中设置好参数，单击"确定"按钮，即可完成文字样式的设置。

图 8-35 "文字样式"对话框

"文字样式"对话框中各选项的含义如下：

- "样式名"下拉列表：在其中可选择已存在的文字样式。选择某文字样式后，可通过对话框下方的各个选项对其进行修改。
- "新建""重命名"和"删除"按钮：分别用于新建文字样式，以及对当前所选的文字样式进行重命名或删除操作。
- "AutoCAD 字体"和"Windows 字体"单选按钮：用于设置使用 AutoCAD 字体还是使用 Windows 字体。
- "宽高比"文本框：用于设置中文字宽度与高度的比值。
- "中文字体"下拉列表：用于设置使用何种中文字体。
- "字宽方向"文本框：用于设置西文字宽与中文字宽的比值。
- "字高方向"文本框：用于设置西文字高与中文字高的比值。
- "西文字体"下拉列表：用于设置使用何种西文字体。
- "预览"按钮：单击此按钮，可在预览区显示文字样式的设置效果。

2. 单行文字

"单行文字"命令可用于创建单行文字。用户可通过设置文字样式统一单行文字的格式，并可以为文字设置上下标、加圆圈、添加特殊符号和导入专业词库等。单击"文字表格"→"单行文字"菜单命令，在弹出的"单行文字"对话框中设置参数，然后在绘图区中指定插入位置，即可创建单行文字。创建单行文字的操作步骤和结果如图 8-36 所示。

3. 多行文字

"多行文字"命令可用于根据设置好的文字样式按段落输入文字，并且可以设置行距和页宽等。单击"文字表格"→"多行文字"菜单命令，在弹出的"多行文字"对话框中设置参数并输入文字，单击"确定"按钮，然后在绘图区中指定多行文字插入位置，即可创建多行文字。创建多行文字的操作步骤和结果如图 8-37 所示。

4. 曲线文字

"曲线文字"命令可用于按弧线或沿着某条曲线创建文字。单击"文字表格"→"曲线文字"菜单命令，打开"曲线文字"对话框，在其中设置参数，然后根据命令行提示指定文字的基线与布置方向，即可创建曲线文字。创建曲线文字的操作步骤和结果如图 8-38 所示。

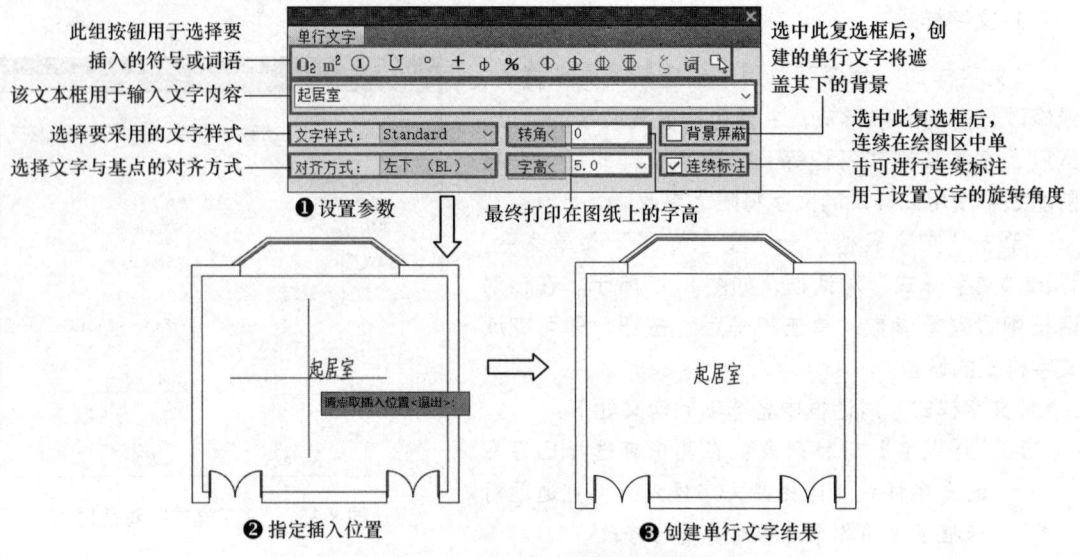

图 8-36 创建单行文字的操作步骤和结果

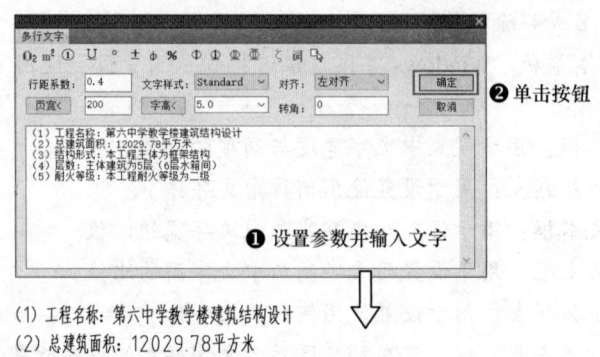

图 8-37 创建多行文字

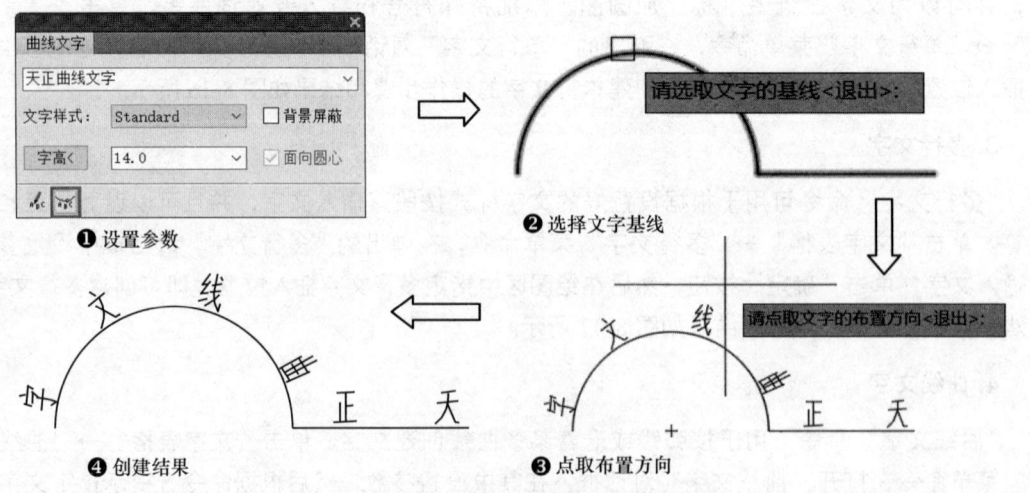

图 8-38 创建曲线文字的操作步骤和结果

5. 专业词库

"专业词库"命令可用来为用户提供一个扩充的专业词库。单击"文字表格"→"专业词库"菜单命令，弹出"专业词库"对话框，如图 8-39 所示。在该对话框中手工输入自定义字符串，单击"入库"按钮，即可将其添加到词库中。用户也可以通过导入外部文本文件的方式向词库中批量添加专业词库。

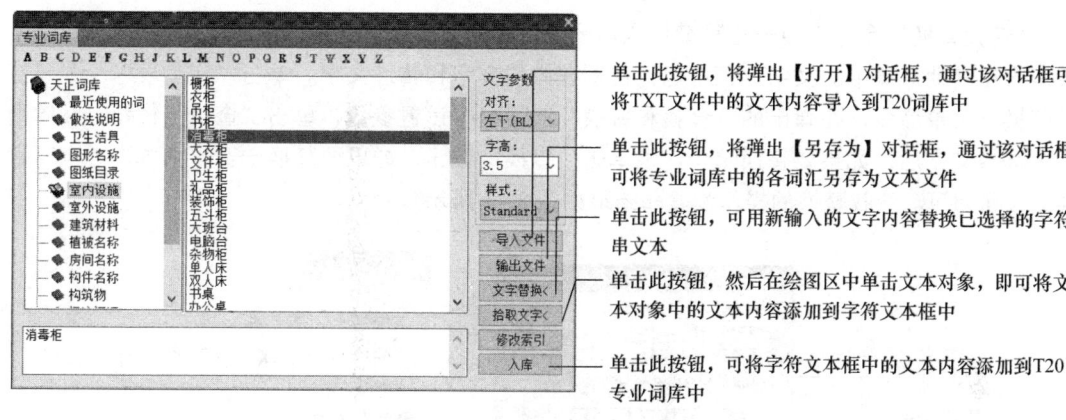

图 8-39 "专业词库"对话框

6. 转角自纠

"转角自纠"命令可用于翻转调整图中单行文字的方向，使其符合制图标准规定的文字方向。该命令可以一次同时选取多个文字对象一起纠正。单击"文字表格"→"转角自纠"菜单命令，在绘图区中选择需要纠正转角的文字对象，按 Enter 键，即可完成转角自纠操作。

7. 文字转化

"文字转化"命令可用于将 AutoCAD 单行文字转化为天正文字对象，并保持第一个文字对象的独立性，不对其进行合并处理。单击"文字表格"→"文字转化"菜单命令，在绘图区中选择 CAD 单行文字对象后按 Enter 键，即可完成文字转化。

8. 文字合并

"文字合并"命令可用于将 AutoCAD 单行文字对象转化为天正文字对象，并可以与被同时选中的文本进行合并处理，合并后的文本转换为单行或多行文本由用户确定。单击"文字表格"→"文字合并"菜单命令，在绘图区中选择需合并的文字段落并按 Enter 键，然后设置合并后的文字类型，再指定目标文字位置即可完成文字合并。文字合并的操作步骤和结果如图 8-40 所示。

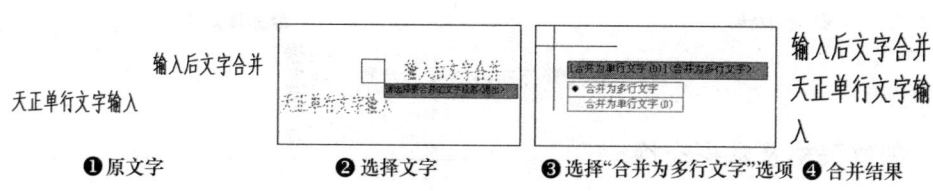

图 8-40 文字合并的操作步骤和结果

9. 统一字高

"统一字高"命令可用于将 AutoCAD 或天正文字对象设置为统一字高。单击"文字表格"→"统一字高"菜单命令，在绘图区中选择需设置为统一字高的全部文本并按 Enter 键，然后设置新的字高尺寸，即可将选中的全部文本更改为指定的相同字高。

10. 查找替换

"查找替换"命令可用于查找替换当前图形中的所有文字，包括 AutoCAD 文字、天正文字和包含在其他对象中的文字，但不包括在图块内的文字和属性文字。单击"文字表格"→"查找替换"菜单命令，在弹出的"查找和替换"对话框中设置参数，单击"查找"按钮，在绘图区中选择文字后，如果要替换单个，则单击"替换"按钮，如果要替换全部，则单击"全部替换"按钮即可。查找替换的操作步骤和结果如图 8-41 所示。

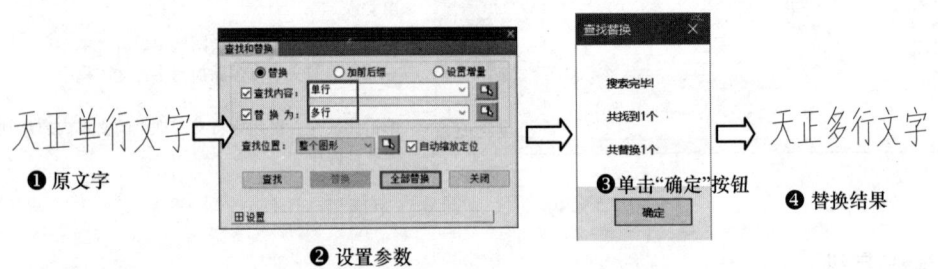

图 8-41　查找替换的操作步骤和结果

11. 繁简转换

"繁简转换"命令可用于将当前图档的内码在 Big5 与 GB 之间转换。单击"文字表格"→"繁简转换"菜单命令，在弹出的"繁简转换"对话框设置选项，单击"确定"按钮，然后在绘图区中选择需转换的文字并按 Enter 键，即可完成文本的繁简转换。繁简转换的操作步骤和结果如图 8-42 所示。

图 8-42　繁简转换的操作步骤和结果

8.2.2 创建表格及数据交换

利用 T20 的表格功能，只需进行简单的设置，就可以快速、完整地创建出表格，并可方便地对表格内容进行编辑。下面介绍表格的创建方法以及与其他软件之间的数据交换方法。

1. 新建表格

利用"新建表格"命令可以通过设置表格参数新建一个表格。单击"文字表格"→"新建表格"菜单命令，弹出"新建表格"对话框，单击"选择表头"按钮，弹出"天正构件库"对话框，在其中选择表头，双击表头缩略图返回"新建表格"对话框，在其中设置行数、列数、行高、列宽和标题，单击"确定"按钮，然后在绘图区中指定表格的左上角点，即可新建一个表格。新建表格的操作步骤和结果如图 8-43 所示。

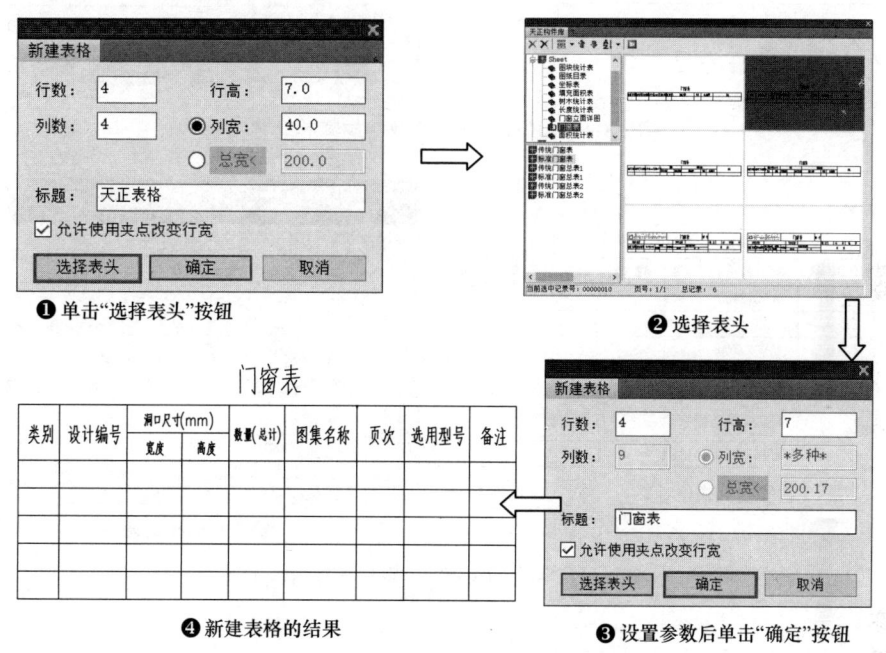

图 8-43　新建表格的操作步骤和结果

2. 转出 Word

利用"转出 Word"命令可将表格对象的内容输出到 Word 文档中，以供用户制作报告文件。单击"文字表格"→"转出 Word"菜单命令，在绘图区中选择表格对象并按 Enter 键，即可将选定的表格内容输出到 Word 文档中。转出 Word 的操作步骤和结果如图 8-44 所示。

3. 读入 Word

利用"读入 Word"命令可以根据在 Word 中选中的表格，创建或更新图中相应的天正表格。单击"文字表格"→"读入 Word"菜单命令即可完成此操作。

4. 转出 Excel

利用"转出 Excel"命令可将表格对象的内容输出到 Excel 文档中，以供用户在其中进行统计和打印。单击"文字表格"→"转出 Excel"菜单命令，在绘图区中选择表格对象，即可将选定的表格内容输出到 Excel 文档中。转出 Excel 的操作步骤和结果如图 8-45 所示。

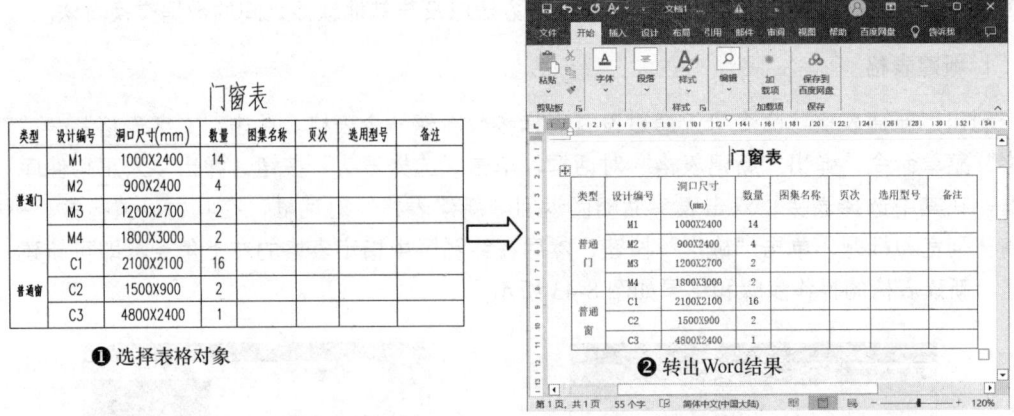

图 8-44 转出 Word 的操作步骤和结果

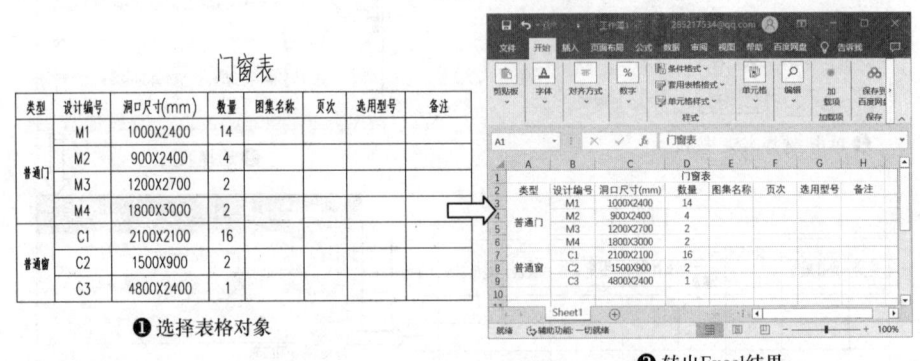

图 8-45 转出 Excel 的操作步骤和结果

5. 读入 Excel

利用"读入 Excel"命令可将当前在 Excel 表单中选中的数据更新到指定的天正表格中，支持 Excel 中保留的小数位数。当用户打开了一个 Excel 文件，并框选出要输出表格的范围后，在 T20 中单击"文字表格"→"读入 Excel"菜单命令，会弹出信息提示框，单击"是（Y）"按钮，然后在绘图区中指定表格左上角位置即可按读入 Excel 的文件创建表格。在没有打开 Excel 文件的前提下，T20 会提示用户打开一个 Excel 文件并框选要复制的范围。读入 Excel 的操作步骤和结果如图 8-46 所示。

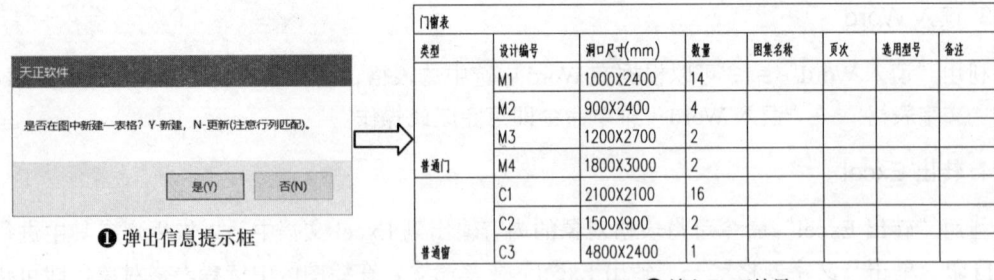

图 8-46 读入 Excel 的操作步骤和结果

8.2.3 编辑表格

表格绘制完成后，还可以对其进行编辑操作，包括调整行高、列宽和修改表格内容等。下面详细介绍编辑表格的方法。

1. 夹点编辑

表格创建完成后，可通过拖动表格的夹点调整表格的行高和列宽，还可移动和缩放表格。表格夹点的功能如图 8-47 所示。

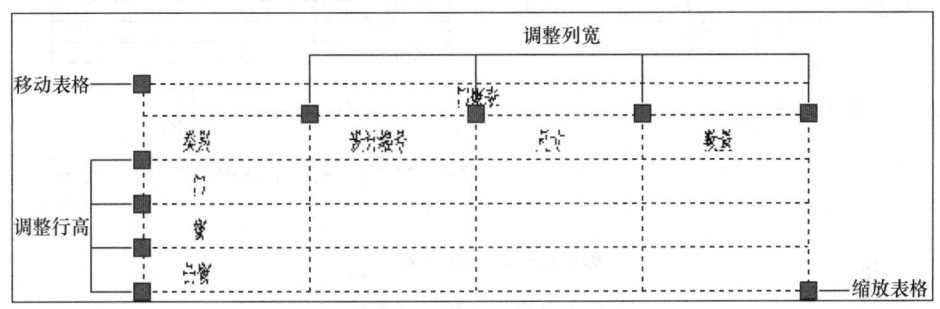

图 8-47　表格夹点的功能

2. 全屏编辑

"全屏编辑"命令可用来对选中的表格进行表行（或表列）或单元格内容编辑。单击"文字表格"→"表格编辑"→"全屏编辑"菜单命令，在绘图区中选择表格对象，弹出"表格内容"对话框，如图 8-48 所示。在该对话框中设置表格内容，或选择新建与删除行（或列）等操作，单击"确定"按钮，即可完成编辑表格的操作。

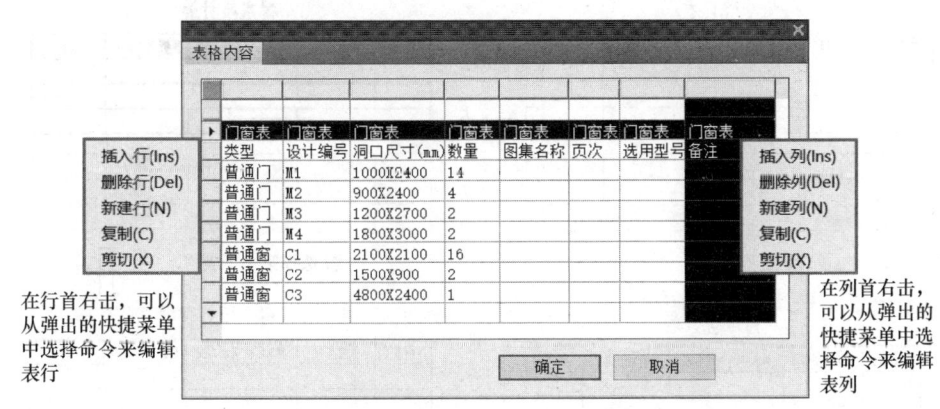

图 8-48　"表格内容"对话框

3. 拆分表格

"拆分表格"命令可用来把表格按行或者按列拆分为多个表格，也可以按用户设定的行或列数自动拆分。单击"文字表格"→"表格编辑"→"拆分表格"菜单命令，在弹出的"拆分表格"对话框中设置参数并选中"自动拆分"复选框，单击"拆分"按钮，在绘图区中选择需拆分的表格，即可将其根据设定的参数拆分为两个表格。若取消选中"自动拆分"复选框，单击"拆分"按钮，然后在绘图区中指定需拆分的起始行（或列），并指定表格插入位置，也可以完成表格拆分。

拆分表格（此处以按行拆分为例）的操作步骤和结果如图 8-49 所示。

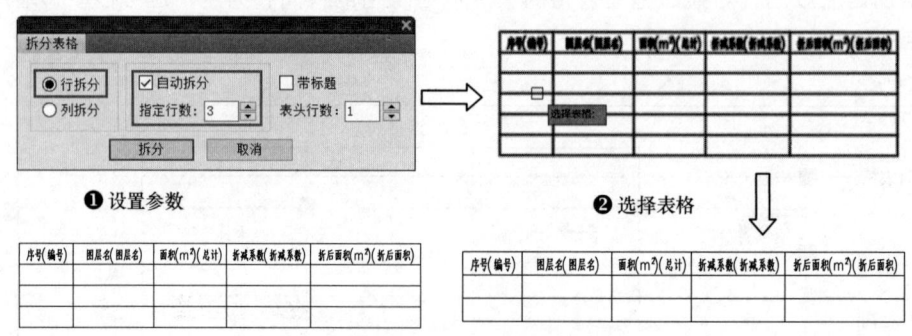

图 8-49　拆分表格的操作步骤和结果

4. 合并表格

"合并表格"命令可用来将多个表格依次合并为一个表格，默认按行合并。单击"文字表格"→"表格编辑"→"合并表格"菜单命令，指定要合并的多个表格，即可完成表格的合并。在命令行中输入"C"，选择"列合并"选项，可以将表格合并的方式改为按列合并。合并表格（此处为按列合并）的操作步骤和结果如图 8-50 所示。

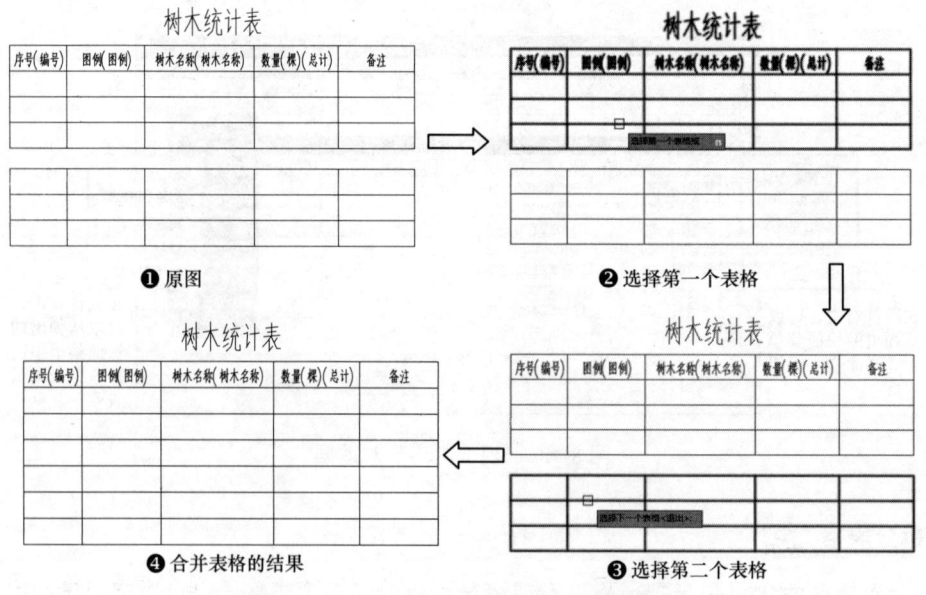

图 8-50　合并表格的操作步骤和结果

5. 表列编辑

"表列编辑"命令可用于设置表格中选定列的列宽、文字样式、文字大小和对齐方式等参数。单击"文字表格"→"表格编辑"→"表列编辑"菜单命令，在绘图区中指定需编辑的列，然后在弹出的"列设定"对话框中设置参数，单击"确定"按钮，即可完成表列的修改。表列编辑的操作步骤和结果如图 8-51 所示。

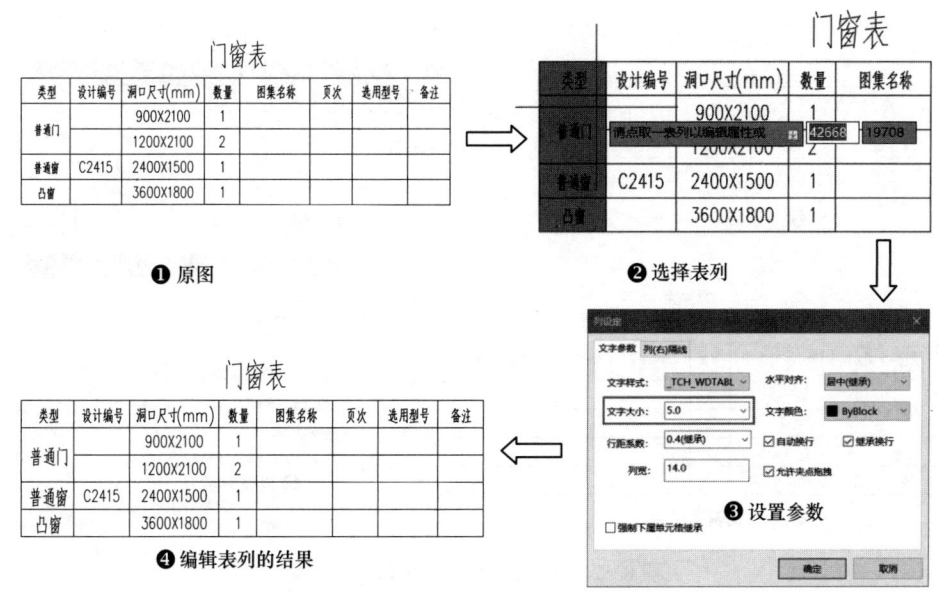

图 8-51　表列编辑的操作步骤和结果

"列设定"对话框中各选项的含义如下：

- 文字样式：在该下拉列表中可选择所选列文本的文字样式。
- 文字大小：在该文本框中可输入一个数值或选择一个数值，用于指定所选列文本的文字大小。
- 行距系数：用于指定所选列文本行间的净距离，单位是当前的文字高度（如行距系数为 0.4，表示行间净距离为文字高度的 40%）。
- 列宽：用于设置所选列宽的大小。
- 水平对齐：用于设置所选列文本在单元格中的水平对齐方式，包括"左对齐""右对齐"和"两端对齐"等。
- 文字颜色：用于设置所选列文本的颜色。
- 自动换行：选中该复选框后，当单元格中的内容超过了单元格宽度时，文字将自动换行显示。
- 继承换行：选中此复选框后，此单元格将自动换行。
- 允许夹点拖拽：选择该复选框后，可通过拖拽夹点调整列宽。
- 强制下属单元格继承：选中该复选框后，本次操作的表列各单元格将按文字参数设置显示。否则具有单独属性的单元格将不按照文字参数设置显示。
- 继承表格竖线参数：在"列（右）隔线"选项卡中勾选此复选框，可使所选列右侧竖线与表格全局参数一致。

6. 表行编辑

"表行编辑"命令可用于设置表格中选定行的行高和文字对齐方式等参数。单击"文字表格"→"表格编辑"→"表行编辑"菜单命令，在绘图区中选择需编辑的表行，然后在弹出的"行设定"对话框中设置参数，单击"确定"按钮，即可完成表行的编辑。表行编辑的操作步骤和结果如图 8-52 所示。

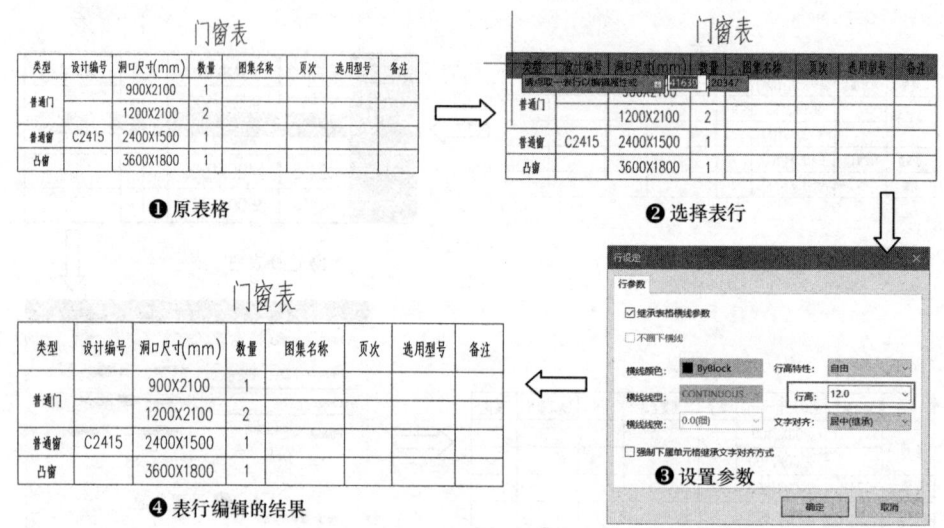

图 8-52　表行编辑的操作步骤和结果

7. 增加表行

"增加表行"命令可用于在选定表行之前或之后增加表行或复制当前表行到新表行。单击"文字表格"→"表格编辑"→"增加表行"菜单命令，在命令行中设置增加表行的位置，然后指定参考表行，即可增加表行。增加表行的操作步骤和结果如图 8-53 所示。

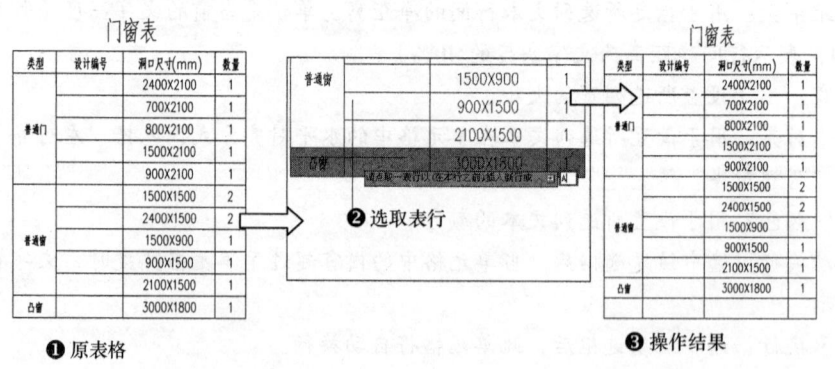

图 8-53　增加表行的操作步骤和结果

8. 删除表行

"删除表行"命令可用于删除指定的表行。单击"文字表格"→"表格编辑"→"删除表行"菜单命令,然后在绘图区中单击要删除的表行,即可将所选表行删除。可重复执行此命令继续删除其他表行,按 Esc 键退出命令。

9. 单元编辑

"单元编辑"命令可用于编辑单元格内容或改变单元格文字的显示属性。单击"文字表格"→"单元编辑"→"单元编辑"菜单命令,在绘图区中指定要编辑的单元格,然后在弹出的"单元格编辑"对话框中修改单元格内容和参数,单击"确定"按钮,即可完成单元格的编辑。单元编辑的操作步骤和结果如图 8-54 所示。

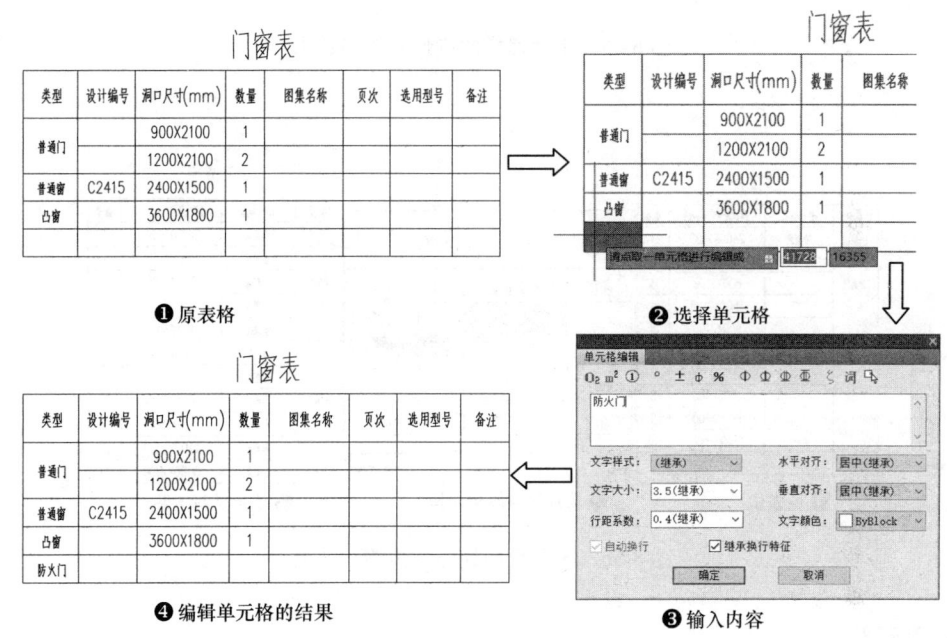

图 8-54 单元编辑的操作步骤和结果

10. 单元递增

使用"单元递增"命令可将含有数字或字母的单元文字内容在同一行或同一列复制,并同时将文字内的某一项递增或递减(同时按 Shift 键为直接复制,按 Ctrl 键为递减)。单击"文字表格"→"单元编辑"→"单元递增"菜单命令,在绘图区中指定要递增的第一个单元格,拖动表行或表列至最后一个单元格单击,即可完成单元递增。单元递增的操作步骤和结果如图 8-55 所示。

11. 单元复制

"单元复制"命令可将表格中某一单元格内容或者图内的文字复制到目标单元格。单击"文字表格"→"单元编辑"→"单元复制"菜单命令,在绘图区中选择拷贝源单元格,然后指定目标单元格,即可完成单元格的复制。单元复制的操作步骤和结果如图 8-56 所示。

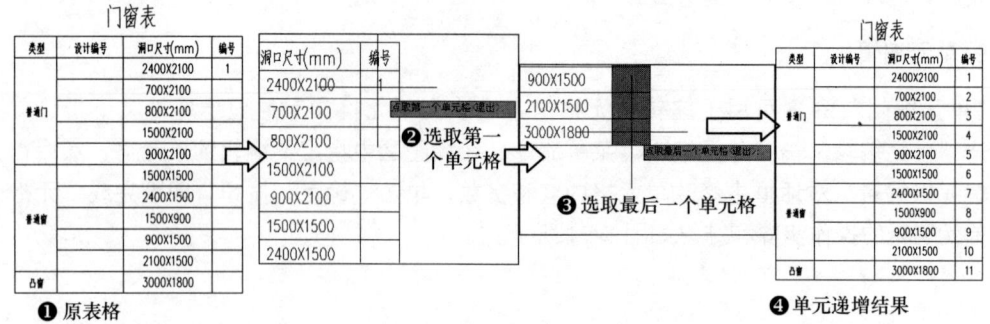

图 8-55　单元递增的操作步骤和结果

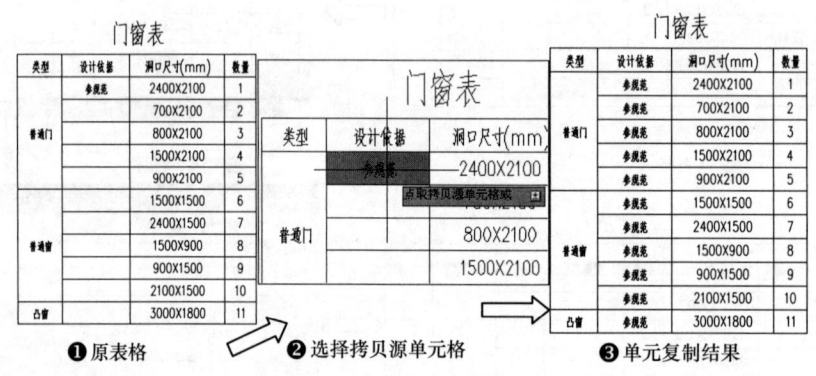

图 8-56　单元复制的操作步骤和结果

12. 单元累计

"单元累计"命令可以用于累加行或列中的数值,将结果填写在指定的空白单元格中。单击"文字表格"→"单元编辑"→"单元累计"菜单命令,在绘图区中指定需累加的第一个单元格,然后指定需累加的最后一个单元格,再指定存放累加结果的单元格,即可完成单元累计。单元累计的操作步骤和结果如图 8-57 所示。

13. 单元合并

"单元合并"命令可用于将几个单元格合并为一个大的单元格。单击"文字表格"→"单元编辑"→"单元合并"菜单命令,在绘图区中点取要合并的第一个角点和另一个角点,即可完成单元格的合并。单元合并的操作步骤和结果如图 8-58 所示。

14. 撤销合并

使用"撤销合并"命令可将已经合并的单元格重新恢复为几个小的单元格。单击"文字表格"→"单元编辑"→"撤销合并"菜单命令,在绘图区中单击指定已经合并的单元格,即可将已合并的单元格重新恢复为几个小的单元格。

第8章 标注尺寸、文字和符号

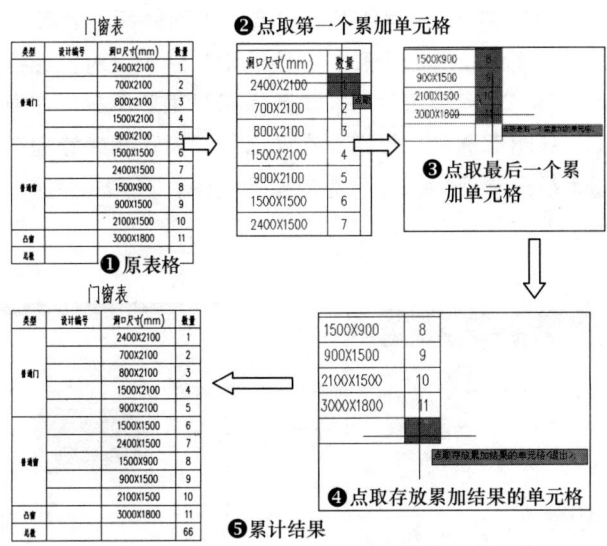

图 8-57　单元累计的操作步骤和结果

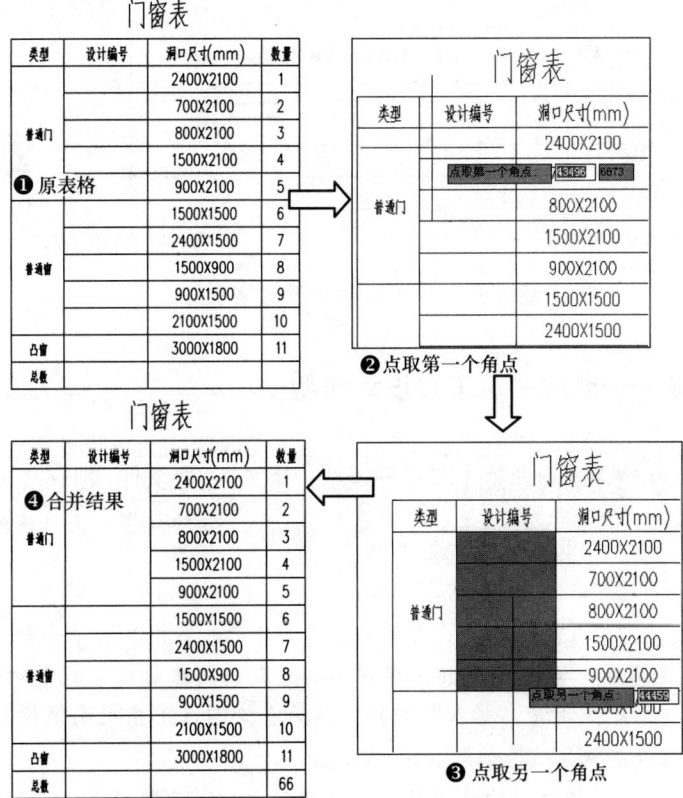

图 8-58　单元合并的操作步骤和结果

15. 单元插图

使用"单元插图"命令可将 AutoCAD 图块或者天正图块插入到天正表格中指定的一个或者多个单元格中，配合"单元编辑"命令和"在位编辑"命令可对已经插入图块的单元格进行修改。单击"文字表格"→"单元编辑"→"单元插图"菜单命令，在弹出的"单元插图"对话框中设置参数，单击"从图库选…"按钮，在弹出的"天正图库管理系统"对话框中选择图块，然后在绘图区中指定插入单元格，即可完成单元插图，按 Esc 键退出。单元插图的操作步骤和结果如图 8-59 所示。

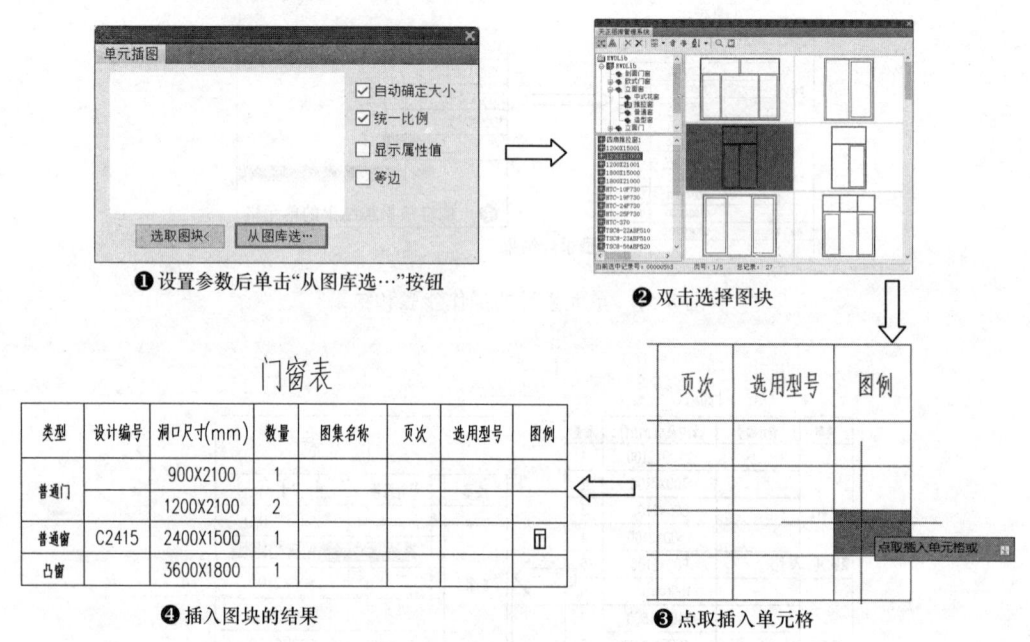

图 8-59　单元插图的操作步骤和结果

8.2.4　实战演练——创建建筑工程设计说明

根据本节所学知识，创建建筑工程设计说明，结果如图 8-60 所示。	视频文件：视频 \ 第 08 章 \8.2.4.mp4 播放时长：6min15s

操作步骤如下：

[01]　插入图框。启动 T20，单击"文件布图"→"插入图框"菜单命令，在弹出的"插入图框"对话框中设置参数，单击 按钮，在弹出的"天正图库管理系统"对话框中选择图框，再在"插入图框"对话框中单击"插入"按钮，然后在绘图区中指定图框插入位置，即可插入图框。插入图框的操作步骤和结果如图 8-61 所示。

[02]　创建单行文字。单击"文字表格"→"单行文字"菜单命令，在弹出的"单行文字"对话框中输入文字内容并设置文本参数，然后在绘图区中指定文字插入位置，即可创建单行文字。创建单行文字的操作步骤和结果如图 8-62 所示。

图 8-60　建筑工程设计说明

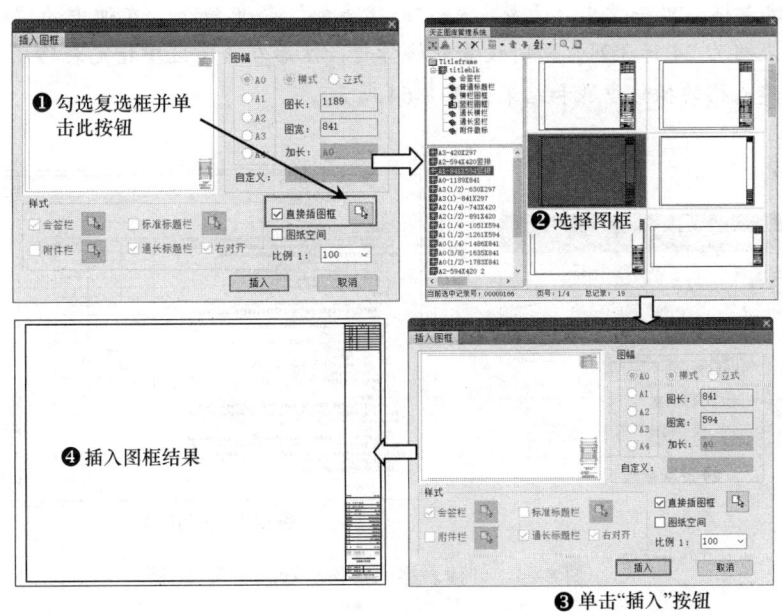

图 8-61　插入图框的操作步骤和结果

[03]　创建多行文字。单击"文字表格"→"多行文字"菜单命令,在弹出的"多行文字"对话框中输入文字内容并设置文本参数,然后在绘图区中指定文字插入位置,即可创建多行文字。创建多行文字的操作步骤和结果如图 8-63 所示。

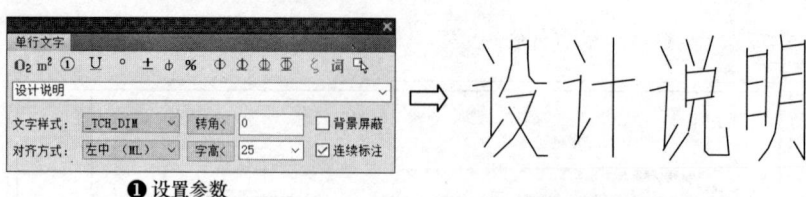

图 8-62 创建单行文字的操作步骤和结果

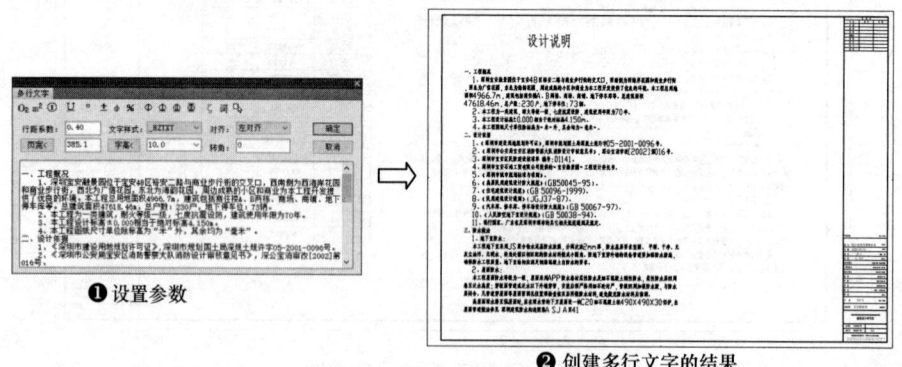

图 8-63 创建多行文字的操作步骤和结果

[04] 创建表格。单击"文字表格"→"新建表格"菜单命令，在弹出的"新建表格"对话框中设置新表格为 24 行 3 列，同时设置表格标题，然后在绘图区中指定表格插入位置，即可创建表格。创建表格的操作步骤和结果如图 8-64 所示。

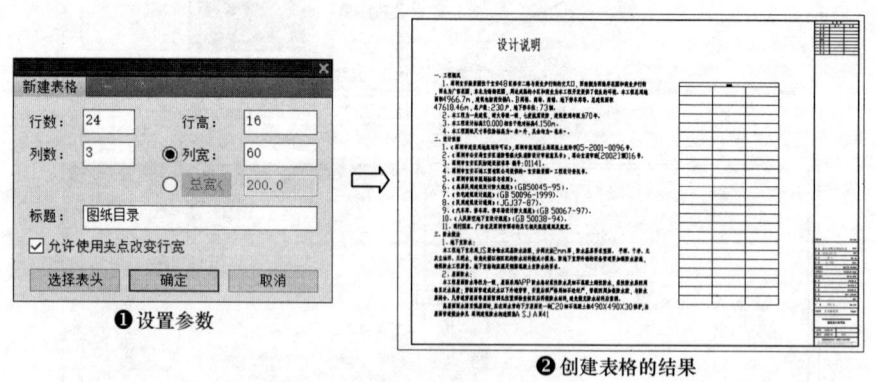

图 8-64 创建表格的操作步骤和结果

[05] 添加表格内容。单击"文字表格"→"表格编辑"→"全屏编辑"菜单命令，在绘图区中选择需编辑的表格，在弹出的"表格内容"对话框中输入表格内容，然后单击"确定"按钮，即可添加表格内容。添加表格内容的操作步骤和结果如图 8-65 所示。

[06] 修改标题栏内容。双击图框右下角的标题栏，在弹出的"增强属性编辑器"对话框中设置各标记的值。

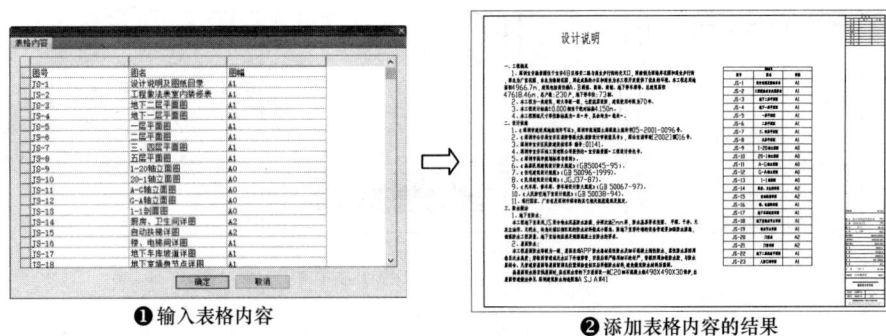

❶ 输入表格内容　　❷ 添加表格内容的结果

图 8-65　添加表格内容的操作步骤和结果

8.3　符号标注

T20 提供了符合国家建筑制图标准的符号标注样式，使用户可以方便快速地完成对建筑图的规范化符号标注。T20 提供的符号标注主要包括坐标、标高、剖切符号、引出标注和箭头标注等。其中剖切符号除了具有标注功能外，还可用于辅助生成剖面图。本节将介绍这些符号的创建方法和编辑方法。

8.3.1　坐标和标高

坐标标注在工程图中用于表示某个点的平面图位置，一般由政府测绘部门提供。标高标注是用于表示建筑物的某一部位相对于基准面（标高的零点）的竖向高度。标高按基准面的不同可分为绝对标高和相对标高，绝对标高是以国家或地区统一规定的基准面作为零点的标高，相对标高的零点由设计单位定义，一般为室内一层地坪。

1. 标注状态

标注状态可分为动态标注和静态标注两种，对移动和复制后的坐标符号是否启用动态标注功能可用 AutoCAD 状态栏中的"动态标注"按钮控制。动态标注和静态标注的含义如下：

> 动态标注：当状态栏右下角的"动态标注"按钮处于启用状态时，移动和复制后的坐标数据将自动与世界坐标系一致，适用于整个 DWG 文档仅仅布置一个总平面图的情况。
> 静态标注：当状态栏右下角的"动态标注"按钮处于关闭状态时，移动和复制后的坐标数据不改变原来数值。

单击"符号标注"→"静态标注"菜单命令，可在动态标注和静态标注之间切换。

2. 坐标标注

"坐标标注"命令可用于在平面图中标注某个点的坐标值。单击"符号标注"→"坐标标注"菜单命令，在绘图区中指定要标注坐标的标注点，然后指定坐标标注的位置，即可完成坐标标注。创建坐标标注的操作步骤和结果如图 8-66 所示。

当用户在启用"坐标标注"命令后，在命令行中输入"S"，即可在弹出的如图 8-67 所示的"坐标标注"对话框中设置坐标标注的参数。

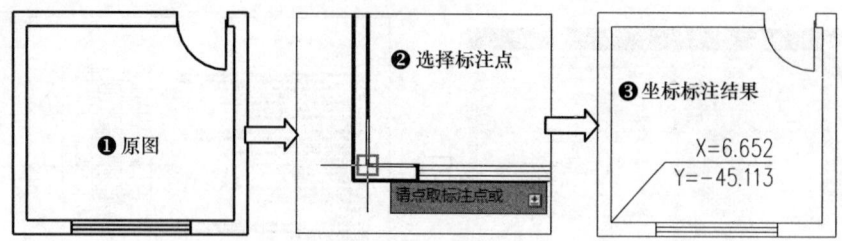

图 8-66 创建坐标标注的操作步骤和结果

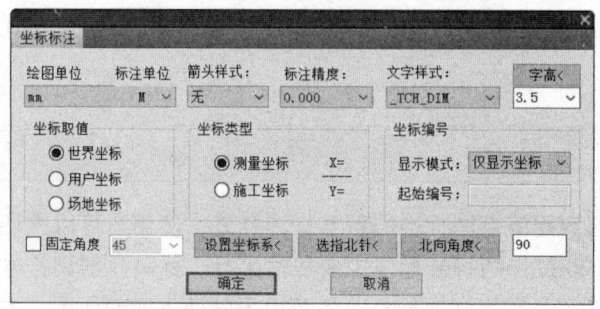

图 8-67 "坐标标注"对话框

"坐标标注"对话框中各选项的含义如下：

> 绘图单位/标注单位：用于选择当前图形所使用的绘图单位和标注单位，以保证标注的数值准确。
> 箭头样式：用于设置坐标标注的箭头样式。
> 标注精度：用于设置坐标标注的小数位数。
> 坐标取值：用于选择坐标标注的参照坐标系。当要使用用户坐标系时，应使用UCS命令提前设置好当前使用的用户坐标系。
> 坐标类型：用于设置坐标标注的类型，包括"测量坐标"和"施工坐标"选项。
> 坐标编号：用于设置坐标标注的显示模式和起始编号。
> 固定角度：用于设置坐标引线与屏幕水平线的夹角。
> 设置坐标系：该按钮用于重新指定坐标系原点的位置。
> 选指北针：该按钮用于选择图中已插入的指北针，并以此指北针的指向标注坐标系统的X（A）轴向。
> 北向角度：该按钮用于设置正北的方向。单击此按钮后，在绘图区中指定直线的两点，将以此两点的连线方向作为正北方向；也可以直接输入正北的角度值。

3. 坐标检查

"坐标检查"命令可用于在总平面图上检查测量坐标或者施工坐标，避免由于人为修改坐标标注值导致设计位置的错误。本命令可以检查世界坐标系（WCS）下的坐标标注，也可以检查用户坐标系（UCS）下的坐标标注，但只能选择其中一个进行检查，而且要与绘制时的条件一致。

单击"符号标注"→"坐标检查"菜单命令，在弹出的"坐标检查"对话框中设置参数，单击"确定"按钮,然后在绘图区中选择需检查的坐标,按 Enter 键,即可完成坐标检查。如果全部正确,命令行会提示正确信息,并退出命令;如果有错误,系统会自动选择需要纠正的一个坐标,命令行会提示纠正选项,用户可根据需要进行纠正。坐标检查的操作步骤和结果如图 8-68 所示。

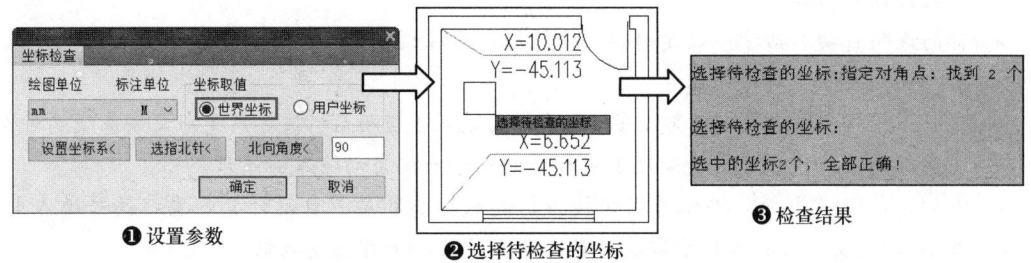

图 8-68　坐标检查的操作步骤和结果

4. 标高标注

"标高标注"命令可用于建筑的平面图标高标注、立面图和剖面图的楼面标高标注以及总图的地坪标高标注、绝对标高和相对标高的关联标注。地坪标高采用总图制图规范的三角形和圆形实心标高符号,提供可选的两种标注排列,标高数字右方或者下方可加注文字,说明标高的类型。

单击"符号标注"→"标高标注"菜单命令,在弹出的"标高标注"对话框中选择"建筑"选项卡,可对建筑平面图、立面图和剖面图的标高进行标注。若选择"总图"选项卡,则可对总图进行标高标注。

□ 建筑标高

这里以创建楼层标高标注为例说明创建建筑标高标注的方法。创建楼层标高标注的操作步骤和结果如图 8-69 所示。

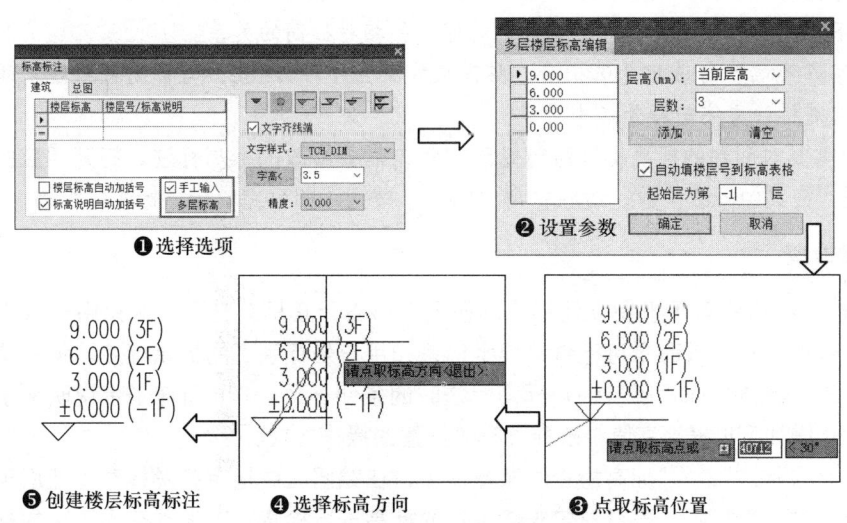

图 8-69　创建楼层标高标注的操作步骤和结果

"标高标注"对话框的"建筑"选项卡及"多层楼层标高编辑"对话框中各选项的含义如下:

- 楼层标高自动加括号：勾选该复选框，可按《房屋建筑制图统一标准》(GB/T 50001—2017)中 10.8.6 的规定绘制多层标高。勾选此复选框后，除第一个楼层标高外，其他楼层的标高自动加括号。
- 标高说明自动加括号：该复选框用于设置是否在说明文字两端添加括号。勾选此复选框后，说明文字自动添加括号。
- 文字齐线端：用于规定标高文字的取向。勾选该复选框后，文字总是与文字基线端对齐。
- 多层标高：该按钮可用于处理多层标高的电子表格自动输入和清理。
- 添加/清空："添加"按钮可用于按当前起始标高和层号自动计算各层标高并填入电子表格，"清空"按钮可用于取消多层标高电子表格全部标高数据。
- 自动填楼层号到标高表格：勾选此复选框后，按楼层从下到上的顺序自动添加标高说明。

☐ 总图标高

这里以绘制一个总图标高符号为例，讲述创建总图标高标注的方法。创建总图标高符号的操作步骤和结果如图 8-70 所示。

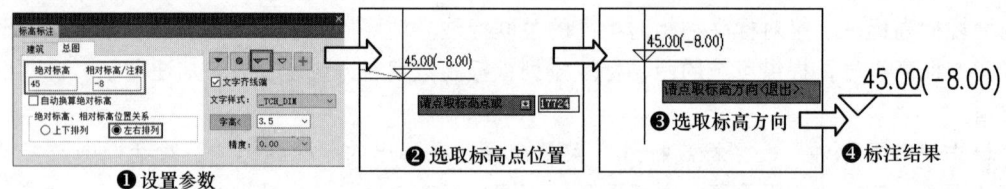

图 8-70 创建总图标高符号的操作步骤和结果

"标高标注"对话框的"总图"选项卡中各选项的含义如下：

- 自动换算绝对标高：勾选此复选框，在换算关系框中输入标高关系，可自动算出绝对标高并标注两者换算关系。当注释为文字时自动加括号作为注释。
- 上下排列/左右排列：用于设置绝对标高和相对标高的关系。
- 文字齐线端：勾选此复选框后，标高文字标注（即 45.00）与标高符号线末端对齐，不勾选则标注文字与符号居中对齐。

若用户需要对创建的标高标注进行修改，双击需要修改的标高标注，打开相应的"标高标注"对话框，在其中修改参数，然后单击"确定"按钮，即可完成标高标注的编辑。

5. 标高检查

"标高检查"命令可用于在立面图或剖面图上检查天正标高符号，避免由于人为修改标高值导致设计错误。利用该命令可检查世界坐标系和用户坐标系下的标高标注，但只能基于其中一个坐标系进行检查，而且应与创建标高标注时的条件一致。T20 新增了带说明文字的标高和多层标高，还增加了根据标高值修改标高符号位置的操作方式。

单击"符号标注"→"标高检查"菜单命令，在绘图区中指定参考标高，然后再选择一个或多个需检查的标高标注，即可对曾被修改过的标高进行检查。若发现有不正确的标高，可按 T20 提示的信息进行修改。

6. 标高改值

单击"符号标注"→"标高改值"菜单命令，打开"标高改值"对话框，设置参数后选择要改值的标高标注，即可修改标高值。标高改值的操作步骤和结果如图 8-71 所示。

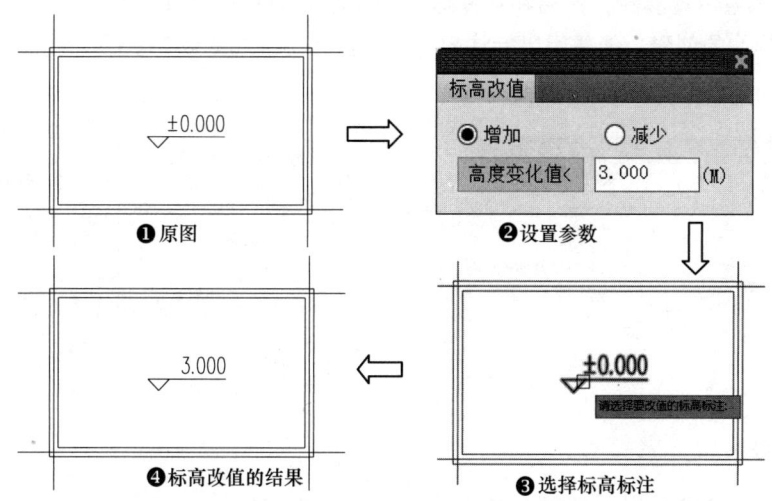

图 8-71　标高改值的操作步骤和结果

7. 标高对齐

"标高对齐"是 T20 新增的功能，可用于把选中的所有标高标注按新点取的标高标注位置或参考标高标注位置竖向对齐。

8.3.2　工程符号标注

T20 为用户提供了一套自定义工程符号，用于建筑图样的设计说明，能使用户更详细地了解图样。下面介绍各种工程符号的创建方法。

1. 箭头引注

"箭头引注"命令可用于绘制带有箭头的引出标注。文字可位于引线端，也可位于引线上，引线可以转折多次。单面箭头可用于绘制坡度符号。单击"符号标注"→"箭头引注"菜单命令，在弹出的"箭头引注"对话框中设置参数，然后在绘图区中依次指定箭头起点、引线的转折点和终点，按 Enter 键，即可创建一个箭头引注。创建箭头引注的操作步骤和结果如图 8-72 所示。

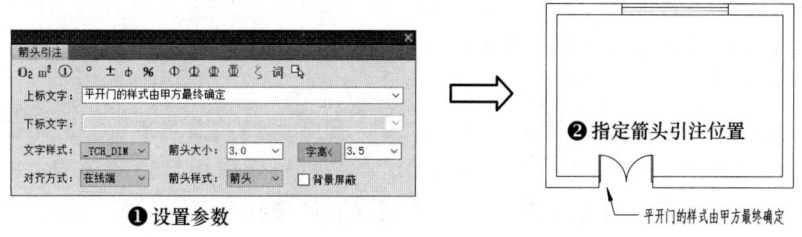

图 8-72　创建箭头引注的操作步骤和结果

2. 引出标注

"引出标注"命令可用于创建对标注点进行说明性的文字标注。该标注可自动按端点对齐文字,具有拖动自动跟随的特性。单击"符号标注"→"引出标注"菜单命令,在弹出的"引出标注"对话框中设置参数,然后在绘图区中指定标注点和标注文字位置,按 Enter 键,即可完成一个引出标注的创建。创建引出标注的操作步骤和结果如图 8-73 所示。

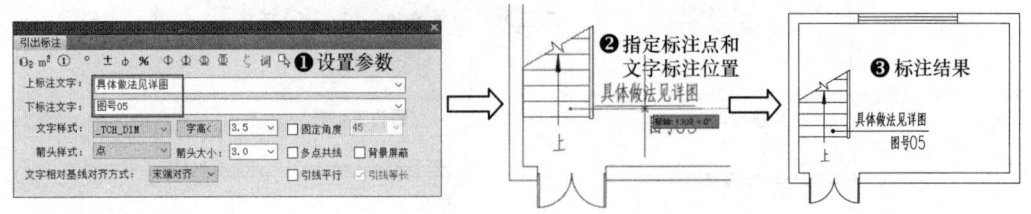

图 8-73　创建引出标注的操作步骤和结果

3. 做法标注

"做法标注"命令可用于在施工图上标注工程的材料做法,且通过专业词库可调入北方地区常用的 88J1-X1(2000 版)的墙面、地面、楼面、顶棚和屋面标准做法。单击"符号标注"→"做法标注"菜单命令,在弹出的"做法标注"对话框中输入标注文字及设置参数,然后在绘图区中指定引出点、引注上线的第二点和文本所在位置,即可完成一个做法标注的创建。创建做法标注的操作步骤和结果如图 8-74 所示。

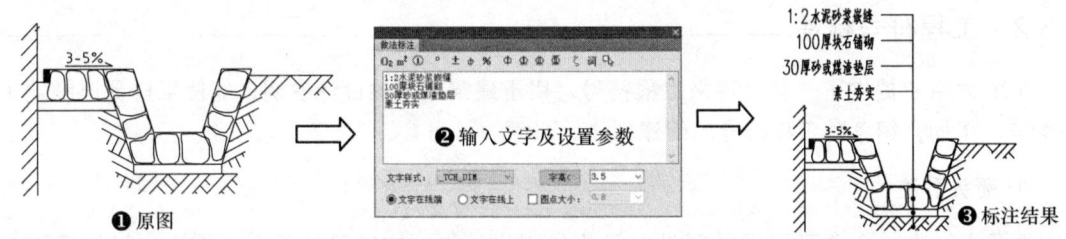

图 8-74　创建做法标注的操作步骤和结果

4. 索引符号

"索引符号"命令可用于为图中另有详图的某一部分标注索引号,指出表示这些部分的详图在哪张图上。索引符号分为"指向索引"和"剖切索引"两类。T20 为索引符号的对象编辑提供了增加索引号与改变剖切长度的功能。

❑ 指向索引

单击"符号标注"→"指向索引"菜单命令,在弹出的"指向索引"对话框中设置"索引编号"和"索引图号"等参数,然后在绘图区中分别指定索引节点的范围、转折点的位置和文字索引号位置,即可完成指向索引符号的创建。创建指向索引符号的操作步骤和结果如图 8-75 所示。

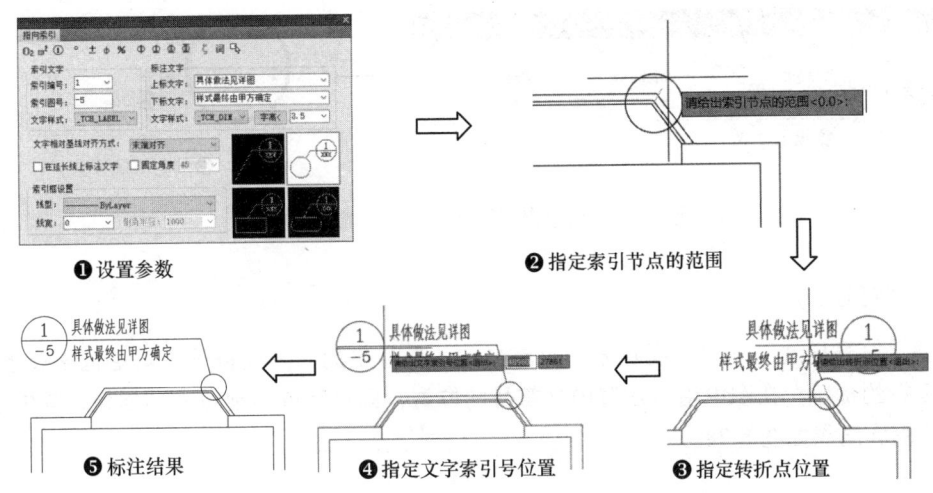

图 8-75　创建指向索引符号的操作步骤和结果

❑ 剖切索引

单击"符号标注"→"剖切索引"菜单命令,在弹出的"剖切索引"对话框中设置索引编号、索引图号、上标文字和下标文字等参数,然后在绘图区中分别指定索引节点、文字索引号位置和剖视方向,即可完成剖切索引的创建。创建剖切索引的操作步骤和结果如图 8-76 所示。

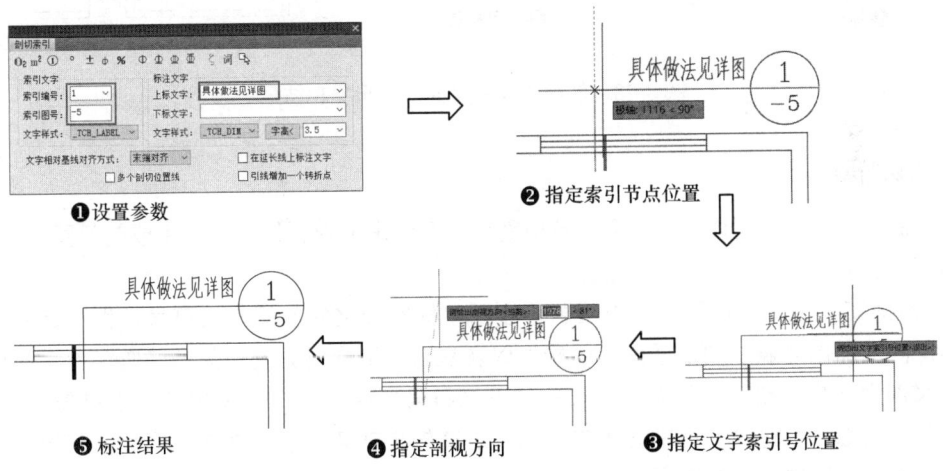

图 8-76　创建剖切索引的操作步骤和结果

5. 索引图名

"索引图名"命令可用于在详图所在的图样上标明索引图号,以便于查询。单击"符号标注"→"索引图名"菜单命令,在弹出的"索引图名"对话框中输入索引编号和索引图号等参数,然后在绘图区中指定索引图号插入位置,即可完成索引图名的创建。创建索引图名的操作步骤和结果如图 8-77 所示。

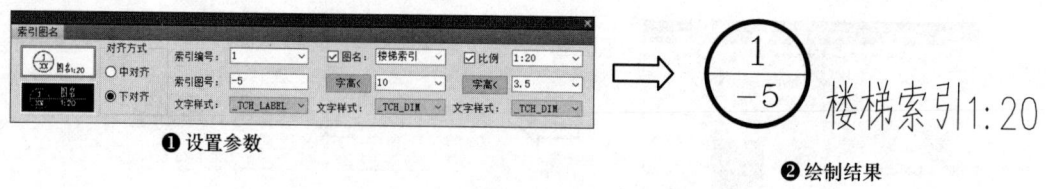

❶ 设置参数　　　　　　　　　　　　　　　　❷ 绘制结果

图 8-77　创建索引图名的操作步骤和结果

6. 内视符号

单击"符号标注"→"内视符号"菜单命令,在弹出的"内视符号"对话框中设置参数,根据命令行的提示,在图中指定放置内视符号的位置,即可完成内视符号的创建,其内视符号的操作步骤和结果如图 8-78 所示。

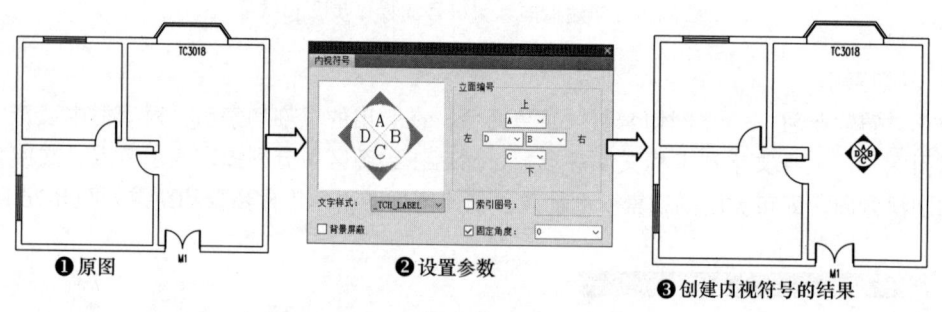

❶ 原图　　　　　　　❷ 设置参数　　　　　　　❸ 创建内视符号的结果

图 8-78　创建内视符号的操作步骤和结果

7. 剖切符号

T20 提供了"剖面剖切"命令和"断面剖切"命令来创建剖切符号及生成剖面图。

❑ 剖面剖切

"剖面剖切"命令可用于在图中绘制符合国家标准规定的剖面剖切符号,生成定义了编号的剖面图。剖面图可表示剖切断面上的构件以及从该处沿视线方向可见的建筑部件,使用剖切符号定义剖面方向。单击"符号标注"→"剖切符号"菜单命令,弹出"剖切符号"对话框,其中有三个剖面剖切选项,分别为正交剖切、正交转折剖切和非正交转折剖切。创建剖面剖切的操作步骤和结果如图 8-79 所示。

❑ 断面剖切

"断面剖切"命令可用于在图中创建符合国家标准规定的断面剖切符号。该符号为不画剖视方向线的断面剖切符号,以指向断面编号的方向表示剖视方向,在生成剖面图时要依赖此符号定义剖面方向。单击"符号标注"→"剖面符号"菜单命令,在弹出的"剖切符号"对话框中单击"断面剖切"按钮,即可启用"断面剖切"功能。创建断面剖切的操作步骤和结果如图 8-80 所示。

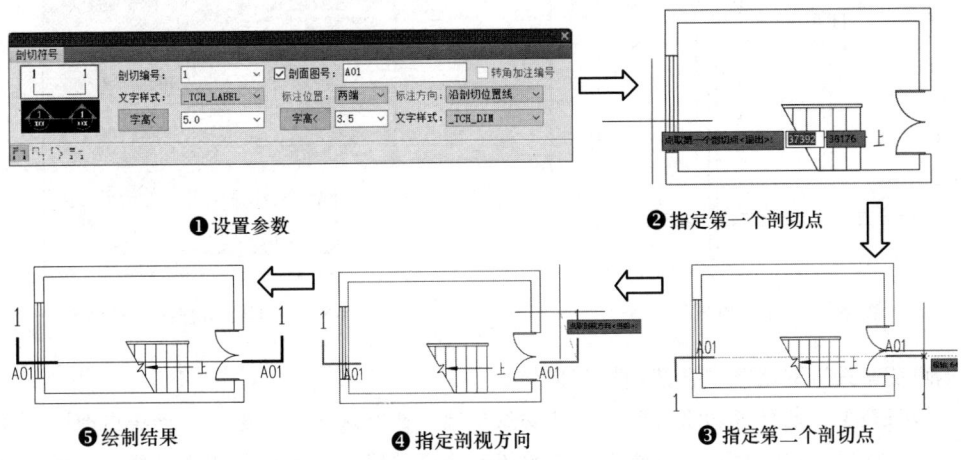

图 8-79 创建剖面剖切的操作步骤和结果

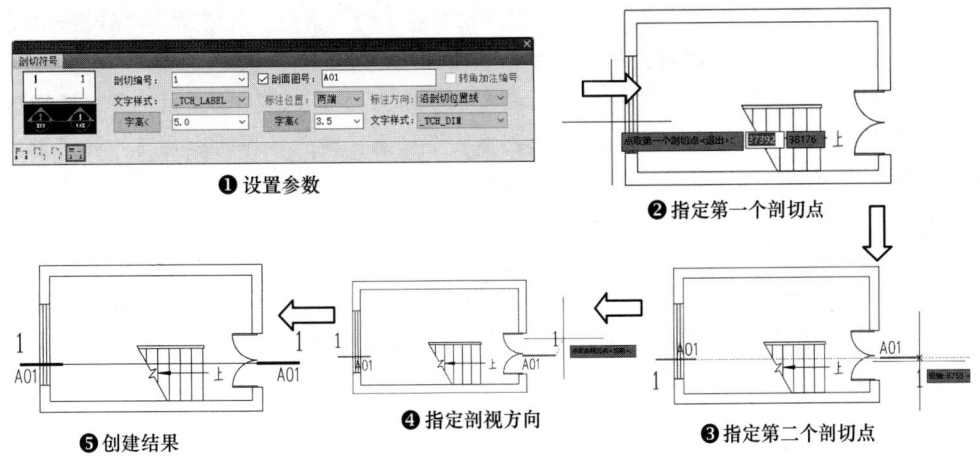

图 8-80 创建断面剖切的操作步骤和结果

8. 加折断线

"加折断线"命令可用于绘制折断线。绘制的折断线符合制图规范的要求,并可以根据当前比例更改大小,折断线一侧的天正对象不显示。该命令解决了天正对象无法从对象中间打断的问题。单击"符号标注"→"加折断线"菜单命令,然后在绘图区中指定折断线起点和折断线终点,即可在图中加折断线。加折断线的结果如图 8-81 所示。

折断线创建完成后,还可以对折断线进行修改。当需要修改折断线的折断位置或大小时,可以通过拖动夹点来编辑折断线。此外,T20 为折断线增加了锁定角度的夹点操作模式,还增加了双折断线的绘制。双击已创建好的折断线,打开如图 8-82 所示的"编辑切割线"对话框,在其中设置选项,可对折断线进行其他编辑。

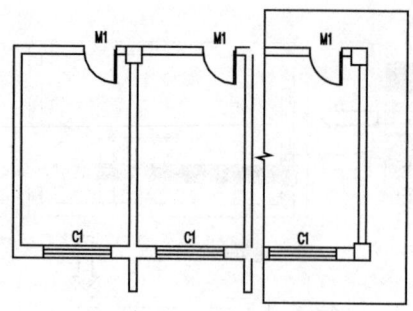 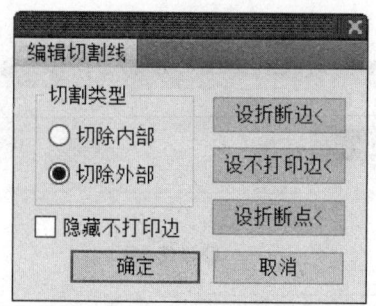

图 8-81　加折断线的结果　　　　　图 8-82　"编辑切割线"对话框

"编辑切割线"对话框中各选项的含义如下：

- 切割类型：包括"切除内部"和"切除外部"两个选项。当选中"切除内部"选项并单击"确定"按钮后，折断线区域内的图形将会被隐藏，显示折断线以外的区域；当选中"切除外部"选项并单击"确定"按钮后，折断线区域外的图形将会被隐藏，显示折断线以内的区域。
- 设折断边：单击该按钮，在绘图区中指定切割线上的一条边，可将所选边转换为折断线。
- 设不打印边：单击该按钮，将不打印在绘图区中选中的边。
- 设折断点：默认情况下，在折断线上只有一个断点，如果单击此按钮，并在绘图区中折断线的边上单击，可在单击的位置上创建一个断点，断点所在的边自动转换为折线。
- 隐藏不打印边：选中此复选框，可将不打印边隐藏。

9. 画对称轴

"画对称轴"命令可用于在施工图上绘制对称轴。单击"符号标注"→"画对称轴"菜单命令，在绘图区中指定对称轴的起点和终点，即可完成对称轴的绘制。绘制对称轴的结果如图 8-83 所示。

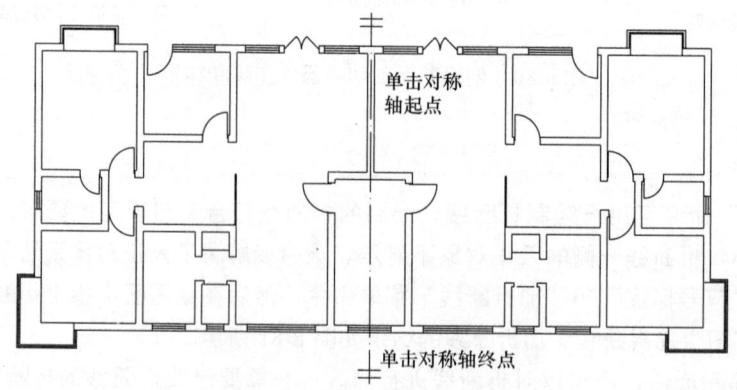

图 8-83　绘制对称轴的结果

10. 画指北针

"画指北针"命令可用于在图上绘制符合国家标准规定的指北针符号，设置指北针的方向，这个方向在坐标标注时起指示北向坐标的作用。单击"符号标注"→"画指北针"菜单命令，在绘图区中指定插入点位置，然后指定指北针的角度，即可完成指北针的绘制。绘制指北针的结果如图 8-84 所示。

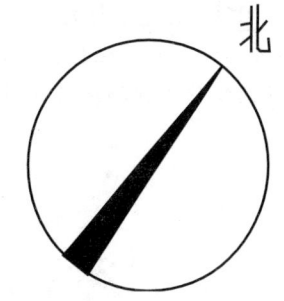

图 8-84　绘制指北针的结果

11. 图名标注

"图名标注"命令可用于在所绘图形下方创建该图的图名和比例（比例变化时会自动调整文字的大小）。单击"符号标注"→"图名标注"菜单命令，在弹出的"图名标注"对话框中设置参数，然后在绘图区中指定插入位置，即可完成图名标注的创建。创建图名标注的操作步骤和结果如图 8-85 所示。

❶ 设置参数　　　　　　　　　❷ 创建图名标注

图 8-85　创建图名标注的操作步骤和结果

8.3.3　实战演练——创建建筑平面图的工程符号

根据本节所学内容，为建筑平面图创建工程符号，结果如图 8-86 所示。	视频文件：视频\第 08 章\8.3.3.mp4 播放时长：8min33s

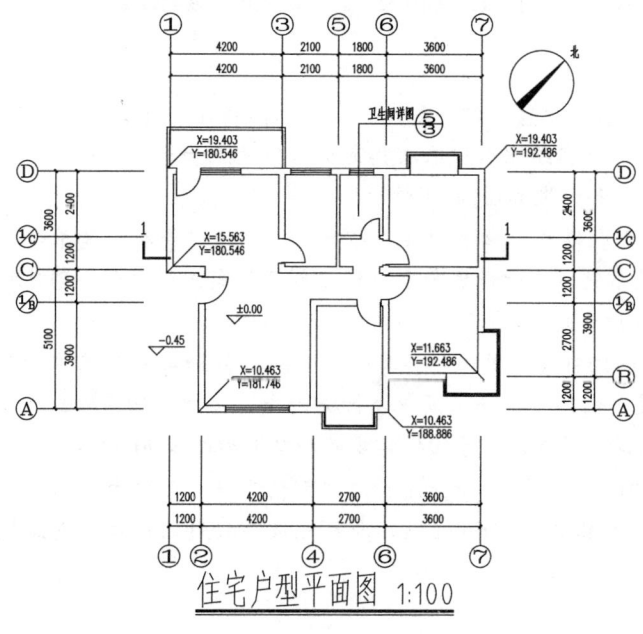

图 8-86　创建工程符号

操作步骤如下：

[01] 创建坐标标注。启动T20，打开配套资源中的"08章\8.3.3素材.dwg"文件，单击"符号标注"→"坐标标注"菜单命令，根据命令行提示创建出各个角点的坐标标注。创建坐标标注的操作步骤和结果如图8-87所示。

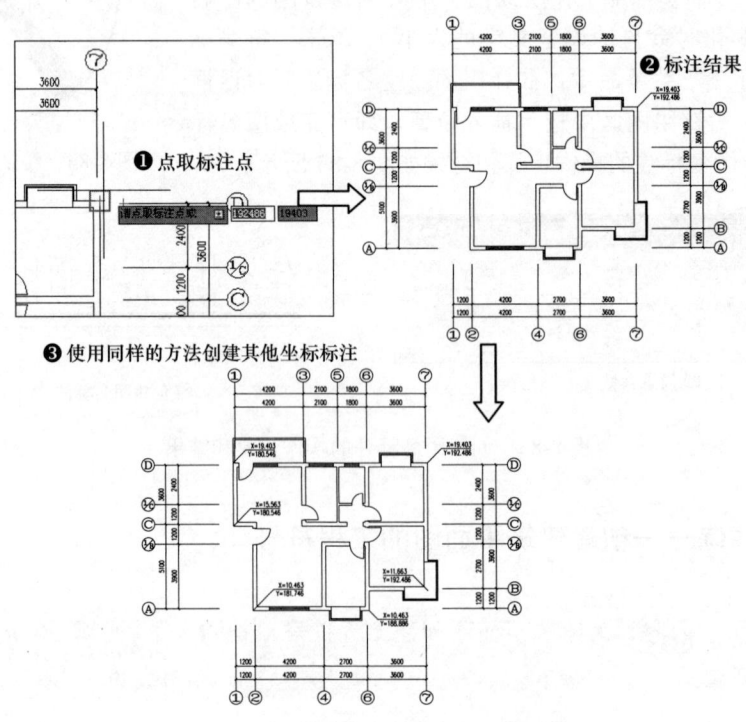

图8-87 创建坐标标注的操作步骤和结果

[02] 创建标高标注。单击"符号标注"→"标高标注"菜单命令，在弹出的"标高标注"对话框中设置参数，然后在绘图区中依次指定标高位置点和标高方向，即可创建标高标注。创建标高标注的操作步骤和结果如图8-88所示。

[03] 创建指向索引符号。单击"符号标注"→"指向索引"菜单命令，在弹出的"指向索引"对话框中设置参数，然后根据命令行提示创建指向索引符号。创建指向索引符号的操作步骤和结果如图8-89所示。

[04] 创建剖面剖切符号。单击"符号标注"→"剖切符号"菜单命令，在弹出的"剖切符号"对话框中设置剖切编号，并根据命令行提示指定各个剖切点和剖视方向，即可完成剖面剖切符号的创建。创建剖面剖切符号的操作步骤和结果如图8-90所示。

[05] 创建指北针。单击"符号标注"→"画指北针"菜单命令，在绘图区中指定指北针位置，然后输入指北针角度，按Enter键，即可完成指北针的创建。创建指北针的操作步骤和结果如图8-91所示。

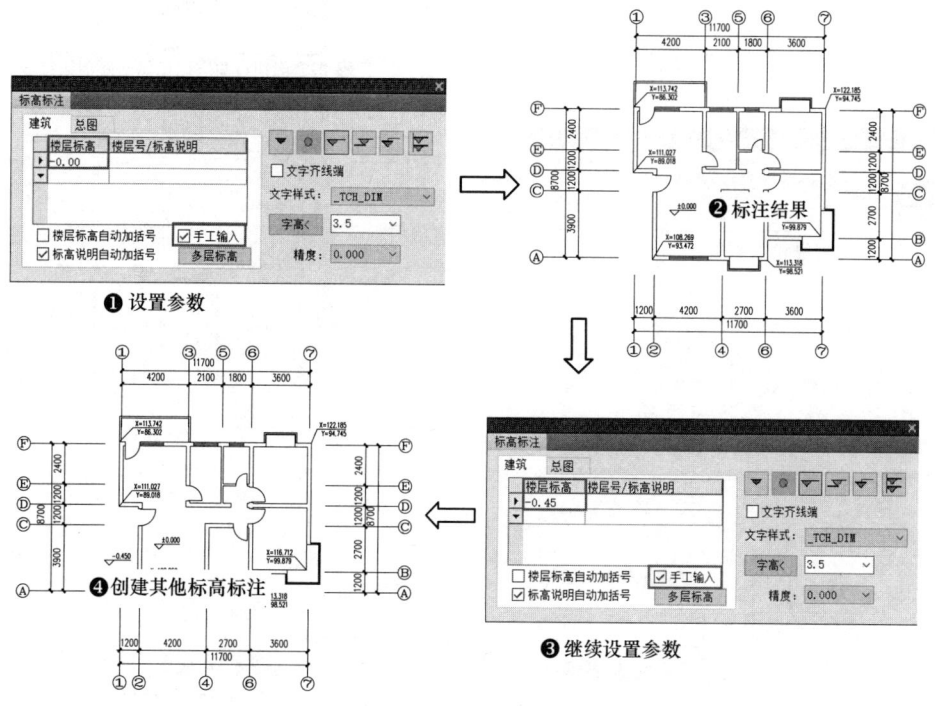

图 8-88　创建标高标注的操作步骤和结果

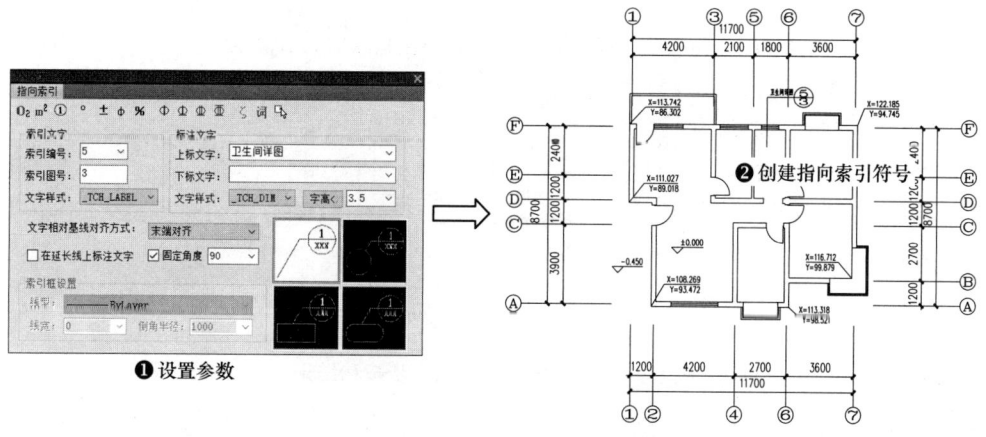

图 8-89　创建指向索引符号的操作步骤和结果

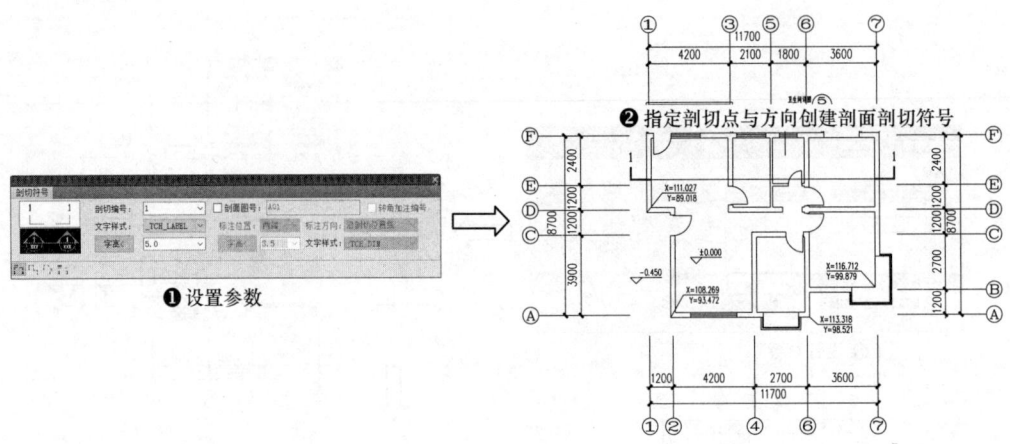

图 8-90 创建剖面剖切符号的操作步骤和结果

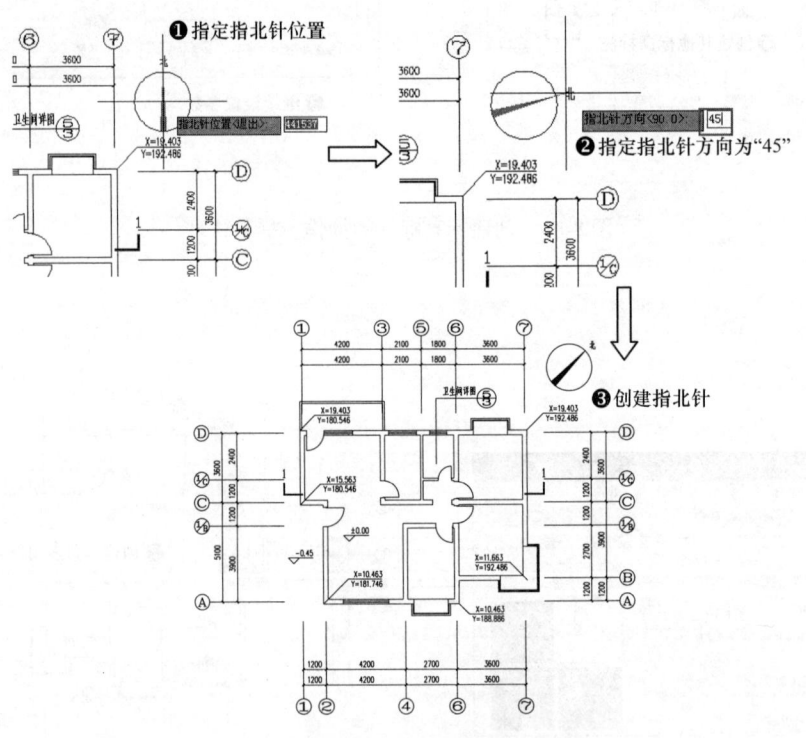

图 8-91 创建指北针的操作步骤和结果

[06] 创建图名标注。单击"符号标注"→"图名标注"菜单命令，在弹出的"图名标注"对话框中设置参数，然后在绘图区中指定插入位置，即可完成图名标注的创建。创建图名标注的操作步骤和结果如图 8-92 所示。

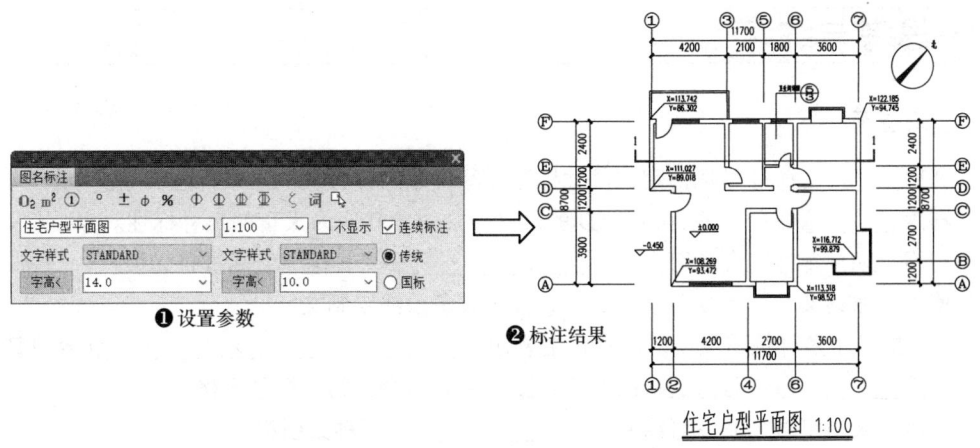

图 8-92 创建图名标注的操作步骤和结果

8.4 本章小结

1. 介绍了尺寸标注的内容和基本概念。T20 提供了专用于建筑工程设计的尺寸标注对象。

2. 介绍了创建尺寸标注的方法。天正尺寸标注可针对图上的门窗和墙体对象的特点进行墙体门窗标注，也可以按几何特征对直线、角度和弧弦等进行标注。T20 可把 AutoCAD 标注对象转化为天正尺寸标注对象。

3. 介绍了编辑尺寸标注的方法。针对天正尺寸标注对象的各种尺寸编辑命令除了可以在屏幕菜单中调用外，还可以在选取尺寸标注对象后，在快捷菜单中调用。

4. T20 提供了先进的门窗和尺寸标注的智能联动功能，门窗尺寸发生变化后，对应的尺寸标注会自动更新。

5. 天正系列软件提供了自定义的文字对象，改善了中西文字混合注写的效果，还可以输入上下标和工程字符。

6. T20 提供了自定义的表格对象，具有多层次结构，允许表格内的文字进行在位编辑。

7. 天正文字工具包括天正文字样式定义工具，单行文字、多行文字和曲线文字等的创建工具，以及简繁转换和文字替换等工具。

8. 天正表格工具包括表格的创建工具、天正表格与电子表格转换工具和行列编辑工具，使用该工具可使工程制表方便高效。

9. 表格的编辑和修改可通过双击对象编辑和在位编辑来实现。

10. 天正表格对象具有层次结构，用户可以控制表格的外观，制作出个性化的表格。

11. T20 按照国家标准规定的建筑工程符号画法，提供了自定义符号标注对象，可方便地绘制剖切符号、指北针、箭头、详图符号和引注标注等工程符号，修改也极其方便。

12. T20 创建的工程符号标注并不是简单地插入符号图块，而是在图上添加了代表建筑工程专业含义的图形符号对象。平面图的剖切符号可用于生成建筑立面图和剖面图。

13. T20 按照国家制图标准中的规定创建了自定义的符号对象。这种符号对象带有专业夹点，内含比例信息，自动符合出图要求，还可通过拖动夹点进行编辑。自定义符号对象的引入完美地解决了 AutoCAD 符号标注规范化和专业化的问题。

8.5 思考与练习

一、填空题

1. 利用________命令可将指定的尺寸标注区间按照等分公式的形式标注文字。
2. 利用________命令可将 AutoCAD 的尺寸标注对象转变为天正的尺寸标注对象。
3. 利用“切换角标”命令可在________、________和弦长标注之间进行切换。
4. 使用“曲线文字”命令可按________或已有多段线绘制文字。
5. T20 提供了多种编辑文字的工具，主要包括________、________、________和查找替换。
6. 使用________命令可将选择的两个或多个单元格合并为一个单元格。
7. 使用“索引符号”命令可绘制________、________两种索引符号。
8. 使用________命令可标注工程的材料做法。

二、问答题

1. 简述“门窗标注”和“内门标注”有何区别。
2. 简述单行文字和多行文字的区别，分别如何绘制。
3. 简述表格中各夹点的作用。
4. 可对 AutoCAD 文字进行编辑的工具有哪些，简述其操作方法。
5. 简述按行或列拆分和合并表格的方法。
6. 简述“读入 Word”和“读入 Excel”命令的使用方法。

三、操作题

1. 使用“多行文字”命令创建如图 8-93 所示的图样设计说明。

一、工程概况
　本工程依照佛山市顺德区建设市政局建设工程设计条件立
项批文号要求编制。
二、本工程设计依据的主要规范
　民用建筑设计通则(GB 50352-2005)；
　建筑设计防火规范(2018年版)(GB 50016-2014)；
　建筑地面设计规范(GB 50037-2013)；
　建筑玻璃应用技术规程(JGJ 113-2015)；
　建筑防水工程技术规程(DBJ 15-19-97)；
　铝合金门窗工程设计、施工及验收规范(DBJ15-30-2002)。
三、工程概况
　1)工程建设地点：佛山市顺德区。
　2)本工程主体采用钢筋混凝土结构。
　3)本工程合理使用年限为50年。
　4)本工程抗震设防烈度7度。
　5)本工程建筑面积2670.81m^2，层数4层，局部3层。
　6)本工程按三级设计，额定使用人数为10人。
　7)本工程耐火等级为二级。

图 8-93　图样设计说明

2. 利用“新建表格”命令和“表格编辑”命令创建并编辑如图 8-94 所示的表格。
3. 收集一些房屋建筑图，试为其标注尺寸和各种工程符号。
4. 为如图 8-95 所示的住宅首层平面图标注尺寸和符号。

第8章 标注尺寸、文字和符号

项目	采用作法	编号/页数	名称	用料做法	使用部位
（一）屋顶做法	✓	屋7	高聚物改性沥青卷材种 涂膜防水屋面	·35厚490x490,C20预制钢筋混凝土板(φ4钢筋双向中距150),1:2水泥砂浆填缝 ·M2.5砂浆顺排水方向砌一侧一平砼带,高180,中距500,砖带墙砌240x120三支 ·3厚SPS改性沥青防水卷材或APP改性沥青防水卷材 ·3厚氯丁沥青防水涂料（二布八涂） ·刷基层处理剂一道 ·20厚1:2.5水泥砂浆找平层 ·20厚(最薄处)1:8水泥加气混凝土碴找2%坡 ·钢筋混凝土屋面板表面清扫干净	除坡屋面 所有天面
		屋11	高聚物改性沥青卷材防水屋面	·35厚490x490,C20预制钢筋混凝土板(φ4钢筋双向中距150),1:2水泥砂浆填缝 ·M2.5砂浆顺排水方向砌一侧一平砼带,高180,中距500,砖带墙砌240x120三支 ·4厚SBS或APP改性沥青防水卷材 ·刷基层处理剂一道 ·20厚1:2.5水泥砂浆找平层 ·20厚(最薄处)1:8水泥加气混凝土碴找2%坡 ·干铺150厚加气混凝土砌块 ·钢筋混凝土屋面板表面清扫干净	
		屋15	石油沥青卷材防水屋面	·三毡四油,撒铺绿豆砂 ·刷冷底子油一道 ·20厚1:2.5水泥砂浆找平层 ·20厚(最薄处)1:8水泥加气混凝土碴找2%坡 ·干铺100厚加气混凝土砌块 ·钢筋混凝土屋面板表面清扫干净	
		屋24	高聚物改性沥青卷材防水屋面 种和用性防水屋面	·150-300厚种植介质 ·无纺布一层（隔离层） ·40厚聚氯乙烯泡沫塑料一层（蓄水层） ·50厚20--30卵石（排水层） ·40厚C30UEA补偿收缩混凝土防水层,表面压光,混凝土内φ4钢筋双向中距150 ·3厚SBS改性沥青防水卷材 ·刷基层处理剂一道 ·20厚1:2.5水泥砂浆找平层 ·20厚(最薄处)1:8水泥膨胀珍珠岩找2%坡 ·现浇钢筋混凝土板面板表面清扫干净	

图 8-94 创建并编辑表格

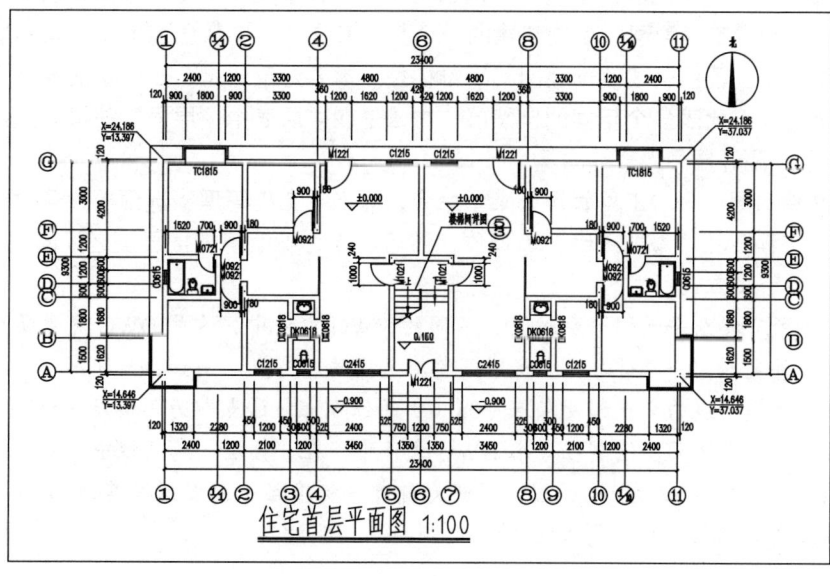

图 8-95 住宅首层平面图

第 9 章　绘制立面图和剖面图

● 本章导读

建筑立面设计和建筑剖面设计是建筑设计的重要组成部分。建筑立面图是建筑物外墙面的正投影图，用来表达建筑物的立面设计细节。建筑剖面图是将建筑物于垂直方向剖切得到的正投影图，用来反映建筑内部构造细节。天正立面图、剖面图是通过将平面构件中的三维信息进行消隐获得的二维图形。本章主要介绍立面图和剖面图的绘制和编辑方法。

● 本章重点
- ◈ 建筑立面图
- ◈ 实战演练——创建餐厅立面图
- ◈ 本章小结
- ◈ 建筑剖面图
- ◈ 实战演练——创建餐厅剖面图
- ◈ 思考与练习

9.1 建筑立面图

建筑立面图是将建筑物在与建筑物立面平行的投影面上投影所得的正投影图，是用来表现建筑立面造型和装修的图样，主要反映建筑物的外貌和立面装修的做法。建筑立面图一般以房屋的朝向来命名，如南立面图等。本节将介绍如何绘制建筑立面图。

9.1.1 楼层表与工程管理

在 T20 中，建筑立面图和剖面图的生成都可由"工程管理"命令及创建楼层表来实现。楼层表是指利用 T20"工程管理"功能创建的一个数据库文件，它将层高数据和自然层号相互对应，便于创建建筑立面图、建筑剖面图和三维模型。需要注意的是，一个平面图除了可代表一个自然楼层外，还可代表多个相同的自然层，方法是在楼层表中"层号"处填写起始层号，并用"~"或"-"隔开层号。

单击"文件布图"→"工程管理"菜单命令，弹出"工程管理"选项板，通过该选项板可以进行"新建工程"和"添加图纸"等操作，并可以定义平面图与楼层表之间的关系。T20 支持如下两种楼层定义方式：

- ➢ 建筑物所有楼层平面图分别放置在不同的 DWG 文件中，这些 DWG 文件集中放置在同一个文件夹内，并使得每一个标准层都有共同的对齐点。例如，开间第一条纵轴线和进深第一条横轴线的交点都处在点（0,0,0）的位置上，该点即为各楼层的对齐点。
- ➢ 建筑物的多个平面图绘制在一个 DWG 文件中，在"楼层"选项栏中分别为各自然层在绘图区中选择区域指定平面图，同时允许部分标准层平面图通过其他 DWG 文件指定，从而提高了工程管理的灵活性。

1. 新建工程

在生成建筑立面图和剖面图之前都需要新建工程。新建工程的操作步骤和结果如图 9-1 所示。

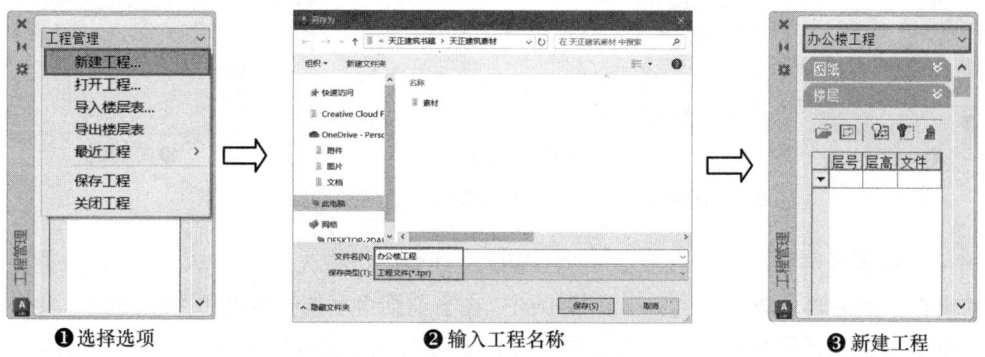

图 9-1 新建工程的操作步骤和结果

2. 添加图纸

在工程创建完成后，需要把绘制好的图纸移到当前工程文件夹中，然后在"工程管理"选项板的"图纸"选项栏中选择"平面图"选项，右击，在弹出的快捷菜单中选择"添加图纸"命令，再在弹出的"选择图纸"对话框中选择图纸，即可将图纸添加到"工程管理"选项板中。添加图纸的操作步骤和结果如图 9-2 所示。

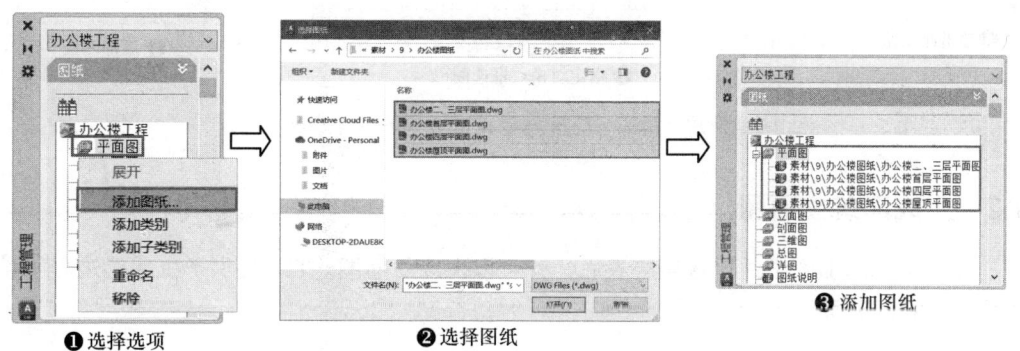

图 9-2 添加图纸的操作步骤和结果

3. 设置楼层表

在"工程管理"选项板中，"楼层"选项栏内表格的每行内容为一个楼层信息，用户只需在表格内输入楼层号和楼层高，并指定楼层平面图文件即可完成楼层表参数设置。

当用户将各楼层平面图分别绘制在不同的 DWG 文件中时，应先将光标定位到楼层表的"文件"选项中，然后单击"楼层"工具栏中的"选择标准层文件"按钮 ，在弹出的"选择标准层图形文件"对话框中选择相应的楼层平面图文件，再单击"打开"按钮，即可完成楼层表的设置。使用多个 DWG 文件设置楼层表的操作步骤和结果如图 9-3 所示。

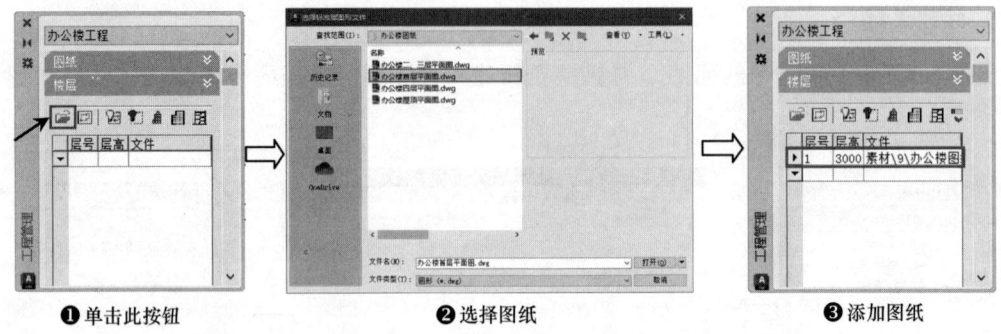

图 9-3　使用多个 DWG 文件设置楼层表的操作步骤和结果

当用户将各楼层平面图都存放在一个 DWG 文件中时,应先将此 DWG 文件打开并使其处于当前窗口,然后再单击"楼层"工具栏中的"在当前图中框选楼层范围"按钮,接着在绘图区中框选相应的楼层平面图,并指定对齐点,即可完成楼层表的设置。使用一个 DWG 文件设置楼层表的操作步骤和结果如图 9-4 所示。

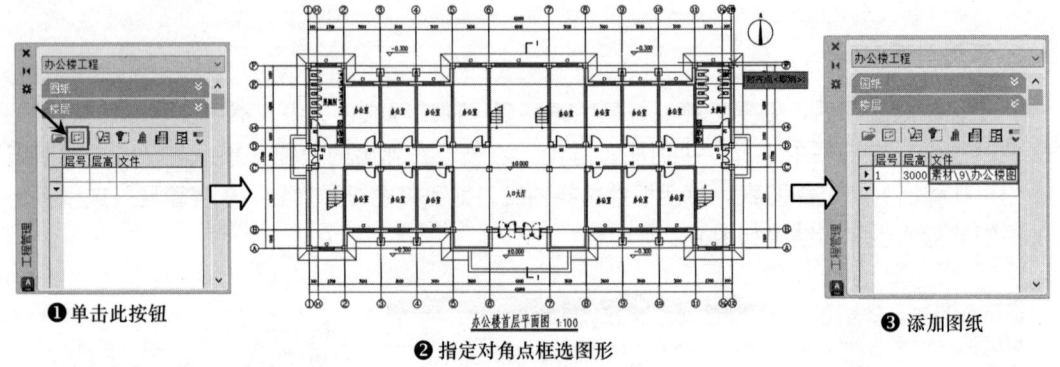

图 9-4　使用一个 DWG 文件设置楼层表的操作步骤和结果

9.1.2　生成建筑立面图

在新工程中添加图纸并设置楼层表后,就可以生成立面图。T20 提供了生成建筑立面和构件立面的功能,下面分别介绍。

1. 建筑立面

在"工程管理"选项板的"楼层"工具栏中单击"建筑立面"按钮或单击"立面"→"建筑立面"菜单命令,选择立面方向,再选择需显示在立面图中的轴线,然后设置立面生成参数和保存文件名,即可完成立面图的创建。创建建筑立面的操作步骤和结果如图 9-5 所示。

"立面生成设置"对话框中各选项的含义如下:

- 多层消隐:选中该选项,将对两个相邻楼层进行消隐,生成立面图的速度较慢,但消隐精度比较好。
- 单层消隐:选中选项,消隐速度较快,但消隐精度比较低。
- 忽略栏杆以提高速度:选中此复选框,可以通过不在立面图中显示栏杆来提高立面图的生成速度。

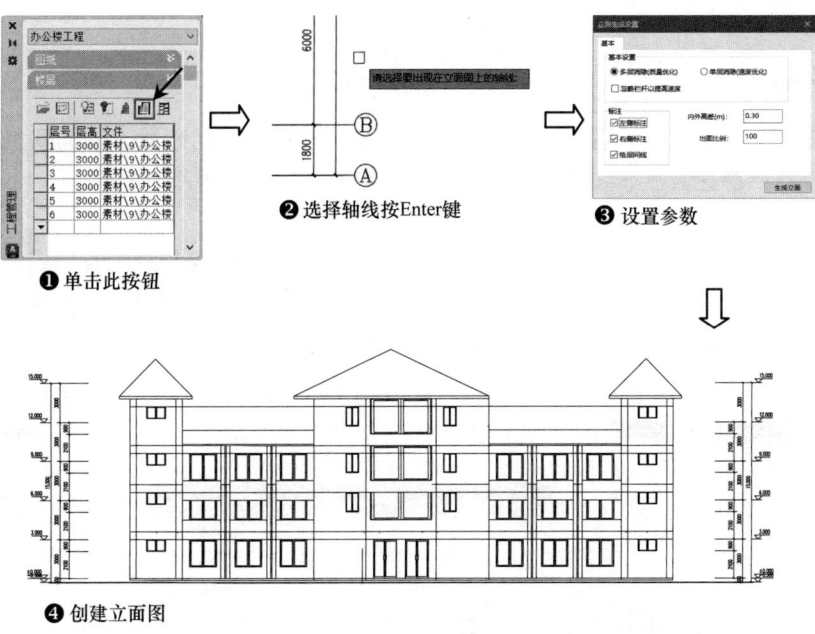

图 9-5　创建建筑立面的操作步骤和结果

- 左侧标注/右侧标注：选中此复选框后，可标注立面图左/右侧的竖向标注，包含楼层标高和尺寸。
- 绘层间线：选中此复选框后，可在楼层之间绘制一条水平线。
- 内外高差：用于确定室内地面与室外地坪的高差。该数值以米为单位。
- 出图比例：用于确定立面图的打印出图比例。

2. 构件立面

"构件立面"命令可用于生成当前标准层、局部构件或三维图块对象在选定方向上的立面图与顶视图。单击"立面"→"构件立面"菜单命令，设置立面方向，然后选择需创建立面图的构件（如楼梯和阳台等），再在绘图区中指定构件立面图的摆放位置，即可完成构件立面的创建。创建构件立面的操作步骤和结果如图 9-6 所示。

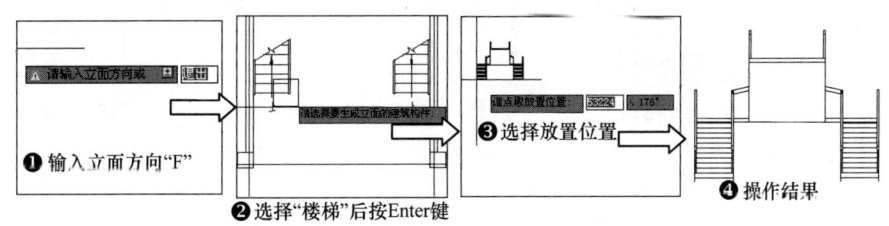

图 9-6　创建构件立面的操作步骤和结果

9.1.3　深化立面图

建筑立面图创建完成后，有些部分可能会存在错误或内容不够完善的情况，此时就需要对生成的立面图进行细部深化和编辑。T20 提供了多种立面编辑工具，包括立面门窗、门窗参数、立面窗套和立面阳台等。

1. 立面门窗

"立面门窗"命令可用于插入和替换立面图中的门窗，也可用于立、剖面图的门窗图块管理，处理带装饰门窗套的立面门窗，并打开与之配套的立面门窗图库。

❏ 直接插入门窗

单击"立面"→"立面门窗"菜单命令，在弹出的"天正图库管理系统"对话框中双击需要插入门窗的图标，然后在弹出的"图块编辑"对话框中设置参数，再在绘图区中指定插入位置，即可直接插入门窗。直接插入门窗的操作步骤和结果如图 9-7 所示。

图 9-7　直接插入门窗的操作步骤和结果

❏ 替换已有的门窗

单击"立面"→"立面门窗"菜单命令，在弹出的"天正图库管理系统"对话框中选择需替换成的门窗图块，然后单击其工具栏中的"替换"按钮，再在绘图区中选择需替换的门窗并按 Enter 键，即可完成门窗的替换。替换已有门窗的操作步骤和结果如图 9-8 所示。

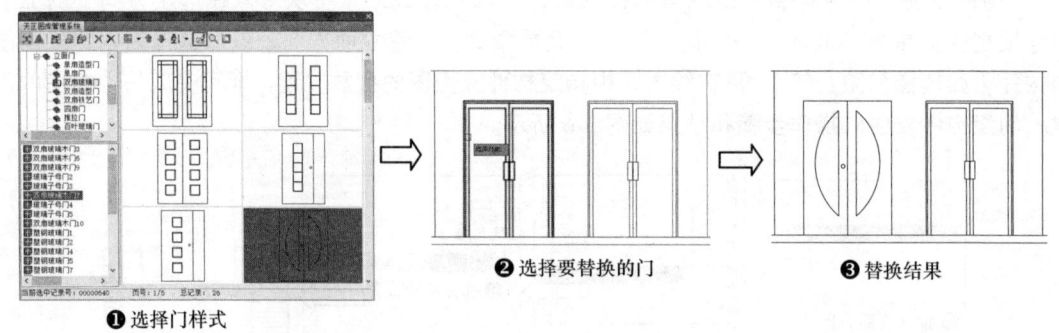

图 9-8　替换已有门窗的操作步骤和结果

2. 门窗参数

"门窗参数"命令可用于修改立面门窗尺寸。单击"立面"→"门窗参数"菜单命令，在绘图区中选择需修改的门窗参数后按 Enter 键，然后依次在命令行中输入新的门窗参数值并按 Enter 键，即可完成门窗参数的修改。

3. 立面窗套

"立面窗套"命令可用于为已有的立面窗体添加全包的窗套或者窗楣线和窗台线。单击"立面"→"立面窗套"菜单命令,在绘图区中选择需添加窗套的立面窗户,然后在弹出的"窗套参数"对话框中设置参数,单击"确定"按钮,即可完成窗套的添加。添加立面窗套的操作步骤和结果如图9-9所示。

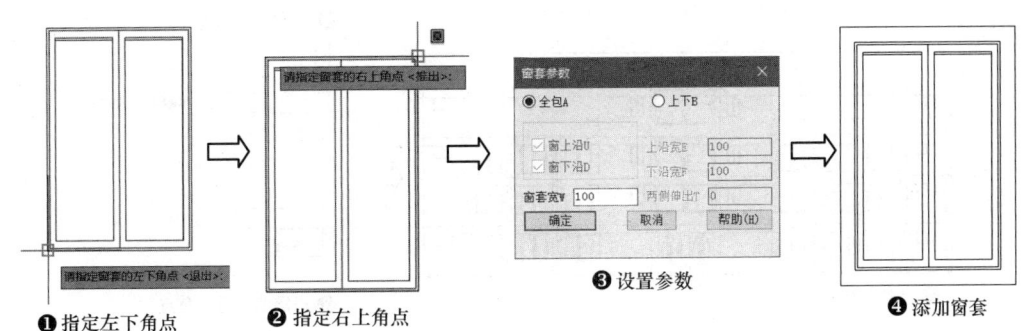

图 9-9　添加立面窗套的操作步骤和结果

4. 立面阳台

"立面阳台"命令可用于替换和添加立面图上的阳台,也可用于立面阳台图块的管理。单击"立面"→"立面阳台"菜单命令,在弹出的"天正图库管理系统"对话框中选择阳台样式,单击"替换"按钮,在弹出的"替换选项"对话框中选择选项,然后在绘图区中选择要替换的立面阳台并按Enter键,即可完成立面阳台的替换。替换立面阳台的操作步骤和结果如图9-10所示。

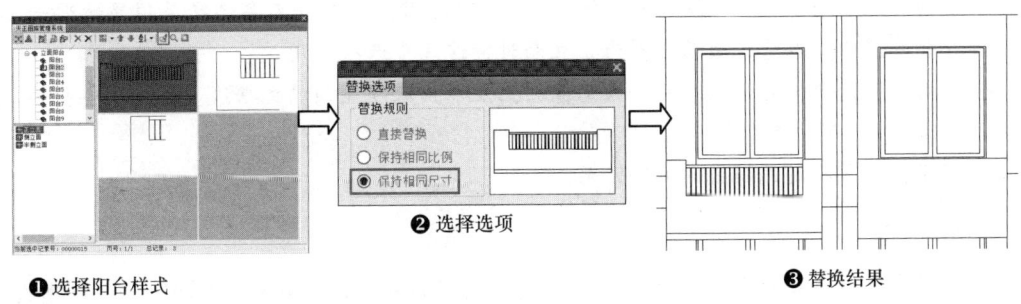

图 9-10　替换立面阳台的操作步骤和结果

5. 立面屋顶

"立面屋顶"命令可用于创建多种形式的屋顶立面图。单击"立面"→"立面屋顶"菜单命令,在弹出的"立面屋顶参数"对话框中选择屋顶类型并设置参数,单击"定位点PT1-2"按钮,然后在绘图区中指定墙顶的两个角点并返回到"立面屋顶参数"对话框中,单击"确定"按钮,即可完成立面屋顶的创建。创建立面屋顶的操作步骤和结果如图9-11所示。

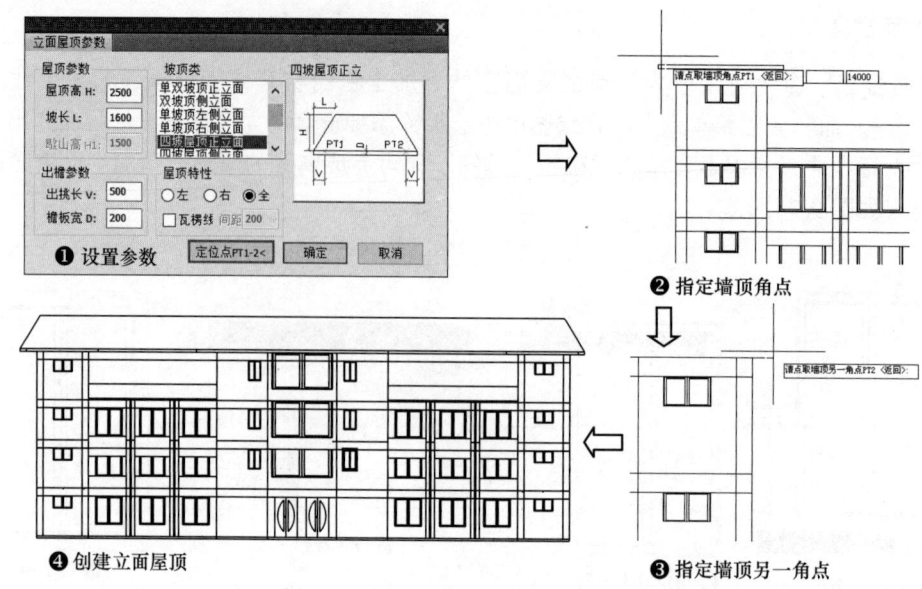

图 9-11 创建立面屋顶的操作步骤和结果

"立面屋顶参数"对话框中各选项的含义如下:
- 坡顶类:在该列表框中提供了多种屋顶类型,用户可根据需要进行选择。
- 屋顶高:用于指定从屋檐到屋顶最高处的垂直距离。
- 坡长:用于指定坡屋顶倾斜部分的水平投影长度。
- 歇山高:当选择有歇山的屋顶类型时,用于指定屋顶歇山部分的高度。
- 出挑长:用于指定建筑外墙距屋檐的水平距离。
- 檐板宽:用于指定建筑屋檐檐板的宽度。
- 定位点 PT1-2:用于指定立面墙体顶部的左右两个端点。
- 屋顶特性:有"左""右"和"全"3 个选项,用户可根据需要选择屋顶显示哪一部分或全部显示。当选择屋顶类型为正立面时,这 3 个选项可用。
- 瓦楞线:选中该复选框,将会在正立面上显示出人字屋顶的瓦楞线。当屋顶类型为正立面时,该复选框可用。
- 间距:用于指定瓦楞线的间隔距离。

6. 雨水管线

"雨水管线"命令可用于在立面图中生成竖直向下的雨水管。单击"立面"→"雨水管线"菜单命令,在绘图区中指定雨水管的起点和终点,然后指定雨水管的管径,即可完成雨水管的创建。创建雨水管的操作步骤和结果如图 9-12 所示。

7. 柱立面线

"柱立面线"命令可用于在柱子立面范围内绘制有立体感的竖向投影线。单击"立面"→"柱立面线"菜单命令,依次在命令行中指定圆柱的起始度、包含角和立面线数目,然后在绘图区中指定矩形的两个角点,即可完成柱立面线的创建。创建柱立面线的操作步骤和结果如图 9-13 所示。

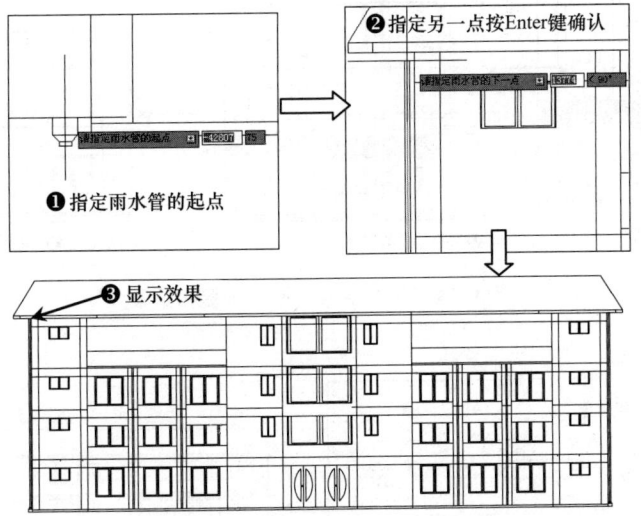

图 9-12 创建雨水管的操作步骤和结果

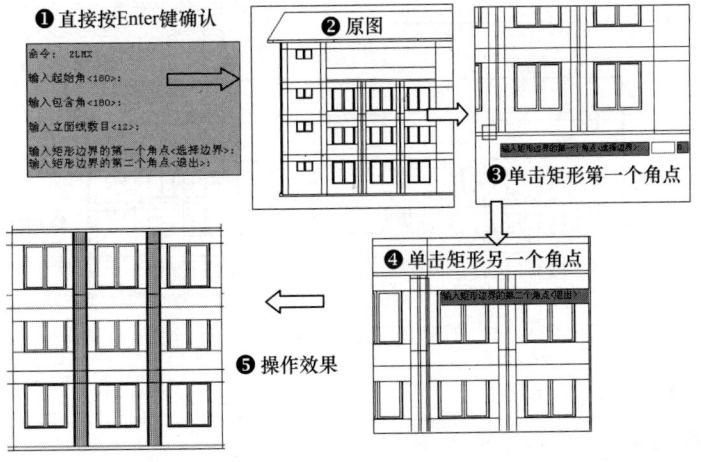

图 9-13 创建柱立面线的操作步骤和结果

8. 图形裁剪

"图形裁剪"命令可用于将立面图形中不需要显示的部分隐藏起来。单击"立面"→"图形裁剪"菜单命令,在绘图区中选择需裁剪的天正图块和 CAD 图元后按 Enter 键,接着在命令行选择裁剪的方式并确认裁剪的各个点,即可完成图形裁剪。图形裁剪的操作步骤和结果如图 9-14 所示。

9. 立面轮廓

"立面轮廓"命令可用于自动搜索建立立面外轮廓,并在立面边界上加一圈粗实线。单击"立面"→"立面轮廓"菜单命令,在绘图区中框选整个立面图后按 Enter 键,然后指定轮廓线宽度,即可完成立面轮廓的创建。创建立面轮廓的操作步骤和结果如图 9-15 所示。

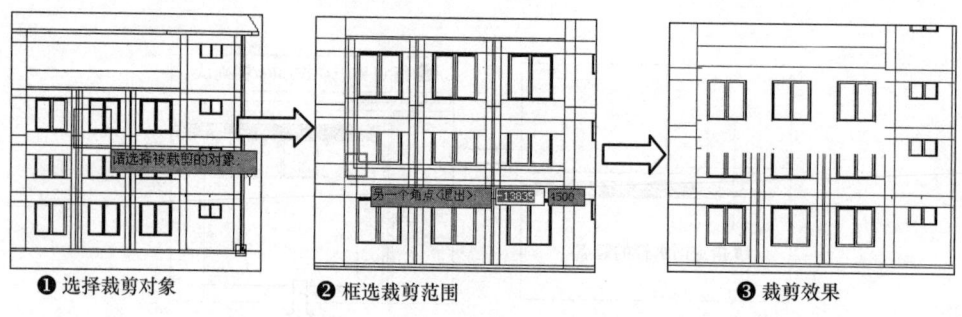

图 9-14 图形裁剪的操作步骤和结果

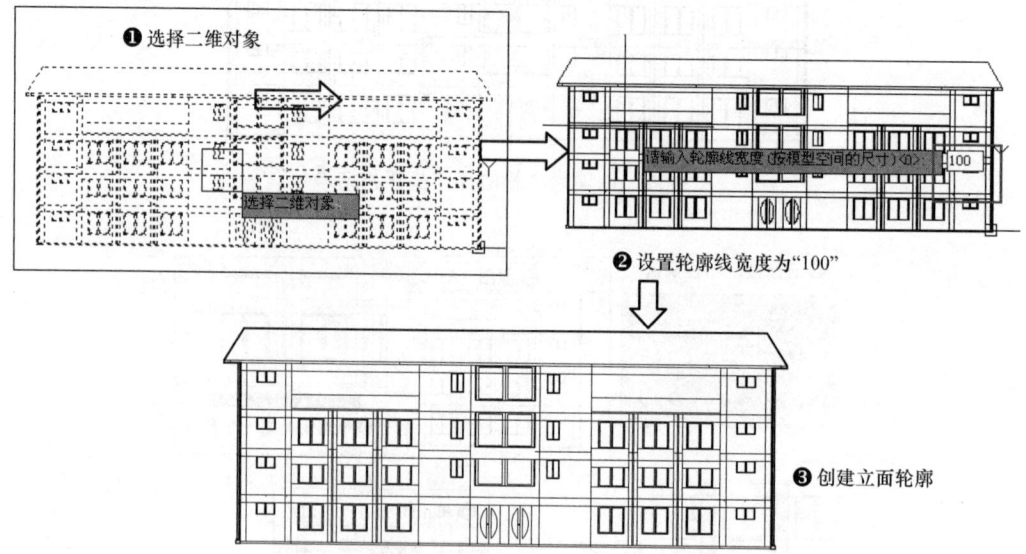

图 9-15 创建立面轮廓的操作步骤和结果

9.2 建筑剖面图

完整的工程图不仅包括工程的各层平面图及立面图，还包括用以表达建筑物建筑设计细节的剖面图。建筑剖面图是假设用一个平面将建筑物沿着某一特定的位置剖开，移除剖切面与观察者之间的部分，然后将剩下的部分进行正投影而得到的图形。天正剖面图是将平面图构件中的三维信息在指定剖切位置消隐而获得的二维图形。本节将介绍如何创建建筑剖面图、加深剖面图和修饰剖面图。

9.2.1 创建建筑剖面图

与建筑立面图相同，建筑剖面图也是由"工程管理"选项板中的楼层表数据生成，不同的是创建建筑剖面图前需要在首层平面图中利用"剖面剖切"命令绘制出剖切符号（可参照"8.3 符号标注"中的"剖面剖切"命令）。在生成建筑剖面图时，可以设置标注的样式，如在图形的一侧标注剖面尺寸和标高。

第 9 章 绘制立面图和剖面图

1. 建筑剖面

在添加了剖切符号的工程图创建完成后，单击"剖面"→"建筑剖面"菜单命令或单击"工程管理"选项板中"楼层"工具栏中的"建筑剖面"按钮，在绘图区中指定剖切线和需要显示的定位轴线后按 Enter 键，然后在弹出的"剖面生成设置"对话框中设置参数，单击"生成剖面"按钮，在弹出的"输入要生成的文件"对话框中选择存储路径和输入文件名，单击"保存"按钮，即可完成建筑剖面的绘制。创建建筑剖面的操作步骤和结果如图 9-16 所示。

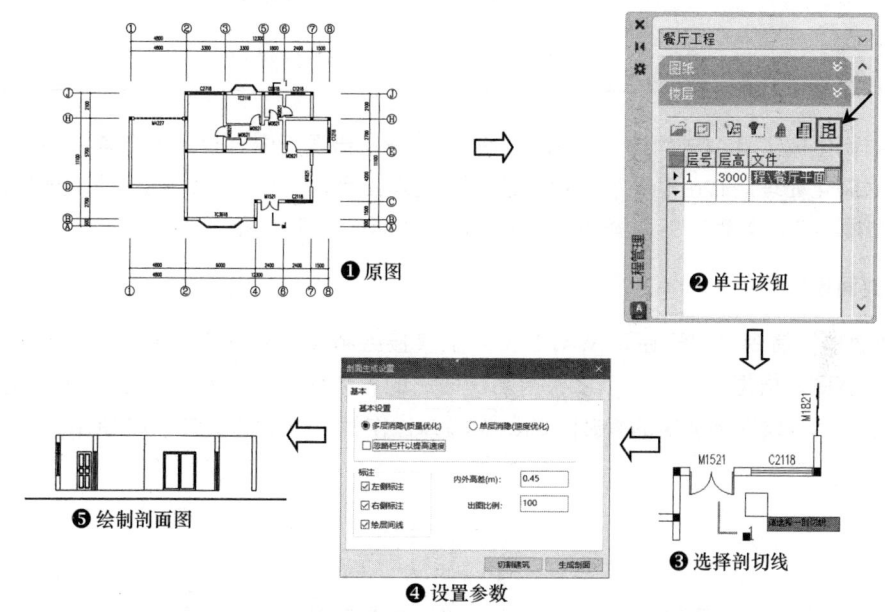

图 9-16 创建建筑剖面的操作步骤和结果

"剖面生成设置"对话框中各选项的含义如下：

- 多层消隐（质量优化）：选中该选项，将对两个相邻楼层进行消隐，生成剖面图的速度较慢，但消隐精度比较好。
- 单层消隐（速度优化）：选中该选项，消隐速度较快，但消隐精度比较低。
- 忽略栏杆以提高速度：选中此选项，可通过不在剖面图中显示栏杆来提高剖面图的生成速度。
- 左侧标注/右侧标注：选中此选项，可标注剖面图左/右侧的竖向标注。
- 绘层间线：选中此选项，可在楼层之间绘制一条水平线，表示层与层之间的分隔线。
- 内外高差：用于确定一层地面与室外地坪的高差。该数值以米为单位。
- 出图比例：用于确定剖面图的打印出图比例。
- 切割建筑：单击此按钮，再单击图形的插入点可生成建筑立体切割图。

2. 构件剖面

"构件剖面"命令可用于对选定的构件生成剖面图。单击"剖面"→"构件剖面"菜单命令，在绘图区中指定剖切线，然后选择需剖切的构件并按 Enter 键，再指定构件剖面的插入点即可完成构件剖面的创建。创建构件剖面的操作步骤和结果如图 9-17 所示。

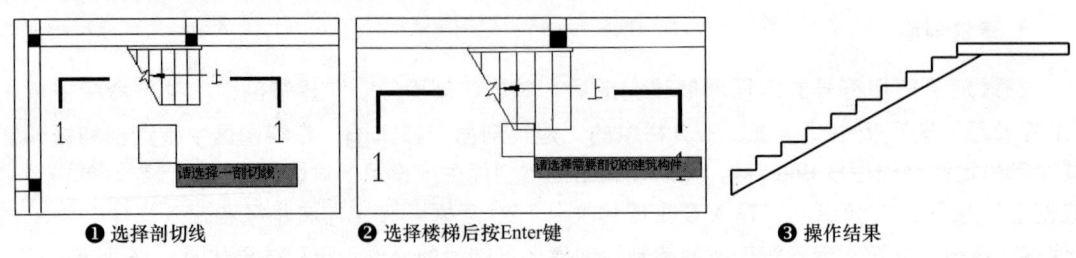

图 9-17 创建构件剖面的操作步骤和结果

9.2.2 加深剖面图

利用剖面生成工具生成的建筑剖面图中往往有一些错误，内容也不够完善，还需要对其进行进一步的深化处理。T20 提供了多种剖面深化处理工具，主要包括对剖面墙、楼板、梁、门窗、檐口和楼梯等的处理。下面介绍这些加深剖面工具的使用方法。

1. 画剖面墙

"画剖面墙"命令可用于在 S_WALL 图层上直接绘制直墙或弧墙。单击"剖面"→"画剖面墙"菜单命令，根据命令行提示依次指定剖面墙的各个点，即可完成剖面墙的绘制。还可以根据命令行提示，设置剖面墙的参数。画剖面墙的操作步骤和结果如图 9-18 所示。

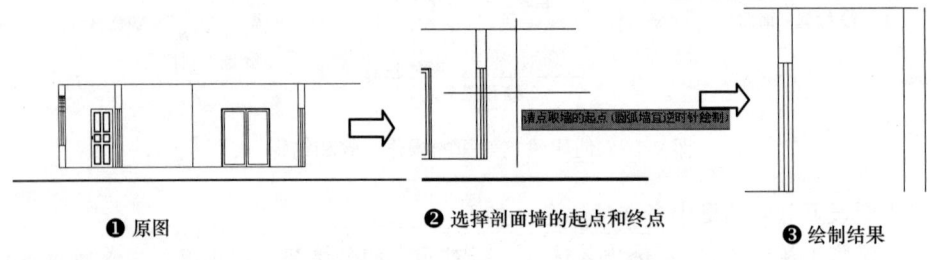

图 9-18 画剖面墙的操作步骤和结果

"画剖面墙"命令行中各选项的含义如下：

➢ 取参照点（F）：输入"F"，可为绘制剖面墙确定一个参照点，以便于绘制剖面时确定尺寸位置。
➢ 单段（D）：输入"D"，仅绘制一段剖面墙。
➢ 弧墙（A）：当输入"A"，并依次按提示指定弧墙的终点和弧墙上一点，可完成剖面弧墙的绘制。
➢ 墙厚（U）：用于输入墙厚值。

2. 双线楼板

"双线楼板"命令可用于绘制剖面双线楼板。单击"剖面"→"双线楼板"菜单命令，在绘图区中指定双线楼板的起始点和结束点，然后根据命令行提示依次指定楼板的顶面标高和板厚值，即可完成双线楼板的绘制。绘制双线楼板的操作步骤和结果如图 9-19 所示。

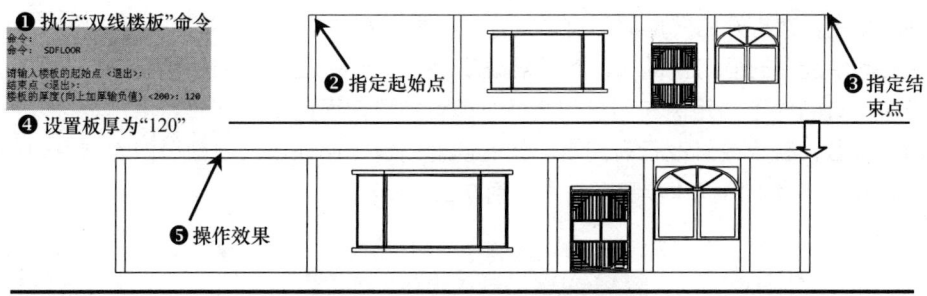

图 9-19 绘制双线楼板的操作步骤和结果

3. 预制楼板

"预制楼板"命令可用于创建剖面预制楼板。单击"剖面"→"预制楼板"菜单命令,在弹出的"剖面楼板参数"对话框中设置楼板的类型、单预制板宽度和楼层的总宽度等参数(系统将自动计算出预制板的数量和缝宽),单击"确定"按钮,然后指定预制楼板的插入点和排列方向,即可完成预制楼板的创建。创建预制楼板的操作步骤和结果如图 9-20 所示。

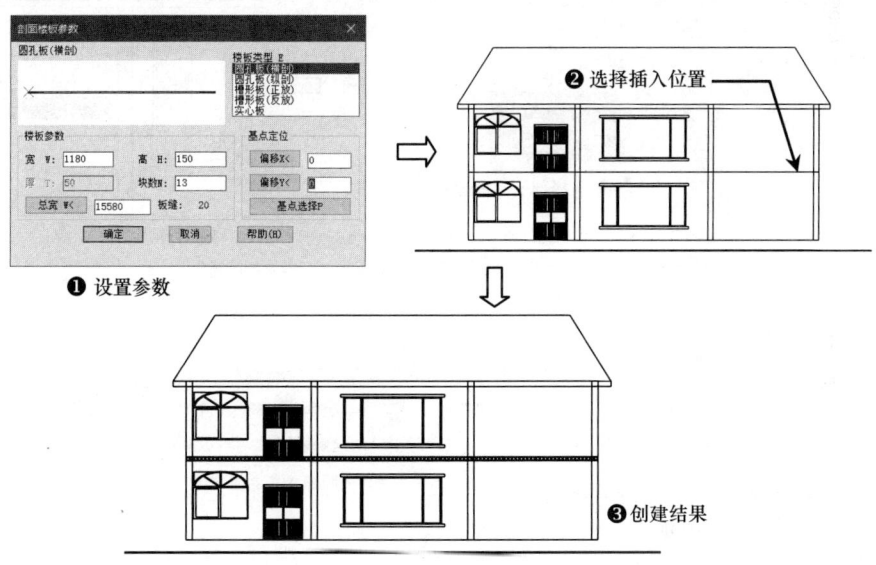

图 9-20 创建预制楼板的操作步骤和结果

4. 加剖断梁

"加剖断梁"命令可用于在剖面楼板处按给定尺寸添加剖断梁。单击"剖面"→"加剖断梁"菜单命令,根据命令行提示指定剖断梁的基点,然后确认剖断梁的左宽、右宽和高度,即可完成剖断梁的创建。加剖断梁的操作步骤和结果如图 9-21 所示。

5. 剖面门窗

"剖面门窗"命令可用于插入剖面门窗,也可替换已插入的剖面门窗,还可修改已有剖面门窗的参数。该命令为剖面门窗详图的绘制和修改提供了全新的方式。单击"剖面"→"剖面门窗"菜单命令，在打开的"剖面门窗样式"对话框的窗口中单击，弹出"天正图库管理系统"对话框，在其中选择剖面门窗样式，然后根据命令行提示在绘图区中选择已绘制好的剖面墙线，再指定门窗下口到墙下端距离和门窗的高度，即可完成剖面门窗的创建。用户也可以根据命令行提示输入参数，替换或修改已有门窗。创建剖面门窗（此处以创建剖面门为例说明如何在剖面图上创建剖面门窗）的操作步骤和结果如图9-22所示。

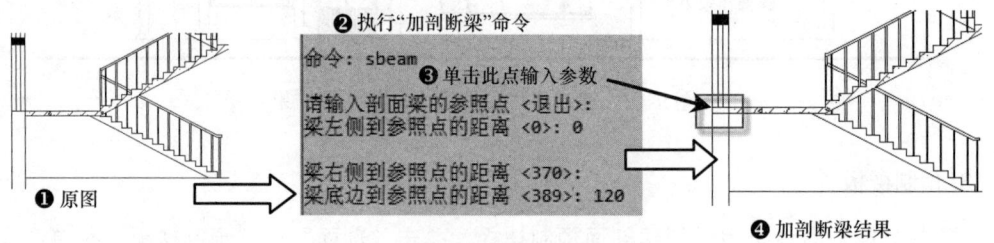

图 9-21　加剖断梁的操作步骤和结果

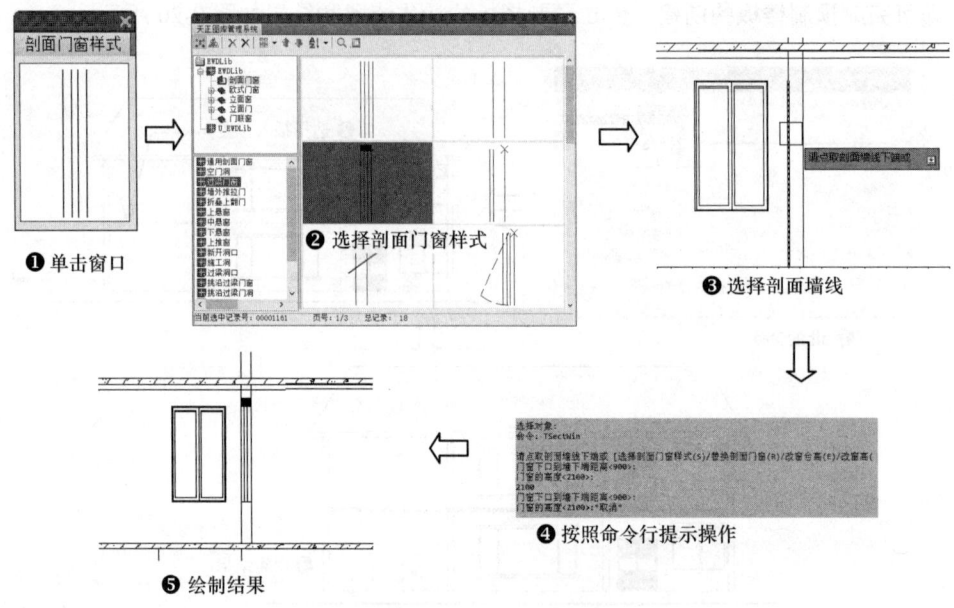

图 9-22　创建剖面门窗的操作步骤和结果

6. 剖面檐口

"剖面檐口"命令可用于在剖面图中绘制檐口剖面，包括女儿墙剖面和预制挑檐、现浇挑檐、现浇坡檐的剖面。单击"剖面"→"剖面檐口"菜单命令，在弹出的"剖面檐口参数"对话框中设置各项参数，单击"确定"按钮，然后在绘图区中指定插入位置，即可完成剖面檐口的绘制。绘制剖面檐口（这里以绘制女儿墙剖面为例）的操作步骤和结果如图9-23所示。

7. 门窗过梁

"门窗过梁"命令可用于在剖面门窗上方画出给定梁高的矩形过梁剖面，并且带有灰度填充。单击"剖面"→"门窗过梁"菜单命令,在绘图区中选择需添加门窗过梁的剖面门窗,按Enter键,然后指定梁高尺寸,即可完成门窗过梁的绘制。绘制门窗过梁的操作步骤和结果如图9-24所示。

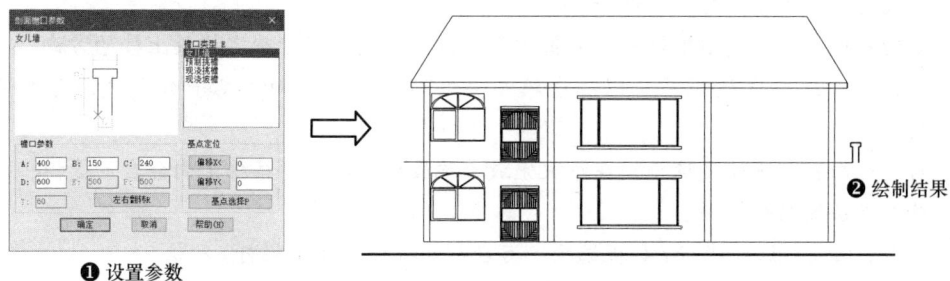

图 9-23 绘制剖面檐口的操作步骤和结果

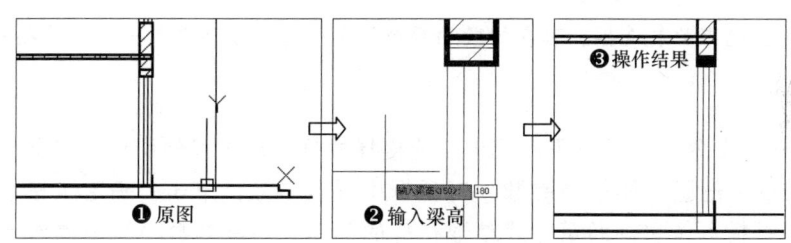

图 9-24 绘制门窗过梁的操作步骤和结果

8. 参数楼梯

"参数楼梯"命令可用于在剖面图中插入单段或整段楼梯剖面。单击"剖面"→"参数楼梯"菜单命令,在弹出的"参数楼梯"对话框中设置参数,然后在绘图区中指定剖面楼梯插入位置,即可完成参数楼梯的创建。创建参数楼梯的操作步骤和结果如图9-25所示。

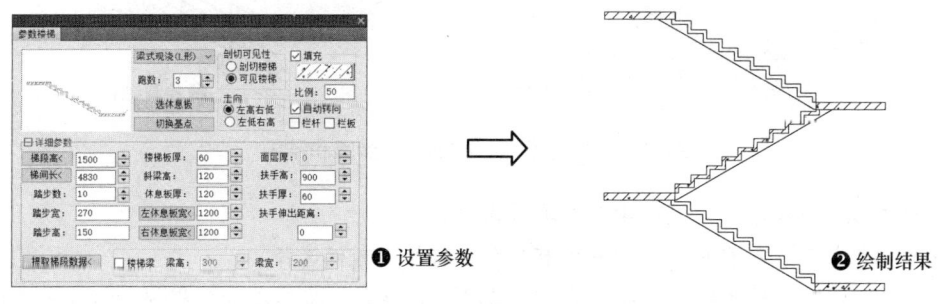

图 9-25 创建参数楼梯的操作步骤和结果

"参数楼梯"对话框中各选项的含义如下:
- 楼梯类型:在该下拉列表中提供了"板式楼梯""梁式现浇(L形)""梁式现浇(△形)"和"梁式预制"4种类型,选中不同的选项,可创建不同的剖面楼梯。
- 跑数:用于确定梯段数目。当楼层较高或空间较大时会使用多跑梯段。

- 选休息板：单击此按钮，可选择添加休息板。
- 切换基点：单击此按钮，可切换梯段基点的位置。
- 剖切可见性：包括"剖切楼梯"和"可见楼梯"两个选项，用户可根据需要选择画出的梯段是剖切部分还是可见部分。
- 走向：包括"左高右低"和"左低右高"两个选项，用于确定梯段上楼的方向。
- 填充：勾选此复选框，将以颜色填充剖切部分的梯段和休息平台区域，可见部分不填充。
- 自动转向：勾选此复选框，在每次完成单跑楼梯绘制后，楼梯走向会自动更换，以便于绘制多层的双跑楼梯。
- 栏杆/栏板：选择栏杆/栏板选项，可在剖面楼梯上显示栏杆/栏板。
- 面层厚：用于设置当前梯段的装饰面层厚度。
- 提取梯段数据：单击此按钮，在绘图区中指定楼梯平面图，T20将提取第一跑的梯段参数作为当前创建的梯段数据。
- 楼梯梁：选中此复选框，可在梯段的两个休息平台上分别添加一个梁的截面图。

9. 参数栏杆

"参数栏杆"命令可用于按用户要求生成楼梯栏杆。单击"剖面"→"参数栏杆"菜单命令，在弹出的"剖面楼梯栏杆参数"对话框中设置参数，单击"确定"按钮，然后在绘图区中指定栏杆插入位置，即可完成参数栏杆的创建。创建参数栏杆的操作步骤和结果如图9-26所示。

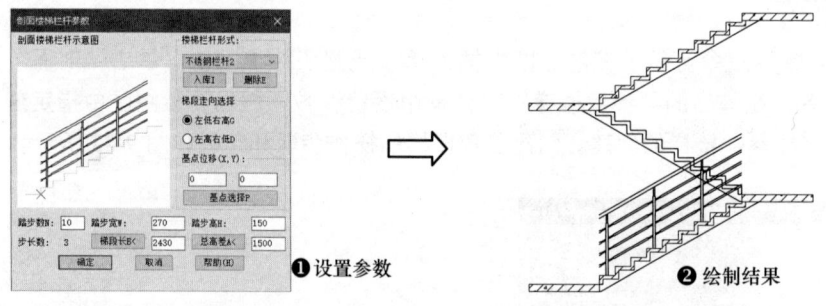

图9-26　创建参数栏杆的操作步骤和结果

"剖面楼梯栏杆参数"对话框中各选项的含义如下：

- 楼梯栏杆形式：在该下拉列表中有多种栏杆样式可供选择。
- 入库I：单击此按钮，可在绘图区中选择栏杆样式，将其添加到楼梯栏杆库中，以便随时调用。
- 删除E：单击此按钮，可将所选择的栏杆样式删除。
- 梯段走向选择：包括"左低右高G"和"左高右低D"两个选项，用于切换栏杆的排列方向。
- 基点位移：用于确定新基点向X轴和Y轴的偏移距离。

10. 楼梯栏杆

"楼梯栏杆"命令可用于在剖面图中创建栏杆和扶手。使用该命令可根据图层识别双跑楼梯中剖切到的梯段与可见的梯段，按常用的直栏杆设计，自动处理两个相邻栏杆的遮挡关系。单击"剖面"→"楼梯栏杆"菜单命令，根据命令行提示指定扶手的高度，并确认是否打断遮挡线，然后在绘图区中依次指定每个梯段的起始点和结束点，即可完成楼梯栏杆的创建。创建楼梯栏杆的操作步骤和结果如图 9-27 所示。

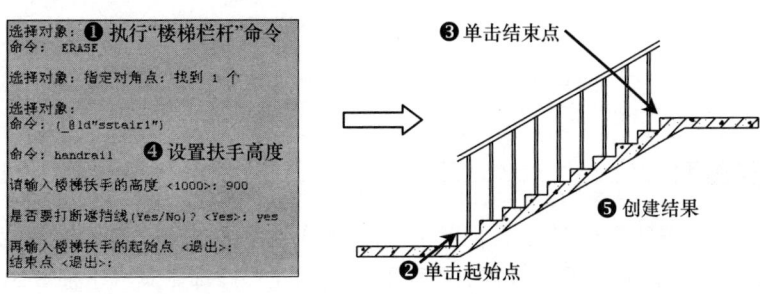

图 9-27　创建楼梯栏杆的操作步骤和结果

11. 楼梯栏板

"楼梯栏板"命令可用于在剖面楼梯上创建楼梯栏板。该命令可自动处理栏板遮挡部分，被遮挡部分将以虚线表示。单击"剖面"→"楼梯栏板"菜单命令，根据命令行提示指定楼梯扶手的高度，并确认是否将遮挡线变为虚线，然后在绘图区中依次指定每个梯段的起始点和结束点，即可完成楼梯栏板的创建。创建楼梯栏板的操作步骤如图 9-28 所示。

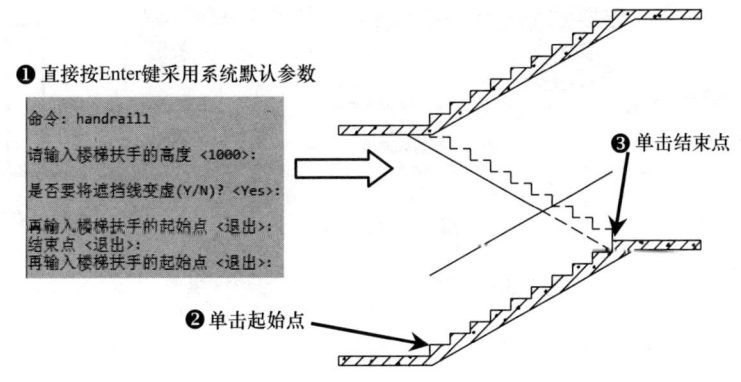

图 9-28　创建楼梯栏板的操作步骤

12. 扶手接头

"扶手接头"命令可用于连接两端栏杆，并创建扶手接头。单击"剖面"→"扶手接头"菜单命令，根据命令行提示指定扶手伸出距离，并确认是否增加栏杆，然后在绘图区中选择两段需连接的扶手，即可完成扶手接头的创建。创建扶手接头的操作步骤和结果如图 9-29 所示。

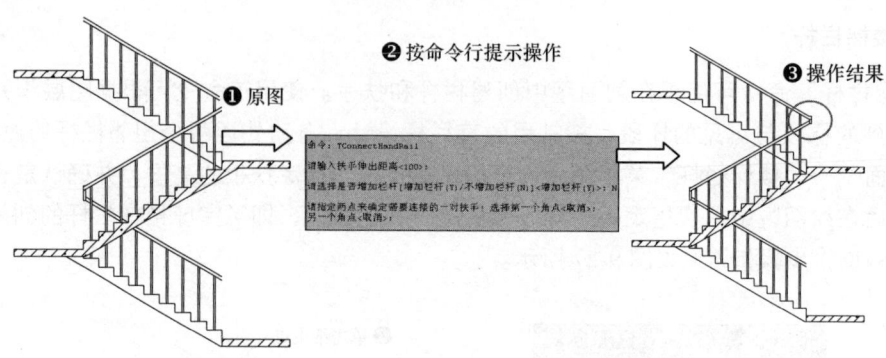

图 9-29　创建扶手接头的操作步骤和结果

9.2.3 修饰剖面图

在对建筑剖面图进行深化处理后,还需要对建筑剖面图进行材料填充和线条加粗处理。T20 提供了剖面填充、居中加粗、向内加粗和取消加粗 4 个修饰工具。下面介绍这些修饰工具的使用方法。

1. 剖面填充

"剖面填充"命令可用于将剖面墙与楼梯按指定的材料图例进行图案填充。要说明的是,该命令并不要求被填充区域完全封闭。单击"剖面"→"剖面填充"菜单命令,在绘图区中选择需填充的剖面图范围,按 Enter 键结束选择,然后在弹出的"请点取所需的填充图案"对话框中设置填充图案和比例,单击"确定"按钮,即可完成剖面填充操作。剖面填充的操作步骤和结果如图 9-30 所示。

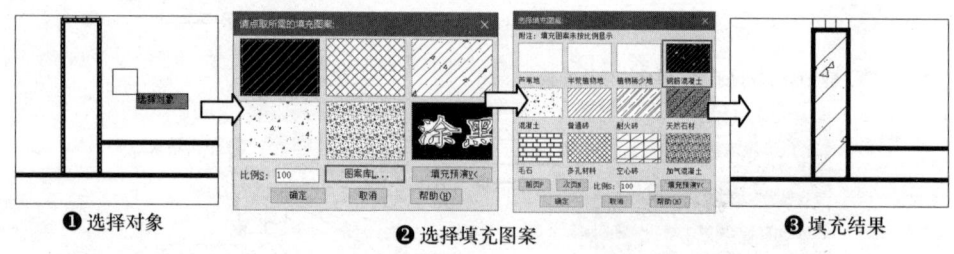

图 9-30　剖面填充的操作步骤和结果

2. 居中加粗

"居中加粗"命令可用于将剖面图中的墙线向墙两侧加粗。单击"剖面"→"居中加粗"菜单命令,根据命令行提示选择需加粗的线条(或直接按 Enter 键全选),按 Enter 键,即可将所选线条居中加粗。

居中加粗的操作步骤和结果如图 9-31 所示。

3. 向内加粗

"向内加粗"命令可用于将剖面图中的墙线向墙内侧加粗。单击"剖面"→"向内加粗"

菜单命令，根据命令行提示选择需加粗的线条（或直接按 Enter 键全选），后按 Enter 键，即可将所选线条向内加粗。向内加粗的操作步骤和结果如图 9-32 所示。

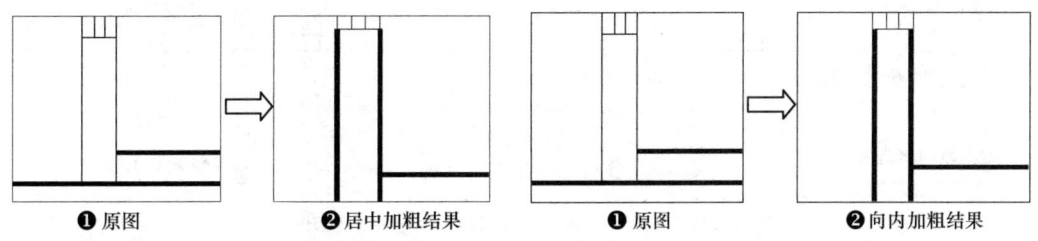

图 9-31　居中加粗的操作步骤和结果　　　　图 9-32　向内加粗的操作步骤和结果

4. 取消加粗

"取消加粗"命令可用于将已加粗的线条取消加粗，使之成为普通粗细的线条。单击"剖面"→"取消加粗"菜单命令，在绘图区中选择需取消加粗的线条，按 Enter 键，即可完成取消加粗操作，将其变成普通粗细的线条。

9.3 实战演练——创建餐厅立面图

前面已经对建筑立面图的创建和编辑方法进行了详细介绍，本节将根据前面所学知识和已有的餐厅各层平面图绘制出餐厅正立面图，结果如图 9-33 所示。	视频文件：视频 \ 第 09 章 \9.3.mp4 播放时长：30min13s

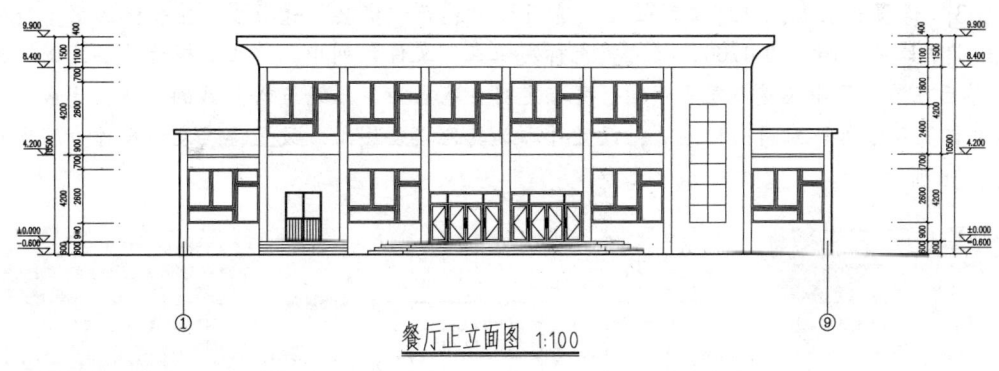

图 9-33　餐厅正立面图

操作步骤如下：

01 新建"餐厅工程项目"。启动 T20，打开本书配套资源中的"实例 \09\ 餐厅平面图 .dwg"文件。单击"文件布图"→"工程管理"菜单命令，弹出"工程管理"选项板，打开"工程管理"下拉列表，在其中单击"新建工程"选项，弹出"另存为"对话框，选择文件存储路径并输入工程名称，单击"保存"按钮，即可新建"餐厅工程项目"。新建"餐厅工程项目"的操作步骤和结果如图 9-34 所示。

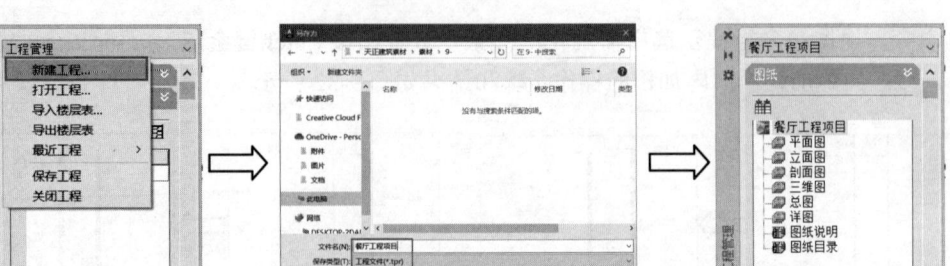

图 9-34 新建"餐厅工程项目"的操作步骤和结果

02 添加图纸。在"工程管理"选项板中选择"平面图"选项,右击,在弹出的快捷菜单中选择"添加图纸"命令,然后在弹出的"选择图纸"对话框中选择"餐厅平面图"文件,单击"打开"按钮,即可完成图纸的添加。添加图纸的操作步骤和结果如图9-35所示。

图 9-35 添加图纸的操作步骤和结果

03 设置楼层表。在"工程管理"选项板中展开"楼层"选项栏,在表格的第1行输入"层号"为1、"层高"为4200,接着将光标定位在"文件"列中,单击"框选楼层范围"按钮，然后在绘图区中框选首层平面图,并指定对齐基点为1轴线与A轴线的交点,完成首层平面图的设置及添加。采用同样方法,设置并添加其他楼层图纸。设置楼层表的操作步骤和结果如图9-36所示。

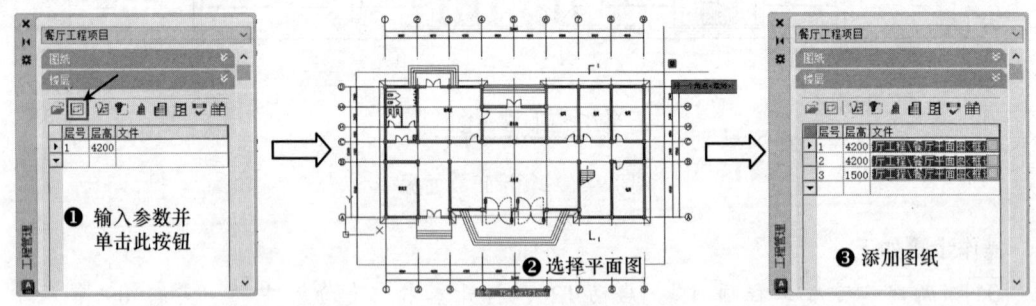

图 9-36 设置楼层表的操作步骤和结果

04 生成正立面图。在"楼层"工具栏中单击"建筑立面"按钮，根据命令行提示,在命令行中输入正立面选项"F",接着在绘图区中选择需显示在正立面图中的1号轴线和9号轴线，按Enter键，弹出"立面生成设置"对话框，设置"内外高差"为0.6，单击"生成立面"按钮，弹出"输入要生成的文件"对话框，在该对话框中设置存储路径并输入文件名，单击"保存"按钮，即可生成正立面图。生成正立面图的操作步骤和结果如图9-37所示。

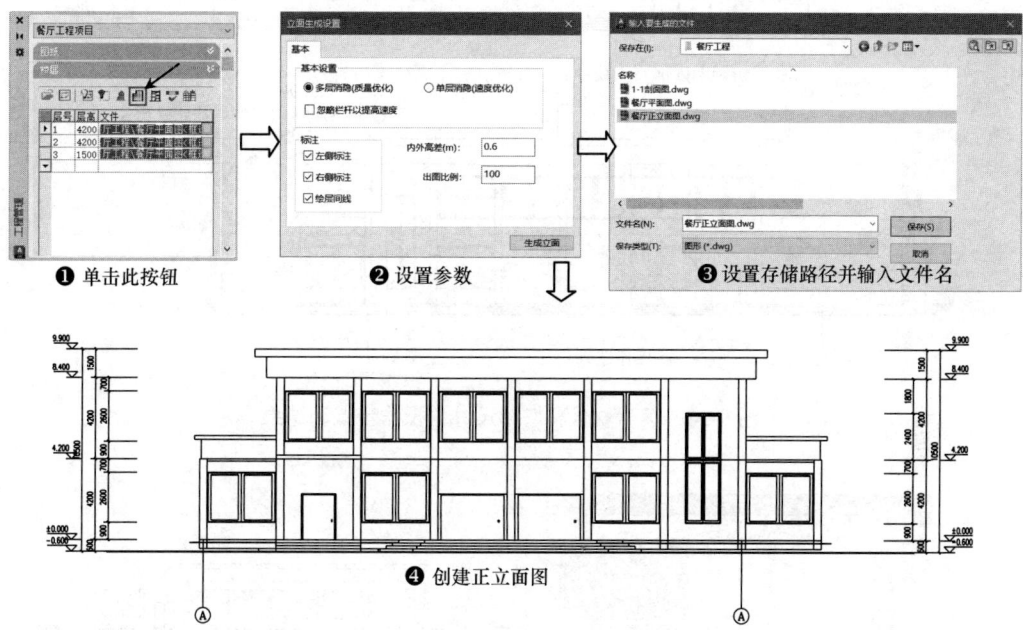

图9-37　生成正立面图的操作步骤和结果

[05]　编辑轴号和增补尺寸。双击轴线编号圆圈内部，进入文字在位编辑状态，输入轴线编号文字，在绘图区中空白处单击即可完成轴号的编辑。单击"尺寸标注"→"尺寸编辑"→"增补尺寸"菜单命令，在绘图区中选择立面标注左侧的第一道尺寸线，然后依次单击需增补尺寸的各个标注点，按Esc键退出命令。采用同样方法为立面标注右侧增补第一道尺寸线。编辑轴号和增补尺寸的操作步骤和结果如图9-38所示。

[06]　替换普通窗。单击"立面"→"立面门窗"菜单命令，在弹出的"天正图库管理系统"对话框中选择窗户样式，单击"替换"按钮，然后在绘图区中选择需替换的窗户，按Enter键，即可完成普通窗的替换。替换普通窗的操作步骤和结果如图9-39所示。

[07]　绘制楼梯间窗户。单击AutoCAD绘图工具栏中的RECTANG（矩形）按钮，沿卫生间窗户外轮廓线绘制一个矩形；单击修改工具栏中的ERASE（删除）按钮，将已有的楼梯间窗户和层线删除；单击修改工具栏中的EXPLODE（分解）按钮，将矩形进行分解；单击修改工具栏中的OFFSET（偏移）按钮，参照图示尺寸设置偏移距离绘制出楼梯间窗户内部分隔线。绘制楼梯间窗户的操作步骤和结果如图9-40所示。

[08]　替换左侧入口双扇门。单击"立面"→"立面门窗"菜单命令，在弹出的"天正图库管理系统"对话框中选择立面门样式，单击"替换"按钮，然后在绘图区中选择左侧入口立面门，按Enter键，即可完成左侧入口双扇门的替换。替换左侧入口双扇门的操作步骤和结果如图9-41所示。

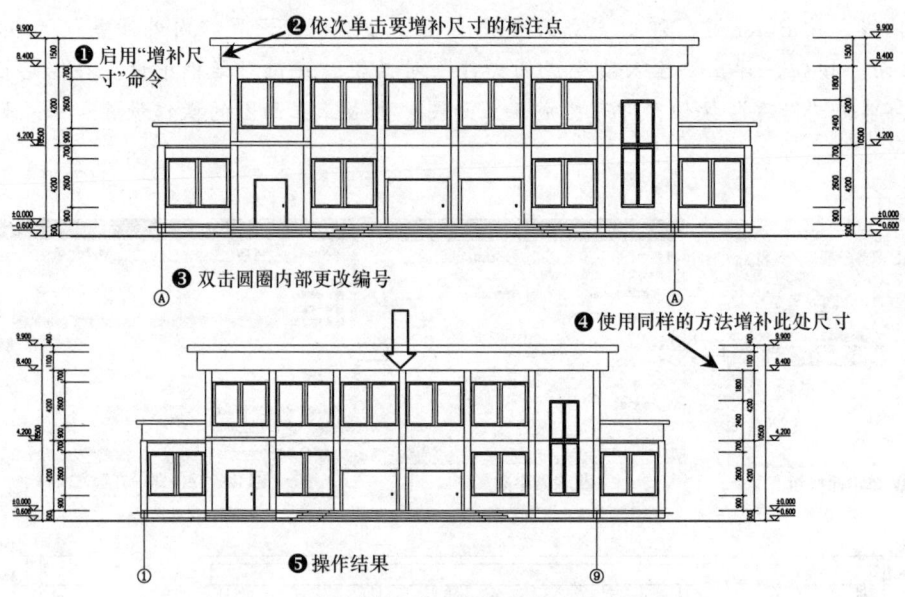

图 9-38 编辑轴号和增补尺寸的操作步骤和结果

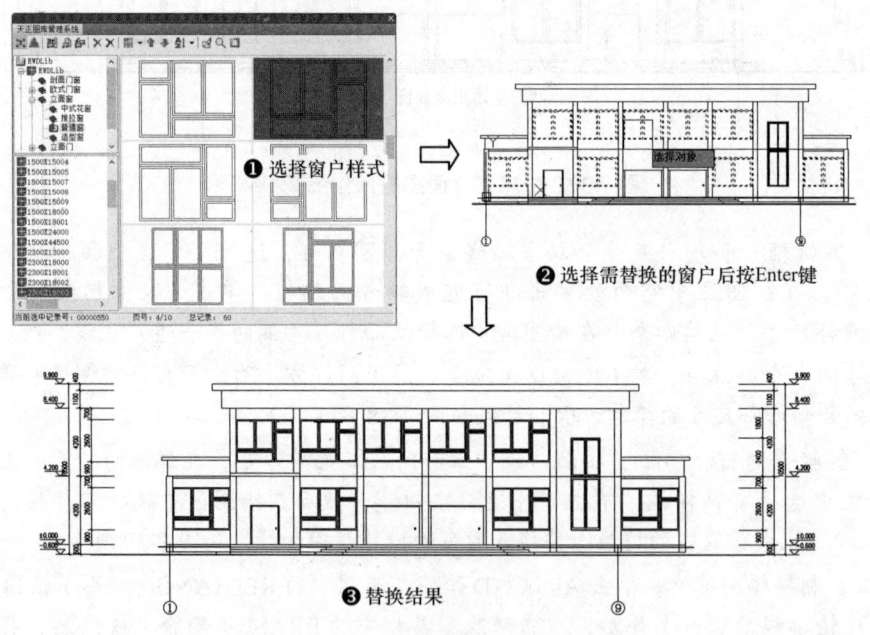

图 9-39 替换普通窗的操作步骤和结果

[09] 绘制入口大门样式。单击 AutoCAD 绘图工具栏中的 RECTAN（矩形）按钮，绘制一个尺寸为 3600×2400 的矩形；单击修改工具栏中的 EXPLODE（分解）按钮，将矩形分解；单击修改工具栏中的 OFFSET（偏移）按钮，生成大门的辅助线；单击修改工具栏中的 TRIM（修剪）按钮，将多余的辅助线进行修剪；单击绘图工具栏中的 LINE（直线）按钮，绘制出大门方向开启线。绘制的入口大门样式如图 9-42 所示。

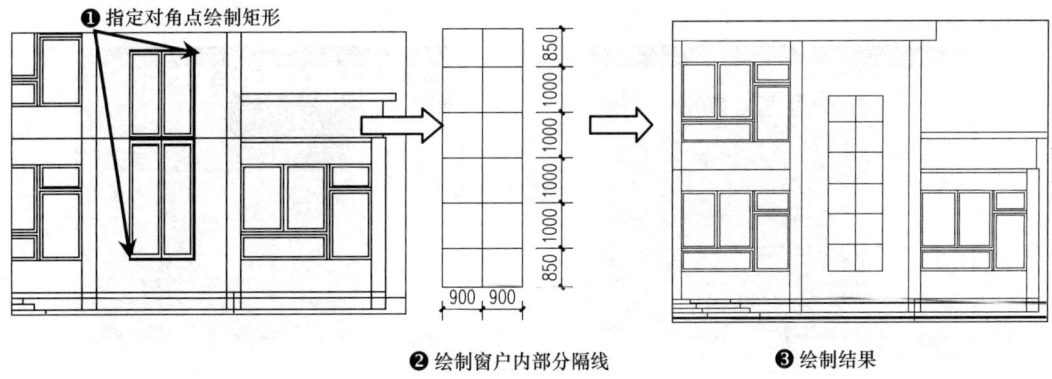

图 9-40 绘制楼梯间窗户的操作步骤和结果

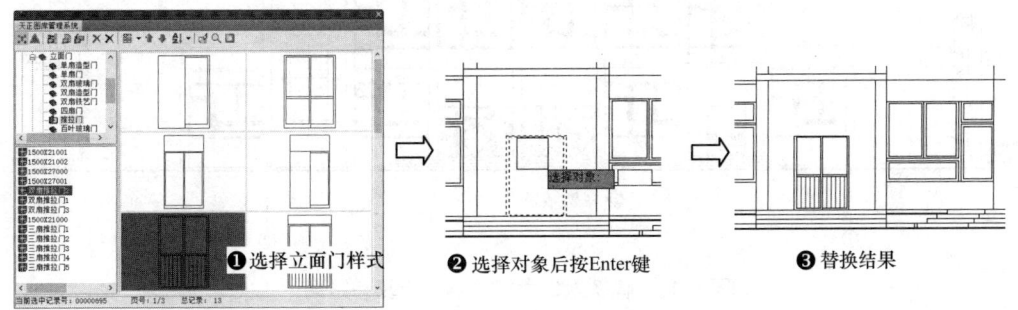

图 9-41 替换左侧入口双扇门的操作步骤和结果

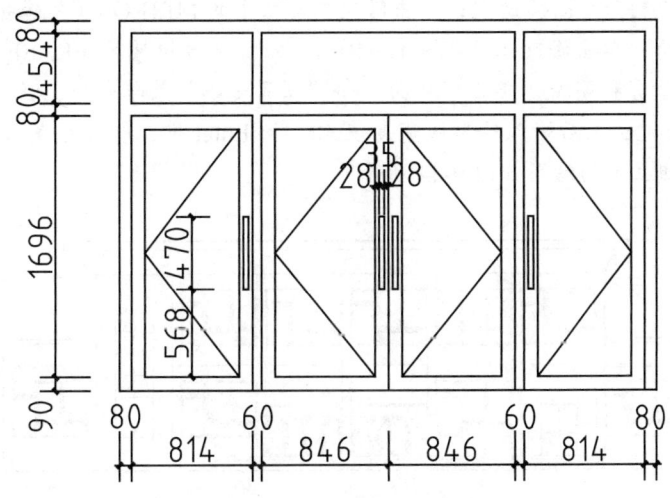

图 9-42 绘制的入口大门样式

[10] 替换入口大门。单击"立面"→"立面门窗"菜单命令，在弹出的"天正图库管理系统"对话框中单击"新图入库"按钮，在绘图区中框选刚创建的入口大门样式，按 Enter 键，返回到"天正图库管理系统"对话框中（此时显示出已入库的大门样式），单击"替换"按钮，在绘图区中选择需替换的大门，按 Enter 键，即可完成入口大门的替换。替换入口大门的操作步骤和结果如图 9-43 所示。

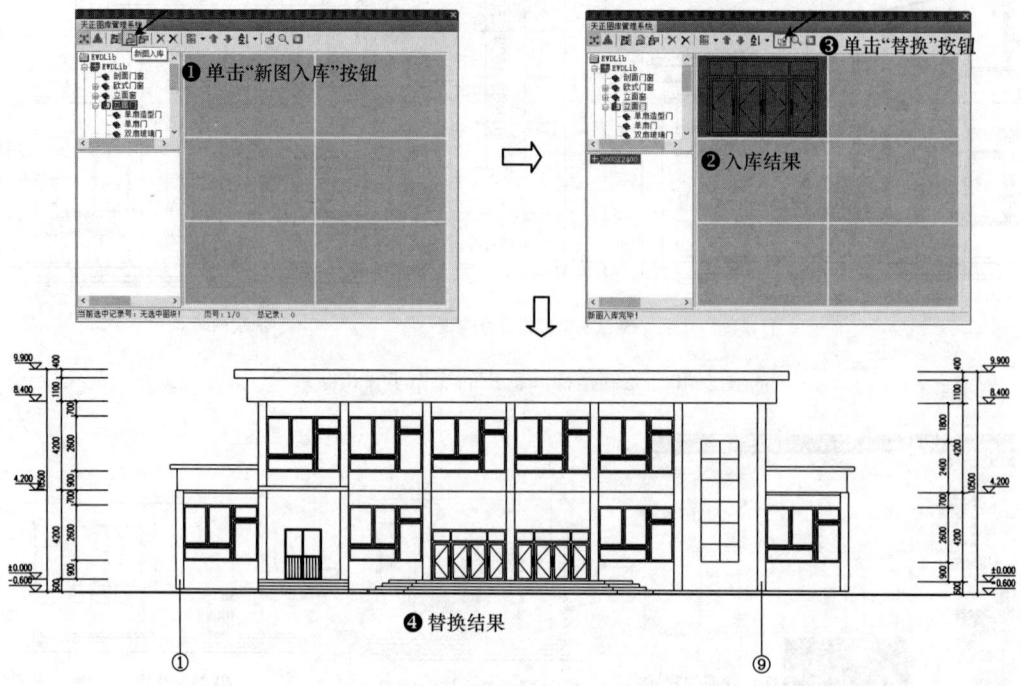

图 9-43 替换入口大门的操作步骤和结果

[11] 绘制造型顶棚和加粗立面。单击 AutoCAD 绘图工具栏中的 ARC（圆弧）按钮，在餐厅正立面顶部绘制一个圆弧造型；单击修改工具栏中的 MIRROR（镜像）按钮，将圆弧对称复制到另一个角；单击修改工具栏中的 TRIM（修剪）按钮和 ERASE（删除）按钮，将多余的直线进行修剪和删除；单击"立面"→"立面轮廓"菜单命令，在绘图区中框选整个立面图形，按 Enter 键，然后输入轮廓线宽度值 40，按 Enter 键，即可完成立面轮廓线的加粗。绘制造型顶棚和加粗立面的结果如图 9-44 所示。

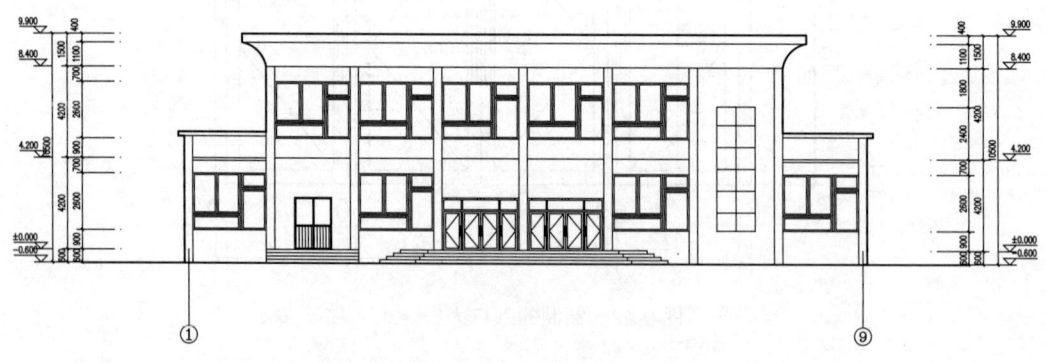

图 9-44 绘制造型顶棚和加粗立面的结果

[12] 创建图名标注。单击"符号标注"→"图名标注"菜单命令，在弹出的"图名标注"对话框中设置参数，然后在绘图区中指定图名标注的插入位置，即可完成图名标注的创建。创建图名标注的操作步骤和结果如图 9-45 所示。

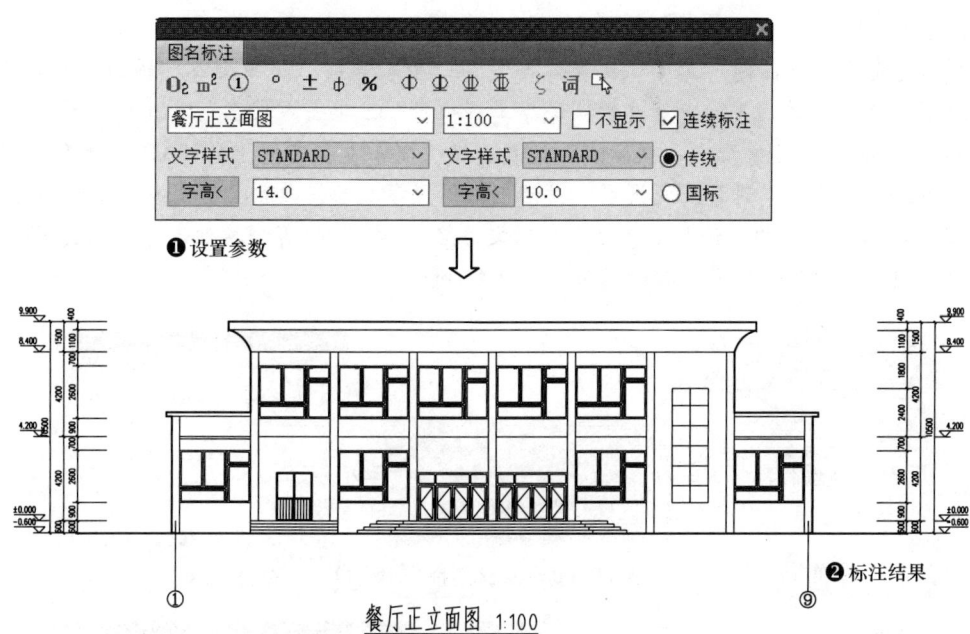

图 9-45 创建图名标注的操作步骤和结果

9.4 实战演练——创建餐厅剖面图

前面已对建筑剖面图的创建与编辑知识进行了介绍，本节将通过创建餐厅剖面图的实例来巩固前面所学的知识，使读者能够熟练地掌握绘制建筑剖面图的方法和相关技巧。绘制完成的餐厅剖面图如图 9-46 所示。	视频文件：视频 \ 第 09 章 \9.4.mp4 播放时长：17min13s

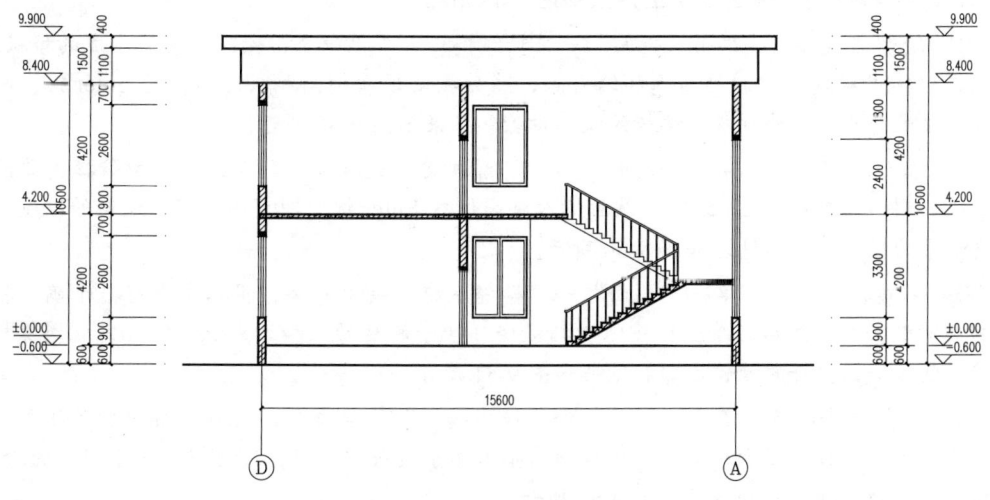

图 9-46 餐厅剖面图

操作步骤如下：

[01] 生成建筑剖面图。单击"文件布图"→"工程管理"菜单命令，弹出"工程管理"选项板（其中显示了在 9.3 节中创建的"餐厅工程项目"），单击"楼层"工具栏中的"建筑剖面"按钮，在绘图区中指定一剖切线，接着选择需显示在剖面图上的"A"轴线和"D"轴线并按 Enter 键，弹出"剖面生成设置"对话框，设置参数后，单击"生成剖面"按钮，然后在弹出的"输入要生成的文件"对话框中输入文件名，单击"保存"按钮，即可完成剖面图的生成。生成建筑剖面图的操作步骤和结果如图 9-47 所示。

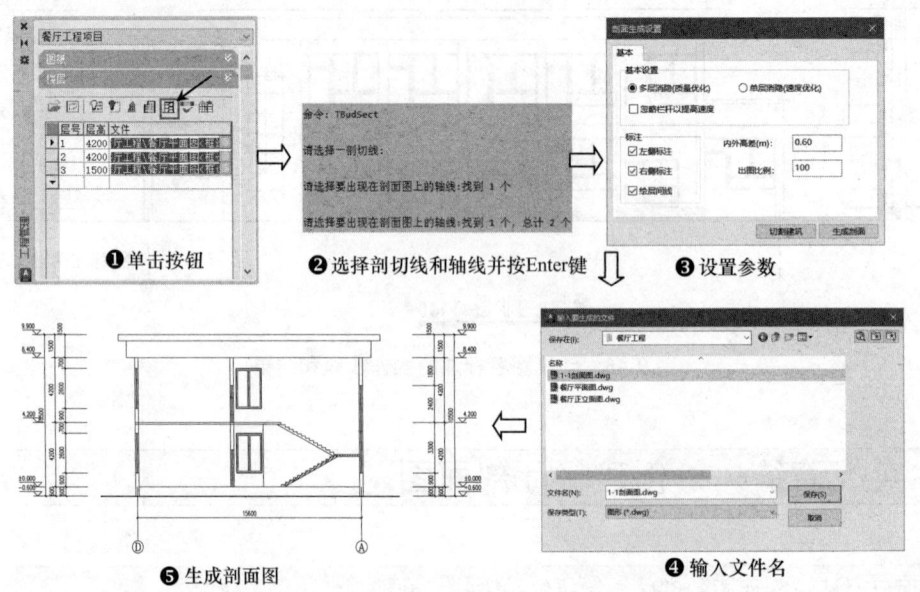

图 9-47　生成建筑剖面图的操作步骤和结果

[02] 增补尺寸。单击"尺寸标注"→"尺寸编辑"→"增补尺寸"菜单命令，在绘图区中选择需增补尺寸的尺寸标注，然后依次指定需增补尺寸的各个点，即可完成增补尺寸，按 Esc 键退出。增补尺寸的操作步骤和结果如图 9-48 所示。

[03] 绘制双线楼板。单击"剖面"→"双线楼板"菜单命令，删除自定义生成的楼板线，在绘图区中指定双线楼板的起始点和结束点，然后指定顶面标高和板厚值，按 Enter 键，即可完成双线楼板的绘制。绘制双线楼板的操作步骤和结果如图 9-49 所示。

[04] 添加门窗过梁。单击"剖面"→"门窗过梁"菜单命令，在绘图区中选择需要添加门窗过梁的剖面门窗后按 Enter 键，然后输入梁高值按 Enter 键，即可完成门窗过梁的绘制。添加门窗过梁的操作步骤和结果如图 9-50 所示。

[05] 创建楼梯栏杆。单击"剖面"→"楼梯栏杆"菜单命令，根据命令行提示确认栏杆高度和打断遮挡线，然后在绘图区中依次指定楼梯扶手的起始点和结束点，即可完成楼梯栏杆的创建。创建楼梯栏杆的操作步骤和结果如图 9-51 所示。

[06] 添加扶手接头。单击"剖面"→"扶手接头"菜单命令，在命令行中指定扶手伸出距离和是否增加栏杆，然后在绘图区中框选需添加扶手接头的栏杆，即可完成扶手接头的绘制。添加扶手接头的操作步骤和结果如图 9-52 所示。

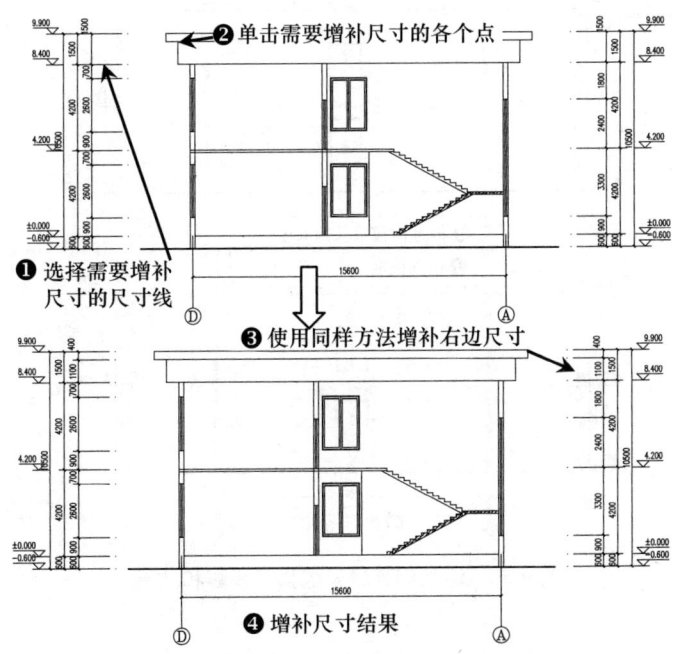

图 9-48 增补尺寸的操作步骤和结果

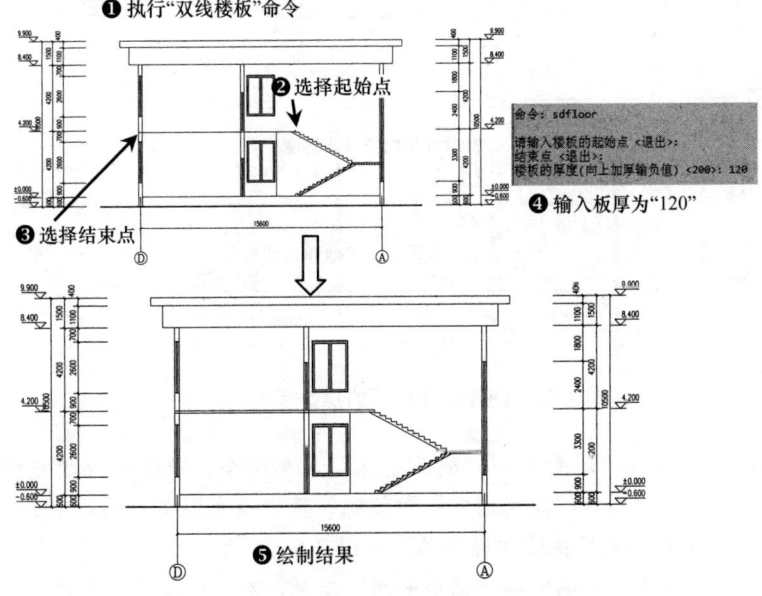

图 9-49 绘制双线楼板的操作步骤和结果

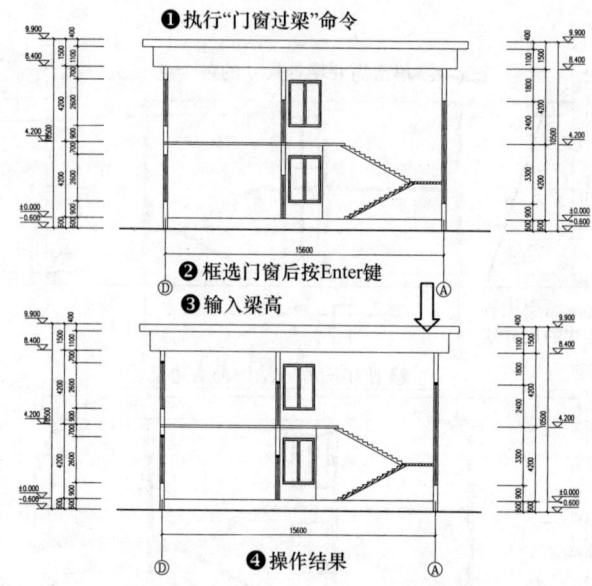

图 9-50 添加门窗过梁的操作步骤和结果

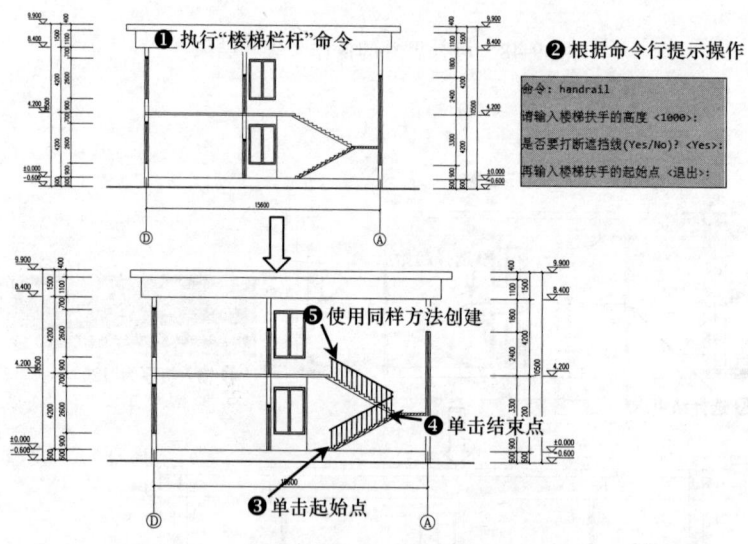

图 9-51 创建楼梯栏杆的操作步骤和结果

[07] 剖面填充。单击"剖面"→"剖面填充"菜单命令,选择需要填充的楼板和墙体,按 Enter 键,弹出"请点取所需的填充图案"对话框,选择填充图案,然后单击"确定"按钮,即可完成剖面填充。剖面填充的操作步骤和结果如图 9-53 所示。

[08] 居中加粗。单击"剖面"→"居中加粗"菜单命令,根据命令行提示,按 Enter 键全选对象,并指定墙宽,即可完成居中加粗。接着使用"图名标注"的方法进行图名标注。创建居中加粗和图名标注的操作步骤和结果如图 9-54 所示。

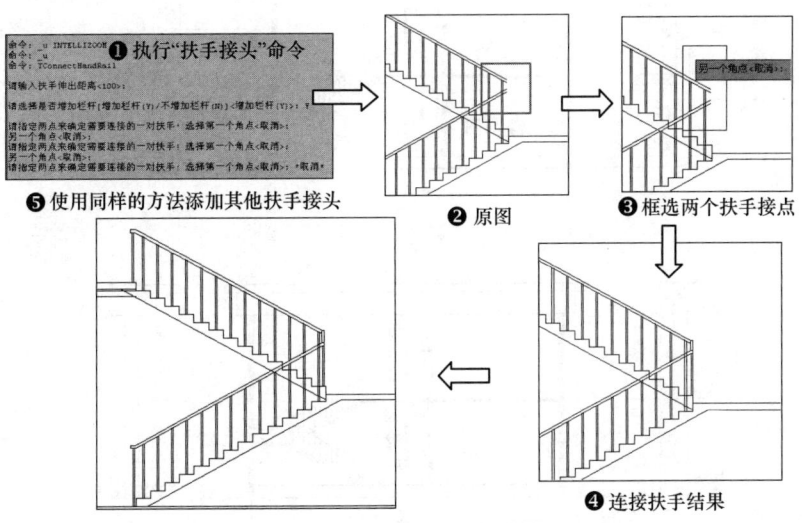

图 9-52 添加扶手接头的操作步骤和结果

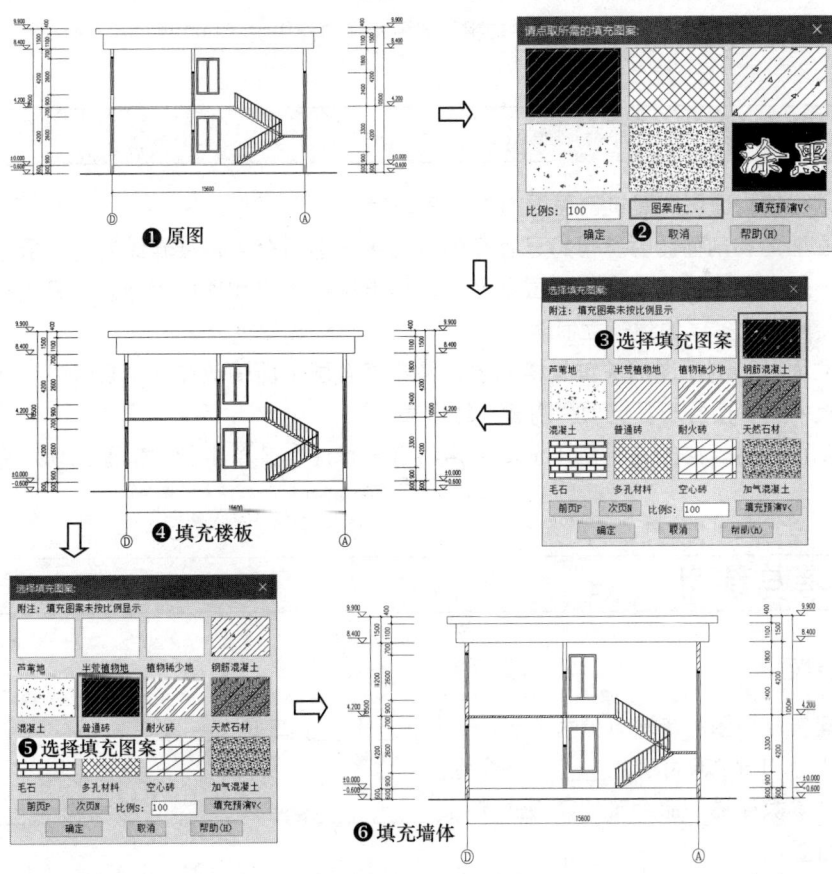

图 9-53 剖面填充的操作步骤和结果

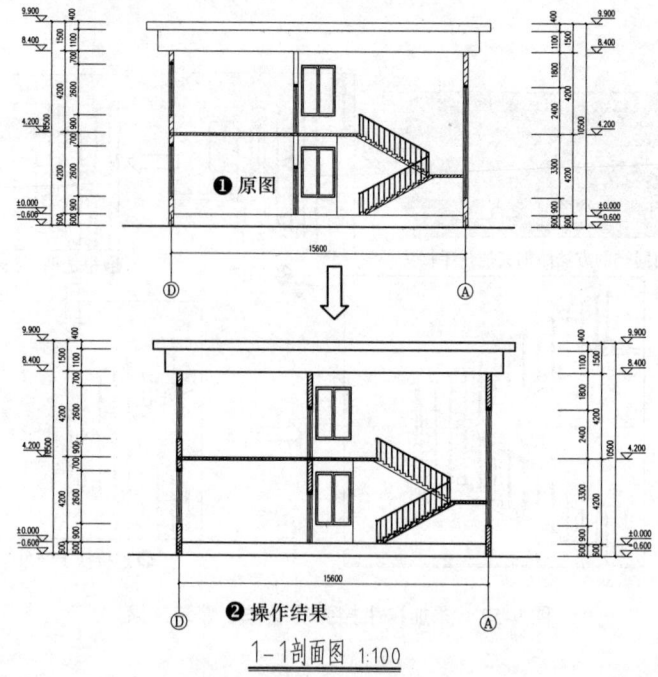

图 9-54 创建居中加粗和图名标注的操作步骤和结果

9.5 本章小结

1. 介绍了建筑立面图和建筑剖面图的生成及编辑方法。

2. 创建立面图和剖面图时，可将已存盘的首层平面图另存盘，接着绘制标准层平面图和顶层平面图。一般多层建筑物都应有首层平面图、标准层平面图和顶层平面图，只要有这 3 个平面图，就能绘制出更多层的建筑立面图了。

3. 生成立面图和剖面图的关键是楼层表，需要将各层平面图放在一个目录下。可在"工程管理"选项板中的"楼层表"选项栏内建立楼层表。

4. 生成剖面图时，必须在首层平面图上用"符号标注"菜单中的"剖面剖切"命令来绘制剖切位置线。

9.6 思考与练习

一、填空题

1. 生成建筑立面图的步骤可分为两步，一是_____，二是_____。

2. 修改立面门窗的尺寸可用_____命令。

3. 使用"参数楼梯"命令可创建板式楼梯、_____楼梯、_____楼梯和_____楼梯 4 种楼梯的剖面图。

4. 使用_____命令可创建不同样式的剖面楼梯栏杆，使用_____可连接两段不相连的扶手，并在其中增加栏杆。

二、问答题

1. 设置楼层表有哪两种方式？分别介绍其操作方法。
2. 简述建筑立面图和建筑剖面图有哪些区别，分别介绍其生成步骤。
3. 使用"参数栏杆"命令和"楼梯栏杆"命令绘制的栏杆有哪些区别？

三、操作题

1. 将配套资源中的"素材\09\08 习题.tpr"项目文件打开，创建如图 9-55 所示的正立面图。

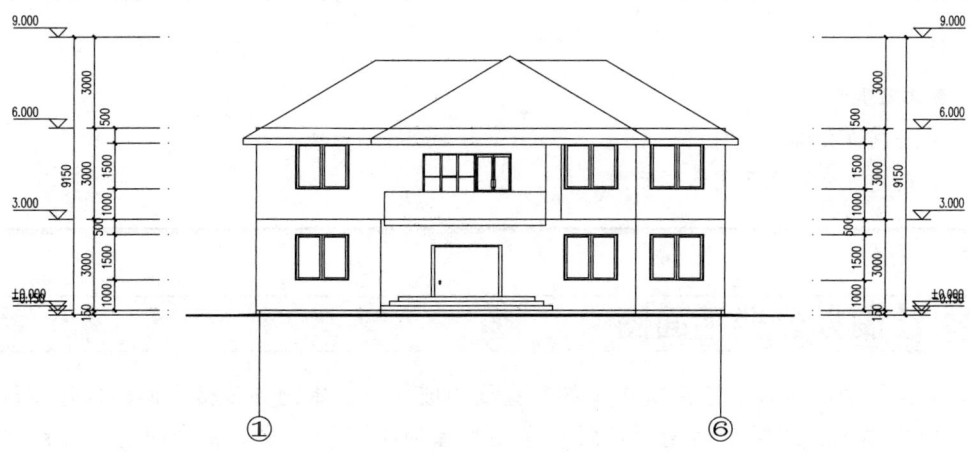

图 9-55　正立面图

2. 将配套资源中的"素材\09\08 习题.tpr"项目文件打开，创建如图 9-56 所示的建筑剖面图。

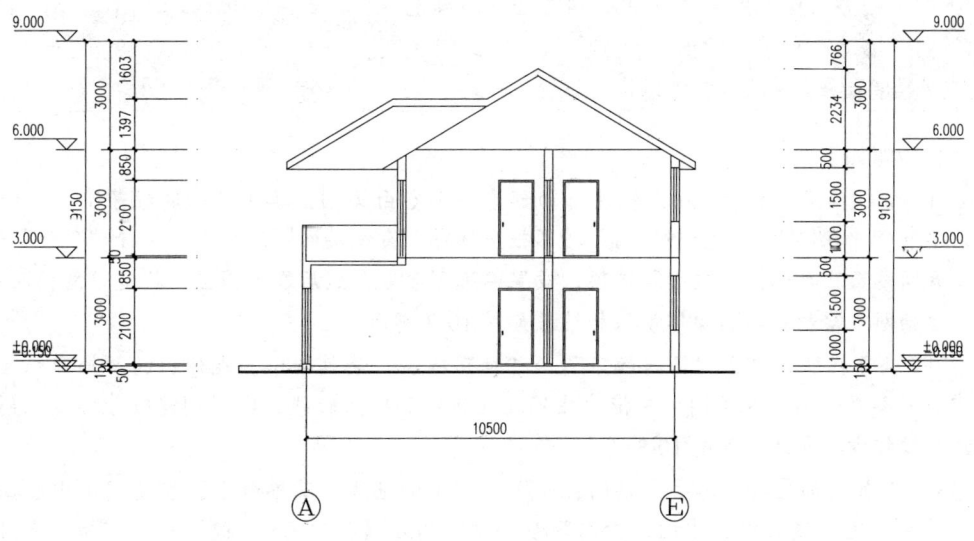

图 9-56　建筑剖面图

第 10 章 综合实例——绘制办公楼全套施工图

● 本章导读

办公楼是现代社会中一种常见的建筑物，可以满足人们办公和生活等需求。本章将以绘制办公楼建筑施工图（包括办公楼各层平面图、立面图和剖面图）为例，介绍利用 T20 绘制办公类型建筑施工图的方法。

● 本章重点

◇ 绘制办公楼平面图
◇ 创建办公楼立面图和剖面图

10.1 绘制办公楼平面图

办公楼平面图是办公楼建筑施工图的重要组成部分。本例办公楼平面图包括首层平面图、二层平面图、三层平面图、四层平面图和屋顶平面图。本节将介绍各平面图的绘制方法。

10.1.1 绘制办公楼首层平面图

下面介绍办公楼首层平面图的绘制方法，内容主要包括轴网、墙体、柱子、门窗、台阶和散水等。绘制完成的办公楼首层平面图如图 10-1 所示。	视频文件：视频\第 10 章\10.1.1.mp4 播放时长：1h38min14s

操作步骤如下：

01 绘制轴网。启动 T20，软件自动创建一个空白文档，单击"轴网柱子"→"绘制轴网"菜单命令，在弹出的"绘制轴网"对话框中选择"直线轴网"选项卡，选择"下开"选项，设置下开间参数，再选择"左进"选项，设置左进深参数，然后在绘图区中指定轴网插入位置，即可创建轴网。绘制轴网的操作步骤和结果如图 10-2 所示。

02 轴号标注。单击"轴网柱子"→"轴网标注"菜单命令，在弹出的"轴网标注"对话框中设置参数，然后在绘图区中依次指定起始轴线和终止轴线，即可创建轴号标注。创建轴号标注的操作步骤和结果如图 10-3 所示。

03 添加附加轴线。单击"轴网柱子"→"添加轴线"菜单命令，在绘图区中选择参考轴线，然后指定轴线的偏移方向，输入距参考轴线的距离，按 Enter 键，即可添加一条附加轴线。添加附加轴线的操作步骤和结果如图 10-4 所示。

04 使用同样的方法，添加其他附加轴线，结果如图 10-5 所示。

第 10 章
综合实例——绘制办公楼全套施工图

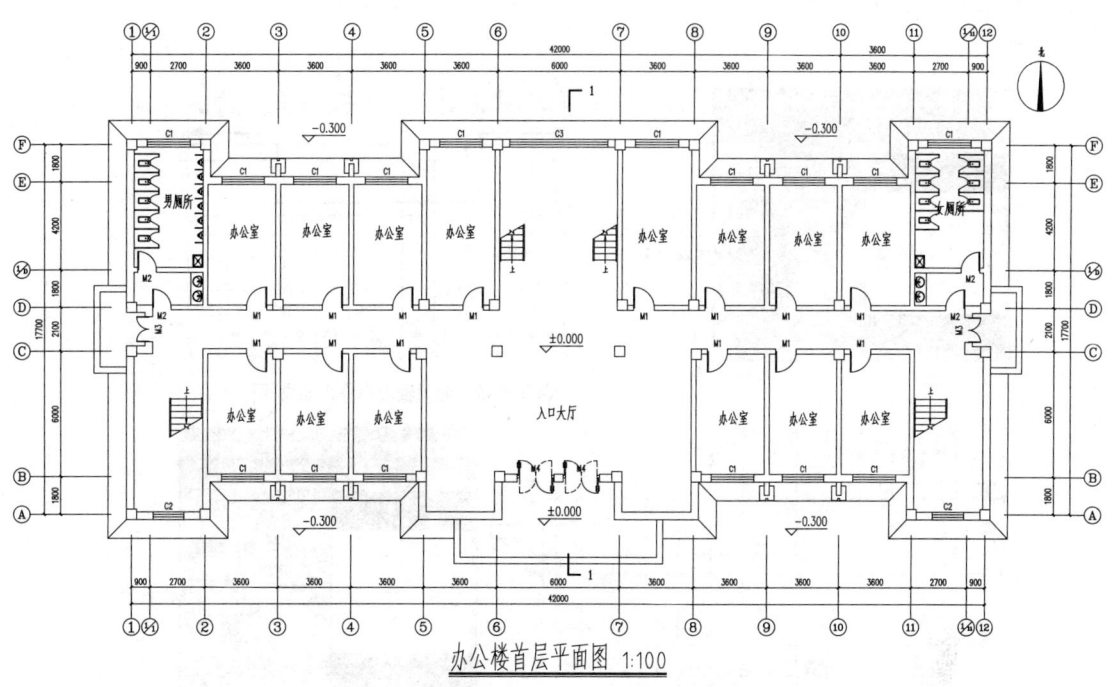

图 10-1 办公楼首层平面图

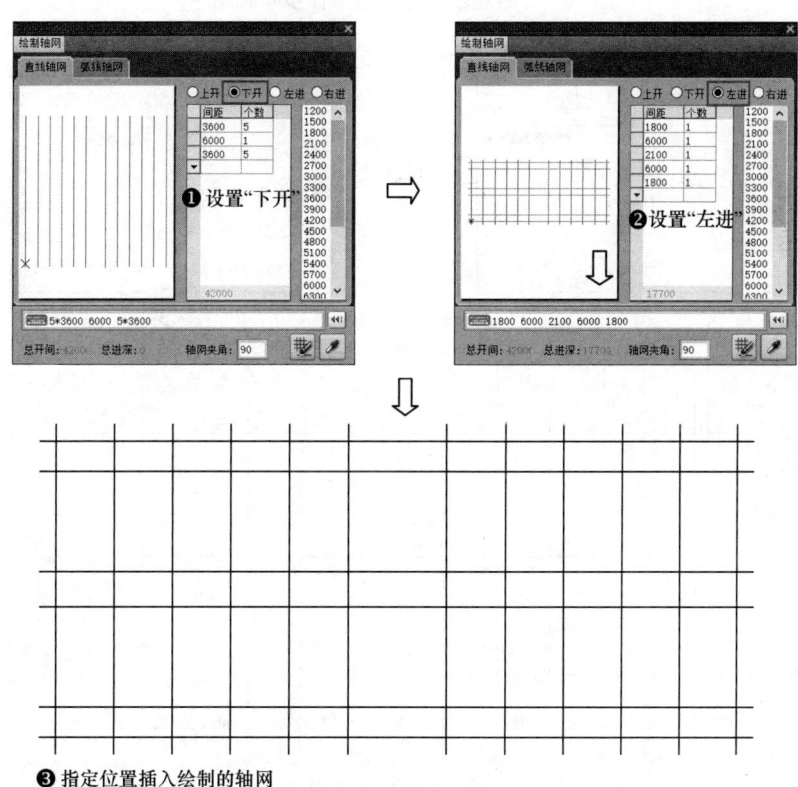

图 10-2 绘制轴网的操作步骤和结果

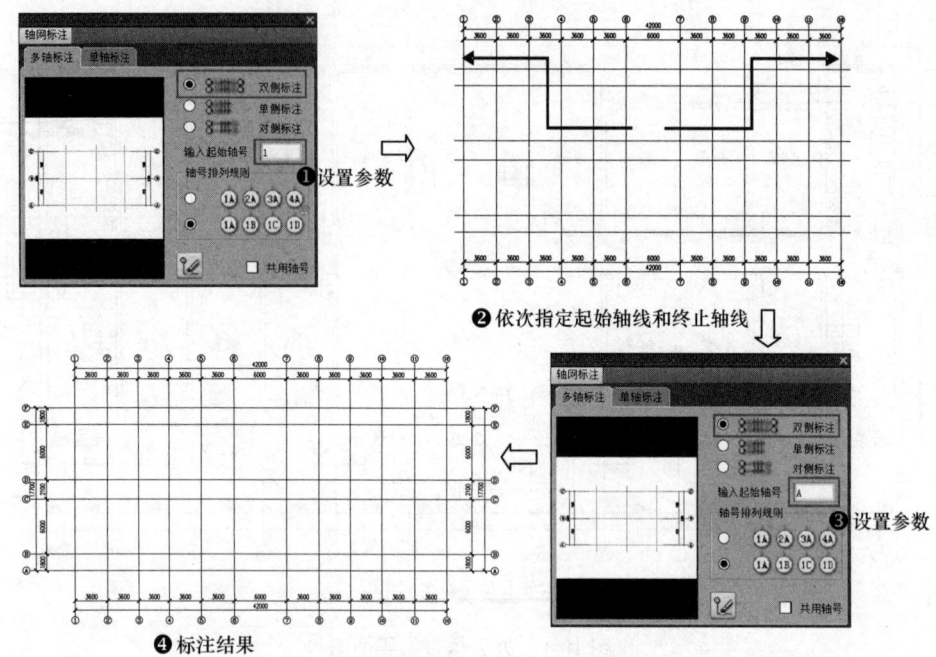

图 10-3 创建轴号标注的操作步骤和结果

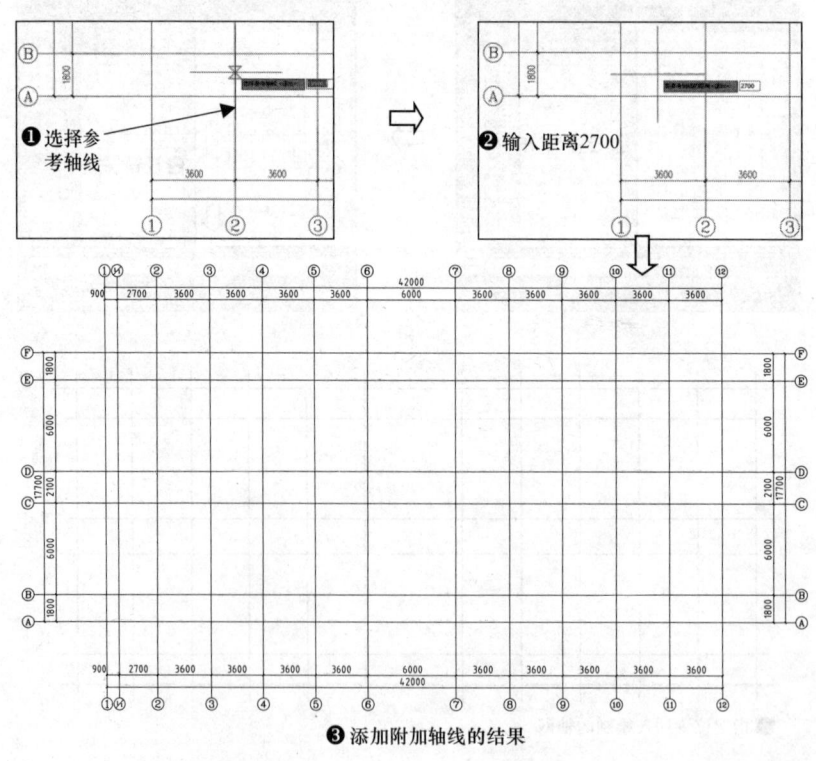

图 10-4 添加附加轴线的操作步骤和结果

第 10 章

综合实例——绘制办公楼全套施工图

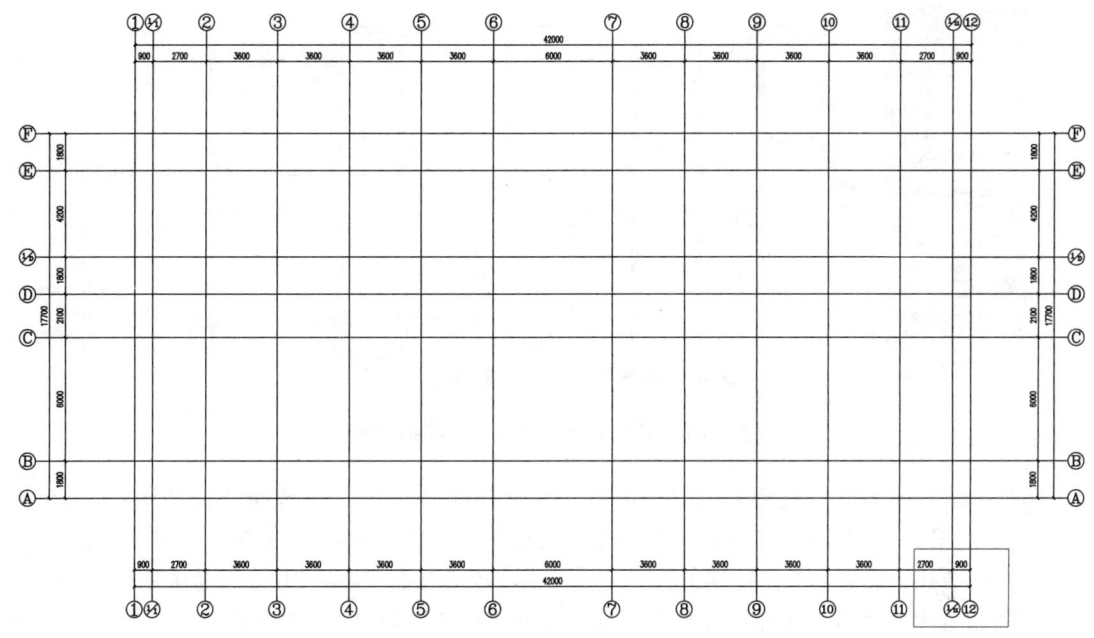

图 10-5 添加其他附加轴线

[05] 绘制墙体。单击"墙体"→"绘制墙体"菜单命令,在弹出的"墙体"对话框中设置参数,根据命令行提示依次指定墙线的起点和下一点,右击开始绘制新的墙体。采用同样方法绘制出所有墙体,然后将"轴线"图层隐藏。绘制墙体的操作步骤和结果如图 10-6 所示。

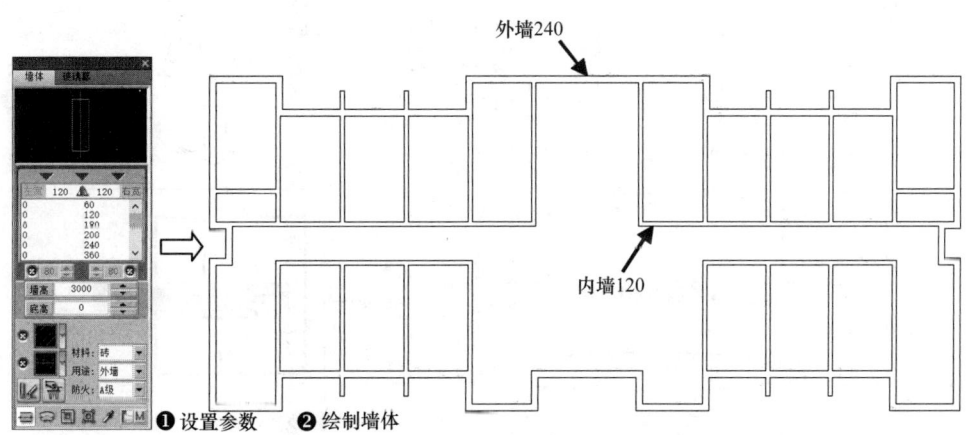

图 10-6 绘制墙体的操作步骤和结果

[06] 插入标准柱。将"轴线"图层临时显示出来,单击"轴网柱子"→"标准柱"菜单命令,在弹出的"标准柱"对话框中设置参数,然后在绘图区中依次单击需要添加柱子的各轴线的交点,按 Esc 键退出命令,再使用"柱齐墙边"命令调整柱子位置,即可完成标准柱的绘制。插入标准柱的操作步骤和结果如图 10-7 所示。

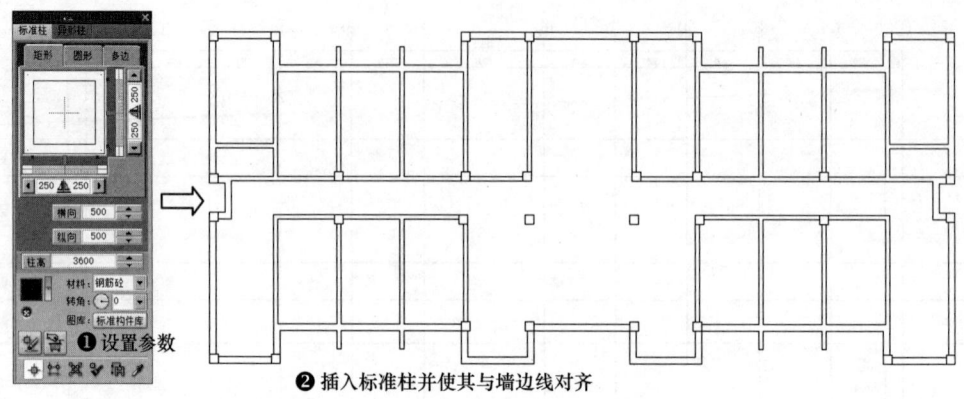

❶ 设置参数　❷ 插入标准柱并使其与墙边线对齐

图 10-7　插入标准柱的操作步骤和结果

[07]　绘制异形柱。选中轴线 3、4、9、10 所经过的墙线，将其向外拉伸 1000；单击 AutoCAD 绘图工具栏中的 PLINE（多段线）按钮，绘制出异形柱平面；单击"轴网柱子"→"标准柱"菜单命令，在弹出的"标准柱"对话框选中"选择 Pline 线创建异形柱"按钮，在绘图区中选择多段线并设置参数，然后结合"旋转"和"复制"功能插入异形柱。绘制异形柱的操作步骤和结果如图 10-8 所示。

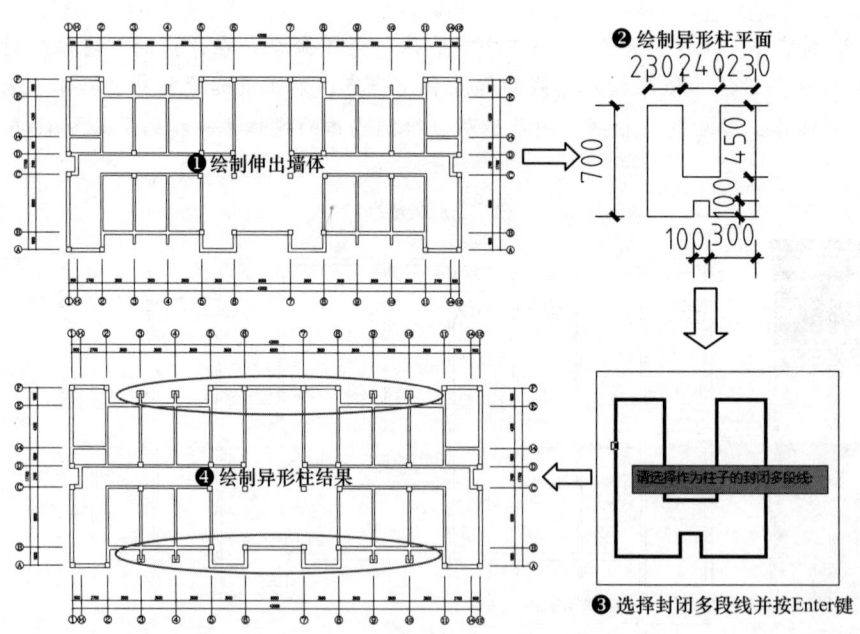

图 10-8　绘制异形柱的操作步骤和结果

[08]　绘制窗户。单击"门窗"→"门窗"菜单命令，在弹出的"窗"对话框中设置参数，单击"在点取的墙段上等分插入"按钮，然后在绘图区中指定窗户位置，并确认窗户个数，即可完成一种窗户的绘制。采用同样方法绘制出所有窗户。绘制窗户的操作步骤和结果如图 10-9 所示。

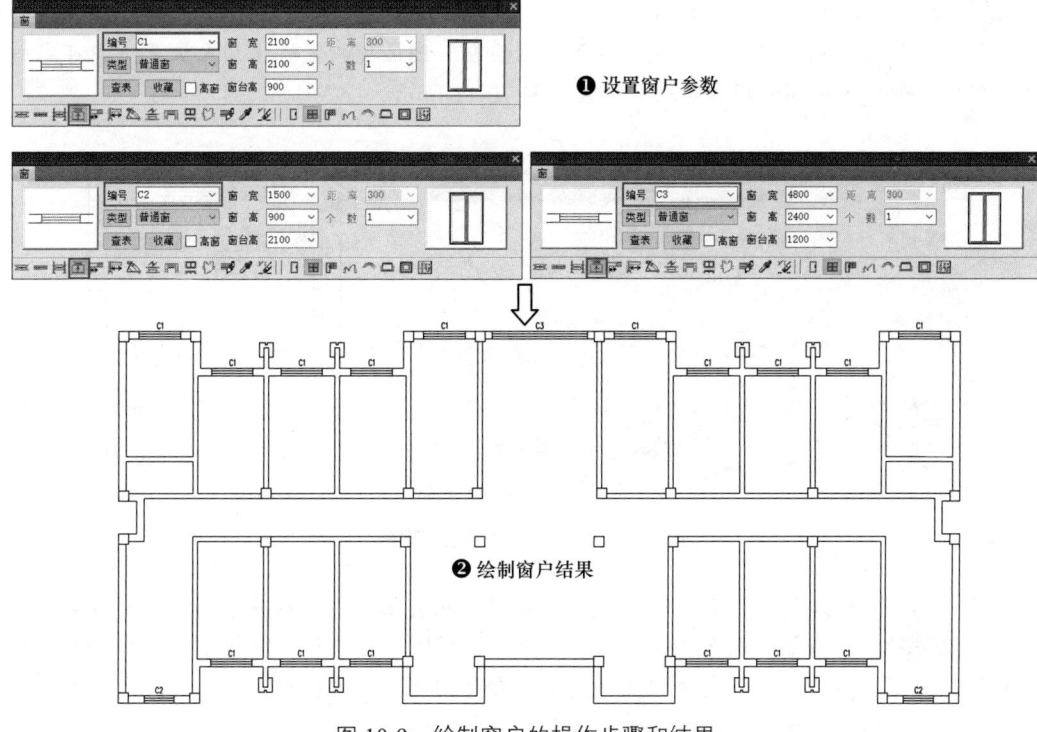

图 10-9 绘制窗户的操作步骤和结果

09 绘制门。单击"门窗"→"门窗"菜单命令,在弹出的"门"对话框中设置参数,然后在绘图区中指定平开门位置,并确定平开门个数,即可完成平开门的绘制。采用同样方法绘制出所有门。绘制门的操作步骤和结果如图 10-10 所示。

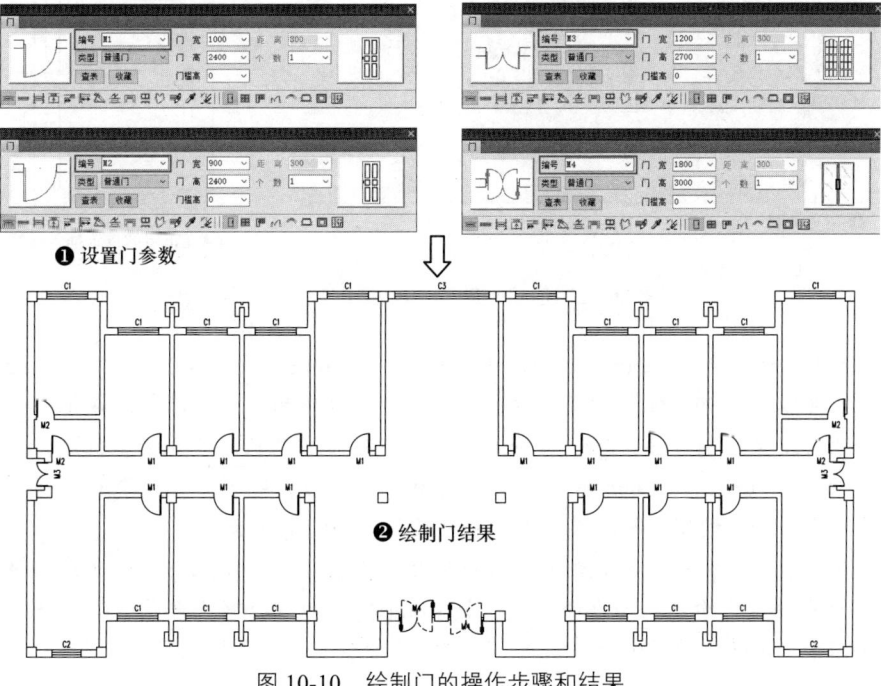

图 10-10 绘制门的操作步骤和结果

[10] 创建主楼梯。单击"楼梯其他"→"双分平行"菜单命令,在弹出的"双分平行楼梯"对话框中设置参数,单击"确定"按钮,然后在绘图区中指定楼梯插入位置,即可完成主楼梯的创建。创建主楼梯的操作步骤和结果如图10-11所示。

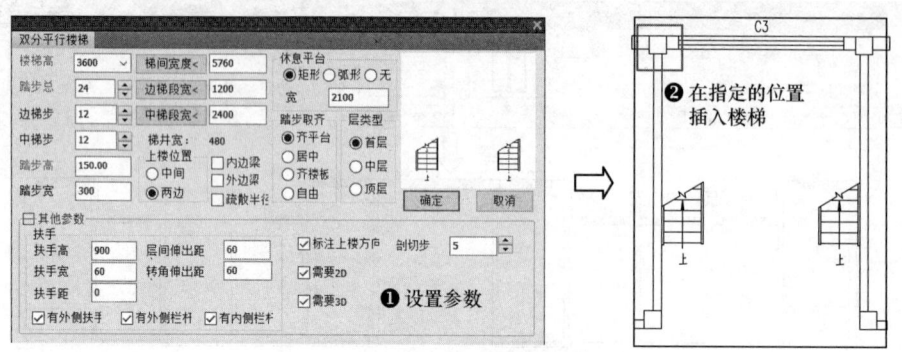

图10-11 创建主楼梯的操作步骤和结果

[11] 创建辅助楼梯(采用双跑楼梯)。单击"楼梯其他"→"双跑楼梯"菜单命令,在弹出的"双跑楼梯"对话框中设置参数,将光标移到绘图区中,接着在命令行中输入"D",将双跑楼梯进行上下翻转,然后指定楼梯插入位置,即可创建出双跑楼梯。采用同样方法创建另一个双跑楼梯。创建辅助楼梯的操作步骤和结果如图10-12所示。

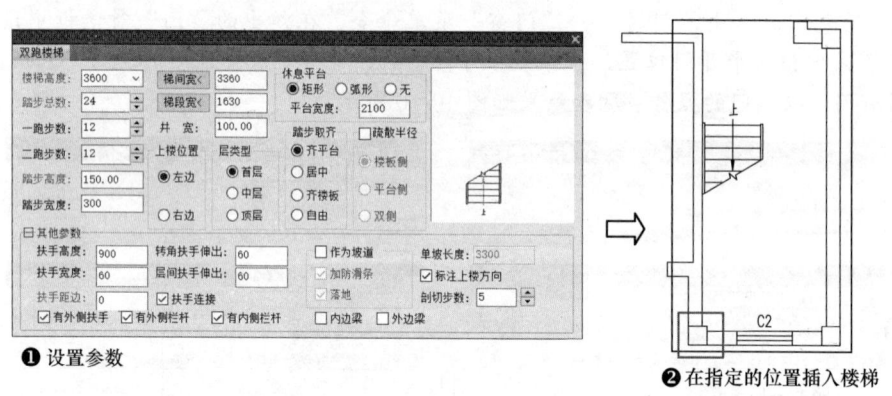

图10-12 创建辅助楼梯的操作步骤和结果

[12] 绘制台阶。单击AutoCAD绘图工具栏中的PLINE(多段线)按钮,绘制出台阶的外轮廓线;单击"楼梯其他"→"台阶"菜单命令,在弹出的"台阶"对话框中设置参数并单击"选择已有路径绘制"按钮,接着在绘图区中选择作为台阶轮廓的多段线,然后选择邻接的墙体、门窗和柱子,按Enter键,再确认没有踏步的边,即可完成台阶的绘制。采用同样方法绘制出所有台阶。绘制台阶的操作步骤和结果如图10-13所示。

[13] 绘制散水。单击"楼梯其他"→"散水"菜单命令,在弹出的"散水"对话框中设置参数,然后在绘图区中框选整个平面图,按Enter键,即可绘制出散水。绘制散水的操作步骤和结果如图10-14所示。

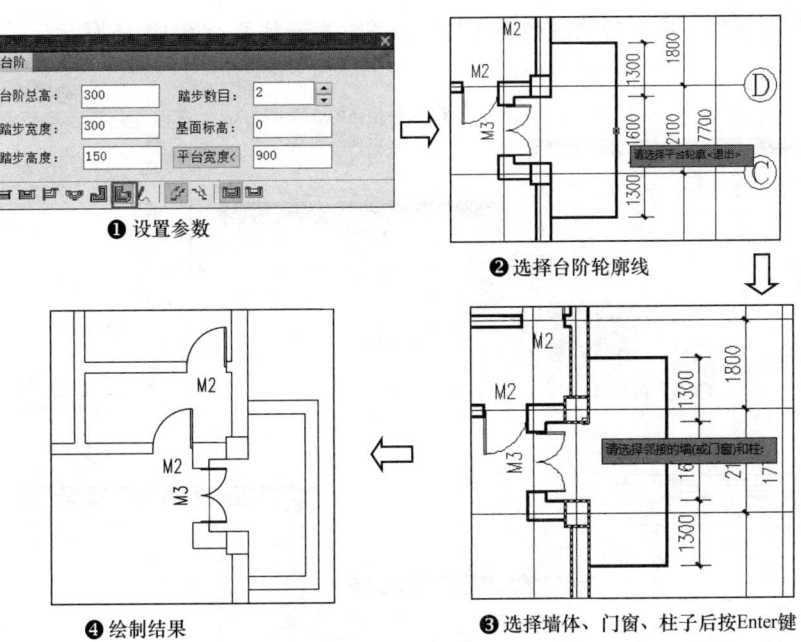

图 10-13 绘制台阶的操作步骤和结果

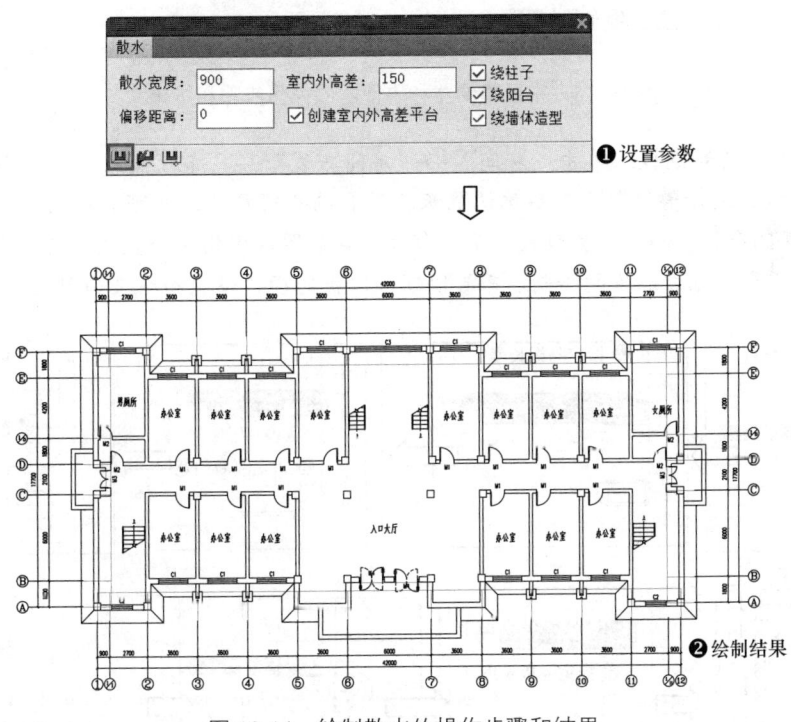

图 10-14 绘制散水的操作步骤和结果

[14] 布置蹲便器和小便器。单击"房间"→"房间布置"→"布置洁具"菜单命令,在弹出的"天正洁具"对话框中双击"蹲便器"图标,接着在弹出的"布置蹲便器(延迟自闭)"对话框中设置参数,然后在绘图区中指定插入位置和个数,即可完成蹲便器的布置。采用同样

的方法，布置小便器。布置蹲便器和小便器的操作步骤和结果如图 10-15 所示。

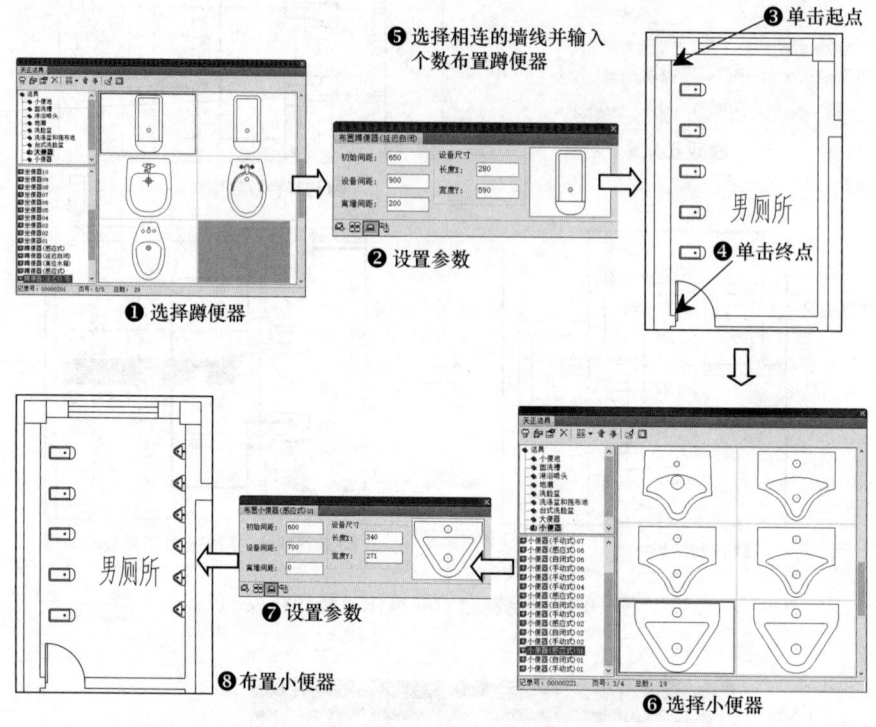

图 10-15　布置蹲便器和小便器的操作步骤和结果

⑮ 布置隔断和隔板。单击"房间"→"房间布置"→"布置隔断"菜单命令，在绘图区中指定一直线，选择蹲便器，然后确认隔板长度和隔断门宽值，即可完成隔断的绘制。单击"房间"→"房间布置"→"布置隔板"菜单命令，在绘图区中指定一直线，选择小便器，然后确认隔板长度，即可完成隔板的绘制。布置隔断和隔板的操作步骤和结果如图 10-16 所示。

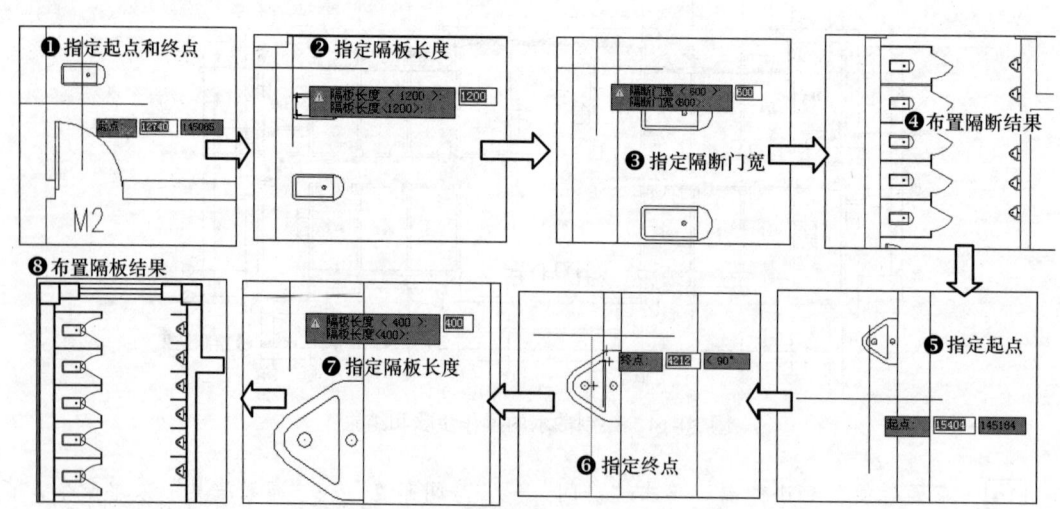

图 10-16　布置隔断和隔板的操作步骤和结果

[16] 布置拖布池。单击"房间"→"房间布置"→"布置洁具"菜单命令，在弹出的"天正洁具"对话框中双击"拖布池"图标，在弹出的"布置拖布池"对话框中设置参数，然后在绘图区中指定沿墙边线和第一个点，即可完成拖布池的布置，按 Esc 键退出。布置拖布池的操作步骤和结果如图 10-17 所示。

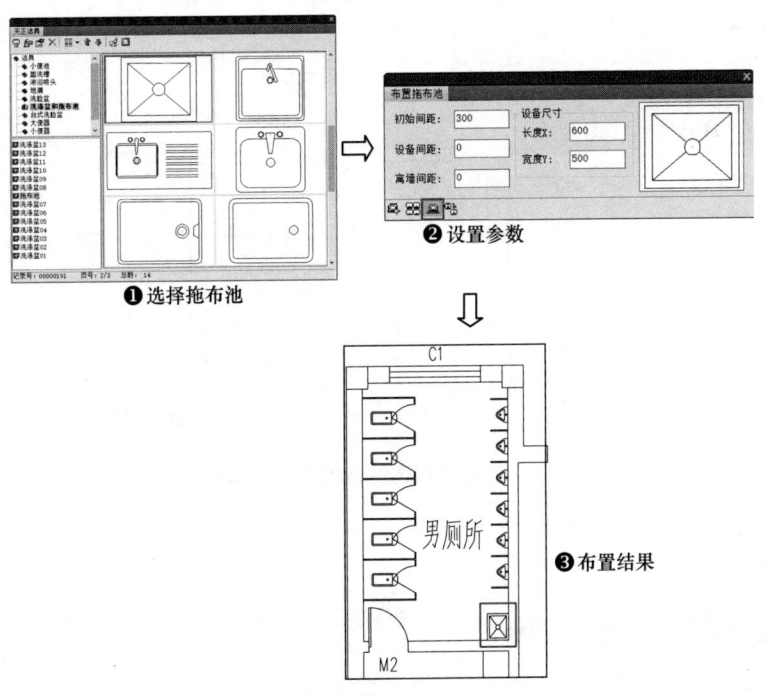

图 10-17 布置拖布池的操作步骤和结果

[17] 布置台式洗脸盆。单击"房间"→"房间布置"→"布置洁具"菜单命令，在弹出的"天正洁具"对话框中双击"台式洗脸盆"图标，在弹出的"布置台上式洗脸盆1"对话框中设置参数，然后根据命令行提示操作，即可完成台式洗脸盆布置。布置台式洗脸盆的操作步骤和结果如图 10-18 所示。

[18] 合并第一道尺寸线。单击"尺寸标注"→"尺寸编辑"→"连接尺寸"菜单命令，在绘图区中选择第一道尺寸线，按 Enter 键即可连接尺寸。单击"尺寸标注"→"尺寸编辑"→"合并区间"菜单命令，在绘图区中框选需合并的尺寸范围，即可完成第一道尺寸线的合并。合并第一道尺寸线的操作步骤和结果如图 10 19 所示。

[19] 标注房间名称。单击"文字表格"→"单行文字"菜单命令，在弹出的"单行文字"对话框中设置参数，然后在绘图区中指定文字插入位置，即可完成房间名称标注。标注房间名称的操作步骤和结果如图 10-20 所示。

[20] 创建标高标注。单击"符号标注"→"标高标注"菜单命令，在弹出的"标高标注"对话框中设置参数，然后在绘图区中指定标高标注的位置和标高方向，即可创建标高标注。创建标高标注的操作步骤和结果如图 10-21 所示。

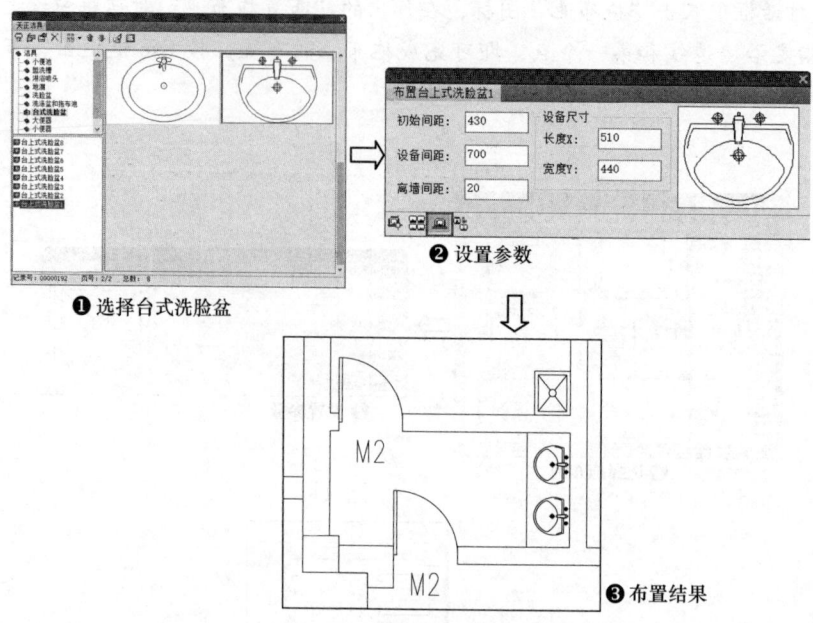

图 10-18 布置台式洗脸盆的操作步骤和结果

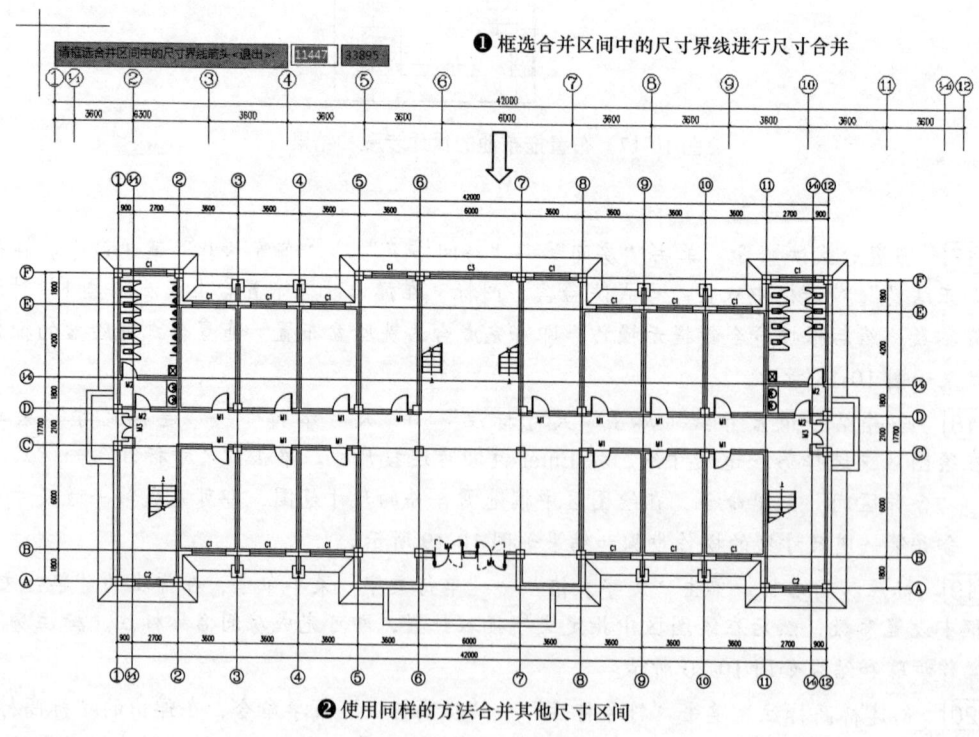

图 10-19 合并第一道尺寸线的操作步骤和结果

第 10 章
综合实例——绘制办公楼全套施工图

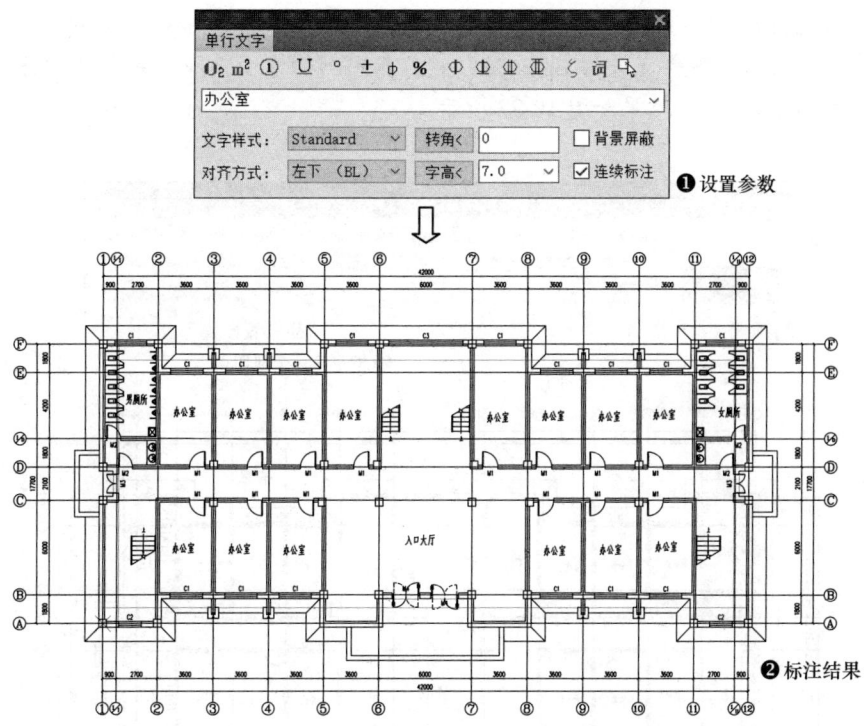

图 10-20 标注房间名称的操作步骤和结果

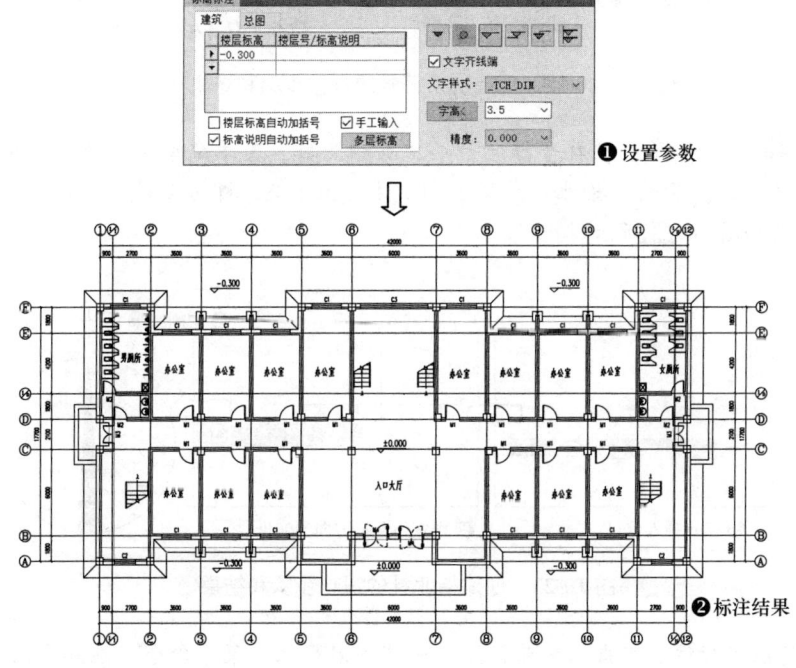

图 10-21 创建标高标注的操作步骤和结果

T20-Arch 273

[21] 创建剖切符号。单击"符号标注"→"剖面剖切"菜单命令,在命令行中设置剖切编号,接着指定剖切的各个点并按 Enter 键,然后指定剖切方向,即可完成剖切符号的创建。创建剖切符号的操作步骤和结果如图 10-22 所示。

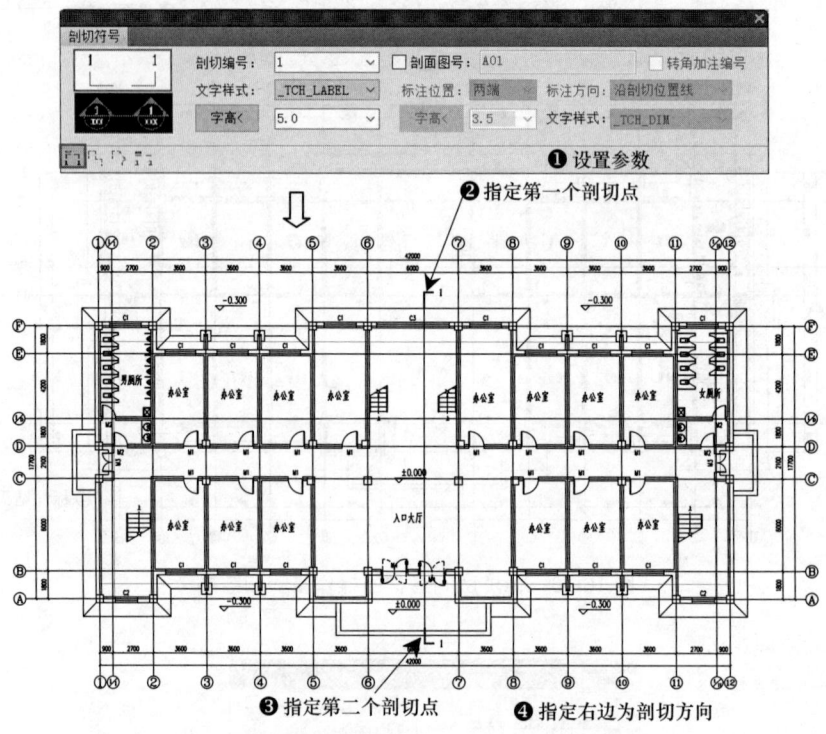

图 10-22 创建剖切符号的操作步骤和结果

[22] 创建指北针。单击"符号标注"→"画指北针"菜单命令,在绘图区中的右上角指定指北针插入位置,然后输入指北针角度值 90,按 Enter 键,即可创建指北针。创建指北针的操作步骤和结果如图 10-23 所示。

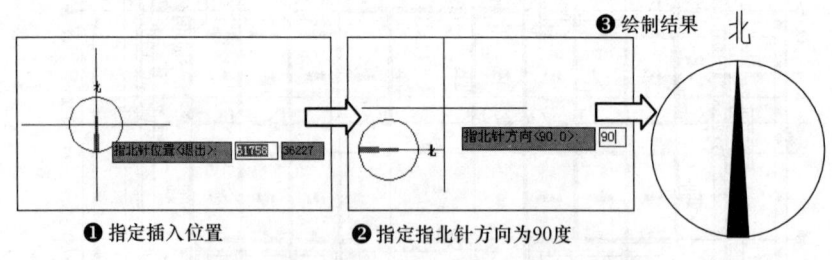

图 10-23 创建指北针的操作步骤和结果

[23] 创建图名标注。单击"符号标注"→"图名标注"菜单命令,在弹出的"图名标注"对话框中设置参数,然后在平面图下方指定标注位置,即可完成图名标注的创建。创建图名标注的操作步骤和结果如图 10-24 所示。

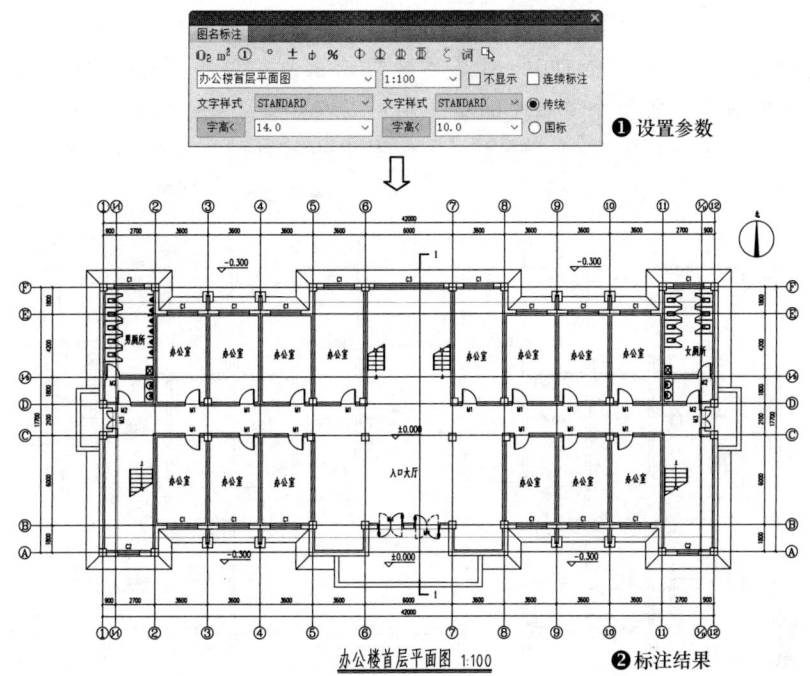

图 10-24 创建图名标注的操作步骤和结果

10.1.2 绘制办公楼二、三层平面图

办公楼二、三层平面图与首层平面图的定位基本相同，因此不需要重新绘制，可以在办公楼首层平面图的基础上通过复制并对其进行修改获得，结果如图 10-25 所示。

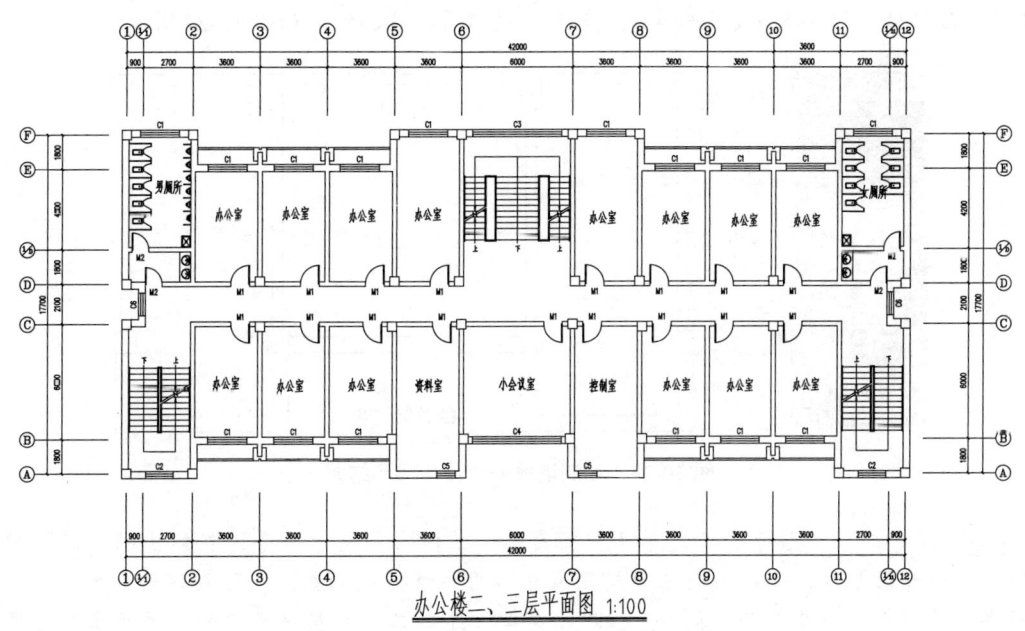

图 10-25 办公楼二、三层平面图

操作步骤如下：

[01] 复制平面图。将"DOTE"图层临时显示出来，单击AutoCAD修改工具栏中的COPY（复制）按钮，将整个首层平面图复制到右边空白区域；然后单击AutoCAD修改工具栏中的ERASE（删除）按钮，将复制平面图中的入口门、台阶和散水等删除，结果如图10-26所示。

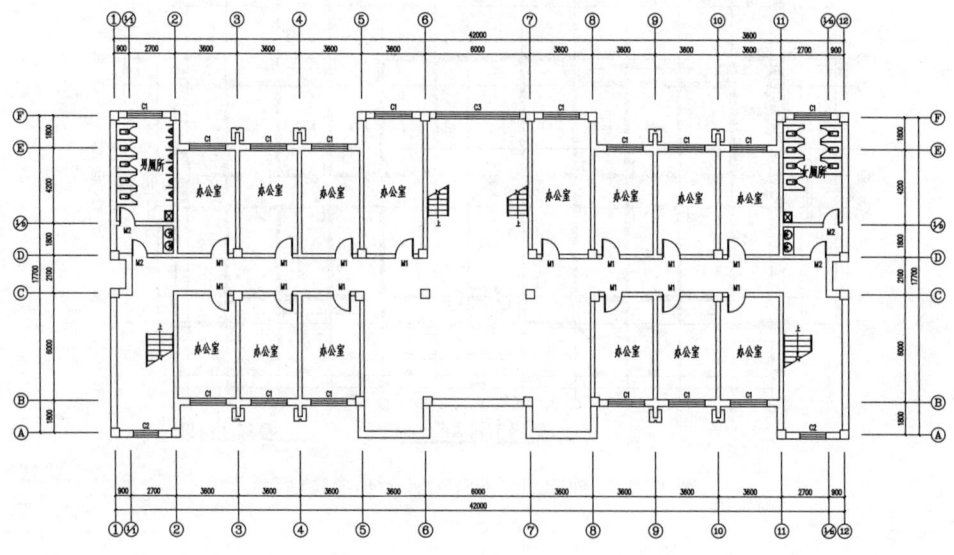

图10-26　复制平面图

[02] 绘制墙体。单击"墙体"→"绘制墙体"菜单命令，在弹出的"墙体"对话框中设置参数，在绘图区中依次指定墙体的起点和下一点，即可完成一段墙体的绘制。右击可以开始绘制下一段墙体，按Esc键退出命令。绘制墙体的操作步骤和结果如图10-27所示。

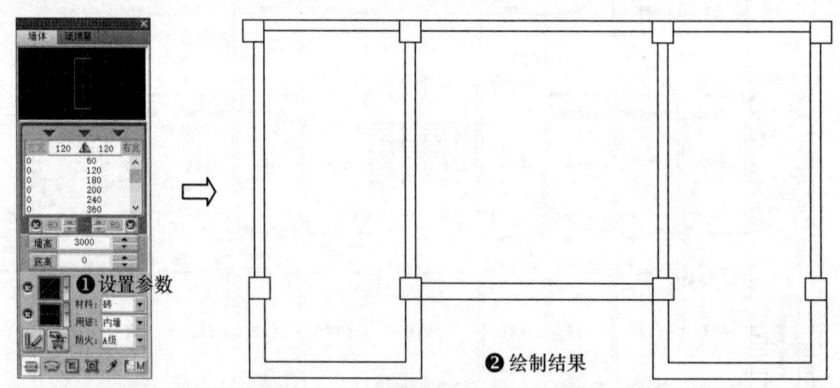

图10-27　绘制墙体的操作步骤和结果

[03] 绘制二、三层平开门。单击"门窗"→"门窗"菜单命令，在弹出的"门"对话框中设置平开门参数，并在绘图区中指定平开门的大致插入位置，即可创建一个平开门。采用同样方法创建其他平开门，按Esc键退出命令。绘制二、三层平开门的操作步骤和结果如图10-28所示。

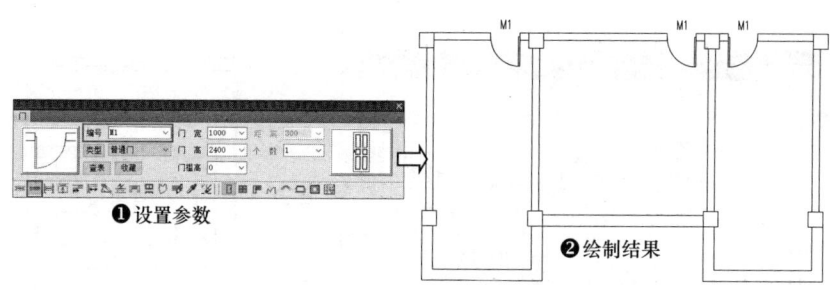

图 10-28　绘制二、三层平开门的操作步骤和结果

[04] 绘制二、三层窗户。单击"门窗"→"门窗"菜单命令,在弹出的"窗"对话框中设置参数,然后在绘图区中指定窗户的大致插入位置,即可完成一个窗户的绘制。采用同样方法绘制出其他窗户。绘制二、三层窗户的操作步骤和结果如图 10-29 所示。

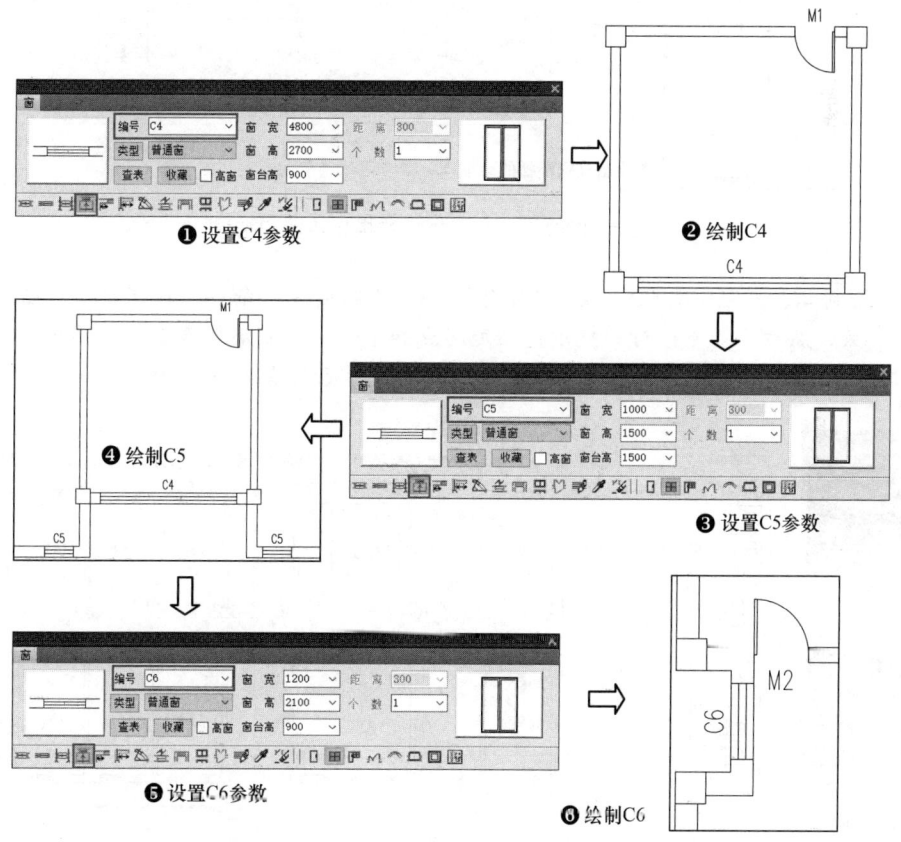

图 10-29　绘制二、三层窗户的操作步骤和结果

[05] 修改二、三层楼梯。在绘图区中双击创建好的双分平行楼梯,在弹出的"双分平行楼梯"对话框中选择"中层"选项,然后单击"确定"按钮,即可完成双分平行楼梯的编辑。采用同样方法,修改二、三层双跑楼梯。修改二、三层楼梯的操作步骤和结果如图 10-30 所示。

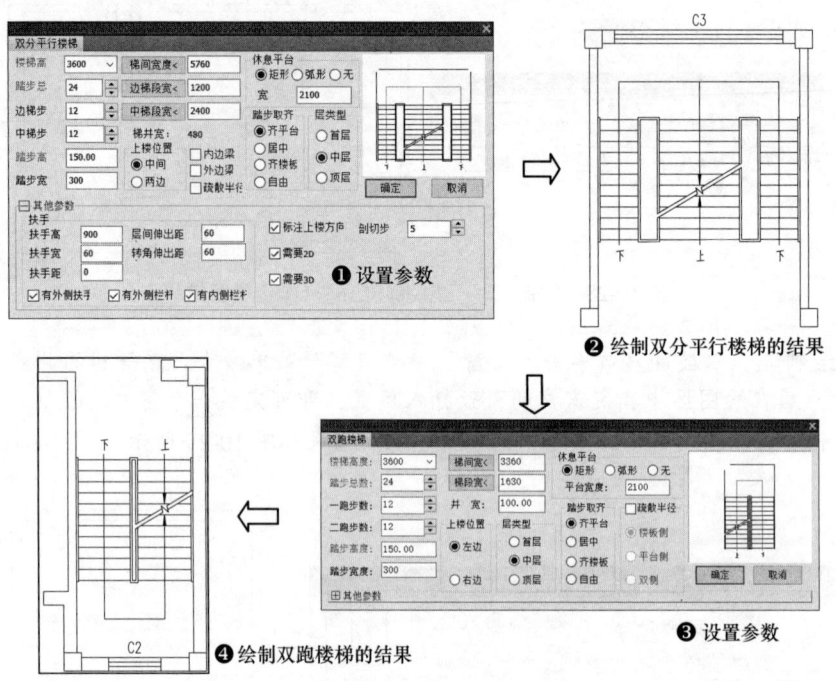

图 10-30　修改二、三层楼梯的操作步骤和结果

[06]　绘制二、三层装饰板。单击"墙体"→"绘制墙体"命令，在弹出的"墙体"对话框中设置参数，然后根据命令行的提示，指定起点和下一点绘制墙体来表示装饰板。使用同样方法，创建出所有装饰板。绘制二、三层装饰板的操作步骤和结果如图 10-31 所示。

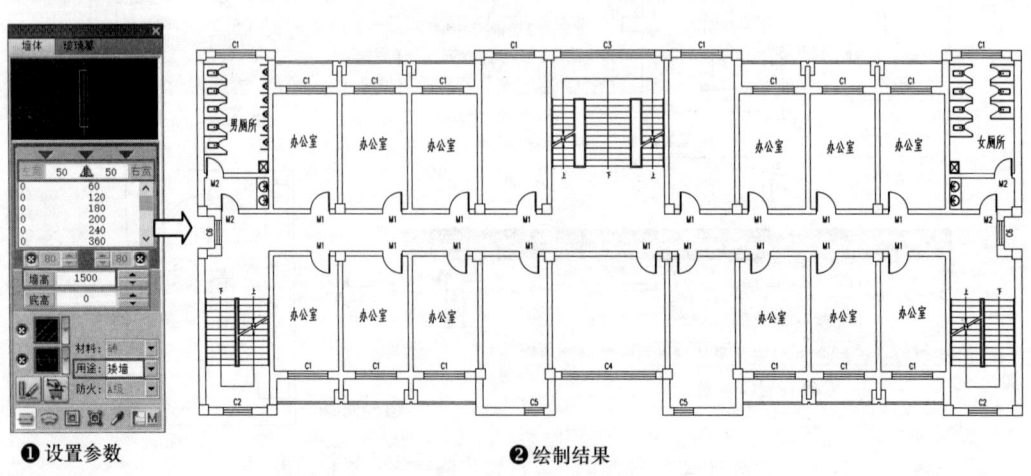

图 10-31　绘制二、三层装饰板的操作步骤和结果

[07]　创建二、三层房间名称文字。单击"文字表格"→"单行文字"菜单命令，在弹出的"单行文字"对话框中设置参数，然后在绘图区中指定文字插入位置，即可完成房间名称标注。创建二、三层房间名称文字的操作步骤和结果如图 10-32 所示。

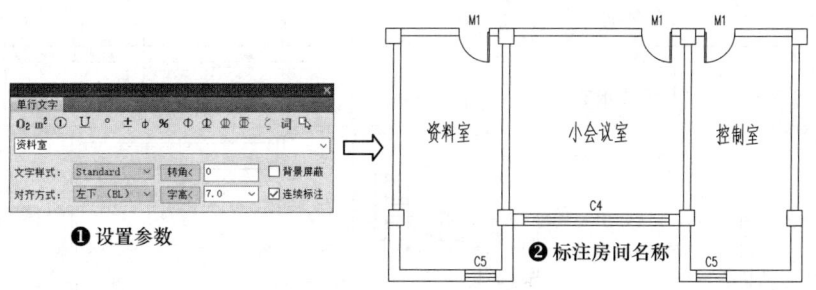

图 10-32 创建二、三层房间名称文字的操作步骤和结果

[08] 创建二、三层平面图图名标注。单击"符号标注"→"图名标注"菜单命令,在弹出的"图名标注"对话框中设置参数,然后在平面图下方指定标注位置,即可完成图名的创建。创建二、三层平面图图名标注的操作步骤和结果如图 10-33 所示。

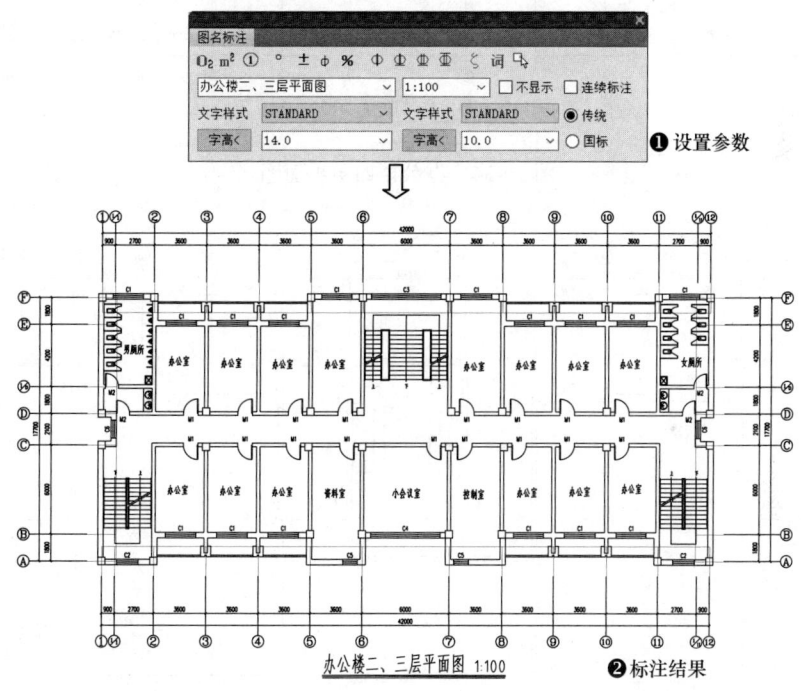

图 10-33 创建二、三层平面图图名标注的操作步骤和结果

10.1.3 绘制办公楼四层平面图

办公楼四层平面图的定位与办公楼二、三层平面图相同,因此有些内容不需要重复绘制,可以由复制办公楼二、三层平面图并对其进行修改得来,结果如图 10-34 所示。

操作步骤如下:

[01] 复制及修改平面图。将"DOTE"图层临时显示出来,单击 AutoCAD 修改工具栏中的 COPY(复制)按钮,将整个二、三层平面图复制到右边空白区域;单击 AutoCAD 修改工具栏中的 ERASE(删除)按钮,将复制平面图中多余的墙体、柱子和门窗等删除,然后将墙线进行拉伸,结果如图 10-35 所示。

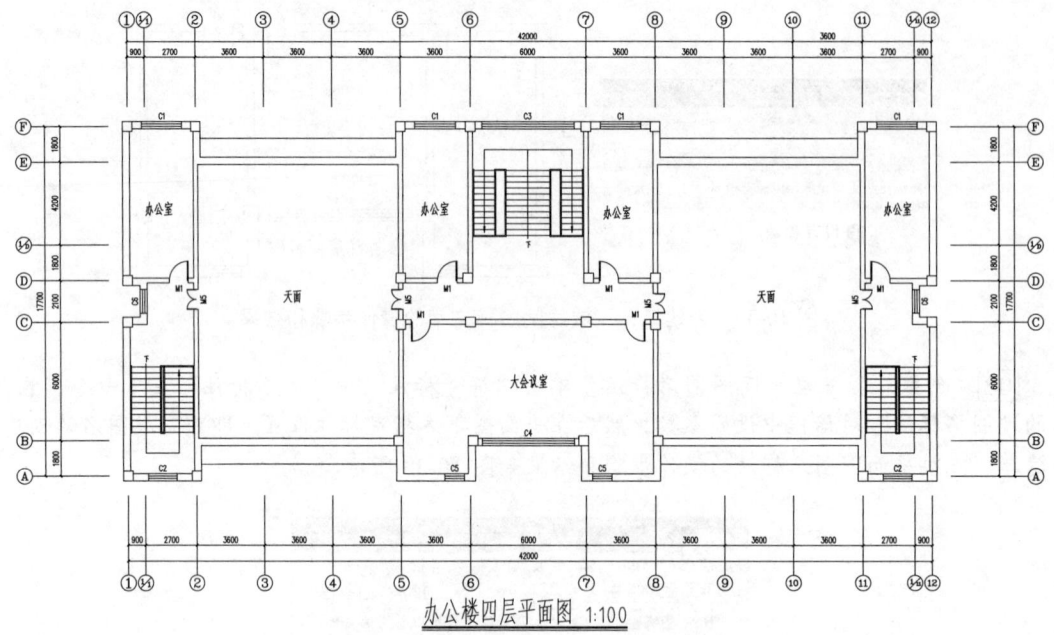

图 10-34　办公楼四层平面图

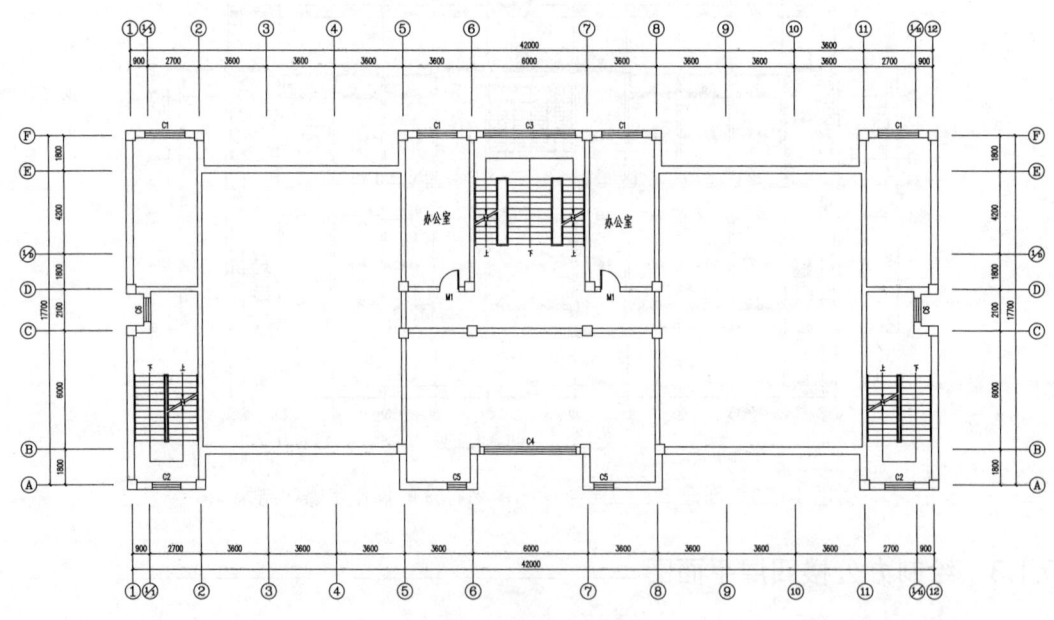

图 10-35　复制及修改平面图

[02] 修改女儿墙高度。双击女儿墙墙体，在弹出的"墙体"对话框中设置"墙高"为 1200，完成女儿墙高度的修改，如图 10-36 所示。采用同样方法，修改其他女儿墙高度。

[03] 创建单扇平开门。单击"门窗"→"门窗"菜单命令，在弹出的"门"对话框中设置参数，然后在绘图区中指定单扇平开门大致位置，即可创建一个平开门。采用同样方法，创建其他单扇平开门。创建单扇平开门的操作步骤和结果如图 10-37 所示。

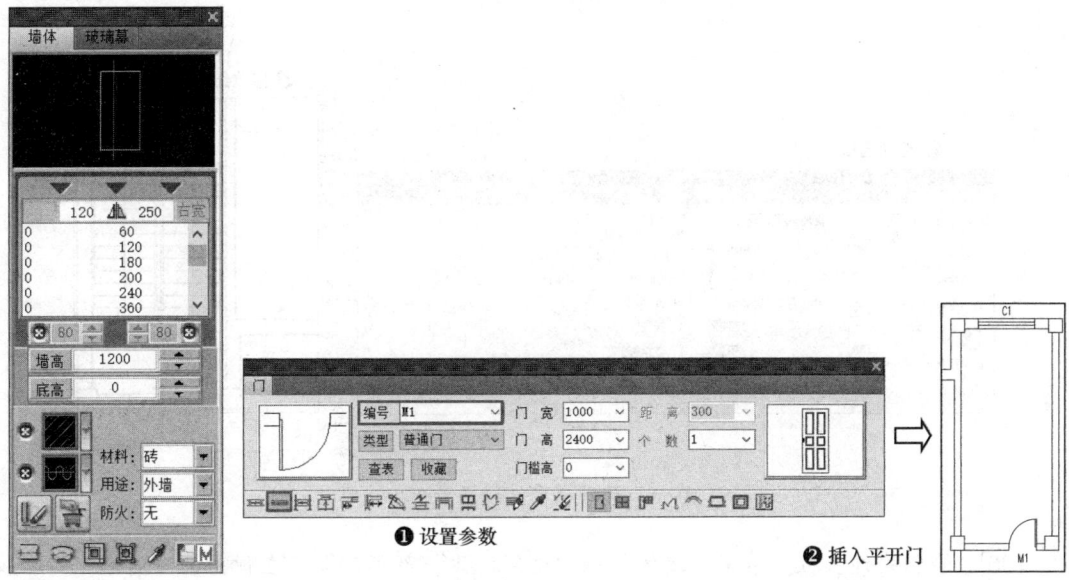

图 10-36 修改墙体参数　　　图 10-37 创建单扇平开门的操作步骤和结果

[04] 创建双扇平开门。在"门"对话框中设置双扇平开门样式和参数,在绘图区中指定双扇平开门大致位置,即可创建平开门。创建双扇平开门的操作步骤和结果如图 10-38 所示。

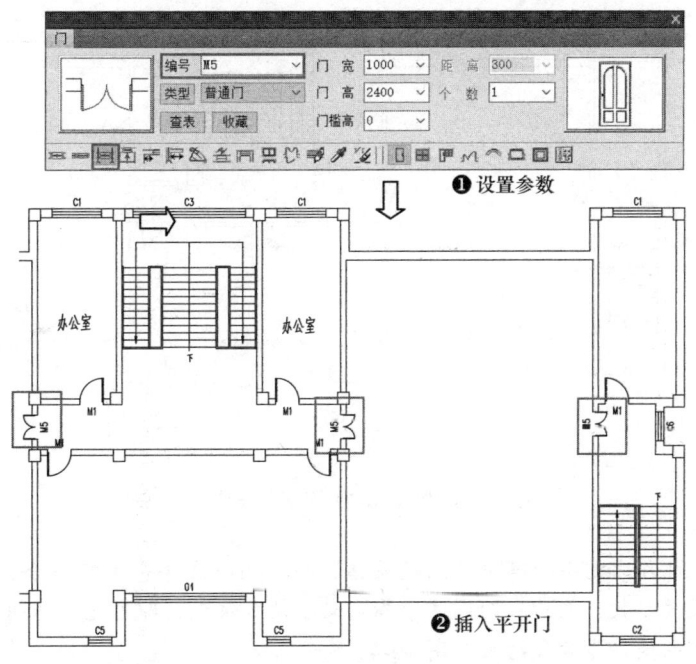

图 10-38 创建双扇平开门的操作步骤和结果

[05] 修改楼梯。双击楼梯,在弹出的"双跑楼梯"对话框中选择"顶层"选项,然后单击"确定"按钮,即可完成楼梯修改。采用同样方法,修改其他楼梯。修改楼梯的操作步骤和结果如图 10-39 所示。

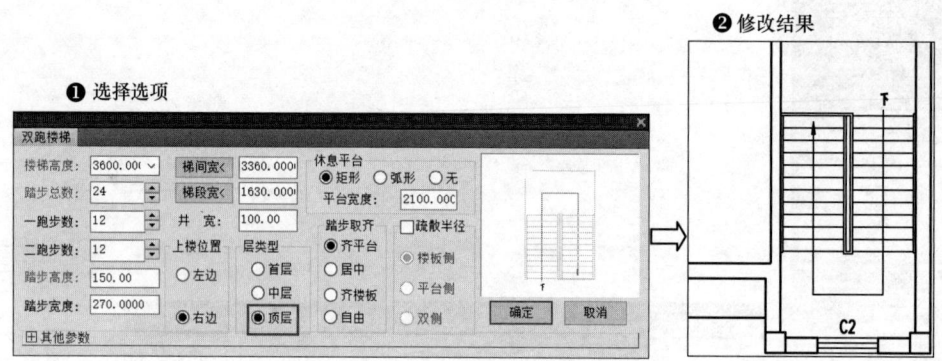

图 10-39　修改楼梯的操作步骤和结果

[06]　绘制装饰盖板。单击"墙体"→"绘制墙体"菜单命令，在弹出的"墙体"对话框中设置参数，然后根据命令行的提示，指定起点与下一个点，即可完成装饰盖板的绘制。使用同样方法，创建其他装饰盖板。绘制装饰盖板的操作步骤和结果如图 10-40 所示。

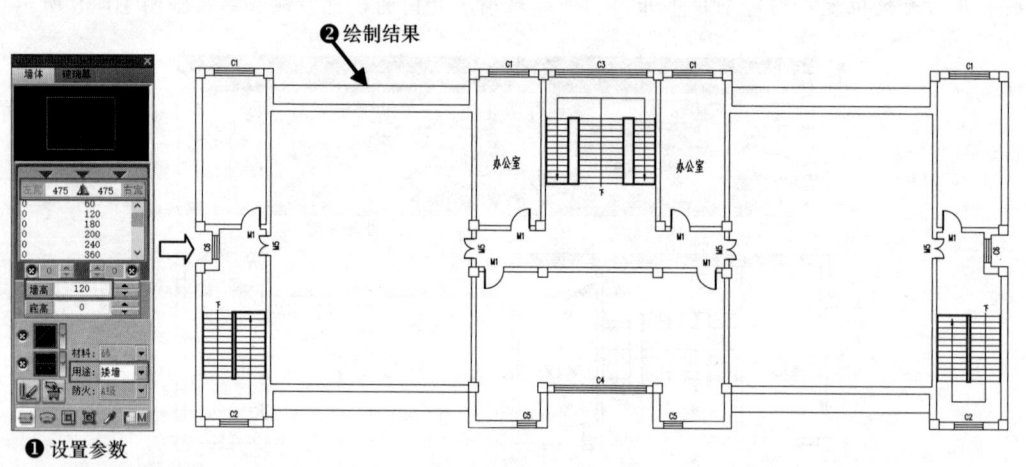

图 10-40　绘制装饰盖板的操作步骤和结果

[07]　创建房间名称文字。单击"文字表格"→"单行文字"菜单命令，在弹出的"单行文字"对话框中设置参数，然后在绘图区中指定文字插入位置，即可完成房间名称文字的创建。创建房间名称文字的操作步骤和结果如图 10-41 所示。

[08]　创建图名标注。单击"符号标注"→"图名标注"菜单命令，在弹出的"图名标注"对话框中设置参数，然后在平面图下方指定标注位置，即可完成图名标注的创建。创建图名标注的操作步骤和结果如图 10-42 所示。

第 10 章
综合实例——绘制办公楼全套施工图

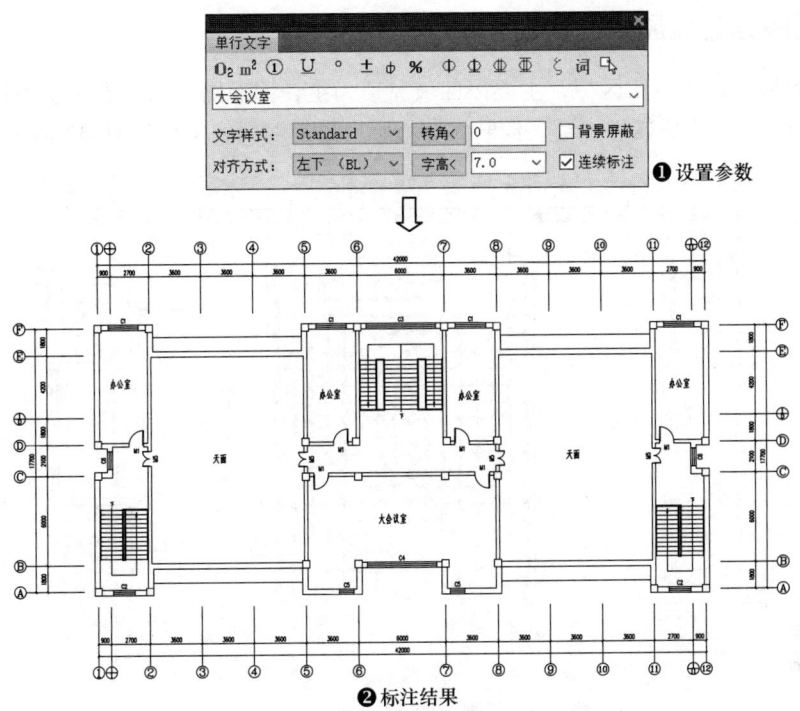

图 10-41　创建房间名称文字的操作步骤和结果

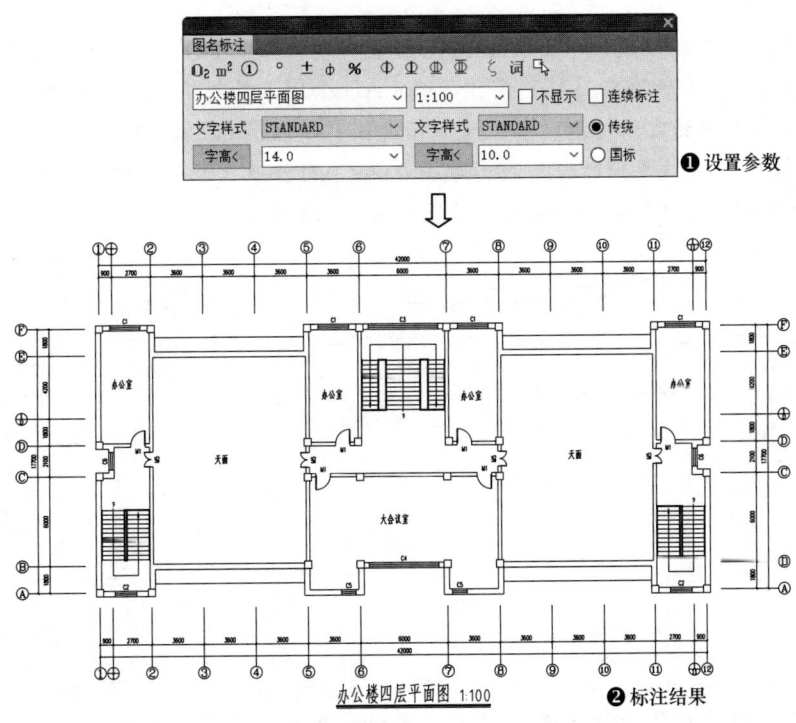

图 10-42　创建图名标注的操作步骤和结果

10.1.4 绘制办公楼屋顶平面图

办公楼的屋顶分为多个区域,主要以四坡屋顶为主,因而需要绘制出屋顶的轮廓线,然后用"任意坡顶"命令生成四坡屋顶。绘制办公楼屋顶平面图的结果如图 10-43 所示。

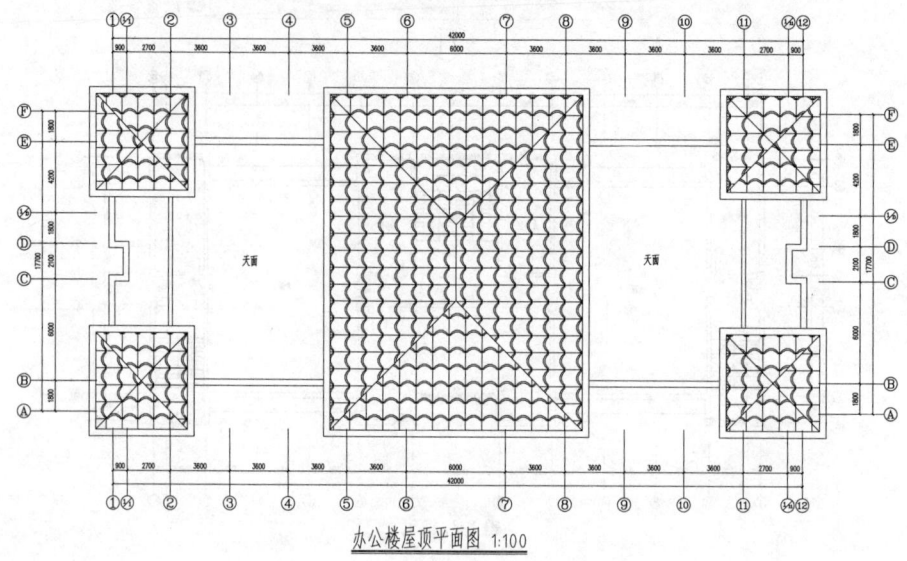

图 10-43　办公楼屋顶平面图

操作步骤如下:

01　绘制坡屋顶轮廓线。单击 AutoCAD 绘图工具栏中的 COPY(复制)按钮,将办公楼四层平面图复制到右侧空白区域;单击 AutoCAD 绘图工具栏中的 RECTANG(矩形)按钮,结合四层平面图的定位功能,绘制坡屋顶边线;单击 AutoCAD 修改工具栏中的 OFFSET(偏移)按钮,生成坡屋顶的轮廓线;单击 AutoCAD 修改工具栏中的 ERASE(删除)按钮,将多余的墙线、门窗和楼梯等删除,结果如图 10-44 所示。

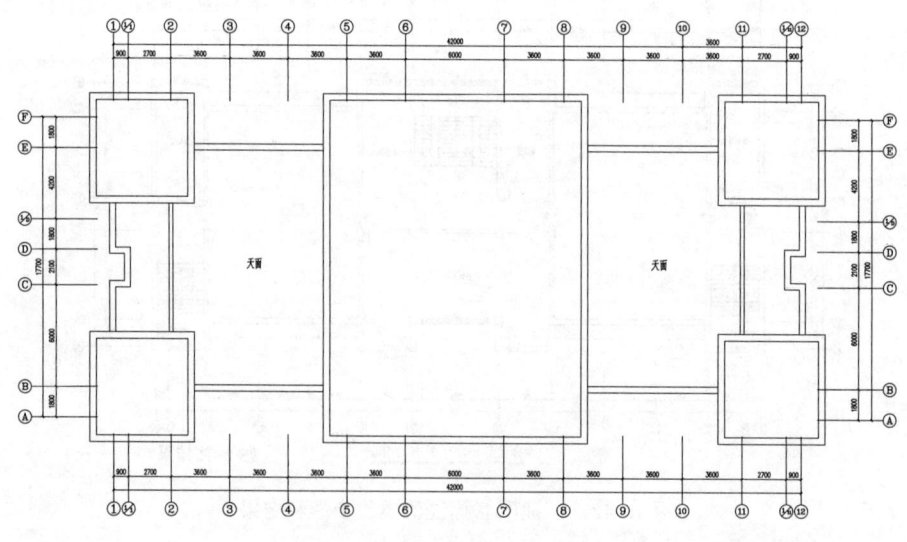

图 10-44　绘制坡屋顶轮廓线

02　创建任意坡顶。单击"屋顶"→"任意坡顶"菜单命令，在绘图区中选择一条封闭的多段线作为屋顶轮廓线，然后输入坡度角45，按Enter键，指定出檐长值，即可完成任意坡顶的创建。创建任意坡顶的操作步骤和结果如图10-45所示。

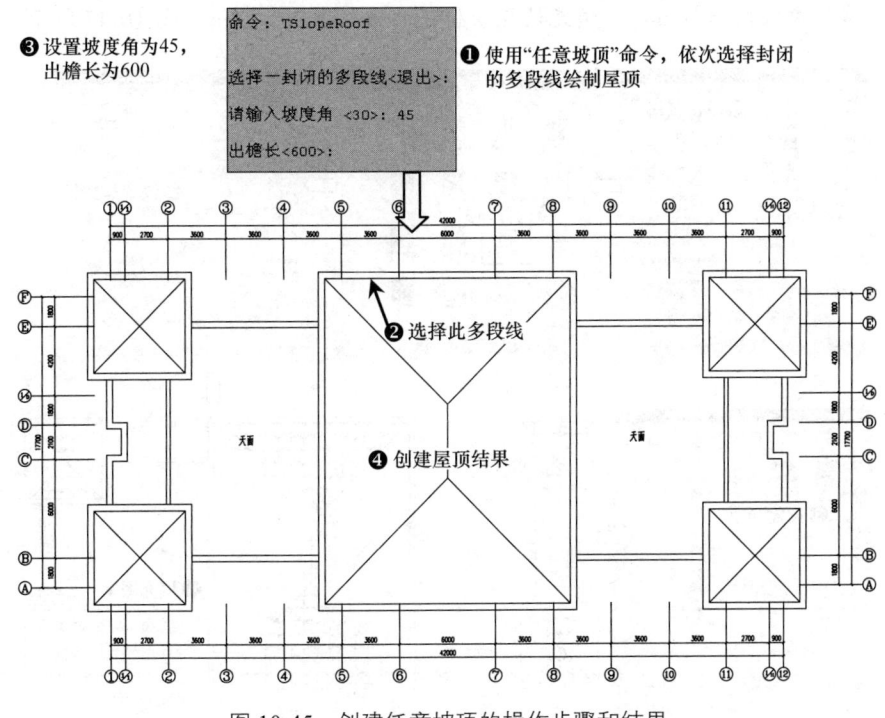

图10-45　创建任意坡顶的操作步骤和结果

03　修改坡屋顶底标高。按Ctrl+1组合键打开"特性"选项板，设置"底标高"值为–600，按Enter键，即可修改坡屋顶底标高，如图10-46所示。

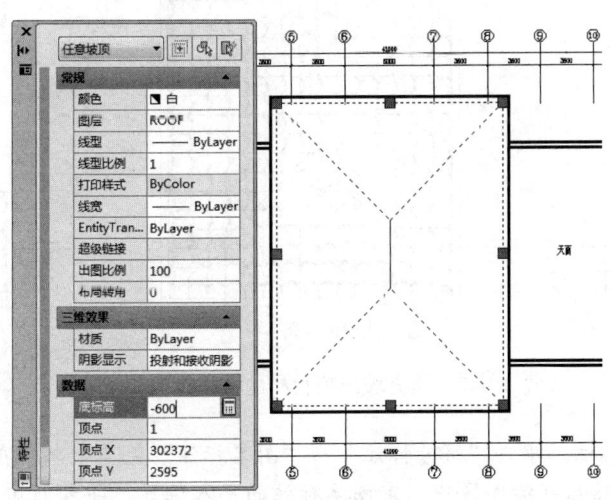

图10-46　修改坡屋顶底标高

[04] 填充坡屋顶材料。单击 AutoCAD 绘图工具栏中的 HATCH（图案填充和渐变色）按钮，弹出"图案填充和渐变色"对话框，单击"图案"选项右侧的...按钮，打开"填充图案选项板"对话框，在其中选择图案，单击"确定"按钮，返回到"图案填充和渐变色"对话框，在其中设置参数，单击"添加：拾取点"按钮，在绘图区中单击要填充的坡屋顶面，按 Enter 键，即可完成坡屋顶的材料填充。填充坡屋顶材料的操作步骤和结果如图 10-47 所示。

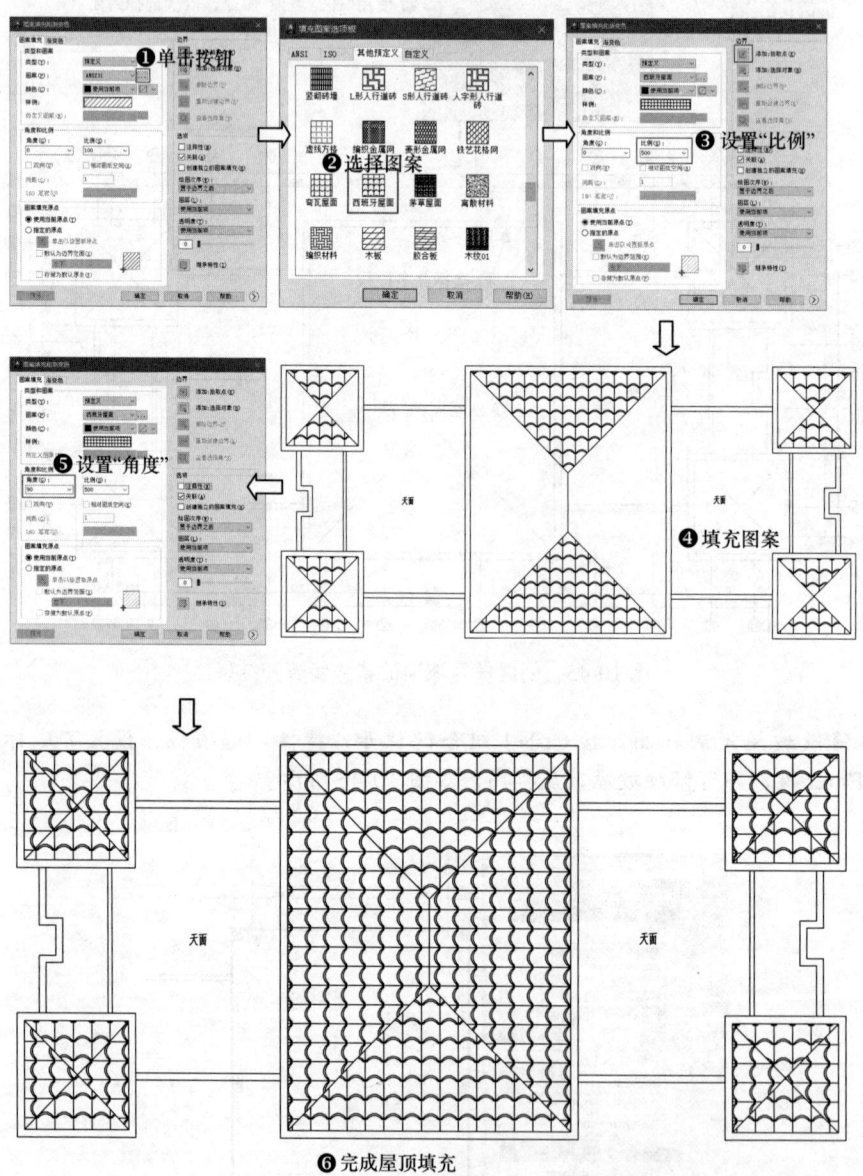

图 10-47　填充坡屋顶材料的操作步骤和结果

[05] 创建图名标注。单击"符号标注"→"图名标注"菜单命令，在弹出的"图名标注"对话框中设置参数，然后在绘图区中指定图名标注的插入位置，即可创建图名标注。创建图名标注的操作步骤和结果如图 10-48 所示。

第 10 章
综合实例——绘制办公楼全套施工图

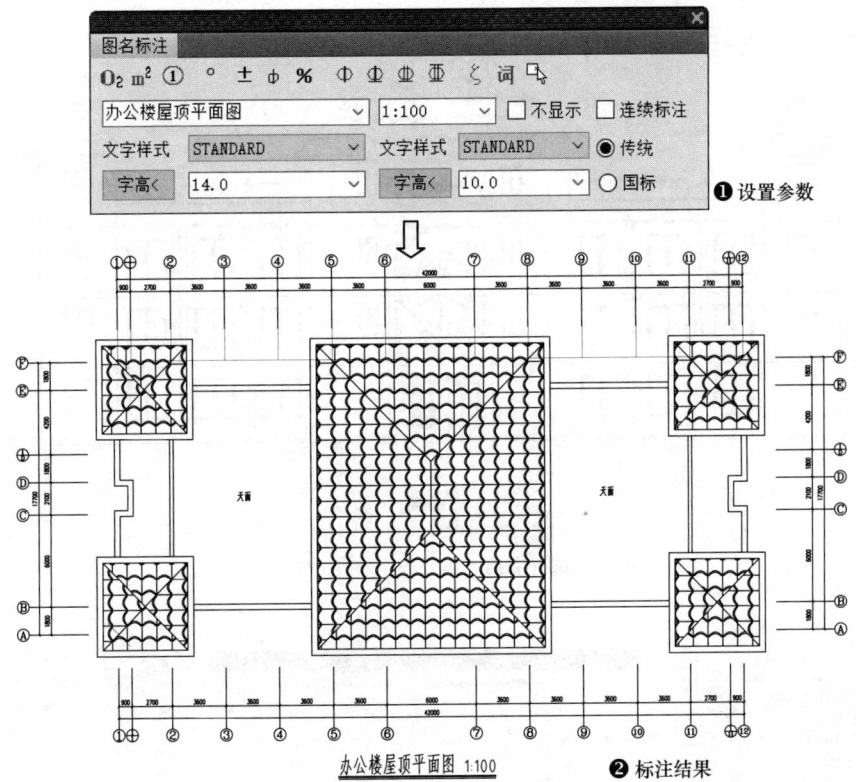

图 10-48　创建图名标注的操作步骤和结果

10.2 创建办公楼立面图和剖面图

办公楼各层平面图创建完成后,即可根据办公楼平面图的三维信息,通过"工程管理"命令来创建办公楼的立面图和剖面图。本节主要介绍办公楼立面图和剖面图的创建及编辑方法。

10.2.1 创建办公楼正立面图

办公楼立面图的创建方法是,利用"工程管理"命令创建工程项目,并指定与楼层表的关系,然后用"建筑立面"命令生成办公楼立面图。如果生成的立面图有缺陷或错误,需要用户修改,可通过立面编辑工具对立面图进行深化和处理。在绘制建筑施工图时,一般需要绘制出各个方向的建筑立面图。下面以创建办公楼正立面图为例讲述办公楼立面图的绘制过程和方法。

创建办公楼正立面图的结果如图 10-49 所示。	视频文件:视频\第 10 章\10.2.1.mp4
	播放时长:15min38s

操作步骤如下:

01 新建工程。单击"文件布图"→"工程管理"菜单命令,在弹出的"工程管理"对话框的"工程管理"下拉列表中选择"新建工程"选项,弹出"另存为"对话框,选择存储路径和输入文件名,单击"保存"按钮,即可新建工程项目。新建工程的操作步骤和结果如图 10-50 所示。

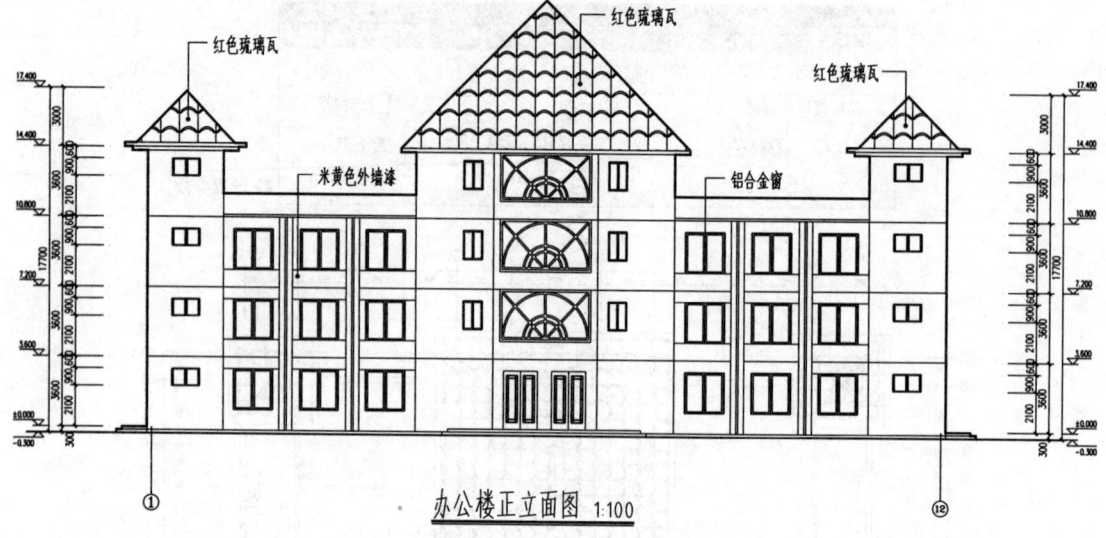

图 10-49　办公楼正立面图

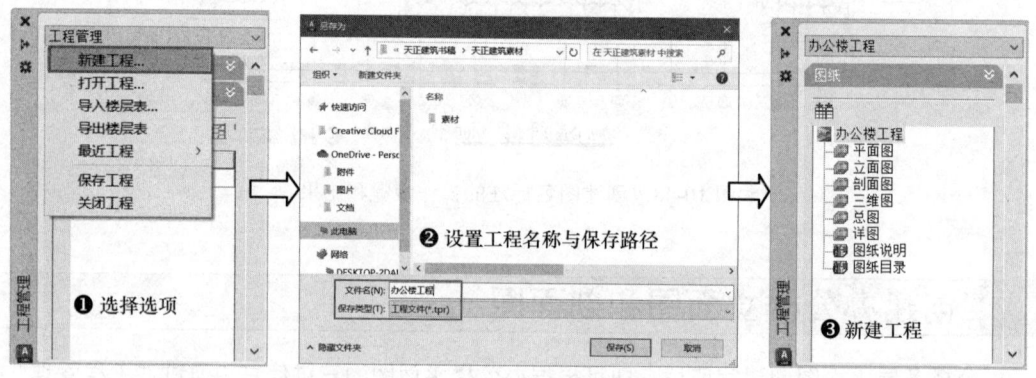

图 10-50　新建工程的操作步骤和结果

[02] 添加图纸。在"图纸"选项栏中的"平面图"选项上，右击，在弹出的快捷菜单中选择"添加图纸"选项，弹出"选择图纸"对话框，选择 10.1 节创建的平面图文件，然后单击"打开"按钮，即可添加图纸。添加图纸的操作步骤和结果如图 10-51 所示。

图 10-51　添加图纸的操作步骤和结果

[03] 创建楼层表。在"楼层"选项栏内设置"层号"和"层高",将光标定位到最后一列的单元格中,接着单击工具栏中的"框选楼层范围"按钮,在绘图区中框选首层平面图,然后单击 1 轴线与 A 轴线的交点作为对齐点,即可创建一个楼层表。采用同样方法,创建出其他楼层表。创建楼层表的操作步骤和结果如图 10-52 所示。

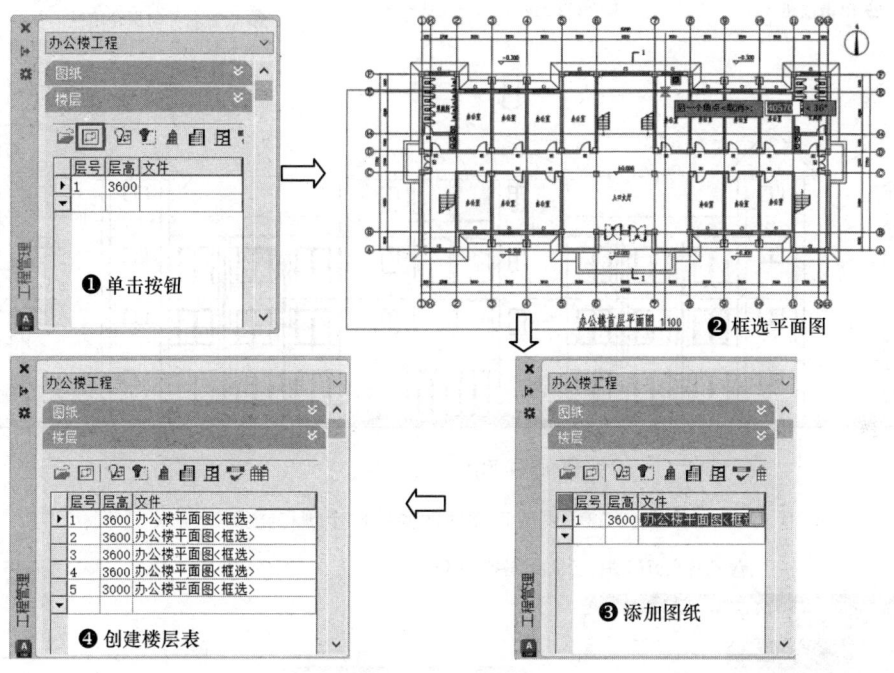

图 10-52 创建楼层表的操作步骤和结果

[04] 生成正立面图。单击"楼层"选项工具栏中的"建筑立面"按钮,根据命令行提示输入正立面选项"F",接着选择 1 号轴线和 12 号轴线,按 Enter 键,弹出"立面生成设置"对话框,设置"内外高差"为 0.3m,单击"生成立面"按钮,弹出"输入要生成的文件"对话框,设置保存路径并在"文件名"文本框中输入新文件名,单击"保存"按钮,即可生成正立面图。要注意的是,此时生成的正立面图中可能有多余的线条,位置也可能存在错误,需要利用 AutoCAD 修改工具栏中的工具对其位置进行调整并对多余的线条进行删除。生成正立面图的操作步骤和结果如图 10-53 所示。

[05] 替换立面门。单击"立面"→"立面门窗"菜单命令,在弹出的"天正图库管理系统"对话框中选择要替换的立面门图标,单击"替换"按钮,然后在绘图区中选择需替换的立面门,按 Enter 键,即可完成立面门的替换。替换立面门的操作步骤和结果如图 10-54 所示。

[06] 替换立面窗户。单击"立面"→"立面门窗"菜单命令,在弹出的"天正图库管理系统"对话框中选择要替换的立面窗户图标,单击"替换"按钮,然后在绘图区中选择需要替换的立面窗户,按 Enter 键,即可完成立面窗户的替换。替换立面窗户的操作步骤和结果如图 10-55 所示。

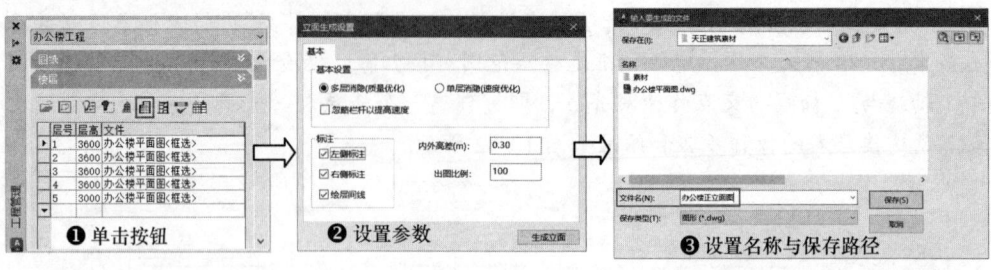

图 10-53 生成正立面图的操作步骤和结果

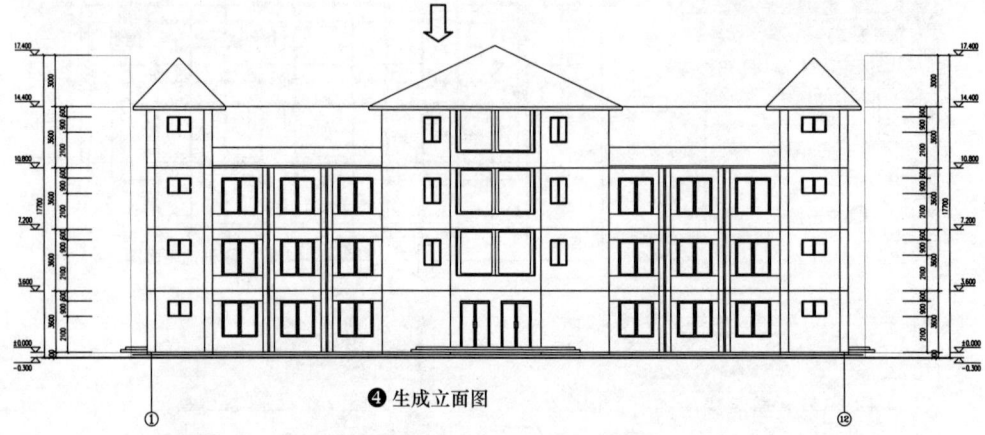

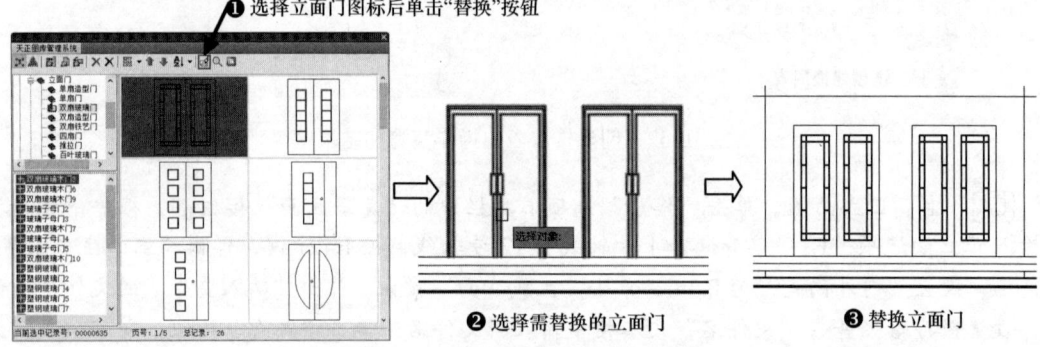

图 10-54 替换立面门的操作步骤和结果

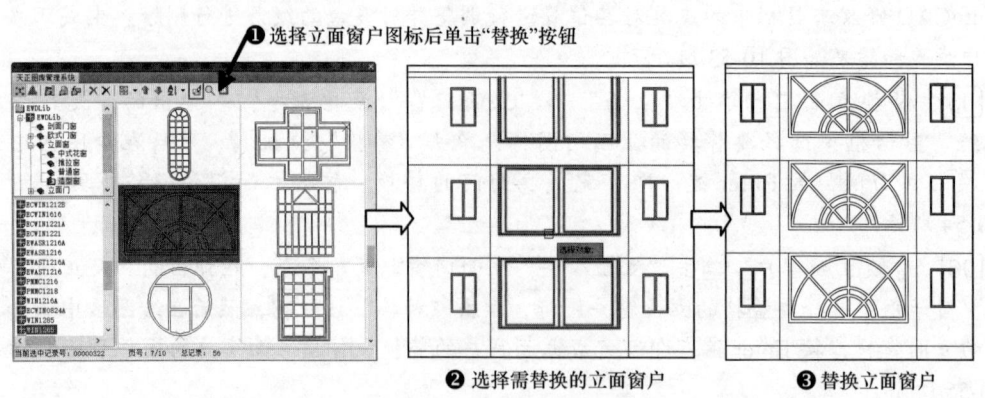

图 10-55 替换立面窗户的操作步骤和结果

07 填充屋顶材料。单击 AutoCAD 绘图工具栏中的 HATCH（图案填充和渐变色）按钮，在弹出的"图案填充和渐变色"对话框中单击 按钮，再在打开的"填充图案选项板"对话框中选择图案，单击"确定"按钮，返回到"图案填充和渐变色"对话框，在其中设置参数，单击"添加：拾取点"按钮，然后在绘图区中单击需填充屋顶材料的区域并按 Enter 键，即可完成屋顶材料的填充。填充屋顶材料的操作步骤和结果如图 10-56 所示。

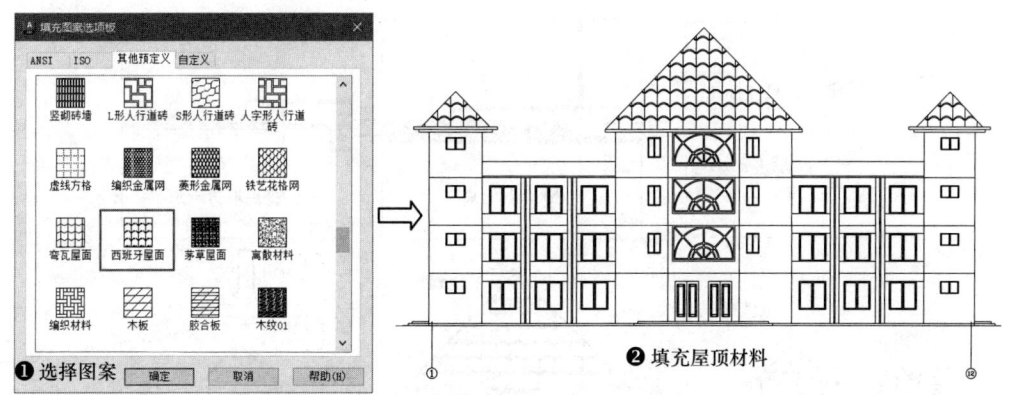

图 10-56　填充屋顶材料的操作步骤和结果

08 标注立面材料说明。单击"符号标注"→"引出标注"菜单命令，在弹出的"引出标注"对话框中设置参数，在绘图区中依次指定标注第一点、引线位置、文字基线位置和其他标注点，即可完成标注立面材料说明。标注立面材料说明的操作步骤和结果如图 10-57 所示。

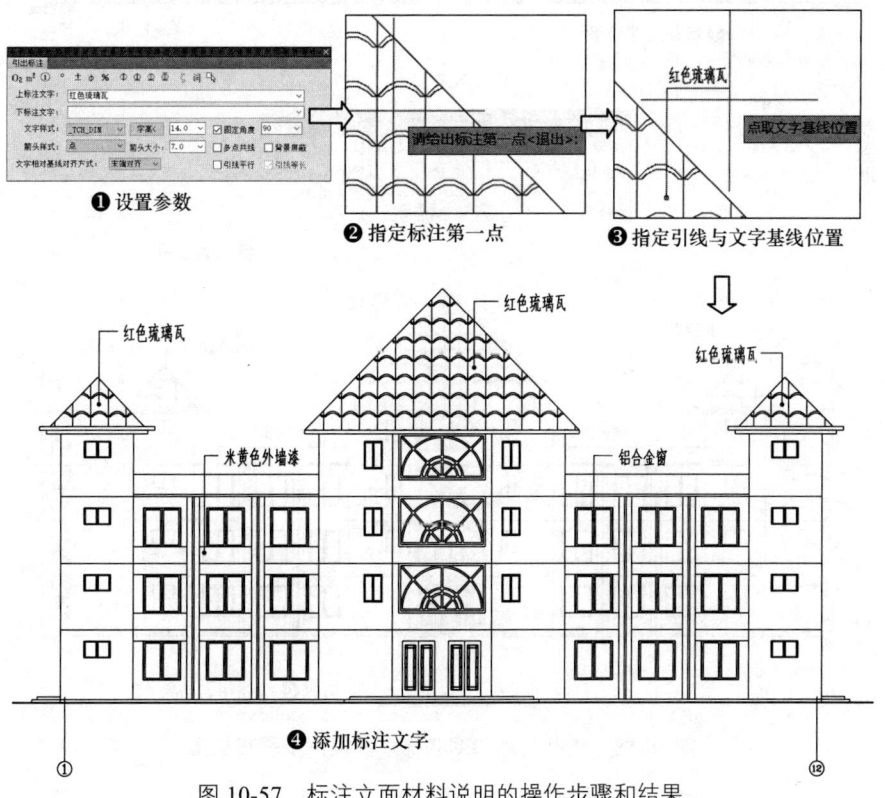

图 10-57　标注立面材料说明的操作步骤和结果

09 增补尺寸和图名标注。单击"尺寸标注"→"尺寸编辑"→"增补尺寸"菜单命令，在绘图区中选择要增补尺寸的尺寸线，然后指定要增补尺寸的标注点，即可完成尺寸的增补，按 Esc 键退出。单击"符号标注"→"图名标注"菜单命令，在弹出的"图名标注"对话框中设置参数，然后在办公楼正立面图下方指定图名插入位置，即可完成图名标注。增补尺寸和图名标注的操作步骤和结果如图 10-58 所示。

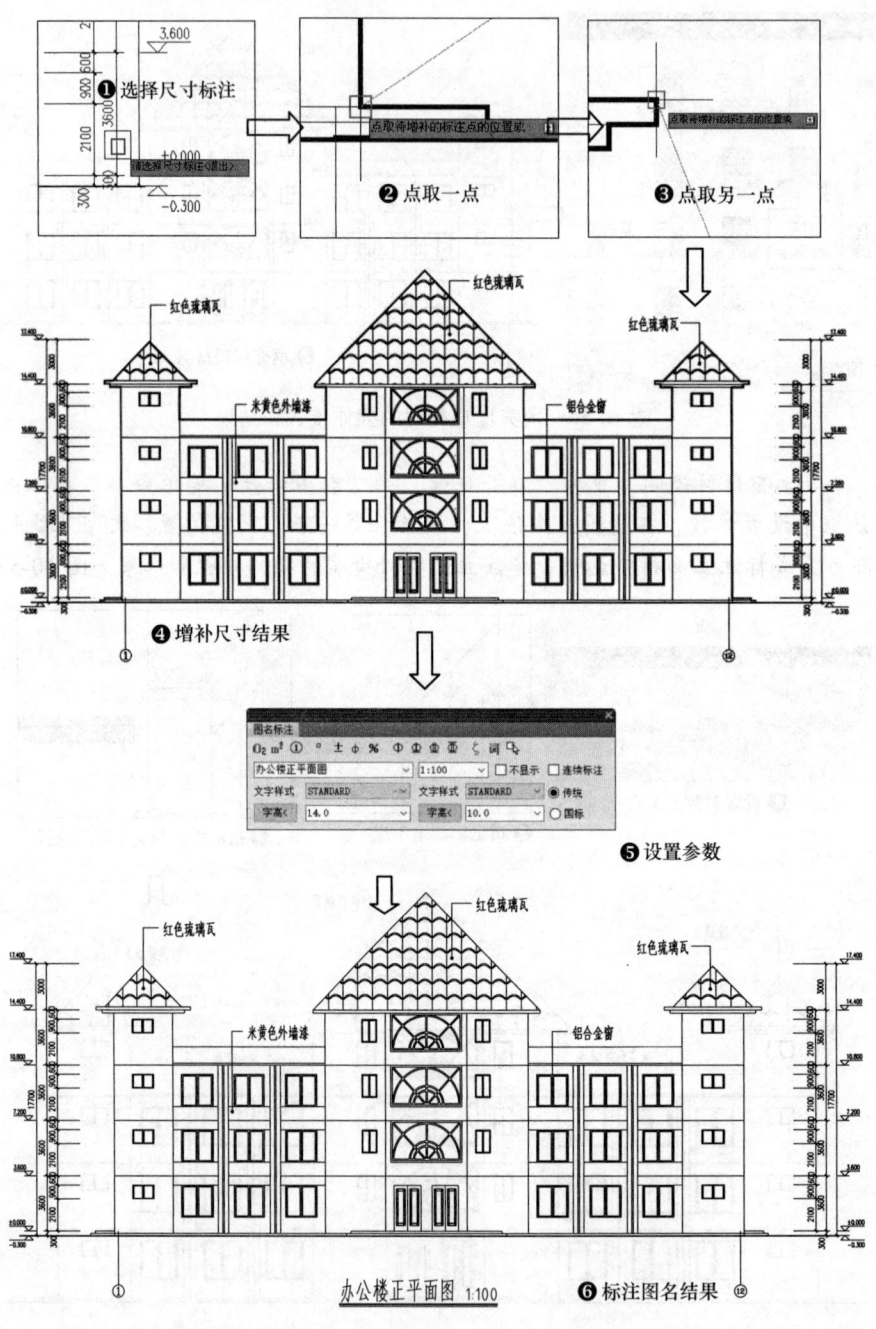

图 10-58　增补尺寸和图名标注的操作步骤和结果

[10] 创建立面轮廓线。单击"立面"→"立面轮廓"菜单命令,在绘图区中框选整个正立面图后按 Enter 键,然后输入轮廓线宽度 40,按 Enter 键,即可创建立面轮廓线。创建立面轮廓线的操作步骤和结果如图 10-59 所示。

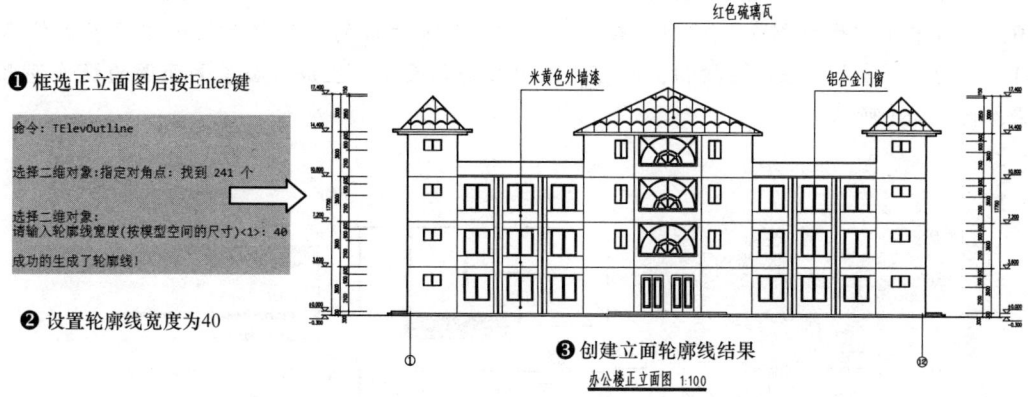

图 10-59　创建立面轮廓线的操作步骤和结果

10.2.2　创建办公楼剖面图

创建办公楼剖面图的方法与创建办公楼立面图的方法基本相同,但是利用 T20 生成的建筑剖面图往往不够完善,其中可能会有一些错误,需要用户进行修改。下面介绍办公楼剖面图的创建方法。

创建的办公楼剖面图如图 10-60 所示。

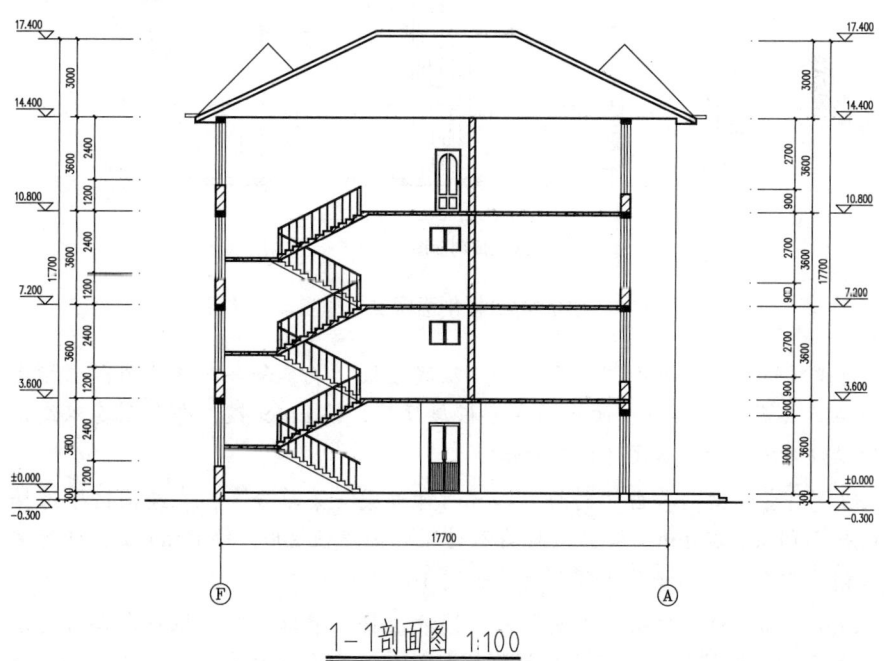

图 10-60　办公楼剖面图

操作步骤如下：

[01] 生成办公楼剖面图。打开"办公楼工程"项目和办公楼平面图文件，单击"工程管理"选项板中"楼层"选项工具栏中的"建筑剖面"按钮，在绘图区中选择1号剖切线，接着选择F轴线和A轴线，按Enter键，弹出"剖面生成设置"对话框，设置"内外高差"为0.30，然后单击"生成剖面"按钮，在弹出的"输入要生成的文件"对话框中设置文件名为"1-1剖面图"，单击"保存"按钮，即可生成办公楼剖面图。生成办公楼剖面图的操作步骤和结果如图10-61所示。

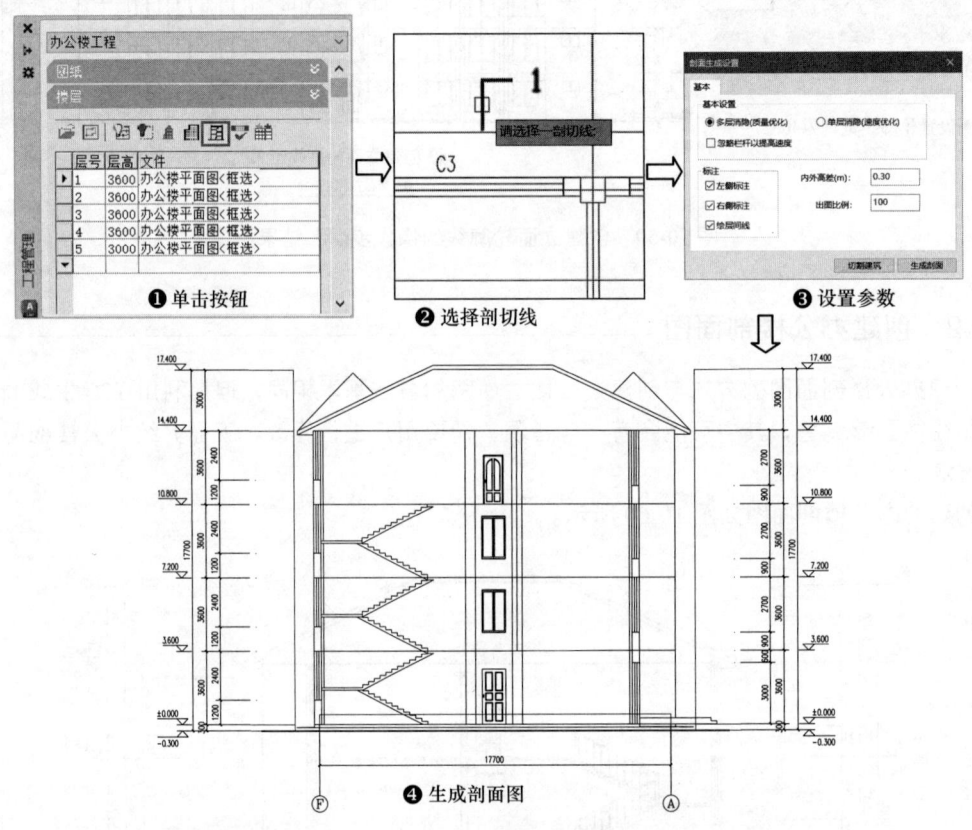

图10-61 生成办公楼剖面图的操作步骤和结果

[02] 创建双线楼板。单击"剖面"→"双线楼板"菜单命令，在绘图区中指定楼板的起始点和结束点，然后指定楼板顶面标高和楼板厚度值，按Enter键，即可创建双线楼板。创建双线楼板的操作步骤和结果如图10-62所示。

[03] 创建门窗过梁。单击"剖面"→"门窗过梁"菜单命令，在绘图区中选择需要添加门窗过梁的剖面门窗，按Enter键，然后输入过梁的高度值200，按Enter键，即可完成门窗过梁的创建。创建门窗过梁的操作步骤和结果如图10-63所示。

[04] 创建楼梯栏杆。单击"剖面"→"楼梯栏杆"菜单命令，根据命令行提示设置扶手高度并确定是否打断遮挡线，然后指定楼梯栏杆的起始点和结束点，即可创建楼梯栏杆。创建楼梯栏杆的操作步骤和结果如图10-64所示。

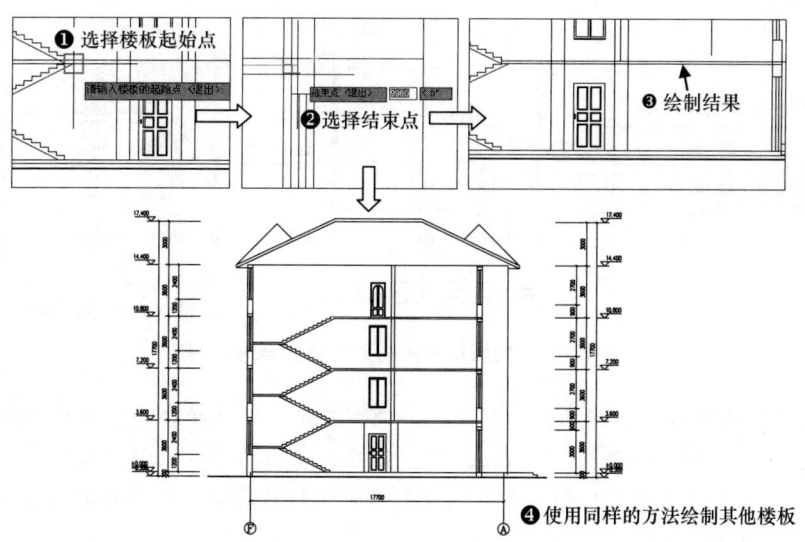

图 10-62　创建双线楼板的操作步骤和结果

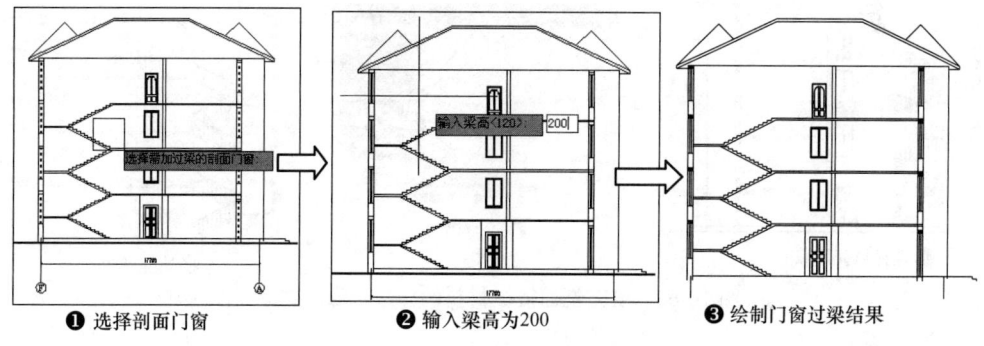

图 10-63　创建门窗过梁的操作步骤和结果

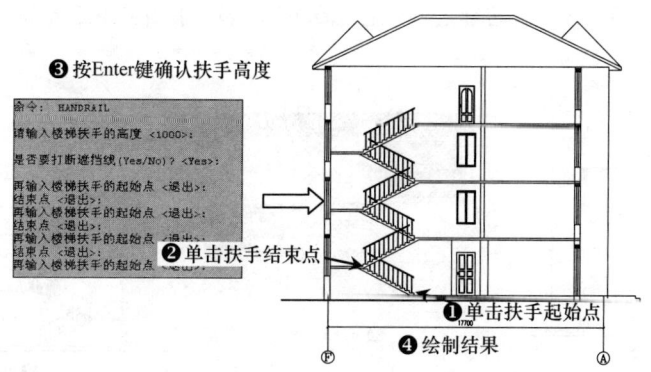

图 10-64　创建楼梯栏杆的操作步骤和结果

[05]　创建扶手接头。单击"剖面"→"扶手接头"菜单命令，根据命令行提示设置扶手伸出距离并确定是否增加栏杆，然后在绘图区中框选需要连接的两段扶手，即可创建扶手接头。创建扶手接头的操作步骤和结果如图 10-65 所示。

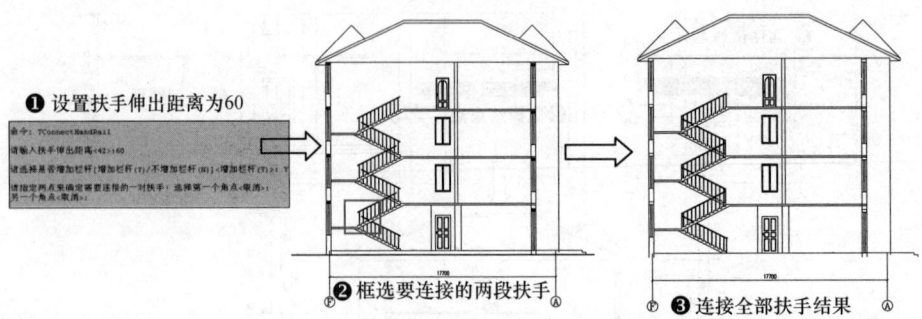

图 10-65　创建扶手接头的操作步骤和结果

[06] 填充剖面楼板材料。单击"剖面"→"剖面填充"菜单命令，在绘图区中选择需要填充材料的剖面楼板和楼梯踏板，按 Enter 键，然后在弹出的"请点取所需的填充图案"对话框中选择图案，单击"确定"按钮，即可完成剖面楼板材料的填充。填充剖面楼板材料的操作步骤和结果如图 10-66 所示。

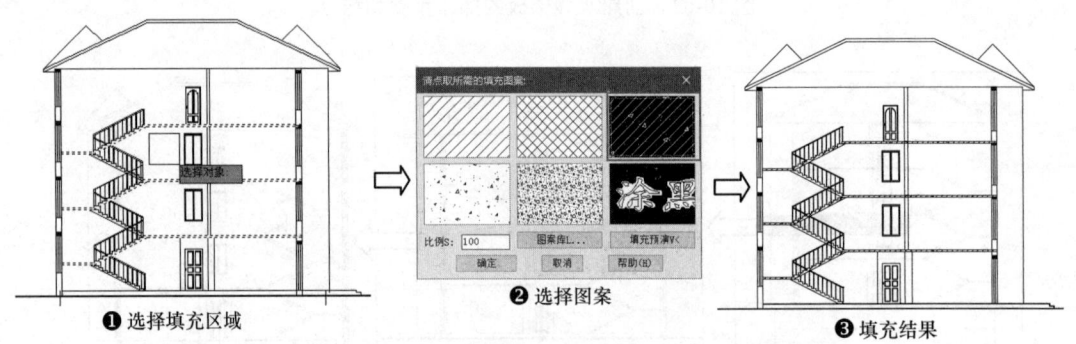

图 10-66　填充剖面楼板材料的操作步骤和结果

[07] 填充剖面墙体材料。单击"剖面"→"剖面填充"菜单命令，在绘图区中选择需要填充材料的剖面墙体，按 Enter 键，然后在弹出的"请点取所需的填充图案"对话框中选择图案，单击"确定"按钮，即可完成剖面墙体材料的填充。填充剖面墙体材料的操作步骤和结果如图 10-67 所示。

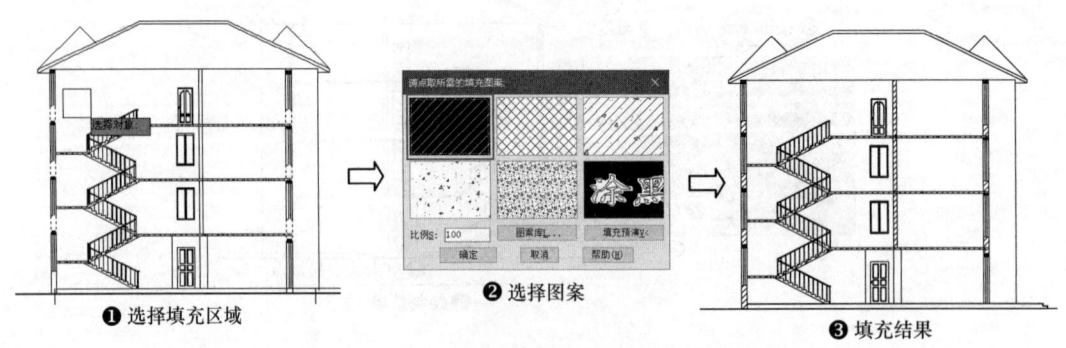

图 10-67　填充剖面墙体材料的操作步骤和结果

[08] 剖面加粗。单击"剖面"→"居中加粗"菜单命令，根据命令行提示，直接按 Enter 键全选剖面墙线、梁板和楼梯线，然后确认墙线宽度值，即可完成剖面加粗。剖面加粗的操作步骤和结果如图 10-68 所示。

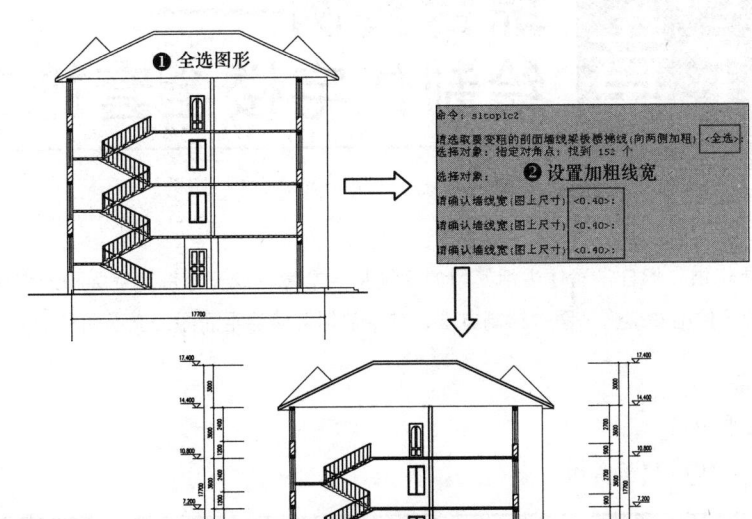

图 10-68 剖面加粗的操作步骤和结果

[09] 创建图名标注。单击"符号标注"→"图名标注"菜单命令，在弹出的"图名标注"对话框中设置参数，然后在绘图区中指定图名标注的插入位置，即可创建图名标注。创建图名标注的操作步骤和结果如图 10-69 所示。

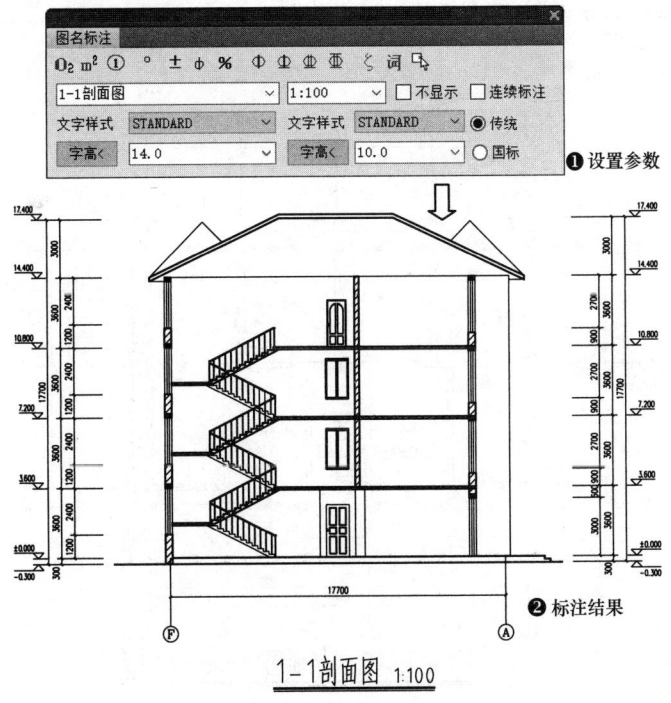

图 10-69 创建图名标注的操作步骤和结果

第11章 综合实例——绘制住宅楼全套施工图

● **本章导读**

住宅建筑是指供人们日常居住生活使用的建筑物。本章将以一个带架空层和人字坡顶的多层住宅为例,详细介绍住宅建筑施工图的绘制方法,其中包括各楼层平面图、立面图和剖面图的绘制。

● **本章重点**
◇ 住宅楼平面图
◇ 住宅楼立面图和剖面图

11.1 住宅楼平面图

住宅楼平面图是住宅建筑设计图中的重要组成部分。本实例的住宅平面图包括架空层平面图、一层平面图、标准层平面图和屋顶平面图。本节将详细介绍各层平面图的绘制方法和过程。

11.1.1 创建架空层平面图

架空层位于住宅楼底部,主要用于停放车辆和放置杂物。下面介绍架空层平面图的绘制方法,绘制结果如图11-1所示。

视频文件:视频\第11章\11.1.1.mp4
播放时长:31min27s

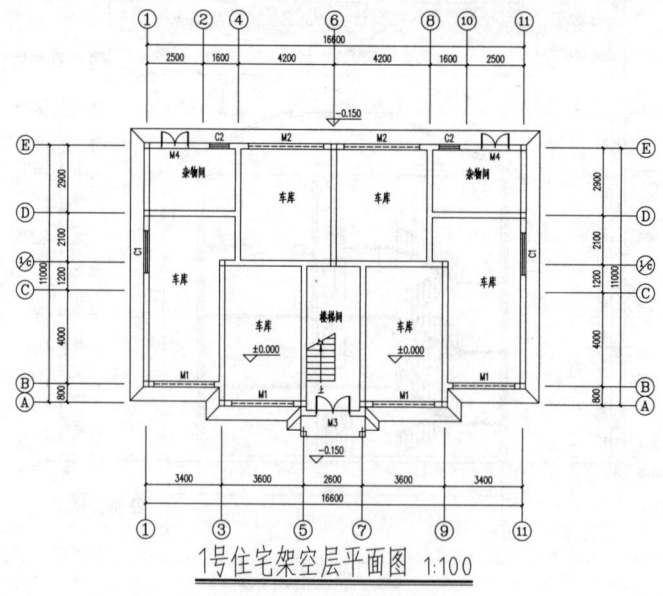

图11-1 架空层平面图

操作步骤如下：

[01] 绘制轴网。启动T20，自动创建一个空白文档。单击"轴网柱子"→"绘制轴网"菜单命令，在弹出的"绘制轴网"对话框中设置参数，单击"确定"按钮，然后在绘图区中单击空白处，即可创建直线轴网。绘制轴网的操作步骤和结果如图11-2所示。

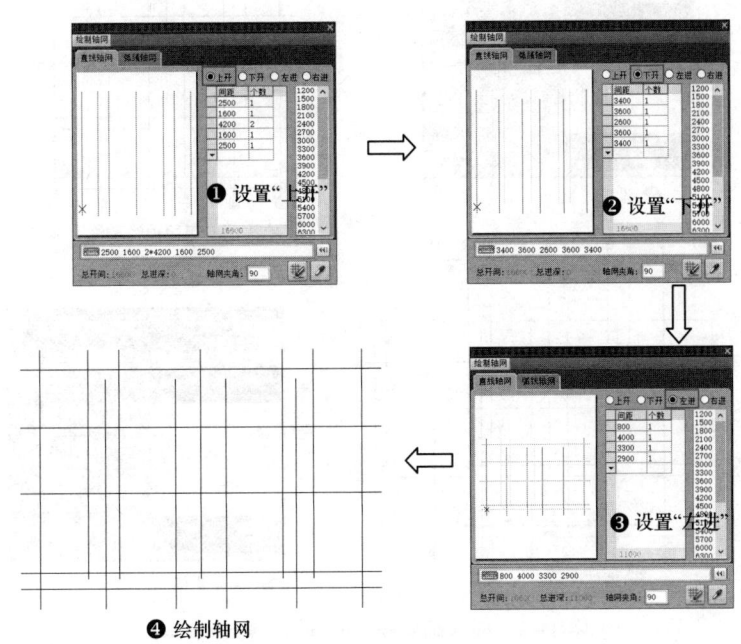

图11-2 绘制轴网的操作步骤和结果

[02] 轴号标注。单击"轴网柱子"→"轴网标注"菜单命令，在弹出的"轴网标注"对话框中设置参数，然后依次在绘图区中单击起始轴线和终点轴线，即可创建轴号标注。创建轴号标注的操作步骤和结果如图11-3所示。

[03] 添加附加轴线。单击"轴网柱子"→"添加轴线"菜单命令，在绘图区中指定参考轴线，然后根据命令行提示指定新增轴线为附加轴线、偏移方向和距离，即可为已有轴线添加附加轴线。添加附加轴线的操作步骤和结果如图11-4所示。

[04] 绘制墙体。单击"墙体"→"绘制墙体"菜单命令，在弹出的"墙体"对话框中设置参数，然后根据命令行提示，在绘图区中依次单击墙体的起点和下一点，即可完成墙体的绘制。绘制墙体的操作步骤和结果如图11-5所示。

[05] 插入标准柱。将轴线临时显示出来，单击"轴网柱子"→"标准柱"菜单命令，在弹出的"标准柱"对话框中设置参数，然后在绘图区中轴线交点处单击，连续插入标准柱，即可完成标准柱的绘制。插入标准柱的操作步骤和结果如图11-6所示。

[06] 绘制窗户。单击"门窗"→"门窗"菜单命令，在弹出的"窗"对话框中设置参数，然后在绘图区中单击窗户的大致位置，即可插入窗户。绘制窗户的操作步骤和结果如图11-7所示。

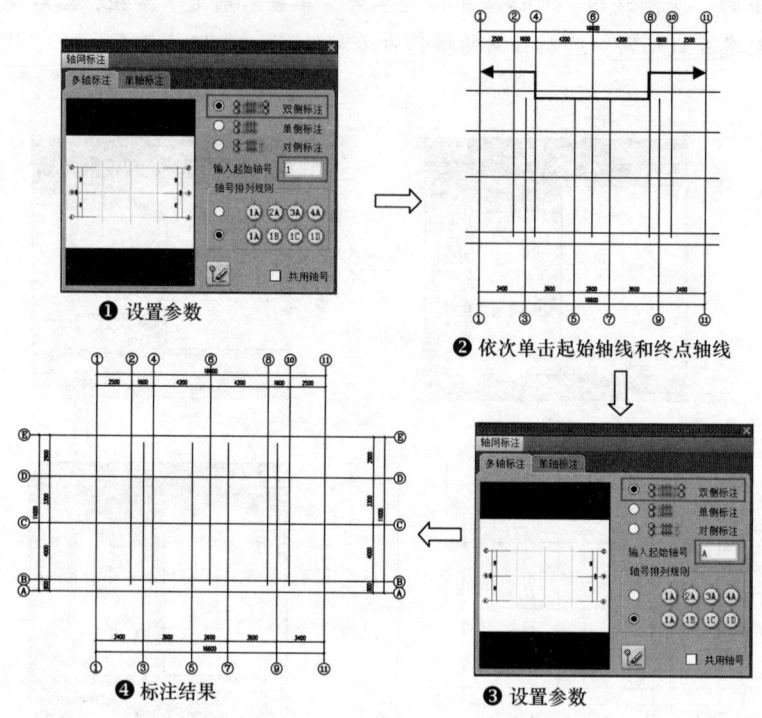

图 11-3 创建轴号标注的操作步骤和结果

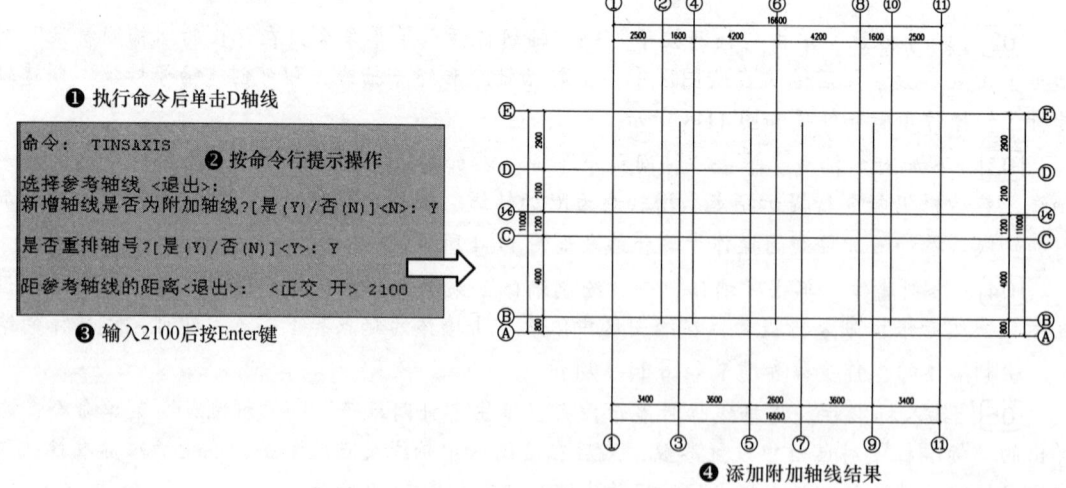

图 11-4 添加附加轴线的操作步骤和结果

第 11 章 综合实例——绘制住宅楼全套施工图

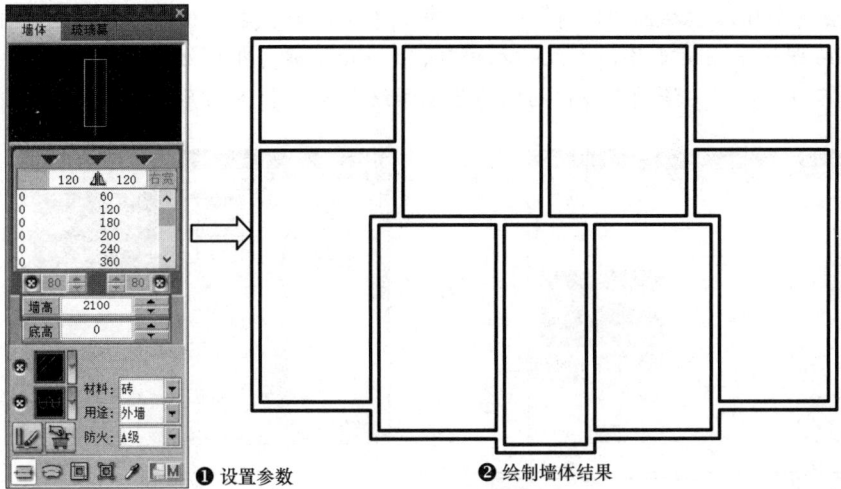

图 11-5　绘制墙体的操作步骤和结果

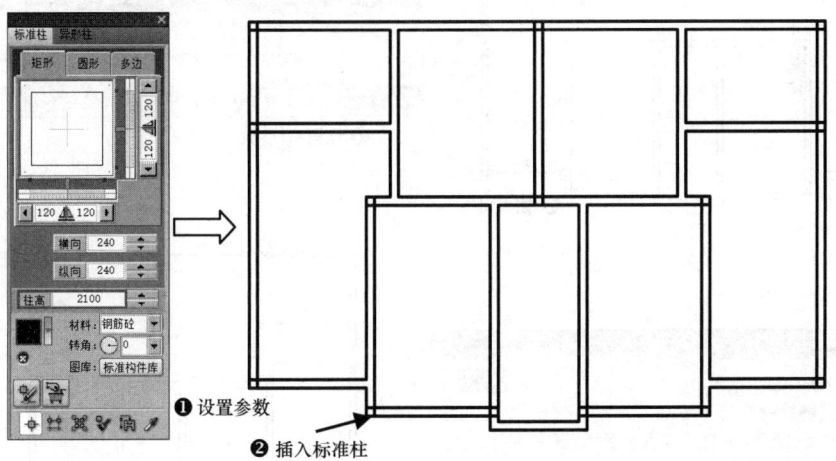

图 11-6　插入标准柱的操作步骤和结果

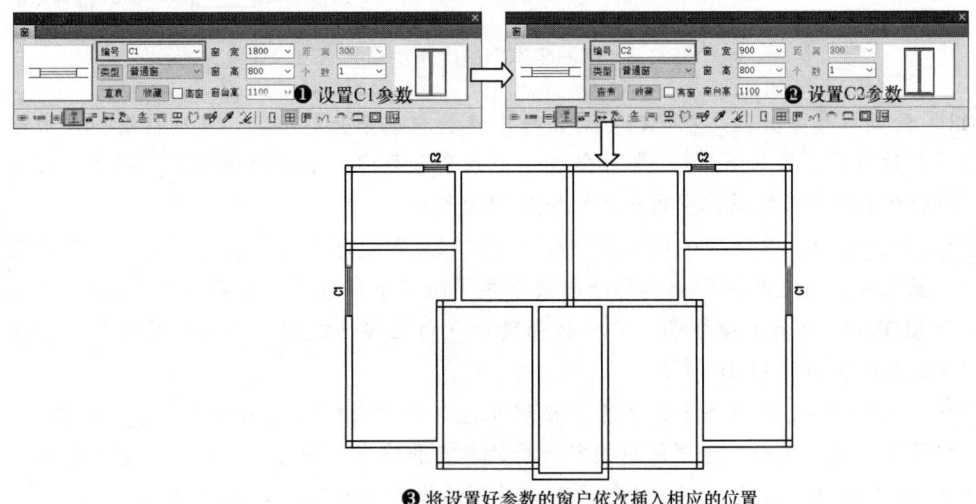

图 11-7　绘制窗户的操作步骤和结果

[07] 绘制车库门。单击"门窗"→"门窗"菜单命令,在弹出的"门"对话框中设置参数,然后在绘图区中指定车库门大致插入位置,按 Enter 键,即可创建一个车库门。采用同样方法,创建其他车库门。绘制车库门的操作步骤和结果如图 11-8 所示。

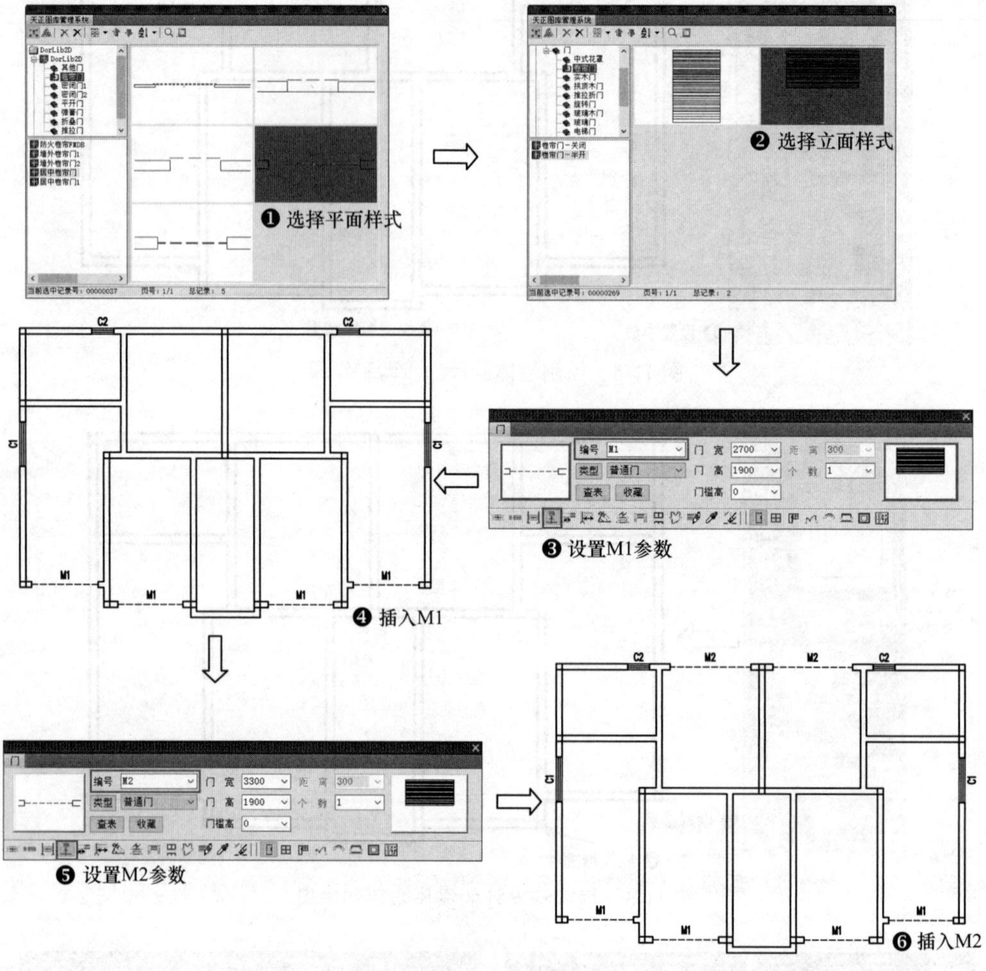

图 11-8 绘制车库门的操作步骤和结果

[08] 绘制双扇平开门。在"门"对话框中设置双扇平开门参数,然后在绘图区中指定双扇平开门大致位置,按 Enter 键,即可创建一个双扇平开门。采用同样方法,创建其他双扇平开门。绘制双扇平开门的操作步骤和结果如图 11-9 所示。

[09] 创建楼梯。单击"楼梯其他"→"直线梯段"菜单命令,在弹出的"直线梯段"对话框中设置参数,将直线梯段插入到绘图区中楼梯间左下角位置;然后单击 AutoCAD 修改工具栏中的 MOVE(移动)按钮,将直线梯段垂直向上移动 1260,即可创建楼梯。创建楼梯的操作步骤和结果如图 11-10 所示。

[10] 创建台阶及入口造型。单击"楼梯其他"→"台阶"菜单命令,在弹出的"台阶"对话框中设置参数,然后在绘图区中指定台阶的起点和终点,即可创建台阶。接着使用直线及标准柱命令,绘制入口造型。创建台阶及入口造型的操作步骤和结果如图 11-11 所示。

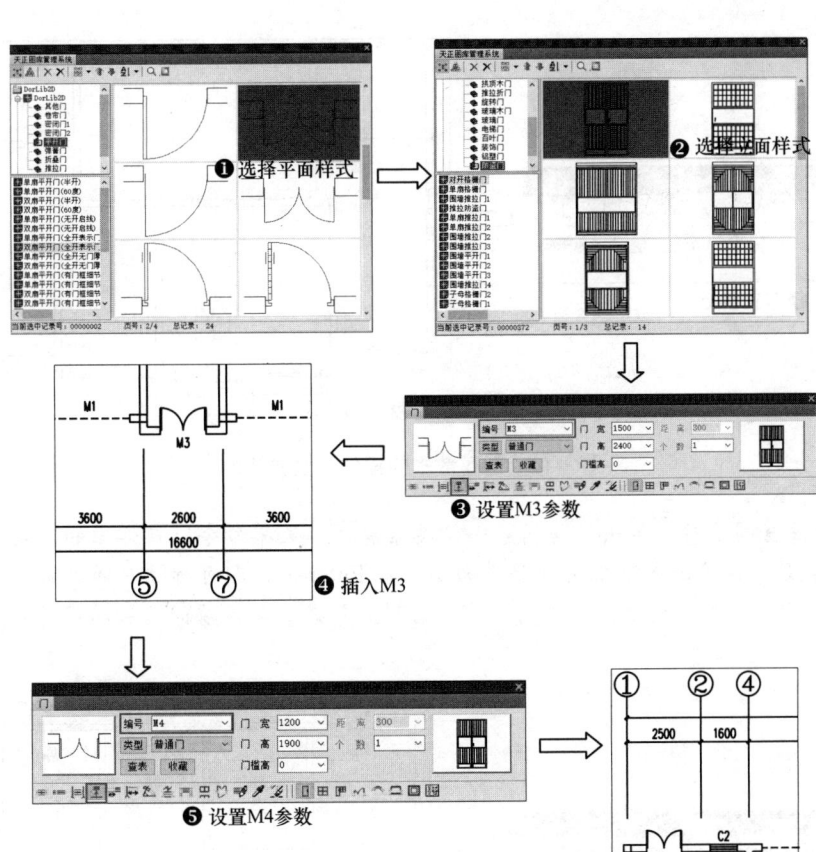

图 11-9 绘制双扇平开门的操作步骤和结果

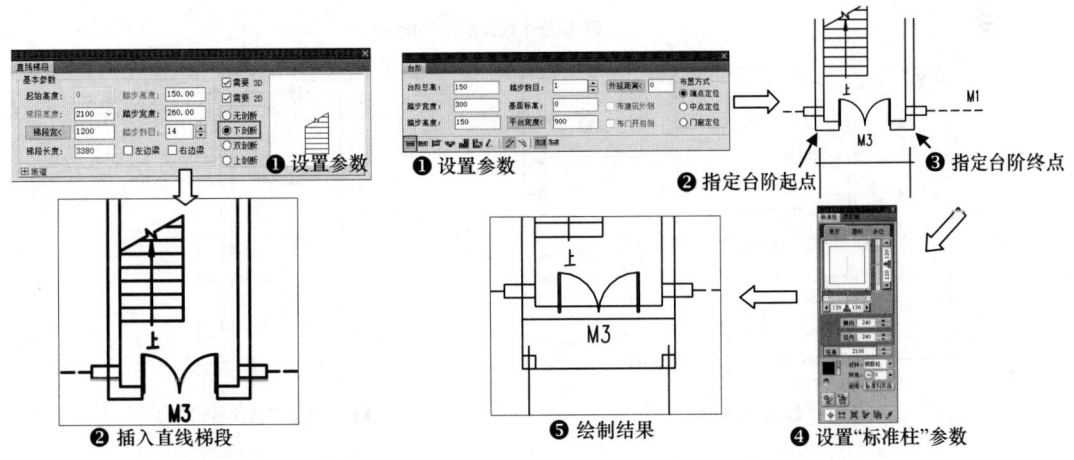

图 11-10 创建楼梯的操作步骤和结果　　图 11-11 创建台阶及入口造型的操作步骤和结果

[11] 创建散水。单击"楼梯其他"→"散水"菜单命令,在弹出的"散水"对话框中设置参数,然后在绘图区中框选整层平面图,按 Enter 键,即可完成散水的创建。创建散水的操作步骤和结果如图 11-12 所示。

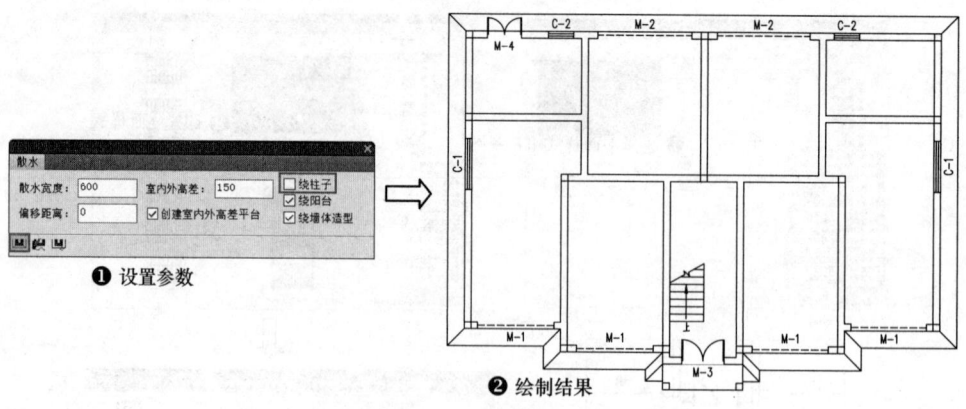

图 11-12 创建散水的操作步骤和结果

[12] 标注房间名称。单击"房间"→"搜索房间"菜单命令,在弹出的"搜索房间"对话框中设置参数,在绘图区中框选整层平面图,按 Enter 键,即可标注房间名称,然后双击房间名称文字,进入在位编辑状态,可对文字内容进行修改。标注房间名称的操作步骤和结果如图 11-13 所示。

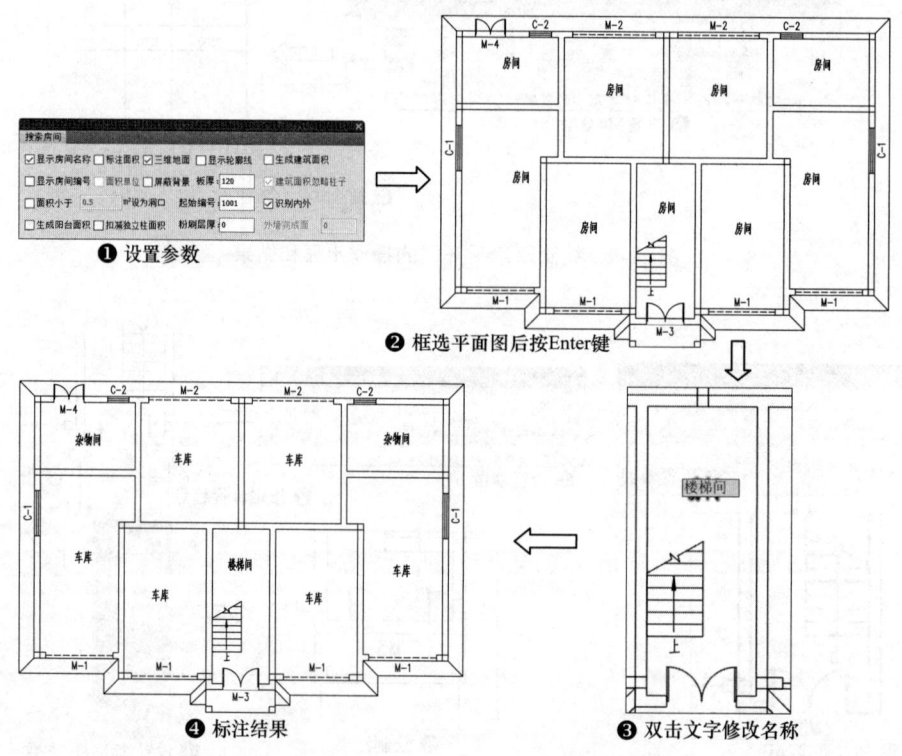

图 11-13 标注房间名称的操作步骤和结果

[13] 标高标注。单击"符号标注"→"标高标注"菜单命令,在弹出的"标高标注"对话框中设置参数,在绘图区中单击室外地坪一点,即可创建室外地坪标高。在绘图区中单击车库房间内一点,拖动鼠标至标高点上方单击,确认标高方向,然后单击另一个车库房间内一点,

复制一个标高符号,再返回到"标高标注"对话框中,修改标高数据参数,即可创建车库标高。创建标高标注的操作步骤和结果如图 11-14 所示。

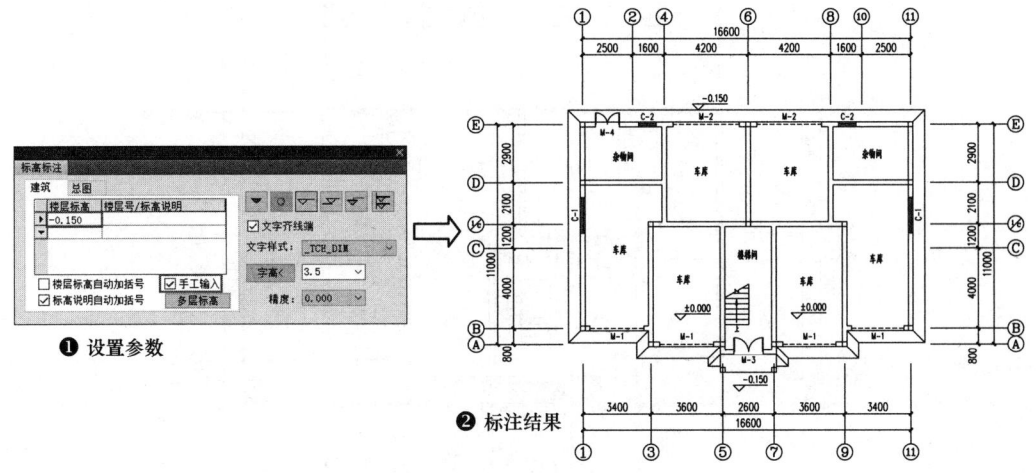

图 11-14　创建标高标注的操作步骤和结果

[14] 创建图名标注。单击"符号标注"→"图名标注"菜单命令,在弹出的"图名标注"对话框中设置参数,在住宅楼架空层平面图下方指定图名插入位置,即可完成图名标注的创建。创建图名标注的操作步骤和结果如图 11-15 所示。

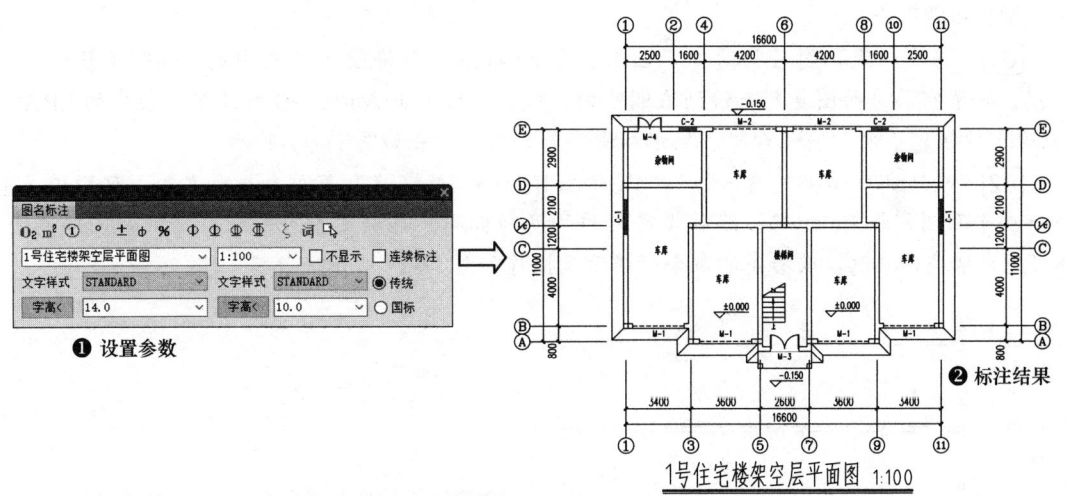

图 11-15　创建图名标注的操作步骤和结果

11.1.2　创建住宅楼一层平面图

住宅楼一层平面图位于架空层上方,可通过复制架空层平面图,然后对复制出的平面图进行修改生成,结果如图 11-16 所示。	视频文件:视频 \ 第 11 章 \11.1.2.mp4
	播放时长:32min35s

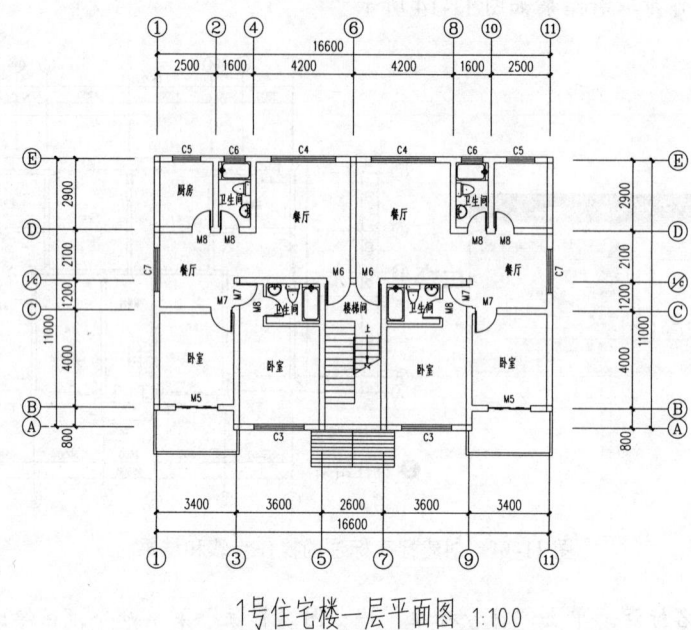

图 11-16　住宅楼一层平面图

操作步骤如下：

[01] 将"轴线"图层临时显示出来，单击 AutoCAD 修改工具栏中的 COPY（复制）按钮，将架空层平面图复制一份到右侧空白区域，然后单击 AutoCAD 修改工具栏中的 ERASE（删除）按钮，将门窗、台阶、散水和文字等删除，结果如图 11-17 所示。

[02] 改墙高。单击"墙体"→"墙体工具"→"改高度"菜单命令，在绘图区中框选整个一层平面图，按 Enter 键，然后指定新的高度和标高，再确定是否维持窗墙底部间距不变，即可完成墙高的修改。改墙高的命令行提示及操作如图 11-18 所示。

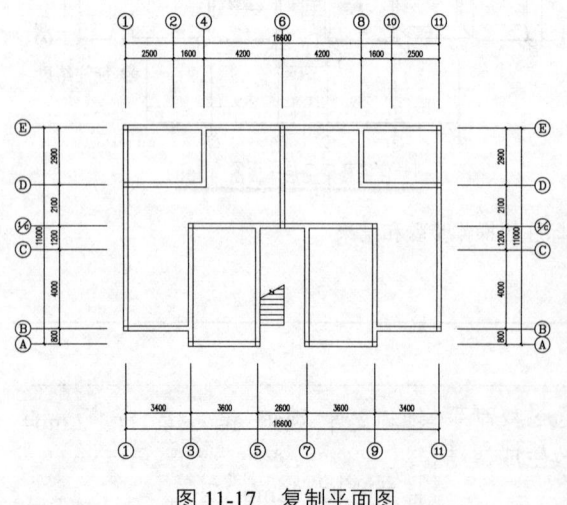

图 11-17　复制平面图　　　　　　　　图 11-18　改墙高的命令行提示及操作

[03] 绘制墙体。将轴线显示出来，单击 AutoCAD 修改工具栏中的 OFFSET（偏移）按钮 ，将 C 轴线向下偏移 600，将 5 轴线向左偏移 2400，将 7 轴线向右偏移 2400，然后单击"墙体"→"绘制墙体"菜单命令，在弹出的"墙体"对话框中设置参数，在绘图区中依次指定墙体的起点和终点，即可绘制出墙体。绘制墙体的操作步骤和结果如图 11-19 所示。

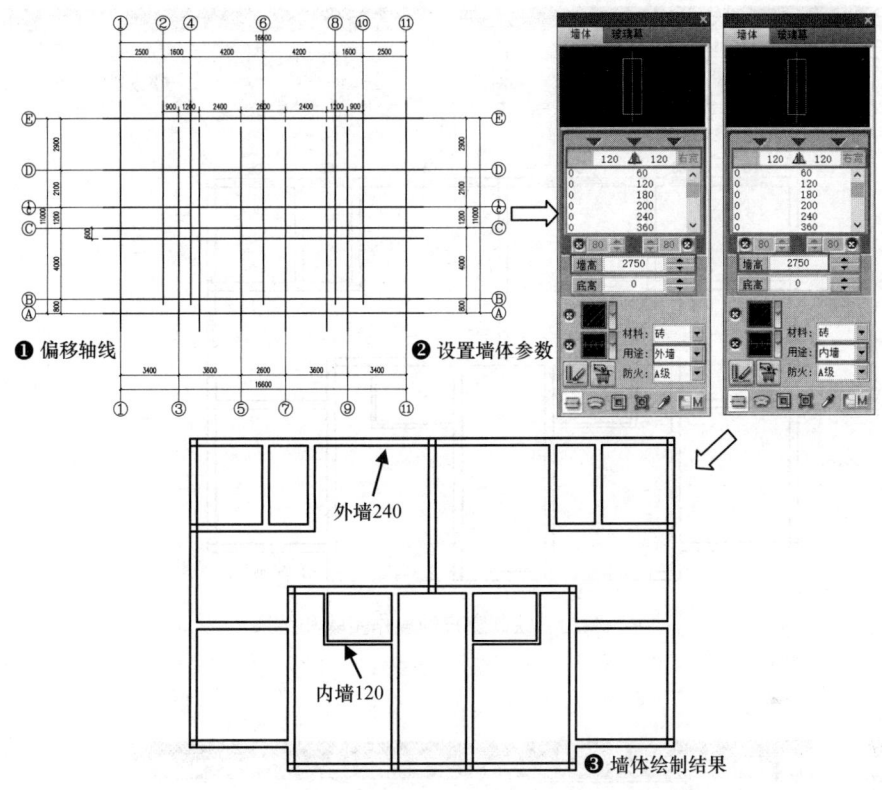

图 11-19　绘制墙体的操作步骤和结果

[04] 绘制窗户。单击"门窗"→"门窗"菜单命令，在弹出的"窗"对话框中设置普通窗户参数，在绘图区中单击窗户的大致位置，即可创建一个窗户。使用同样的方法创建出所有窗户。绘制窗户的操作步骤和结果如图 11-20 所示。

[05] 绘制阳台推拉门。单击"门窗"→"门窗"菜单命令，在弹出的"门"对话框中设置推拉门参数，然后单击推拉门的大致位置，按 Enter 键，即可完成推拉门的绘制。采用同样的方法，绘制完成其他阳台推拉门。绘制阳台推拉门的操作步骤和结果如图 11-21 所示。

[06] 绘制平开门。在"门"对话框中设置参数，然后在绘图区中单击平开门大致位置，即可插入一个平开门。采用同样方法，创建所有平开门。绘制平开门的操作步骤和结果如图 11-22 所示。

[07] 插入直线梯段。执行"直线梯段"命令，在弹出的"直线梯段"对话框中选择"无剖断"选项，单击"确定"按钮，然后在指定位置单击，即可完成直线梯段的插入。插入直线梯段的操作步骤和结果如图 11-23 所示。

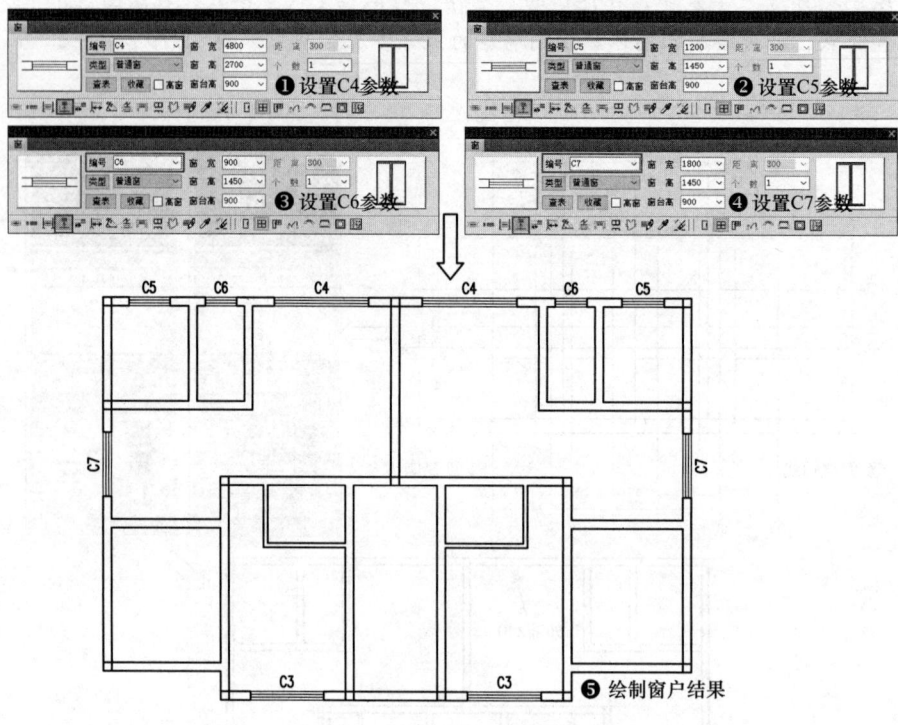

图 11-20 绘制窗户的操作步骤和结果

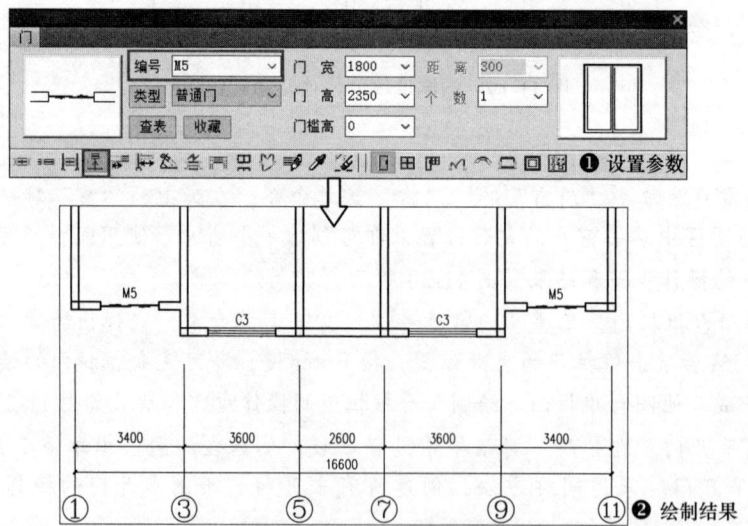

图 11-21 绘制阳台推拉门的操作步骤和结果

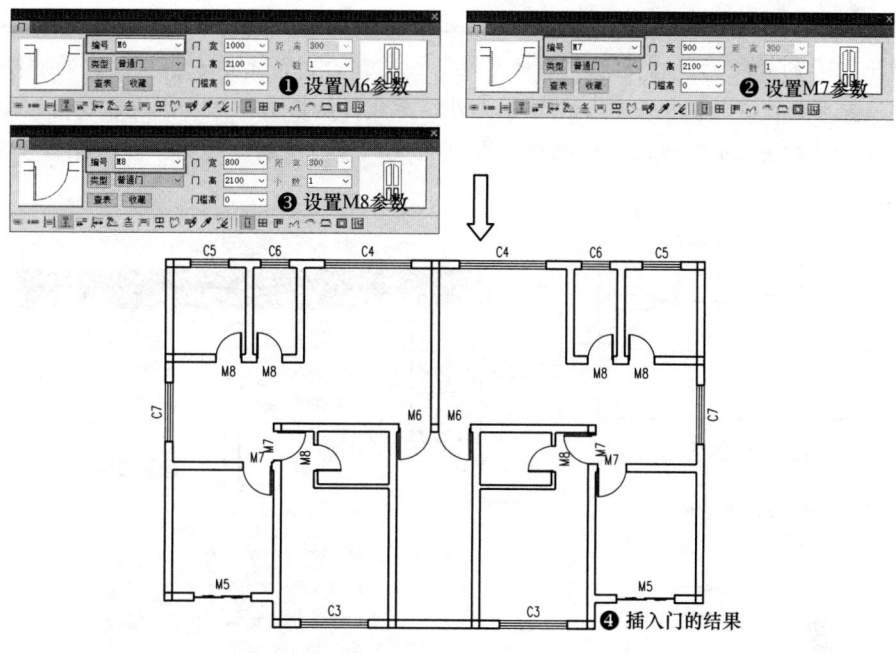

图 11-22　绘制平开门的操作步骤和结果

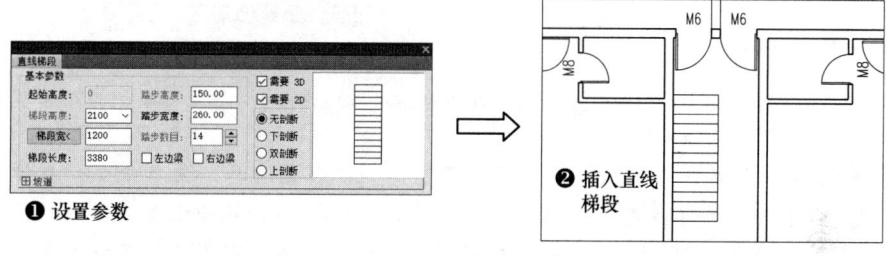

图 11-23　插入直线梯段的操作步骤和结果

[08]　创建双跑楼梯。单击"楼梯其他"→"双跑楼梯"菜单命令，在弹出的"双跑楼梯"对话框中设置参数，在命令行中输入"D"上下翻转楼梯，然后在楼梯间内左下角位置单击，即可创建双跑楼梯。创建双跑楼梯的操作步骤和结果如图 11-24 所示。

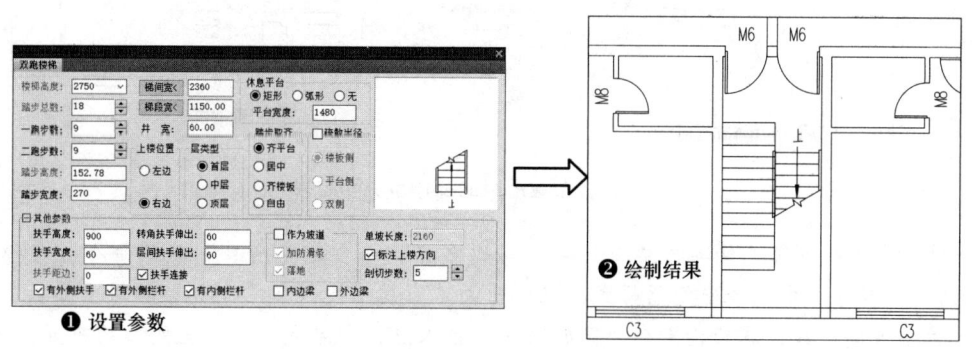

图 11-24　创建双跑楼梯的操作步骤和结果

[09] 绘制阳台。单击 AutoCAD 绘图工具栏中的 PLINE（多段线）按钮，结合"正交"功能绘制出阳台的外轮廓线；单击"楼梯其他"→"阳台"菜单命令，在弹出的"绘制阳台"对话框中设置参数，在绘图区中选择刚绘制的外轮廓线，然后选择与该外轮廓线相邻接的墙体、门窗和柱子，再按 Enter 键确认接墙的边，即可完成阳台的绘制。绘制阳台的操作步骤和结果如图 11-25 所示。

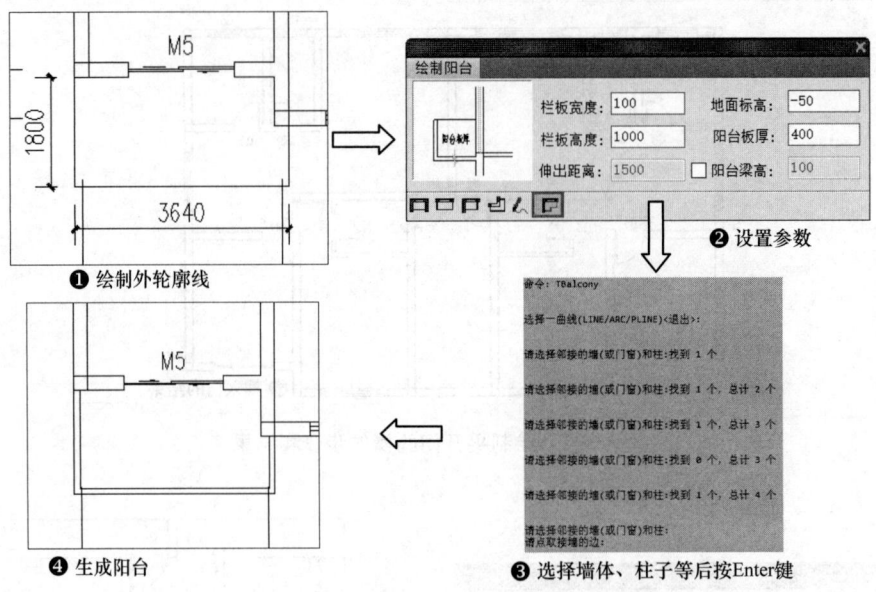

图 11-25 绘制阳台的操作步骤和结果

[10] 布置浴缸。单击"房间"→"房间布置"→"布置洁具"菜单命令，在弹出的"天正洁具"对话框中选择浴缸样式，在弹出的"布置浴缸 08"对话框中设置参数，然后在绘图区中指定插入浴缸的位置，即可完成浴缸的布置。采用同样方法，布置其他浴缸。布置浴缸的操作步骤和结果如图 11-26 所示。

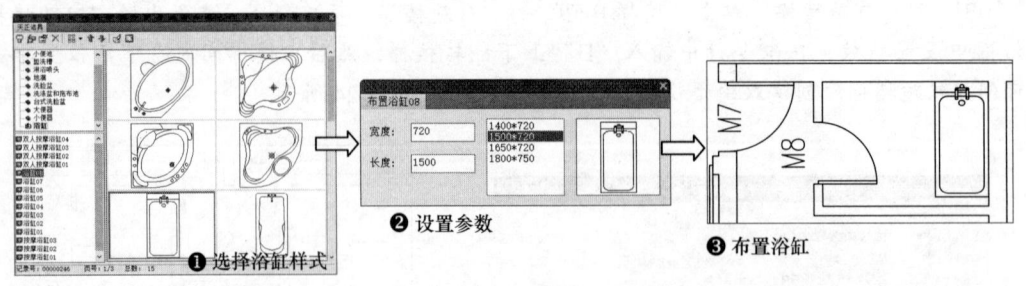

图 11-26 布置浴缸的操作步骤和结果

[11] 布置坐便器。单击"房间"→"房间布置"→"布置洁具"菜单命令，在弹出的"天正洁具"对话框中选择坐便器样式，在弹出的"布置坐便器 01"对话框中设置参数，在绘图区中单击沿墙边线，然后指定坐便器的第一个插入点，即可完成一个坐便器的布置，按 Esc 键退出命令。采用同样方法，布置其他坐便器。布置坐便器的操作步骤和结果如图 11-27 所示。

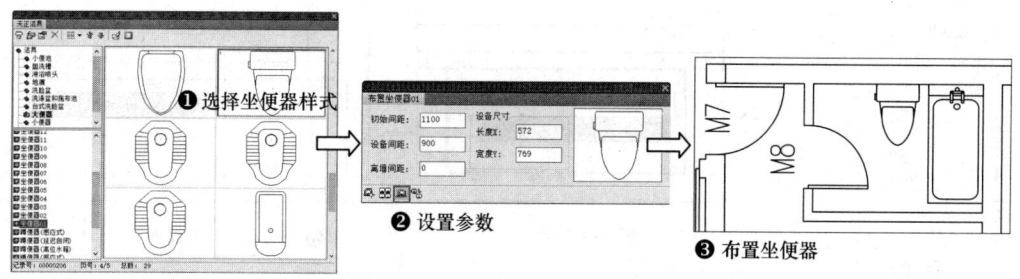

图 11-27 布置坐便器的操作步骤和结果

[12] 布置洗脸盆。单击"房间"→"房间布置"→"布置洁具"菜单命令，在弹出的"天正洁具"对话框中选择洗脸盆样式，在弹出的"布置洗脸盆 06"对话框中设置参数，在绘图区中单击沿墙边线，然后指定洗脸盆的第一个插入点，即可完成一个洗脸盆的布置，按 Esc 键退出命令。采用同样方法，布置所有洗脸盆。布置洗脸盆的操作步骤和结果如图 11-28 所示。

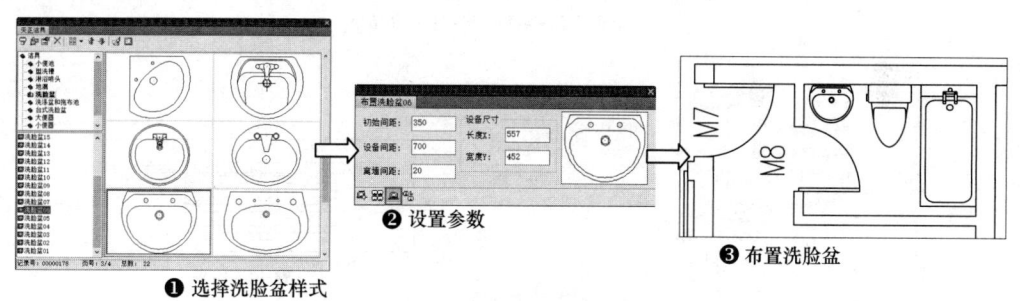

图 11-28 布置洗脸盆的操作步骤和结果

[13] 创建人字坡顶并填充图案。单击 AutoCAD 绘图工具栏中的 RECTANG（矩形）按钮 ，在住宅楼架空层平面图入口处绘制一个尺寸为 3500mm×1500mm 的矩形；单击"屋顶"→"人字坡顶"菜单命令，在绘图区中选择矩形，依次指定屋脊线的起点和终点，然后在弹出的"人字坡顶"对话框中设置参数，单击"确定"按钮，即可完成人字坡顶的创建。单击"墙体"→"墙齐屋顶"菜单命令，在绘图区中依次选择需对齐的屋顶、墙体和柱子，即可完成"墙齐屋顶"操作。创建人字坡顶的操作步骤和结果如图 11-29a 所示。

在命令行中输入 H（图案填充），按空格键，弹出"图案填充和渐变色"对话框，在其中选择"ANSI31"图案，设置角度和比例值，然后选择人字坡顶为填充区域，即可完成图案填充。填充图案的操作步骤和结果如图 11-29b 所示。

[14] 创建房间名称。单击"房间"→"搜索房间"菜单命令，在弹出的"搜索房间"对话框中设置参数，在绘图区中框选住宅楼一层平面图，按 Enter 键，即可创建房间名称。创建房间名称的操作步骤和结果如图 11-30 所示。双击房间名称，输入新的文字，然后在空白处单击，可完成对房间名称的修改。

[15] 创建图名标注。单击"符号标注"→"图名标注"菜单命令，在弹出的"图名标注"对话框中设置参数，然后在平面图下方指定位置单击，即可创建图名标注。创建图名标注的操作步骤和结果如图 11-31 所示。

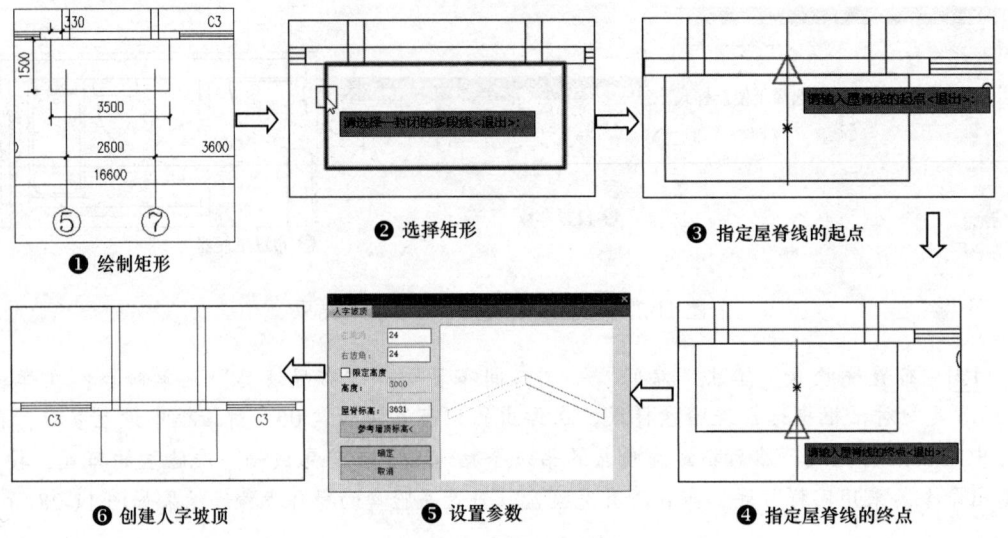

a) 创建人字坡顶的操作步骤和结果

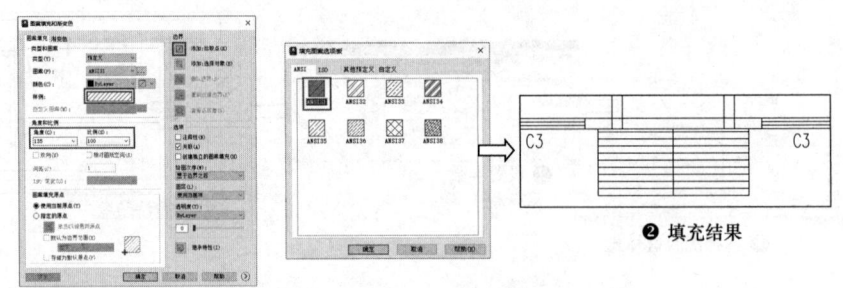

b) 填充图案的操作步骤和结果

图 11-29 创建人字坡顶并填充图案

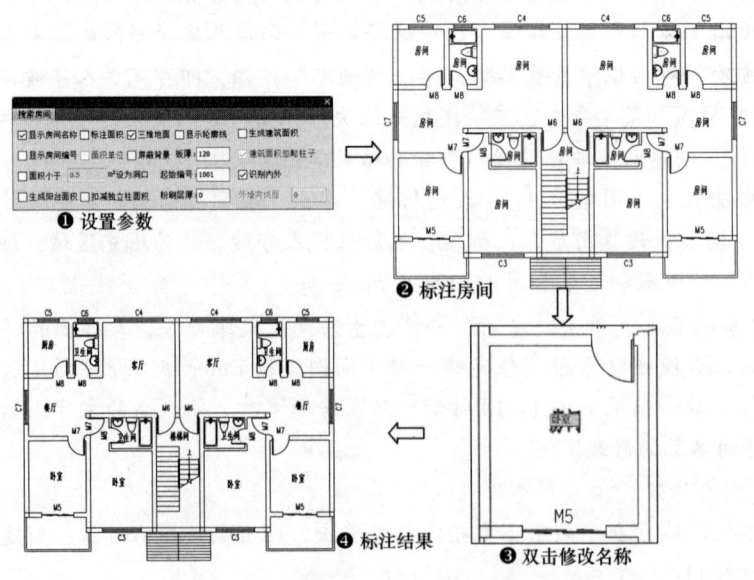

图 11-30 创建房间名称的操作步骤和结果

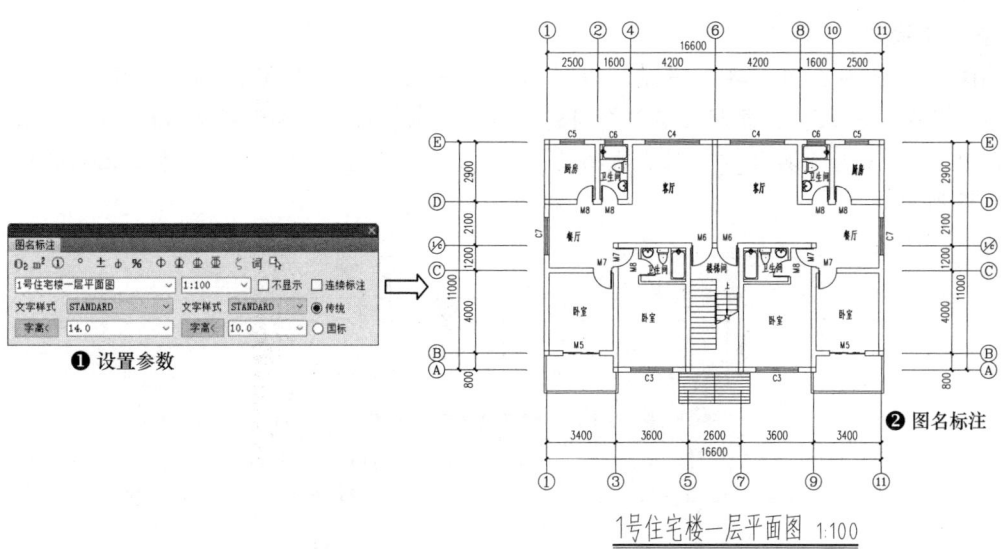

图 11-31　创建图名标注的操作步骤和结果

11.1.3　创建住宅楼标准层平面图

住宅楼标准层平面图和一层平面图基本相同，只有楼梯形式除外，因此住宅楼标准层平面图可通过复制住宅楼一层平面图并对其进行修改生成。绘制完成的住宅楼标准层平面图如图 11-32 所示。	视频文件：视频\第 11 章\11.1.3.mp4 播放时长：3min29s

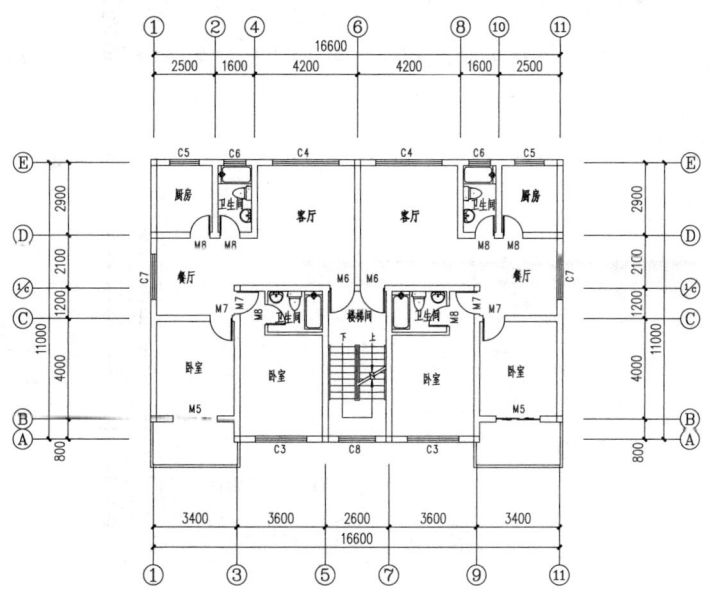

图 11-32　住宅楼标准层平面图

操作步骤如下：

01 复制平面图。将"轴线"图层临时显示出来，单击 AutoCAD 修改工具栏中的 COPY（复制）按钮，复制一层平面图到绘图区右侧空白处，再单击 AutoCAD 修改工具栏中的 ERASE（删除）按钮，将直线梯段、人字坡顶和图名标注删除。复制平面图的结果如图 11-33 所示。

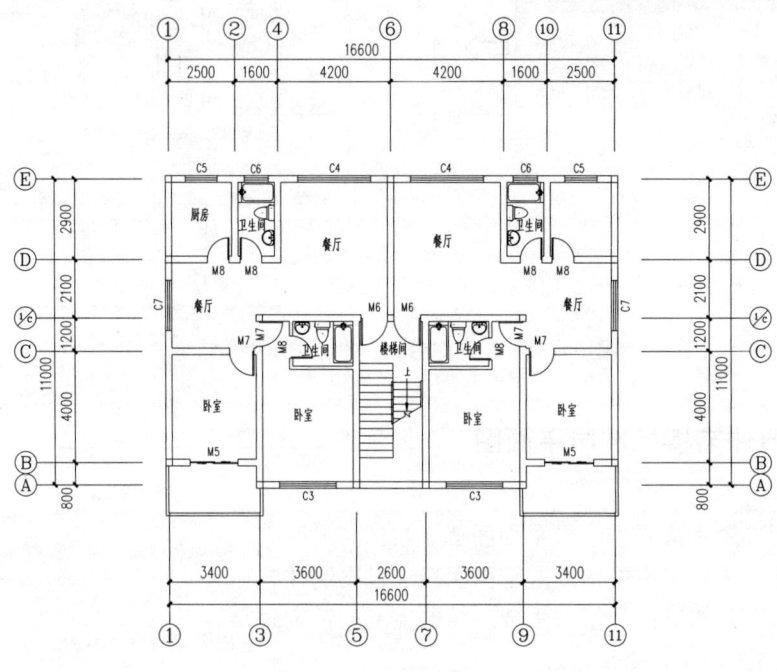

图 11-33 复制平面图

02 修改双跑楼梯样式。双击双跑楼梯，在弹出的"双跑楼梯"对话框中选择"中层"选项，然后单击"确定"按钮，即可完成双跑楼梯样式的修改。修改双跑楼梯样式的操作步骤和结果如图 11-34 所示。

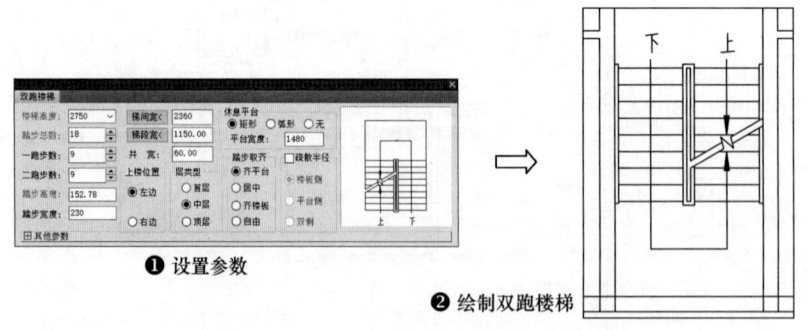

图 11-34 修改双跑楼梯样式的操作步骤和结果

03 绘制楼梯间窗户。单击"门窗"→"门窗"菜单命令，在弹出的"门"对话框中单击"插入窗"按钮，设置窗户参数，然后在绘图区中单击楼梯间墙体，按 Enter 键确认窗户个数，即可完成楼梯间窗户的绘制。绘制楼梯间窗户的操作步骤和结果如图 11-35 所示。

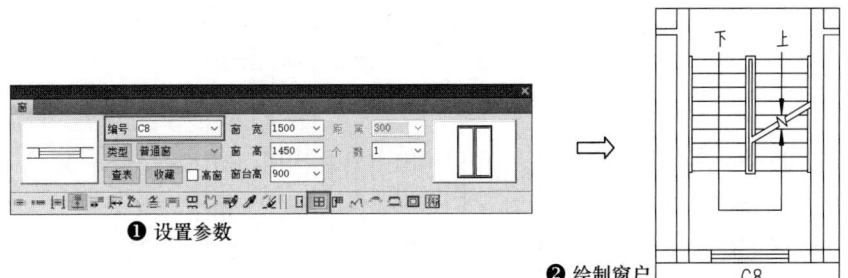

❶ 设置参数　❷ 绘制窗户

图 11-35　绘制楼梯间窗户的操作步骤和结果

[04] 创建图名标注。单击"符号标注"→"图名标注"菜单命令，在弹出的"图名标注"对话框中设置参数，然后在平面图下方单击，即可创建图名标注。创建图名标注的操作步骤和结果如图 11-36 所示。

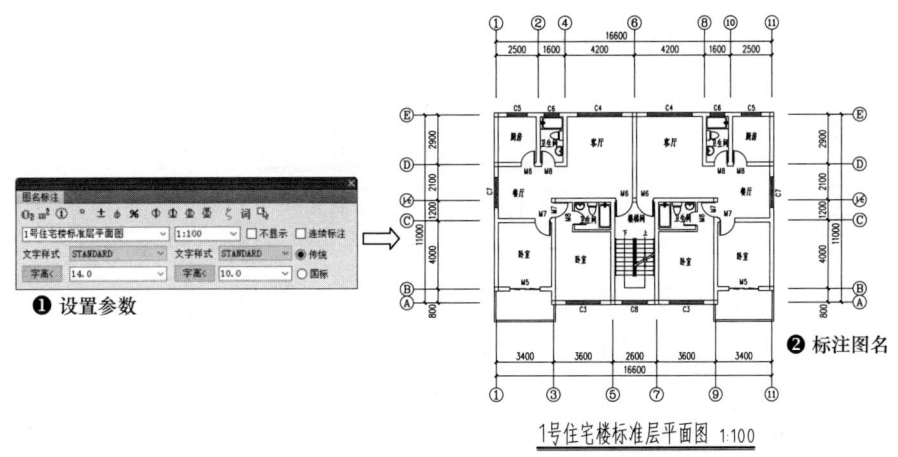

❶ 设置参数　❷ 标注图名

图 11-36　创建图名标注的操作步骤和结果

11.1.4　创建屋顶平面图

此住宅楼的屋顶为人字坡顶，可通过偏移顶层墙体的外轮廓线生成屋顶轮廓线，然后使用"人字坡顶"命令来生成屋顶平面图。创建完成的住宅楼屋顶平面图如图 11-37 所示。

视频文件：视频\第 11 章\11.1.4.mp4

播放时长：11min5s

操作步骤如下：

[01] 创建屋顶线。将"轴线"图层临时显示出来，单击 AutoCAD 修改工具栏中的 COPY（复制）按钮，复制标准层平面图到绘图区右方空白位置；单击 AutoCAD 绘图工具栏中的 PLINE（多段线）按钮，沿外墙体绘制墙体轮廓线；单击 AutoCAD 修改工具栏中的 OFFSET（偏移）按钮，生成屋顶的轮廓线；单击 AutoCAD 修改工具栏中的 ERASE（删除）按钮，将多余的墙体、门窗和文字等删除。创建屋顶线的结果如图 11-38 所示。

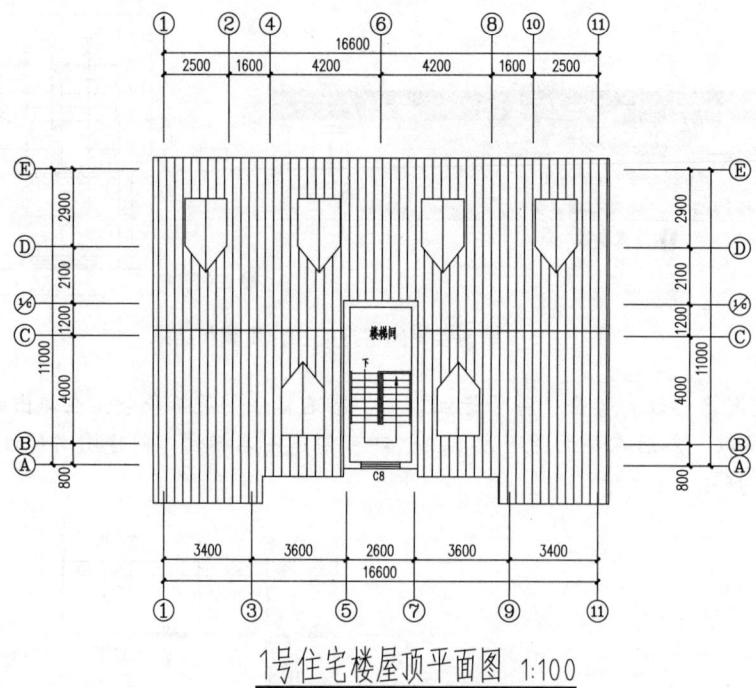

图 11-37 住宅楼屋顶平面图

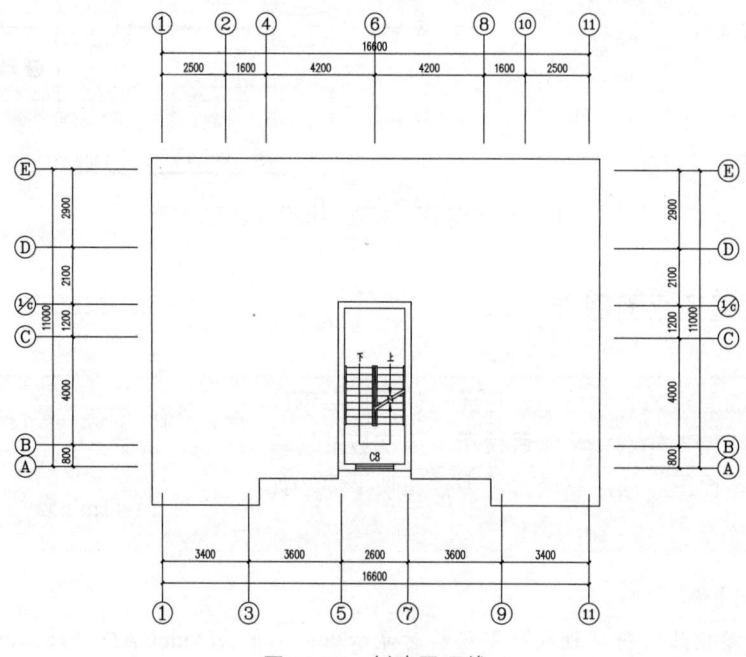

图 11-38 创建屋顶线

[02] 修改双跑楼梯样式。双击双跑楼梯，在弹出的"双跑楼梯"对话框中选择"顶层"选项，然后单击"确定"按钮，即可完成双跑楼梯样式的修改。修改双跑楼梯样式的操作步骤和结果如图 11-39 所示。

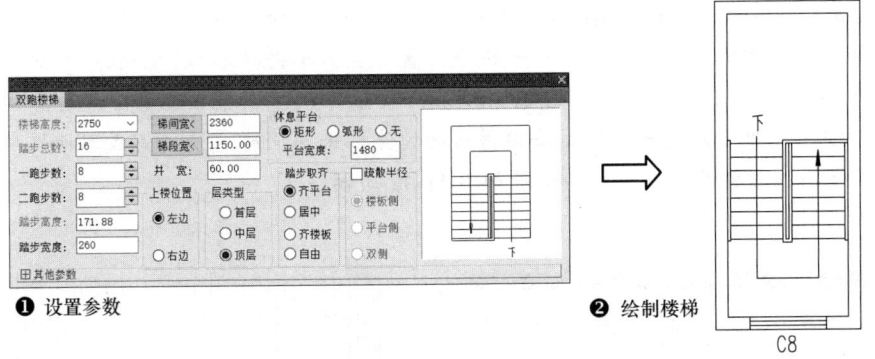

图 11-39 修改双跑楼梯样式的操作步骤和结果

[03] 创建人字坡顶。单击"屋顶"→"人字坡顶"菜单命令,在绘图区中选择屋顶轮廓线,接着单击屋脊线的起点和终点,弹出"人字坡顶"对话框,在该对话框中设置参数,然后单击"确定"按钮,即可完成人字坡顶的创建。创建人字坡顶的操作步骤和结果如图 11-40 所示。

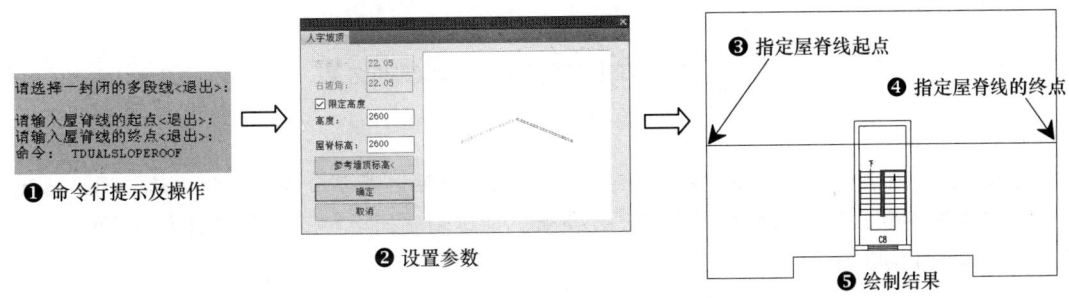

图 11-40 创建人字坡顶的操作步骤和结果

[04] 创建老虎窗。单击"屋顶"→"加老虎窗"菜单命令,在绘图区中选择人字坡顶,按 Enter 键,在弹出的"加老虎窗"设置参数,单击"确定"按钮,然后在绘图区中依次指定老虎窗插入位置,即可完成老虎窗的创建。创建老虎窗的操作步骤和结果如图 11-41 所示。

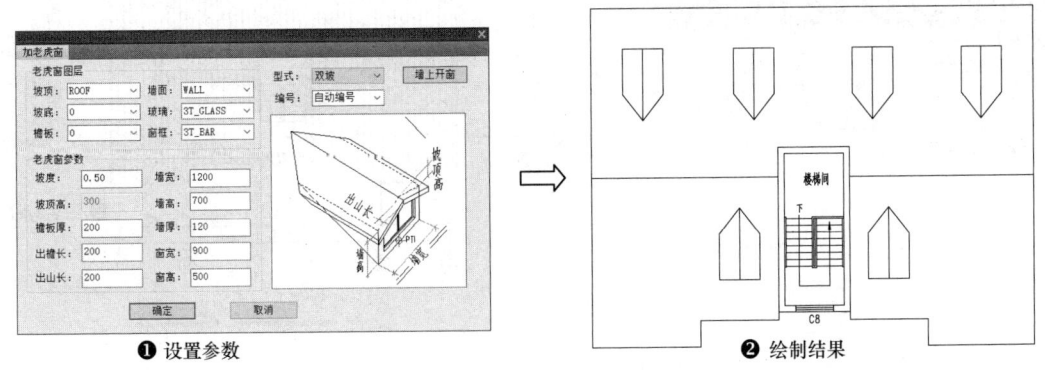

图 11-41 创建老虎窗的操作步骤和结果

[05] 填充屋顶材料。单击 AutoCAD 绘图工具栏中的 HATCH（图案填充和渐变色）按钮 ▨，在弹出的"图案填充和渐变色"对话框中设置参数，单击"添加：拾取点"按钮 ▨，然后在绘图区中单击需填充屋顶材料的区域，按 Enter 键返回到"图案填充和渐变色"对话框，单击"确定"按钮，即可完成一个区域屋顶材料的填充。采用同样方法，完成其他区域屋顶材料的填充。填充屋顶材料的操作步骤和结果如图 11-42 所示。

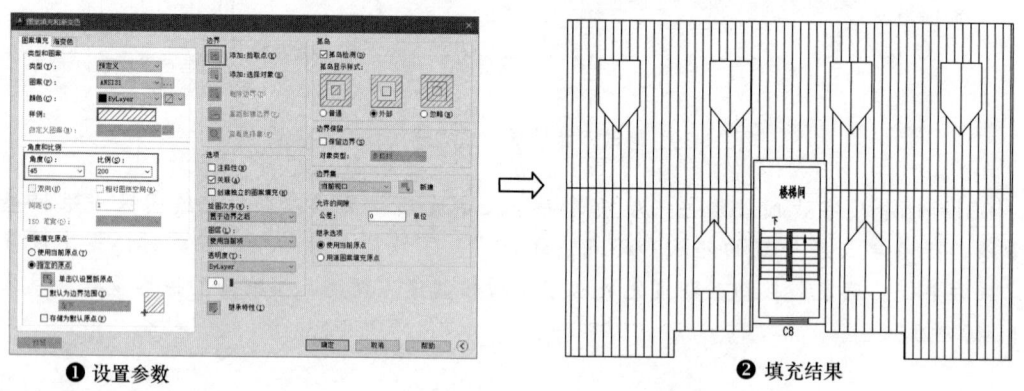

图 11-42　填充屋顶材料的操作步骤和结果

[06] 创建图名标注。单击"符号标注"→"图名标注"菜单命令，在弹出的"图名标注"对话框中设置参数，然后在屋顶平面图下方单击，即可创建图名标注。创建图名标注的操作步骤和结果如图 11-43 所示。

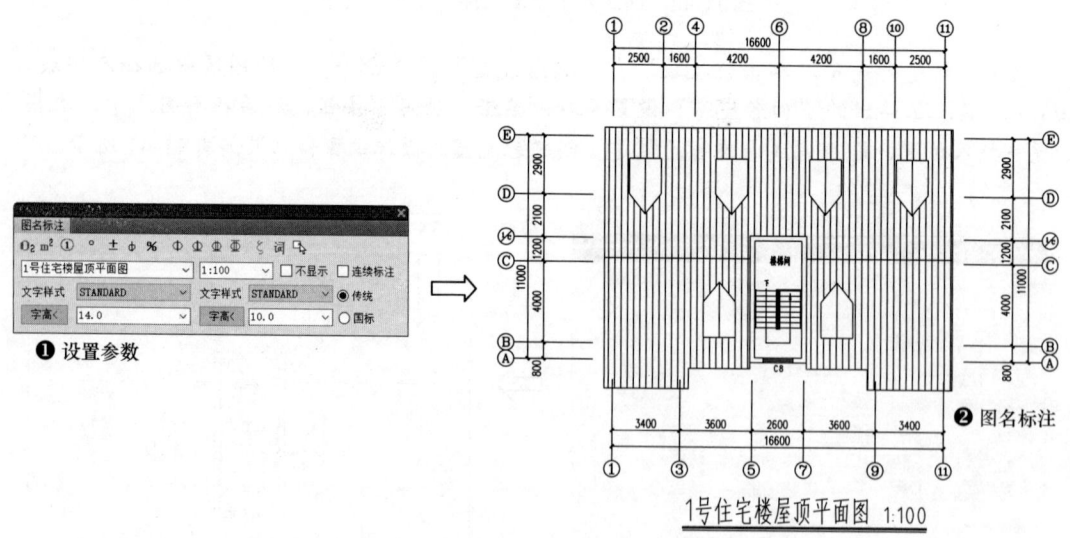

图 11-43　创建图名标注的操作步骤和结果

11.2 住宅楼立面图和剖面图

一套完整的住宅楼施工图不仅包括各层平面图,还包括各个方向上的立面图和特殊部位的剖面图,有时还需要绘制出各个节点的详图。本节将介绍该住宅楼立面图和剖面图的绘制方法和操作步骤。

11.2.1 创建住宅楼正立面图

一般来说,绘制住宅楼施工图时需要绘制出每个方向上的立面图,其中相同的立面图可只绘制一个。下面以创建住宅楼正立面图为例,讲述住宅楼立面图的创建方法。创建完成的住宅楼正立面图如图11-44所示。

视频文件:视频\第11章\11.2.1.mp4

播放时长:42min27s

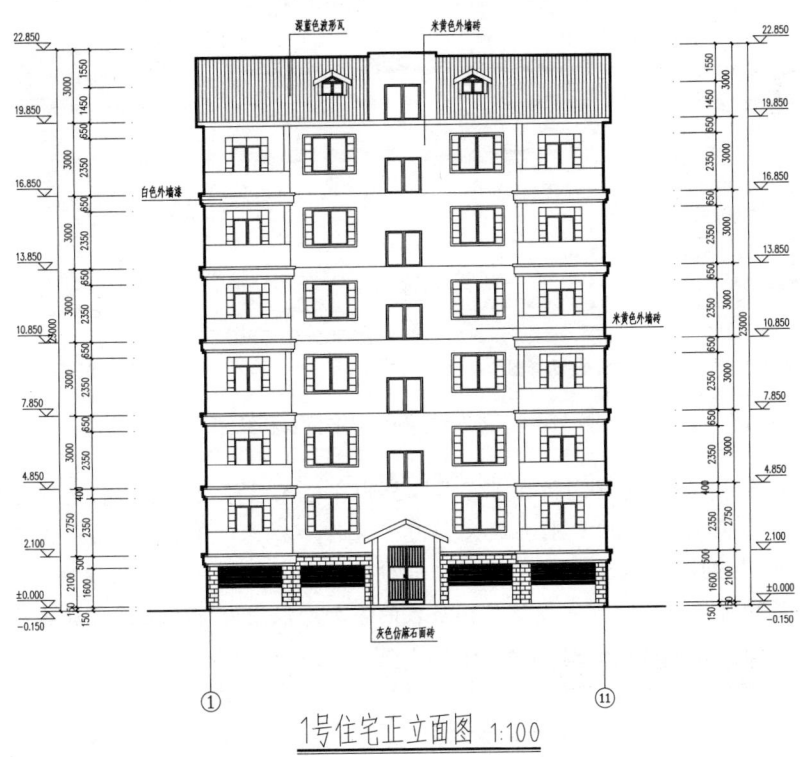

图11-44 住宅楼正立面图

操作步骤如下:

01 新建工程。单击"文件布图"→"工程管理"菜单命令,在弹出的"工程管理"选项板的"工程管理"下拉列表中单击"新建工程"选项,弹出"另存为"对话框,选择事先创建的工程文件夹,接着输入工程名称,然后单击"保存"按钮,即可新建一个工程。新建工程的操作步骤和结果如图11-45所示。

02 添加图纸。在"工程管理"选项板中将光标移到"平面图"选项上,右击,在弹出的快捷菜单中选择"添加图纸"命令，弹出"选择图纸"对话框，在该对话框中选择平面图文件，然后单击"打开"按钮，即可完成图纸的添加。添加图纸的操作步骤和结果如图11-46所示。

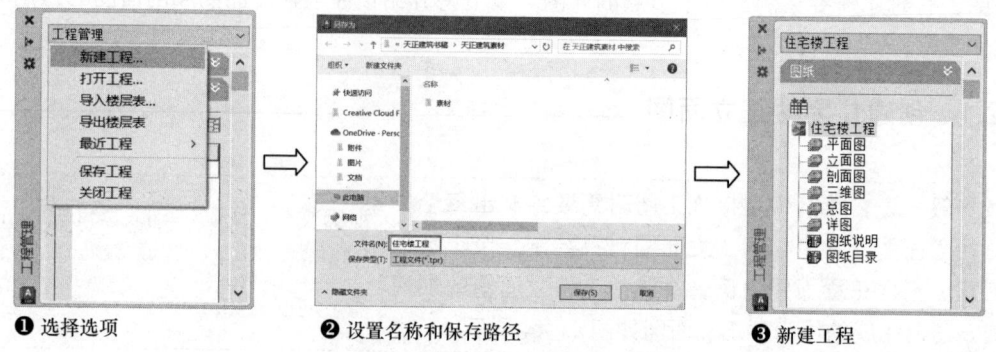

图11-45　新建工程的操作步骤和结果

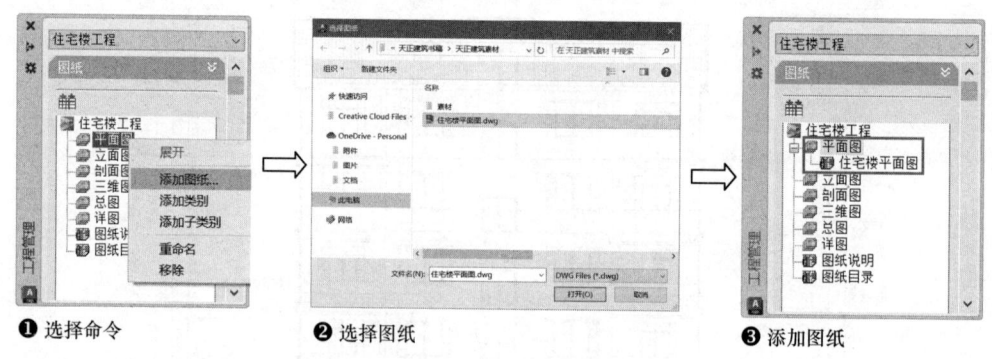

图11-46　添加图纸的操作步骤和结果

03　添加楼层表。将光标定位在"层号"栏内，输入层号数据1；将光标定位在"层高"栏内，输入底层层高数据2100；将光标定位在"文件"栏内，单击"楼层"选项工具栏中的"框选楼层范围"按钮，在绘图区中框选1号住宅架空层平面图，然后单击1轴线与A轴线的交点作为楼层的对齐点，即可完成该层楼层表的添加。采用同样方法，添加其他层的楼层表。添加楼层表的操作步骤和结果如图11-47所示。

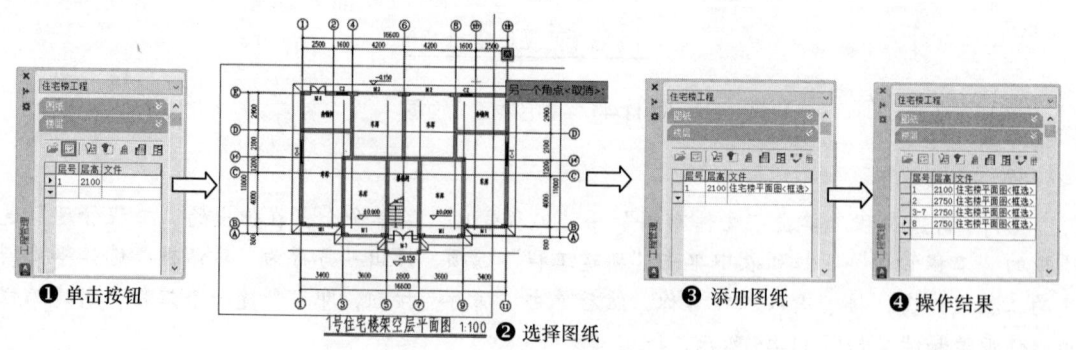

图11-47　添加楼层表的操作步骤和结果

第 11 章
综合实例——绘制住宅楼全套施工图

[04] 生成正立面图。单击"楼层"选项工具栏中的"建筑立面"按钮,根据命令行提示输入"F"(绘制正立面图),接着在绘图区中选择 1 号轴线和 11 号轴线,按 Enter 键,弹出"立面生成设置"对话框,在该对话框中设置参数,单击"生成立面"按钮,然后在弹出的"输入要生成的文件"对话框中输入文件名,单击"保存"按钮,即可生成正立面图。生成正立面图的操作步骤和结果如图 11-48 所示。

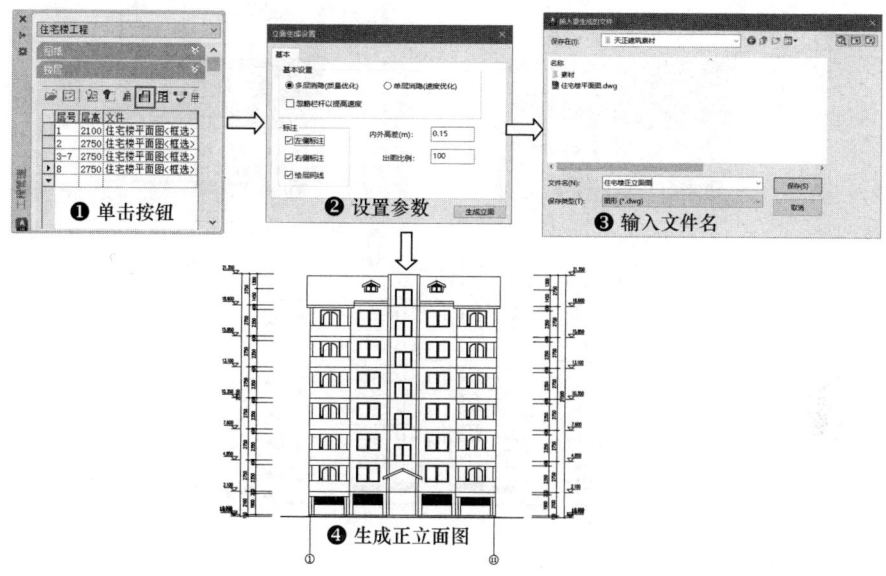

图 11-48 生成正立面图的操作步骤和结果

[05] 创建立面窗户样式。单击 AutoCAD 绘图工具栏中的 RECTANG(矩形)按钮,根据立面窗户大小绘制一个尺寸为 2100mm×1450mm 的矩形;单击 AutoCAD 修改工具栏中的 EXPLODE(分解)按钮,将矩形进行分解;单击 AutoCAD 修改工具栏中的 OFFSET(偏移)按钮,生成立面窗户的辅助线;单击 AutoCAD 修改工具栏中的 TRIM(修剪)按钮,对辅助线进行修剪。创建立面窗户样式的结果如图 11-49 所示。

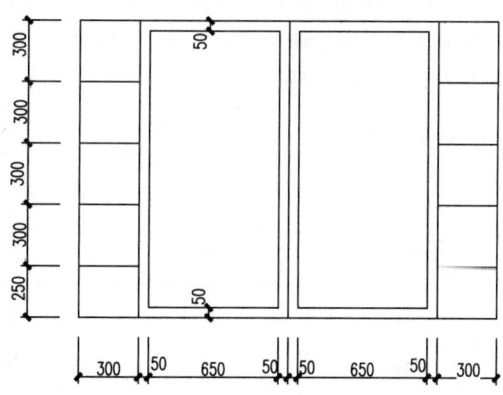

图 11-49 创建立面窗户样式的结果

[06] 替换立面窗户。单击"立面"→"立面门窗"菜单命令,在弹出的"天正图库管理系统"对话框的工具栏中单击"新图入库"按钮,在绘图区中框选立面窗户样式,按 Enter

键，接着单击该图元的左下角点，并确认制作幻灯片，即可将新图入库。然后单击"替换"按钮，在绘图区中选择需替换的窗户并按 Enter 键，即可完成立面窗户的替换。替换立面窗户的操作步骤和结果如图 11-50 所示。

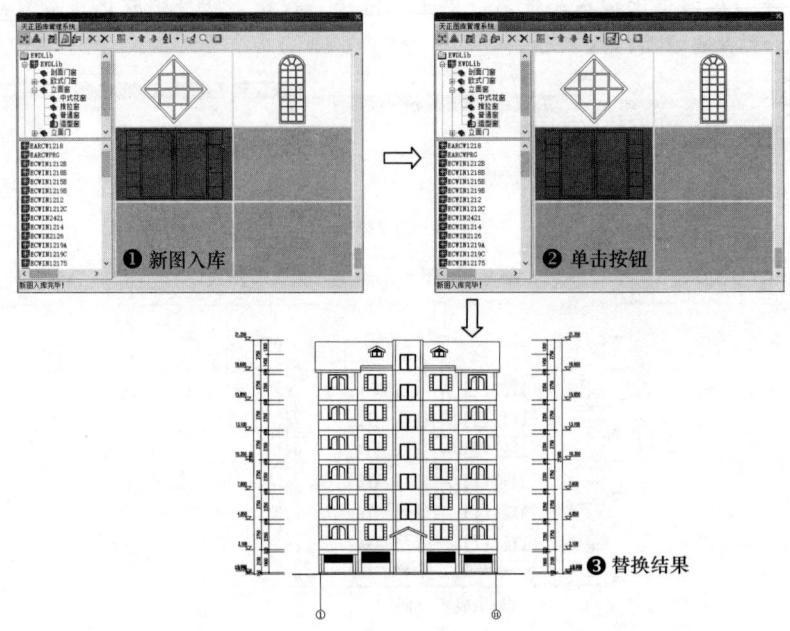

图 11-50　替换立面窗户的操作步骤和结果

[07]　添加立面窗套。单击"立面"→"立面窗套"菜单命令，在绘图区中依次单击立面窗户的左下角点和右上角点，然后在弹出的"窗套参数"对话框中设置参数，单击"确定"按钮，即可完成立面窗套的添加。添加立面窗套的操作步骤和结果如图 11-51 所示。

[08]　创建立面门样式。单击 AutoCAD 绘图工具栏中的 RECTANG（矩形）按钮，在空白区域绘制一个尺寸为 2000mm×2350mm 的矩形；单击 AutoCAD 修改工具栏中的 EXPLODE（分解）按钮，将矩形进行分解；单击 AutoCAD 修改工具栏中的 OFFSET（偏移）按钮，生成立面门样式的辅助线；单击 AutoCAD 修改工具栏中的 TRIM（修剪）按钮，对辅助线进行修剪。创建立面门样式的结果如图 11-52 所示。

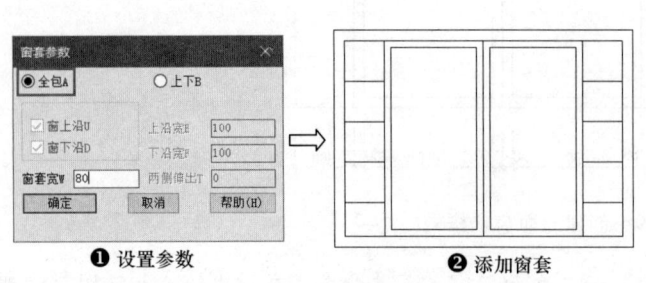

图 11-51　添加立面窗套的操作步骤和结果

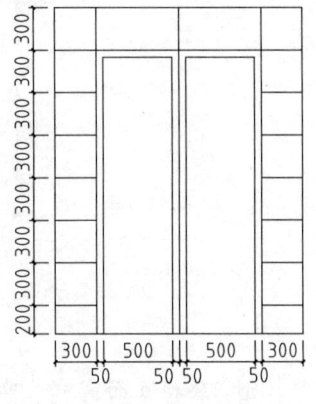

图 11-52　创建立面门样式的结果

[09] 替换立面门。单击"立面"→"立面门窗"菜单命令,在弹出的"天正图库管理系统"对话框的工具栏中单击"新图入库"按钮,在绘图区中框选立面门,按 Enter 键,接着单击该图元的左下角点,并确认制作幻灯片,即可将新图入库。然后在"天正图库管理系统"对话框中选择要替换的立面门图标,单击"替换"按钮,在绘图区中选择需替换的立面门后按 Enter 键,即可完成立面门的替换。替换立面门的操作步骤和结果如图 11-53 所示。

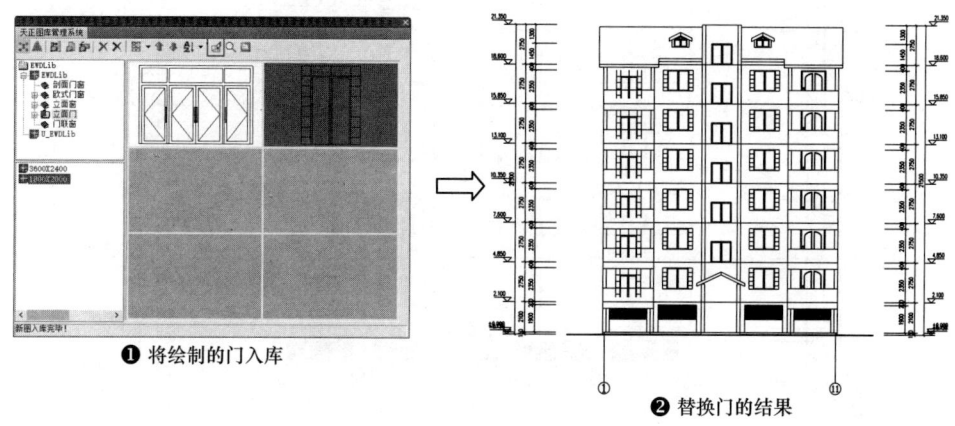

图 11-53 替换立面门的操作步骤和结果

[10] 图形裁剪。单击"立面"→"图形裁剪"菜单命令,在绘图区中选择立面门,按 Enter 键,然后用矩形框选需裁剪掉的部分,即可完成立面图形的裁剪。图形裁剪的操作步骤和结果如图 11-54 所示。

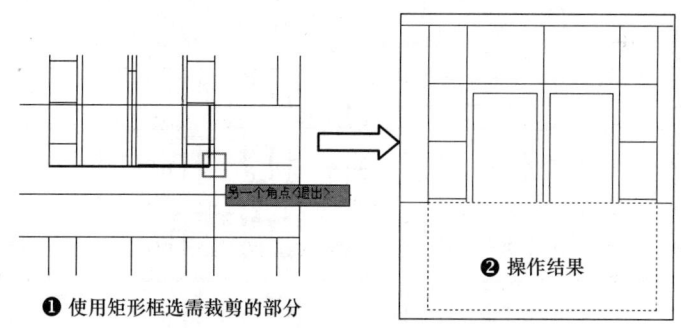

图 11-54 图形裁剪的操作步骤和结果

[11] 绘制阳台造型板。综合利用 REC(矩形)命令、O(偏移)命令、CO(复制)命令和 TR(修剪)命令,绘制阳台造型板,结果如图 11-55 所示。阳台造型板的详细尺寸可参照本例 DWG 源文件,操作过程可观看本例教学视频。

[12] 填充立面图。单击 AutoCAD 绘图工具栏中的 HATCH(图案填充和渐变色)按钮,为住宅楼正立面图填充墙面砖和屋顶材料,结果如图 11-56 所示。

[13] 标注引出文字。单击"符号标注"→"引出标注"菜单命令,在弹出的"引出标注"对话框中设置参数,然后在绘图区中依次指定标注点、引线位置和文字基线位置,即可完成引出标注。标注引出文字的操作步骤和结果如图 11-57 所示。

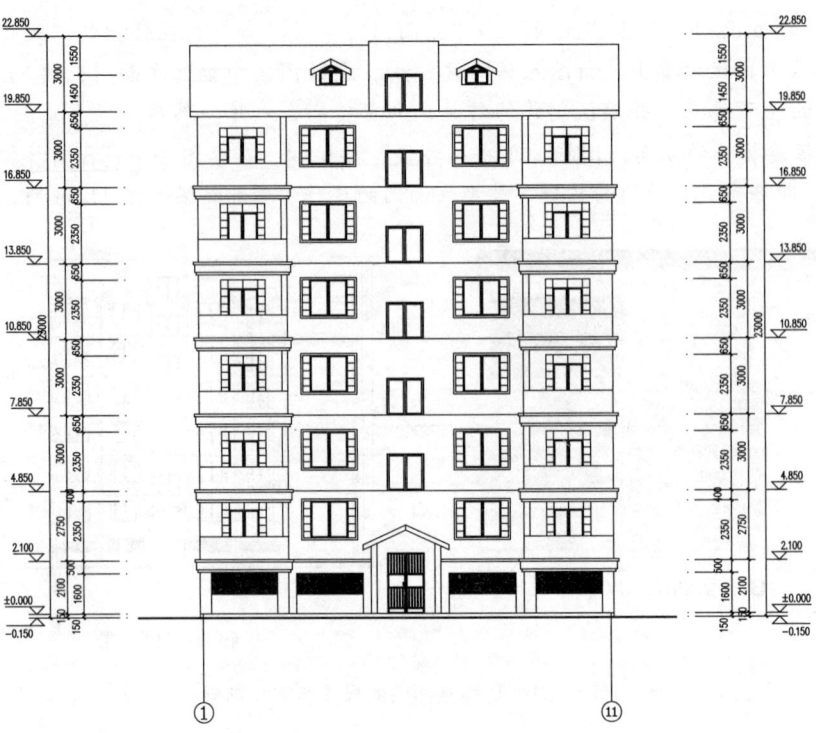

图 11-55　绘制阳台造型板

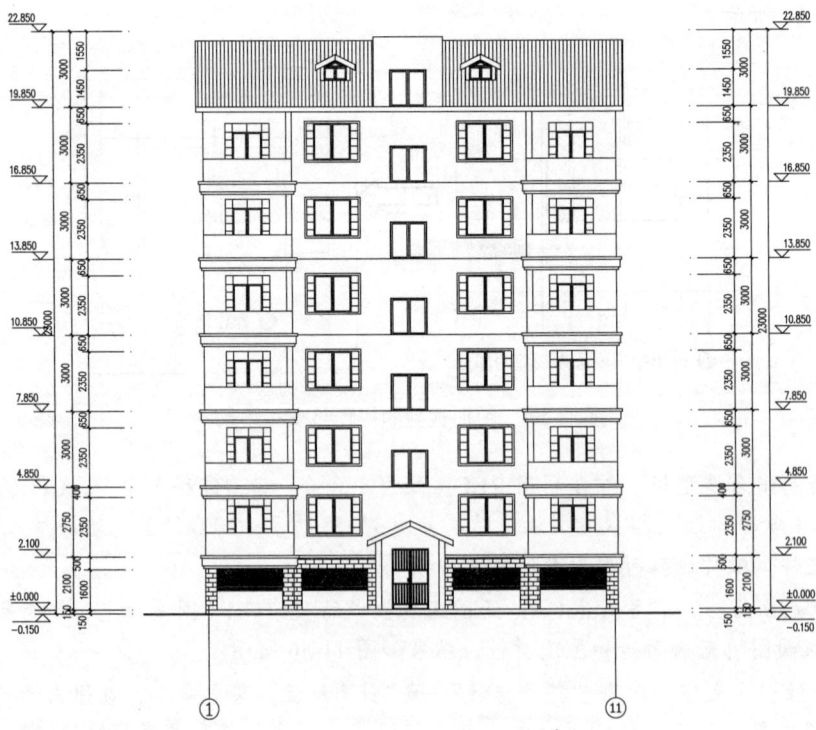

图 11-56　填充立面图

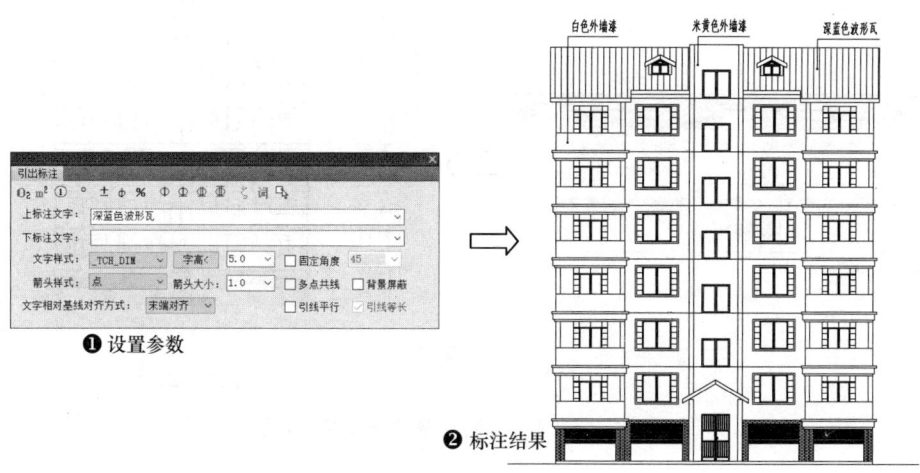

图 11-57 标注引出文字的操作步骤和结果

[14] 创建立面轮廓线。单击"立面"→"立面轮廓"菜单命令,在绘图区中框选整个立面图,按 Enter 键,然后输入轮廓线宽度,按 Enter 键,即可生成立面轮廓线。创建立面轮廓线的操作步骤和结果如图 11-58 所示。

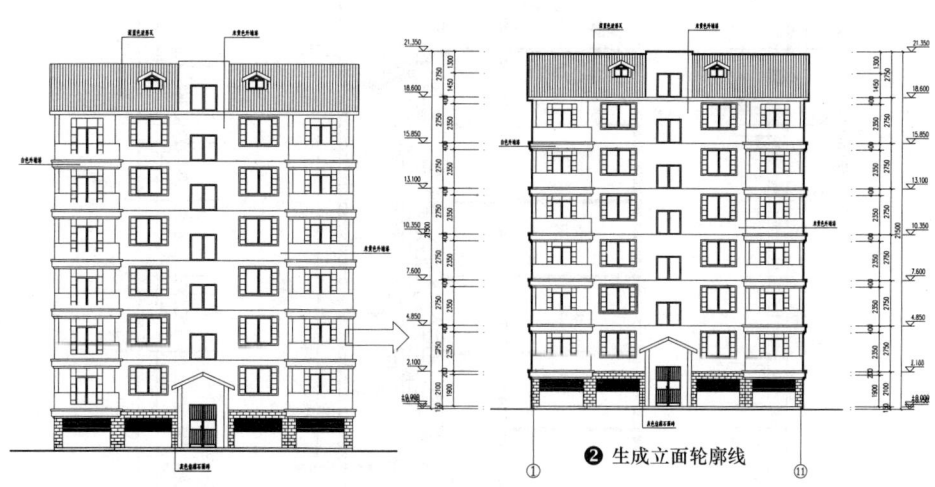

图 11-58 创建立面轮廓线的操作步骤和结果

[15] 创建图名标注。单击"符号标注"→"图名标注"菜单命令,在弹出的"图名标注"对话框中设置参数,然后在住宅楼正立面图下方单击,即可创建图名标注。创建图名标注的操作步骤和结果如图 11-59 所示。

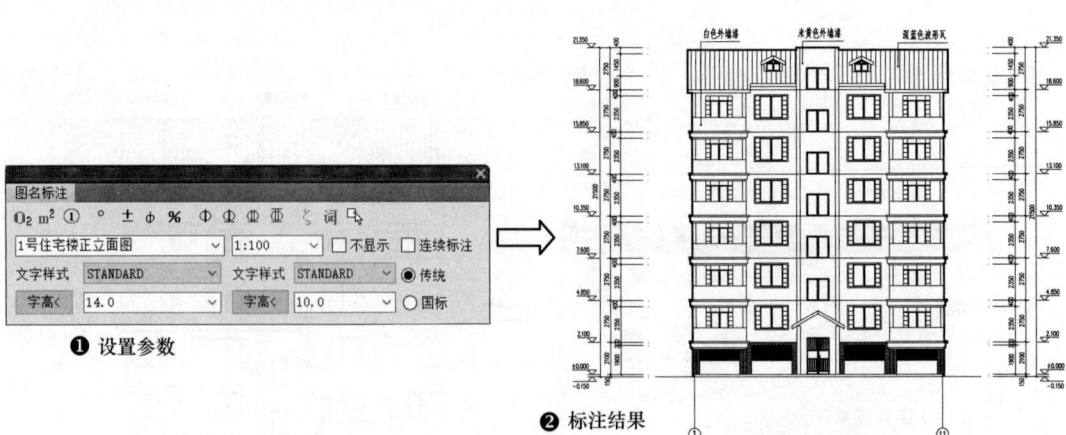

❶ 设置参数　　❷ 标注结果

图 11-59　创建图名标注的操作步骤和结果

11.2.2　创建住宅楼剖面图

住宅楼剖面图主要用于反映内部竖向构造，其剖切位置应选在层高不同、层数不同、内外空间比较复杂和具有代表性的部位。下面讲述住宅楼剖面图的绘制过程和方法。创建完成的住宅楼剖面图如图 11-60 所示。

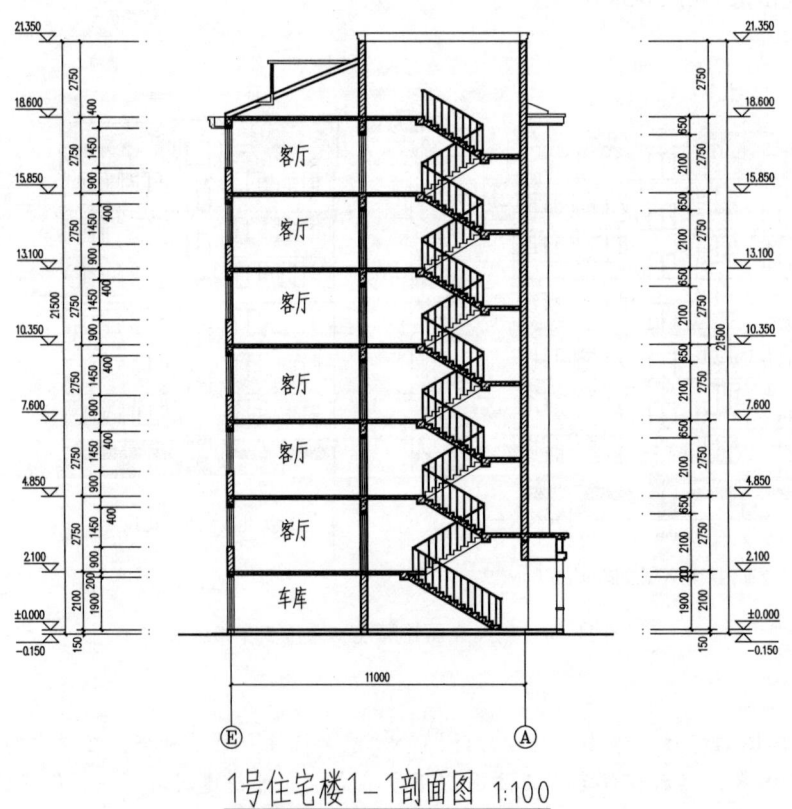

图 11-60　住宅楼剖面图

操作步骤如下：

[01] 创建剖切符号。打开平面图文件，单击"符号标注"→"剖切符号"菜单命令，在弹出的"剖切符号"对话框中设置参数，然后根据命令行提示，在绘图区中单击第一个剖切点和第二个剖切点，再指定剖视方向，即可创建剖切符号。创建剖切符号的操作步骤和结果如图 11-61 所示。

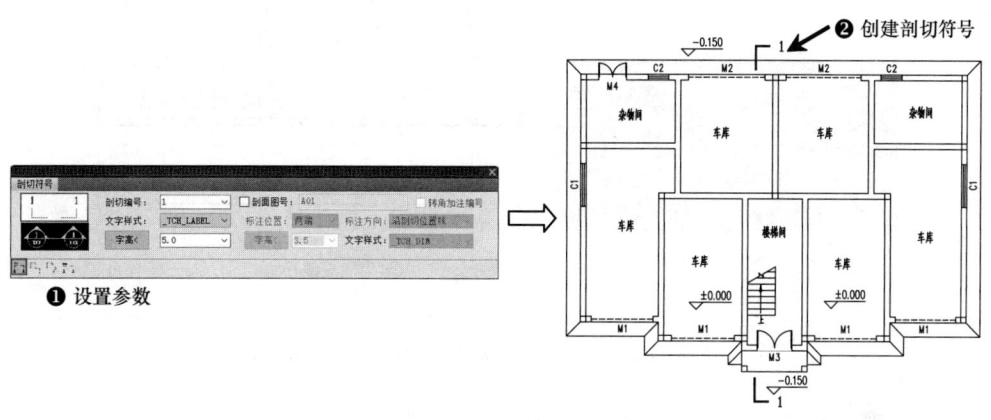

图 11-61　创建剖切符号的操作步骤和结果

[02] 生成建筑剖面图。在"工程管理"选项板内单击"楼层"选项工具栏中的"建筑剖面"按钮，在绘图区中单击剖切线，接着选择 E 轴线和 A 轴线，按 Enter 键，在弹出的"剖面生成设置"对话框中设置参数，单击"生成剖面"按钮，然后在弹出的"输入要生成的文件"对话框中设置文件名和保存路径，单击"保存"按钮，即可生成建筑剖面图。生成建筑剖面图的操作步骤和结果如图 11-62 所示。

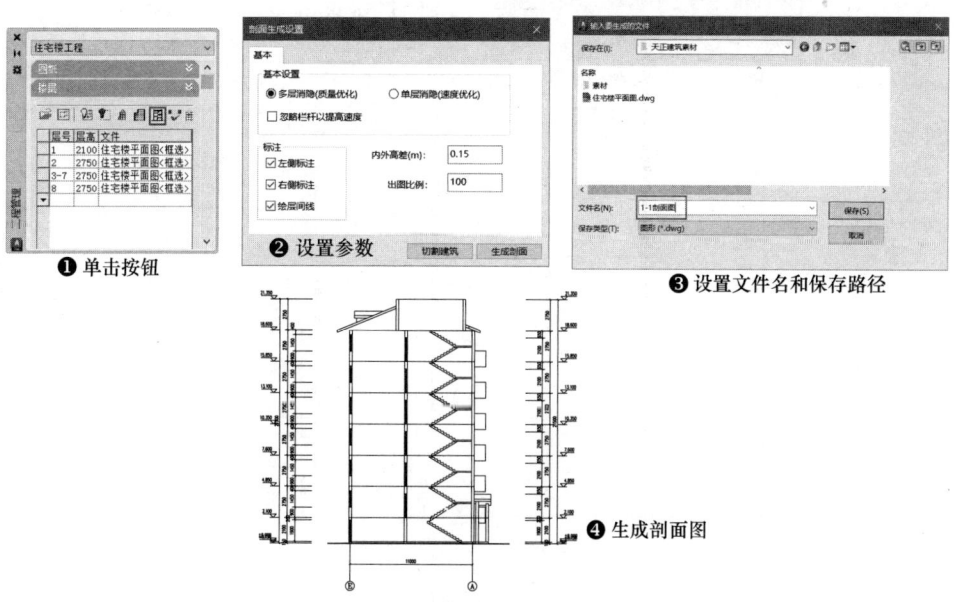

图 11-62　生成建筑剖面图的操作步骤和结果

[03] 创建双线楼板。单击"剖面"→"双线楼板"菜单命令,在绘图区中单击楼板的起始点和结束点,按 Enter 键确认楼板顶面标高,然后输入楼板厚度值,按 Enter 键,即可完成一个双线楼板的创建。采用同样方法,创建所有双线楼板。创建双线楼板的操作步骤和结果如图 11-63 所示。

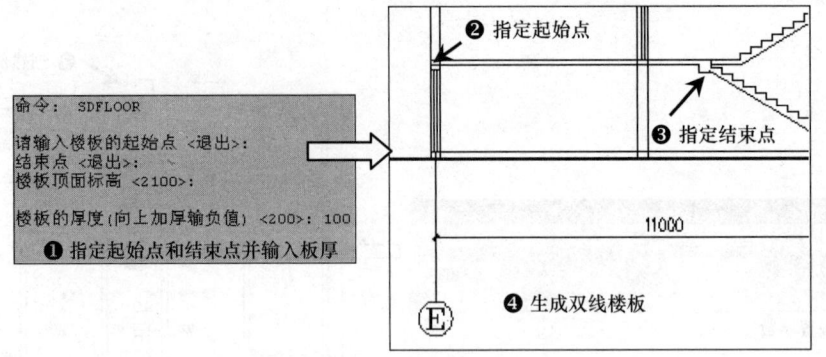

图 11-63 创建双线楼板的操作步骤和结果

[04] 添加剖断梁。单击"剖面"→"加剖断梁"菜单命令,在绘图区中指定剖面梁的参照点,然后确认梁左侧到参照点的距离、梁右侧到参照点的距离和梁底边到参照点的距离,即可添加一个剖断梁。采用同样方法,添加所有剖断梁。添加剖断梁的操作步骤和结果如图 11-64 所示。

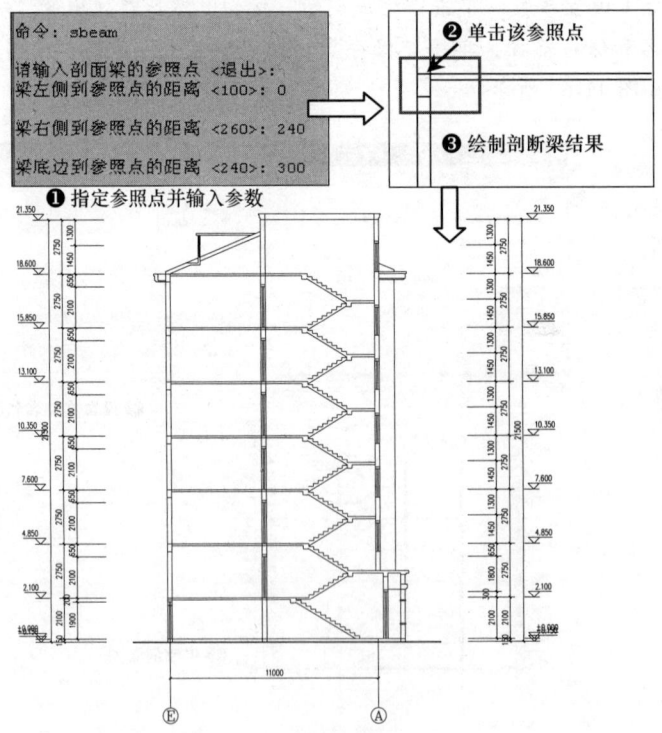

图 11-64 添加剖断梁的操作步骤和结果

[05] 添加门窗过梁。单击"剖面"→"门窗过梁"菜单命令,在绘图区中选择所有需添加过梁的剖面门窗,按 Enter 键确认,然后输入梁高值,按 Enter 键,即可完成门窗过梁添加。添加门窗过梁的操作步骤和结果如图 11-65 所示。

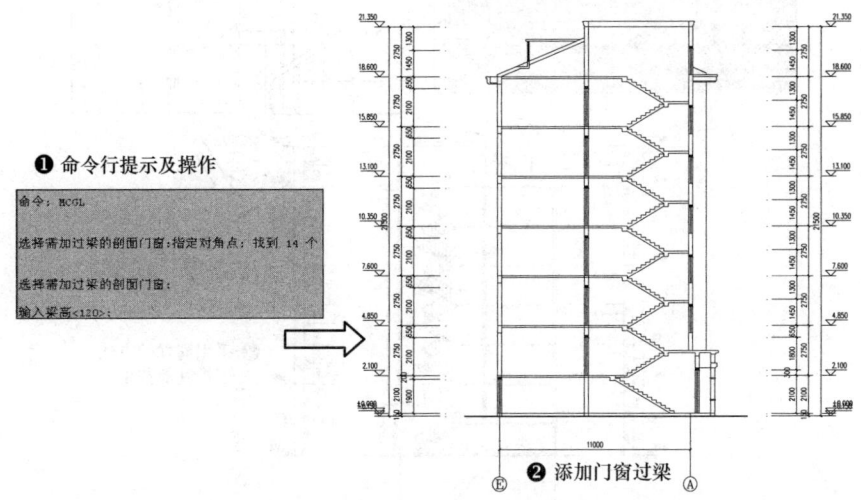

图 11-65 添加门窗过梁的操作步骤和结果

[06] 创建剖面楼梯栏杆。单击"剖面"→"楼梯栏杆"菜单命令,根据命令行提示,在命令行中输入扶手高度,按 Enter 键,接着确认是否打断遮挡线,然后在绘图区中依次指定楼梯扶手的起始点和结束点,即可完成一段楼梯栏杆的创建。继续选择楼梯扶手的起始点和结束点,完成其他剖面楼梯栏杆的创建。创建剖面楼梯栏杆的操作步骤和结果如图 11-66 所示。

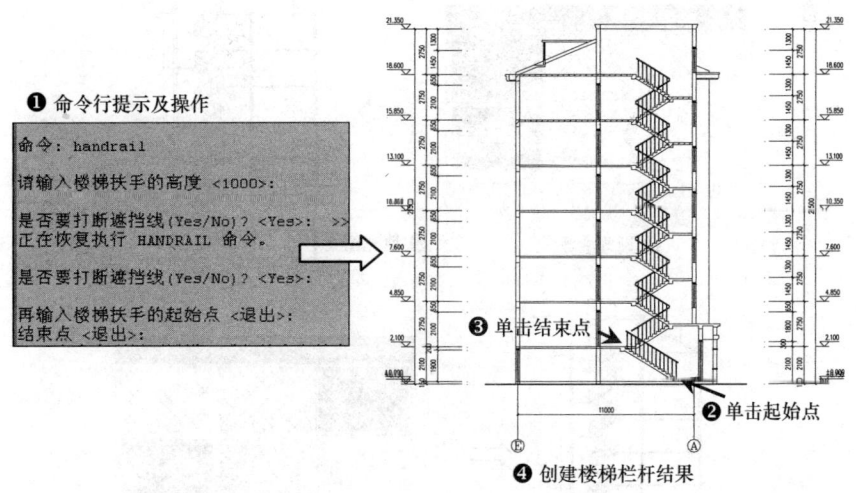

图 11-66 创建剖面楼梯栏杆的操作步骤和结果

[07] 创建扶手接头。单击"剖面"→"扶手接头"菜单命令,根据命令行提示,按 Enter 键确认扶手伸出距离,接着输入"Y",按 Enter 键确认增加栏杆,然后在绘图区中框选需要连

接的一对扶手或一段扶手,即可创建扶手接头。继续框选扶手,可以连续创建扶手接头,按 Esc 键退出命令。创建扶手接头的操作步骤和结果如图 11-67 所示。

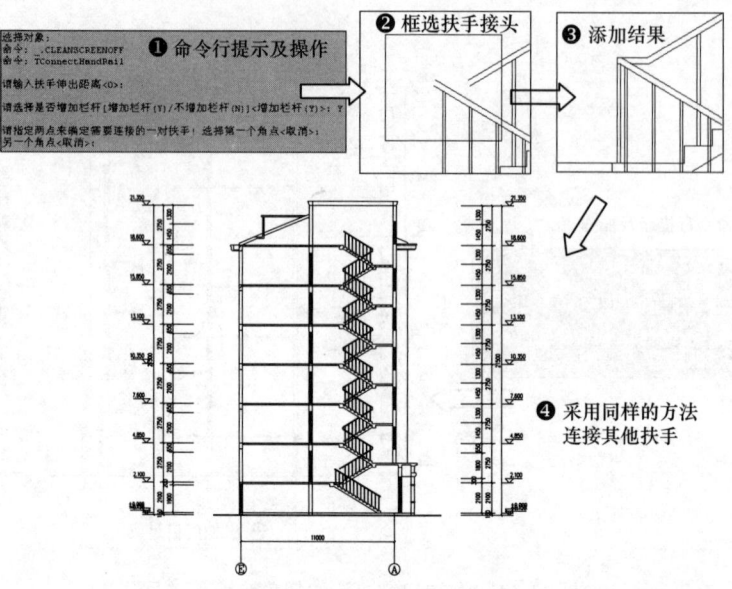

图 11-67　创建扶手接头的操作步骤和结果

[08]　填充剖面材料。单击"剖面"→"剖面填充"菜单命令,在绘图区中框选墙线或梁板楼梯,按 Enter 键,在弹出的"请点取所需的填充图案"对话框中设置参数,单击"确定"按钮,即可完成剖面材料的填充。填充剖面材料的操作步骤和结果如图 11-68 所示。

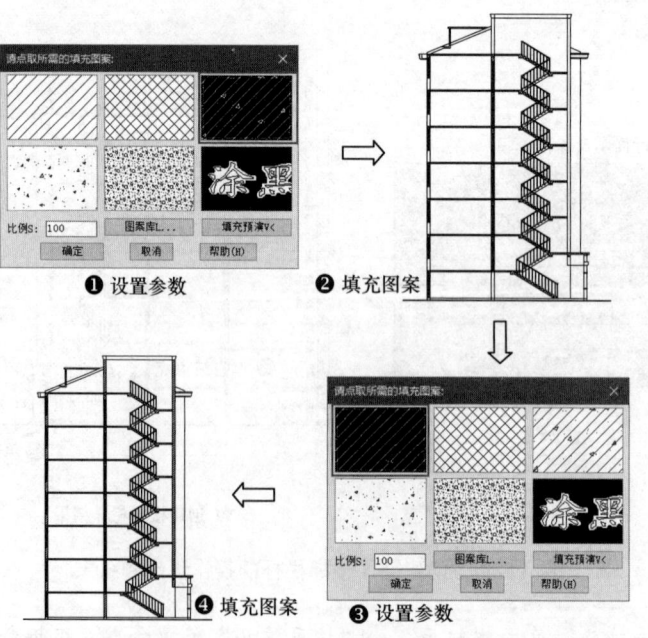

图 11-68　填充剖面材料的操作步骤和结果

09 剖面加粗。单击"剖面"→"居中加粗"菜单命令，根据命令行提示，按 Enter 键全选剖面墙线和梁板楼梯对象，然后确认墙线宽，即可完成剖面加粗。剖面加粗的操作步骤和结果如图 11-69 所示。

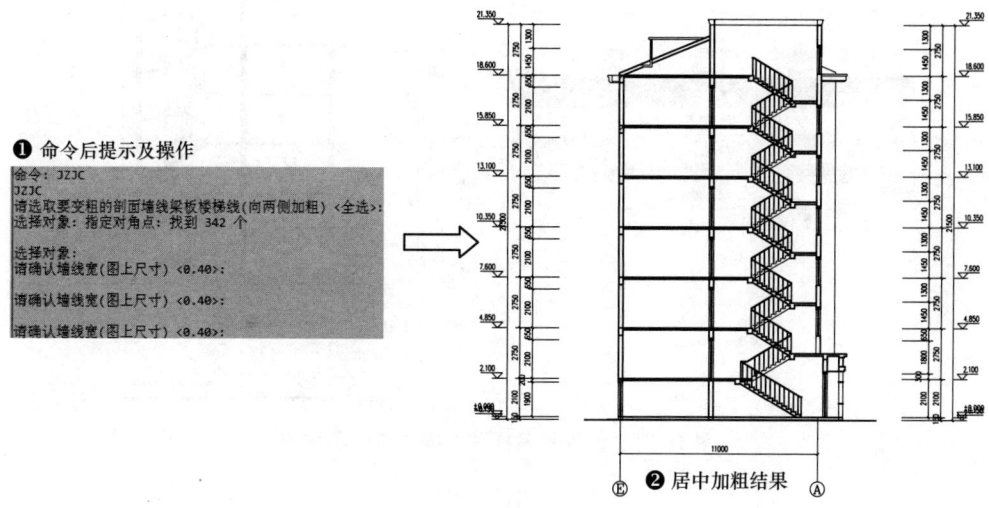

图 11-69 剖面加粗的操作步骤和结果

10 创建房间名称。单击"文字表格"→"单行文字"菜单命令，在弹出的"单行文字"对话框中设置参数，然后在绘图区中指定文字插入位置，即可完成房间名称的创建。创建房间名称的操作步骤和结果如图 11-70 所示。

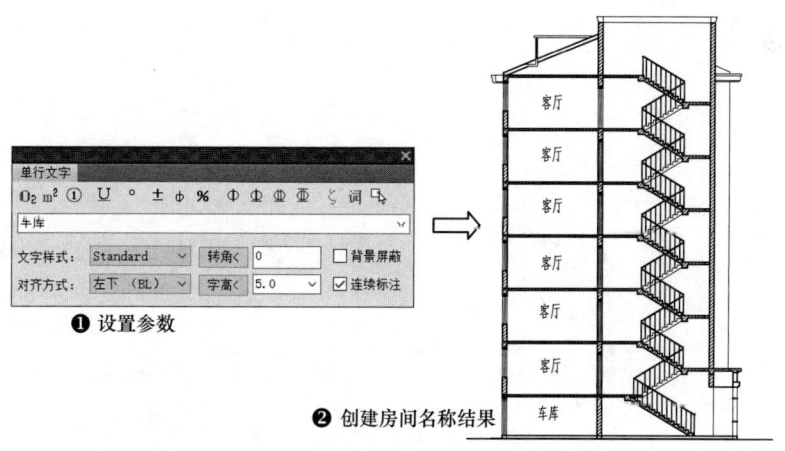

图 11-70 创建房间名称的操作步骤和结果

11 图名标注。单击"符号标注"→"图名标注"菜单命令，在弹出的"图名标注"对话框中设置参数，然后在剖面图下方单击，即可创建图名标注。创建图名标注的操作步骤和结果如图 11-71 所示。

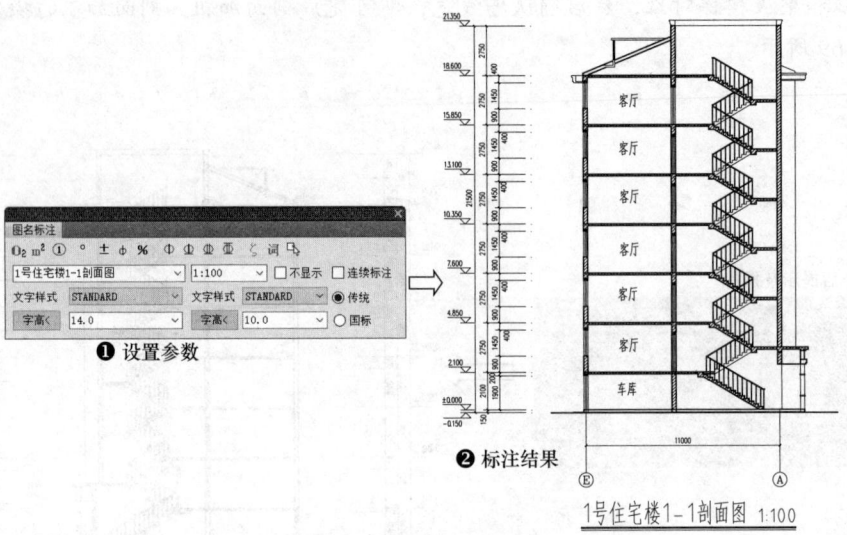

图 11-71 创建图名标注的操作步骤和结果

第 12 章 布图打印与图形导出

● **本章导读**

所有建筑图样绘制完成后，便可以将图样打印出来，用于指导施工。绘制好的图形需要经过布图后才可以打印输出，T20 提供了在模型空间进行单比例布图和在图纸空间进行多比例布图的方法。本章主要介绍建筑图样布图打印与图形导出的方法。

● **本章重点**

◇ 模型空间与图纸空间概念　　　◇ 单比例布图
◇ 详图与多比例布图　　　　　　◇ 图形导出
◇ 本章小结　　　　　　　　　　◇ 思考与练习

12.1 模型空间与图纸空间概念

与 AutoCAD 一样，T20 也有图纸空间和模型空间，单击绘图区下方的"模型"和"布局"标签，可切换空间。模型空间和图纸空间如图 12-1 所示。

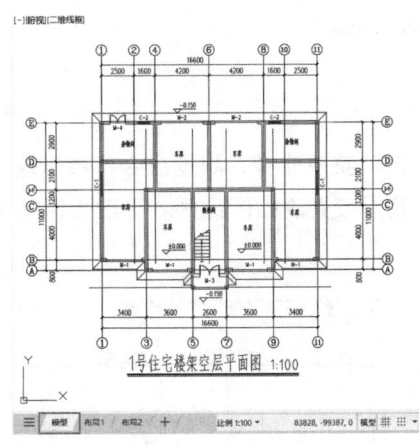 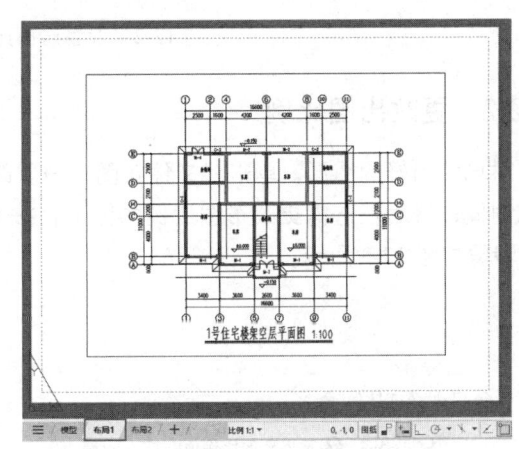

图 12-1　模型空间和图纸空间

模型空间和图纸空间的作用如下：

➢ 模型空间：主要用于绘制图形。此外，对于一些简单的图形，可以在模型空间中按一个比例布图（即单比例布图）并输出。
➢ 图纸空间：主要用于图形布局并打印输出建筑图样。在该空间中可以进行单比例布图，也可以按不同的比例（根据绘图时设置的绘图比例）将多个图形输出到一张图纸（即多比例布图，需要创建多个视口）。

12.2 单比例布图

利用 T20 绘制的建筑图都是按 1∶1 的比例进行绘制的。当全图只使用一个比例时，可直接在模型空间中插入图框出图。这种在图纸上排列图形的方式称为单比例布图。

12.2.1 设置当前比例

绘制图形时的当前比例为 1∶100，单击 AutoCAD 状态栏中的 比例1:100▼ 按钮，可在弹出的如图 12-2a 所示的比例列表中选择需要的当前绘图比例。在列表中选择"其他比例"选项，弹出如图 12-2b 所示的"设置当前比例"对话框，在其中可以选择或添加所需要的比例，单击"确定"按钮，即可完成当前比例的设置。

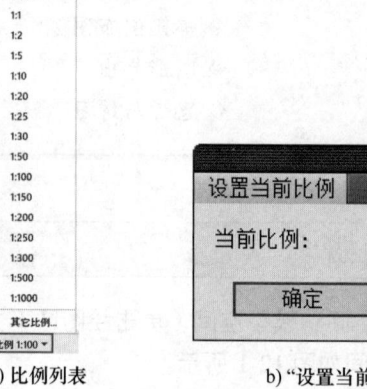

图 12-2　设置当前比例的操作步骤

12.2.2 更改出图比例

对已绘制好的图形，单击"文件布图"→"改变比例"菜单命令，根据命令行提示输入新的比例值，然后框选需更改布图比例的图形，按 Enter 键，可更改出图比例。更改出图比例的操作步骤如图 12-3 所示。

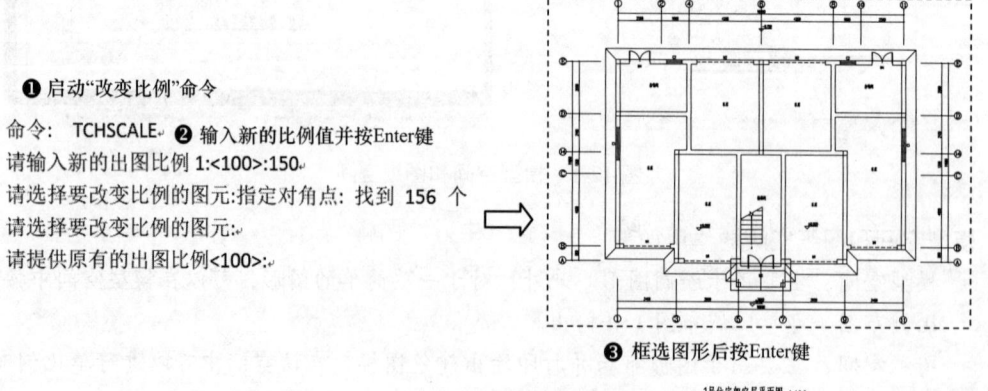

图 12-3　更改出图比例的操作步骤

12.2.3 页面设置

打印输出图形之前,需要对打印页面进行设置,方法是单击 AutoCAD 菜单栏中的"插入"→"布局"→"创建布局向导"命令,然后根据系统提示选择打印机或绘图仪,并设置页面大小等参数,即可完成页面设置。页面设置的操作步骤如图 12-4 所示。

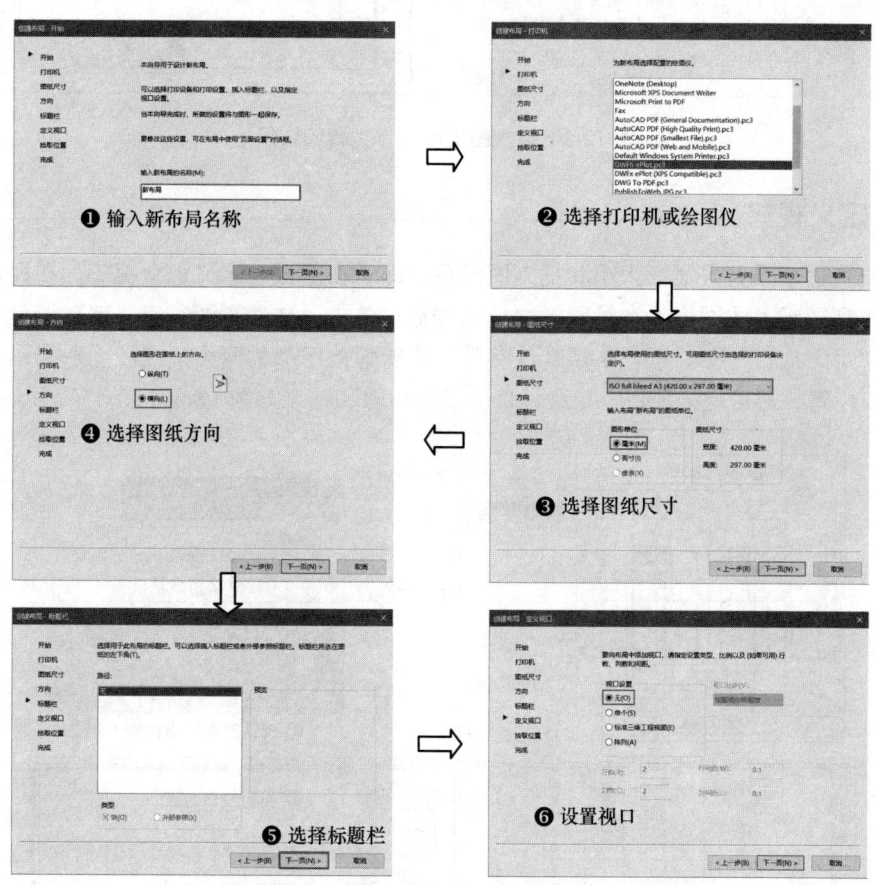

图 12-4 页面设置的操作步骤

12.2.4 插入图框

在布局设置完成后,系统会自动切换到相应的布局选项卡。单击"文件布图"→"插入图框"菜单命令,在弹出的"插入图框"对话框中设置图幅大小和图框样式,单击"插入"按钮,根据命令行提示,按 Z 键将图框插入到页面中原点。插入图框的操作步骤和结果如图 12-5 所示。

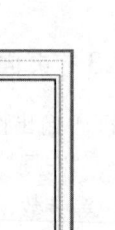
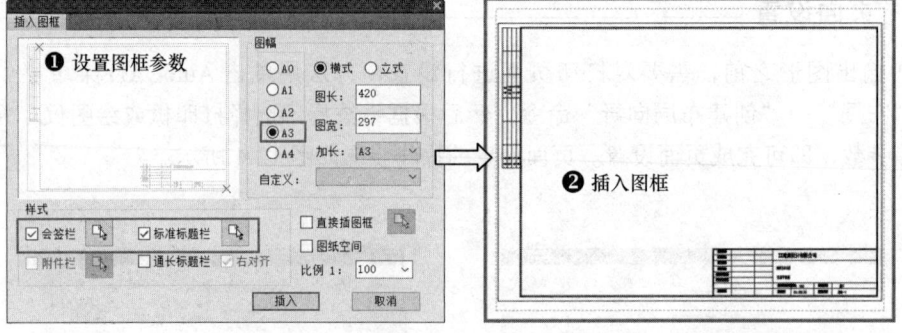

图 12-5 插入图框的操作步骤和结果

12.2.5 定义视口

在布局页面中设置好页面大小和插入图框后,即可在图框中定义一个视口。在视口中将显示出需输出到图纸上的图形。在绘图区中框选图形,单击"文件布图"→"定义视口"菜单命令,弹出"定义视口"对话框,采用默认参数,接着输入图形的两个角点和图形输出比例,然后指定视口位置,即可定义视口。定义视口的操作步骤和结果如图 12-6 所示。

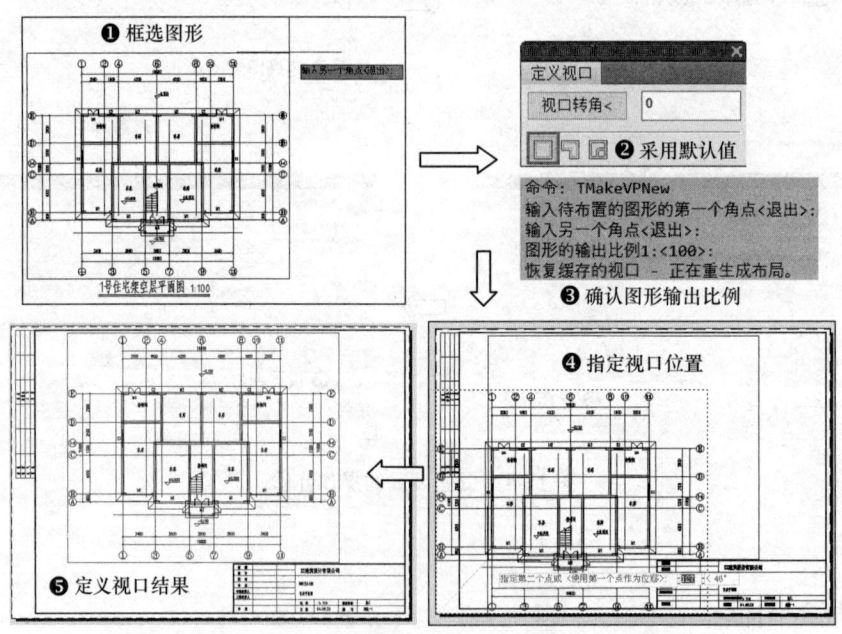

图 12-6 定义视口的操作步骤和结果

12.2.6 打印图形

定义视口后,即可打印图形。单击"文件"→"打印"菜单命令,在弹出的"打印 - 新布局"对话框中单击"预览"按钮,在绘图区中可观察预览效果。打印图形的操作步骤预览和效果如图 12-7 所示。如果不需要对图形进行修改,单击"打印 - 新布局"对话框中的"确定"按钮,即可进行打印。

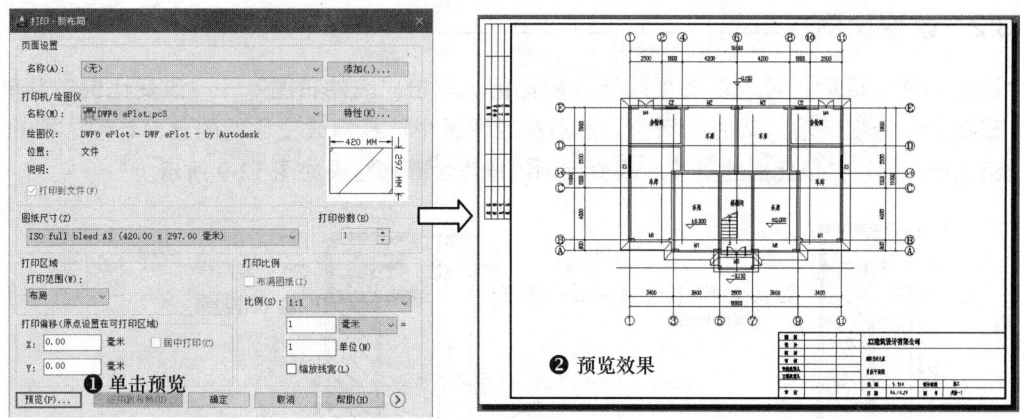

图 12-7 打印图形的操作步骤和预览效果

12.3 详图与多比例布图

某些图形在绘制时,需要在同一张图纸上绘制多个比例不同的图形,将多个不同输出比例的图形打印在一张图纸上,这种布图方式称为多比例布图。

12.3.1 图形切割

在绘制建筑图时,有时需要将图形的某一部分进行放大,形成大样效果。T20 提供了"图形切割"功能,可将一幅图形中指定的一个区域复制成为一个单独的图形,并改变输出比例,形成多比例布图。单击"文件布图"→"图形切割"菜单命令,根据图形定位方式,在绘图区中选择图形要切割的区域,然后指定新图形的插入位置,即可完成切割图形。图形切割的操作步骤和结果如图 12-8 所示。

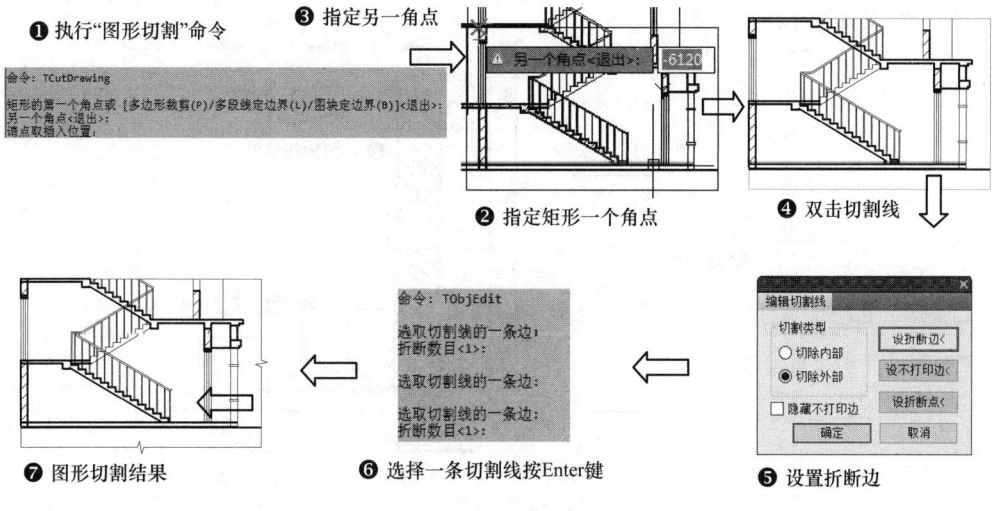

图 12-8 图形切割的操作步骤和结果

12.3.2 改变比例

图形切割完成后，可能需要更改详图的比例。单击"文件布图"→"改变比例"菜单命令，根据命令行提示输入新的比例值，然后在绘图区中选择需改变比例的全部详图，按 Enter 键结束选择，即可完成比例的更改。改变比例的操作步骤和结果如图 12-9 所示。

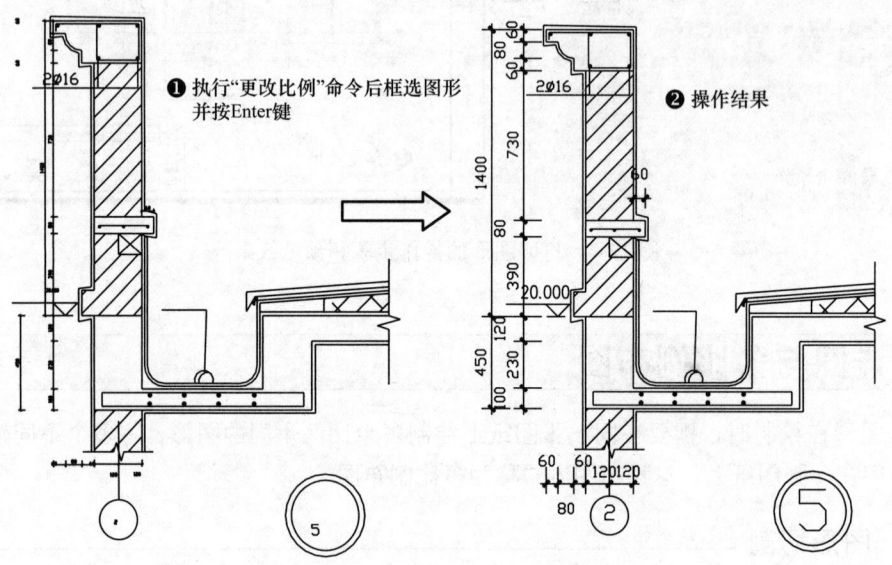

图 12-9 改变比例的操作步骤和结果

12.3.3 标注详图

详图被切割出来后，并没有标注，同时默认的标注比例值是 1∶100，此时需要在绘图区左下方选择一个比例，然后利用 T20 的尺寸标注功能和文字标注功能对其进行标注。标注详图的操作步骤和结果如图 12-10 所示。

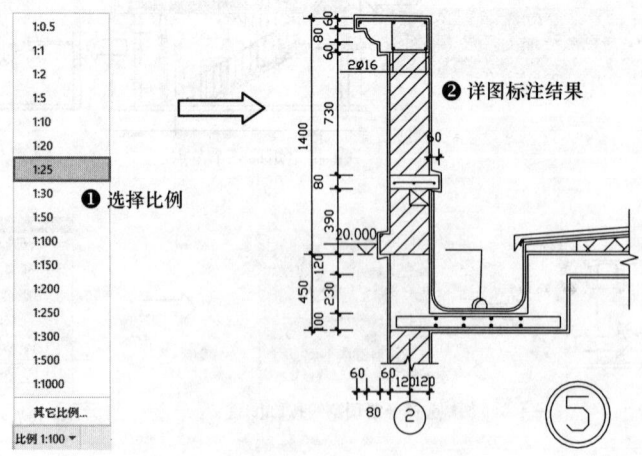

图 12-10 标注详图的操作步骤和结果

12.3.4 多比例布图

在图形绘制完成和设定比例后,可根据单比例布图中页面设置的方法,在布局页面中设置输出页面大小和图框样式。单击"文件布图"→"定义视口"菜单命令,在绘图区中框选视口范围,接着确认图形的输出比例,然后在布局页面中指定视口位置,即可创建一个视口。采用同样方法,创建其他视口。多比例布图的操作步骤和结果如图 12-11 所示。

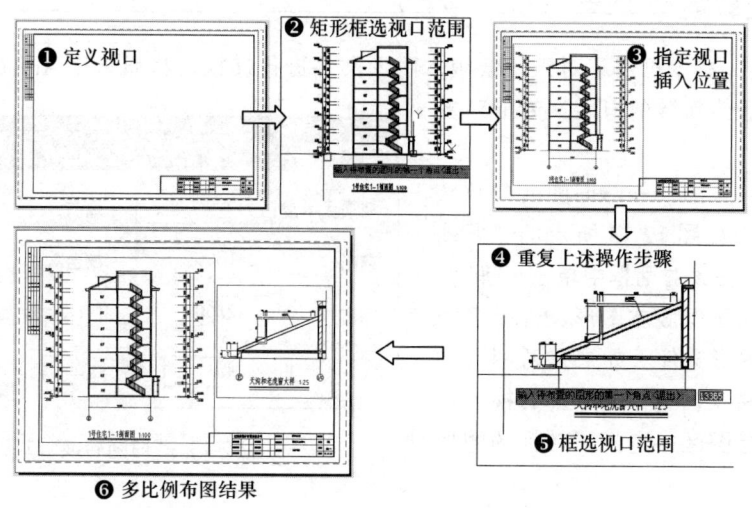

图 12-11 多比例布图的操作步骤和结果

12.3.5 打印输出

在图形布局以及标题栏和会签栏中的内容设置完成后,可打开相应的绘图或打印设备,对图纸进行打印。单击"文件"→"打印"菜单命令,在弹出的"打印-多比例布局"对话框中单击"预览"按钮,观察打印输出效果,如果满意,按 Enter 键返回到"打印-多比例布局"对话框中,单击"确定"按钮,即可进行打印。多比例布图打印输出的操作步骤如图 12-12 所示。

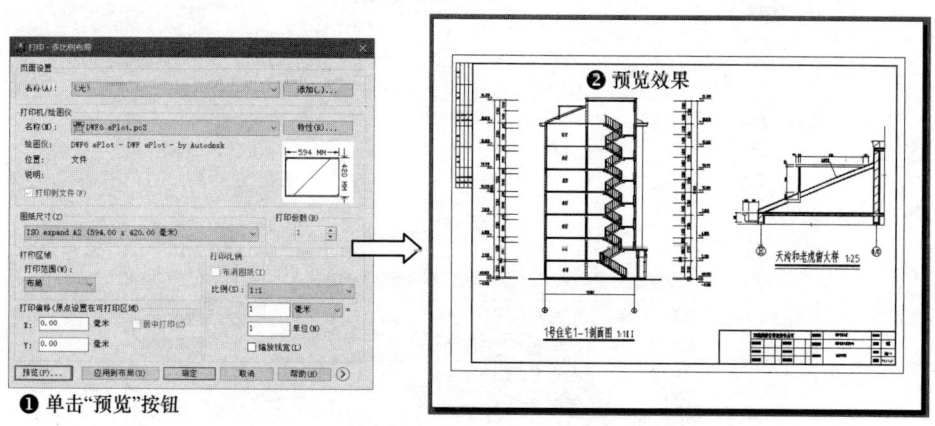

图 12-12 多比例布图打印输出的操作步骤

12.4 图形导出

很多建筑专业软件都存在兼容问题,如非对象技术的 TArc.7.5 不能正常打开 T20 的文件,这是因为软件一般都是向低版本兼容的。本节将介绍如何将 T20 文件导出,使其能在天正低版本建筑软件中打开,以解决图样交流问题。

12.4.1 旧图转换

"旧图转换"命令可用于对天正低版本图形文件进行转换,将原来用 AutoCAD 图形对象表示的内容升级为新版的自定义专业对象格式。

单击"文件布图"→"旧图转换"菜单命令,将弹出如图 12-13 所示的"旧图转换"对话框,在该对话框中单击"确定"按钮,即可将天正低版本图形文件转换为 T20 可兼容的图形文件。如果需对图形的局部区域进行转换,选中"局部转换"复选框,然后在绘图区中选择需转换的图形即可。

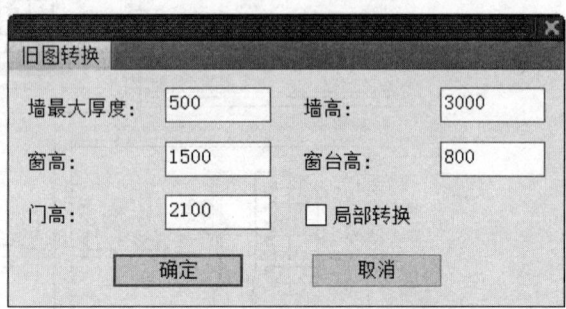

图 12-13 "旧图转换"对话框

12.4.2 整图导出

"整图导出"命令可用于将使用 T20 绘制完成的文件导出,使其能用于天正低版本软件。单击"文件布图"→"整图导出"菜单命令,弹出如图 12-14 所示的"图形导出"对话框,在该对话框中设置文件的保存类型和文件名称,单击"保存"按钮,即可完成图形导出。

图 12-14 "图形导出"对话框

12.4.3 局部导出

"局部导出"命令可用于将当前图形的局部另存为保留天正对象的T5以上格式或没有天正对象的T3格式文件。单击"文件布图"→"局部导出"菜单命令,根据命令行的提示选择局部对象,按Enter键,在打开的"图形导出"对话框中设置参数,单击"保存"按钮,即可导出局部对象,如图12-15所示。

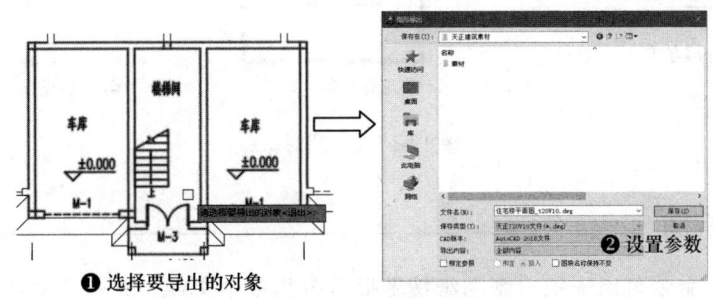

图 12-15 导出局部对象

12.4.4 批量导出

"批量导出"命令可用于把当前格式的多个图批量转成天正低版本格式。单击"文件布图"→"批量导出"菜单命令,在打开的对话框中选择需要转换的图纸,再选择天正版本与CAD版本,单击"打开"按钮,在弹出的"浏览文件夹"对话框中选择导出文件的保存路径,单击"确定"按钮即可将图纸批量导出,如图12-16所示。

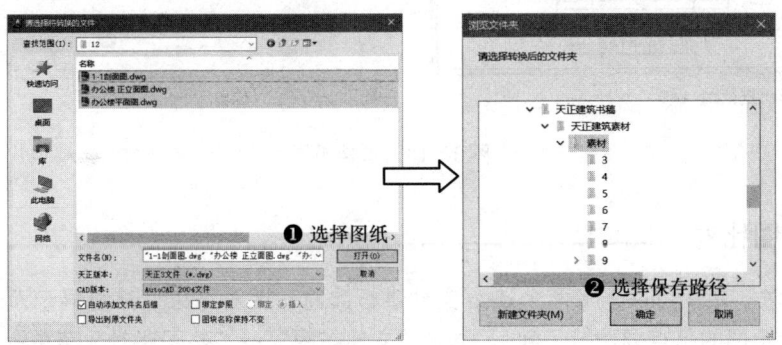

图 12-16 批量导出

12.4.5 分解对象

"分解对象"命令可用于将天正对象分解为AutoCAD基本对象,用户可以自定义修改图形。单击"文件布图"→"分解对象"菜单命令,打开"分解对象"对话框,在其中选择分解方式,单击"确定"按钮,接着在绘图区中选择需要分解的对象,按Enter键即可完成分解对象,如图12-17所示。

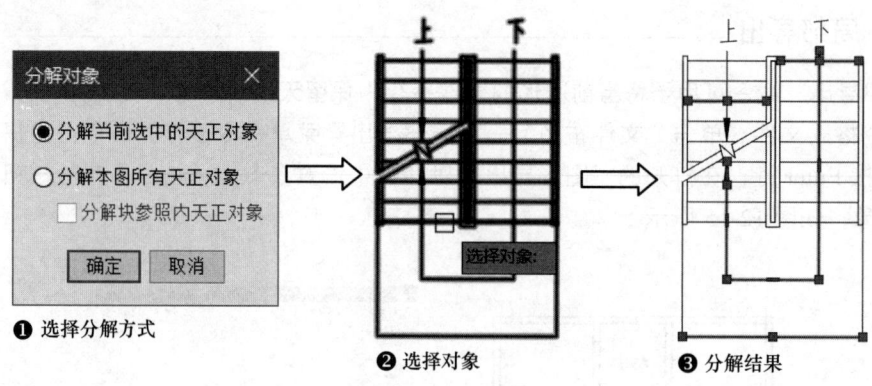

图 12-17　分解对象

12.4.6　备档拆图

"备档拆图"命令可用于把一张图纸按图框拆分为多个文件。单击"文件布图"→"备档拆图"菜单命令，在绘图区中选择范围，按 Enter 键，弹出"拆图"对话框，设置参数后按"确定"按钮，即可完成备档拆图，如图 12-18 所示。

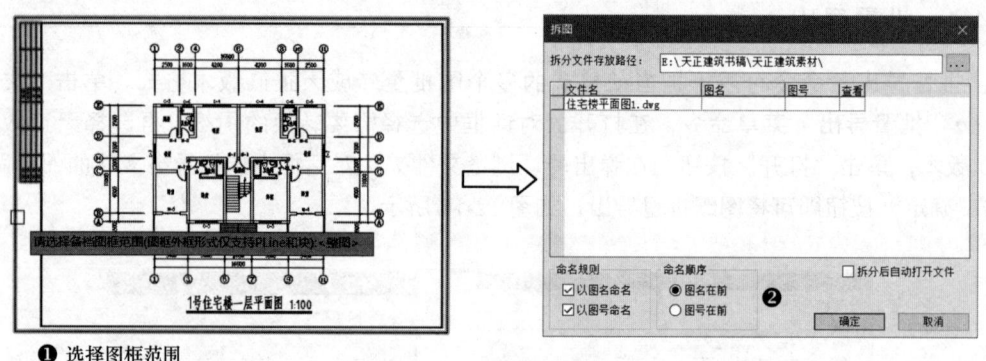

图 12-18　备档拆图

12.4.7　整图比对

"整图比对"命令可用于将两个 dwg 文件进行比对，比对结束后高亮显示两个图形的差异之处（注意两个图的基点要保持一致）。单击"文件布图"→"整图比对"菜单命令，打开"图纸比对"对话框，选择图纸，单击"开始比对"按钮即可进行比对，两个图形的不同之处用红色显示，如图 12-19 所示。

12.4.8　图纸保护

"图纸保护"命令可用于对指定的天正对象和 AutoCAD 基本对象进行处理，创建不能修改的只读对象，使得用户发布的图形文件保留原有的显示特性。单击"文件布图"→"图纸保护"菜单命令，在绘图区中选择需保护的图形对象后按 Enter 键，弹出"图纸保护设置"对话框，在该对话框中设置保护方式和密码，单击"确定"按钮即可完成图纸保护，如图 12-20 所示。

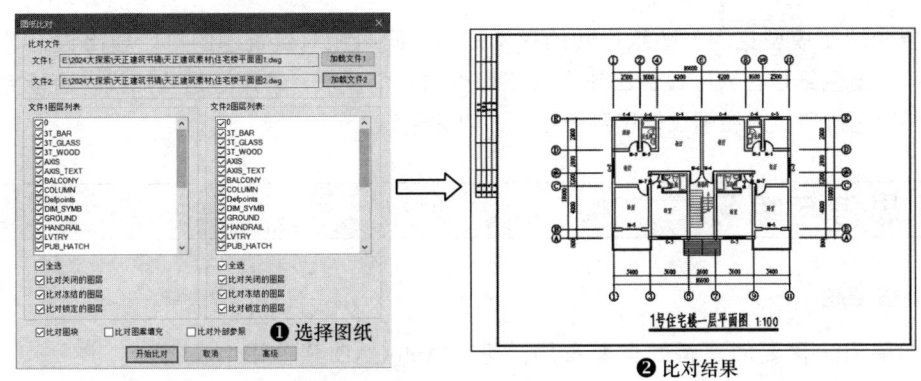

图 12-19 图纸比对

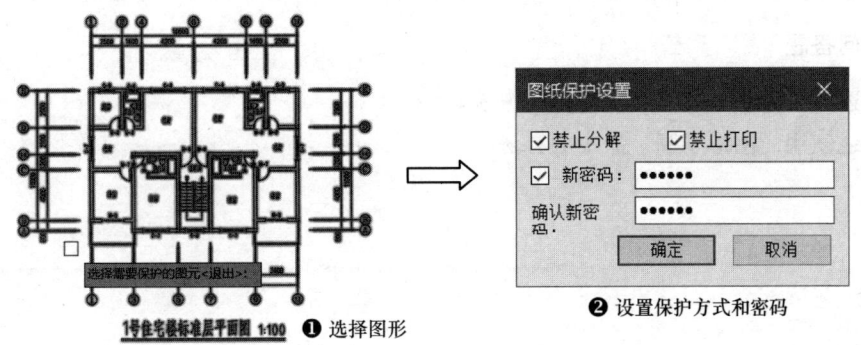

图 12-20 图纸保护

12.4.9 图形变线

"图形变线"命令可用于把三维视图按照当前的视图角度转化为二维线框图。单击"文件布图"→"图形变线"菜单命令，在打开的对话框中设置图形名称和存储路径，单击"保存"按钮，即可完成图形变线，如图 12-21 所示。

图 12-21 图形变线

12.5 本章小结

主要介绍了模型空间与图纸空间的基本知识，同时还对建筑图的打印输出进行了详细介绍。打印输出图纸是在实际设计工作中必不可少的一个步骤，掌握了这些知识，将能完整地将建筑图样通过打印机或绘图仪输出到纸张上，以便于施工。

12.6 思考与练习

一、填空题

1. 如果用户需要创建新的页面布局，可在 AutoCAD 菜单栏中执行_____命令来完成。
2. 单击绘图区下方的_____和_____标签，可以在模型空间和布局空间之间切换。
3. 在_____对话框中设置图幅大小和图框样式后，单击"插入"按钮即可插入图框。

二、问答题

1. 简述在创建新布局时定义视口的方法。
2. 简述使用"图形切割"命令的方法。

附录　T20 命令索引

设置菜单

菜单命令	执行命令	命令说明
自定义	ZDY	打开"天正自定义"对话框。在该对话框中可以修改操作配置、基本界面、工具栏与键盘热键
天正选项	TZXX	打开"天正选项"对话框。在该对话框中可对建筑设计基本参数及加粗图案进行设置，基本设定对本图有效，高级选项将在下次启动后一直有效
当前比例	DQBL	调用该命令后可以设置新的绘图比例
图层管理	TCGL	打开"图层管理"对话框。在该对话框中可对图层的属性进行设置

轴网菜单

菜单命令	执行命令	命令说明
绘制轴网	HZZW	打开"绘制轴网"对话框。可以通过在该对话框中设置开间和进深的参数来绘制轴网
墙生轴网	QSZW	可以通过选取要从中生成轴网的墙体来生成定位轴线
添加轴线	TJZX	可以选择参考轴线，生成新轴线并插入轴号
轴线裁剪	ZXCJ	框选需要裁剪的轴网，按 Enter 键可以完成轴网的裁剪
轴网合并	ZWHB	可以将多组轴网延伸到指定的对齐边界，使之成为一组轴网
轴改线型	ZGXX	调用该命令后可以改变绘制轴线的线型
轴网标注	ZWBZ	打开"轴网标注"对话框。在该对话框中设置相应的参数后可对轴线进行尺寸标注
单轴标注	DZBZ	打开"单轴标注"对话框。在该对话框中设置轴号参数后可以对轴网进行单轴标注
添补轴号	TBZH	可以通过选取已有的轴号标注，在此基础上生成新的轴号
删除轴号	SCZH	可以通过框选需要删除的轴号来对其进行删除操作
一轴多号	YZDH	可以通过选择已有轴号及设置需要复制的排数，完成一轴多号的操作
轴号隐现	ZIIYX	框选要隐藏的轴号，可对其进行隐藏。重复使用该命令可将轴号恢复显示
主附转换	ZFZH	框选需要转换的轴号，可将主号转换为附号，或将附号转换为主号

柱子菜单

菜单命令	执行命令	命令说明
标准柱	BZZ	打开"标准柱"对话框。在该对话框中可以修改柱子的材料参数和尺寸参数，然后通过鼠标点取插入位置来完成标准柱的插入
角柱	JZ	可以通过鼠标选取墙角来完成角柱的插入
构造柱	GZZ	可以通过鼠标选取墙角来完成构造柱的插入
柱齐墙边	ZQQB	可以通过依次点取墙边和柱边来完成柱齐墙边的操作

墙体菜单

菜单命令	执行命令	命令说明
绘制墙体	HZQT	打开"墙体"对话框。在该对话框中可以修改墙高参数、墙体宽度参数,通过鼠标点取墙体的起点和终点来完成墙体的绘制
墙体切割	QTQG	可用于快速将已布置的墙体从所选中处打断
等分加墙	DFJQ	可以通过分别选择等分所参照的墙段及作为另一边界的墙段,来绘制水平方向及垂直方向的加墙
单线变墙	DXBQ	可以通过框选已经绘制好的直线轴网或者弧线轴网来生成双线墙体
墙体分段	QTFD	可以通过依次点取起点和终点,在弹出的"墙体编辑"对话框内进行参数设置,来对所选的墙体进行分段
幕墙转换	MQZH	可以通过选择需要转为幕墙的墙体,将墙体转换为玻璃幕墙
倒墙角	DQJ	可以通过设置圆角半径,分别选择需要进行倒角的两段墙体,来完成倒墙角的操作
倒斜角	DXJ	可以通过分别设置第一个和第二个倒角距离,选择需要倒斜角的两段墙体,来完成倒斜角的操作
修墙角	XQJ	可用于修改相互交叠的两段墙,或者重新融合相同材质的墙与墙体造型
基线对齐	JXDQ	可用于保持墙边线不变,墙基线对齐经过给定点
边线对齐	BXDQ	可用于保持墙基线不变,墙线偏移到过给定点
净距偏移	JJPY	可以通过设置偏移距离,选择需要偏移的墙体,来完成净距偏移操作
墙柱保温	QZBW	可以通过指定需要绘制保温层的墙、柱、墙体造型,来完成墙柱保温命令的操作
墙体造型	QTZX	可用于构造平面形状局部内凹或外凸的墙体,附加在墙上形成一体
墙齐屋顶	QQWD	可以通过分别选择屋顶和墙体,把墙体延伸到人字坡顶顶部,并根据墙高调整屋顶的标高
改墙厚	GQH	可以通过选择需要修改厚度的墙体,重新设置宽度,来完成墙体厚度的修改
改外墙厚	GWQH	在使用此命令前,需首先进行内外墙的识别,然后才能更改外墙的厚度,否则系统将不执行命令
改高度	GGD	可以通过选择需要更改高度的墙体,设置新的高度值,来完成墙体高度的修改
改外墙高	GWQG	可用于修改已经定义为外墙的高度及底标高,系统自动将内墙忽略
平行生线	PXSX	可以通过选择墙体和设置偏移距离,在墙体的一侧按指定的距离生成直线或者弧线
墙端封口	QDFK	可用于打开或者闭合墙端出头的封口线
墙面 UCS	QMUCS	可用于定义一个基于所选墙面一侧的 UCS,在指定的视口内可转化为立面显示
异形立面	YXLM	在立面的显示状态,可将墙体按照指定的多段线切割生成非矩形的立面
矩形立面	JXLM	在立面显示状态,可将非矩形的立面部分删除,使墙体恢复矩形
识别内外	SBNW	可用于识别建筑物平面图中的内、外墙体,其中识别出来的外墙以红色的虚线表示
指定内墙	ZDNQ	人工指定内墙,可以用于局部平面、内天井等无法自动识别的情况
指定外墙	ZDWQ	人工指定外墙,可以用于局部平面、内天井等无法自动识别的情况
加亮外墙	JLWQ	可用于对外墙进行亮显

门窗菜单

菜单命令	执行命令	命令说明
新门	XM	打开"门"对话框。可以修改其中的参数插入门图形
新窗	XC	打开"窗"对话框。可以修改其中的参数插入窗图形
门窗	MC	打开"门"或"窗"对话框。可修改其中的参数插入门或窗图形
组合门窗	ZHMC	可用于对同一面墙的门窗和编号文字进行组合
带形窗	DXC	打开"带形窗"对话框。在其中设置参数后可在一段或连续多段墙上插入同一编号的窗

（续）

菜单命令	执行命令	命令说明
转角窗	ZJC	打开"绘制角窗"对话框。在其中对窗参数进行设置，再选取墙内角和输入转角距离，可完成窗图形的插入
异形洞	YXD	在立面图上，选择墙面上作为洞口轮廓线的封闭多段线，可以生成任意深度的洞口
编号设置	BHSZ	打开"编号设置"对话框。在其中可以对当前图形内的门窗编号进行重新设置
门窗编号	MCBH	选择需要修改编号的门窗的范围，输入新的门窗编号，可完成修改门窗编号的操作
门窗检查	MCJC	打开"门窗检查"对话框。该对话框中显示了当前图形中所有插入的门窗图形
门窗表	MCB	可用于选取门窗图形生成门窗表
门窗总表	MCZB	可用于生成当前图形的门窗总表
门窗规整	MCGZ	可用于调整和统一门窗的位置
门窗填墙	MCTQ	可用于删除不需要的门窗，并重新生成墙体
内外翻转	NWFZ	选择需要翻转的门窗图形，可以对其进行向内或向外的翻转
左右翻转	ZYFZ	选择需要翻转的门窗图形，可以对其进行向左或向右的翻转
编号复位	BHFW	可将用户移动过的门窗编号恢复到默认的数值
编号后缀	BHHZ	选择需要在编号后加后缀的门窗，输入门窗编号，可添加后缀
门窗套	MCT	打开"门窗套"对话框。设置参数后可在门窗的四周增加门窗套
门口线	MKX	打开"门口线"对话框。设置参数后，选择门图形，可添加门口线
加装饰套	JZST	打开"门窗套设计"对话框。设置参数后，选择门窗图形，可添加装饰套
窗棂展开	CLZK	可用于将平面窗图形展开成立面状态，便于进行窗棂的划分
窗棂映射	CLYS	可用于将门窗展开立面图上的窗棂分格线映射到立面窗
门窗原型	MCYX	可用于选择当前图形中的门窗图形作为新绘门窗的原型，并构造门窗的制作环境
门窗入库	MCRK	可将用户定义的门窗图块添加到二维门窗图库

房间屋顶菜单

菜单命令	执行命令	命令说明
搜索房间	SSFJ	打开"搜索房间"对话框。设置参数后，框选构成一完整建筑物的所有墙体或门窗，可生成房间文字标注
房间轮廓	FJLK	可用于拾取房间内一点，创建踢脚线等的轮廓线
房间排序	FJPX	可用于对房间编号按从左到右、从上到下的规则进行排序
查询面积	CXMJ	打开"查询面积"对话框。设置参数后，选择需要查询面积的范围，可在指定位置标注房间面积
套内面积	TNMJ	打开"套内面积"对话框。设置参数后，选择同属一套住宅的所有房间面积对象与阳台面积对象，可计算套内面积
公摊面积	GTMJ	可定义要公摊到各户的公用面积
面积计算	MJJS	选择求和的房间面积对象或面积数值文字，可完成面积的计算
面积统计	MJTJ	可用于统计住宅各套型分摊后的面积指标
加踢脚线	JTJX	打开"踢脚线生成"对话框。在该对话框中设置参数，选择需添加踢脚线的房间，可创建踢脚线
奇数分格	JSFG	可用于绘制按奇数分格的吊顶平面或者地面
偶数分格	OUFG	可用于绘制按偶数分格的吊顶平面或者地面
布置洁具	BZJJ	打开"天正洁具"对话框。在该对话框中选择需要的洁具图形，点取插入基点，可完成洁具图形的插入

（续）

菜单命令	执行命令	命令说明
布置隔断	BZGD	可以通过定义隔断的起点、终点及其间距长度等参数来完成隔断的布置
布置隔板	BZGB	可以通过定义隔板的起点、终点及其间距长度等参数来完成隔板的布置
搜屋顶线	SWDX	可以通过选择一完整建筑物平面图中的所有墙体或门窗，并设置偏移外皮的距离，完成屋顶线的绘制
任意坡顶	RYPD	可以通过选择一段封闭的多段线，输入其坡度角及出檐长的数值，完成任意坡顶的绘制
人字坡顶	RZPD	可以通过选择一段封闭的多段线，指定屋脊线的起点和终点，完成人字坡顶的绘制
攒尖屋顶	ZJWD	通过指定屋顶中心位置，可生成对称的正多边锥形攒尖屋顶
矩形屋顶	JXWD	可以通过分别由三点定义矩形，生成指定的坡度角和屋顶高的歇山屋顶等矩形屋顶
加老虎窗	JLHC	可用于在三维的屋顶上生成多种形式的老虎窗
加雨水管	JYSG	可通过指定雨水管入水口的起始点和出水口的结束点来绘制雨水管

楼梯其他菜单

菜单命令	执行命令	命令说明
直线梯段	ZXTD	打开"直线梯段"对话框。设置参数后点取梯段位置可完成直线梯段的绘制
圆弧梯段	YHTD	打开"圆弧梯段"对话框。设置参数后点取梯段位置可完成圆弧梯段的绘制
任意梯段	RYTD	可以通过分别点取梯段的左右两侧边线来生成任意梯段
添加扶手	TJFS	可以通过选择梯段，设置扶手的宽度、顶面高度及距边尺寸来完成扶手图形的添加
连接扶手	LJFS	可以通过选择两个待连接的扶手，来完成扶手的连接
双跑楼梯	SPLT	打开"双跑楼梯"对话框。设置参数后，点取梯段可完成双跑楼梯的绘制
多跑楼梯	DPLT	打开"多跑楼梯"对话框。设置参数后，依次点取梯段可完成多跑楼梯的绘制
双分平行	SFPX	打开"双分平行楼梯"对话框。设置参数后，点取梯段可完成双分平行楼梯的绘制
双分转角	SFZJ	打开"双分转角楼梯"对话框。设置参数后，点取梯段可完成双分转角楼梯的绘制
双分三跑	SFSP	打开"双分三跑楼梯"对话框。设置参数后，点取梯段可完成双分三跑楼梯的绘制
交叉楼梯	JCLT	打开"交叉楼梯"对话框。设置参数后，点取梯段可完成交叉楼梯的绘制
剪刀楼梯	JDLT	打开"剪刀楼梯"对话框。设置参数后，点取梯段可完成剪刀楼梯的绘制
三角楼梯	SJLT	打开"三角楼梯"对话框。设置参数后，点取梯段可完成三角楼梯的绘制
矩形转角	JXZJ	打开"矩形转角楼梯"对话框。设置参数后，点取梯段可完成矩形转角楼梯的绘制
电梯	DT	打开"电梯"对话框。设置参数后，依次点取电梯墙线及平衡块所在的一侧，可完成电梯的绘制
自动扶梯	ZDFT	打开"自动扶梯"对话框。设置参数后，点取插入位置可完成自动扶梯的绘制
阳台	YT	打开"绘制阳台"对话框。设置参数后，指定阳台的起点和终点可完成阳台的绘制
台阶	TJ	打开"台阶"对话框。设置参数后，根据命令行的提示操作可完成台阶图形的绘制
坡道	PD	打开"自动扶梯"对话框。设置参数后，点取坡道位置来完成绘制
散水	SS	打开"散水"对话框。设置参数后，框选一完整建筑物平面图中的所有墙体或门窗、阳台，可完成散水图形的绘制

立面菜单

菜单命令	执行命令	命令说明
建筑立面	JZLM	在打开一个工程项目的情况下，调用该命令，可根据命令行的提示完成建筑立面图的生成
构件立面	GJLM	在打开一个工程项目的情况下，调用该命令，可根据命令行的提示完成构件立面图的生成
立面门窗	LMMC	打开"天正图库管理系统"对话框。在其中选择需要的门窗图形，可根据命令行提示完成插入操作
门窗参数	MCCS	选择立面门窗，可根据命令行的提示修改门窗尺寸
立面窗套	LMCT	根据命令行的提示选择立面窗，可生成全包的窗套或者窗的上檐线和下檐线
立面阳台	LMYT	打开"天正图库管理系统"对话框。在其中选择需要的阳台图形，可根据命令行提示完成插入操作
立面屋顶	LMWD	打开"立面屋顶参数"对话框。设置参数后可根据命令行的提示完成屋顶立面图的创建
雨水管线	YSGX	可以通过指定雨水管的起点和终点来完成雨水管线图形的绘制
图形裁剪	TXCJ	可以通过框选待裁剪的对象，完成裁剪图形
立面轮廓	LMLK	调用该命令后，根据命令行的提示进行操作，可生成立面轮廓线

剖面菜单

菜单命令	执行命令	命令说明
建筑剖面	JZPM	在打开一个工程项目的情况下，调用该命令后可根据命令行的提示生成建筑剖面图
构件剖面	GJPM	在打开一个工程项目的情况下，调用该命令后可根据命令行的提示生成构件剖面图
画剖面墙	HPMQ	调用该命令后可根据命令行提示绘制剖面墙
双线楼板	SXLB	调用该命令后可根据命令行提示绘制双线楼板
预制楼板	YZLB	调用该命令后可根据命令行提示绘制预制楼板
加剖断梁	JPDL	可根据命令行的提示，指定参数绘制楼板、休息平台板下的梁截面
剖面门窗	PMMC	点取剖面墙线下端，根据命令行提示设置参数，可完成剖面门窗的绘制
剖面檐口	PMYK	调用该命令后可根据命令行提示在剖面图中绘制剖面檐口
门窗过梁	MCGL	通过在绘图区中选择需添加过梁的剖面门窗，设置梁高参数，可绘制门窗过梁
参数楼梯	CSLT	打开"参数楼梯"对话框。在其中设置参数，然后在绘图区中选择插入点可完成楼梯的绘制
参数栏杆	CSLG	可用于按照参数交互的方式生成楼梯栏杆。可自行扩充楼梯栏杆库
楼梯栏杆	LTLG	调用该命令后，系统可自动识别剖面楼梯和可见楼梯，绘制楼梯栏杆和扶手
楼梯栏板	LTLB	调用该命令后，系统可自动识别剖面楼梯和可见楼梯，绘制实心楼梯栏板
扶手接头	FSJT	调用该命令后，根据命令行提示设置参数，可完成楼梯扶手接头位置的细部处理
剖面填充	PMTC	可以通过选择图案来对剖面墙线梁板或者剖面楼梯进行填充
居中加粗	JZJC	可以把剖面图中的剖面墙线与楼板线向两侧加粗
向内加粗	XNJC	可以把剖面图中的剖面墙线与楼板线向内加粗
取消加粗	QXJZ	可以把已经加粗的剖面墙线与楼板线恢复原来形状

文字表格菜单

菜单命令	执行命令	命令说明
文字样式	WZYS	打开"文字样式"对话框。在其中设置参数后,可以创建或修改图形中的文字样式
单行文字	DHWZ	打开"单行文字"对话框。在其中设置参数后,在绘图区中点取文字的插入位置,可完成单行文字的创建
多行文字	—	打开"多行文字"对话框。在其中设置参数后,在绘图区中点取文字的插入位置,可完成多行文字的创建
曲线文字	QXWZ	调用该命令后,可以沿着指定的曲线排列文字
专业词库	ZYCK	打开"专业词库"对话框。可以向该对话框中添加需要的文字
递增文字	DZWZ	选择要递增复制的文字,指定基点后点取插入位置,可创建递增文字
转角自纠	ZJZJ	可对方向不符合制图标准的文字(如倒置的文字)予以纠正
文字转化	WZZH	可用于把 AutoCAD 的单行文字转换成天正的单行文字
文字合并	WZHB	选择要合并的文字段落后按 Enter 键,可将单行文字合并成多行文字
统一字高	TYZG	选择要修改的文字,输入字高参数,可使选中的文字字高相同
新建表格	XJBG	弹出"新建表格"对话框。在其中设置参数后,指定表格的左上角点可完成表格的新建
转出 Word	—	选择表格后按 Enter 键,可将所选表格转为 Word 格式
转出 Excel	—	选择表格后按 Enter 键,可将所选表格转为 Excel 格式
读入 Excel	—	可根据 Excel 选中的区域,创建或者更新图中的天正表格
全屏编辑	QPBJ	可用于对表格内容进行全屏编辑
拆分表格	CFBG	弹出"拆分表格"对话框。在其中设置参数后,可将表格拆分为多个表格。有行拆分和列拆分两种方式
合并表格	HBBG	可将多个表格合并为一个表格。有行合并和列合并两种方式
表列编辑	BLBJ	可对选中的表列编辑属性。可插入或者删除列
表行编辑	BHBJ	可对选中的表行编辑属性。可增加或者删除行
增加表行	ZJBH	可在指定的行之前或之后增加一行。也可用"表行编辑"命令来增加表行
删除表行	SCBH	可删除指定行。也可以用"表行编辑"命令来删除表行
单元编辑	DYBJ	对选中的单元格进行编辑,修改其属性和文字
单元递增	DYDZ	复制单元文字内容,可将文字的某一项递增或者递减。按 Shift 键为直接复制,按 Ctrl 键为递减
单元复制	DYFZ	可将源单元格中的文字对象复制到目标单元格
单元累计	DYLJ	可点取需累计的单元格,将结果放在指定的单元格中
单元合并	DYHB	可对选中的单元格进行合并
撤销合并	CXHB	可撤销已经合并的单元格
单元插图	DYCT	可以把天正图块或者 AutoCAD 图块插入到某一表格单元中
查找替换	CZTH	弹出"查找和替换"对话框。在其中设置参数后,可以对文字进行查找和替换
繁简转换	FJZH	可通过转换图中指定文字的内码,完成繁简转换

尺寸标注菜单

菜单命令	执行命令	命令说明
门窗标注	MCBZ	通过选择第一、二道尺寸线及墙体,可以标注门窗尺寸,即第三道尺寸线
墙厚标注	QHBZ	根据命令行提示,分别选择直线的第一点和第二点,可对墙体进行墙厚标注
两点标注	LDBZ	调用命令后,选择起点和终点,可对墙体轴线等进行定位标注

（续）

菜单命令	执行命令	命令说明
内门标注	NMBZ	调用命令后，选择起点和终点，可标注内墙的门窗尺寸及门窗与相邻轴线或墙角的距离
快速标注	KSBZ	调用命令后，选择要标注的几何图形，指定尺寸线位置，可完成标注
楼梯标注	LTBZ	可用于标注楼梯平台、栏杆、梯段宽等楼梯尺寸
外包尺寸	WBCC	根据命令行提示，选择建筑构件和第一、二道尺寸线，可修改为外包尺寸标注
逐点标注	ZDBZ	指定起点和终点，可沿着给定的一个直线方向标注连续的尺寸
半径标注	BJBZ	选择待标注的圆弧，可创建半径标注
角度标注	JDBZ	沿逆时针方向选择要标注角度的两条直线，可创建角度标注
直径标注	ZJBZ	选择待标注的圆弧，可创建直径标注
弧长标注	HCBZ	选择要标注的弧段，可创建弧长标注
文字复位	WZFW	选择需复位的文字对象，可将文字的位置恢复到默认的尺寸线中点上方
文字复值	WZFZ	选择天正尺寸标注，可将文字恢复为默认的测量值
剪裁延伸	JCYS	选择需要剪裁或延伸的尺寸线，可对尺寸标注进行剪裁或者延伸
取消尺寸	QXCC	选择要取消的尺寸标注文字，可将其取消
连接尺寸	LJCC	依次选择需要连接的两个尺寸标注，按Enter键可完成尺寸连接
尺寸打断	CCDD	选择要打断一侧的尺寸线，按Enter键可打断尺寸
合并区间	HBQJ	框选要合并区间中的尺寸界线箭头，可将相邻区间合并为一个区间
等分区间	DFQJ	选择需要等分的尺寸区间，指定等分数，按Enter键可等分区间
等式标注	DSBZ	可将指定区间的尺寸标注文字以等分数列出的等式来表示
尺寸等距	CCDJ	可用于对选中的尺寸标注在垂直于尺寸线方向按等距调整位置
对齐标注	DQBZ	选择参考标注，再选择其他标注，可将选中的标注对象与参考标注对齐
增补尺寸	ZBCC	选择需要增补尺寸的尺寸标注对象，指定增补尺寸的标注位置，可完成尺寸的增补
切换角标	QHJB	可用于对角度标注、弧长标注和弦长标注进行相互转换
尺寸转化	CCZH	可用于将AutoCAD尺寸标注转化成天正尺寸标注
尺寸自调	CCZT	可用于对文字重叠的天正尺寸标注调整位置，使其能清晰地显示

符号标注菜单

菜单命令	执行命令	命令说明
静态/动态标注	—	灯图标亮显表示坐标标注和标高标注处于动态
坐标标注	ZBBZ	分别指定要标注坐标的标注点及坐标标注位置，可对平面图进行坐标标注，也可以对特征点批量标注
坐标检查	ZBJC	打开"坐标检查"对话框。在其中设置参数，再在绘图区中选择需要检查的坐标标注，按Enter键，可完成对坐标标注的检查
标高标注	BGBZ	打开"标高标注"对话框。在其中设置参数后，在绘图区中分别点取标高点和标高方向，可完成对象的标高标注
标高检查	BGJC	分别选择参考标高标注及待检查的标高标注，按Enter键可完成标高标注的检查
标高对齐	BGDQ	可用于把选中的标高标注按新点取的标高标注位置或参考标高标注位置竖向对齐
箭头引注	JTYZ	打开"箭头引注"对话框。在其中设置参数后，分别指定箭头的起点、引线的转折点和终点，可创建箭头引注
引出标注	YCBZ	打开"引出标注"对话框。在其中设置参数后，在绘图区中指定标注点和标注文字位置，可完成引出标注的创建
做法标注	ZFBZ	打开"做法标注"对话框。在其中输入标注文字及设置参数后，分别指定标注引出点、引注上线的第二点和文本所在位置，可完成做法标注的创建

(续)

菜单命令	执行命令	命令说明
索引符号	SYFH	打开"索引符号"对话框。在其中设置参数后，根据命令行的提示操作可完成索引符号的绘制
索引图名	SYTM	打开"索引图名"对话框。在其中设置参数后，在绘图区中指定插入位置，可完成索引图名的创建
剖切符号	PQFH	打开"剖切符号"对话框。在对话框中可选择正交剖切选项、正交转折剖切选项、非正交剖切转折选项和断面剖切选项来进行相应操作
绘制云线	HZYX	打开"云线"对话框。在其中可选择矩形云线、圆形云线、任意绘制和选择已有对象生成选项来进行相应操作
加折断线	JZDX	分别指定折断线起点和终点，可完成折断线的绘制
画对称轴	HDCZ	分别指定对称轴的起点和终点，可完成对称轴的绘制
画指北针	HZBZ	分别指定指北针的位置和方向，可完成指北针的绘制
图名标注	TMBZ	打开"图名标注"对话框。在其中设置参数后，指定插入位置，可完成图名标注

图层控制菜单

菜单命令	执行命令	命令说明
图层转换	TCZH	打开"图层转换"对话框。可以按用户的图层标准进行图层转换
关闭图层	GBTC	可关闭选择的对象所在的图层
关闭其他	GBQT	可关闭除了所选图层以外的所有图层
打开图层	DKTC	可打开已经关闭的图层
图层全开	TCQK	可全部打开已经关闭的图层
冻结图层	DJTC	可冻结选择的对象所在的图层
冻结其他	DJQT	可冻结除了所选图层以外的所有图层
解冻图层	JDTC	可解冻所选择的图层
锁定图层	SDTC	可锁定选择的对象所在的图层
锁定其他	SDQT	可锁定除了所选图层以外的所有图层
解锁图层	JSTC	可解锁处于选择状态的锁定图层
图层恢复	TCHF	可恢复在执行图层工具前所保存的图层记录
合并图层	HBTC	可将选定的图层进行合并
图元改层	TUGC	可将所选图元的图层进行改变

工具菜单

菜单命令	执行命令	命令说明
对象查询	DXCX	将光标停留在图元上可显示图元的信息。单击图元可对其进行编辑
对象编辑	DXBJ	单击要编辑的对象，可在打开的对话框对其进行编辑
对象选择	DXXZ	先选择参考图元，再选择其他符合参考图元过滤条件的图形，可生成选择集
在位编辑	ZWBJ	可对选中的文字图元进行在位修改
自由复制	ZYFZ	可动态复制需要拷贝的对象
自由移动	ZYYD	可自由移动所选的对象
移位	YW	可指定位移距离或位移方向来移动所选对象
自由粘贴	ZYZT	可粘贴已经复制在裁剪板上的图形。可以动态调整待粘贴的图形

（续）

菜单命令	执行命令	命令说明
局部隐藏	JBYC	可将选中的对象隐藏起来
局部可见	JBKJ	可临时隐藏其余对象，以便观察和编辑所选的对象
恢复可见	HFKJ	可使处于隐藏状态的对象恢复可见
消重图元	XCTY	可消除重合的天正对象和线、弧、文字、图块等 AutoCAD 对象
编组开启/关闭	—	灯图形亮显为开启编组开关，暗显为关闭编组开关
组编辑	—	可用于创建编组、添加或者移除编组的对象
线变复线	XBFX	可将互相连接的线、弧连接成一个多段线对象
连接线段	LJXD	可将两条在同一直线上的线段或两段相同的弧或直线与圆弧相连接
交点打断	JDDD	框选需要打断交点的范围，按 Enter 键，可将在同一平面上的若干根线或弧同时打断
虚实变换	XSBH	可将所选对象的线型在虚线和实线之间进行变换
加粗曲线	JCQX	可通过对指定曲线的线宽进行加粗来改变所选对象的线型
消除重线	XCCX	可消除重合的线、弧
反向	FX	可将多段线、墙体、线图案或路径曲面的方向进行逆转
布尔运算	BRYS	可对两个具有封闭区域的对象（如多段线）进行布尔运算，生成新的封闭区域对象
长度统计	CDTJ	可用于查询多个线段的总长度
视口放大	SKFD	可将模型空间的当前视口放大到全屏，并保存当前配置，以便恢复到放大前的视口
视口恢复	SKHF	可恢复视口放大前的视口配置
视图满屏	STMP	可将当前实体充满整个显示器屏幕进行观察
视图存盘	STCP	可将当前视图保存为位图文件并保存在磁盘中
设置立面	SZLM	可将 UCS 设置到所确定的立面上
定位观察	DWGC	可建立立面定位观察器，并建立关联视图
测量边界	CLBJ	可测量所选对象的最小包容立方体范围
统一标高	TYBG	在二维图形上选择需要恢复零标高的图形对象后按 Enter 键，可将图形对象调整为共面状态
搜索轮廓	SSLK	可选择二维图形的外部生成外包轮廓
图形切割	TXQG	可框选平面图的一部分，将其切割出来作为详图的底图
矩形	JX	打开"矩形"对话框。在其中设置参数后可绘制相应的天正矩形

图块图案菜单

菜单命令	执行命令	命令说明
通用图库	TYTK	可新建或者打开图库，编辑图库内容，插入图块
幻灯管理	HDGL	可用于幻灯库管理。可以对多个幻灯库进行操作
构件库	GJK	可新建或者打开构件库，编辑构件库的内容，插入对象构件
构件入库	GJRK	不打开构件库，可以直接将对象加入构件图库中
图块转化	TKZH	可将 AutoCAD 图块转换成天正图块
图块改层	TKGC	可修改图块内部的图层，结合三维渲染软件赋予材质
图块替换	TKTH	可在图库中选择图块，用其替换图上已有的图块
生二维块	SEWK	可对三维图块通过消隐生成二维图块，且联动形成多视图块
取二维块	QEWK	可取多视图的二维图块，用于在位编辑修改
参照裁剪	CZCJ	可裁剪当前闭合曲线限定范围内的外部参照对象

（续）

菜单命令	执行命令	命令说明
任意屏蔽	RYPB	可为任意形状的图形对象提供遮挡背景特征
矩形屏蔽	JXPB	可给图块增加用外包矩形遮挡背景的特征
精确屏蔽	JQPB	可给图块增加用精确外轮廓遮挡背景的特征
取消屏蔽	QXPB	可取消图块遮挡背景的特征
图案管理	TAGL	可管理图案库的内容，制作、删除图案，改变图案大小
木纹填充	MWTC	可填充木材的横纹、竖纹及断纹
图案加洞	TAJD	可给填充图案挖去一块空白区域
图案减洞	TAJD	可给填充图案内的空白区域补上
线图案	XTA	打开"线图案"对话框。在其中设置参数后可绘制线图案

文件布图菜单

菜单命令	执行命令	命令说明
工程管理	GCGL	打开"工程管理"对话框
插入图框	CRTK	打开"插入图框"对话框。设置参数后，点取插入位置可完成图框的插入
图纸目录	TZML	打开"图纸文件选择"对话框。设置参数后，点取插入位置可插入图纸目录
定义视口	DYSK	可分别指定图形的两个角点，输入图形输出比例，完成视口的定义
视口放大	SKFD	可选取需要放大的视口将其放大
改变比例	GBBL	可用来更改出图比例
布局旋转	BJXZ	可通过定义布局旋转方式来对布局进行旋转
图形切割	TXQG	指定矩形切割区域，根据命令行提示操作可完成图形切割
旧图转换	JTZH	打开"旧图转换"对话框。设置参数后，根据命令行的提示操作可完成旧图转换
图形导出	TXDC	打开"图形导出"对话框。设置参数后，单击"保存"按钮可完成图形的导出
批量转旧	PLZJ	打开"请选择待转换的文件"对话框。设置参数后，根据命令行提示操作可完成批量转旧
分解对象	FJDX	可对选中的对象进行分解
备档拆图	BDCT	可用于把一张图纸按图框拆分为多个文件
图纸比对	TZBD	可用于对比两张 DWG 图纸内容的差别
局部比对	JBBD	可用于对比两张 DWG 图纸局部内容的差别
图纸保护	TZBH	选择需要保护的图元，根据命令行的提示操作可完成图纸保护
插件发布	CJFB	打开"另存为"对话框。调整参数后，单击"保存"按钮可完成对插件的发布
图变单色	TBDS	选择平面图要变成的颜色，按 Enter 键即可完成操作
颜色恢复	YSHF	可将变色后的平面图恢复原来的颜色
图形变线	TXBX	打开"输入新生成的文件名"对话框。在其中设置参数，可对图形进行变线操作

其他菜单

菜单命令	执行命令	命令说明
总平图例	ZPTL	可用于绘制总平面图的图例块
道路绘制	DLHZ	可用于绘制总图的道路
道路圆角	DLYJ	可把对折角道路转变成圆角道路

（续）

菜单命令	执行命令	命令说明
车位布置	CWBZ	可用于布置直线与弧形排列的车位
成片布树	CPBS	可用于在区域内按一定间距插入树图块
任意布树	RYBS	可用于在区域内任意插入树图块
建筑高度	JZGD	可把多段线转变成建筑轮廓或更改已有建筑轮廓的高度
导入建筑	DRJZ	可把天正的多层模型转换为日照模型
顺序插窗	SXCC	可沿着建筑物的一面墙按顺序插入日照窗
重排窗号	CPCH	可从左到右重新排列日照窗的窗位号
窗号编辑	—	可编辑被分析建筑日照窗的层号、窗位号
窗日照表	CRZB	可详细分析窗的日照情况，分清阴影责任
地理位置	DLWZ	可编辑地理位置数据库内容
单点分析	DDFX	选取测试日照时间的地点及其高度值，并给出测试间隔时间后，可显示该点的日照时间
多点分析	—	指定建筑物轮廓线，可按给定范围、给定时间段绘制等日照区域
等照时线	DZSX	可绘出日照到达给定时数的日照区域分界线
建筑标高	JZBG	可标注建筑物的顶标高
日照设置	RZSZ	可设置日照计算的全局参数
日照仿真	RZFZ	可真实逼真地模拟日照阴影
阴影擦除	YYCC	可擦除建筑物的填充阴影
阴影轮廓	YYLK	可逐时绘出建筑物阴影的轮廓线
BIM 导出与 BIM 导入	—	可实现与 Revit 双向对接互导

帮助演示菜单

菜单命令	执行命令	命令说明
版本信息	BBXX	可显示详细版本信息对话框
常见问题	CJWT	可查看经常碰到的问题以及解答
教学演示	JXYS	可启动功能演示教学动画的 Flash 系统
日积月累	RJYL	可在进入天正建筑时显示日积月累功能提示界面
问题报告	WTBG	可给天正公司发送 Email 报告问题
在线帮助	ZXBZ	可启动在线帮助系统